U0389555

普通高等教育"十一五"国家级规划教材
普通高等教育电子通信类特色专业系列教材

射 频 通 信 电 路

（第三版）

陈邦媛　编著

科 学 出 版 社

北 京

内 容 简 介

本书系统地介绍了射频通信电路各模块的基本原理、设计特点以及在设计中应考虑的问题。全书分为射频电路设计基础知识、调制与解调机理、收发信机结构和收发信机射频部分各模块电路设计四大部分,其中模块电路设计包括小信号低噪声放大器、混频器、调制解调器、振荡器、锁相及频率合成器、高频功率放大器及自动增益控制电路的原理及设计方法。

本书可作为电子信息类本科生的射频通信电路、高频电子线路等课程的教材,也可供相关工程技术人员参考。

图书在版编目(CIP)数据

射频通信电路/陈邦媛编著. —3 版. — 北京:科学出版社,2019.12
(普通高等教育"十一五"国家级规划教材·普通高等教育电子通信类特色专业系列教材)
ISBN 978-7-03-064133-5

Ⅰ.①射… Ⅱ.①陈… Ⅲ.①射频电路-电路设计-高等学校-教材 Ⅳ.①TN710.02

中国版本图书馆 CIP 数据核字(2019)第 296226 号

责任编辑:潘斯斯 张丽花 / 责任校对:郭瑞芝
责任印制:赵 博 / 封面设计:迷底书装

科 学 出 版 社 出版
北京东黄城根北街 16 号
邮政编码:100717
http://www.sciencep.com

保定市中画美凯印刷有限公司印刷
科学出版社发行 各地新华书店经销
*
2002 年 8 月第一版   开本:787×1092 1/16
2006 年 8 月第二版   印张:27 1/2
2019 年 12 月第三版   字数:652 000
2025 年 1 月第二十九次印刷

定价:79.80 元
(如有印装质量问题,我社负责调换)

第三版前言

本书自第一版出版以来已经 17 年了,承蒙广大师生喜爱,本书得以不断修订再版。

"射频通信电路"是一门专业基础课,它主要是讲授通信系统中射频收、发机单元电路的工作原理、分析方法和性能指标要求等。虽然现代无线通信电路技术日新月异、飞速发展,新器件、新工艺、新电路也层出不穷,但是它们的工作原理、分析方法和系统对它们的指标要求却变化不大,相对稳定。因此,一本好的专业基础课教材也应该做到"精益求精,相对稳定"。

第三版教材相对于第二版的改动,集中于第三章的数字调制、解调技术部分。本版删除了一些关于"改进的 QPSK"调制技术方面的论述,因为这些内容应该是在"通信原理"课程中专门论述的,没有必要在电路课程中论述。此外,本版也修正了个别错误和疏漏之处。

本书配有电子教案,电子教案中附有本书课后习题的详细解答过程,可以免费赠送给使用本书的教师。

希望本书能更好地满足广大读者需要,便于教师授课和学生学习。

作　者
2019 年 1 月

第二版前言

本书第一版出版以来,经过了四年教学实践的检验。为适应不断发展的射频通信技术,有必要对其做一些增补和修改。

《射频通信电路(第二版)》在第一版的基础上增添了第十一章自动增益控制,因为这部分内容是通信电路,特别是移动通信电路不可缺少的关键技术之一。该章主要介绍反馈型自动增益控制系统的组成、分析方法、目前常用的可变增益放大器技术以及系统实例。按增补内容的多少,依次为:第十章对 E 类放大器重新进行了改写,突出构成电路的思路及物理概念,更利于读者进一步深入学习与研究;第八章锁相与频率合成增添了例题,修改并区分了几个符号,使概念更加严谨;第五章编排顺序有所变动,将 S 参数移后并用小字(小五号)形式给出,这样使电路设计的两种方法(用晶体管物理模型法和用网络参数法)更鲜明,更利于教和学;其余各章均有不同程度的增补和修改,以使概念更明确,分析更清晰。

总之,作者希望本书能更好地满足读者的需求,更适合教师授课和学生学习。

作 者

2006 年 4 月

第一版前言

近 20 年来以蜂窝移动通信为龙头的无线应用技术,包括 PCS 电话、无线局域网(WLAN)、全球定位系统(GPS)、直播电视服务(DBS)、本地多点分布系统(LMDS)和射频识别系统(RFID)等在内,已经获得了巨大的发展。人们越来越清楚地认识到射频设计在整个无线应用系统中举足轻重的地位,目前各高等院校的通信电子类本科专业都把高频电路或通信电路作为一门主要的专业基础课。

本书以无线移动通信中的射频系统为应用背景,提出各单元电路的工作原理、性能要求,同时从设计观点出发,论述各项性能指标与电路参数之间的关系并举出许多实例加以说明。按照这一思路,在内容编排上,首先介绍射频系统中最基础的选频回路、阻抗变换以及噪声和非线性概念;然后讲述射频系统的体系结构,并从移动通信系统的标准引导出对于射频电路的性能指标要求,而后对每个单元电路逐个介绍并给出设计实例。

本书有以下几个特点:一是以理解概念、实现功能为主。在讲述器件和电路特点时,重点介绍它们的机理,强调概念的应用、功能的实现,尽量避免过多的理论推导。二是理论与实践相结合,电路紧密围绕通信系统。在讲述电路设计原理时,尽可能地介绍目前在这方面的集成电路器件并分析它们的原理;在应用模块电路中强调器件的指标、各功能模块间的连接和匹配,从而使读者不仅知道原理而且学会正确使用器件。三是强调指标。与数字电路不同,衡量模拟电路的好坏不仅是功能,更重要的是指标。围绕每一种功能电路,在讲述电路原理的同时,也讲述衡量它的指标和影响性能指标的参数及改进性能指标的方法。

本书共十章。第一章介绍选频回路与阻抗变换;第二章介绍噪声与非线性失真;第三章介绍调制和解调;第四章介绍发射、接收机结构;第五章介绍低噪声放大器;第六章介绍混频器;第七章介绍振荡器;第八章介绍锁相与频率合成技术;第九章介绍调制与解调电路;第十章介绍高频功率放大器。本书内容丰富,部分内容要求稍高,在书中用小号字体印出。

作者要特别感谢原国家教委工科电子线路教学指导小组组长、东南大学谢嘉奎教授,他几乎逐字逐句地审阅了本书全部内容并提出许多宝贵的意见,对提高本书的质量起了重要的作用。同时作者要感谢浙江大学荆仁杰教授、何小艇教授、童乃文教授和仇佩亮教授,他们支持本书的写作,并各自审阅了本书的部分内容,提出了不少有益的建议,在此一并表示感谢。

限于作者的水平,书中不妥和错误之处在所难免,恳请读者批评指正。

作　者

2002 年 4 月

目　　录

《射频通信电路(第三版)》　　　　《射频通信电路学习指导(第二版)》
购买链接　　　　　　　　　　　　购买链接

绪　　论

近 50 年来无线移动通信是电子信息产业中发展最为迅速的一个分支。现在利用无线手机进行双向通信是一件很平常的事,但是很少人知道这是许多科学家和工程师历经百年努力奋斗的结果。

1901 年英国科学家马可尼成功地实现了无线电信号横越大西洋,可以认为从那时起射频电子(radio)技术正式诞生。马可尼的成功使人们认识到可以利用电波通过"以太"代替电线来传输电话、电报等信息,这是非常激动人心的。无线通信发展到今天,使得千百万用户可以同时利用一段无线电频谱进行双向通信,可以使得无线通信移动,而且无线通信机可以放在身上、拿在手上,更重要的是使得许多人能够买得起、用得起这种无线通信设备。

许多科学和技术对于无线通信的发展做出了贡献,但是造就当今移动通信辉煌局面的应首推射频技术和微电子技术。要实现移动通信,必须采用无线传输;同时要实现有效的移动也必须要求设备体积小、重量轻、耗电省。毋庸置疑,射频微电子是当代移动通信的基础。我们谈到移动通信技术就必须谈射频微电子技术,而谈到射频微电子技术也必然落实到移动通信。下面我们概要地介绍通信系统的组成。

0.1　通信系统的组成

通常我们把信息从发送者传送到接收者的过程称为通信,而实现信息传输过程的系统称为通信系统。图 0.1 表示一个通信系统的基本组成。

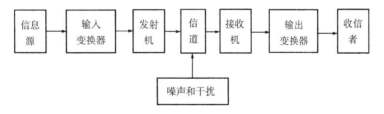

图 0.1　通信系统的基本组成

在通信系统中,一般要进行两种变换和反变换。在发送端,第一个变换是输入变换器,它把要传递的信息变换成电信号,该信号一般是低频的,而且包括零频附近的分量。通常称该电信号为基带信号(baseband),它可以是模拟信号,也可以是数字信号。第二种变换是发射机将基带信号变换成其频带适合在信道中有效传输的信号形式,并送入信道。这种变换称之为调制。调制后的信号称为已调信号,或称为通带信号(passband),去调制的基带信号又可以称为调制信号。在接收端,接收机与发射机的功能相反,它从信道中选取欲接收的已调波并将其变换为基带信号,此变换称为解调。输出变换器将解调后的基带信号变换为相应的信息。

在无线通信中必须把基带信号变成射频已调信号的原因主要有两点。第一是为了有效地把信号用电磁波辐射出去。为了有效地将信号的能量辐射到空间,必须要求天线的长度和信号的波长可比拟(例如至少十分之一)。而基带信号一般来说是频率比较低的信号,如话音的频率可以认为在300~3400Hz 范围内,如果直接辐射话音信号,这就要求天线长度达300km 以上,这是不可能的。因此为了有效地辐射,发射信号的频率必须是高频。在发射机中由振荡器产生高频信号,称为载波。但载波并不携带要发射的信息,将基带信号去控制高频载波的某一个参数使其携带了信息,该过程叫调制。

采用调制的第二个原因是为了有效地利用频带。一般要传送的基带信号的频率范围都差不多,比如广播电台要广播的音乐节目的频率范围大约集中在100Hz~10kHz,如果每个电台都直接发射这些信号,就会互相干扰,令接收机无法区分。只有将不同电台的节目调制到该电台对应的不同频率的载波上,变成中心频率不同的频带信号,接收机才能任意选择所需要的电台而抑制其余不需要的电台和干扰。

正弦载波有三个参数:一是幅度,二是频率,三是相位。用基带信号控制载波的幅度称为调幅;用基带信号控制载波的频率,称为调频;用基带信号控制载波的相位,称为调相。用模拟信号调制正弦载波称为模拟调制,用数字信号调制正弦载波称为数字调制。采用不同调制方式的通信系统的性能和技术难度都是不同的。

信道是传输媒介,分有线和无线两类。有线信道如电线、电缆、光纤和波导,无线信道即由射频电波传播的自由空间。适合射频电波传播的频段范围极为宽广,从几十千赫兹超长波到几十吉赫兹的毫米波,不同频段的射频电磁波在空间传播的方式和特性也都不相同。公众数字移动通信常用的两种制式 GSM 和IS-95采用的频段都在 900MHz,第三代数字移动通信采用 2GHz 频段,无线局域网(WLAN)采用 2.4GHz 频段,全球定位(GPS)系统采用1.6GHz 频段。

无线电波在空间长距离传播会有很大的损耗,所以在接收机天线上感应的信号是非常微弱的,常常只有零点几微伏,同时无线电波在空间传播会受到各种障碍物的反射、散射等,使得接收天线收到的信号是由多条途径传输叠加的结果,造成所谓多径衰落。无线信道又是敞开式的,接收天线可以收到各种其他的同频道或邻近频道的干扰信号,有时这种信号远比所需要信号大,从而对所需的有用信号造成极为严重的干扰。移动接收中电波的多普勒频移、频谱色散等,这些都严重地影响了信号的接收,所有这一切对移动通信来说都是一种挑战,可以说无线移动信道是条件最为恶劣的一种信道。迅速发展的移动通信技术正是为了克服移动无线信道的缺陷,保证通信的高速和高可靠性,使通信方式更加灵活、便利。

▶ 0.2 移动通信的射频设计

如果按照电路结构来划分,一个无线移动通信机又可以分为如图0.2所示的射频级和基带级两大部分。基带级处理基带信号,射频级处理射频信号。

进一步把图0.2细化成典型的模拟通信的收、发射机或者数字通信的收、发射机(如

图 0.3 和图 0.4 所示）。在图 0.3 中，属于射频电路的是
图中虚线框内的部分，在图 0.4 中射频部分是前端黑框外
的部分，即射频部分完成的功能主要是调制、解调、功率放
大、低噪声放大和频率变换。在发射机中，在调制后有时
也采用上变频，将已调信号再搬移到所需的发射频道上。
功率放大器放大已调信号到一定的功率值，使其能够传输

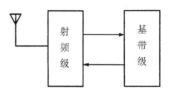

图 0.2　射频级和基带级

相当的距离以便接收机接收。在接收机中，低噪声放大器在尽量少增加噪声功率的前提下，
放大由天线接收到的高频微弱信号，使其能达到解调器所要求的电平。接收机中的下变频
是将高频已调波的频谱转移到适合解调或进行模数变换的频段。

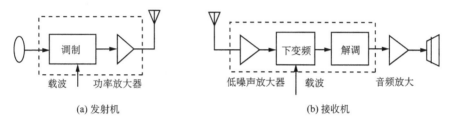

图 0.3　模拟通信机的射频级电路方框图

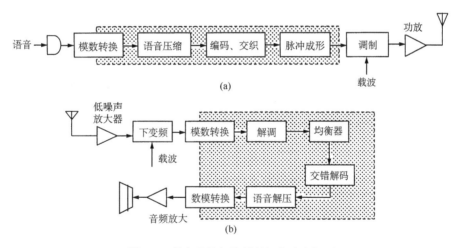

图 0.4　数字通信机的射频级电路方框图

　　图 0.5 给出了某蜂窝手机的射频级电路，为什么要如此复杂？回答是简单的，因为无线
移动信道情况太恶劣，它对射频级设计提出了非常苛刻的性能指标要求，人们要通过复杂的
电路设计来达到这些要求。

　　现代蜂窝手机对射频设计提出了以下要求。

　　1）良好的选择性。因为移动通信使用开放的无线信道，移动接收机要从空间无数的无
线电波干扰信号中选出所需要的信号，必须要求接收机有良好的选择性。

　　2）低噪声、高动态范围。由于手机的移动性使得接收到的信号电平具有很宽的变化范
围。当输入信号小时，主要考虑放大器的低噪声特性，当输入信号大时，则对放大器的非线
性有很高要求。

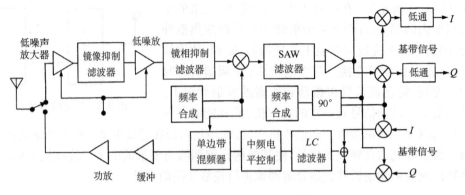

图 0.5　无线数字手机的射频级电路

3）接收机对于杂散频率信号有良好的抑制能力。由于一般采用超外差接收和频率合成，接收机中多次频率变换会产生各种可能的杂散频率信号混入到所需信号中，形成干扰，为了保证接收质量，必须抑制和滤除这些杂散信号分量。

4）本振信号应该具有很低的相位噪声。

5）发射机必须严格限制带外辐射。

6）射频级必须低功耗。因为对于接收机来说，射频部分往往是常开的，不像基带可以处于休眠状态。

7）发射机的功率放大器要求有高的功率增加效率（power-added efficiency）。

0.3　射频设计在移动通信机设计中的重要地位

综上所述，在移动通信的收发信机中，射频部分要处理的是宽动态范围的高频模拟信号，而基带部分完成对频率较低的数字信号或模拟信号的处理功能。当前所用的无线数字手机中包含了多于 100 万个晶体管，基带部分占据了其中的极大部分，而射频部分仅使用很少晶体管。从规模角度看来，基带部分远比射频部分庞大，但是现代无线手机设计的难点在射频。可以说，射频设计成了移动通信机设计的瓶颈，细究其原因有如下三点。

1）射频设计要求设计师具有较宽的知识面。例如，射频设计师应通晓根据通信理论发展而来的各种调制机理及各种无线通信的标准和各种通信协议，应具有关于随机信号、微波技术、电波传播、多址接入、电路理论、晶体管器件特性等各方面的知识，会使用各种 CAD 工具等。而这些学科中的许多方面都已发展了半个世纪以上，要在短时间内掌握这些知识是有一定困难的。正因为如此，以往的射频设计是几方面专家分裂开来进行的。射频系统专家规划收发信机结构，集成电路 IC 工程师研发各个构件模块，然后由制造者用"胶水"把这些集成块和一些外围器件粘起来。由于射频系统专家总是采用现有的 IC 模块，而 IC 工程师总是把芯片设计得尽可能一片多用，这样射频系统无论在系统水平还是在电路水平总是非常冗余，效率不高。移动通信的飞速发展要求现代的射频设计师能够把几个方面知识汇合起来，充分利用多个学科的综合优势，因此人才的缺乏是首要原因。

2）与基带级几乎可以全部采用成熟的数字集成电路相比，射频级的集成电路还处于发展阶段,有些器件需要外接。如电感还不能完全集成,模块之间存在的匹配问题,这些都给设计造成了困难。

3) 对射频电路来说,计算机辅助分析和综合的工具还只处于起步阶段,利用这些工具进行的分析和综合结果只能起到参考的作用。因为目前在电路 CAD 工具的软件中,对射频部分器件的非线性、时变特性、电路的分布参数和不稳定性以及一些外接部件都缺乏精确的模型,因此射频电路的设计在很大程度上还取决于设计师的实验调试和经验。

从上面的叙述,对通信系统收发信机射频部分的组成已有了初步的了解。本书主要介绍射频电路设计的基础知识,射频部分各模块的设计方法与特点以及在设计中应考虑的问题。

由于微电子技术和通信事业,特别是移动通信的飞速发展,要求电路集成化程度越来越高,射频电路也不例外。对于这些集成电路,除了要求优良的性能外,还提出了低成本、低功耗、小体积和轻重量等苛刻的要求,因此介绍射频电路的设计也必须围绕射频集成电路的设计和使用,只有这样才能跟上并推动飞速发展的通信事业。

由于和微波课程的衔接问题,本书暂不考虑应用微带的设计方法。

本书共十一章。第一章是选频回路与阻抗变换,第二章是噪声与非线性失真,这两章是射频电路设计的基础知识。这两章的内容很多,如有源器件的非线性、时变特性、随机噪声,谐振回路的应用和模块间的阻抗匹配方法,系统的灵敏度、线性动态范围等概念。这些概念是贯穿于整个射频系统设计的,本书把它集中起来首先介绍,目的是加强读者对这些概念的重视并自觉应用于以后的设计。第三章是讲述调制解调的机理、各种调制的特点以及衡量指标。由于数字调制在后续的通信原理课中还要详细分析,本章只是简单讲述其与电路实现有关系的部分。第四章是介绍发射机和接收机的各种方案及方案比较,收发信机的性能指标。这两章属于通信系统的基础知识,本书将系统的概念放在单元模块电路之前讲述,意在让读者能高瞻远瞩,指导后面的模块电路设计。从第五章开始是模块电路介绍。第五章主要介绍了低噪声放大器的设计思路、性能指标及典型电路。第六章混频器设计,列举了有源、无源混频器的工作原理、设计方法和性能指标。第七章振荡器,讲述反馈型振荡器的组成和基本原理,介绍了目前常用的 LC 振荡器、石英晶体振荡器和各种压控振荡器电路,并且还介绍了有关相位噪声的概念。第八章是锁相与频率合成器,首先讲述锁相环的组成与原理,分析锁相环的特性及实现方法,然后介绍几种常用的频率合成方案。第九章调制解调电路,介绍调制、载波提取、正交载波形成以及相干和非相干解调电路,还介绍了模拟调频及鉴频电路。第十章高频功率放大电路,介绍线性和非线性高频功率放大器的电路特点与设计方法。第十一章自动增益控制,主要介绍反馈型自动增益控制环路的组成、分析方法,放大系统增益控制方案以及目前典型的构成可控增益放大器的方法。

第一章　选频回路与阻抗变换

选频与阻抗变换是组成射频系统需要考虑的两个很重要的功能,它们应用于放大、振荡、调制与解调各个单元电路中,在射频系统中常采用无源网络来实现这些功能。本章首先介绍由电感 L 和电容 C 组成的选频回路,接着介绍阻抗匹配的重要性,并详细介绍无源阻抗变换的设计,最后简单介绍一些常用的集中参数滤波器。本章有些内容在先修的课程中已有介绍,这里一方面进行复习,更主要是介绍它们在射频系统中的应用。

1.1　选频回路的指标

选频回路的作用是从众多的频率中选出有用信号,滤除或抑制无用信号。射频电路中常用的选频回路(或称滤波器)有两类,一是用电感 L 和电容 C 组成的 LC 串联谐振回路与并联谐振回路,二是集中选择性滤波器,如声表面滤波器、晶体滤波器、陶瓷滤波器等。典型选频网络的传输特性如图 1.1.1 所示,分为幅频特性和相频特性两个方面。

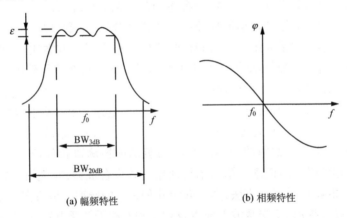

(a) 幅频特性　　　　　　　　(b) 相频特性

图 1.1.1　选频网络的传输特性

衡量选频网络(滤波器)性能的主要指标如下。

1) 中心频率 f_0。在此频率点其传输系数最大。

2) 通频带 $\mathrm{BW_{3dB}}$。传输系数下降为中心频率 f_0 对应值的 $\dfrac{1}{\sqrt{2}}$($-3\mathrm{dB}$)时对应的上下限的频率之差。由于所传送的信号总是有一定频带宽度的,因此不同的信号对滤波器的通频带有不同要求。

3) 带内波动。通频带内传输系数的最大波动值。在通频带内应有比较均匀的幅频特性,以减少频率失真。

4) 选择性(或称带外衰减)与矩形系数。描述滤波器对频带外信号的衰减程度,带外衰

减越大,选择性越好。理想滤波器的幅频特性应该是一个矩形。为了描述滤波器接近矩形的程度,定义一个指标为矩形系数:

$$K_{0.1} = \frac{\mathrm{BW}_{0.1}}{\mathrm{BW}_{1/\sqrt{2}}}$$

即滤波器的传输系数下降到中心频率最大传输系数的 0.1 倍时的带宽 $\mathrm{BW}_{0.1}$ 与其 3dB 带宽之比。选频特性为理想矩形的滤波器,矩形系数等于 1,此时通频带外的信号全部衰减,具有最佳选频性能。

5)插入损耗。插入损耗定义为通频带内滤波器插入前后负载所得功率之比。

$$L = \frac{P_{前}}{P_{后}}$$

无源滤波器都有一定的损耗,要求损耗越小越好。

6)输入输出阻抗。滤波器的性能指标都是在其输入输出端均匹配时测得的。因此,在应用时必须知道其输入输出阻抗,并很好地匹配,才能使滤波器发挥其最佳性能。

7)相频特性。要求相频特性接近线性。

信号通过网络的无失真传输是指输出信号与输入信号相比,只有幅度大小和出现时间的变化,而波形没有变化。这就要求网络的传输函数 $H(\omega) \mathrm{e}^{\mathrm{j}\varphi(\omega)}$ 如图 1.1.2 所示,即 $H(\omega) = A$ 和 $\varphi(\omega) = -\omega t_\mathrm{d}$。网络对组成信号的所有频率分量放大相同的倍数,对所有频率分量延迟相同时间 t_d,则合成输出波形不变。称相频特性曲线的斜率 $\tau(\omega) = \dfrac{\mathrm{d}\varphi}{\mathrm{d}\omega}$ 为群时延。

由于射频通道上的信号均是由多频率组成的已调波,如果滤波器通带内的幅频特性不均匀,会产生频率失真,当 $\tau(\omega)$ 不为常数,即相频特性不为直线时,会产生相位失真。

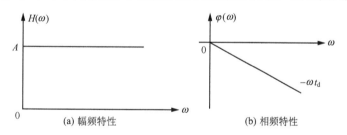

图 1.1.2 理想线性网络的幅频特性和相频特性

1.2 LC 串并联谐振回路

用电感线圈 L 与电容 C 构成的串并联回路是射频通信电路中应用得最为广泛的选频电路,它们除完成选频功能外,还可以进行阻抗变换,本节主要分析它们的选频特性。

1.2.1 谐振的基本概念与特性

1. 并联谐振回路

标准的并联 LC 回路由无损耗的电感 L、电容 C 及电导 $G = \dfrac{1}{R}$ 并联组成,并由电流源 $\dot i_\mathrm{s}$ 激励,如图 1.2.1 所示。

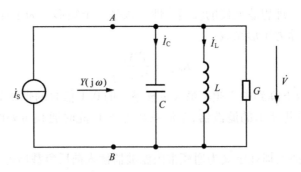

图 1.2.1　并联谐振回路

由 A、B 两点看入,回路导纳为

$$Y(\omega) = G + j\omega C + \frac{1}{j\omega L} \tag{1.2.1}$$

导纳值与输入信号角频率有关,当导纳为纯电导 G 时,称回路为谐振。对应的谐振角频率为

$$\omega_0 = 2\pi f_0 = \frac{1}{\sqrt{LC}} \tag{1.2.2}$$

并联回路谐振时具有以下特点。

1) 阻抗特性。回路谐振时,回路的感抗与容抗相等,互相抵消,回路导纳最小,$Y(\omega_0)$ $= G = \frac{1}{R}$,或阻抗最大为 $Z(\omega_0) = R$。通常将谐振时的容抗或感抗

$$\rho = \omega_0 L = \frac{1}{\omega_0 C} \tag{1.2.3}$$

称为回路特性阻抗。

2) 电压特性。谐振时回路两端的电压最大,$\dot{V}_0 = \dot{I}_s R$,并与信号电流同相。

3) 品质因数。回路品质因数描述了回路的储能与它的耗能之比。定义为

$$Q = 2\pi\frac{\text{谐振时回路总的储能}}{\text{谐振时回路一周内的耗能}} = 2\pi\frac{CV^2}{TV^2/R} \tag{1.2.4}$$

由于 $T = \frac{2\pi}{\omega_0}$,则对图 1.2.1 所示的并联谐振回路,$G$ 若视为回路的损耗,其品质因数为

$$Q = \frac{\omega_0 C}{G} = \frac{R}{\omega_0 L} = \frac{R}{\rho} \tag{1.2.5}$$

一个由有耗的空心线圈和电容组成的回路的 Q 值大约是几十到一二百。

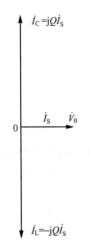

图 1.2.2　谐振时电流特性

4) 电流特性。谐振时,流过电感 L 和电容 C 的电流相等,方向相反,且为信号电流的 Q 倍,如式(1.2.6)或图 1.2.2 所示。这可以理解为,谐振时电容上的能量和电感上的能量互相转换,产生

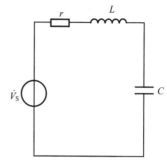
图 1.2.3 串联谐振回路

振荡,而信号源的能量仅补充电阻 R 上的损耗。谐振时流过线圈和电容的电流是信号源电流的 Q 倍,选择线圈导线时应注意线径大小以承受电流的容量。

$$\dot{I}_L = \frac{\dot{V}_0}{j\omega_0 L} = \frac{\dot{I}_S R}{j\omega_0 L} = -jQ\dot{I}_S$$

$$\dot{I}_C = j\omega_0 C\dot{V}_0 = j\omega_0 C\dot{I}_S R = jQ\dot{I}_S \qquad (1.2.6)$$

2. 串联谐振回路

串联谐振回路如图 1.2.3 所示。根据电路中的对偶定理,对偶关系如下:串联-并联,L-C,C-L,G-r,V-I 分别对偶,所以可以直接将上面的并联谐振回路的特性推广到串联谐振回路中,串并联特性对照表如表 1.2.1 所示。

表 1.2.1 串、并联特性对照表

	并 联	串 联
电路结构	L、C、G 并联	C、L、r 串联
激励信号源	电流源 I_S	电压源 V_S
谐振角频率	$\omega_0 = 2\pi f_0 = \dfrac{1}{\sqrt{LC}}$	$\omega_0 = 2\pi f_0 = \dfrac{1}{\sqrt{LC}}$
谐振阻抗	$Y(\omega_0) = G$	$Z(\omega_0) = r$
品质因数	$Q = \dfrac{\omega_0 C}{G} = \dfrac{R}{\omega_0 L}$	$Q = \dfrac{\omega_0 L}{r} = \dfrac{1}{r\omega_0 C}$
谐振时电流(电压)	$I_L = I_C = QI_S$	$V_L = V_C = QV_S$

1.2.2 选频特性

1. 并联谐振回路

并联谐振回路的阻抗或输出电压随输入信号频率而变化的特性称为回路的选频特性。分析选频特性,也就是分析不同频率的输入信号通过回路的能力。写出图 1.2.1 所示并联谐振回路的输出电压表达式如下:

$$\dot{V}(\omega) = \frac{\dot{I}_S}{Y(\omega)} = \frac{\dot{I}_S}{G + j\left(\omega C - \dfrac{1}{\omega L}\right)} = \frac{\dot{I}_S/G}{1 + jQ\left(\dfrac{\omega}{\omega_0} - \dfrac{\omega_0}{\omega}\right)} = \frac{\dot{V}(\omega_0)}{1 + j\xi} \qquad (1.2.7)$$

称

$$\xi = Q\left(\frac{\omega}{\omega_0} - \frac{\omega_0}{\omega}\right)$$

为广义失谐,谐振时 $\xi = 0$。分析回路的选频性能,特别应该说明的是,由于 $\dot{V} = \dot{I}_S Z$,而电流源是常数,因此回路的输出电压特性与回路的阻抗特性完全相同。

当信号频率位于谐振频率 ω_0 附近时,可将 $\omega \approx \omega_0$ 代入得

$$\xi = Q\left(\frac{\omega}{\omega_0} - \frac{\omega_0}{\omega}\right) = Q\frac{(\omega + \omega_0)(\omega - \omega_0)}{\omega\omega_0} \approx Q\frac{2\omega_0(\omega - \omega_0)}{\omega_0^2} = Q\frac{2(\omega - \omega_0)}{\omega_0}$$

因此有

$$\dot{V}(\omega) \approx \frac{\dot{I}_s/G}{1 + jQ\dfrac{2(\omega - \omega_0)}{\omega_0}} = \frac{\dot{V}(\omega_0)}{1 + jQ\dfrac{2\Delta\omega}{\omega_0}} = \frac{\dot{V}(\omega_0)}{\sqrt{1 + \left(Q\dfrac{2\Delta\omega}{\omega_0}\right)^2}}e^{j\varphi} \qquad (1.2.8)$$

其中

$$\varphi = -\arctan Q\frac{2\Delta\omega}{\omega_0} \qquad (1.2.9)$$

可以看出当输入信号频率 $\omega \neq \omega_0$ 时,输出电压的幅度和相位都发生变化。

(1) 幅频特性

将失谐频率 ω 对应的输出电压幅度与谐振时的输出电压幅度之比称为谐振回路的归一化选频特性:

$$S = \frac{V(\omega)}{V(\omega_0)} = \frac{1}{\sqrt{1 + \left(Q\dfrac{2\Delta\omega}{\omega_0}\right)^2}} \qquad (1.2.10)$$

相应画出的归一化选频特性曲线如图 1.2.4 所示。

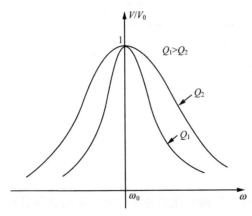

图 1.2.4　归一化选频特性曲线

由该归一化特性可以得出以下几点结论。

1) 选择性。谐振点时输出电压最大,回路阻抗最大,失谐时下降。回路的 Q 值越高,选择性越好,即对同一失谐频率 ω,Q 值越大的回路输出电压越小。

2) 通频带。令式 (1.2.10) 等于 $\frac{1}{\sqrt{2}}$,可计算出回路的 3dB 通频带为

$$\mathrm{BW}_{3\mathrm{dB}} = 2\Delta f = \frac{f_0}{Q} \qquad (1.2.11)$$

该式说明,回路的 Q 值越小,通频带越宽。

式 (1.2.11) 也可以写成 $\dfrac{1}{Q} = \dfrac{\mathrm{BW}_{3\mathrm{dB}}}{f_0}$ 的形式,这表明,相对带宽越窄,要求回路的 Q 值越高,这是一个很重要的概念。即在很高的频率时,窄带选频回路要求极高的 Q。

3) 矩形系数。令 $S = \dfrac{1}{10}$,求出输出电压下降为谐振时的 $\dfrac{1}{10}$ 的带宽 $\mathrm{BW}_{0.1}$,则并联谐振回路的矩形系数为

$$K_{0.1} = \frac{\mathrm{BW}_{0.1}}{\mathrm{BW}_{3\mathrm{dB}}} = 9.96 \qquad (1.2.12)$$

简单并联谐振回路的矩形系数较大,即说明了它对宽的通频带和高的选择性这对矛盾不能兼顾。

（2）相频特性

根据式（1.2.9）画出相频特性如图1.2.5所示。

分析并联回路的相频特性可以得出以下几点结论。

1）谐振时 $\varphi(\omega_0)=0$，回路呈纯电阻，输出电压与信号电流源同相。

2）失谐时，当 $\omega<\omega_0$ 时 $\varphi(\omega)>0$，并联回路阻抗呈感性；当 $\omega>\omega_0$ 时 $\varphi(\omega)<0$，并联回路阻抗呈容性。

如果忽略回路的损耗电阻 R，式（1.2.1）可以画出并联谐振回路的电抗频率特性如图1.2.6所示。

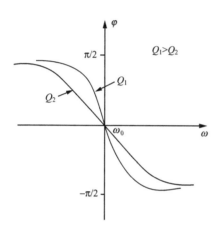

图1.2.5　并联谐振回路相频特性　　　　图1.2.6　并联回路的电抗频率特性

3）相频特性曲线的斜率

$$\left. \frac{\mathrm{d}\varphi}{\mathrm{d}\omega} \right|_{\omega=\omega_0} = -\frac{2Q}{\omega_0} \tag{1.2.13}$$

并联谐振回路的相频特性呈负斜率，且 Q 越高，斜率越大，曲线越陡。

4）线性相频范围。当 $|\varphi| \leqslant \dfrac{\pi}{6}$ 时，式（1.2.9）可近似为 $\varphi(\omega) \approx -2Q \times \dfrac{\omega-\omega_0}{\omega_0}$，则 $\varphi(\omega) \sim \omega$ 之间呈线性关系。相频特性呈线性关系的频率范围与 Q 成反比。

2. 串联回路的选频特性

应用串并联对偶特性，根据式（1.2.10）可以写出图1.2.3所示的串联谐振回路的归一化选频特性公式（1.2.14）以及如表1.2.2所示的特性。

$$S = \frac{I(\omega)}{I(\omega_0)} = \frac{1}{\sqrt{1+\left(Q\dfrac{2\Delta\omega}{\omega_0}\right)^2}} \tag{1.2.14}$$

在应用对偶特性时应注意，如果变量是对偶的，则公式与曲线形状是相同的，若变量相同，则曲线形状相反。

表 1.2.2   串并联回路的对偶特性

	幅频特性	带 宽	相频特性	电抗特性
并联	V/V_0 曲线，峰值在 ω_0	$BW_{3dB} = \dfrac{f_0}{Q}$ $K_{0.1} = 9.96$	φ_Z 递减曲线过0	x 曲线，在 ω_0 处
串联	I/I_0 曲线，峰值在 ω_0	$BW_{3dB} = \dfrac{f_0}{Q}$ $K_{0.1} = 9.96$	φ_Z 递增曲线过 ω_0	x 递增曲线，过 ω_0

1.2.3　实际并联回路与有载 Q

本节讨论一个有损耗的实际线圈用于谐振回路以及当并联谐振回路接在电路中,负载和信号源内阻对其发生的影响。

1. 实际并联谐振回路

当电流通过线圈,导线的发热引起的损耗不能忽略时,线圈就是有损耗的。线圈的损耗应表示成与 L 串联的电阻 r,该电阻一般是很小的。由一个有耗电感 L 和电容 C 组成的并联谐振回路如图 1.2.7(a) 所示。该并联谐振回路与图 1.2.1 所示的并联回路的标准形式有所不同。为了应用标准并联谐振回路的各项公式,必须将 L 与 r 的串联支路变换成 L_P 与 R_P 的并联支路。这就是下面要介绍的串并联支路的互换公式。

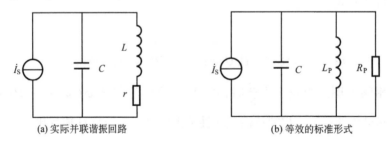

(a) 实际并联谐振回路   (b) 等效的标准形式

图 1.2.7　实际并联谐振回路及其标准形式

（1）串并联支路阻抗互换

下面推导将图 1.2.8(a) 中电阻 r_S 与电抗 X_S 串联支路变换成 (b) 电阻 R_P 与电抗 X_P 并联支路的一般公式。

由于两者阻抗等效,可以写出下式:

$$\frac{1}{R_P} + \frac{1}{jX_P} = \frac{1}{r_S + jX_S} = \frac{r_S - jX_S}{r_S^2 + X_S^2}$$

令实部、虚部分别相等,则有

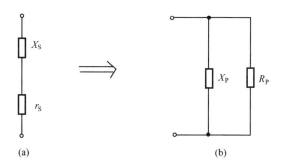

图 1.2.8　串并联支路互换

$$R_P = \frac{r_S^2 + X_S^2}{r_S} = r_S\left[1 + \left(\frac{X_S}{r_S}\right)^2\right] = r_S(1 + Q^2) \qquad (1.2.15)$$

$$X_P = \frac{r_S^2 + X_S^2}{X_S} = X_S\left[1 + \left(\frac{r_S}{X_S}\right)^2\right] = X_S\left(1 + \frac{1}{Q^2}\right) \qquad (1.2.16)$$

其中,定义

$$Q = \frac{X_S}{r_S} = \frac{R_P}{X_P} \qquad (1.2.17)$$

称其为串联支路或等效并联支路的 Q 值。以上串并联互换公式,对两种性质电抗元件均适用。

（2）实际并联回路分析

按照式(1.2.15)和式(1.2.16),可将图 1.2.7(a)示的实际并联谐振回路化为图 1.2.7(b)所示的并联谐振回路的标准形式。由于等效,图 1.2.7(b)谐振回路的谐振频率即为图 1.2.7(a)的谐振频率。根据谐振时并联导纳

$$Y(\omega) = G + jB = \frac{1}{R_P} + j\omega C - j\frac{1}{\omega L_P}$$

的虚部为零的定义,即 $jB = j\omega_P C - j\dfrac{1}{\omega_P L_P} = 0$,代入式(1.2.16)中的 $L_P = L\left[1 + \dfrac{r^2}{(\omega_P L)^2}\right]$,可求得

$$\omega_P = \sqrt{\frac{1}{LC}}\sqrt{1 - \frac{Cr^2}{L}} = \omega_0\sqrt{1 - \frac{Cr^2}{L}} = \omega_0\sqrt{1 - \frac{1}{Q_0^2}} \qquad (1.2.18)$$

式中,ω_0 为无耗线圈 L 与 C 组成的并联谐振回路的谐振频率,$Q_0 = \dfrac{\omega_0 L}{r}$ 为考虑了损耗电阻 r 后的线圈 L 的固有品质因数(有耗线圈往往给出其 Q_0,而不是 r)。

带有损耗电阻 r 的实际线圈 L 与电容 C 组成的并联谐振回路的谐振频率 ω_P 不等于 ω_0,且 $\omega_P < \omega_0$。只有当损耗电阻 r 足够小,即 Q_0 足够大时,才有 $\omega_P = \omega_0$,而实际情况往往满足该条件。在高 Q 条件下,串并联互换公式(1.2.15)和式(1.2.16)可简化为

$$R_P \approx rQ_0^2 \quad \text{和} \quad L_P \approx L \qquad (1.2.19)$$

所以对应高 Q 的实际并联谐振回路的谐振阻抗为

$$R_P = Q_0^2 r = Q_0 \rho = \frac{L}{Cr} \qquad (1.2.20)$$

其品质因数即为 Q_0,称为回路的空载品质因数。

2. 有载品质因数

当一个具有空载品质因数为 $Q_0(\gg 1)$ 的并联谐振回路 LC 接有负载电阻 R_L 和信号源，且信号源具有内阻 R_S 时，如图 1.2.9(a)所示，回路的特性会如何变化呢？为了回答这个问题，把图 1.2.9(a)化为图 1.2.9(b)，图中 $R_P \approx rQ_0^2 = \rho Q_0$，$L_P \approx L$。

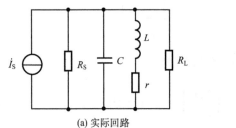 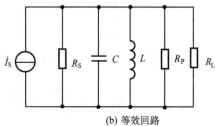

(a) 实际回路   (b) 等效回路

图 1.2.9   有载品质因数

由于没有电感和电容的影响，其谐振频率 $\omega_0 = \dfrac{1}{\sqrt{LC}}$，特性阻抗 $\rho = \omega_0 L = \dfrac{1}{\omega_0 C}$ 均不变，而变化的是谐振阻抗

$$Z(\omega_0) = R_T = R_S /\!/ R_L /\!/ R_P \tag{1.2.21}$$

和品质因数，品质因数由空载品质因数 $Q_0 = \dfrac{\omega_0 L}{r}$ 变为有载品质因数 Q_e。

$$Q_e = \frac{R_T}{\rho} = \frac{Q_0}{1 + \dfrac{R_P}{R_S} + \dfrac{R_P}{R_L}} \tag{1.2.22}$$

由于负载和信号源内阻的影响，使回路的等效品质因数下降，通频带增宽，选择性变差。R_L 和 R_S 越小，Q_e 下降越多，影响也就越严重。

小结：

（1）LC 串并联谐振回路由于它的阻抗特性随频率而变，可以完成选频功能，因而是射频电路中应用得最为广泛的单元电路之一，它同时可以完成阻抗变换功能。

（2）描述 LC 回路谐振时的参数有：谐振频率、谐振阻抗、输出电压（电流）和 Q 值。

（3）描述 LC 回路失谐时的特性及参数有：幅频特性——描述参数是通频带、选择性和矩形系数；相频特性——描述参数是曲线斜率与线性范围，由相频特性看出，在谐振频率两侧，回路呈现的阻抗性质不同。

（4）Q 值是影响回路性能的最重要的参数，它描述的是回路中的电抗与损耗之比，它的影响体现在选频特性曲线（幅频、相频）的变化斜率大小上。

（5）书中的大多公式对应的是由无损耗的电感和电容组成的标准并联回路，若用有耗元件构成回路，必须用串并支路变换，将实际电路转换为标准形式，才能应用相应公式。

（6）回路的固有损耗对应回路空载 Q，因接入外电路（信号源、负载）使回路空载 Q 下降为有载 Q，为减小外电路对回路 Q 值的影响，外电路可以采用部分接入。

1.3 无源阻抗变换网络

射频电路的各模块或负载一般都是与特性阻抗为 Z_0(一般是 50Ω)的传输线相连,因此在各模块或负载与传输线之间就要进行阻抗匹配,或称阻抗变换。进行阻抗变换的必要性在于以下几点。

1)可以向负载传输最大功率。

2)在天线、低噪声放大器或混频器等接收机前端可以改善噪声系数。

3)发射机由于匹配实现了最大功率传输,相当于提高了效率,延长了电池使用寿命。

4)滤波器或选频回路前后匹配可以发挥其最佳性能。

阻抗变换网络首先应该是无损耗的,因此不能用电阻网络组成。阻抗变换有多种方法,可以采用无损耗的集中参数电抗元件构成,也可以采用微带构成。本节主要讲述几种常用的采用电感、电容或变压器等集中参数电抗元件构成的网络,相对于微带,这些网络的适用频率要低一些。匹配网络可以是窄带网络,也可以是宽带的。对于窄带网络,它不仅完成阻抗变换功能,还担负了滤波功能,滤波性能的好坏取决于网络的 Q 值。在讲述窄带阻抗变换网络时,先采用方程计算法,然后采用 Smith 阻抗圆图进行设计。

1.3.1 变压器阻抗变换

变压器阻抗变换电路如图 1.3.1 所示,设初级绕组电感量为 L_1,次级电感量为 L_2,M 为互感,k 为耦合系数,且 $M = k\sqrt{L_1 L_2}$。耦合系数 k 表示初次级耦合的紧密程度,k 越大,耦合越紧,k 的最大值为 1。初次级均绕在磁芯上的变压器称为磁芯变压器,无磁芯的变压器称为空芯变压器。与空芯变压器相比,磁芯变压器的耦合紧,漏磁少,耦合系数近似为 1。但由于磁芯的损耗随频率升高而增大,因此磁芯变压器的工作频率没有空芯变压器高。在选择磁芯时,要特别注意它的磁导率和损耗。

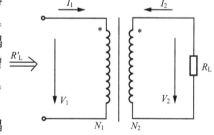

图 1.3.1　变压器阻抗变换

下面仅复习理想变压器的阻抗变换。无损耗、耦合系数为 1,且初级电感量为无穷的变压器,称为理想变压器。设其电流电压方向如图 1.3.1 所示。N_1 和 N_2 分别为变压器初次级绕组的匝数,则理想变压器的变换功能如下:

$$\frac{V_1}{V_2} = \frac{N_1}{N_2} \qquad \frac{I_1}{I_2} = -\frac{N_2}{N_1} \qquad \text{且 } R'_L = \left(\frac{N_1}{N_2}\right)^2 \cdot R_L \qquad (1.3.1)$$

电流式中的负号表示 I_2 实际方向与假设方向相反。

带磁芯的变压器的变换功能可近似为与理想变压器相同。

1.3.2 部分接入进行阻抗变换

采用电抗元件部分接入的方法进行阻抗变换,如图 1.3.2 所示。将电阻 R 接在两个相

同性质的电抗元件 X_1 和 X_2 之间[图 1.3.2(a)所示],则其折合到端口 AB 的等效电阻为 R'[图 1.3.2(b)所示]。这种阻抗变换网络一般是窄带的,必须添加另一个异性电抗与 X_1 和 X_2 的串联电抗谐振,电抗互相抵消,才能完成纯电阻间的阻抗变换。

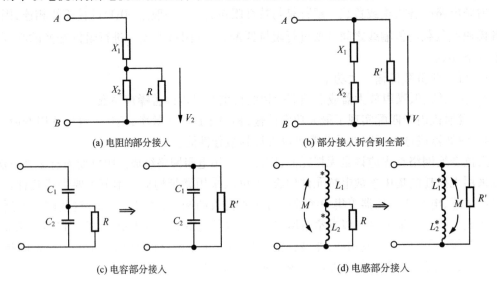

(a) 电阻的部分接入　　　　　　　　(b) 部分接入折合到全部

(c) 电容部分接入　　　　　　　　(d) 电感部分接入

图 1.3.2　电阻、电容和电感部分接入进行阻抗变换

当用这种方法进行阻抗变换时,应分两种不同情况来计算变换网络参数。

1. 并联支路 Q 值足够大($R \gg X_2$)

电阻 R 接在两个相同性质的电抗元件 X_1 和 X_2 之间,定义接入系数为

$$P = \frac{\text{接入部分电抗值}}{\text{总电抗值}} = \frac{X_2}{X_1 + X_2} \tag{1.3.2}$$

接入系数一定小于 1。把图 1.3.2(a)化为图 1.3.2(b),将部分接入的电阻 R 等效到全部为 R'。由于等效,两电阻上的功率应相等,即

$$\frac{V_2^2}{R} = \frac{V^2}{R'}$$

只要 $R \gg X_2$,即并联支路的 $Q = \frac{R}{X_2} \gg 1$,则有 $\frac{V_2}{V} = \frac{X_2}{X_1 + X_2}$,所以

$$R' = \frac{R}{P^2} \tag{1.3.3}$$

将部分接入的电阻变为全部接入,阻抗扩大 $\frac{1}{P^2}$ 倍。同理,将全部接入的电阻变换为部分接入,则电阻缩小 P^2 倍。

图 1.3.2(c)、(d)分别画出了用电容和电感的部分接入进行阻抗变换。

(1) 电容部分接入

接入系数为

$$P_{\text{C}} = \frac{X_{\text{C}_2}}{X_{\text{C}_1} + X_{\text{C}_2}} = \frac{C_1}{C_1 + C_2} \tag{1.3.4}$$

则有

$$R' = \frac{R}{P_{\text{C}}^2} = \frac{R}{\left(\dfrac{C_1}{C_1 + C_2}\right)^2}$$

（2）线圈部分接入

当两线圈有互感时，接入系数为

$$P_{\text{L}} = \frac{X_{\text{L}_2}}{X_{\text{L}_1} + X_{\text{L}_2}} = \frac{L_2 + M}{L_1 + L_2 + 2M} \tag{1.3.5}$$

M 为互感。若两线圈的同名端相反时，互感前的加号变减号，且有 $R' = \dfrac{R}{P_{\text{L}}^2}$。

两线圈绕组间的耦合很小，或是两个互相隔离的线圈，则互感 $M = 0$，接入系数简化为两个线圈的电感量之比 $P_{\text{L}} = \dfrac{L_2}{L_1 + L_2}$。而当两线圈是绕在同一磁芯上时，由于耦合紧，漏磁少，并且有 $L_1 = AN_1^2$，$L_2 = AN_2^2$ 及 $M = AN_1N_2$（A 为系数），则接入系数可以简化为部分线圈的匝数 N_2 与全部线圈的匝数（$N_1 + N_2$）之比，即 $P_{\text{L}} = \dfrac{N_2}{N_1 + N_2}$。

若外接负载不是纯电阻而包含电抗成分时，上述等效变换仍然适用。对于信号源，也可以采用上述方法进行变换，等效的原则仍是功率相等。

2. 并联支路 Q 值不够大

若并联支路不满足 $Q \gg 1$，则式（1.3.3）不成立，必须采用串并联互换公式进行计算。下面通过一个例子说明。

例 1.3.1　用电容部分接入方式设计一个窄带阻抗变换网络，工作频率为 1GHz，带宽为 50MHz，分别将（1）$R_{\text{L}} = 30\Omega$；（2）$R_{\text{L}} = 5\Omega$ 变换为阻抗 $R_{\text{in}} = 50\Omega$。

解　阻抗变换网络如图 1.3.3（a）所示。注意，本题有两个 Q，一是回路 L、C_1、C_2 的回路 Q，它是由回路的等效负载决定，也可以由要求的带宽计算出；二是并联支路 C_2、R_{L} 的支路 Q，它决定了计算阻抗变换网络是用高 Q 法还是低 Q 法。

该窄带阻抗变换网络的回路 Q 值应为

$$Q = \frac{f_0}{\text{BW}_{\text{3dB}}} = \frac{10^9}{50 \times 10^6} = 20$$

根据并联谐振回路 Q 的定义可得

$$Q = \frac{R_{\text{in}}}{X_{\text{L}}} \qquad \longrightarrow X_{\text{L}} = 2.5\Omega$$

$$X_{\text{L}} = \omega_0 L \qquad \longrightarrow L = 0.398\text{nH}$$

回路必须在工作频率 ω_0 处谐振，才能使输入阻抗 R_{in} 为纯电阻，因此，电容支路的容抗必定与电感支路的感抗相等，即有

$$X_C = X_L = 2.5\Omega$$

电容支路由电容 C_1 和电容 C_2 串联,必有 $X_{C_1} < X_C, X_{C_2} < X_C$。因此当 $R_L = 30\Omega$ 时,必定满足 $R_L \gg X_{C_2}$,即并联支路 R_2、C_2 为高 Q,而当 $R_L = 5\Omega$ 时,可能不满足高 Q 的条件。对于上述两个不同的负载电阻,阻抗变换网络参数分别计算如下。

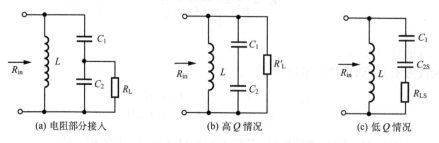

(a) 电阻部分接入   (b) 高 Q 情况   (c) 低 Q 情况

图 1.3.3　例 1.3.1 电容部分接入进行阻抗变换

(1) 当 $R_L = 30\Omega$ 时,因为 R_L 和 C_2 并联支路满足高 Q 条件,图 1.3.3(a) 所示的阻抗变换电路可等效为如图 1.3.3(b) 所示电路,该电路的接入系数为 $P_C = \dfrac{C_1}{C_1 + C_2}$,且有 $R_{in} = R'_L = \dfrac{R_L}{P_C^2}$,则

$$P_C = \frac{C_1}{C_1 + C_2} = \sqrt{\frac{R_L}{R_{in}}} = 0.774$$

回路总电容为 $C_\Sigma = \dfrac{C_1 \cdot C_2}{C_1 + C_2}$,由 $X_C = 2.5\Omega$ 可得

$$C_\Sigma = \frac{C_1 \cdot C_2}{C_1 + C_2} = \frac{1}{\omega_0 X_C} = \frac{1}{2\pi \times 10^9 \times 2.5} = 63.7 \ (\text{pF})$$

因此匹配网络电容为

$$C_2 = 82.3\text{pF}, \ C_1 = 281.7\text{pF}$$

(2) 当 $R_L = 5\Omega$ 时,因为 R_L 和 C_2 并联支路可能不满足高 Q 条件,将图 1.3.3(a) 中 R_L 和 C_2 并联支路化为 R_{LS} 和 C_{2S} 的串联支路,如图 1.3.3(c) 所示,其中

$$R_{LS} = \frac{R_L}{1 + Q_2^2}, \ Q_2 = \frac{R_L}{X_{C_2}}$$

在图 1.3.3(c) 中,根据串并联阻抗变换公式及设计要求,应满足

$$R_{in} = R_{LS}(1 + Q^2)$$

其中,$Q = 20$(注意此处回路 Q 与支路 Q_2 的不同)。所以有

$$Q_2 = \sqrt{\frac{R_L}{R_{in}}(Q^2 + 1) - 1} = \sqrt{\frac{5}{50}(20^2 + 1) - 1} = 6.253$$

$$X_{C_2} = \frac{1}{\omega_0 C_2} = \frac{R_L}{Q_2} \longrightarrow C_2 = \frac{Q_2}{\omega_0 R_L} = \frac{6.253}{2\pi \times 10^9 \times 5} = 199(\text{pF})$$

$$R_{LS} = \frac{R_L}{1 + Q_2^2} = 0.125\Omega, \ C_{2S} = C_2\left(1 + \frac{1}{Q_2^2}\right) \approx C_2$$

在图 1.3.3(c) 的等效电容串联支路中,回路 Q 又可表示为

$$Q = \frac{X_{C_\Sigma}}{R_{\mathrm{LS}}} = \frac{1}{R_{\mathrm{LS}} \cdot \omega_0 C_\Sigma} \longrightarrow C_\Sigma = \frac{1}{0.125 \times 20 \times 2\pi \times 10^9} = 63.7(\mathrm{pF})$$

由

$$C_\Sigma = \frac{C_1 \cdot C_2}{C_1 + C_2} \longrightarrow C_1 = 93.7\mathrm{pF}$$

因此匹配网络电容为

$$C_2 = 199\mathrm{pF}, \ C_1 = 93.7\mathrm{pF}$$

1.3.3　L 网络阻抗变换

在射频电路中,尤其是在后面要介绍的高频大功率放大电路中,最简单和最常用的匹配网络是由两个不同性质的电抗元件构成的 L 型网络(以下简称为 L 网络)。L 网络是一种窄带网络。它不仅完成阻抗变换功能,还担负了滤波功能,滤波性能的好坏取决于网络的 Q 值。

常用的 L 网络有如图 1.3.4 所示两种,由串联支路电抗元件 X_S 和并联支路电抗元件 X_P 组成。若已知源阻抗为 R_S,负载阻抗为 R_L,它们均为纯电阻,电路工作频率为 ω_0。选用合适的 L 网络,将负载阻抗 R_L 变换为源阻抗 R_S,并求出匹配网络的 L、C 值。

1. 匹配网络的选择与元件计算

假设采用图 1.3.4(a) 所示的 L 网络,重画于图 1.3.5(a)。

L 网络阻抗变换的基础是串并联阻抗互换,如图 1.3.5(a)、(b) 所示。

将串联支路的 X_S 与 R_L 变换为并联支路的 X_{SP} 和 R_P 后,再让电抗 X_{SP} 和电抗 X_P 在工作

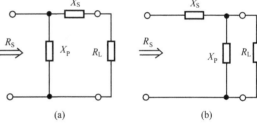

图 1.3.4　两种 L 匹配网络

频率 ω_0 处并联谐振,即 $X_\mathrm{P} = X_{\mathrm{SP}}$,电抗抵消,只剩下电阻 R_P。并使 $R_\mathrm{P} = R_\mathrm{S}$,则达到阻抗变换目的。很显然,为了达到谐振,L 网络的串联支路电抗与并联支路电抗必须异性质。

根据串并联互换公式有

$$R_\mathrm{S} = R_\mathrm{L}\left[1 + \left(\frac{X_\mathrm{S}}{R_\mathrm{L}}\right)^2\right] = R_\mathrm{L}(1 + Q^2) \tag{1.3.6}$$

$$X_{\mathrm{SP}} = X_\mathrm{S}\left[1 + \left(\frac{R_\mathrm{L}}{X_\mathrm{S}}\right)^2\right] = X_\mathrm{S}\left(1 + \frac{1}{Q^2}\right) \tag{1.3.7}$$

这里的 Q,它既是串联支路 R_L、X_S,也是并联支路 R_P、X_{SP} 的 Q,并且这两支路的 Q 值应该相等,即有

$$Q = \frac{X_\mathrm{S}}{R_\mathrm{L}} = \frac{R_\mathrm{P}}{X_{\mathrm{SP}}} = \frac{R_\mathrm{S}}{X_\mathrm{P}} \tag{1.3.8}$$

因此,在设计 L 网络时,首先由已知条件 R_L、R_S 及式(1.3.6),求出 Q:

$$Q = \sqrt{\frac{R_\mathrm{S}}{R_\mathrm{L}} - 1} \tag{1.3.9}$$

然后,由式(1.3.8)求得

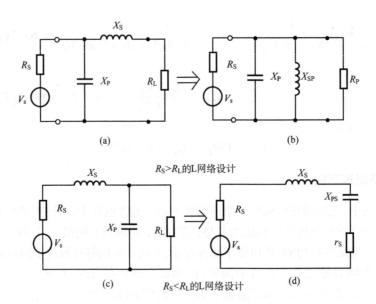

图 1.3.5　L 匹配网络设计

$$X_S = QR_L \quad , \quad X_P = \frac{R_S}{Q} \tag{1.3.10}$$

由工作频率 ω_0 可进一步求出电感 L 和电容 C。

由于此 L 网络仅在工作频率 ω_0 处并联谐振,电抗抵消,完成了两电阻间的阻抗变换,因此它是一个窄带阻抗变换网络。

在此变换中,为使式(1.3.9)有效,必须 $R_S > R_L$。由此可见,选用图 1.3.4(a)所示的 L 网络,通过将串联支路变换为并联支路的方法进行阻抗变换的条件是

$$R_S > R_L$$

当 $R_S < R_L$ 时,则可选用图 1.3.4(b)所示的 L 网络。具体分析如图 1.3.5(c)、(d)所示。先将并联支路的 X_P 与 R_L 变换为串联支路 X_{PS} 与 r_S,再让电抗 X_{PS} 和电抗 X_S 在工作频率 ω_0 处并联谐振,电抗抵消,并使 $r_S = R_S$,实现了阻抗变换。

从以上设计过程知,L 匹配网络支路的 Q 值可以表示为

$$Q = \sqrt{\frac{R_{(大值)}}{R_{(小值)}} - 1} \tag{1.3.11}$$

也即,当两个要阻抗变换的源和负载电阻值确定后,L 网络的 Q 值也确定了,是不能选择的。

如果源阻抗 Z_S 或负载阻抗 Z_L 不是纯电阻,在设计时,可以先将它们的电抗值归并到 L 网络中,求出完成源和负载电阻之间匹配的 L 匹配网络,然后从 L 网络中扣除相应的电抗,得到 L 网络外接的电感 L 与电容 C。或者先用串联或并联的电抗,将源端和负载端的寄生电抗都抵消,然后设计一个 L 网络,在纯电阻 R_L 和 R_S 进行变换匹配。

与用部分接入进行阻抗变换不同,用 L 网络进行阻抗变换并不要求支路 $Q \gg 1$。

例 1.3.2　已知信号源内阻 $R_S = 12\Omega$,并串有寄生电感 $L_S = 1.2\mathrm{nH}$。负载电阻为 $R_L = 58\Omega$,并带有并联的寄生电容 $C_L = 1.8\mathrm{pF}$,工作频率为 $f = 1.5\mathrm{GHz}$。设计 L 匹配网络,使信号源与负载达共轭匹配。

解　本例采用先将信号源端的寄生电感和负载端的寄生电容归并到 L 网络中进行设计的方法。由于 $R_L > R_S$，则 L 网络如图 1.3.6 所示。计算步骤如下。

计算 Q 值：

$$Q = \sqrt{\frac{R_L}{R_S} - 1} = \sqrt{\frac{58}{12} - 1} = 1.96$$

计算 L 网络并联支路电抗：

$$X_P = \frac{R_L}{Q} = \frac{58}{1.96} = 29.6(\Omega)$$

计算 L 网络串联支路电抗：

$$X_S = QR_S = 1.96 \times 12 = 23.5(\Omega)$$

则电容

$$C_P = \frac{1}{2\pi f X_P} = \frac{1}{2\pi \times 1.5 \times 10^9 \times 29.6} = 3.58(\mathrm{pF})$$

电感

$$L = \frac{X_S}{2\pi f} = \frac{23.5}{2\pi \times 1.5 \times 10^9} = 2.5(\mathrm{nH})$$

实际 L 网络的电感

$$L_1 = L - L_S = 2.5 - 1.2 = 1.3(\mathrm{nH})$$

实际 L 网络的电容

$$C_1 = C_P - C_L = 3.58 - 1.8 = 1.78(\mathrm{pF})$$

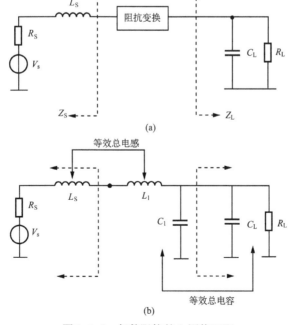

图 1.3.6　复数阻抗的 L 网络匹配

2. 带宽

L 网络的带宽由它的 Q 值决定,而它的 Q 值是不能选择的,由式(1.3.11)确定。如图 1.3.5(a)及式(1.3.8)所示,此 Q 值就是它的一条串联臂 R_L 与 X_S 或并联臂 R_P 与 X_P 的 Q 值。对于整个 L 网络,由于它同时接有源电阻 R_S 和负载电阻 R_L,又由于 $R_S = R_P = R_L(1 + Q^2)$,所以此 L 网络的总有载 Q_e 为

$$Q_e = \frac{1}{2}Q \qquad (1.3.12)$$

所以它的 3dB 带宽为

$$BW \approx \frac{f_0}{Q_e} \qquad (1.3.13)$$

根据式(1.2.18)可以写出 L 网络的谐振频率 ω_0 与 Q 的关系为

$$\omega_0 = \frac{1}{\sqrt{LC}}\sqrt{1-\frac{1}{Q^2}} = \frac{1}{\sqrt{LC}}\sqrt{1-\frac{1}{4Q_e^2}} \qquad (1.3.14)$$

1.3.4　π 和 T 型匹配网络

当 R_S 和 R_L 确定后,L 网络的 Q 是不可选择的,这可能会不满足滤波性能的指标。此时可采用三个电抗元件组成的 π 和 T 型网络,如图 1.3.7 所示。在这些网络中可以假设一个比仅用 L 网络并由式(1.3.11)限定的更高的 Q,以满足对滤波性能的要求。下面以 π 型网络为例来分析它的设计方法。

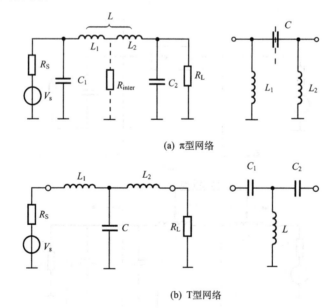

(a) π型网络

(b) T型网络

图 1.3.7　π 和 T 型网络

在图 1.3.7(a)的 π 型网络中,将横臂 L 分成两部分:L_1 和 L_2,$L = L_1 + L_2$。这样 π 型网络就分裂为两个 L 网络,源电阻 R_S 经 L_1C_1 向右变换为中间的假想电阻 R_{inter},必定有 $R_{inter} <$

$R_{\rm S}$。负载电阻 $R_{\rm L}$ 经 L_2C_2 向左也变换为中间电阻 $R_{\rm inter}$，也必定有 $R_{\rm inter}<R_{\rm L}$。只要这两个中间电阻相等，此 π 型网络就完成了 $R_{\rm S}$ 和 $R_{\rm L}$ 之间的阻抗变换。根据 L 网络的变换公式，由 L_1C_1 组成的 L 网络的单臂（串或并）Q 为

$$Q_1 = \sqrt{\frac{R_{\rm S}}{R_{\rm inter}} - 1} \qquad (1.3.15)$$

此 L 网络的有载 Q 为

$$Q_{\rm e1} = \frac{1}{2}Q_1$$

而由 L_2C_2 组成的 L 网络的单臂 Q 为

$$Q_2 = \sqrt{\frac{R_{\rm L}}{R_{\rm inter}} - 1} \qquad (1.3.16)$$

此 L 网络的有载 Q 为

$$Q_{\rm e2} = \frac{1}{2}Q_2$$

由于 $R_{\rm inter}$ 为未知数，所以 Q_1 和 Q_2 二者中可以由设计师自己假定一个。

整个 π 型网络的带宽是由 Q_1 和 Q_2 共同决定的，但是较大的那个 Q 值占主导作用。因此在设定 Q 值时，可以根据带宽的要求设定较高的那个 Q 值。下面举例说明。

例 1.3.3　设计一个 π 型匹配网络，完成源电阻 $R_{\rm S}=10\Omega$ 和负载电阻 $R_{\rm L}=100\Omega$ 间的阻抗变换。工作频率 $f=3.75{\rm MHz}$，假设一个较大的有载 $Q_{\rm e}=4$。

解　设选用的 π 型网络如图 1.3.8 所示，由 L 和 C_1、C_2 组成。将 L 分成 L_1 和 L_2 两个电感，则 π 型网络由源端的 L_1C_1 和负载端的 L_2C_2 两个 L 网络组成。

首先确定此大的有载 $Q_{\rm e}$ 是在源端还是负载端，因为 $R_{\rm L}>R_{\rm S}$，所以此较大的有载 $Q_{\rm e}$ 必定是负载端的 L 网络的有载 $Q_{\rm e2}$。设负载端 L 网络的 Q 为 Q_2，则

$$Q_2 = 2Q_{\rm e2} = 8$$

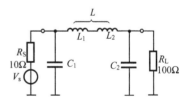

图 1.3.8　例 1.3.3 π 型匹配网络设计

由式 (1.3.16) 求出中间电阻：

$$R_{\rm inter} = \frac{R_{\rm L}}{1 + Q_2^2} = \frac{100}{1 + 8^2} = 1.538\ (\Omega)$$

由于 $R_{\rm inter}<R_{\rm S}$，因此此设计方案是可行的。

负载端 L 网络的并联电容支路为

$$X_{\rm C_2} = \frac{R_{\rm L}}{Q_2} = \frac{100}{8} = 12.5\ (\Omega)$$

负载端串联电感支路为

$$X_{\rm L_2} = Q_2 R_{\rm inter} = 8 \times 1.538 = 12.30\ (\Omega)$$

对源端的 L 网络，其每条臂的 Q 值为

$$Q_1 = \sqrt{\frac{R_{\rm S}}{R_{\rm inter}} - 1} = \sqrt{\frac{10}{1.538} - 1} = 2.346$$

因此源端并联电容支路有

$$X_{C_1} = \frac{R_S}{Q_1} = \frac{10}{2.346} = 4.263 \ (\Omega)$$

源端串联电感支路有

$$X_{L_1} = Q_1 R_{inter} = 2.346 \times 1.538 = 3.608 \ (\Omega)$$

代入工作频率 $f_0 = 3.75\text{MHz}$，可得

$$C_1 = \frac{1}{2\pi f_0 X_{C_1}} = \frac{1}{2\pi \times 3.75 \times 10^6 \times 4.263} = 9955(\text{pF})$$

$$L = \frac{X_L}{2\pi f_0} = \frac{3.608 + 12.30}{2\pi \times 3.75 \times 10^6} = 0.675(\mu\text{H})$$

$$C_2 = \frac{1}{2\pi f_0 X_{C_2}} = \frac{1}{2\pi \times 3.75 \times 10^6 \times 12.5} = 3395(\text{pF})$$

设计出的π型网络如图 1.3.8 所示。

1.3.5　用 Smith 圆图设计匹配网络

在 Smith 圆图上进行匹配网络的设计，比较直观，而且对于较复杂的网络设计也比较方便，与上面的计算方法相比，它的精度不够高，但是这些数据用于指导调试的初始设计已经是足够精确的了。有关 Smith 圆图的基础知识见本章扩展。

1. Smith 圆图的应用

在用无源网络进行阻抗变换时，用得最多的方法是两个元件的串联、并联以及串并联互换，这些方法对应在圆图上的操作可以归纳如下。

（1）串并联互换

在图 1.3.9(a) 中，串联支路的阻抗 $Z_S = R_S + jX_S$ 和与它等效的并联支路导纳 $Y_P = G + jB = \frac{1}{R_P} + \frac{1}{jX_P}$ 互为倒数，即 $\frac{1}{Z_S} = Y_P$。

如图 1.3.9(b) 所示，在 Smith 圆图上，将表示串联支路的归一化阻抗 z 点等半径旋转 $180°$ 得点 z'，即 z' 是 z 的关于圆图中心的对称点。可以证明，z' 是 z 的倒数。

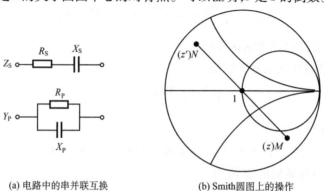

(a) 电路中的串并联互换　　　　(b) Smith圆图上的操作

图 1.3.9　串并联互换在 Smith 圆图上的操作

因为 Smith 圆图上归一化的阻抗是

$$z = \frac{1 + | \Gamma | e^{j\theta}}{1 - | \Gamma | e^{j\theta}}$$

其中,$| \Gamma | e^{j\theta}$是反射系数,旋转 180°后可表示为

$$z' = \frac{1 + | \Gamma | e^{j(\theta \pm 180°)}}{1 - | \Gamma | e^{j(\theta \pm 180°)}}$$

在复数的角度上 ±180°的结果与原数取负值是相同的,则上式变为

$$z' = \frac{1 - | \Gamma | e^{j\theta}}{1 + | \Gamma | e^{j\theta}} = \frac{1}{z}$$

可见,以圆图中心为中心对称的两个点互为倒数。因此在电路上将串联支路化为并联支路对应在圆图上的操作是,求阻抗圆图中对应串联支路 $z = r + jx$ 的点 M 的对称于圆图中心点的点 N,点 N 即为与该串联支路等效的并联支路 $y = g + jb$,其中,$y = \frac{Y_P}{Y_0}$,$Y_0 = \frac{1}{Z_0}$。一般将用串联形式 $z = r + jx$ 表示图上各点阻抗的圆图称为阻抗圆图,而将用并联形式 $y = g + jb$ 表示图上各点导纳的圆图称为导纳圆图。

从导抗互逆这个意义上说,在阻抗圆图中,上半圆的电抗为正,表示电阻和电感串联,它的中心对称点在下半圆,下半圆为负的感纳,表示电导和感纳并联。阻抗圆图的下半圆的电抗是负数,表示电阻和电容串联,它的中心对称点都在上半圆,上半圆为正的容纳,表示电导和容纳并联。例如图 1.3.10 中的同一点 A,若视为阻抗圆图,则为 $z = 1 - j0.5$,设归一化的参考电阻 $Z_0 = 50\Omega$,它表示电阻 $R = 1 \times Z_0 = 50\Omega$ 和容抗 $X_C = -0.5 Z_0 = -25\Omega$ 的串联。若视为导纳圆,则为 $y = g + jb = 1 - j0.5$,设归一化电导 $Y_0 = \frac{1}{Z_0} = 0.02S$,它表示电导值为 $G = gY_0 = 1 \times Y_0 = 0.02S$ 的电阻与感纳为 $B = -0.5 Y_0 = -0.01S$ 的电感并联。即是阻值 $R = \frac{1}{G} = \frac{1}{1 \times Y_0} = 50\Omega$ 的电阻与感抗为 $X_L = \frac{1}{0.5 Y_0} = 100\Omega$ 的电感并联。在此我们将阻抗圆和导纳圆合并成一个,归一化阻抗值为 $z = \frac{Z}{Z_0} = r + jx$,归一化导纳为 $y = \frac{Y}{Y_0} = g + jb$。阻抗圆图中的等 r 圆视为导纳圆图中的等 g 圆,阻抗圆图中的等 x 圆视为导纳圆图中的等 b 圆,而且数值都相同。这和有的书上将阻抗圆和导纳圆分开的方法有所不同,但本质是一样的。

(2)串联一个元件

在一条支路上串联一个元件,用阻抗图。如要串联一电感,则沿等 r 圆顺时针移动;串联一电容,则沿等 r 圆逆时针移动。如要串联一电阻,则沿等 x 圆移动。

(3)并联一个元件

在一条支路上并联一个元件则用导纳图。如要并联一电感,则沿等 g 圆逆时针移动;并联一电容,沿等 g 圆顺时针移动。

2. L 匹配网络设计

本节介绍用圆图设计 L 网络,使信号源阻抗 R_S 和负载 R_L 相互匹配。

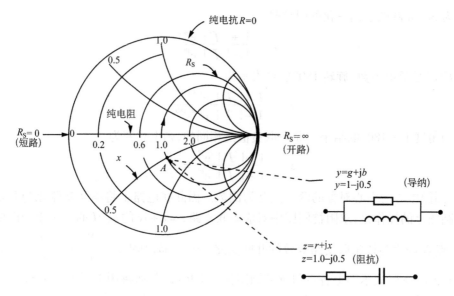

图 1.3.10　阻抗圆图和导纳圆图

（1）R_S 和 R_L 均为纯电阻

例 1.3.4　设 $R_S = 30\Omega$, $R_L = 80\Omega$, 设计一个 L 网络对其进行匹配。为方便起见,设归一化参考电阻 $R_0 = 50\Omega$, 归一化参考电导为 $G_0 = \dfrac{1}{R_0} = 0.02S$。同一 L 网络有高通和低通两种,现以图 1.3.11(a) 的高通为例分析。在图中,由于负载 R_L 与电感 L 并联,所以采用导纳圆图。归一化的负载电导为 $g = \dfrac{1/R_L}{G_0} = 0.625$, 此值画于图 1.3.12 圆图中的 A 点。由于信号源内阻 R_S 与电容 C 串联,所以采用阻抗圆图。归一化的信号源内阻为 $r = \dfrac{R_S}{R_0} = 0.6$, 此值标于图 1.3.12 圆图中的 B 点。

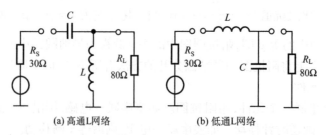

(a) 高通L网络　　　　　　　　(b) 低通L网络

图 1.3.11　L 网络

R_L 和电感 L 并联的操作是在导纳圆图上,由 A 点出发,沿着等 $g = 0.625$ 的圆逆时针移动,移动的弧长即为 L 的值。但由于 L 是未知的,只能确定 R_L 和 L 并联后的点一定位于圆图的下半部,在 $g = 0.625$ 为等值的半圆上,称此半圆为 y_{AB}。然后将此 L 与 R_L 并联支路化为等效的串联支路。根据串并联互换在圆图上的操作,即以圆图的中心点为中心对称,求出半圆 y_{AB} 的对称半图 z_{AB}, z_{AB} 是位于阻抗圆图上。该等效的 R_L 与 L 串联支路与电容 C 串联,电抗部分抵消,电阻部分值应等于 R_S,在阻抗圆图上串联电容的操作即在等 r 圆上逆时针移动,直到水平轴变成 R_S 为止。

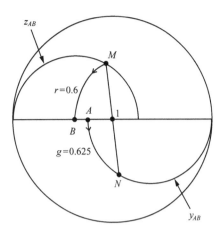

图 1.3.12 用圆图设计 L 网络

根据上面的分析,设计图 1.3.11(a) 的 L 网络应进行如下操作。

1) 求出 R_L 和 R_S 的归一化值,在图 1.3.12 中的圆图上找到对应负载电导的 A 点和对应信号源内阻 R_S 的 B 点。

2) 画出与 A 点等 g 的下半圆 y_{AB},以及与 y_{AB} 中心对称的上半圆 z_{AB}。

3) 画出过 B 点的等 r 圆,此圆弧与上半圆 z_{AB} 相交于 M 点,因此与信号源内阻 R_S 串联的电容的容抗值即为

$$| X_C | = \frac{1}{\omega C} = R_0 (x_M - x_B) = 50 \times (0.77 - 0) = 38.5 (\Omega)$$

4) 过 M 点和圆图的中心点作直线,与半圆 y_{AB} 相交于 N 点,则与 R_L 并联的电感 L 的感纳值即为

$$B = \frac{-1}{\omega L} = G_0 (b_N - b_A) = \frac{b_N - b_A}{R_0} = \frac{-0.8 - 0}{50} = -0.016 (\text{S})$$

所以并联的感抗为

$$X_L = \omega L = \frac{1}{0.016} = 62.5 (\Omega)$$

(2) 复数阻抗共轭匹配

两级大功率放大器级连时,由于晶体管的输入阻抗及最佳负载均为复数,所以经常要进行复数阻抗间的共轭匹配。现以图 1.3.13(a) 电路为例,说明用 Smith 圆图进行复数阻抗匹配的方法。

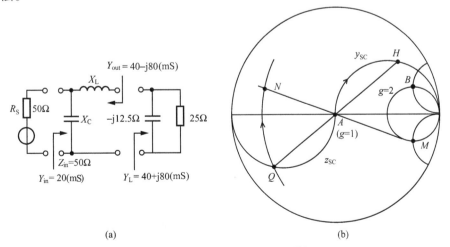

(a)   (b)

图 1.3.13 圆图设计复数阻抗间的共轭匹配

为简单起见,设图 1.3.13 中信号源内阻为纯电阻 $R_S = 50\Omega$,负载为 $R = 25\Omega$ 和 $X_C = -12.5\Omega$ 的并联。操作的方法与上面介绍的纯电阻间的匹配方法基本相同,区别仅在于,现并联负载导纳为 $Y_L = \dfrac{1}{R} + \dfrac{1}{jX_C} = 40 + j80$ mS,由于要共轭匹配,则信号源 R_S 通过 L 网络的变换后应该为 $Y_{out} = 40 - j80$ mS。

操作的方法再简述如下。

1)将阻抗及导纳归一化,取归一化参考值 $R_0 = 50\Omega$,$G_0 = \dfrac{1}{R_0} = 20$mS。则归一化后,信号源为 $r_S = 1$ 或 $g_S = 1$,负载为

$$y_L = g_L + jb_L = 2 + j4$$

分别在导纳圆图上标出对应于 $g_S = 1$ 的点 A 及与负载导纳 $y_L = 2 + j4$ 对应的点 B。

2)在导纳圆图上标出 y_L 的共轭点 M,$y_M = 2 - j4$。

3)求并联导纳 y_M 的等效串联阻抗。以圆图中点为中心,求 M 点的中心对称点 N,则在阻抗圆图上 N 即表示由 y_M 等效变换后的串联阻抗 z_N,设其为 $z_N = r_N + jx_N$。

4)将信号源 g_S 与电容 C 并联。即由 A 点出发,在导纳图上沿 $g_S = 1$ 的圆,向圆图的上半方顺时针移动。由于电容 C 是未知的,不知并联会落在哪一点,但并联的结果都在圆图的上半方,$g_S = 1$ 的半圆上,称此半圆为 y_{SC}。

5)将信号源 g_S 与电容 C 的并联支路化为串联支路。即以圆图中点为中心,求半圆 y_{SC} 的中心对称图形,它是位于圆图左下方的半圆 z_{SC}。而此 z_{SC} 与图 1.3.13(a) 中的 x_L 串联后,应等于负载 y_L 的共轭值。也即阻抗圆图上的 N 点 $z_N = r_N + jx_N$ 是由 z_{SC} 与电感 x_L 串联而得到的。

6)求串联电感 x_L。沿等 r_N 圆,逆时针方向向下移动直至与阻抗半圆 z_{SC} 相交于 Q 点,则 L 网络中的串联电感的感抗为

$$X_L = \omega L = (x_N - x_Q)R_0$$

7)求并联电容 x_C。由圆图中点为中心,求 Q 点的中心对称点,它必定在导纳半圆 y_{SC} 上,设为 H。则在圆 y_{SC} 上由 $g_S = 1$ 的 A 点到 H 点的弧长即为与信号源内阻并联的电容 C 的归一化容纳 b_C,则并联电容 C 的容抗为

$$|X_C| = \frac{1}{\omega C} = \frac{1}{B_C} = \frac{1}{G_0 b_C} = \frac{1}{G_0(b_H - b_A)} = \frac{1}{G_0 b_H} \qquad (\text{因为 } b_A = 0)$$

设计结果为

$$X_L = 25\Omega \qquad X_C = -16.7\Omega$$

3. 根据要求的 Q 值设计阻抗变换网络

例 1.3.5　设计一个工作于 175MHz 的 T 型网络,将晶体管的输入阻抗 $Z_{in} = 1.94 + j1.1\ \Omega$,变换为与 50Ω 源阻抗匹配。要求 Q 为 10。

分析:若用 L 网络匹配,对应的 $Q = \sqrt{\dfrac{50}{1.94} - 1} \approx 5$,现要求 $Q = 10$,因此必须用三元件的 π或 T 型网络。

解　匹配网络如图 1.3.14 所示，由 C_1、C_2 及 L 组成。

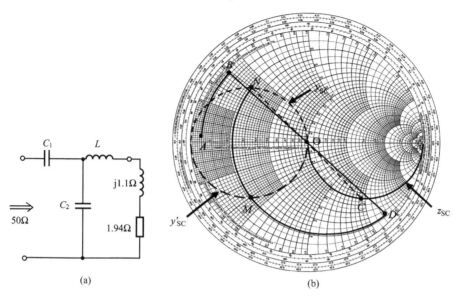

图 1.3.14　已知 Q 值，用 Smith 圆图设计匹配网络

由于晶体管的输入电阻为 $R_{\text{in}} = 1.94\Omega$，小于源内阻 50Ω，因此高 Q 部分必定对应网络的右边。下面简述设计步骤。

1）将输入阻抗归一化得

$$z_{\text{in}} = \frac{1.94 + \text{j}1.1}{50} = 0.039 + \text{j}0.022$$

在 Smith 圆图上得到对应点 A。

2）由于 X_{L} 与 Z_{in} 串联支路的 $Q = 10$，从 A 点出发沿等 r 圆，顺时针旋转，与 $Q = 10$ 的弧相交于 B 点（见本章扩展等 Q 曲线）。实际上由于 $Q = \dfrac{X}{r}$，则 B 点对应的阻抗必定为 $z_B = 0.039 + \text{j}0.39$，则

$$x_{\text{L}} = 0.39 - 0.022 = 0.368$$

$$\omega L = 50 \times 0.368 = 18.5\,(\Omega) \quad \rightarrow L = 16.8 \text{ nH}$$

3）求串联支路 z_B 对应的并联支路，过圆图中心作 B 的对称点，记为 D。

4）求源阻抗 $z_S = 1 + \text{j}0$ 与容抗 X_{C_1} 串联的轨迹，这是从中心点出发，逆时针旋转的半圆 z_{SC}。

5）将串联轨迹 z_{SC} 化为并联，得到半圆 z_{SC} 的中心对称半圆 y_{SC}。以横轴为对称轴，求出半圆 y_{SC} 的共轭半圆 y'_{SC}。

6）求并联电容 C_2。从点 D 出发，沿等 g 圆顺时针旋转与 y'_{SC} 半圆相交于 M 点，则

$$b_2 = b_D - b_M = 2.5 - 0.42 = 2.08$$

则

$$\omega C_2 = Y_0 b_2 = \frac{1}{50} \times 2.08 = 0.0416\ (\text{mS})$$

$$C_2 = 37.8\text{pF}$$

7）求串联电容 C_1。在圆 y_{SC} 上找到 M 的共轭点 N。求 N 点的中心对称点 C，它必定在轨迹 z_{SC} 上，对应的电抗值为 x_C，则

$$|x_1| = x_C - 0 = 1.75$$

$$\frac{1}{\omega C_1} = Z_0 \times x_1 = 50 \times 1.75 = 87.5(\Omega)$$

$$C_1 = 10.4\text{pF}$$

1.3.6　宽带阻抗变换网络

1. 引言

本节将介绍一种称为传输线变压器的宽带阻抗变换网络。前面已经分析，变压器是一种应用得非常广泛的阻抗变换器，但是它的频带是有限的。

一个实际变压器的等效电路与频率响应特性如图 1.3.15 所示。其中，虚线框内代表理想变压器，R_S 为导线电阻损耗，L_S 为漏感，L_1 为初级绕组电感量，C_0 为线匝间分布电容，R_0 代表高频时的磁芯损耗，其值随工作频率的升高而变小。分析此变压器等效电路，除了导线电阻损耗在高低频都起作用外，影响变压器低频响应的主要因素是初级绕组的电感量不够大，即等效电路中的 $L_1 \neq \infty$。低频时，它的分流作用不能忽略，因此影响了下限频率 f_L 的扩展。影响高频的主要因素是漏感 L_S、磁芯的高频损耗 R_0 以及线匝间的分布电容 C_0，它们在高频时的分压和分流作用不能忽略，所以这些因素限制了上限频率 f_H 的提高。

为展宽低频响应频率 f_L，应增大 L_1。具体措施是提高线圈磁芯的磁导率，增加线圈匝数。但是这必然降低了高频响应频率，因为磁导率高的磁芯的高频损耗变大。线匝多了匝间电容增大，漏感增大，如图 1.3.15 所示，所有这些变化都使高频端的传输能量减少，降低了 f_H。因此扩展变压器频带的根本思路是，应将漏感和线匝间的电容这些寄生参数变为传输能量的有效工具。这就是下面介绍的传输线变压器。

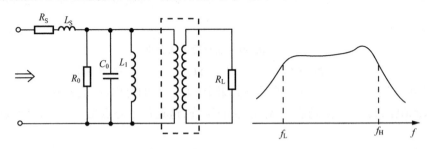

图 1.3.15　实际变压器的等效电路与频率响应

2. 传输线变压器结构与特点

图 1.3.16（a）中①②和③④是一对平行导线或双股绞线或电缆，当其线长与传输信号的波长可比拟时，即称为传输线。它的等效电路如图 1.3.16（b）所示，高频信号能量在此传输线中是利用传输线的分布电容及导线电感以电磁场的方式传输。将这对传输线绕在一个

高导磁率(如镍锌 100～400)的铁氧体磁芯上,即构成了传输线变压器。可以把信号源接在传输线的始端,负载接在末端,如图 1.3.16(c)所示。

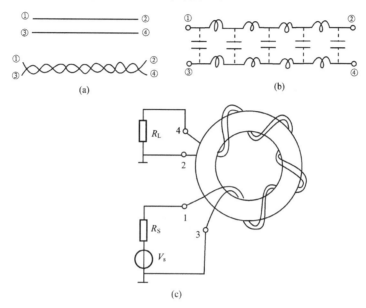

图 1.3.16 传输线与传输线变压器结构

传输线变压器有其固有的特性阻抗 Z_C,这是由它的结构决定的。当负载电阻 $R_L = Z_C$ 时,传输线处于行波状态,传输线始端的输入阻抗 $R_i = Z_C$。若不计传输线的损耗,则可以忽略沿线传输能量的衰减。当传输线长度满足小于 1/8 波长的条件时,可以忽略沿线传输相位的变化。在满足以上两条件时,可以近似认为传输线变压器的始端电压等于终端电压 $V_1 = V_2$;两传输线电流相等,方向相反,即 $I_1 = I_2$,如图 1.3.17(a)所示。这是传输线变压器所要求的工作状态。

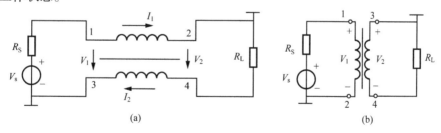

图 1.3.17 传输线特性与传输能量方式

传输线变压器最根本的优点是,用这样的传输线变压器传输能量,它的带宽是很宽的。因为在高频时,它以传输线的方式传输能量,线间的分布电感和电容均成为传输能量的有效工具。当然,它的上限频率受到传输线线长 l 的限制,应满足 $l \leqslant \dfrac{\lambda}{8}$,否则应计及传输过程中的损耗和相移。在频率较低时,由于波长远大于线长,传输线的概念已不适用。但由于两导线绕在磁芯上,因此在低频段,它以变压器的方式传输能量,如图 1.3.17(b)所示。并且,由于初、次级是绕在磁导率很高的磁芯上,初级绕组电感量 L_1 很大,因此由 L_1 决定的变压器下限频率可以很低。而此磁导率很高的磁芯并不会在高频引起损耗,这是由于高频传输时,传输线中两根导线内的电流大小相同,方向相反,它们在磁芯内所产生的磁场互相抵消,不会引起磁芯的损耗和饱和。

3. 传输线变压器的应用

(1) 平衡与不平衡变换

某一网络端口的两点,如果有一端是接地的,则称为不平衡口,如共射、共基放大器等。若两端都不接地,则称为平衡口,如双端输入输出的差分对放大器等。传输线变压器可以完成两网络端口间的平衡与不平衡的变换,如图 1.3.18 所示。为保证传输线工作于行波状态,要求阻抗关系是 $R_L = Z_C$,则有 $R_i = Z_C$。

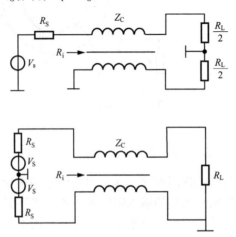

图1.3.18 传输线变压器的平衡不平衡变换

(2) 阻抗变换

变压器的基本用途是阻抗变换,传输线变压器也可以进行阻抗变换。但由于传输线变压器的初、次级绕组的匝数是相同的,它不可能像普通变压器那样通过改变匝数比来进行阻抗变换,它只能通过改变线路的接法来实现一些特定阻抗的变换,常用的有 1:4 与 4:1,1:9 与 9:1 以及 1:16 与 16:1 的变换。

图 1.3.19(a) 在信号源与负载间实现了 4:1 阻抗变换,图(b) 则是 1:4 变换。现以图 1.3.19(a) 为例分析阻抗变换功能。图中,传输线两端电压为 V,传输线的电流均为 I。由于负载 R_L 端的电压 $V_L = V$,电流 $I_L = 2I$,而信号源端的电压电流 $V_i = 2V$,$I_i = I$,在始端、末端和传输线变压器上电压电流和阻抗的关系为

$$\left. \begin{array}{l} R_L = \dfrac{V_L}{I_L} = \dfrac{V}{2I} \\[2mm] R_{in} = \dfrac{V_i}{I_i} = \dfrac{2V}{I} = 4R_L \\[2mm] Z_C = \dfrac{V}{I} \end{array} \right\} \tag{1.3.17}$$

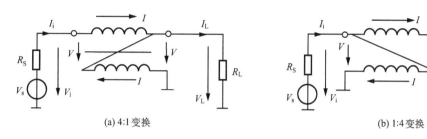

(a) 4:1 变换   (b) 1:4 变换

图 1.3.19 4:1 和 1:4 阻抗变换

所以该传输线变压器有 $R_{in} = 4R_L$，实现了信号源与负载间的 4:1 阻抗变换。若要求匹配，则信号源阻抗 R_S 应等于 R_{in}，即 $R_S = 4R_L$。传输线的特性阻抗由式(1.3.17)得

$$Z_C = 2R_L = \frac{1}{2}R_S$$

也可表示为

$$Z_C = \sqrt{R_L \cdot R_S} \qquad (1.3.18)$$

可以用同样的思路构成 9:1 与 1:9 或 16:1 与 1:16 的传输线阻抗变换器。

小结：

（1）阻抗变换网络应采用无损耗的电抗元件，阻抗变换网络分窄带和宽带两种，电抗部分接入、L 网络、T 型和π型均是窄带的，变压器特别是传输线变压器变换是宽带的。

（2）电抗部分接入阻抗变换公式要求并联支路是高 Q，变换遵循能量不变原则，部分接入的阻抗变换到全部，阻抗扩大接入系数的倒数的平方倍。当要求两个纯电阻间互相阻抗变换时，必须并联异性电抗与部分接入支路的电抗谐振，互相抵消。

（3）根据变换两端电阻值的不同，L 网络有不同形式。L 网络阻抗变换的依据是串并联支路阻抗变换公式，它不要求高 Q。但当被变换的两端阻值决定后，其支路 Q 已确定，因此 L 网络的滤波性能无法选择。

（4）若在完成阻抗变换的同时还必须满足滤波性能要求，应选用三电抗元件网络，如π型或 T 型，此时可以根据滤波要求确定一个 Q 值。π型或 T 型网络的分析方法是分裂成两个 L 网络。

（5）传输线变压器是一个高频宽带网络，在频率低端以变压器形式传输能量，在频率高端以传输线方式传输能量，要求工作于负载与传输线阻抗匹配的行波状态。由于结构的限制，它只能完成特定的阻抗变换比。

（6）圆图是设计阻抗变换网络的有力工具。

1.4 集中选频滤波器

除了用 LC 回路来选频外，在通信电路中还常采用集中选频滤波器。常用的集中选频滤波器有石英晶体滤波器、陶瓷滤波器和声表面波滤波器。这些滤波器具有体积小、重量轻、矩形系数好、成本低等一系列优点。

陶瓷滤波器是由锆钛酸铅陶瓷材料制成,石英晶体滤波器是由 SiO_2 材料制成。它们的工作原理基本相同,都是利用这些材料的压电效应,产生机械形变和电场间的相互转变,使绝缘材料用到了交变流路中,它们的有关特性可参见第七章的石英晶体振荡器一节。

陶瓷滤波器可以做成单端口形式,电路符号如图 1.4.1(a)所示。也可以将不同谐振特性的陶瓷片进行组合连接,如图 1.4.1(b)所示,得到幅频特性接近于矩形的双端口滤波器,图 1.4.1(c)为双端口滤波器符号。

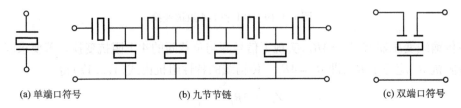

(a) 单端口符号　　　　　(b) 九节节链　　　　　(c) 双端口符号

图 1.4.1　陶瓷(晶体)滤波器符号及结构

声表面波滤波器是由铌酸锂、锆钛酸铅或石英晶体压电材料为基体构成的一种电-声换能器。其结构示意图如图 1.4.2 所示。图中左右两对指形电极称为叉指换能器,它是通过真空蒸镀法将金属蒸发在压电基体上,然后通过光刻工艺制成的。交变信号源通过发端的叉指换能器在基体表面激发起声表面波,向左传播的声波被吸收材料吸收。声表面波向收端方向传播,在收端的叉指中又转换成电能,送给负载。声表面波的中心频率、通频带等性能与压电晶体材料以及叉指电极换能器的指条数目、疏密和长度等因素有关,因此只要严格设计和制作叉指换能器,就能制成符合各种指标要求的滤波器。声表面滤波器由于采用与集成电路相同的平面加工工艺,制造简单,一致性能好,是目前应用极为广泛的集中选频滤波器。

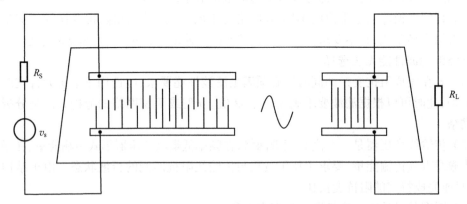

图 1.4.2　声表面波滤波器

表 1.4.1 和表 1.4.2 给出石英晶体滤波器和声表面波滤波器的一些典型参数。

比较常用的陶瓷、晶体和声表面波滤波器,一般有以下特点。

1)声表面波滤波器的工作频率最高,陶瓷滤波器最低。

2)晶体滤波器的相对带宽最窄,而声表面波滤波器可窄可宽。

3)均有一定的插入损耗,特别是多级级联实现良好的矩形系数要求时,插入损耗会更大。

表 1.4.1 石英晶体滤波器指标

型 号	标称频率 f_0/MHz	3dB 带宽 ≥kHz	通带波动 ≤dB	阻带宽度（≥40dB）kHz	插入损耗 ≤dB	中心频率 偏差≤kHz	端接阻抗/kΩ	
							输入	输出
LP2 – 1073	10.7	20	2	±32	2.5	±1	2	2
LP1 – 2141	21.4	15	0.5	±30	2	±1	1.5	1.5
LT2	5~10	$0.02\%f_0$ ~ $0.16\%f_0$	2	3~4BW	6			
LT2 – 502	5	2	2	≤8	6		0.17	0.24

在使用这些滤波器时要注意的是以下几点。

1）所有的这些滤波器特性，均是在输入输出匹配的条件下测得的，因此使用时必须注意滤波器前后的阻抗匹配。

2）滤波器具有一定的插入损耗，它与放大器相连时若放在放大器前面，先滤波后放大，有利于清除干扰，但不利于整机的噪声性能（见后面分析）。若放在放大器后面，利于提高噪声性能，但干扰也被放大，特别是强干扰会引起一系列失真。因此应具体问题具体考虑。

表 1.4.2 声表面波滤波器指标

中心频率/MHz	10~1500
相对带宽 $\Delta f/f_0$	50%以上
最小带宽/kHz	100
矩形系数	1.15
带外抑制/dB	60 以上
带内波动/dB	±0.05
插入损耗/dB	最大达25dB

1.5 集 成 电 感

射频电路中，电感线圈是选频滤波器和匹配网络的关键元件，因此射频电路在集成化过程中必须解决的问题之一是电感的集成。电感集成的优点不仅仅在于使电路小型化，还可以减少电路与外界的连线，从而避免了寄生参数的影响，也防止了由连线引入的电磁干扰，可以进一步提高射频级的性能。电感集成的难点在于如何能在较小的面积内制做出尽可能大的电感，并有足够高的 Q 值，以及能够工作在较高的频率上。

1.5.1 螺旋电感

目前常用的集成电感是平面螺旋电感（spiral inductors），如图 1.5.1 所示。这是在集成电路顶层用金属做成的螺旋线，电感中心点由下面一层的金属线引出。螺旋线的形状一般是矩形，也可以做成六边形、八边形或圆形，圆形螺旋电感在给定的金属线宽度和电感值下，它的电阻损耗最小，因而 Q 值也最高，但很多布线工具和生产技术都难以实现。

一个电感最重要的三项指标是：电感量 L、Q 值和工作频率。严格的计算集成电感的值是很困难的，要用场的理论来计算。有很多计算电感的近似公式，下面举一个误差近似为 5%（与用场理论计算相比）的近似公式：

$$L \approx \frac{45\mu_0 n^2 a^2}{22r - 14a} \tag{1.5.1}$$

式中(参阅图1.5.2所示),a为线圈的平均半径,表示从螺旋的中心到线匝的中间距离;n是匝数,$\mu_0 \approx 4\pi \times 10^{-7}$。公式中长度的单位是英寸(in,$1\text{in} = 2.54\text{cm}$),电感的单位是$\mu\text{H}$。由于制作电感量较大的集成电感需要较多的面积,所以集成电感一般为几十纳亨以下。

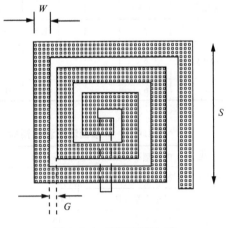

图1.5.1 平面螺旋电感

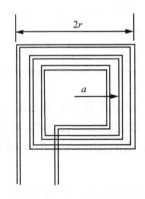

图1.5.2 平面螺旋电感计算

集成电感的可用频率范围受限于它的"自谐振频率"。因为平面电感与集成块的衬底间(距离一般不大于$2 \sim 5\mu\text{m}$)形成一平板电容,该电容与集成螺旋电感组成并联谐振回路,此并联谐振回路的谐振频率称为集成电感的"自谐振频率"。只有当工作频率小于此自谐振频率时,并联回路才呈感性,集成电感也才有效。

回路的损耗决定了回路的Q值。集成螺旋电感的损耗大致来源于三个方面:一是金属线的电阻,线本身很细,再加上高频时产生的集肤效应,加大了电阻值;二是电感面和衬底间的寄生电容将电感中的一部分能量耦合到衬底消耗了;三是电感中的电流所产生的磁场将一部分能量耦合到衬底中形成电流消耗了。由于损耗太大,因此,集成电感的Q值都很低。

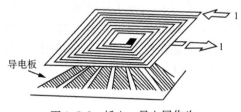

图1.5.3 插入一导电层作为
地屏蔽的平面螺旋电感

有很多措施可以用来改善Q值。如去掉螺旋电感线圈最里面的几圈可以增加Q值。因为最里面的几圈对电感量的增大贡献不多,而引起损耗的诸因素(如电阻、电容、磁耦合)却都占有了。另外,如图1.5.3所示,在电感面与衬底间插入一导电层作为地屏蔽,可减弱电容将能量耦合到衬底的影响。同时这块屏蔽板应沿径向切割分块,使磁感应电流无法流通,减小磁感应的损耗。尽管采取了很多措施,目前以标准的CMOS工艺做成的集成电感的Q值,一般不超过10。

1.5.2 连接线电感

除了平面螺旋集成电感外,在射频集成电路设计中还经常用到连接线电感(bondwire inductors)。此连接线是连接集成电路芯片和引脚的金属线,当工作频率很高时,连接线就可视为一个电感。

与平面螺旋电感相比,连接线的主要优点是Q值较高。其原因首先是一般标准连接线的直径约是 1mil(约 25μm),远大于平面电感的线径,因此单位长度导线的损耗电阻小,Q 值高。其次是,集肤效应的深度(例如在 1GHz 时约为 2.5μm)与连接线的直径(25μm)相比很小,因此工作频率升高时,由集肤效应引起的损耗增加比较缓慢,从而导致频率升高时 Q 的下降很小。

在集成电路内部,这些连接线可以放在任何导电层上,这相当于在电感下加了一个屏蔽层,减小了类似于平面电感中由感应而引起的损耗,也减小了与它相并联的寄生电容,从而增加了该电感的自谐振频率,使它可以工作在较高的频率上。连接线电感常用于射频放大器的阻抗匹配网络中,见第五章介绍。

扩展　Smith 圆图基本知识

1. Smith 圆图

Smith 圆图是解决传输线、阻抗匹配等问题极为有用的图形工具。Smith 圆图是基于电压反射系数用极坐标表示的思想[有关反射系数的定义请参看式(5.4.9)],即反射系数 $\Gamma = |\Gamma| e^{j\theta}$,其模为 $|\Gamma|$,相角为 $-180° \leq \theta \leq 180°$。因此任何一个可实现网络端口的反射系数可表示为如图1.A.1单位圆内的一点,这就是 Smith 圆图的雏形。在 Smith 圆图上,等模反射系数的点的轨迹是圆心在中点 $\Gamma_r = 0, \Gamma_i = 0$ 的一个圆,圆的半径为反射系数的模,与横轴的夹角为反射系数的相角。

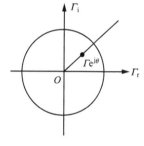

图 1.A.1

Smith 圆图得到广泛应用的根本原因在于,任何一个网络端口的反射系数可以转换为该端口的归一化阻抗(或导纳),因此,图 1.A.1单位圆内的任何一点对应了确定的阻抗值(或导纳值),或者说,可以将网络端口的阻抗(或导纳)作为一个点画在圆图上,它对应的坐标可推导如下。由于反射系数为

$$\Gamma = \frac{Z - Z_0}{Z + Z_0} = \frac{z - 1}{z + 1} = |\Gamma| e^{j\theta} \tag{1.A.1}$$

式中,Z 为网络端口阻抗,Z_0 为参考阻抗,z 为归一化阻抗,$z = \dfrac{Z}{Z_0}$,一般 $Z_0 = 50\Omega$。则

$$z = \frac{1 + |\Gamma| e^{j\theta}}{1 - |\Gamma| e^{j\theta}} \tag{1.A.2}$$

用直角坐标表示 $\Gamma = \Gamma_r + j\Gamma_i, z = r + jx$,则有

$$r + jx = \frac{1 + \Gamma_r + j\Gamma_i}{(1 - \Gamma_r) - j\Gamma_i} \tag{1.A.3}$$

分别求得归一化电阻和电抗的表示式为

$$r = \frac{1 - \Gamma_r^2 - \Gamma_i^2}{(1 - \Gamma_r)^2 + \Gamma_i^2} \tag{1.A.4}$$

$$x = \frac{2\Gamma_i}{(1 - \Gamma_r)^2 + \Gamma_i^2} \tag{1.A.5}$$

重新排列后得

$$\left(\Gamma_r - \frac{r}{1+r}\right)^2 + \Gamma_i^2 = \left(\frac{1}{1+r}\right)^2 \tag{1.A.6}$$

$$(\Gamma_r - 1)^2 + \left(\Gamma_i - \frac{1}{x}\right)^2 = \left(\frac{1}{x}\right)^2 \tag{1.A.7}$$

这是直角平面 Γ_r 和 Γ_i 上的两组圆,电阻圆是式(1.A.6),电抗圆是式(1.A.7),如图1.A.2所示。

对于电阻圆

$$\begin{cases} 半径:\dfrac{1}{r+1} \\[2mm] 圆心:\Gamma_r = \dfrac{r}{1+r},\ \Gamma_i = 0 \end{cases} \tag{1.A.8}$$

对于电抗圆

$$\begin{cases} 半径:\dfrac{1}{x} \\[2mm] 圆心:\Gamma_r = 1,\ \Gamma_i = \dfrac{1}{x} \end{cases} \tag{1.A.9}$$

电阻圆和电抗圆都通过右边 $\Gamma_r = 1$,$\Gamma_i = 0$ 的点,此点对应了 $\Gamma = 1\mathrm{e}^{\mathrm{j}0}$,即 $Z = \infty$ 的开路点。

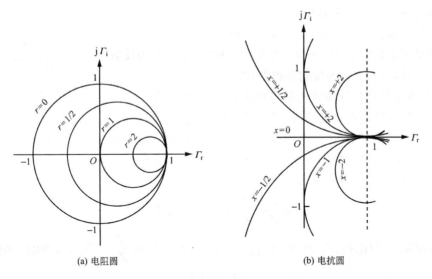

(a) 电阻圆　　　　　　　　　(b) 电抗圆

图1.A.2　Smith 电阻圆和电抗圆

将电阻圆和电抗圆合在一起即成为 Smith 阻抗圆图,如图1.A.3所示。在阻抗图中,上半部分 x 为正数,表示感性;下半部分 x 为负数,表示容性。实轴上最右端是开路点,反射系数 $\Gamma = 1$;最左端是短路点,反射系数 $\Gamma = -1$。圆图上的任何一点描述的是电阻和电抗的串联,即为 $z = r + \mathrm{j}x$ 的形式。如图1.A.3中的点 A 为 $z = 1 - \mathrm{j}0.5$,由于 x 为负,电抗为容性。设归一化的参考电阻 $Z_0 = 50\Omega$,则点 A 表示电阻 $R = 1 \times Z_0 = 50\Omega$ 和容抗 $X_C = -0.5Z_0 = -25\Omega$ 的串联。

2. 传输线与 Smith 圆图

Smith 圆图广泛应用的另一个原因在于可以方便地解决传输线的阻抗变换。由传输线

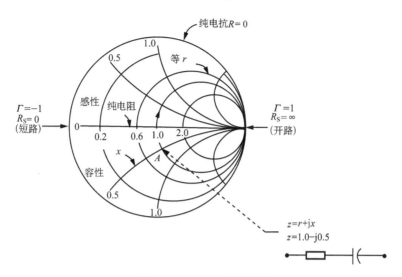

图 1. A. 3　Smith 阻抗圆图

理论可知,负载 Z_L 端接特性阻抗为 Z_0 的无损耗传输线的归一化输入阻抗为

$$z_{\text{in}} = \frac{1 + \varGamma e^{-2j\beta l}}{1 - \varGamma e^{-2j\beta l}} \qquad (1. \text{A}. 10)$$

如图 1. A. 4(a)所示。其中,l 为传输线长度,$\beta = \dfrac{2\pi}{\lambda}$,$\lambda$ 为波长,$\varGamma$ 是 Z_L 端的反射系数。

式(1. A. 10)与式(1. A. 2)相比,负载经过无耗传输线的变换,在端口 AB 处的反射系数与 Z_L 处的反射系数相比,其模不变,只是相角变化了 $\Delta\theta = -2\beta l$。因此在 Smith 圆图上求解 z_{in} 的方法是:首先在圆图上标注 $z_L = r_L + jx_L$ 点;从圆图中心到点 z_L 画一射线,则圆图中心到点 z_L 的半径即为 $|\varGamma|$,射线与横轴的夹角为 θ;然后在等 $|\varGamma|$ 圆上顺时针旋转 $2\beta l$ 角度,对应的点即为归一化 z_{in} 值,如图1. A. 4(b)所示。

可以得出结论,在 Smith 圆图上,顺时针旋转表示端接传输线的负载向信号源端阻抗的变化,反过来,逆时针旋转表示接有传输线的源向负载端的变化。旋转的角度为 $2\beta l = 2\dfrac{2\pi}{\lambda} \times l$,当传输线长 $l = \dfrac{\lambda}{4}$ 时,$2\beta l = 180°$,所以,Smith 圆图一周表示 $\dfrac{1}{2}$ 波长。

若负载经过有耗传输线的连接,则其输入端口反射系数的模也会减小。这时只需将模 $|\varGamma|$ 在径向方向上减小相应的值即可。

3. 网络 Q 值与 Smith 圆图

电抗元件的 Q 值表示为它的电阻值与电抗值之比。当用串联形式表示时 $z = r + jx$,则 $Q = \dfrac{x}{r}$,当用并联形式表示时,$y = g + jb$,则 $Q = \dfrac{b}{g} = \dfrac{R_P}{X_P}$[见式(1. 2. 17)]。由式(1. A. 4)和式(1. A. 5)可得

$$Q = \frac{x}{r} = \frac{2\varGamma_i}{1 - \varGamma_r^2 - \varGamma_i^2} \qquad (1. \text{A}. 11)$$

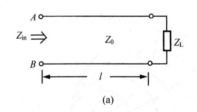

(a)

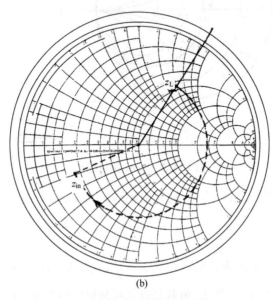

(b)

图 1. A. 4   传输线的阻抗变换

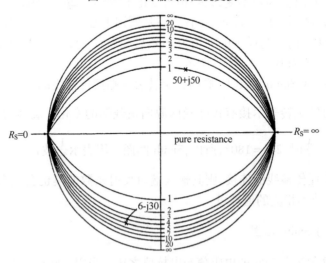

图 1. A. 5   Smith 圆图上的等 Q 曲线

则有

$$\Gamma_r^2 + \left(\Gamma_i + \frac{1}{Q}\right)^2 = 1 + \frac{1}{Q^2} \tag{1. A. 12}$$

因此,在 Smith 圆图上,等 Q 的曲线是圆心在 $\Gamma_r = 0$, $\Gamma_i = \frac{1}{Q}$,半径为 $\sqrt{1 + \frac{1}{Q^2}}$ 的圆位于

Smith 圆图内的圆弧,由于电抗 x 可为正或负,因此对同一个 Q 值,对应的圆心有 $\Gamma_r = 0$,

$\Gamma_i = \pm \dfrac{1}{Q}$ 两点,如图 1. A. 5 所示。

　　例如,图 1. A. 5 中,对应于串联支路 $Z = 50 + j50$ 的点,则 $Q = 1$;对应 $Z = 6 - j30$ 的点,则 $Q = 5$。

　　利用等 Q 曲线,可以方便地设计指定 Q 值的阻抗匹配网络。

　　完整的 Smith 圆图如图 1. A. 6 所示。

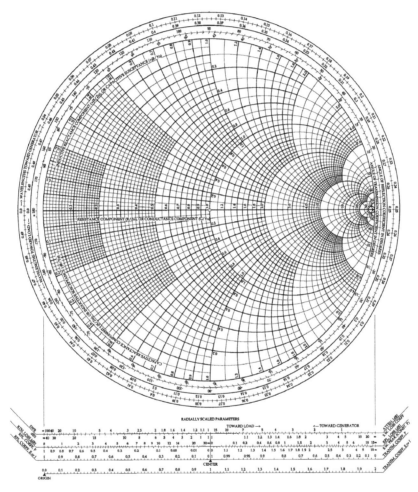

图 1. A. 6

习　　题

　　1-1　给定并联谐振回路的中心频率 $f_0 = 640\text{kHz}$,要求在偏离谐振频率 $\pm 100\text{kHz}$ 处衰减 $S = -16\text{dB}$,求回路 Q 值,通频带 $\text{BW}_{3\text{dB}}$。

　　1-2　并联谐振回路中心频率 $f_0 = 10\text{MHz}$,$C = 56\text{pF}$,通频带 $\text{BW}_{3\text{dB}} = 150\text{kHz}$,求回路电感 L、Q 值及对 $\Delta f = 600\text{kHz}$ 处的信号选择性 S。欲使 $\text{BW}_{3\text{dB}}$ 增至 300kHz,应在回路两端并联多大电阻?

　　1-3　如图 1-P-3 所示电路,信号源 v_1、v_2、v_3 的频率分别为 $f_1 = 32\text{MHz}$,$f_2 = 27.75\text{MHz}$,$f_3 = 55.75\text{MHz}$。

已知 $C_1 = C_2 = C_3 = 12\text{pF}$。问欲使 2-2′端只有 v_1 输出,而 v_2、v_3 输出很少,则 L_1、L_2、L_3 应选多大?若把三个回路均改成并联回路,应如何连接电路?

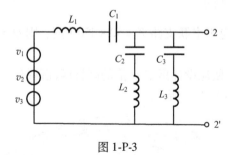

图 1-P-3

1-4　画出如图 1-P-4 所示四个无损耗回路的电抗-频率特性,并算出关键点的频率值。

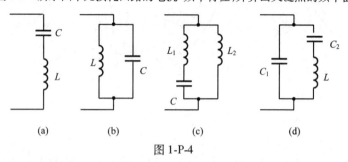

图 1-P-4

1-5　并联谐振回路如图 1-P-5 所示,已知 $C = 300\text{pF}$,$L = 390\mu\text{H}$,回路空载 $Q_0 = 100$。信号源内阻 $R_\text{S} = 100\text{k}\Omega$,负载电阻 $R_\text{L} = 200\text{k}\Omega$。求该回路的谐振频率、谐振电阻、通频带及 $\Delta f = 10\text{kHz}$ 处的选择性。

1-6　并联谐振回路如图 1-P-6 所示,已知谐振频率 $f_0 = 10\text{MHz}$,空载 $Q_0 = 100$,$C = 100\text{pF}$,信号源内阻 $R_\text{S} = 12.8\text{k}\Omega$,负载 $R_\text{L} = 1\text{k}\Omega$。接入系数 $P_1 = \dfrac{N_{23}}{N_{13}} = 0.8$,$P_2 = \dfrac{N_{45}}{N_{13}}$,负载 R_L 获得最大功率的条件为 $\dfrac{P_2^2}{R_\text{L}} = \dfrac{1}{R_\text{P}} + \dfrac{P_1^2}{R_\text{S}}$。试求接入系数 P_2 和回路通频带 $\text{BW}_{3\text{dB}}$。

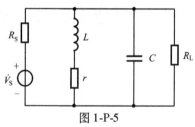

图 1-P-5

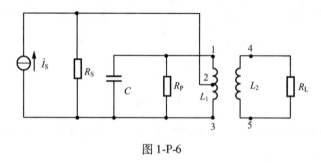

图 1-P-6

1-7　如图 1-P-7 所示并联谐振回路,已知谐振频率 $f_0 = 1\text{MHz}$,$L = 159\mu\text{H}$,线圈 $Q_0 = 100$,信号源内阻 $R_\text{S} = 1\text{k}\Omega$,回路 AB 通频带 $\text{BW}_{3\text{dB}} = 20\text{kHz}$,求电容 C_1、C_2 的值(设电容为无损耗)。

1-8 如图 1-P-8 所示,已知 $L = 0.8\mu H$,$Q_0 = 100$,$C_1 = C_2 = 20pF$,$C_i = 5pF$,$R_i = 10k\Omega$,$C_0 = 20pF$,$R_0 = 5k\Omega$。试计算回路谐振频率,不计 R_i 与 R_0 时的谐振阻抗,有载品质因素 Q_e 和通频带。

1-9 如图 1-P-9 所示电路,电路谐振在 $f_0 = 16MHz$,带宽为 $BW_{3dB} = 1.6MHz$,并在谐振频率上有最大的信号传到 R_L 上。试求 C_1、C_2 和 L 的值(设线圈 $Q_0 = \infty$)。

1-10 采用如图 1-P-10 所示电路,要求实现在频率 $f_0 = 1GHz$ 处,完成将电阻 $R_2 = 5\Omega$ 变换为 $R_i = 50\Omega$,且该网络的带宽要求为 $BW_{3dB} = 25MHz$。求 L、C_1、C_2 的值。

1-11 如图 1-P-11 所示,调谐 L_1 使 $Z_1(j\omega)$ 谐振在 $f_0 = 2 \times 10^6 Hz$,设 L_1 在 $f = f_0$ 时的 Q 值为 100。求 $Z_1(j\omega_0)$ 和有载 Q_e。

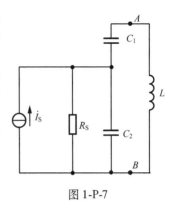

图 1-P-7

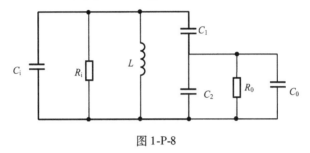

图 1-P-8

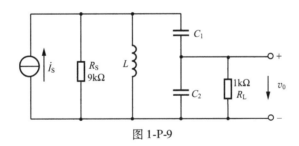

图 1-P-9

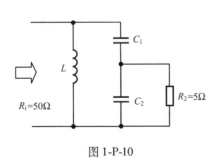

图 1-P-10

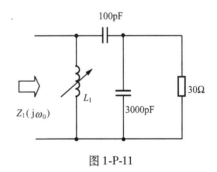

图 1-P-11

1-12 某共基放大器的输入阻抗为 10Ω 与 $0.1\mu H$ 串联。设计一无损耗匹配网络,使得在 $100MHz$ 时,总输入阻抗为 50Ω,如图 1-P-12 所示。

1-13 如图 1-P-13 所示,设计一个无损耗匹配网络,将负载阻抗 $Z = 100 + j25.1\Omega$ 连接到内阻为 50Ω 的信号源上。

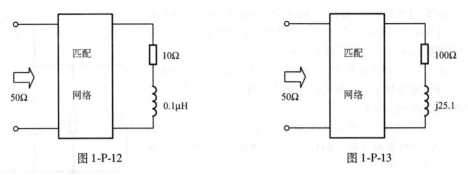

图 1-P-12   图 1-P-13

1-14 设计两个无损耗 L 网络,完成下列归一化阻抗($Z_0 = 50\Omega$)变换为 50Ω:

(1) $z_L = 0.5 - j0.8$;

(2) $z_L = 1.6 + j0.8$。

1-15 已知某集成共射—共基放大器的输入导纳为 $Y_i = (2.5 - j2.3) \times 10^{-3}$ (S)。设计输入匹配网络,将 50Ω 源电阻变换为与放大器共轭匹配(用计算法和 Smith 圆图两种方法求解)。

1-16 试求图 1-P-16 所示各传输线变压器的阻抗变换关系式(R_i/R_L)及相应的特性阻抗 Z_C 表达式。

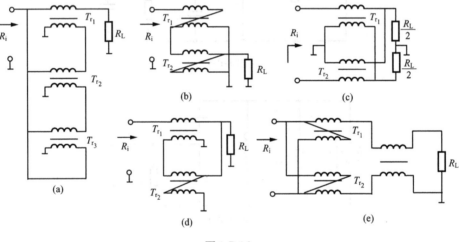

图 1-P-16

第二章 噪声与非线性失真

评价一个射频系统的性能优劣时,两个很重要的指标是噪声系数与非线性失真。

噪声是一种随机变量,它来源于射频系统中的各元器件。一个线性系统,当它处于小信号工作时,它的许多性能指标都与噪声有关,如信噪比、误码率以及解调器的最低可解调门限等。当信号增大时,由于二极管和晶体管的非线性特性,会产生增益压缩、交叉调制和互相调制等一系列非线性失真。因此,接收机所能接收的最低信号电平直接受到其射频部分固有噪声的限制,而它能接收的最高电平又受到了非线性失真的限制。

讨论电路中噪声的来源、大小和度量方法,讨论器件的非线性特性及其对系统的影响这是本章的主要内容,也是设计射频电路的基础。

2.1 起伏噪声特性

电路中的噪声主要来源于电阻内电子的热运动和晶体管中带电粒子的不规则运动。这些噪声是电路器件所固有的,而且噪声又是随机的,它是在某一平均值上下作连续的不规则的起伏变化,因此称为起伏噪声。

本节以电阻的热噪声为例简单说明起伏噪声的有关特性。

电阻的起伏噪声是由电阻内电子热运动引起的。由于电子的质量极轻,其无规则的热运动速度极高,因此它所形成的热噪声可以看作是由无数个持续时间极短的电流脉冲组成(持续时间只有 $10^{-13} \sim 10^{-14}$ s)。当电阻内有电流 I_0 流过时,电阻热噪声将使流过电阻的电流以 I_0 为平均值上下作随机起伏的变化。当电阻内无电流时,热噪声影响的结果是产生平均值为零的随机起伏变化的峰值极小的脉冲电流,如图 2.1.1 所示。

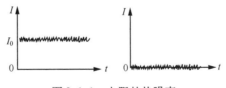

图 2.1.1 电阻的热噪声

在讨论起伏噪声的特征时,以下三个概念是最主要的。

(1)频谱

由于这些小电流脉冲的持续时间极短,因此它的频谱几乎占有整个无线电频段。

(2)功率谱密度

由于电流脉冲的随机性,其大小方向均不确定,不能用它们的电流谱密度叠加,因此引入功率谱密度 $S(f)$ 的概念。功率谱密度 $S(f)$ 表示单位频带内的功率,单位是 dBm/Hz

（0dBm 表示 1mW 功率）。引入功率谱可以避免叠加时相位的不确定性。

以电流功率谱表示的噪声功率定义为 $P_I = \int_{f_1}^{f_2} S_I(f)\,\mathrm{d}f$，它是用电流量表示的功率谱密度在频带 $f_2 - f_1$ 内的积分值。以电压量表示的噪声功率为 $P_V = \int_{f_1}^{f_2} S_V(f)\,\mathrm{d}f$，它是用电压量表示的功率谱密度在频带 $f_2 - f_1$ 内的积分值。也常用噪声电流均方值 $\overline{I_n^2}$ 和噪声电压均方值 $\overline{V_n^2}$ 表示在频带 $\Delta f = f_2 - f_1$ 内单位电阻上的噪声功率。

在整个频段内功率谱密度为恒值的噪声称为白噪声，对白噪声有

$$\overline{I_n^2} = \int_{f_1}^{f_2} S_I(f)\,\mathrm{d}f = S_I \int_{f_1}^{f_2} \mathrm{d}f = S_I(f_2 - f_1)$$

（3）等效噪声带宽

当功率谱密度为 $S_i(f)$ 的起伏噪声通过电压传递函数为 $H(f)$ 的线性时不变系统后，输出噪声功率谱密度 $S_o(f)$ 是

$$S_o(f) = S_i(f) \mid H(f) \mid^2 \tag{2.1.1}$$

式中，$\mid H(f) \mid^2$ 是系统的功率传递函数。特别是当白噪声通过线性系统后，输出噪声均方值电压（或电流）可表示为

$$\overline{V_n^2} = \int_0^{+\infty} S_i(f) \mid H(f) \mid^2 \mathrm{d}f = S_i \int_0^{+\infty} \mid H(f) \mid^2 \mathrm{d}f$$

它是输入功率谱密度 S_i 乘以功率传递函数在整个频段内的积分值。定义

$$B_L = \frac{\int_0^{+\infty} \mid H(f) \mid^2 \mathrm{d}f}{H^2(f_0)} \tag{2.1.2}$$

为线性系统的等效噪声带宽，如图 2.1.2 所示，它是高度为 $H^2(f_0)$（系统在中心频率点 f_0 的功率传输系数），宽度为 B_L 的矩形。白噪声通过线性系统后的总噪声功率等于输入噪声功率谱密度 S_i 与 $H^2(f_0)$ 之积再乘以系统的等效噪声带宽 B_L。因此系统的等效噪声带宽越大，输出噪声越大。

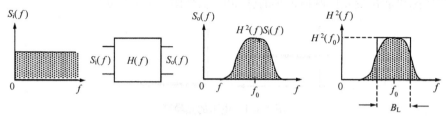

图 2.1.2　白噪声通过线性系统及等效噪声带宽

2.2　电路器件的噪声

电子电路中的器件主要有电阻、晶体管（包括双极型晶体管和场效应晶体管）以及电容和电感，下面分析它们的噪声大小及噪声等效电路。

2.2.1 电阻的热噪声及等效电路

温度为 T，阻值为 R 的电阻的噪声电流功率谱密度是 $S_{\mathrm{I}} = 4kT\dfrac{1}{R}$，或电压功率谱密度是 $S_{\mathrm{V}} = S_{\mathrm{I}}R^2 = 4kTR$，其中，$k$ 是波尔兹曼常数，$k = 1.380 \times 10^{-23}\mathrm{J/K}$。电阻热噪声的功率谱密度与频率无关，因此是白噪声。

计算一个有噪电阻 R 在频带宽度为 B 的线性网络内的噪声时，可以看作是阻值为 R 的理想无噪电阻与一噪声电流源并联，或阻值为 R 的理想无噪电阻与一噪声电压源串联，如图 2.2.1 所示。其中，$\overline{I_{\mathrm{n}}^2} = 4kT\dfrac{1}{R}B$，$\overline{V_{\mathrm{n}}^2} = 4kTRB$。当多个有噪电阻串联时，每个有噪电阻用相应的噪声电压源等效电路表示，多

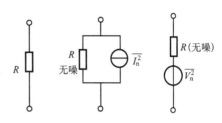

图 2.2.1 电阻的热噪声及等效电路

个有噪电阻并联时，每个有噪电阻用相应的噪声电流源等效电路表示，如图 2.2.2 所示。

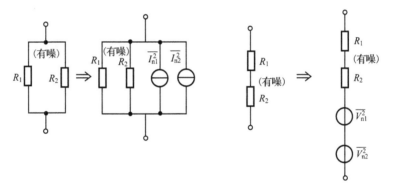

图 2.2.2 有噪电阻的串并联

由电路理论知，一个内阻为 R_{S}，电动势为 V_{S} 的信号源能够输出的最大功率为 $P_{\mathrm{A}} = \dfrac{V_{\mathrm{S}}^2}{4R_{\mathrm{S}}}$，称此功率为信号源的资用功率（available power），或称额定功率。它只与信号源本身有关，与负载无关，表示信号源输出功率的最大能力。当负载与信号源内阻匹配时，负载能够得到此最大输出功率。与此相同，若把电阻 R 的热噪声作为噪声源，则当此噪声源的负载与它匹配时，它所能输出的最大噪声功率，也称为该电阻热噪声源的资用噪声功率，或称额定噪声功率，其值为

$$N_{\mathrm{A}} = \frac{4kTRB}{4R} = kTB \tag{2.2.1}$$

它与电阻本身的大小无关，仅与温度和系统带宽有关。

2.2.2 双极型晶体三极管的噪声

双极型晶体三极管的主要噪声是基区体电阻 $r_{\mathrm{bb'}}$ 的热噪声和 PN 结的散粒噪声。散粒噪声的大小与晶体管的静态工作点电流有关，其功率谱密度为

$$S_I = 2qI_0 \tag{2.2.2}$$

式中,q 为电子电量,I_0 为流过 PN 结的电流。散粒噪声也是白噪声。双极型晶体三极管的噪声等效电路如图 2.2.3(a)所示。两个 PN 结的散粒噪声可等效为两个噪声电流源并联在输入、输出端,而基区体电阻的热噪声等效为一个串联的噪声电压源。

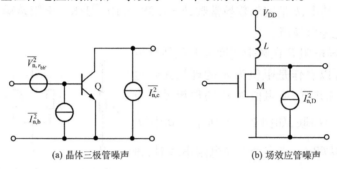

(a) 晶体三极管噪声　　　　　　　　(b) 场效应管噪声

图 2.2.3　晶体三极管和场效应管的噪声

2.2.3　场效应管的噪声

处于可变电阻工作区的场效应管可视为一个受电压控制的电阻,因此它的噪声表现为热噪声,属于白噪声。若忽略栅极电流时,场效应管的噪声电流功率谱密度是

$$S_I = 4kT\gamma g_{d0} \tag{2.2.3}$$

式中,g_{d0} 是当 $V_{DS} = 0$ 时的漏源电导,γ 是工艺系数,对 $V_{DS} = 0$,γ 为 1。对于工作于饱和区的长沟道场效应管 γ 约是 $\dfrac{2}{3}$,短沟道场效应管($L = 0.7\mu m$),γ 是 2~3,这是因为短沟道器件的电场加大,使载流子的温度提高,运动加速,因而噪声变大。工作于饱和区的场效应管,可以认为 $g_{d0} \approx g_m$,g_m 为小信号跨导。

对于场效应管的此沟道电阻热噪声,当系统带宽为 B 时,它可等效为一个噪声电流源

$$\overline{I_{n,D}^2} = 4kT\gamma g_m B \tag{2.2.4}$$

并联在漏极和源极间,如图 2.2.3(b)所示,也简称此噪声为漏极电流噪声。

场效应管还有一种闪烁噪声,它主要来源于场效应管的氧化膜与硅接触面的工艺缺陷或其他原因。其功率谱密度与频率的倒数成正比:

$$S_V = \frac{K}{WLC_{OX}} \frac{1}{f}$$

式中,W 和 L 分别为沟道的宽度和长度,K 是取决于工艺处理的常数。常称闪烁噪声为 $\dfrac{1}{f}$ 噪声,它主要对低频段有影响。双极型晶体管也有 $\dfrac{1}{f}$ 噪声,但比场效应管的 $\dfrac{1}{f}$ 噪声小得多。

一般来说场效应管的总噪声要比晶体三极管的噪声小。

2.2.4　电抗元件的噪声

任何无损耗的纯电抗元件都是无噪声的。对有损耗的电抗元件,它的损耗可用电阻表示,此电阻的热噪声就是其有耗电抗元件的噪声。

2.2.5 两端口网络的等效输入噪声源

任何一个有噪的两端口网络的内部噪声都可以由置于输入端的两个噪声源来等效:一个与信号源串联的噪声电压源$\overline{V_n^2}$和一个并联的噪声电流源$\overline{I_n^2}$,而把该两端口网络看作一个无噪网络(其内部的所有器件均是理想无噪的),如图2.2.4所示。

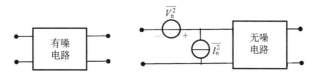

图 2.2.4 两端口网络的等效输入噪声源

其中,$\overline{V_n^2}$是当输入端短路时有噪网络的输出噪声功率等效到输入端的值,而$\overline{I_n^2}$是当输入端开路时有噪网络的输出噪声功率等效到输入端的值。下面举一例子说明等效输入噪声源的求法。

例 2.2.1 如图2.2.5(a)所示,场效应管放大器的场效应管输出噪声电流为$\overline{I_{n,D}^2}$,负载电阻R_L的热噪声是$\overline{V_{n,R_L}^2}$。求该放大器对应于图2.2.4中的等效输入噪声源$\overline{V_n^2}$和$\overline{I_n^2}$。

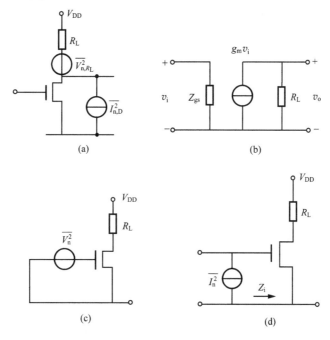

图 2.2.5

解 放大器的交流等效电路如图2.2.5(b)所示,根据线性系统叠加定理,放大器输出的总噪声电压的均方值是场效应管的噪声电流和负载电阻的热噪声它们各自在输出端的噪声电压均方值之和,即

$$\overline{V_{n,o}^2} = \overline{V_{n,R_L}^2} + \overline{I_{n,D}^2} \cdot R_L^2$$

将输入端短路，$\overline{I_n^2}$ 开路，则输出噪声等效为由输入端的 $\overline{V_n^2}$ 产生，而放大器视为无噪的，如图 2.2.5(c) 所示。则有 $\overline{V_{n,o}^2} = A_V^2 \times \overline{V_n^2}$，$A_V$ 是放大器的电压增益。由图 2.2.5(b) 得放大器的电压增益为 $A_V = \dfrac{V_o}{V_i} = \dfrac{g_m V_i R_L}{V_i} = g_m R_L$，因此，可以得到

$$\overline{V_n^2} = \frac{\overline{V_{n,o}^2}}{A_V^2} = \frac{\overline{V_{n,R_L}^2} + \overline{I_{n,D}^2} R_L^2}{(g_m R_L)^2} = \frac{\overline{V_{n,R_L}^2}}{g_m^2 R_L^2} + \frac{\overline{I_{n,D}^2}}{g_m^2}$$

当不计负载电阻的热噪声时，共源场效应管放大器的等效输入噪声电压源为

$$\overline{V_n^2} = \frac{\overline{I_{n,D}^2}}{g_m^2} \tag{2.2.5}$$

等效输入噪声电压源 $\overline{V_n^2}$ 并没有完全计及漏极电流噪声，因为当放大器输入端开路时，如图 2.2.5(d) 所示，$\overline{V_n^2}$ 已不起作用，但输出端仍有漏极电流噪声。若把放大器视为无噪，此时，输出噪声可视为由等效的输入噪声电流源 $\overline{I_n^2}$ 引起。

计算 $\overline{I_n^2}$ 时，将放大器输入端开路，在图 2.2.5(d) 中，噪声电流源 $\overline{I_n^2}$ 在放大器输入端产生的输入电压为 $\overline{I_n^2}|Z_i|^2$，其中，Z_i 是放大器的输入阻抗。此噪声电压通过无噪放大器放大后，在输出端表现为 $\overline{V_{n,o}^2}$，即 $(\overline{I_n^2}|Z_i|^2)A_V^2 = (\overline{I_n^2}|Z_i|^2)(g_m R_L)^2 = \overline{V_{n,o}^2}$，因此有

$$\overline{I_n^2} = \frac{\overline{V_{n,R_L}^2} + \overline{I_{n,D}^2} R_L^2}{(g_m R_L)^2 |Z_i|^2}$$

当不计负载电阻的热噪声时，共源场效应管放大器的等效输入噪声电流源为

$$\overline{I_n^2} = \frac{\overline{I_{n,D}^2}}{g_m^2 |Z_i|^2} \tag{2.2.6}$$

在此，由于 $\overline{I_n^2}$ 与 $\overline{V_n^2}$ 是从同一个噪声源 $\overline{I_{n,D}^2}$ 折算过来，因此它们是相关的。由于场效应管的输入电阻 $|Z_i| \to \infty$，因此 $\overline{I_n^2} \to 0$，所以场效应管的输入等效噪声源主要是 $\overline{V_n^2}$。

双极型晶体管放大器也可按同样方法计算其等效输入噪声源。

2.3　噪 声 系 数

有噪系统的噪声性能可用噪声系数的大小来衡量。本节将简要介绍噪声系数的定义及其分析。

2.3.1　噪声系数定义

噪声系数(niose figure)定义为系统输入信噪功率比 $(SNR)_i = P_i/N_i$ 与输出信噪功率比 $(SNR)_o = P_o/N_o$ 的比值：

$$F = \frac{(SNR)_i}{(SNR)_o} = \frac{P_i/N_i}{P_o/N_o} \tag{2.3.1}$$

可以看出,噪声系数表征了信号通过系统后,系统内部噪声造成信噪比恶化的程度。如果系统是无噪的,不管系统的增益多大,输入的信号和噪声都同样被放大,而没有添加任何噪声,因此输入输出的信噪比相等,相应的噪声系数为1。有噪系统的噪声系数均大于1。

噪声系数常用分贝表示:

$$NF(dB) = 10\log F$$

2.3.2 噪声系数与输入等效噪声源的关系

下面通过图 2.3.1 推导线性网络的噪声系数与它的等效噪声源的关系式,并得出一些重要的结论。

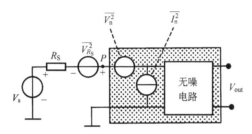

图 2.3.1 线性网络的噪声系数与它的等效噪声源的关系

在图 2.3.1 中,设信号电压为 V_S,由信号源内阻 R_S 产生的噪声均方电压为

$$\overline{V_{R_S}^2} = 4kTR_S B$$

式中,B 是线性网络带宽。在输入端 P 点的输入信噪比是

$$(SNR)_i = V_S^2 / \overline{V_{R_S}^2}$$

图中 $\overline{V_n^2}$ 和 $\overline{I_n^2}$ 是系统的两个相关的输入等效噪声源,设系统的电压增益是 A_V(假设 A_V 与频率无关),输入阻抗为 Z_i,则系统输出信号功率是

$$P_o = \frac{A_V^2}{R_L} V_S^2 \left| \frac{Z_i}{R_S + Z_i} \right|^2$$

在输出端,由 R_S 外部噪声引起的噪声功率为

$$N_o' = \frac{A_V^2}{R_L} \cdot \overline{V_{R_S}^2} \left| \frac{Z_i}{R_S + Z_i} \right|^2$$

由等效输入噪声源引起的噪声功率为

$$N_o'' = \frac{A_V^2}{R_L} \overline{\left(V_n \left| \frac{Z_i}{R_S + Z_i} \right| + I_n \left| \frac{R_S Z_i}{R_S + Z_i} \right| \right)^2}$$

在此,考虑到相关性,因此 V_n 和 I_n 产生的噪声电压先相加再平方。输出总噪声功率是

$$N_o = N_o' + N_o'' = \frac{A_V^2}{R_L} \left[\overline{V_{R_S}^2} + \overline{(V_n + I_n R_S)^2} \right] \left| \frac{Z_i}{R_S + Z_i} \right|^2$$

输出信噪比是

$$(SNR)_o = \frac{V_s^2}{\overline{V_{R_S}^2} + \overline{(V_n + I_n R_S)^2}}$$

根据噪声系数定义

$$F = \frac{(SNR)_i}{(SNR)_o} = \frac{\overline{V_{R_S}^2} + \overline{(V_n + I_n R_S)^2}}{\overline{V_{R_S}^2}} = 1 + \frac{\overline{(V_n + I_n R_S)^2}}{4kTBR_S} \tag{2.3.2}$$

可以看出,系统的噪声系数不仅与它本身的内部噪声 $\overline{V_n^2}$、$\overline{I_n^2}$ 有关,而且与外部输入噪声 $\overline{V_{R_S}}$,即与信号源内阻 R_S 和信号源的噪声温度 T 有关。因此,在测量系统的噪声系数时,规定信号源的噪声温度 $T = T_0 = 290K$。

由式(2.3.2)知,对于高的源阻抗 R_S,$\overline{I_n^2}$ 是主要的噪声源,相反,对低的源阻抗,$\overline{V_n^2}$ 是主要的噪声源。从式(2.3.2),也可以求出使系统噪声系数最小的最佳信号源内阻

$$R_{Sopt}^2 = \frac{\overline{V_n^2}}{\overline{I_n^2}} \tag{2.3.3}$$

由式(2.3.3)所得到的最佳源内阻,一般不等于射频电路的实际源内阻(典型值是 50Ω 或 75Ω)。因此在电路设计时,在信号源与网络之间存在两种匹配。一是传输功率最大的功率匹配,即信号源内阻与网络的输入阻抗共扼匹配。二是使系统噪声系数最小的噪声匹配。究竟取哪种匹配,以电路的要求定。

双极型晶体管的最佳源阻抗和最小噪声系数是(Larson L E 1997)

$$R_{Sopt} = \frac{\sqrt{\beta}}{g_m} \sqrt{1 + g_m r_{bb'}} \qquad F = 1 + \frac{1}{\sqrt{\beta}} \sqrt{1 + g_m r_{bb'}} \tag{2.3.4}$$

提高偏置电流可以增大 g_m,从而降低最佳源内阻 R_{Sopt},但也使最小噪声系数变大。比较有效的方法是采用基区面积较大的双极型晶体管,它的基区体电阻 $r_{bb'}$ 小,从而使最佳源内阻和噪声系数都降低。

当忽略闪烁噪声和栅极电流时,场效应管的最佳源阻抗和最小噪声系数为

$$R_{Sopt} \approx \frac{1}{\omega C_{gs}} \qquad F = 1 + \frac{4}{3} \frac{\omega C_{gs}}{g_m} \tag{2.3.5}$$

在场效应管中,增大器件的面积对减小噪声系数的作用不太大,因为增大面积使 C_{gs} 和 g_m 均增大。而比较有效的办法是增大偏置电流,使 g_m 增大,从而降低噪声系数。

下面通过一个最简单的例子说明噪声系数的求法。

例 2.3.1 图 2.3.2(a)所示的两端口网络只是一个电阻 R_0,求该网络的噪声系数。

解 根据式(2.3.2),一个网络的噪声系数又可以表示为

$$F = \frac{\overline{V_{R_S}^2} + \overline{(V_n + I_n R_S)^2}}{\overline{V_{R_S}^2}} = \frac{A_V^2[4kTR_S B + \overline{(V_n + I_n R_S)^2}]}{A_V^2 4kTR_S B} = \frac{\overline{V_{n,out}^2}}{A_V^2 4kTR_S B}$$

其中,$\overline{V_{n,out}^2}$ 是网络输出端总的噪声输出电压均方值,它包括网络的外部输入噪声和网络内部噪声,A_V 是网络的电压增益。

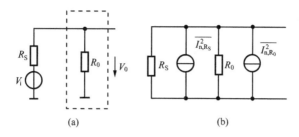

图 2.3.2 例 2.3.1 的电路图

在图 2.3.2(a)所示的两端口网络中,其电压增益为 $A_V = \dfrac{R_0}{R_S + R_0}$。它的噪声等效电路如图 2.3.2(b)所示,该网络在带宽 B 范围内输出端总的噪声电压均方值为

$$\overline{V_{n,out}^2} = (\overline{I_{n,R_S}^2} + \overline{I_{n,R_0}^2})(R_S /\!/ R_0)^2 = 4kT(R_S /\!/ R_0)B$$

因此,根据上述噪声系数的计算公式,该网络的噪声系数为

$$F = \frac{\overline{V_{n,out}^2}}{A_V^2 4kTR_S B} = \frac{4kT(R_S /\!/ R_0)B}{4kTR_S B} \times \left(\frac{R_S + R_0}{R_0}\right)^2 = 1 + \frac{R_S}{R_0}$$

对于这个系统,电阻 R_0 越大,噪声系数越小,可见这与最大功率传输要求的匹配条件并不一致。

2.3.3 无源有耗网络的噪声系数

无源有耗四端网络(如各种滤波器、LC 谐振回路等)常用于射频系统各模块之间,完成滤波或阻抗变换功能。如图 2.3.3 所示,设无源四端网络输入端的信号源内阻为 R_S,网络输出电阻为 R_o,在网络输入、输出端均匹配条件下插入损耗为 L。下面分析它的噪声系数。

图 2.3.3 无源有耗网络的噪声系数

网络输入端的噪声是由信号源内阻 R_S 产生的,其额定功率为 $N_{iA} = kTB$,网络输出端的噪声可看作由输出电阻 R_o 产生的,其额定功率为 $N_{oA} = kTB$。B 是该网络的带宽,根据噪声系数的定义

$$F = \frac{P_i/N_{iA}}{P_o/N_{oA}} = \frac{N_{oA}}{G_P \cdot N_{iA}} = \frac{1}{G_P} = L \tag{2.3.6}$$

其中,无源网络的功率增益的倒数就等于它的损耗。

因此,无源有耗网络的噪声系数在数值上等于它的损耗。

2.4 等效噪声温度

除了噪声系数外,对射频和微波系统还可以引入称为等效噪声温度的量来衡量其内部噪声大小。

2.4.1　等效噪声温度定义

任何一个线性网络,如果它产生的噪声是白噪声,则可以用处于网络输入端、温度为 T_e 的电阻所产生的热噪声源来代替,而把网络看作无噪的。称温度 T_e 为该线性系统的等效噪声温度,如图 2.4.1 所示。

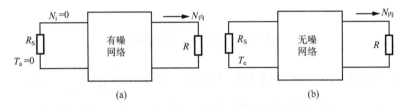

图 2.4.1　有噪放大器的等效噪声温度

在图 2.4.1(a)中,源内阻为 R_S,与放大器输入阻抗匹配,其对应的噪声温度 $T_a = 0$,因此网络外部输入噪声 $N_i = 0$。放大器的功率增益为 G_P,带宽为 B,由放大器本身产生的输出噪声功率为 $N_{内}$。在图 2.4.1(b)中,由于温度为 T_e 的电阻的额定热噪声功率是 kT_eB,根据等效噪声温度的定义,此热噪声功率经放大器传输后为 $N_{内}$,有 $N_{内} = kT_eBG_P$,因此等效噪声温度与系统参数的关系式为

$$T_e = \frac{N_{内}}{kBG_P} \tag{2.4.1}$$

等效噪声温度与引用电阻阻值无关。引入等效噪声温度来描述系统噪声的好处在于,把系统内部噪声看作信号源内阻在温度 T_e 所产生的热噪声功率 kT_eB 的同时,可以把由天线引入的外部噪声也看作是由信号源内阻处于某一温度 T_a 所产生的热噪声功率 kT_aB,从而外部和内部噪声功率在输入端的叠加也就是等效温度的相加,即 $N_{i总} = k(T_a + T_e)B$。

2.4.2　等效噪声温度与噪声系数的关系

等效噪声温度和噪声系数是用两种不同的方法来描述同一个系统的内部噪声特性,下面推导它们间的相互关系。

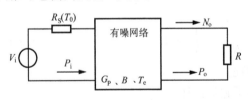

图 2.4.2　网络噪声系数与其
等效噪声温度的关系

在图 2.4.2 中,信号源与网络匹配。有噪放大器的参数是带宽 B,功率增益 G_P 及等效噪声温度 T_e。设输入放大器的信号功率和噪声功率分别是 P_i 和 N_i。N_i 是由信号源内阻 R_S 处于标准噪声温度 $T_0(=290\text{K})$ 所产生的热噪声,因此 $N_i = kT_0B$。根据等效噪声温度的定义,有噪放大器的噪声可以折合到放大器的输入端,看作是由信号源内阻处于温度 T_e 时产生的热噪声,而把放大器视为无噪的。经放大器传输后,设输出信号功率和噪声功率分别为 P_o 和 N_o,则有

$$N_o = G_P k(T_0 + T_e)B$$

根据噪声系数的定义,可得

$$F = \frac{P_\mathrm{i}/N_\mathrm{i}}{P_\mathrm{o}/N_\mathrm{o}} = \frac{P_\mathrm{i}/(kT_0 B)}{G_\mathrm{P} P_\mathrm{i}/G_\mathrm{P} k(T_0 + T_\mathrm{e})B} = 1 + \frac{T_\mathrm{e}}{T_0} \qquad (2.4.2)$$

或者可得

$$T_\mathrm{e} = (F-1)T_0 \qquad (2.4.3)$$

由上式可知,对于一个无噪系统,由于 $F = 1$,即噪声系数为 0dB,它的等效噪声温度也为零。等效噪声温度和噪声系数是用两种不同的方法来描述系统的噪声。在应用时,对放大器和混频器常用噪声系数来描述,而天线和接收机常用等效噪声温度来描述。等效噪声温度还特别适合于描述那些噪声系数接近于 1 的部件,因为等效噪声温度对于这些部件的噪声性能提供了比较高的分辨率,如表 2.4.1 所示。

表 2.4.1　分辨率

NF/dB	F	T_e/K
0.5	1.122	35.4
0.6	1.148	43.0
0.7	1.175	50.7
0.8	1.202	58.7
0.9	1.230	66.8
1.0	1.259	75.1
1.1	1.288	83.6
1.2	1.318	92.3

2.5 多级线性网络级联的噪声系数

在接收机中,射频信号经诸如滤波器、低噪声放大器、混频器及中频放大器等单元模块的传输,由于每个单元都有固有噪声,经传输后都将输入信噪比变差。那么,接收机的噪声系数应是多少,这些级联的每个单元对接收机整机的信噪比影响如何,这些问题将在本节中加以论述。

以两级线性网络级联为例。设各级间均相互匹配,它们的额定功率增益(定义为额定输出功率与额定输入功率之比)分别是 G_PA1 和 G_PA2,噪声系数为 F_1 和 F_2,等效噪声温度是 $T_{\mathrm{e}1}$ 和 $T_{\mathrm{e}2}$,等效噪声带宽均是 B,如图 2.5.1 所示。现求两级级联后总的噪声系数 F 和等效噪声温度 T_e。

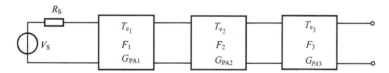

图 2.5.1　多级线性网络级联的噪声系数

已知,第一级输入噪声功率 $N_\mathrm{i} = kT_0 B$,根据等效噪声温度的定义,第一级输出噪声功率是

$$N_1 = G_\mathrm{PA1} k T_0 B + G_\mathrm{PA1} k T_{\mathrm{e}1} B$$

第二级输出噪声功率是

$$N_\mathrm{o} = G_\mathrm{PA2} N_1 + G_\mathrm{PA2} k T_{\mathrm{e}2} B = G_\mathrm{PA1} G_\mathrm{PA2} kB\left(T_0 + T_{\mathrm{e}1} + \frac{T_{\mathrm{e}2}}{G_\mathrm{PA1}}\right) \qquad (2.5.1)$$

由于两级级联系统的等效噪声温度是 T_e,因此两级总的输出噪声功率 N_o 又可表示为

$$N_\mathrm{o} = G_\mathrm{PA1} G_\mathrm{PA2} kB(T_0 + T_\mathrm{e}) \qquad (2.5.2)$$

比较式(2.5.1)和式(2.5.2),可得两级级联系统的等效噪声温度为

$$T_\mathrm{e} = T_{\mathrm{e}1} + \frac{T_{\mathrm{e}2}}{G_\mathrm{PA1}} \qquad (2.5.3)$$

将等效噪声温度和噪声系数的关系式(2.4.3)代入式(2.5.3),可得

$$F = F_1 + \frac{F_2 - 1}{G_{PA1}} \tag{2.5.4}$$

当更多级级联时,可以推导出总的等效噪声温度和噪声系数分别为

$$T_e = T_{e1} + \frac{T_{e2}}{G_{PA1}} + \frac{T_{e3}}{G_{PA1}G_{PA2}} + \cdots \tag{2.5.5}$$

$$F = F_1 + \frac{F_2 - 1}{G_{PA1}} + \frac{F_3 - 1}{G_{PA1}G_{PA2}} + \cdots \tag{2.5.6}$$

从上式可以看出,前面几级的噪声系数对系统影响较大。为降低级联系统的噪声系数,必须降低第一、二级的噪声系数并适当提高它们的功率增益,以降低后面各级的噪声对系统的影响。如果第一级没有增益,反而有损耗,比如,在接收机的天线和第一级低噪声放大器之间接一无源有耗滤波器,对降低系统的噪声系数不利。

小结:

(1) 噪声是电子元件所固有的,由于噪声的随机性,描述其大小的物理量是功率谱密度,本章主要研究在整个无线电频带功率谱密度为常数的白噪声。

(2) 掌握电阻、双极型晶体管、场效应管的噪声来源、大小与等效电路。

(3) 描述一个有噪系统的内部噪声可以用三种方法:等效输入噪声源 $\overline{V_n^2}$ 和 $\overline{I_n^2}$、噪声系数、等效噪声温度,三者之间可以互相换算。但噪声系数不仅与系统内部噪声有关,还与其源端的输入噪声有关,即与信号源内阻和信号源噪声温度有关。

(4) 多级线性系统级联,系统总的噪声系数与各级噪声系数及增益有关,但主要取决于前级的噪声系数,为降低后级噪声对系统的影响,应加大前级的增益。

2.6 非线性器件的描述方法和线性化参数

实际上,在由各种有源器件构成的线性放大器中,由于有源器件的特性是非线性的,在放大过程中总会产生各种各样的失真。因此,必须限制信号的大小,使失真限制在允许的范围内,才能实现线性放大。但在诸如混频、调制和解调等频谱搬移电路中,有源器件的非线性又正是实现这些功能电路所必需的。本节将介绍器件的非线性特性的描述方法及其在上述两种应用场合中的作用。

2.6.1 非线性器件的描述方法

根据输入信号的大小,一般可以用三种逼近方法来描述非线性器件的特性。第一种是用解析函数来描述器件的伏安特性。如正向导通时的二极管伏安特性,双极型晶体管的集电极电流 i_C 和输入电压 v_{BE} 间的关系都可用指数函数来近似;饱和区(恒流区)工作时,场效应管的漏极电流 i_D 和栅源电压 v_{GS} 间是平方律关系;晶体管差分放大器的输出电流 i 和差模输入电压 v_{id} 间符合双曲正切函数关系。这些非线性特性分别如图 2.6.1(a)、(b)和(c)所示。

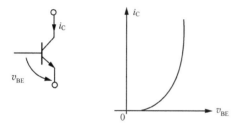

(a) 双极型晶体管的集电极电流和输入电压间的关系

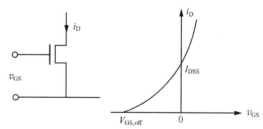

(b) 处于饱和区的场效应管的漏极电流和栅源电压间关系

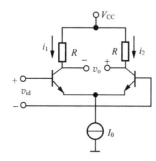

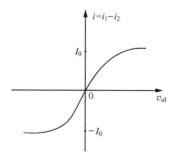

(c) 双极型晶体管差分对输出电流和差模输入电压间关系

图 2.6.1 非线性器件的伏安特性

双极型晶体管：
$$i_C \approx I_S e^{\frac{q}{kT}v_{BE}}$$

场效应管：
$$i_D = I_{DSS}\left(1 - \frac{v_{GS}}{V_{GS,off}}\right)^2$$

双极型晶体管差分对放大器[证明见本章扩展]：$i = i_1 - i_2 = I_0 \text{th} \dfrac{q}{2kT}v_{id}$

第二种方法是将器件的伏安特性在其工作点处用幂级数展开。以图 2.6.2 所示三极管放大器为例，设其偏置为 V_{BEQ}。在工作点处将晶体管的伏安特性展开为幂级数：

$$i_C = a_0 + a_1(v_{BE} - V_{BEQ}) + a_2(v_{BE} - V_{BEQ})^2 + a_3(v_{BE} - V_{BEQ})^3 + \cdots$$

将 $v_{BE} = v_i + V_{BEQ}$ 代入上式,则有

$$i_C = a_0 + a_1 v_i + a_2 v_i^2 + a_3 v_i^3 + \cdots + a_N v_i^N + \cdots \tag{2.6.1}$$

式中,系数为 $a_N = \dfrac{1}{N!} \times \dfrac{\partial^{(n)} i_C}{\partial v_{BE}^{(n)}}\bigg|_{v_{BE} = V_{BEQ}}$,其值与工作点有关。

一般来说,N 越大,a_N 越小。当电路中非线性器件用幂级数表示时,所取项数的多少取决于信号的大小和要求的精度。

第三种方法是当输入信号较大时,用分段折线来描述器件的非线性。如图 2.6.3(a) 所示,二极管伏安特性可用两段折线表示

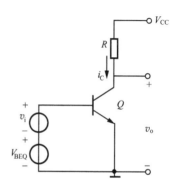

图 2.6.2 晶体三极管放大电路

$$i_D = \begin{cases} g_D v_D & (v_D > V_B) \\ 0 & (v_D \leq V_B) \end{cases}$$

V_B 为势垒电压。当忽略 V_B 时,二极管特性又可表示为如

图 2.6.3(b)所示过原点的两段折线。采用这种描述方法时,常常会用到如图 2.6.3(c)所示高度为 1 的周期性方波,称为单向开关函数,用 $S_1(\omega t)$ 来表示,其频率与输入大信号的频率相同。例如,当大信号余弦电压激励时,二极管的电流可表示为

$$i_D = g_D S_1(\omega t) v_D = g_D S_1(\omega t) V_m \cos\omega t \tag{2.6.2}$$

其中,单向开关函数 $S_1(\omega t)$ 的傅里叶级数展开式为

$$S_1(\omega t) = \frac{1}{2} + \frac{2}{\pi}\cos\omega t - \frac{2}{3\pi}\cos3\omega t + \frac{2}{5\pi}\cos5\omega t \cdots \tag{2.6.3}$$

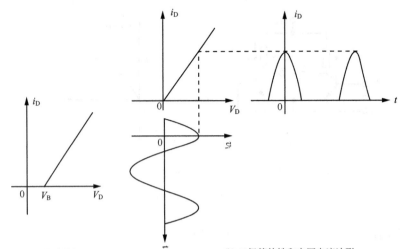

(a) 二折线伏安特性　　　　　　　　　(b) 二极管特性和电压电流波形

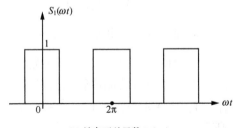

(c) 单向开关函数 $S_1(\omega t)$

图 2.6.3　用分段折线来描述二极管的非线性

图 2.6.1(c)中用双曲正切函数描述的晶体管差分放大器伏安特性可近似用图 2.6.4(a)所示的三段折线逼近,或进一步近似为图 2.6.4(b)所示的折线特性。

对图 2.6.4(b)的差分放大器输出电流可表示为

$$i = \begin{cases} I_0 & (v_i > 0) \\ -I_0 & (v_i \leqslant 0) \end{cases}$$

此时可引入如图 2.6.5 所示的双向开关函数 $S_2(\omega t)$ 来表示大信号激励时差分放大器的输出电流

$$i = I_0 S_2(\omega t) \tag{2.6.4}$$

双向开关函数的重复频率与输入大信号频率相同,其傅里叶展开式为

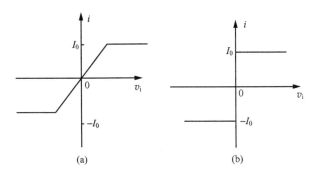

图2.6.4 晶体管差分放大器伏安特性双曲正切函数的近似表示

$$S_2(\omega t) = S_1(\omega t) - S_1(\omega t + \pi)$$

$$= \frac{4}{\pi}\cos\omega t - \frac{4}{3\pi}\cos3\omega t + \frac{4}{5\pi}\cos5\omega t\cdots$$

$$(2.6.5)$$

将输入信号代入这些分段线性函数,则可求出输出
电流中所包含的频率成分。

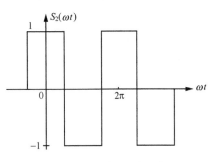

图2.6.5 双向开关函数

2.6.2 线性化参数

任何有源器件,当其工作在小信号时,可将其特
性线性化。以图2.6.6所示的晶体三极管放大器为例来说明其线性化参数。

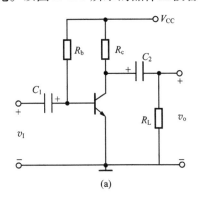

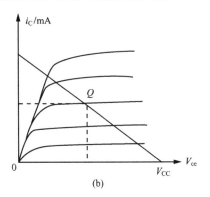

图2.6.6 三极管线性放大器

设输入正弦信号为 $v_I(t) = V_{im}\cos\omega_i t$,且其幅度 V_{im} 很小$\left(\ll \dfrac{kT}{q} = V_T = 26\mathrm{mV}\right)$,则
式(2.6.1)中的二次以上的高次项可以忽略,由晶体管组成的放大器可以简化为

$$i_C = a_0 + a_1(v_{BE} - V_{BEQ}) = a_0 + a_1 v_I = I_{CQ} + i_S$$

式中, $I_{CQ} = a_0 = I_S e^{\frac{q}{kT}V_{BEQ}}$ 是静态电流,由偏置电压 V_{BEQ} 决定。i_S 是信号电流,称

$$a_1 = \frac{\mathrm{d}i_C}{\mathrm{d}v_{BE}}\bigg|_{v_{BE}=V_{BEQ}} = g_m \qquad (2.6.6)$$

为跨导,记为 g_m,单位是 mA/V,表示该器件将输入电压转变为输出电流的能力。放大器线性工作时,跨导 g_m 为常数,它与工作点有关,而与信号 v_I 无关。

当放大器线性工作时,线性的含义包括两点:一是输出为 $v_o(t) = V_{om}\cos\omega_i t$,它仅含有与输入信号频率相同的频率分量 ω_i,不会产生新的频率分量;二是放大器线性工作时的电压增益

$$A_V = \frac{V_{om}}{V_{im}} = \frac{g_m v_{be}(R_L /\!/ R_c)}{v_{be}} = g_m(R_L /\!/ R_c)$$

与器件的跨导及负载成正比,其值与输入信号的大小无关。对于线性放大器,可以通过改变工作点的方法来实现对放大器增益的控制,这是实现自动增益控制的方法之一。

表 2.6.1 列出了常用基本放大器的非线性展开式、线性范围与跨导表达式。

表 2.6.1　常用基本放大器的非线性展开式、线性范围与跨导表达式

名　称	伏安特性公式	信号电流展开式	线性范围	线性跨导
晶体管放大器	$i_C = I_{CQ}\mathrm{e}^{\frac{v_{BE}}{V_T}}$	$i_s = \dfrac{I_{CQ}}{V_T}v_S + \dfrac{I_{CQ}}{2}\dfrac{v_S^2}{V_T^2}$ $+\dfrac{I_{CQ}}{6}\dfrac{v_S^3}{V_T^3} + \cdots$	$V_{sm} \leqslant 2.6\mathrm{mV}$	$\dfrac{I_{CQ}}{V_T}$
FET放大器	$i_D = I_{DSS}\left(1 - \dfrac{v_{GS}}{V_{th}}\right)^2$	$i_s = \dfrac{I_{DSS}}{V_{th}^2}$ $\times[2(V_{GSQ}-V_{th})v_s + v_s^2]$	$V_{sm} \leqslant \dfrac{1}{10}(V_{GSQ}-V_{th})$	$\dfrac{2I_D}{V_{GSQ}-V_{th}}$
BJT差分放大器	$i_o = I_o\,\mathrm{th}\dfrac{v_{id}}{2V_T}$	$i_s = I_o\left[\dfrac{v_{id}}{2V_T} - \dfrac{1}{3}\left(\dfrac{v_{id}}{2V_T}\right)^3\right.$ $\left.+\dfrac{1}{5}\left(\dfrac{v_{id}}{2V_T}\right)^5 + \cdots\right]$	$V_{id} \leqslant V_T = 26\mathrm{mV}$	$\dfrac{I_o}{2V_T}$
FET差分放大器	$i_o = \dfrac{I_{SS}v_{id}}{V_{GSQ}-V_{th}}\sqrt{1-\left(\dfrac{v_{id}}{2(V_{GSQ}-V_{th})}\right)^2}$		$V_{id} \leqslant 0.1(V_{GSQ}-V_{th})$	$\dfrac{I_{SS}}{V_{GSQ}-V_{th}}$

2.7　器件非线性的影响

本节主要讨论有源器件非线性特性对线性放大器的影响。可以分两个不同的情况,一是电路输入端只有一个有用信号输入时,二是输入端除有用信号外还有一个或多个信号输入的情况,下面分别讨论出现的现象及衡量性能的指标。

2.7.1　输入端仅有一个有用信号

1. 谐波(harmonics)

设放大器输入仅为有用余弦波信号 $v_i(t) = V_{im}\cos\omega_i t$,即晶体管的输入电压为 $v_{BE} = V_{BEQ} + v_i$。当输入信号幅度 V_{im} 比较大,使式(2.6.1)中的高次项的影响不能忽略时,则输出电流为

$$i_S(t) = a_1 V_{im}\cos\omega_i t + a_2 V_{im}^2\cos^2\omega_i t + a_3 V_{im}^3\cos^3\omega_i t + \cdots$$

$$= \frac{a_2 V_{im}^2}{2} + \left(a_1 V_{im} + \frac{3}{4}a_3 V_{im}^3\right)\cos\omega_i t + \frac{a_2}{2}V_{im}^2\cos 2\omega_i t$$

$$+ \frac{a_3}{4}V_{im}^3\cos 3\omega_i t + \cdots \tag{2.7.1}$$

分析式(2.7.1)可见,尽管输入是单一频率 ω_i 的信号,通过非线性器件,输出电流中不仅含有基波频率 ω_i 的分量,而且还出现了平均分量和频率为 $N\omega_i$(N 为正整数)的各次谐波分量。

由上式可以得出两点,一是基波分量是由各奇次项产生的,二次谐波是由二次及二次以上的偶次项产生的,三次谐波是由三次及三次以上的奇次项产生的等。二是 N 次谐波的幅度正比于 a_N 及 V_{im}^N,一般来说,N 越大,a_N 越小,且当输入信号的幅度 V_{im} 较小时,V_{im}^N 也小,所以输出的高次谐波一般可以忽略。

射频放大器一般都是频带放大器,这些谐波由于离基波较远,一般都可以滤除,因此谐波对放大器的影响不是太大。

2. 增益压缩(gain compression)

当信号大到器件的高次项不能忽略时(设只考虑到三次项),由式(2.7.1)可知基波信号电流为

$$i_{S1} = \left(a_1 V_{im} + \frac{3}{4}a_3 V_{im}^3\right)\cos\omega_i t = \left(a_1 + \frac{3}{4}a_3 V_{im}^2\right)v_i(t)$$

其幅度变为

$$I_{S1} = a_1 V_{im} + \frac{3}{4}a_3 V_{im}^3 \tag{2.7.2}$$

根据跨导的定义,得出大信号平均跨导

$$\overline{g_m} = \frac{I_{S1}}{V_{im}} = a_1 + \frac{3}{4}a_3 V_{im}^2 \tag{2.7.3}$$

则信号基波电流为

$$i_{S1} = \overline{g_m}V_{im}\cos\omega_i t$$

由式(2.7.3)可得到以下两个结论。

1) 大信号平均跨导与输入信号幅度 V_{im} 有关,这与线性放大器的跨导仅与工作点有关而与激励信号无关不同。由此也可以看出,电路的非线性不仅在于出现了谐波,更重要的是它的基波增益中出现了与输入信号幅度有关的失真项 $\frac{3}{4}a_3 V_{im}^2$。

2) 如果 $a_3 < 0$,这是通常的情况。如表2.6.1所示,例如,晶体管差分放大器输出电流的展开式中 $a_3 = -\frac{I_o}{3}\left(\frac{1}{2V_T}\right)^3$。又如晶体管放大器当信号增大时,出现饱和,此时 a_3 也小于零。对于小于零的 a_3,平均跨导 $\overline{g_m}$ 随输入信号幅度的增大而减小,此现象称为增益压缩。在射频线性放大器电路中,常用1dB压缩点来度量放大器的线性。它定义为使增益比线性

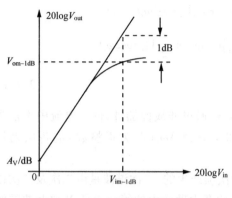

图 2.7.1　放大器的 1dB 压缩点

放大器增益下降 1dB 所对应的输入信号幅度值 V_{im}。若输入输出均用 dB 表示,1dB 压缩点如图 2.7.1 所示。

也可以通过计算来确定 1dB 压缩点的输入信号值 V_{im-1dB}。根据 1dB 压缩点的定义和式(2.7.3),可写出下式

$$20\log\left|a_1 + \frac{3}{4}a_3 V_{im-1dB}^2\right| = 20\log|a_1| - 1dB$$

则有

$$V_{im-1dB} = \sqrt{0.145\left|\frac{a_1}{a_3}\right|} \qquad (2.7.4)$$

V_{im-1dB} 与器件类型和放大器工作点有关。

2.7.2　输入端有两个以上信号

加在放大器输入端除有用信号外还同时伴有一个或多个干扰信号时,由于器件的非线性会引起多个信号间的相互作用而造成干扰。

设输入两个信号:

$$v_i(t) = V_{1m}\cos\omega_1 t + V_{2m}\cos\omega_2 t$$

代入非线性器件的表达式(2.6.1)可知,除了谐波 $p\omega_1$ 和 $q\omega_2$ 的分量外,还会产生很多组合频率$|\pm p\omega_1 \pm q\omega_2|$的分量,$p$ 和 q 为包含零的正整数。

例如,由一次方项和三次方项产生的 ω_1 和 ω_2 的基波分量为

$$i = \left(a_1 V_{1m} + \frac{3}{4}a_3 V_{1m}^3 + \frac{3}{2}a_3 V_{1m} V_{2m}^2\right)\cos\omega_1 t$$
$$+ \left(a_1 V_{2m} + \frac{3}{4}a_3 V_{2m}^3 + \frac{3}{2}a_3 V_{2m} V_{1m}^2\right)\cos\omega_2 t$$

二次方项产生的组合频率分量为

$$a_2 V_{1m} V_{2m}\cos(\omega_1 + \omega_2)t + a_2 V_{1m} V_{2m}\cos(\omega_1 - \omega_2)t$$

三次方项产生的组合频率分量为

$$\frac{3a_3 V_{1m}^2 V_{2m}}{4}\cos(2\omega_1 - \omega_2)t + \frac{3a_3 V_{1m}^2 V_{2m}}{4}\cos(2\omega_1 + \omega_2)t$$

和

$$\frac{3a_3 V_{1m} V_{2m}^2}{4}\cos(2\omega_2 - \omega_1)t + \frac{3a_3 V_{1m} V_{2m}^2}{4}\cos(2\omega_2 + \omega_1)t \qquad (2.7.5)$$

下面根据干扰信号的强弱,干扰信号的频率和调制情况,列举几个最典型和最重要的影响。

1. 堵塞(blocking)

如果电路输入的有用信号 ω_1 为弱信号,而另一个是强干扰信号 ω_2,则输出的有用信号基波电流分量为

$$i = \left(a_1 V_{1\mathrm{m}} + \frac{3}{4} a_3 V_{1\mathrm{m}}^3 + \frac{3}{2} a_3 V_{1\mathrm{m}} V_{2\mathrm{m}}^2 \right) \cos\omega_1 t$$

当 $V_{1\mathrm{m}} \ll V_{2\mathrm{m}}$ 时,上式简化为

$$i = \left(a_1 + \frac{3}{2} a_3 V_{2\mathrm{m}}^2 \right) V_{1\mathrm{m}} \cos\omega_1 t$$

基波分量的平均跨导近似为

$$\overline{g_{\mathrm{m}}} = a_1 + \frac{3}{2} a_3 V_{2\mathrm{m}}^2 \tag{2.7.6}$$

由于 a_3 小于零,因而随着干扰信号的增大导致跨导变小,从而使输出信号电流变小,甚至趋于零,这就称为堵塞。如果无线电话接收机位于相邻频道的发射机旁,则由于接收机的天线滤波器无法滤除频率靠得这么近的干扰大信号,就有可能出现接收信号被堵塞的情况。射频电路设计时,抗强信号堵塞是一个很重要的指标,通常要求引起射频接收机堵塞的强信号比有用信号大 $60 \sim 70\mathrm{dB}$。

2. 交叉调制(cross modulation)

如前所述,如果放大器的输入端作用着相对较弱的有用信号 v_1 和较强的干扰信号 v_2,且干扰信号是振幅调制信号,如 $v_2 = V_{2\mathrm{m}}(1 + m\cos\Omega t)\cos\omega_2 t$,则就会引起交叉调制失真。

根据上面分析求得输出有用信号基波电流分量为

$$i(t) \approx \left[a_1 V_{1\mathrm{m}} + \frac{3}{2} a_3 V_{1\mathrm{m}} V_{2\mathrm{m}}^2 (1 + m\cos\Omega t)^2 \right] \cos\omega_1 t$$

它的幅度是

$$I_{\mathrm{m}} = a_1 V_{1\mathrm{m}} + \frac{3}{2} a_3 V_{1\mathrm{m}} V_{2\mathrm{m}}^2 (1 + m\cos\Omega t)^2 \tag{2.7.7}$$

包含了干扰信号的幅度变化 $V_{2\mathrm{m}}(t) = V_{2\mathrm{m}}(1 + m\cos\Omega t)$,这表明干扰信号的幅度调制信息转移到了有用信号的幅度上,如果有用信号也是幅度调制信号,则通过幅度解调后将会听到干扰台的串话音,这就是交叉调制失真。交叉调制失真是由非线性器件的三次方项产生的。

3. 互相调制(intermodulation, IM)

当两个频率十分接近的信号输入放大器时,由器件非线性产生的如式(2.7.5)所示的许多组合频率分量中,有可能落在放大器频带内的频率分量除了基波外,还可能有组合频率 $2\omega_2 - \omega_1$ 和 $2\omega_1 - \omega_2$,因为它们比较靠近基波分量,如图 2.7.2 所示。这些组合频率是由非线性器件的三次方项产生的。

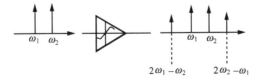

图 2.7.2 三阶互调示意图

假设 $V_{1\mathrm{m}} = V_{2\mathrm{m}} = V_{\mathrm{m}}$,则能通过滤波器的基波和三阶组合频率分量的输出电流为

$$i \approx \left(a_1 + \frac{9}{4}a_3 V_\mathrm{m}^2\right) V_\mathrm{m} \cos\omega_1 t + \left(a_1 + \frac{9}{4}a_3 V_\mathrm{m}^2\right) V_\mathrm{m} \cos\omega_2 t$$

$$+ \frac{3}{4}a_3 V_\mathrm{m}^3 \cos(2\omega_1 - \omega_2)t + \frac{3}{4}a_3 V_\mathrm{m}^3 \cos(2\omega_2 - \omega_1)t + \cdots \tag{2.7.8}$$

这些组合频率分量形成对有用信号的干扰。这种干扰并不是由两输入信号的谐波产生,而是由这两个输入信号的相互调制(相乘)引起的,所以称为两音调互调失真(two-tone inter-modulation distortion)。由非线性器件的三次方项引起的互调称三阶互调,由五次方引起的称五阶互调。

可以在下面两个指标中选一个来衡量放大器的互调失真程度。一是互调失真比,二是三阶互调截点。根据上式,若忽略增益压缩,则基波分量幅度为 $a_1 V_\mathrm{m}$,互调失真比 IMR 定义为在输入信号幅度 V_m 下,三阶互调分量的幅度与基波幅度之比:

$$\mathrm{IMR} = \frac{\frac{3}{4}a_3 V_\mathrm{m}^3}{a_1 V_\mathrm{m}} = \frac{3}{4}\frac{a_3}{a_1}V_\mathrm{m}^2 \tag{2.7.9}$$

也可表示为功率之比:

$$P_\mathrm{IMR} = \frac{\frac{1}{2}\left(\frac{3}{4}a_3 V_\mathrm{m}^3\right)^2}{\frac{1}{2}(a_1 V_\mathrm{m})^2} = (\mathrm{IMR})^2$$

更常用"三阶截点 $\mathrm{IP_3}$"(third-order intercept point)来说明三阶互调失真的程度。三阶互调载点 $\mathrm{IP_3}$ 定义为三阶互调功率达到和基波功率相等的点,此点所对应的输入功率表示为 $\mathrm{IIP_3}$,此点对应的输出功率表示为 $\mathrm{OIP_3}$(一般在放大器中常用 $\mathrm{OIP_3}$ 做参考,在混频器中常用 $\mathrm{IIP_3}$ 做参考)。下面求三阶互调截点。

由上述分析可知,基波功率为

$$P_\mathrm{o1} = \frac{1}{2}(a_1 V_\mathrm{m})^2 = G_{P_1} P_\mathrm{i} \quad (\text{一般 } G_{P_1} > 1) \tag{2.7.10a}$$

G_{P_1} 即为放大器的功率增益 G_P。三阶互调功率为

$$P_\mathrm{o3} = \frac{1}{2}\left(\frac{3}{4}a_3 V_\mathrm{m}^3\right)^2 = G_{P_3} P_\mathrm{i}^3 \quad (\text{一般 } G_{P_3} < 1) \tag{2.7.10b}$$

输出有用功率与输入功率 P_i 成正比,而三阶互调输出功率与输入功率 P_i 的三次方成正比。图 2.7.3(a)画出了两方程曲线,它们的相交点即为三阶截点 $\mathrm{IP_3}$。若将上述方程化为对数坐标,则有

$$P_\mathrm{o1}(\mathrm{dB}) = 10\log G_{P_1} + 10\log P_\mathrm{i}$$

$$P_\mathrm{o3}(\mathrm{dB}) = 10\log G_{P_3} + 30\log P_\mathrm{i} \tag{2.7.11}$$

在以对数形式表示的坐标上,它们是两条直线,如图 2.7.3(b)所示,图中分别标出了 $\mathrm{IIP_3}$ 和 $\mathrm{OIP_3}$ 的值。

由于在三阶截点处输出的有用基波功率等于三阶互调输出功率,所以有 $a_1 V_\mathrm{m} = \frac{3}{4}a_3 V_\mathrm{m}^3$,则对应三阶截点的输入信号幅度为

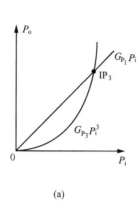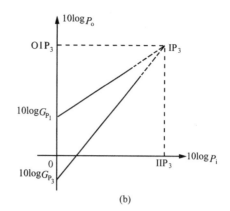

(a)   (b)

图 2.7.3 三阶互调截点的计算

$$V_{\mathrm{mIP_3}} \approx \sqrt{\frac{4}{3}\left|\frac{a_1}{a_3}\right|} \qquad (2.7.12)$$

下面通过一例来说明三阶互调截点 $\mathrm{IIP_3}$ 和三阶互调失真比 P_{IMR} 的关系。

例 2.7.1 已知一放大器的三阶互调截点 $\mathrm{IIP_3} = 20\mathrm{dBm}$。当输入功率 $P_\mathrm{i} = 0\mathrm{dBm}$ 时,求在此输入功率下的互调失真比 P_{IMR}。

解 由于三阶截点处 $P_{\mathrm{o1}} = P_{\mathrm{o3}}$,且在此点上 $P_\mathrm{i} = \mathrm{IIP_3}$。根据式(2.7.10a)、式(2.7.10b)有

$$P_{\mathrm{o1}} = G_{\mathrm{P_1}}(\mathrm{IIP_3}), \quad P_{\mathrm{o3}} = G_{\mathrm{P_3}}(\mathrm{IIP_3})^3$$

则

$$\frac{G_{\mathrm{P_1}}}{G_{\mathrm{P_3}}} = (\mathrm{IIP_3})^2$$

根据互调失真比定义得

$$P_{\mathrm{IMR}} = \frac{P_{\mathrm{o3}}}{P_{\mathrm{o1}}} = \frac{G_{\mathrm{P_3}}P_\mathrm{i}^3}{G_{\mathrm{P_1}}P_\mathrm{i}} = \frac{P_\mathrm{i}^2}{(\mathrm{IIP_3})^2}$$

用分贝表示上式有

$$P_{\mathrm{IMR}}(\mathrm{dB}) = 2P_\mathrm{i}(\mathrm{dBm}) - 2(\mathrm{IIP_3})(\mathrm{dBm}) \qquad (2.7.13)$$

当 $P_\mathrm{i} = 0\mathrm{dBm}$ 时

$$P_{\mathrm{IMR}} = 0 - 2 \times 20 = -40(\mathrm{dB})$$

即有用信号功率比三阶互调功率大 40dB。

现在要问:互调干扰在射频系统中常会以怎样的方式出现呢?当较弱的有用信号伴随有位于邻道的两个强干扰信号时,虽然干扰信号不在有用信号的信道内,但是它们的某些组合频率分量有可能会落在有用信号信道内,从而干扰有用信号,如图 2.7.4 所示。

三阶互调和增益压缩都是由非线性器件的三次方项产生的,比较一下它们对应的输入信号大小。由式(2.7.4)可知,1dB 压缩点对应的输入信号幅度是

$$V_{\mathrm{im-1dB}} = \sqrt{0.145\left|\frac{a_1}{a_3}\right|}$$

而三阶互调截点为

$$V_{\mathrm{imIP_3}} = \sqrt{\frac{4}{3}\left|\frac{a_1}{a_3}\right|}$$

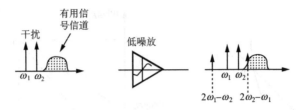

图 2.7.4　互调组合频率对有用信号的干扰

则有

$$\frac{V_{\text{im}-1\text{dB}}}{V_{\text{imIP}_3}} = \sqrt{\frac{0.145}{\frac{4}{3}}} \approx -9.6(\text{dB}) \qquad (2.7.14)$$

即 1dB 增益压缩点的输入(或输出)电平要比三阶截点电平低约 10dB。

2.7.3　多级非线性级级联特性

一个由多级级联组成的射频系统,系统总的非线性与每一级的非线性关系如何,如何把每一级的非线性折算到系统的输入端,这是很重要的问题。实际上就是总的三阶截点和每级的增益及三阶截点之间的关系。

现以两级为例来说明。设图 2.7.5 所示的两级放大器级联系统的输入信号是

$$v_i(t) = V_m\cos\omega_1 t + V_m\cos\omega_2 t$$

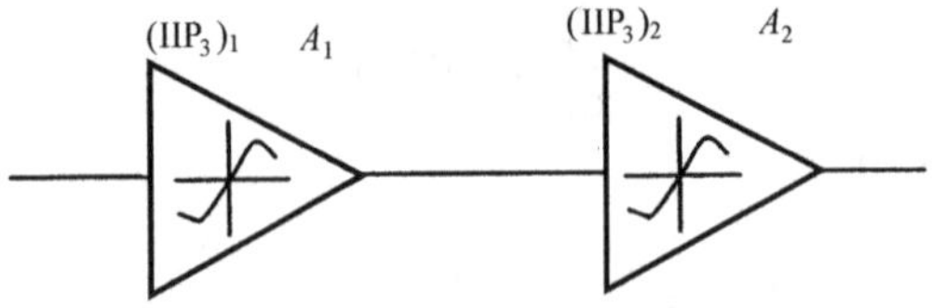

图 2.7.5　两级放大器级联系统

设两信号幅度相等,且为简单起见,设每一级放大器的输入、输出关系分别为

$$v_{o1}(t) = a_1 v_i(t) + a_2 v_i^2(t) + a_3 v_i^3(t)$$
$$v_{o2}(t) = b_1 v_{o1}(t) + b_2 v_{o1}^2(t) + b_3 v_{o1}^3(t)$$

那么,第一级输出的频率包含有:ω_1、ω_2、$2\omega_1$、$2\omega_2$、$|\omega_1 \pm \omega_2|$、$2\omega_1 \pm \omega_2$、$2\omega_2 \pm \omega_1$、$3\omega_1$ 及 $3\omega_2$。考虑到射频系统的每一级一般都是窄带的,以上频率中由二次方项产生的和频、差频、倍频及三次方项产生的三次谐波均被滤除,不可能到达第二级输入。进入第二级输入端的信号为由第一级的一次方项和三次方项产生的基波分量为

$$a_1 V_m(\cos\omega_1 t + \cos\omega_2 t) + \frac{3}{4}a_3 V_m^3(\cos\omega_1 t + \cos\omega_2 t) \qquad (2.7.15)$$

以及由三次方项产生的互调频率分量为

$$\frac{3}{4}a_3 V_m^3[\cos(2\omega_1 - \omega_2)t + \cos(2\omega_2 - \omega_1)t] \qquad (2.7.16)$$

若忽略增益压缩效应,即忽略由三次方项产生的基波分量,式(2.7.15)基波分量中的第二项可以忽略。同样的原理应用于第二级放大器,忽略了高次项,并经窄带滤波后,输出的基波分量为

$$v_{o2}(t) \approx a_1 b_1 V_m(\cos\omega_1 t + \cos\omega_2 t) = a_1' V_m(\cos\omega_1 t + \cos\omega_2 t)$$

落在信道内的三阶互调分量为

$$\left(\frac{3}{4}a_3b_1 + \frac{3}{4}a_1^3b_3\right)V_m^3\left[\cos(2\omega_1 - \omega_2)t + \cos(2\omega_2 - \omega_1)t\right]$$

$$= \frac{3}{4}a_3'V_m^3\left[\cos(2\omega_1 - \omega_2)t + \cos(2\omega_2 - \omega_1)t\right]$$

根据式(2.7.12)表示的三阶截点与器件参数的关系,此系统总的三阶互调截点对应的输入信号幅度为

$$V_{imIP_3} \approx \sqrt{\frac{4}{3}\left|\frac{a_1'}{a_3'}\right|} \approx \sqrt{\frac{4}{3}\frac{a_1b_1}{a_3b_1 + a_1^3b_3}}$$

将上式两边平方,求得以功率表示的三阶截点对应的输入功率为

$$\frac{1}{V_{mIP_3}^2} \approx \frac{1}{\frac{4}{3}\frac{a_1}{a_3}} + \frac{a_1^2}{\frac{4}{3}\frac{b_1}{b_3}}$$

由式(2.7.12)可知$\frac{4}{3}\frac{a_1}{a_3} = (IIP_3)_1$为第一级放大器的三阶互调截点输入功率,$\frac{4}{3}\frac{b_1}{b_3} = (IIP_3)_2$为第二级放大器的三阶互调截点输入功率,而$a_1$为第一级放大器的线性增益,因此两级放大器总三阶互调截点输入功率与每级的关系为

$$\frac{1}{IIP_3} \approx \frac{1}{(IIP_3)_1} + \frac{A_1^2}{(IIP_3)_2} \tag{2.7.17}$$

式中,A_1为第一级的电压增益。此式说明,当$A_1 > 1$时,两级放大器级联系统的总的三阶互调截点输入功率总是小于每一级的IIP_3。

上式的一个特例是,如果第一级是增益为A_1的理想线性放大器,不会产生三阶互调,即$\frac{1}{(IIP_3)_1} \approx 0$,则系统的三阶互调截止输入功率$IIP_3 = \frac{(IIP_3)_2}{A_1^2}$,它比第二级的互调截点输入功率低了$A_1^2$倍。这是必然的,因为第一级将输入信号幅度放大了$A_1$倍。

对于三级或更多级,可以写出一般公式

$$\frac{1}{IIP_3} \approx \frac{1}{(IIP_3)_1} + \frac{A_1^2}{(IIP_3)_2} + \frac{(A_1A_2)^2}{(IIP_3)_3} + \cdots \tag{2.7.18}$$

小结:

多级放大器级联系统的三阶互调截点输入功率小于每一级放大器的三阶互调截点输入功率,由于进入后级的输入信号是经过前面各级的放大,因此要求它的线性范围也更大。

2.8 非线性器件在频谱搬移中的应用

由器件的非线性所产生的谐波与组合频率分量对线性放大器来说是一种干扰,但它们却可以应用到频谱搬移电路中去。最典型的频谱搬移是混频、调制与解调。频谱搬移的实质是要产生两个不同频率(ω_1、ω_2)的信号的和频($\omega_1 + \omega_2$)信号和(或)差频($\omega_1 - \omega_2$)信号。最理想的频谱搬移电路是用乘法器实现,如图2.8.1所示。

非线性器件的二次方项就可实现两信号的相乘,可以产生两信号的和频与差频。因为

$$a_2(v_1 + v_2)^2 = a_2(V_{1m}\cos\omega_1 t + V_{2m}\cos\omega_2 t)^2$$

$$= a_2 V_{1m}V_{2m}\left[\cos(\omega_2 + \omega_1) + \cos(\omega_2 - \omega_1)t\right] + \cdots$$

所以利用非线性器件可以实现混频、调制与解调。典型的混频电路方框图如图2.8.2所示。

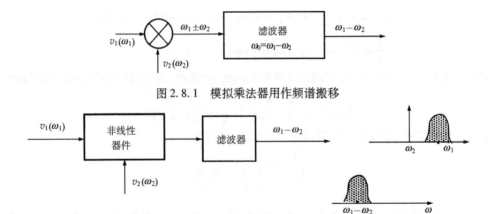

图 2.8.1　模拟乘法器用作频谱搬移

图 2.8.2　典型的混频电路方框图

但是在用非线性器件实现频谱搬移时,由前面的分析可以看出,三次方及三次方以上的各高次方项产生的组合频率 $|\pm p\omega_1 \pm q\omega_2|(p+q\geqslant3)$ 对频谱搬移来说都是干扰。为了实现理想的相乘运算,要求这些组合频率分量越少越好。在电路中,一般可以采用以下三种措施来减少组合频率分量。

1）从器件的特性考虑。尽量选用具有平方律特性的场效应管,或者合理选择器件的工作点,使其工作在接近平方律特性的区域内。

2）从电路考虑。可以采用平衡电路结构形式,抵消一些无用的组合频率分量。

3）从输入电压的大小考虑,采用线性时变工作状态。

下面我们分析什么是线性时变工作状态,为什么线性时变状态可以减少组合频率分量。

线性时变工作状态的首要条件是:频谱搬移电路的两个输入信号必须一个是大信号,另一个是小信号,如图 2.8.3 所示。其中

$$v_1(t)=V_{1m}\cos\omega_1 t,\quad v_2(t)=V_{2m}\cos\omega_2 t,\quad V_{1m}\gg V_{2m}$$

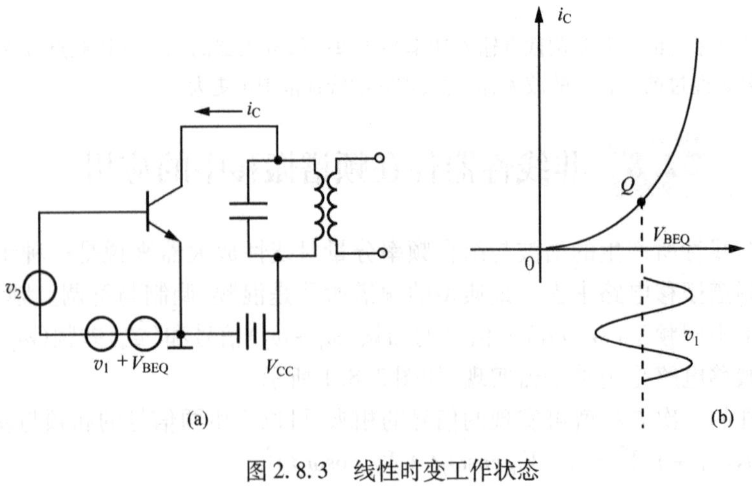

图 2.8.3　线性时变工作状态

设电路直流偏置为 V_{BEQ},它决定电路的静态工作点 Q。与小信号线性化状态时电流电

压只在工作点附近变化的情况不同,输入大信号 $v_1(t)$ 后,它使器件的电流、电压在其伏安特性的较大范围内变化。

可以认为大信号 $v_1(t)$ 与偏置 V_{BEQ} 共同决定了工作点。称 $V_{BEQ}(t)=V_{BEQ}+v_1(t)$ 为时变偏置。将非线性器件在此时变的工作点处展开为幂级数,则有

$$i_C(t)=a_0+a_1[v_{BE}-V_{BEQ}(t)]+a_2[v_{BE}-V_{BEQ}(t)]^2$$
$$+a_3[v_{BE}-V_{BEQ}(t)]^3+\cdots$$

其中

$$v_{BE}=V_{BEQ}+v_1(t)+v_2(t)=V_{BEQ}(t)+v_2(t)$$

由 2.6 节知,非线性器件的幂级数展开式中的系数 a_i 与工作点有关,现工作点是随 $v_1(t)$ 时变的,所以 a_i 也是时变的。将 v_{BE} 代入后,$i_C(t)$ 可表示为

$$i_C(t)=a_0(t)+a_1(t)v_2+a_2(t)v_2^2+a_3(t)v_2^3+\cdots \tag{2.8.1}$$

其中,$a_0(t)=i_C(t)\big|_{v_{BE}=V_{BEQ}(t)}\triangleq I_0(t)$,是当 $v_2=0$ 时的集电极电流,称为时变静态电流〔静态的含义是指与小信号 $v_2(t)$ 无关〕。

$a_1(t)=\dfrac{\mathrm{d}i_C}{\mathrm{d}v_{BE}}\Big|_{v_{BE}=V_{BEQ}(t)}\triangleq g_m(t)$,称为时变跨导,它表示将输入信号 $v_2(t)$ 转变为输出电流的能力。由于时变偏置 $V_{BEQ}(t)$ 的重复频率是大信号 $v_1(t)$ 的频率 ω_1,所以上述各项系数均可展开为基频 ω_1 及其各次谐波的傅里叶级数。

$$a_0(t)=I_0(t)=a_{00}+a_{01}\cos\omega_1t+a_{02}\cos2\omega_1t+\cdots$$
$$a_1(t)=g_m(t)=g_{m0}+g_{m1}\cos\omega_1t+g_{m2}\cos2\omega_1t+\cdots \tag{2.8.2}$$

其中

$$g_{mp}=\frac{1}{\pi}\int_{-\pi}^{\pi}g_m(t)\cos(p\omega_1t)\mathrm{d}\omega_1t \tag{2.8.3}$$

上式中 $p=1,2,3,\cdots$。由于 v_2 很小,可以忽略式(2.8.1)中 v_2 的二次方及二次方以上的各高次方项,则式(2.8.1)变为

$$i_C(t)\approx a_0(t)+a_1(t)v_2=I_0(t)+g_m(t)v_2(t) \tag{2.8.4}$$

由式(2.8.4)看出,在大信号 $v_1(t)$ 和小信号 $v_2(t)$ 的共同作用下,非线性器件的跨导 $g_m(t)$ 随大信号 $v_1(t)$ 时变,输出电流与小信号 $v_2(t)$ 成线性,所以称为线性时变工作状态。而完成频谱搬移〔即产生和频 $(\omega_1+\omega_2)$ 及差频 $(\omega_1-\omega_2)$〕功能是由时变跨导 $g_m(t)$ 的基波分量 $g_{m1}(t)$ 和小信号 $v_2(t)$ 相乘的结果,即对应的电流是

$$i(t)=g_{m1}(t)v_2(t) \tag{2.8.5}$$

可见,在线性时变工作状态下非线性器件的输出电流 i_C 中包含的频率仅为 $p\omega_1$、$|p\omega_1\pm\omega_2|$ $(p=0,1,2,\cdots)$,减少了 $q\geq2$ 以上的组合频率成分,因此组合频率分量将少得多。

小结:

（1）有源器件的伏安特性本质上都是非线性的,根据输入信号的大小可以有不同的描述方法。

（2）有源器件构成的线性放大器有一定的线性工作范围,当输入信号超过此线性工作

范围后,器件的非线性会引起失真与干扰。衡量窄带线性放大器非线性失真的主要指标是增益 1dB 压缩点 P_{in-1dB} 和三阶互调截点输入功率 IIP_3。

（3）非线性器件的平方项可用于频谱搬移电路,为了减少不必要的组合频率干扰,可以采用特性为平方律的器件或采用线性时变工作状态。

2.9 灵敏度与动态范围

前面分析了构成电子电路的各元器件的噪声特性以及有源器件的非线性特性,本节将介绍它们对通信电路的主要指标——接收机的灵敏度和放大器的线性范围的影响。

2.9.1 灵敏度

接收机的一个很重要指标是灵敏度(sensitivity),它定义为,在给定接收机解调器前所要求的输出信噪比的条件下,接收机所能检测的最低输入信号电平。可以看出,灵敏度与所要求的输出信号质量即输出信噪比有关,还与接收机本身的噪声大小有关。下面推导其定量的表达式。

设接收机天线的等效噪声温度为 T_a,接收机的噪声系数为 F,功率增益为 G_P,带宽为 B。设最低的可检测输入功率电平为 $P_{in,\ min}$,则 $P_{in,\ min} = \dfrac{P_{o,\ min}}{G_P}$,其中,$P_{o,\ min}$ 是经接收机前端放大后到达解调器前后对应的最低输出功率电平。由于

$$P_{in,\ min} = \frac{P_{o,\ min}}{G_P} = \left(\frac{N_o}{G_P}\right)\left(\frac{P_{o,\ min}}{N_o}\right)$$

N_o 是接收机在解调器前后输出总噪声功率。它是天线噪声经放大后的输出与接收机内部噪声的总和,即 $N_o = kBT_aG_P + N_内$。可以将 $N_内$ 看作是天线电阻在对应的等效温度为 T_e 时产生的噪声经放大后到达输出端的值,因而 $N_内 = kBT_eG_P$。由于 $T_e = (F-1)T_0$,则

$$N_o = kB[T_a + (F-1)T_0]G_P \tag{2.9.1}$$

而 $\dfrac{P_{o,\ min}}{N_o} = (SNR)_{o,\ min}$ 是所要求的输出信噪比,因此,灵敏度为

$$P_{in,\ min} = kB[T_a + (F-1)T_0](SNR)_{o,\ min}$$

用 dB 表示时,有

$$P_{in,\ min}(dBm) = k[T_a + (F-1)T_0](dBm/Hz) + 10\log B + (SNR)_{o,\ min}(dB) \tag{2.9.2}$$

前面两项称为系统总的合成噪声,有时也称为基底噪声,记为 F_t,则

$$F_t(dBm) = k[T_a + (F-1)T_0](dBm/Hz) + 10\log B \tag{2.9.3}$$

特别是当 $T_a = T_0 = 290K$ 时

$$F_t(dBm) = kT_0(dBm/Hz) + NF(dB) + 10\log B = -174(dBm/Hz) + NF(dB) + 10\log B$$

此时,灵敏度为

$$P_{in,\ min}(dBm) = -174(dBm/Hz) + NF(dB) + 10\log B + (SNR)_{o,\ min}(dB)$$

基底噪声与所要求的输出信噪比共同决定了输入灵敏度。系统的基底噪声越大或者要求输

出的信噪比越高(输出信号质量好),为保证此输出质量所要输入的信号最低电平就越高,即灵敏度越低。

2.9.2 动态范围

接收机(特别是移动着的接收机)所接收的信号强弱是变化的,通信系统的有效性取决于它的动态范围,即高性能地工作所能承受的信号变化范围。动态范围的下限是灵敏度,它受到基底噪声的限制。但当输入信号太大时,由于系统的非线性而产生了失真,输出信噪比反而会下降,因此,动态范围的上限由最大可接受的信号失真决定。

动态范围有两种不同的定义方法。对于功率放大器常用"线性动态范围"(linear dynamic range)的概念。它定义为产生 1dB 压缩点的输入信号电平与灵敏度(或基底噪声)之比。而对于低噪声放大器或混频器则常采用"无杂散动态范围"(SFDR)(spurious-free dynamic range)的概念。即下限输入信号为灵敏度 $P_{in,min}$(或下限为基底噪声 F_t),输入信号的上限 $P_{in,max}$ 规定为此输入信号在输出端引起的三阶互调失真分量(P_{o3})折合到输入端恰好等于基底噪声(即 $F_t = \dfrac{P_{o3}}{G_P 3}$, G_P 是功率增益),则无杂散动态范围定义为

$$DR_f = \frac{P_{in,max}}{P_{in,min}} \qquad (2.9.4)$$

由系统的基底噪声 F_t 和所要求的输出信噪比 $(SNR)_{o,min}$ 可以求出灵敏度,由系统的三阶互调截点 IIP_3 和基底噪声 F_t 可以求出 $P_{in,max}$。因为根据式(2.7.10)可知,当输入功率为 P_{in} 时,产生的基波输出功率和三阶互调失真功率(设此为两音调互调失真)分别是

$$P_{o1} = G_P P_{in}$$
$$P_{o3} = G_{P_3} P_{in}^3$$

根据三阶截点的定义,当 $P_{in} = IIP_3$ 时, $P_{o1} = P_{o3}$。因此由上两式可得

$$G_{P_3} = \frac{G_P}{(IIP_3)^2} \qquad (2.9.5)$$

将 G_{P_3} 和 $P_{in} = P_{in,max}$ 代入 P_{o3},可得

$$P_{o3} = G_{P_3} P_{in,max}^3 = \frac{G_P}{(IIP_3)^2} P_{in,max}^3$$

根据无杂散动态范围的定义,对应输入为 $P_{in,max}$ 时,输出三阶互调分量 $P_{o3} = G_P F_t$,所以有

$$P_{in,max} = \sqrt[3]{(IIP_3)^2 F_t}$$

以对数形式表示的无杂散动态范围 DR_f [式(2.9.4)]为

$$DR_f(dB) = \frac{1}{3}[2IIP_3(dBm) + F_t(dBm)] - [F_t(dBm) + (SNR)_{o,min}(dB)] \qquad (2.9.6)$$

当以基底噪声为下限时:

$$DR_f(dB) = \frac{2}{3}[IIP_3(dBm) - F_t(dBm)] \qquad (2.9.7)$$

例 2.9.1 已知某接收机解调器前的射频子系统的噪声系数是 $NF = 9dB$,三阶截点是 $IIP_3 = -15dBm$,子系统带宽是 $B = 200kHz$,天线等效噪声温度为 T_0,解调器要求输入的信噪

比是 $(\mathrm{SNR})_{\mathrm{o,min}} = 12\mathrm{dB}$,求此子系统的无杂散动态范围。

解   由式(2.9.3)有

$$F_{\mathrm{t}} = -174\mathrm{dBm/Hz} + NF(\mathrm{dB}) + 10\log B$$

$$= -174\mathrm{dBm/Hz} + 9(\mathrm{dB}) + 10\log 200 \times 10^3 = -112\mathrm{dBm}$$

将上述已知值代入式(2.9.6)可得

$$DR_{\mathrm{f}}(\mathrm{dB}) \approx 53\mathrm{dB}$$

扩展　双极晶体管差分放大器输出电流公式证明

根据双极晶体管电流公式 $i_{\mathrm{E}} = I_{\mathrm{S}}\mathrm{e}^{\frac{q}{kT}v_{\mathrm{BE}}}$ 及图 2. A. 1 有 $v_{\mathrm{id}} = v_{\mathrm{BE1}} - v_{\mathrm{BE2}}$,且

$$I_0 = i_{\mathrm{E1}} + i_{\mathrm{E2}} = i_{\mathrm{E1}}\left(1 + \frac{i_{\mathrm{E2}}}{i_{\mathrm{E1}}}\right) = i_{\mathrm{E1}}\left[1 + \mathrm{e}^{-\frac{q}{kT}(v_{\mathrm{BE1}} - v_{\mathrm{BE2}})}\right] = i_{\mathrm{E2}}\left[1 + \mathrm{e}^{\frac{q}{kT}(v_{\mathrm{BE1}} - v_{\mathrm{BE2}})}\right]$$

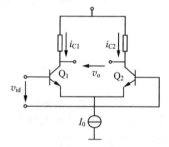

图 2. A. 1　差分放大器

所以

$$i_{\mathrm{C1}} \approx i_{\mathrm{E1}} = \frac{I_0}{\left(1 + \mathrm{e}^{-\frac{q}{kT}v_{\mathrm{id}}}\right)}$$

同理

$$i_{\mathrm{C2}} \approx i_{\mathrm{E2}} = \frac{I_0}{\left(1 + \mathrm{e}^{\frac{q}{kT}v_{\mathrm{id}}}\right)}$$

输出电流为

$$i = i_{\mathrm{C1}} - i_{\mathrm{C2}} = I_0 \frac{\left(\mathrm{e}^{\frac{q}{2kT}v_{\mathrm{id}}} - \mathrm{e}^{-\frac{q}{2kT}v_{\mathrm{id}}}\right)}{\left(\mathrm{e}^{\frac{q}{2kT}v_{\mathrm{id}}} + \mathrm{e}^{-\frac{q}{2kT}v_{\mathrm{id}}}\right)}$$

由于 $\dfrac{\mathrm{e}^x - \mathrm{e}^{-x}}{\mathrm{e}^x + \mathrm{e}^{-x}} = \mathrm{th}x$,所以输出电流为

$$i = i_{\mathrm{C1}} - i_{\mathrm{C2}} = I_0\mathrm{th}\frac{q}{2kT}v_{\mathrm{id}}$$

且有

$$i_{\mathrm{C1}} = \frac{I_0}{2}\left(1 + \mathrm{th}\frac{q}{2kT}v_{\mathrm{id}}\right)$$

$$i_{\mathrm{C2}} = \frac{I_0}{2}\left(1 - \mathrm{th}\frac{q}{2kT}v_{\mathrm{id}}\right)$$

习　题

2-1　试计算 510kΩ 电阻的均方值噪声电压,均方值噪声电流。若并联 250kΩ 电阻后,总均方值噪声电压又为多少(设 $T = 290\mathrm{K}$,噪声带宽 $B = 10^5\mathrm{Hz}$)?

2-2　如图 2-P-2 所示,计算温度为 T 的两有噪电阻 R_1 和 R_2 输出到负载 $R_{\mathrm{L}} = R_1 + R_2$ 上的噪声功率 P_{n}。

2-3　功率谱密度为 n_0 的白噪声通过 RC 低通滤波器(设 R 是无噪的),如图 2-P-3 所示,求输出噪声功率 N_0(以 n_0 和 $f_{\mathrm{c}} = \dfrac{1}{2\pi RC}$ 表示)。

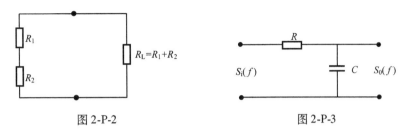

图 2-P-2   图 2-P-3

2-4 放大器的增益为 15dB,带宽为 200MHz,噪声系数为 3dB,连接到等效噪声温度为 800K 的解调器前端。求整个系统的噪声系数与等效噪声温度。

2-5 设天线等效噪声温度 $T_a = 290\text{K}$,放大器的噪声带宽为 100kHz,$NF = 3\text{dB}$,求基底噪声 F_t。若 1dB 压缩点的输入功率为 -10dBm,此接收机的线性动态范围是多少(若要求输出信噪比 $(\text{SNR})_{o,\ \min} = 20\text{dB}$)?

2-6 证明图 2-P-6 所示并联谐振回路的等效噪声带宽为 $B_L = \dfrac{\pi f_0}{2Q}$。

2-7 接收机噪声系数是 7dB,增益为 40dB,对应增益 1dB 压缩点的输出功率是 25dBm,对应三阶截点的输出功率是 35dBm,接收机采用等效噪声温度 $T_A = 150\text{K}$ 的天线。设接收机带宽为 100MHz,若要求输出信噪比为 10dB,求接收机的线性动态范围和无杂散动态范围。

2-8 已知放大器和混频器连接如图 2-P-8 所示,低噪放的增益是 $G_P = 20\text{dB}$,对应三阶截点的输出功率是 $\text{OIP}_3 = 22\text{dBm}$,混频器的变频损耗是 $G_P = -6\text{dB}$,对应三阶截点的输入功率是 $\text{IIP}_3 = 13\text{dBm}$,求系统的三阶截点 OIP_3。

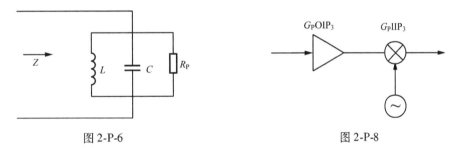

图 2-P-6   图 2-P-8

2-9 将上题的放大器和混频器位置互换,再求整个系统的三阶截点 OIP_3。

2-10 请证明输入三阶互调截点 IIP_3 可以用下面式子推算:

$$\text{IIP}_3(\text{dBm}) = \frac{\Delta P(\text{dB})}{2} + P_{\text{in}}(\text{dBm})$$

其中,P_{in} 为输入功率,ΔP 为输出端的基波功率与三阶分量之差,如图 2-P-10 所示。

2-11 说明二阶互调截点 IP_2 的定义。推导图 2-P-11 所示的两级放大器级联的系统总的二阶截点输入功率 IIP_2 与每一级的参数的关系。设每级放大器的增益及二阶截点 IIP_2 为已知。

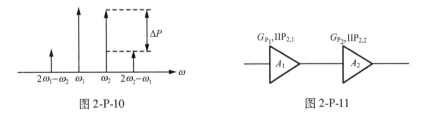

图 2-P-10   图 2-P-11

2-12　接收机带宽为 30kHz, 噪声系数为 8dB, 解调器输入要求的最低信噪比 $\left(\dfrac{S}{N}\right)_{\min} = 15.5$, 接收天线的等效噪声温度为 900K。求接收机最低输入信号功率需多少？若解调器要求的最低输入电压必须大于 0.5V, 接收机的输入阻抗为 50Ω, 求其射频前端总增益应为多少？

2-13　接收机带宽为 3kHz, 输入阻抗为 70Ω, 噪声系数为 6dB, 用一总衰减为 6dB, 噪声系数为 3dB 的电缆连接到天线。设各接口均已匹配, 则为使接收机输出信噪比为 10dB, 其最小输入信号应为多少？如果天线噪声温度为 3000K, 若仍要获得相同的输出信噪比, 其最小输入信号又该为多少？

第三章 调制和解调

调制和解调是通信系统中最为关键的功能模块。尽管新的调制解调技术不断涌现,但是那些成熟的方法仍然应用于许多通信系统中。

本章简要地介绍在现代通信收发信机中常用的调制解调技术,分别介绍模拟调制和数字调制,对这些技术的性能指标和它们的局限性进行了较详细的论述,然后比较各种调制方式的功率有效性。由于数字调制技术在后续通信原理课程中还会详细讨论,因此本章对此没有详细展开。

3.1 什么是调制和解调

在射频通信中必须将原始信号(基带信号)调制到射频载波上,其原因如下。

1)在无线系统中,只有当天线尺寸与波长可比拟时才能有效地辐射射频功率。

2)在有线系统中,同轴线对于高频提供了有效的屏蔽,使得高频信号不致泄漏。

3)国际上对于无线频谱有严格的管理和分配。在频谱拥挤的情况下,无线电高频可提供较大的通信容量。

4)利用调制解调技术可以提供有效的方法来克服信道缺陷,比如信道的加性噪声、失真和衰落等。

在通信中我们常常会碰到两类信号。一类就是上述的原始信号,叫做基带信号或调制信号,这类信号的频谱成分集中在零频附近,如图 3.1.1(a)所示,例如拾音器或视频摄像机所获得的信号就属于这类基带信号。第二类是通带信号,这类信号的频谱集中在载频 ω_c 附近,如图 3.1.1(b)所示。在射频通信中通带信号的带宽远小于载波频率,即对载波频率的相对带宽远小于 1。

(a) 基带信号　　　　　　　(b) 通带信号

图 3.1.1　基带信号与通带信号的频谱

在通信中,调制是指把基带信号转换成通带信号的过程。这种转换就是使载波的某个参数随基带信号而变化。如设载波信号为 $A\cos(\omega_c t + \theta)$,其幅度或相位随基带信号变化后,得到的通带信号一般可以表示成

$$x(t) = a(t)\cos[\omega_c t + \theta(t)]$$

其中,$a(t)$ 和 $\theta(t)$ 是时间函数。将 $\omega_c t + \theta(t)$ 称为总瞬时相位,$\theta(t)$ 为以 $\omega_c t$ 为参考相

位的出超相位。瞬时频率定义为瞬时相位的时间微分，$\omega_c + \dfrac{\mathrm{d}\theta(t)}{\mathrm{d}t}$ 称为总频率，$\dfrac{\mathrm{d}\theta(t)}{\mathrm{d}t}$ 称为以 ω_c 为参考频率的出超频率。一个带宽为 B 的基带信号，采用不同调制方式时，将产生不同带宽的通带信号。

与调制相反的过程称为解调，或称为检测。解调是从已调通带信号中提取出基带信号，同时使附加的噪声、失真和码间干扰等最小。图 3.1.2 所示的简化通信系统由调制器（发射机）、信道（可能是大气或同轴电缆等）和解调器（接收机）所组成。通信系统总的性能决定于调制器和解调器的设计。我们把调制器和解调器组合在一起称为调制解调器（modem）。

图 3.1.2　简化的通信系统方框图

衡量调制方式好坏的主要性能指标有以下几点。

1）抗噪声抗干扰能力。良好的调制方式应该对噪声、干扰和信道失真有较高的容限，这样可以使通信系统在较低的输入信噪比、较大的干扰和信道失真下得到较好的输出信号质量，实际上也就是延长了通信的距离。

2）调制方式的频带利用效率。由于射频资源有限，所以在保证传输速率和质量条件下，使用带宽越小越好。这就是调制方式的频谱有效性。

3）调制方式的功率有效性。对于发射机来说，不同的调制方式要求不同的高频功率放大器放大已调射频信号。有些已调射频信号可以允许用非线性放大器放大，不会造成传输信息损失，但有些已调射频信号必须用线性功率放大器放大。而非线性放大器的效率远比线性放大器高，所以调制方式的功率有效性是极为重要的，尤其是在移动通信中。

3.2　模 拟 调 制

用连续基带信号使载波的某个参数（幅度、频率、相位）连续变化的调制方式称为模拟调制，当被控制的载波参数为幅度时，称为幅度调制，当被控制的载波参数为频率或相位时，统称为角度调制。下面根据调制的定义，从时域和频域两个不同角度对模拟调制与解调进行分析。

3.2.1　幅度调制与解调

1. 普通调幅（AM）

设载波信号为

$$v_c(t) = V_{cm}\cos\omega_c t \tag{3.2.1}$$

调制信号为单音音频信号

$$v_\Omega(t) = V_{\Omega m}\cos\Omega t \qquad (3.2.2)$$

且

$$\omega_c \gg \Omega \quad (\omega_c = 2\pi f_c, \Omega = 2\pi F), V_{cm} > V_{\Omega m}$$

（1）调幅的定义

用调制信号 $v_\Omega(t)$ 控制载波幅度,使载波幅度按调制信号规律变化,即

$$\begin{aligned}
V_{cm}(t) &= V_{cm} + k_a v_\Omega(t) \\
&= V_{cm} + k_a V_{\Omega m}\cos\Omega t \\
&= V_{cm}(1 + m_a\cos\Omega t) \quad (3.2.3)
\end{aligned}$$

k_a 是由电路决定的常数,$m_a = \dfrac{k_a V_{\Omega m}}{V_{cm}}$ 称为调幅指数。

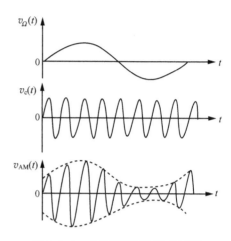

（2）调幅波的时域表示

信号的时域特性可以用表达式和相应的波形来表示。根据定义,调幅波的表达式为

$$v(t) = V_{cm}(1 + m_a\cos\Omega t)\cos\omega_c t \quad (3.2.4)$$

图 3.2.1 单音调制调幅波的波形

对应的波形如图 3.2.1 所示,可以看出当 $m_a \leqslant 1$ 时,调幅波的上下包络都反映了调制信号的变化。

当 $m_a > 1$ 时,包络出现了过零点,如图 3.2.2(a)所示,上、下包络不反映调制信号的变化,出现了调制失真。在实际 AM 调制电路中,若 $m_a > 1$,则得到的失真波形如图 3.2.2(b)所示。

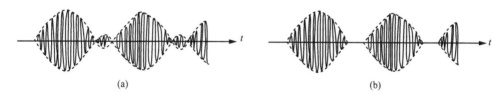

(a) 　　　　　　　　　　　　　　　　(b)

图 3.2.2 正弦调幅波的过调失真

（3）调幅波(AM)的频谱与带宽

从频域角度来描述调幅波时主要看它的频谱成分和带宽。

1）频谱

$$v_c(t) = V_{cm}\cos\omega_c t + \frac{1}{2}m_a V_{cm}\cos(\omega_c + \Omega)t + \frac{1}{2}m_a V_{cm}\cos(\omega_c - \Omega)t \quad (3.2.5)$$

上式表明,它含有三条高频谱线,一条位于 ω_c 处,幅度为 V_{cm};另两条位于载频 ω_c 两旁,称为上下旁频,频率分别是 $\omega_c + \Omega$ 和 $\omega_c - \Omega$,幅度均为 $\dfrac{1}{2}m_a V_{cm} = \dfrac{1}{2}k_a V_{\Omega m}$,如图 3.2.3 (a)所示。

由图可以看出两点:第一,调制的过程是实现频谱的线性搬移。即把低频调制信号分别搬移到载频两边,得到上下两个边带,幅度对称且为原调制信号的一半。线性搬移的含义是指基带搬移到载频后频谱结构不变。如果频谱结构发生了变化,例如旁频出现了调制信号的

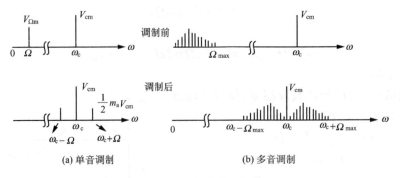

(a) 单音调制　　　　　　　　　　　(b) 多音调制

图 3.2.3　调幅波的频谱

谐波 $\omega_c \pm 2\Omega$、$\omega_c \pm 3\Omega$ 等,则称为调制失真。第二,载频仍保持调制前的频率和幅度,因此它没有反映调制信号信息,在 AM 调制中只有两个旁频携带了调制信号的信息。图 3.2.3(b) 是当调制信号是多音频信号时的频谱。

2)带宽

调幅波的带宽为 $\mathrm{BW} = 2F$,即为调制信号频率的两倍,若用多音调制时,设调制信号为

$$v_{\Omega}(t) = \sum_{j=1}^{N} V_{\Omega mj}\cos(\Omega_j t)$$

则已调波表达式为

$$v(t) = \left[V_{cm} + k_a \sum_{j=1}^{N} V_{\Omega mj}\cos(\Omega_j t) \right]\cos\omega_c t$$

已调波的频谱带宽为 $\mathrm{BW} = 2F_{MAX}$,F_{MAX} 是调制信号最高频率(或基带调制信号带宽),如图.2.3(b)。

(4)调幅波的功率

单音调制的调幅波在单位电阻($R = 1\Omega$)上的功率为

$$P = \frac{1}{2}V_{cm}^2(t) = \frac{1}{2}V_{cm}^2(1 + m_a\cos\Omega t)^2 \tag{3.2.6}$$

由于调幅波的幅度 $V_{cm}(t)$ 随时间而变化,因此出现两个不同的功率值概念。

1)最大和最小功率值

当 $\cos\Omega t = 1$ 时为最大功率点:

$$P_{MAX} = \frac{1}{2}V_{cm}^2(1 + m_a)^2 \tag{3.2.7}$$

当 $\cos\Omega t = -1$ 时为最小功率点:

$$P_{MIN} = \frac{1}{2}V_{cm}^2(1 - m_a)^2 \tag{3.2.8}$$

2)调制信号一周内的平均功率

$$P = \frac{1}{2\pi}\int_0^{2\pi}\frac{1}{2}V_{cm}^2(1 + m_a\cos\Omega t)^2 \mathrm{d}\Omega t = \frac{1}{2}V_{cm}^2\left(1 + \frac{1}{2}m_a^2\right) \tag{3.2.9}$$

从频谱的角度看,已调波的平均功率也就是其各个频谱分量的功率之和。

载频功率是

$$P_c = \frac{1}{2}V_{cm}^2$$

总旁频功率是

$$2P_{\omega \pm \Omega} = 2 \times \frac{1}{2}\left(\frac{1}{2}m_a V_{cm}\right)^2 = \frac{1}{2}m_a^2 P_c \qquad (3.2.10)$$

旁频功率与载频功率之比为 $\frac{1}{2}m_a^2$。由于 $m_a < 1$,因此在 AM 调制中,携带信息的频谱分量的能量占总能量的比例很小。例如,若多音调制的平均调制系数 $\overline{m}_a = 0.3$,则旁频功率只占载频功率的4.5%,而占据调幅波功率95.5%的载频却是不携带信息的。

2. 抑制载波的双边带调幅(DSBSC)

从节省功率的角度出发,将普通调幅波(AM)中的载波抑制掉,即得抑制载波的双边带调幅(DSBSC)。很明显,抑制载波的双边带信号的频谱如图 3.2.4 所示,其带宽与 AM 调制波相同,BW$=2F$。DSBSC 调制节省了功率,但没有节省频带。

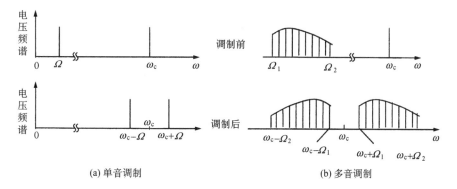

(a) 单音调制   (b) 多音调制

图 3.2.4 抑制载波双边带信号的频谱

单音调制时,DSBSC 的表达式为

$$v(t) = AV_{\Omega m}V_{cm}\cos\Omega t\cos\omega_c t$$
$$= \frac{1}{2}AV_{\Omega m}V_{cm}\cos(\omega_c + \Omega)t$$
$$+ \frac{1}{2}AV_{\Omega m}V_{cm}\cos(\omega_c - \Omega)t$$

$$(3.2.11)$$

由上式看出,DSBSC 信号是调制信号与载波信号相乘的结果,所以波形如图3.2.5所示。DSB 信号的波形有以下两个特点。

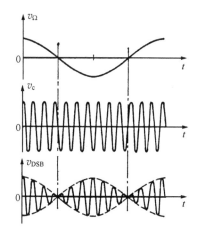

1) 它的上下包络均不同于调制信号的变化形状。

2) 在调制信号为零的两旁,由于调制信号的值正负

图 3.2.5 单音调制 DSBSC 信号的波形

发生了变化,所以已调波的相位在此零点处发生 180°突变,如图 3.2.5。为明显起见,图中假设 ω_c 为 Ω 的整数倍。

DSBSC 信号的功率就是两个旁频的功率之和。与 AM 信号相比,如果发射机输出功率相等,则 DSB 发射机发出的信息能量远比 AM 多,即功率利用率高。

3. 单边带调幅(SSBSC)

DSBSC 信号的两个边带是完全对称的,每个边带都携带了相同的调制信号信息。从节省频带的角度出发,只需发射一个边带(上边带或下边带),因此得到单边带调幅。单边带信号的频谱如图 3.2.6(a)所示(图中是多音频调制上边带),其带宽为 BW = $F_2 - F_1$(或视为同基带信号带宽)。与 AM 信号及 DSBSC 信号相比,单边带信号频带缩减了一半,且功率利用率又提高了一倍。当单音正弦信号调制时,单边带信号的表达式为

$$v(t) = \frac{1}{2}AV_{\Omega m}V_{cm}\cos(\omega_c + \Omega)t \qquad (3.2.12)$$

其对应的波形和频谱如图 3.2.6(b)、(c)所示。

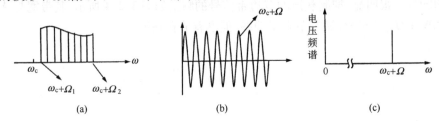

(a)　　　　　　　(b)　　　　　　　(c)

图 3.2.6　单边带正弦调幅信号波形和谱线

4. 调幅信号的产生方法

(1) AM 和 DSBSC

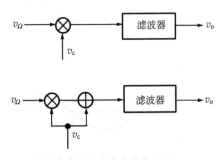

图 3.2.7　频谱线性搬移的基本的方法

无论是 AM、DSBSC 和 SSBSC,从频域的角度看,都是将调制信号的频谱不失真的搬移到载频两边。而实现频谱线性不失真搬移的最基本的方法是在时域上将两信号相乘,如图 3.2.7 所示。

图中滤波器的中心频率为 ω_c,带宽为 2F。

但在实际应用时,由于 AM 已调波的包络反映了调制信息,不适合于非线性功率放大器放大(见后分析),为了在发射机中应用高效率的非线性功率放大器,因此 AM 调制一般在发射机的末级进行,称为高电平调制。

(2) SSBSC 信号产生

产生 SSBSC 信号有两种基本方法。一是滤波法,二是相移法。

1)滤波法。由抑制载波的双边带信号中滤除一个下边带(或上边带)即可得单边带信号。这个方法的难点在于滤波器的实现。当调制信号的最低频率 F_{min} 很小(甚至为 0)时,上下两边带的频差 $\Delta f = 2F_{min}$ 很小,即相对频差值 $\frac{\Delta f}{f_c}$ 很小,如图 3.2.8 所示。这就要求滤波器的矩形系数几乎接近 1,导致滤波器的实现十分困难。

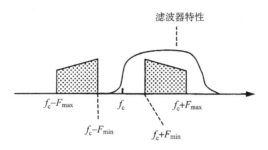

图 3.2.8　滤波法产生单边带信号

　　实际设备中可以采用多次搬移法来降低对滤波器的要求,如图 3.2.9 所示。第一次调制,将音频 F 先搬移到较低的载频 f_{c1} 上,由于载频 f_{c1} 较低,相对值 $\dfrac{\Delta f}{f_{c1}}$ 较大,滤波器容易制作。然后再将滤波得到的信号 $f_{c1}+F$ 搬移到载频 f_{c2} 上,得到两个信号 $f_{c2}+(f_{c1}+F)$ 和 $f_{c2}-(f_{c1}+F)$。由于这两个信号的频谱间隔 $\Delta f=2(f_{c1}+F)$ 较大,滤波又比较容易实现,三次搬移后,最终的载频为 $f_c=f_{c1}+f_{c2}+f_{c3}$。而单边带信号的频谱为 $f=f_{c1}+f_{c2}+f_{c3}+F$。

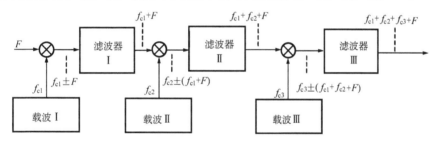

图 3.2.9　频谱多次搬移产生单边带信号

　　2) 移相法。可将单边带信号的表达式转化为两个双边带信号之和:

$$v_{ssBL}=\frac{1}{2}AV_{\Omega m}V_{cm}\cos(\omega_c-\Omega)t=\frac{1}{2}AV_{\Omega m}V_{cm}(\cos\Omega t\cos\omega_c t+\sin\Omega t\sin\omega_c t)$$

$$v_{ssBH}=\frac{1}{2}AV_{\Omega m}V_{cm}\cos(\omega_c+\Omega)t=\frac{1}{2}AV_{\Omega m}V_{cm}(\cos\Omega t\cos\omega_c t-\sin\Omega t\sin\omega_c t)$$

因此单边带信号可以采用图 3.2.10 所示的方案实现。

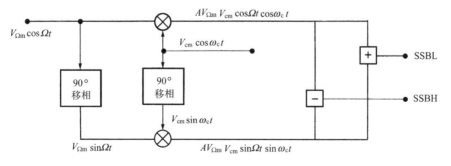

图 3.2.10　移相法产生单边带信号

移相法实现 SSB 信号是用移相网络对载频和调制信号分别进行 90°移相,将移相或不移相的载波及调制信号相乘,分别得到两个双边带信号,再对它们相加减得到所需要的上边带或下边带信号。移相法的优点是避免制作矩形系数要求极高的带通滤波器,但它的关键点是载波和基带两个信号都需要准确的 90°移相,特别是对带宽为 $\Delta F = F_{max} - F_{min}$ 的基带调制信号中的每一个频率都实现准确的 90°移相,而幅频特性又应为常数,这是很困难的。

5. 振幅解调

(1)相干解调

振幅解调是从调幅波中恢复出低频调制信号,也称为检波。在频域上看,振幅解调是把已调波的边带搬回到低频,也是属于线性频谱搬移,所以实现的基本方法仍然是在时域上将两信号相乘。并通过滤波器滤出所需要的信号,如图3.2.11(a)所示。

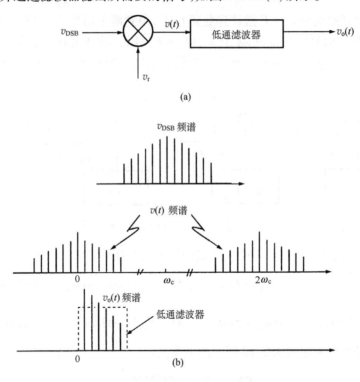

图 3.2.11　相干解调及其频谱搬移过程

这种解调方法称为相干解调,也称同步检波。相干解调需要一个与已调波的载波同频同相的参考信号 $v_r(t)$。

如对 DSB 信号 $v_{DSB}(t) = AV_{\Omega m}V_{cm}\cos\Omega t\cos\omega_c t$ 进行解调,需参考信号为 $v_r(t) = V_{rm}\cos\omega_r t$,其中,要求 $\omega_r = \omega_c$。

两信号相乘后,乘法器输出为

$$v(t) = \frac{1}{2}AV_{\Omega m}V_{cm}V_{rm}(\cos\Omega t\cos2\omega_c t + \cos\Omega t)$$

经低通滤波器滤除高频($2\omega_c \pm \Omega$)分量后,得到音频调制信号:

$$v_o(t) = \frac{1}{2}AV_{\Omega m}V_{cm}V_{rm}\cos\Omega t$$

（以上设乘法器和滤波器的传输系数均为1）。相干解调的频谱搬移过程如图3.2.11（b）所示，AM 和 SSB 也同样可以用相干解调进行解调。

相干解调的关键点是必须保证参考信号与已调波的载波同频同相，否则会引起失真。假设参考信号与载波信号的频率和相位有一些小偏差：

$$v_r(t) = V_{rm}\cos[(\omega_c + \Delta\omega)t + \Delta\varphi] \tag{3.2.13}$$

与上述 DSB 信号相乘并经低通滤波器后的输出为

$$v_o(t) = \frac{1}{2}AV_{\Omega m}V_{cm}V_{rm}\cos(\Delta\omega t + \Delta\varphi) \cdot \cos\Omega t \tag{3.2.14}$$

此解调输出信号 $v_o(t)$ 的幅度受到了 $\cos(\Delta\omega t + \Delta\varphi)$ 的调制，即输出声音的大小按差频 $\Delta\omega$ 的速度高低变化，听起来很不舒服。

用上述不同步的参考信号解调如式（3.2.12）所示的单边带信号时，低通滤波器的输出为

$$v_o(t) = \frac{1}{4}AV_{\Omega m}V_{cm}\cos[(\Omega - \Delta\omega)t - \Delta\varphi] \tag{3.2.15}$$

由于参考信号的不同步引起了低频解调信号的频率偏移了 $\Delta\omega$，相位偏移了 $\Delta\varphi$。频率的偏移对语音通信的质量影响很大，而相位偏移对图像通信的质量影响很大。

相干解调是一种性能优良的解调方式，但其难点在于同步信号的获取，它的实现电路比较复杂。

（2）包络检波

包络检波器是其输出的电压直接反映输入高频信号包络变化的解调电路，它的电路结构非常简单，而且不需要同步信号，属于非相干解调。但由于只有普通调幅波（AM）的包络与调制信号成正比，而 DSBSC 与 SSBSC 波，它们的包络不直接反映调制信号的变化，所以包络检波只适用于 AM 波的解调。

小结：

（1）振幅调制与解调在频域上都是一种频谱的线性搬移，实现频谱线性搬移的最基本的方法是乘法器加滤波器。滤波器的中心频率与带宽由所需的信号决定。

（2）解调又分相干解调和非相干解调两种。在相同的信道噪声与相同的发射功率的条件下，采用相干解调方式的通信系统，由于其对应的发射信号可以是 DSB 波（或 SSB 波），它的发射功率全部携带了信息，而采用非相干解调包络检波的接收机要求其发射信号是普通 AM 调制，它的发射功率中只有极小一部分携带了信息。因此采用相干解调的接收机的输出信噪比必定比采用包络检波的通信系统高。

（3）普通调幅信号的调制信息是被包含在幅度的包络中。它极易受到干扰及噪声的影响，为了不失真的放大 AM 信号，对发射机功率放大器的线性度要求又很高，并且普通调幅（AM）信号的绝大部分功率都消耗在了不携带信息的载频上。鉴于这些原因，AM 调制除了在无线广播及电视图像传输外（因为解调电路成本低）已经很少采用。

3.2.2 模拟调频与解调

用调制信号去控制高频载波的频率称为调频(FM),控制高频载波的相位称为调相(PM),调频和调相都表现为高频载波的瞬时相位随调制信号的变化而变化,总称角度调制。一般来说,在模拟通信中模拟调频比模拟调相应用广泛,这一节主要介绍模拟调频。

1. 调频波的基本特性

(1) FM 信号时域分析

1) 调频与调相的定义。设高频载波为

$$v_c(t) = V_{cm}\cos\omega_c t \qquad (3.2.16)$$

为简单起见,假设调制信号为单音,其表达式为

$$v_\Omega(t) = V_{\Omega m}\cos\Omega t \qquad (3.2.17)$$

调频定义为高频载波的瞬时频率随低频调制信号的变化规律而变化,则有

$$\omega(t) = \omega_c + k_f v_\Omega(t) = \omega_c + k_f V_{\Omega m}\cos\Omega t = \omega_c + \Delta\omega_m\cos\Omega t \qquad (3.2.18)$$

k_f 是由电路决定的常数。图 3.2.12 表示了瞬时频率的变化曲线。图中有三个频率量,一是载频 ω_c,它是没有受调制时的载波频率。二是最大频偏 $\Delta\omega_m = k_f V_{\Omega m}$,它表示瞬时频率对载频 ω_c 的最大偏移,它是瞬时频率摆动的幅度,电路决定后,它仅取决于调制信号的幅度大小,而与调制信号的频率无关。三是调制频率 Ω,它表示了受调制的信号的瞬时频率变化的快慢,一般满足 $\Omega \ll \omega_c$ 和 $\Delta\omega_m \ll \omega_c$。

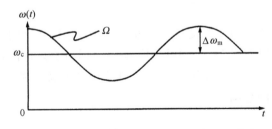

图 3.2.12　正弦调频信号的瞬时频率变化曲线

调相定义为高频载波的相位偏移与音频调制信号成正比,即

$$\varphi(t) = \omega_c t + k_p v_\Omega(t) = \omega_c t + k_p V_{\Omega m}\cos\Omega t = \omega_c t + \Delta\varphi_m\cos\Omega t \qquad (3.2.19)$$

其中,$\Delta\varphi_m = k_p V_{\Omega m}$ 称为最大相移,它仅与音频调制信号的幅度有关,与其频率无关。

2) 瞬时频率与瞬时相位的关系。一个余弦信号 $x(t)$ 可看作幅度为 V_m 的旋转矢量在 OX 轴上的投影,即

$$x(t) = V_m\cos\Phi(t)$$

如图 3.2.13 所示。

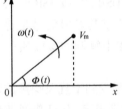

图 3.2.13　余弦信号的
旋转矢量表示

旋转矢量的瞬时角频率 $\omega(t)$ 与瞬时相位 $\Phi(t)$ 的关系为

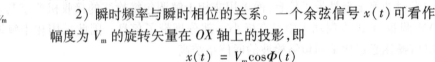

$$\Phi(t) = \int\omega(t)\mathrm{d}t \qquad (3.2.20)$$

即瞬时相位是瞬时角频率的积分值,当 $\omega(t) = \omega_c$ 为常数时,有

$$\Phi(t) = \int \omega(t)\,\mathrm{d}t = \omega_c t$$

对上式两边取微分,则得

$$\omega(t) = \frac{\mathrm{d}\Phi(t)}{\mathrm{d}t} \qquad (3.2.21)$$

瞬时角频率是瞬时相位的微分。所以,余弦信号 $x(t)$ 又可表示为

$$x(t) = V_m \cos \int \omega(t)\,\mathrm{d}t \qquad (3.2.22)$$

当角频率为常数时,则得

$$x(t) = V_m \cos \omega_c t$$

这就是频率为常数的余弦信号表达式。根据频率和相位的内在关系,将调频波和调相波的一些概念列于表 3.2.1。

表 3.2.1　调频和调相的有关概念(设载波和调制信号如式(3.2.16)和式(3.2.17)所示)

名　称	调频波	调相波
幅度	恒定	恒定
定义	$\omega(t) = \omega_c + k_f v_\Omega(t)$	$\varphi(t) = \omega_c t + k_p v_\Omega(t)$
频率偏移	$\Delta\omega(t) = k_f V_{\Omega m}\cos\Omega t$	$\Delta\omega(t) = k_p \dfrac{\mathrm{d}v_\Omega(t)}{\mathrm{d}t} = -k_p \Omega V_{\Omega m}\sin\Omega t$
最大频偏	$\Delta\omega_m = k_f V_{\Omega m}$	$\Delta\omega_m = k_p \Omega V_{\Omega m}$
相移	$\Delta\varphi(t) = k_f \displaystyle\int_0^t v_\Omega(t)\,\mathrm{d}t = k_f \dfrac{V_{\Omega m}}{\Omega}\sin\Omega t$	$\Delta\varphi(t) = k_p V_{\Omega m}\cos\Omega t$
最大相移	$\Delta\varphi_m = k_f \dfrac{V_{\Omega m}}{\Omega} = \dfrac{\Delta\omega_m}{\Omega}$	$\Delta\varphi_m = k_p V_{\Omega m}$

3)调频波的表达式。调频波的相位变化规律为

$$\varphi(t) = \int \omega(t)\,\mathrm{d}t = \int (\omega_c + k_f V_{\Omega m}\cos\Omega t)\,\mathrm{d}t = \omega_c t + \frac{k_f V_{\Omega m}}{\Omega}\sin\Omega t \qquad (3.2.23)$$

其中,调频波的相位变化与调制信号的积分成正比,最大相移为 $\Delta\varphi_m = \dfrac{\Delta\omega_m}{\Omega}$,它不仅与调制信号的幅度有关,而且反比于调制信号的频率。因此,调频波的表达式为

$$v(t) = V_{cm}\cos\varphi(t) = V_{cm}\cos\left(\omega_c t + \frac{k_f V_{\Omega m}}{\Omega}\sin\Omega t\right) \qquad (3.2.24)$$

定义最大相移 $\Delta\varphi_m$ 为调频指数 m_f,即

$$m_f = \frac{\Delta\omega_m}{\Omega} \qquad (3.2.25)$$

因而调频波又可写为

$$v(t) = V_{cm}\cos(\omega_c t + m_f\sin\Omega t) \qquad (3.2.26)$$

同样调相波可表示为

$$v(t) = V_{cm}\cos\varphi(t) = V_{cm}\cos(\omega_c t + k_p V_{\Omega m}\cos\Omega t) \qquad (3.2.27)$$

同样定义最大相移 $\Delta\varphi_m$ 为调相指数 m_p,则调相波为

$$v(t) = V_{cm}\cos(\omega_c t + m_p\cos\Omega t) \quad (3.2.28)$$

在形式上调频波和调相波的表达式是一样的。

调频波和调相波的调制指数均定义为最大相移,但它们与调制信号的参数的关系有所不同,如图 3.2.14。

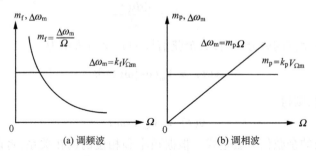

图 3.2.14 调制指数与调制信号频率的关系($V_{\Omega m}$ 为常数)

4) 调频波的波形。调频波是一个等幅波,调制信息包含在它的频率变化中,图 3.2.15 中表示出了两种典型的调频波波形。

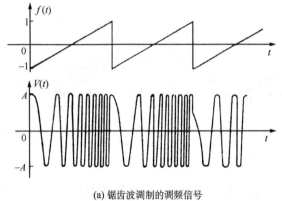
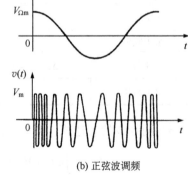

图 3.2.15 调频波波形

(2) 调频波的频谱与带宽

1) 频谱

将单音调制的调频波表示成指数形式,则有

$$v(t) = V_m\cos(\omega_c t + m_f\sin\Omega t)$$
$$= V_m R_e(e^{jm_f\sin\Omega t} \cdot e^{j\omega_c t}) \quad (3.2.29)$$

式中,$R_e[x(t)]$ 表示函数 $x(t)$ 的实部,$e^{jm_f\sin\Omega t}$ 是 t 的周期函数,它的傅里叶级数展开式为

$$e^{jm_f\sin\Omega t} = \sum_{n=-\infty}^{\infty} J_n(m_f)e^{jn\Omega t} \quad (3.2.30)$$

式中

$$J_n(m_f) = \frac{1}{2\pi}\int_{-\pi}^{+\pi} e^{jm_f\sin\Omega t} \cdot e^{-jn\Omega t}d\Omega t$$

是宗数为 m_f 的 n 阶第一类贝塞尔函数,它随 m_f 变化的曲线如图 3.2.16 所示。并且有

$$J_n(m_f) = \begin{cases} J_{-n}(m_f) & (n \text{ 为偶数时}) \\ -J_{-n}(m_f) & (n \text{ 为奇数时}) \end{cases}$$

则调频波的傅里叶展开式为

$$v(t) = V_m R_e \left[\sum_{n=-\infty}^{\infty} J_n(m_f) e^{j(\omega_c t + n\Omega t)} \right] = V_m \sum_{n=-\infty}^{+\infty} J_n(m_f) \cos(\omega_c + n\Omega)t \quad (3.2.31)$$

分析已调信号的频谱结构主要是看它的谱线成分、谱线幅度以及它的带宽。从上式可以看出单音调制的调频波的频谱结构有如下特点。

Ⅰ. 以载频 ω_c 为中心,有无数对边频分量。每条频谱间的距离为调制频率 Ω,即调频波含有 $\omega_c, \omega_c \pm \Omega, \omega_c \pm 2\Omega, \cdots, \omega_c \pm n\Omega$(n 为正整数)的频谱分量。与振幅调制不同,调频是频谱的非线性搬移,即当调制信号为一条频率为 Ω 的谱线,则通过调频,它被搬移到载频两旁并出现了 Ω 的谐波边频。

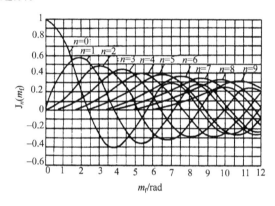

图 3.2.16 $J_n(m_f)$ 随 m_f 变化曲线

Ⅱ. 调频波的每条谱线的幅度为 $J_n(m_f)V_m$。分析图 3.2.16 所示的 $J_n(m_f)$ 曲线可以看出以下几点:第一,载频分量 $J_0(m_f)$ 随 m_f 是变化的,在调频系数 m_f 的某些值上,如 $m_f =$ 2.40,5.52, 8.65,$\cdots$,载波分量 $J_0(m_f) = 0$。这说明在调频波中并不一定是载频分量的能量最大。而且从图 3.2.16 还可以看出,对 $m_f < 1$ 的窄带调频,载频分量较大,而 m_f 大的宽带调频,载频分量小。同样在其他某些 m_f 值处,某些边频分量为零。图 3.2.17 所示为几个不同的 m_f 时的调频波频谱。第二,当 $m_f \ll 1$ 时,可认为 $J_n(m_f) = 0(n \geq 2)$,这时调频波只包含一对 $n = 1$ 的边频,此时调频波的频谱结构类似于调幅波(AM),带宽 $BW = 2F$,称为窄带调频。随着 m_f 的增加,不为零的 $J_n(m_f)$ 增多,即调频波包含的边频数增多,当 $m_f \gg 1$ 时,称为宽带调频。第三,当 m_f 一定时,随着 n 的增加,虽然 $J_n(m_f)$ 有起伏,但总的趋势是减少的,也即越远离载频 ω_c,边频的能量越小。

2) 带宽

调频波在理论上含有无数对边频,但实际上,能量不可能是无限的,从上面的定性分析得知,它的能量主要集中在靠近载频附近的那些频率分量中。现在要问:调频波的带宽大小究竟取多少对边频呢?若以某一误差 ε 为标准,如果 $J_n(m_f)$ 小于该误差值的边频分量可以忽略,则调频波的带宽可表示为

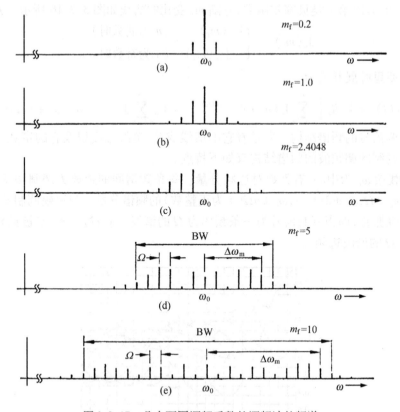

图 3.2.17　几个不同调频系数的调频波的频谱

$$BW_\varepsilon = 2LF \tag{3.2.32}$$

式中,L 为所取的有效边频对数,F 为调制信号频率。

分析函数 $J_n(m_f)$ 可得出,当 $n > m_f + 1$ 时,$J_n(m_f)$ 恒小于 $\varepsilon = 0.1$。因此,若取 $\varepsilon = 0.1$,则 $L = n = m_f + 1$,可认为调频波的能量主要集中在 $2n$ 对边频内。

调频波的有效频谱宽度可用下式所示的卡尔逊(Carson)公式估算:

$$BW_{CR} = 2(m_f + 1)F = 2(\Delta f_m + F) \tag{3.2.33}$$

式中,BW_{CR} 称为卡尔逊带宽,BW_{CR} 大约位于 $\varepsilon = 0.1$ 的 $BW_{0.1}$ 和 $\varepsilon = 0.01$ 的 $BW_{0.01}$ 之间。调相波的频谱和带宽与调频波相同,只需用 m_p 代替 m_f 即可。

需要注意的是调频波的有效带宽 BW 与最大频偏 Δf_m 是两个不同的概念,Δf_m 是在调制信号作用下调频波的瞬时频率偏移载频的最大值,而带宽 BW 是将长时间稳定的调频波分解为许多余弦分量时,按一定的误差标准(ε)所取的边带范围。带宽不仅与瞬时频率摆动的幅度 Δf_m 有关,而且还与瞬时频率摆动的速率 F 有关。

对于 $m_f \gg 1$,即 $\Delta f_m \gg F$ 的宽带调频,由式(3.2.33)看出,调频波的带宽近似取决于其最大频偏 $BW = 2m_f F = 2\Delta f_m$。因此,在宽带调频中,限制最大频偏,也就限制了调频波的带宽,带宽与调制信号的频率几乎无关。但对于调相波,限制最大相移 $\Delta\varphi_m = m_p = kV_{\Omega m}$,其带宽仍随着调制信号频率的变化而线性变化。

当由多音频组成的复杂信号调频时,调频波的频谱分析很烦琐,但基本上仍可采用单音调频时的带宽计算公式。只需用最高的调制频率 F_m 代替 F ,由规定的允许最大频偏 Δf_m 求出调频系数 m_f 并代入式(3.2.33)即可。

例如,调频广播规定的最大频偏为 75kHz,计算当调制频率分别为 1kHz 和 15kHz 时的调频波的带宽(假设在 $F=1kHz$ 和 $F=15kHz$ 时,均达到了最大频偏 75kHz)。

当 $F=1kHz$ 时,$BW_{CR}=2\left(\dfrac{\Delta f_m}{F}+1\right)\times F=2\times(75+1)\times 1=152(kHz)$

当 $F=15kHz$ 时,$BW_{CR}=2\left(\dfrac{75}{15}+1\right)\times 15=180(kHz)$

可选取频带宽度为 180kHz。

(3) 调频波的功率

从频谱的角度看,调频波的平均功率等于各频谱分量的平均功率之和,因此,在单位电阻上调频波的功率为

$$P=\frac{V_{cm}^2}{2}\sum_{n=-\infty}^{\infty}J_n^2(m_f) \tag{3.2.34}$$

由于第一类贝塞尔函数的特性是 $\sum\limits_{n=-\infty}^{\infty}J_n^2(m_f)=1$,所以调频波的功率为

$$P=\frac{V_{cm}^2}{2} \tag{3.2.35}$$

调频波的功率与调制系数 m_f 无关,改变 m_f 的大小只改变了载波分量和各边频分量之间功率的分配,而不会引起总功率的变化。

从时域的角度看,由于调频波是一个等幅波,而且其幅度与调制前一样,所以调频波的功率等于调制前载波的功率,该结论与从频谱的角度计算的功率值相同。

2. 调频波的产生与解调

根据调频的定义,调频波的瞬时频率与调制信号成正比,它的瞬时相位与调制信号的积分成正比,由此可以得到两种产生调频波的方法。一是直接调频法,如图 3.2.18(a)所示,用调制信号直接控制振荡器的频率,使振荡频率跟随调制信号变化。二是间接调频法,如图 3.2.18(b)所示,将调制信号的积分值去控制调相电路,使调相电路的输出相位与控制信号成正比,由于频率是相位的微分,因此输出信号 $v_o(t)$ 的频率与调制信号 $v_\Omega(t)$ 成正比,从而实现了调频。

对一个调频波产生电路来说,它的最主要的指标应该是载波频率稳定度高、调制特性线性度好,能保证所需的频偏大小。直接调频原理简单、频偏较大,但由于振荡器的频率直接受控,因此频率稳定度不高。而间接调频法的核心是调相,其载波信号是由晶振产生的,因此频率稳定度高。但间接调频的缺点是频偏小,必须有扩展频偏电路扩展频偏。

调频波的解调称为频率检波,简称鉴频。鉴频器的功能是将输入调频波的瞬时频率变化变换为输出电压。鉴频器的最主要指标是,鉴频特性应为线性,且能保证一定的鉴频范围和鉴频灵敏度。鉴频的具体方法有多种,将在第九章中介绍。

调频波在进入鉴频前,可能会受到各种干扰或受前面各级电路的影响,使其振幅发生变

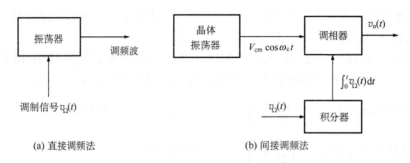

(a) 直接调频法　　　　　　　　　　(b) 间接调频法

图 3.2.18　产生调频波的方法

化,这种变化称为调频波的寄生调幅。当鉴频器解调这类调频波时,会把寄生调幅的影响反映到输出电压上,引起解调失真,使输出信噪比下降,因此一般在鉴频器前都要加限幅器以消除寄生调幅。

小结:

(1)调频(调相)与调幅不同,它是一种频谱的非线性搬移,理论上含有无限多的频谱分量,但由于能量大部分集中在载频附近,因此调频波的有效带宽是有限的,且按实际要求的标准予以定义。

(2)调频(调相)是用调制信号去控制载波的频率(相位),因此它的调制信息是包含在已调波的角度变化中,而已调波的幅度是恒定的,可以用高效率的 C 类放大器来放大,因此从调制的功率有效性这个标准来衡量,调频波(调相波)是一种高效率的调制方式。

(3)调频波有较强的抗干扰性能。由于调频波的幅度为恒值,不携带信息,对幅度干扰只需在解调前加一限幅器即可消除,而且调频波经过鉴频器后,输出噪声功率谱密度由输入时的均匀分布变为抛物线分布,经过低通滤波器后可以滤除大量的噪声,则又进一步改善了解调输出信号的信噪比。可以证明调制系数 m_f 越大,抗干扰性能就越好。但 m_f 越大,调频波占有的有效频带也越宽,因此,调频波的抗干扰性能是以增加信道有效宽度为代价的。

3.3　数字调制的基本概念

在射频(RF)数字系统中,载波被数字基带信号调制,也就是说载波的参数(幅度、频率、相位)随数字基带信号而变化。在数字调制中也有调幅(AM)、调频(FM)和调相(PM)。它们分别被称为移幅键控(ASK)、移频键控(FSK)和移相键控(PSK)。它们的波形如图 3.3.1 所示。

对于不同的数字调制方式,我们仍然是关注它的信号质量、频谱效率和功率效率。在数字调制中,信号质量用误比特率(BER)来衡量,即用传输恢复后误比特数与总的传输比特数之比来衡量。在出现噪声和干扰的传输环境中,误比特的出现是一个随机量,所以误比特率要用概率来计算。下面将介绍数字调制系统中几个常用工具和概念。

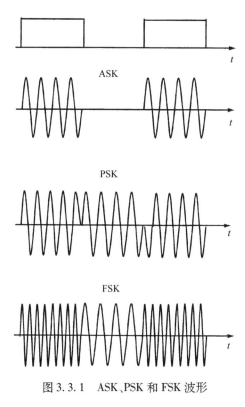

图 3.3.1　ASK、PSK 和 FSK 波形

3.3.1　二元信号和多元信号

最常用的数字基带信号是二元波形,即

$$x_{\mathrm{BB}}(t) = \sum b_n p(t - nT_{\mathrm{b}}) \tag{3.3.1}$$

式中,b_n 取 0 或 1,或者取 -1 或 $+1$。当波形 $p(t)$ 是一个宽度为 T_{b} 的矩形脉冲时,接收机可以通过每隔 T_{b} 时间对波形采样,把采样值与某个门限相比较来判定比特 b_n 的值。一个二进制符号表示 1 比特信息,即 $\log_2 2 = 1$ 比特,因此每 T_{b} 时间传送一个比特。在二元信号波形中,比特时间间隔 T_{b} 和波形间隔即符号间隔 T_{s} 相同,如图 3.3.2(a) 所示。

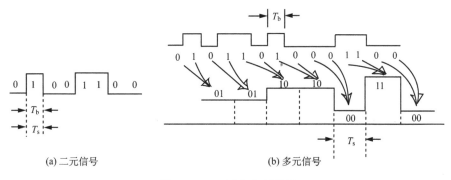

(a) 二元信号　　　　　　　　　　　　　　(b) 多元信号

图 3.3.2　二元和多元信号

b_n 可以取多个离散电平值,例如在图 3.3.2(b)中,我们采用 4 电平方式来表示数据流,则每个符号的信息量为 $\log_2 4 = 2$ 比特。此 4 电平符号波形是通过把原来二元数据流串并变换成两个比特一组,然后把这些二比特数据转换成 4 电平得到的。

可以看到在同样比特传输率下,用 4 电平符号表示,它的符号间隔 T_s 是原来数据比特间隔 T_b 的二倍,因而相应的基带信号带宽减小一半。这种由多电平符号形成的信号称为多元信号。

3.3.2　基函数

把一个有限持续时间信号 $x(t)$ 展开成傅里叶级数,即

$$x(t) = \sum_{n=0}^{\infty} a_n \cos n\omega t + \sum_{n=0}^{\infty} b_n \sin n\omega t \qquad 0 \leqslant t \leqslant T \qquad (3.3.2)$$

式中,$\omega = \dfrac{2\pi}{T}$,傅里叶级数的重要性质在于它的基函数 $\{\cos n\omega t, \sin n\omega t, n = 0, 1, 2, \cdots\}$ 在 $[0, T]$ 上是正交的,即对于任何 $n \neq m$,有

$$\int_0^T \cos n\omega t \cdot \cos m\omega t \, \mathrm{d}t = 0 \qquad (3.3.3a)$$

$$\int_0^T \sin n\omega t \cdot \sin m\omega t \, \mathrm{d}t = 0 \qquad (3.3.3b)$$

$$\int_0^T \sin n\omega t \cdot \cos m\omega t \, \mathrm{d}t = 0 \qquad (3.3.3c)$$

类似地可以用正交基函数的线性组合来表示已调数字信号,即

$$x(t) = \alpha_1 \varphi_1(t) + \alpha_2 \varphi_2(t) + \cdots + \alpha_N \varphi_N(t) \qquad 0 \leqslant t \leqslant T \qquad (3.3.4)$$

其中,$\{\varphi_m(t)\}$ 满足

$$\int_0^T \varphi_m(t) \varphi_n(t) \mathrm{d}t = 0 \qquad m \neq n \qquad (3.3.5)$$

这里 N 称为函数集的维数。例如,ASK 信号可写成

$$x_{\mathrm{ASK}}(t) = \alpha \cdot \cos \omega_c t \qquad 0 \leqslant t \leqslant T \qquad (3.3.6)$$

ASK 信号是一维调制,其中,$\alpha = 0$ 或 A。又如,FSK 信号可写成

$$x_{\mathrm{FSK}}(t) = \begin{cases} A \cos \omega_1 t & b_n = 0 \\ A \cos \omega_2 t & b_n = 1 \end{cases} \qquad 0 \leqslant t \leqslant T \qquad (3.3.7)$$

也可写成

$$x_{\mathrm{FSK}}(t) = \alpha_1 \varphi_1(t) + \alpha_2 \varphi_2(t) = (\alpha_1, \alpha_2) \cdot [\varphi_1(t), \varphi_2(t)] \qquad (3.3.8)$$

式中,$\varphi_1(t) = \cos \omega_1 t, \varphi_2 = \cos \omega_2 t, (\alpha_1, \alpha_2) = (0, A)$ 或 $(A, 0)$,所以 FSK 是二维调制。$x_{\mathrm{FSK}}(t)$ 可表示为 $\cos \omega_1 t$ 和 $\cos \omega_2 t$ 的线性组合。

3.3.3　信号星座图

最经常碰到的已调信号可以表示成两个基函数 $\varphi_1(t)$ 和 $\varphi_2(t)$ 的线性组合,即

$$x(t) = \alpha_1 \varphi_1(t) + \alpha_2 \varphi_2(t) = (\alpha_1, \alpha_2) \cdot (\varphi_1, \varphi_2) \qquad (3.3.9)$$

我们把 (α_1, α_2) 看成为二维正交坐标系中一个点,把所有可被允许取的点 (α_1, α_2) 标在这个

二维坐标系统中,就得到所谓的二维信号星座图。显然一维信号星座图是二维的特殊形式,例如对于 FSK 和 ASK 所对应的星座图如图 3.3.3 所示。

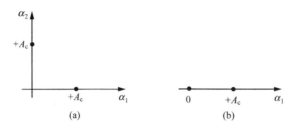

图 3.3.3 FSK 和 ASK 信号对应的星座图

如果基带信号上叠加了干扰噪声,由于噪声的随机性,则信号星座图上的信号点就不可能是一个很"细"的理想点,而是形成了中心位于理想信号点的一个"云团"。噪声的功率越大(即噪声方差越大),则这个"云团"的半径也相应越大。图 3.3.4 表示受到噪声 $n(t)$ 干扰的 ASK 信号的时间波形和相应的星座图。

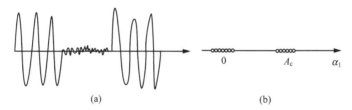

图 3.3.4 噪声对于 ASK 信号波形和星座图的影响

图中信号点在噪声影响下,分别变成了两个围绕 0 和 A_c 的一维"云团"。接收机在作判决时,是把受噪声干扰的采样点与某个门限相比较,如大于该门限则判为 1,小于该门限则判为 0。显然对于图 3.3.4 所示例子来说,门限选在 $\frac{A_c}{2}$ 是合理的。如果采样值大于 $\frac{A_c}{2}$ 则判为 1,否则则判为 0。随着噪声的增加,有可能使受扰信号点错误地"跨越"门限,这时就发生了误判。因此影响误判概率的主要因素如下。

1)噪声功率。

2)星座图的两个理想信号点之间的距离大小。

图 3.3.5 表示噪声对于 FSK 信号星座图的影响。随着噪声功率的增加,"云团"可能跨越判决边界线,从而导致误判。

3.3.4 相关检测器

从已调信号中提取基带信号的过程称为解调,解调过程是一种估计和判决过程。接收机把接收到的波形与可能发送的

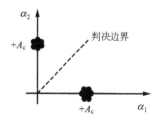

图 3.3.5 噪声对于 FSK 信号
星座图的影响

几个波形相比较,看接收到的波形与哪一个波形最"像",由此判定发送的符号是与该最"像"波形对应的符号。这种估计方法也称为最大似然估计。

判断"相像"的过程是把接收到的信号 $r(t)$ 与每个可能波形 $s_i(t)$ 作相关运算,由于

$s_i(t)$ 之间的正交性,相关运算所得结果可以用来衡量 $r(t)$ 与 $s(t)$ 相"像"程度。图 3.3.6 表示一个相关接收机的组成框图,虚线框表示一个相关器,相关接收机首先把接收信号 $r(t)$ 与 m 个可能发送波形 $s_i(t)$ 作相乘运算;在数字通信中,相邻发送的符号值(0 或 1)可能不同,因此与模拟调制信号的解调不同,应将相乘运算后的结果在一个符号周期内进行积分,由此作出输出符号的判决,选取最大输出所对应的波形为真正发送波形,并在符号结束时将能量释放(积分器清零)。

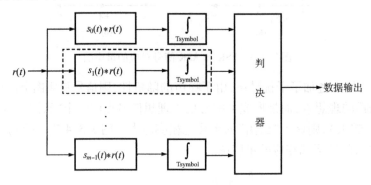

图 3.3.6　相关接收机

图 3.3.7 表示 FSK 调制的相关接收机,它将接收到的信号 $x_{FSK}(t)$ 与可能的发送信号 $\cos\omega_1 t$ 和 $\cos\omega_2 t$ 分别进行相乘,再进行积分、取样、判断。

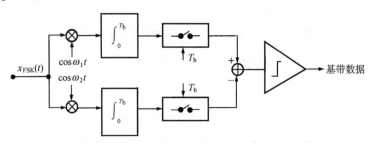

图 3.3.7　FSK 调制的相关接收机

3.3.5　相干与非相干解调

由 3.3.4 节讨论知道,用相关接收机可以实现最大似然估计。这是某种意义上的最佳接收机,但是相关接收必须在接收机端实现本地振荡信号与接收信号的载波相位同步和符号同步。载波相位同步误差会导致解调性能的严重下降。这种要求接收机与接收到信号保持载波相位一致的解调方法称为相干解调;相反不需要严格相位同步的解调方法称为非相干解调。图 3.3.8 表示 FSK 信号的非相干包络检波解调器。

图 3.3.8 中,采用两个中心频率分别为 ω_1 和 ω_2 的窄带滤波器,后面各自跟着包络检波器,通过比较二条支路输出包络大小来判决发送数据是 0 还是 1。在这种情况下,不需要载波相位同步,所以这种解调是非相干的。通常相干解调中实现载波相位同步的电路是相当复杂的,所以非相干解调的优点是实现简单。

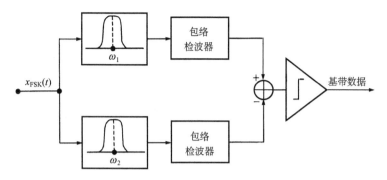

图 3.3.8　FSK 信号的非相干包络检波解调器

3.4　二元数字调制

在二元数字调制系统中,用二种波形 $P_0(t)$ 和 $P_1(t)$ 代表数字"0"和"1"。二元移幅键控、二元移频键控和二元移相键控分别记为 BASK、BFSK 和 BPSK。

3.4.1　BPSK

对于 BPSK 来说,用载波的两个相位代表"0"和"1",因此对应的两个信号波形为

$$\begin{cases} P_1(t) = A_c\cos\omega_c t \\ P_2(t) = -A_c\cos\omega_c t \end{cases} \qquad 0 \leqslant t \leqslant T_b \qquad (3.4.1)$$

其实现方法如图 3.4.1(a)所示,星座图如图 3.4.1(b),BPSK 解调器示于图3.4.1(c)。

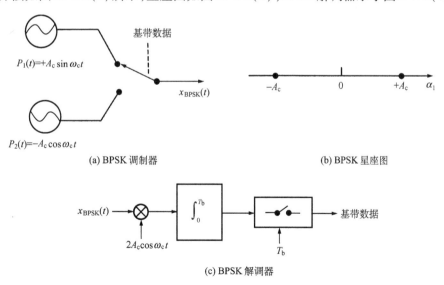

(a) BPSK 调制器

(b) BPSK 星座图

(c) BPSK 解调器

图 3.4.1　BPSK 调制器、星座图和解调器方框图

式(3.4.1)给出的 BPSK 信号又可以写成

$$x_{BPSK}(t) = x_{BB}(t) \cdot A_c \cdot \cos\omega_c t \qquad (3.4.2)$$

式中,$x_{BB}(t)$表示宽度为T_b,幅度为± 1的矩形脉冲,分别代表"0"和"1"。由式(3.4.2)可知,BPSK信号的另一种实现方法是将基带信号$x_{BB}(t)$与载波相乘,其波形如图3.4.2(a)所示。在时域中与正弦波信号相乘,在频域中即是频谱线性搬移。由于波形为单位矩形脉冲

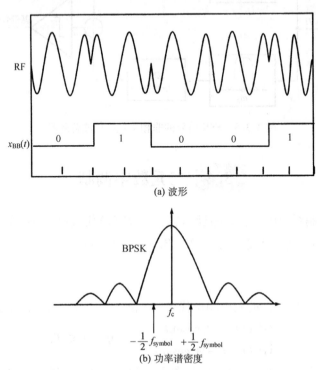

(a) 波形

(b) 功率谱密度

图3.4.2   BPSK信号波形和功率谱的正频分量

的基带信号$x_{BB}(t)$的功率谱密度为

$$S_x(\omega) = \frac{1}{T_b} \left| \frac{2\sin\left(\dfrac{\omega T_b}{2}\right)}{\omega} \right|^2 \tag{3.4.3}$$

所以$x_{BPSK}(t)$的功率谱就是$S_x(\omega)$向左、右两边各平移ω_c,即

$$S_{BPSK}(\omega) = \frac{A_c^2}{T_b} \cdot \frac{\sin^2\left[(\omega + \omega_c)\dfrac{T_b}{2}\right]}{(\omega + \omega_c)^2} + \frac{A_c^2}{T_b} \cdot \frac{\sin^2\left[(\omega - \omega_c)\dfrac{T_b}{2}\right]}{(\omega - \omega_c)^2} \tag{3.4.4}$$

可见,BPSK信号的频谱结构类似抑制载波的双边带,其带宽是基带信号带宽的两倍,如图3.4.2(b)所示。

由式(3.4.1)知,在一个比特时间内的信号能量(每比特能量)为

$$E_b = \frac{A_c^2 T_b}{2} \tag{3.4.5}$$

可以证明在功率谱密度为$\dfrac{N_0}{2}$的白高斯噪声环境下,BPSK的错误概率为

$$P_{e,BPSK} = Q\left(\sqrt{\frac{2E_b}{N_0}}\right) \tag{3.4.6}$$

式中, $Q\left(\sqrt{\frac{2E_b}{N_0}}\right)$ 为正态积分。

$$Q(x) = \frac{1}{\sqrt{2\pi}}\int_x^\infty \exp\left(-\frac{v^2}{2}\right)\mathrm{d}v \tag{3.4.7}$$

当 $x > 3$ 时,可以用下式来近似 $Q(x)$,即

$$Q(x) \approx \frac{1}{\sqrt{2\pi}x}\exp\left(-\frac{x^2}{2}\right) \tag{3.4.8}$$

3.4.2　BFSK

在 BFSK 中,选用两个等幅、不同频率的载波脉冲代表"0"和"1",已调波形可写为

$$x_{BFSK}(t) = \alpha_1\cos\omega_1 t + \alpha_2\cos\omega_2 t \tag{3.4.9}$$

(α_1, α_2) 可取 $(0, A_c)$ 或 $(A_c, 0)$。其调制器如图 3.4.3(a)所示。

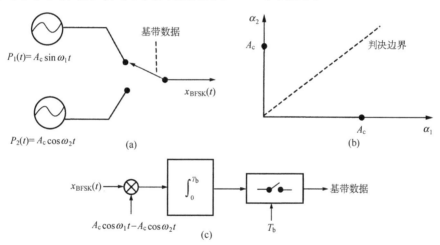

图 3.4.3　BFSK 的星座图、调制器和解调器方框图

为了使两个基函数在 $[0, T_b]$ 上正交,则要求

$$\int_0^{T_b}\cos\omega_1 t \cdot \cos\omega_2 t\mathrm{d}t = 0 \tag{3.4.10}$$

当 $(\omega_1 + \omega_2) \gg (\omega_1 - \omega_2)$ 时,上面正交条件近似为

$$\frac{\sin(\omega_1 - \omega_2)T_b}{\omega_1 - \omega_2} = 0 \tag{3.4.11}$$

也即要求

$$(\omega_1 - \omega_2)T_b = n\pi \tag{3.4.12}$$

因此满足正交的最小频率间隔为

$$\omega_1 - \omega_2 = \frac{\pi}{T_b} \tag{3.4.13a}$$

或

$$f_1 - f_2 = \frac{1}{2T_b} \tag{3.4.13b}$$

图 3.4.3(b)画出了 BFSK 信号的星座图,图中 α_1,α_2 是正交的坐标轴。

　　BFSK 信号的功率谱计算比较困难。由卡尔逊公式,BFSK 的带宽近似等于

$$BW_{CR} = \Delta f + \frac{2}{T_b} \tag{3.4.14}$$

式中,$\Delta f = |f_1 - f_2|$,在正交 BFSK 情况下,$\Delta f = \frac{1}{2T_b}$,所以有 $BW_{CR} = \frac{5}{2T_b}$。BFSK 解调器方框如图 3.4.3(c)所示。

　　与 BPSK 一样,BFSK 的比特能量为

$$E_b = \frac{A^2 T_b}{2} \tag{3.4.15}$$

可以证明 BFSK 的错误概率为

$$P_{e,BFSK} = Q\left(\sqrt{\frac{E_b}{N_0}}\right) \tag{3.4.16}$$

式中,$\frac{N_0}{2}$ 为噪声功率谱。与 BPSK 相比,BFSK 损失信噪比 3dB。

3.5　正交幅度调制

3.5.1　QPSK 调制

　　正交幅度调制(QAM)是一种二维调制,它的基函数为 $\cos\omega_c t$ 和 $\sin\omega_c t$,所谓正交是指 $\cos\omega_c t$ 和 $\sin\omega_c t$ 是彼此正交的基函数。正交幅度调制又是一种多元调制,即在一个符号时间间隔 T_s 中传输多个比特。最常见的 4 相调制 QPSK 就是这样的调制。在 QPSK 中,每个 T_s 时间中传输 2 个比特。

　　QPSK 信号可以写为

$$x_{QPSK}(t) = b_m A_c \cos\omega_c t + b_{m+1} A_c \sin\omega_c t \qquad 0 \leqslant t < T \tag{3.5.1}$$

其中,b_m 和 b_{m+1} 为 +1 或 −1,分别代表数据 1 和 0。QPSK 的星座图如图 3.5.1(a)所示。由此星座图知,QPSK 信号又可以表示为

$$x_{QPSK}(t) = \sqrt{2} A_c \cos\left(\omega_c t + \frac{k\pi}{4}\right) \qquad k = 1,3,5,7; \quad 0 \leqslant t \leqslant T_s \tag{3.5.2}$$

其中,4 个相位可由数据 (b_m, b_{m+1}) 来选择。

　　实现 QPSK 的方法是,首先把二进制数据流串并变换,即把去调制的一串二进制数据流分裂成并行的两串,每串数据的速率是原数据速率的一半。其实现方法之一如图 3.5.1(b)所示,其中,CLK 的频率同基带信号的比特率。图中,前面两个 D 触发器交替抽取输入数据比特位,第三个 D 触发器则向数据流 I 添加 1 比特延迟,以形成并行的两串数据流。然后,在每个符号间隔 T_s 中用一对比特数据分别去调制两个正交的载波,合成后即是 QPSK 信号,调制器方框如图 3.5.1(c)所示。

QPSK 信号的波形如图 3.5.1（d）所示，它用载波的 4 个相位代表了基带信号 IQ 的 4 个电平 00、01、10、11。由于 QPSK 信号是由二路正交的 BPSK 叠加而成的，所以 QPSK 信号的功率谱与 BPSK 一样，只要把式（3.4.7）中的 T_b 用 $2T_b$ 代替就行。图 3.5.1（f）画出了 QPSK 的功率谱。

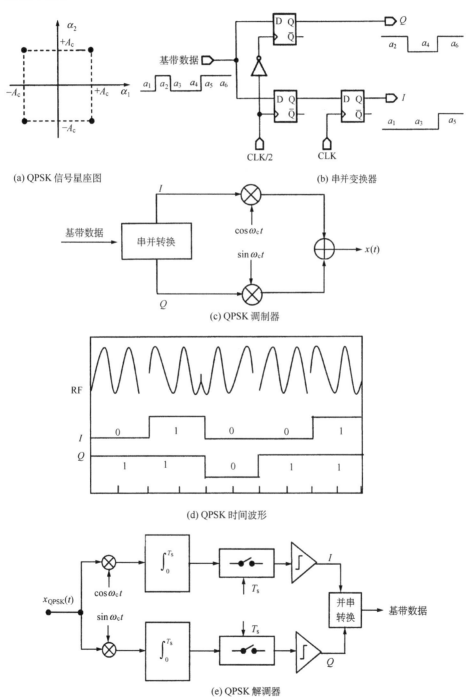

(a) QPSK 信号星座图

(b) 串并变换器

(c) QPSK 调制器

(d) QPSK 时间波形

(e) QPSK 解调器

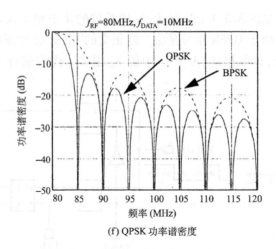

(f) QPSK 功率谱密度

图 3.5.1　QPSK 信号的星座图、波形、功率谱和调制解调方框图

　　QPSK 相干检测器的结构如图 3.5.1（e）所示。上、下两支路首先执行与 $\cos\omega_c t$ 和 $\sin\omega_c t$ 的相关运算，然后经过积分、采样、判决，以确定符号集[±1，±1]中，哪个与传输信号点最相似，最后经并串变换输出基带二进数据。

　　QPSK 与 BPSK 相比，其性能有哪些改善呢？

　　1）频带。在相同的比特率条件下，由于 QPSK 的符号率比 BPSK 低一半，所以 QPSK 的频带宽度小一半。

　　2）误码率。对 BPSK 而言，设信号幅度为 A_c，0、1 两个数据发送的概率相等，均为 $\dfrac{1}{2}$，因此信号功率为 $P = \dfrac{1}{2}A_c^2 + \dfrac{1}{2}A_c^2$。同样，对 QPSK，每个数据发送的概率相等，为 $\dfrac{1}{4}$，则信号功率为 $P = 4 \times \left(\dfrac{1}{4}A_c^2\right)$。图 3.5.2 中画出了在相同发射功率下，BPSK 和 QPSK 的信号星座图。由图可见 QPSK 星座图中两信号点之间的最小距离比 BPSK 小 $\sqrt{2}$ 倍，粗看起来 QPSK 的误码率要比 BPSK 的高。但实际上，如果在比特率相同情况下，QPSK 的符号时间间隔 T_s 是 BPSK 的二倍，所以相关器积分时间也大了一倍，从而相当于符号能量增加了一倍，这样判

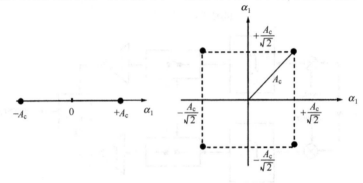

图 3.5.2　相等功率的 BPSK 和 QPSK 的信号星座图

决时的可靠程度也就提高了一倍。所以在同样发射功率和同样比特率下,QPSK 的误码率和 BPSK 一样,都等于

$$P_e = Q(\sqrt{2E_b/N_0}) \tag{3.5.3}$$

式中,E_b 为比特能量。

3.5.2 几种改进的 QPSK 调制

由图 3.5.1 可见,对于 QPSK 来说,当从符号[−1 , −1]转移到[+1, +1],也就是在星座图上信号点对角线转移时,载波相位产生 180°突变,这种突变会产生下节所述的"频谱再生"现象,这是所不希望的。为了克服这一缺点,现又发展了 QPSK 的一些变形方式。图 3.5.3 所示为 OQPSK(offset qpsk)调制器原理图,也称为参差 QPSK。OQPSK 把串并变换后的其中一支路数据流,在时间上滞后半个符号周期 $\frac{T_s}{2}$,即一个比特间隔 T_b,这样使得 I、Q 基带信号的两个数据不会同时发生 0→1 或 1→0 的跳变,则调制后信号的相位瞬时突变为 $\pm\frac{\pi}{2}$,如图 3.5.4 所示,这样就可以极大地减小"频谱再生"。

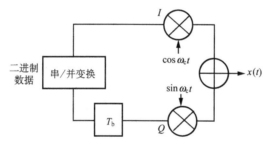

图 3.5.3 OQPSK 调制器

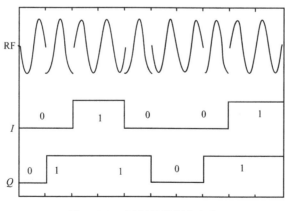

图 3.5.4 OQPSK 的相位突变

QPSK 的另一种变形是 $\frac{\pi}{4}$QPSK,这是当前北美和日本手机中常用的一种调制方式。在 $\frac{\pi}{4}$QPSK 调制中,信号集由两个相位彼此旋转 $\frac{\pi}{4}$ 的 QPSK 信号集组成。其中,第一个 QPSK 信号集为

$$x_1(t) = A_c \cos\left(\omega_c t + k \cdot \frac{\pi}{4}\right) \qquad k \text{ 为奇数}(1,3,5,7,\cdots) \tag{3.5.4a}$$

其星座图如图 3.5.5(a)所示,图中 +45°点对应 $IQ = 11$,其余各点类推。第二个 QPSK 信号集是第一个 QPSK 信号旋转 45°,即

$$x_2(t) = A_c \cos\left(\omega_c t + k \cdot \frac{\pi}{4}\right) \qquad k \text{ 为偶数}(0,2,4,6,\cdots) \tag{3.5.4b}$$

对应的星座图如图 3.5.5(b)所示,其中, +90°的点对应 I、$Q = 11$。

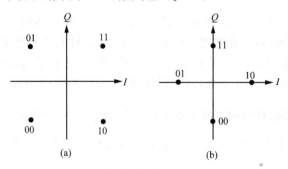

图 3.5.5 $\frac{\pi}{4}$QPSK 信号中的两个星座图

$\frac{\pi}{4}$QPSK 调制器的实现方框图如图 3.5.6 所示,它由两个 QPSK 调制器构成。

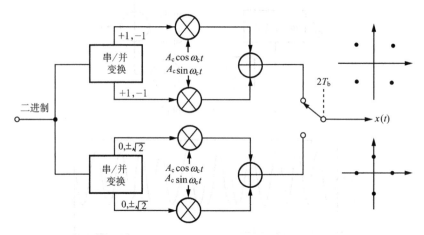

图 3.5.6 $\frac{\pi}{4}$QPSK 调制器的实现框图

在图 3.5.6 中,每隔二比特间隔,即一个符号间隔 $2T_b$ 时间,输出开关交替一次。这时输出信号为

$$x_1(t) = I_1 \cos\omega_c t + Q_1 \sin\omega_c t \tag{3.5.5a}$$

和

$$x_2(t) = I_2 \cos\omega_c t + Q_2 \sin\omega_c t \tag{3.5.5b}$$

其中,$[I_1, Q_1] = [\pm A_c, \pm A_c]$,$[I_2, Q_2] = [0, \pm\sqrt{2}A_c]$ 或 $[\pm\sqrt{2}A_c, 0]$

如图 3.5.7 所示,例如当基带数据为(11,01,10,11,01)时,第一个符号对是(11),取图 3.5.6 中上面支路的 QPSK 信号,对应的星座点画在图 3.5.7 IQ 波形下。隔 $2T_b$ 时间,第二对符号(01)取下面支路的 QPSK,对应的星座点如图 3.5.7 所示,这样轮流得到整个序列的输出相位转移如图3.5.7 所示。可以看出,$\frac{\pi}{4}$QPSK 的关键在于合

成的星座图(b)中在时间上相邻的两个点不会来自同一个 QPSK 的星座图,因此,当符号从 11→00 跳变时,相位的变化是 135°,而不是普通 QPSK 中的 180°。

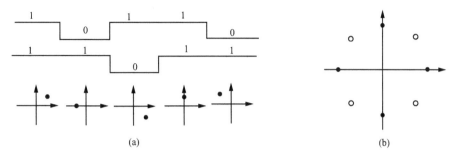

(a)   (b)

图 3.5.7 $\frac{\pi}{4}$QPSK 的时域演变和星座图

从图可见,由于 $\frac{\pi}{4}$QPSK 的最大相位瞬变为 135°,比 QPSK 小了 45°,但比 OQPSK 大 45°,所以它的"频谱再生"也介于 QPSK 和 OQPSK 之间。$\frac{\pi}{4}$QPSK 相比 OQPSK 的一个优点是前者容易实现差分编码。在实际应用中差分编码是十分重要的。

无论是 QPSK 还是 OQPSK 或 $\frac{\pi}{4}$QPSK,在数据转换时刻相位都可能发生突变,相位变化的不连续或跳变会造成已调信号的频谱展宽或产生"频谱再生",这是不希望的。为此连续相位调制具有它特殊的优势性。最小偏移键控调制(minimum shift keying,MSK)是其中最典型的一个。

在 MSK 调制中,信号的相位不发生跳变,而是按线性连续地变化,因而 MSK 已调信号的频谱展宽比前面介绍的几种调制方式要小得多。图 3.5.8 中画出了 MSK 信号和 QPSK 信号的功率谱,可见 MSK 信号的功率谱要比 QPSK 信号功率谱窄得多。由于连续相位调制方式更为复杂,所以这里就不作更多介绍。

$f_{RF}=80\text{MHz}, f_{DATA}=10\text{MHz}$

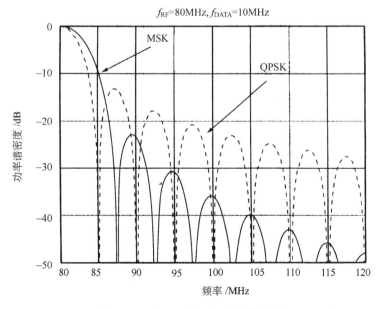

图 3.5.8 QPSK 和 MSK 功率谱比较

3.6 调制方式的功率有效性

射频技术广泛应用于移动无线通信中,由于手机等许多便携式设备中均是采用电池供电的,因此节能是一项非常重要的指标。不同的调制方式有不同的功率效率。

3.6.1 常包络和变包络调制

已调信号的一般形式是

$$x(t) = A(t)\cos[\omega_c t + \varphi(t)] \tag{3.6.1}$$

如果$|A(t)|$不随时间变化,则我们称为常包络调制,如 FM、MSK 和 GMSK,否则称为变包络调制。常包络信号与变包络信号通过非线性系统时,结果非常不同。例如当$A(t) = A_c$,信号$x(t)$为常包络,它通过三阶无记忆非线性系统时,输出为

$$
\begin{aligned}
y(t) &= \alpha_3 \cdot x^3(t) \\
&= \alpha_3 \cdot A_c^3 \cdot \cos^3[\omega_c t + \varphi(t)] \\
&= \frac{\alpha_3 \cdot A_c^3}{4}\cos[3\omega_c t + 3\varphi(t)] + \frac{3\alpha_3 A_c^3}{4}\cos[\omega_c t + \varphi(t)]
\end{aligned} \tag{3.6.2}
$$

一般基带信号$\varphi(t)$的带宽远小于载波ω_c,滤除三次谐波项后,输出信号的有效频谱仍在频率ω_c附近,而且频谱形状与输入信号$x(t)$的频谱形状一样。但是对于变包络信号,例如

$$x(t) = A_c\cos\Omega t\cos\omega_c t \tag{3.6.3}$$

这时

$$
\begin{aligned}
y(t) &= \alpha_3 A_c^3\cos^3\Omega t\cos^3\omega_c t \\
&= \alpha_3 A_c^3\left(\frac{3}{4}\cos\Omega t + \frac{1}{4}\cos3\Omega t\right)\left(\frac{3}{4}\cos\omega_c t + \frac{1}{4}\cos3\omega_c t\right)
\end{aligned} \tag{3.6.4}
$$

滤除三次谐波后,输出信号在ω_c附近出现了$\omega_c \pm 3\Omega$的谱线,与输入信号的ω_c,$\omega_c \pm \Omega$的频谱相比是大为展宽了。因此我们说变包络信号通过非线性系统后频谱要展宽,也表示信号出现了失真,所以对于变包络调制,一般要求线性放大。

3.6.2 频谱再生

在无线通信中,对于相邻信道的干扰有严格的要求,也就是说调制信号的频谱要严格地局限在本信道内,不允许漏泄到邻近信道中去。解决这个问题的理想办法是在发射机的功率放大器后加一节窄带滤波,限制已调信号的频谱。但这样做不实际。首先由于载波频率远高于已调信号带宽,所以这要求滤波器的 Q 值非常高,这是难以制作的;同时这种高 Q 滤波器由于它的幅频特性和相频特性太陡峭,容易引起发送信号的失真。另外,像移动通信这种具有多信道应用场合,还必须把这种滤波器设计成可调谐的,用于选择不同信道,这几乎是不可能实现的。所以为了抑制频谱泄漏到相邻信道,一般在调制器前加一个低通滤波,对基带信号先滤波整形,缩小其频带宽度。

以 QPSK 调制为例,由于窄带低通滤波器的存在使得调制器的输入矩形数据波形变得

平滑,但这也导致 QPSK 调制器输出波形不再是恒包络,如图 3.6.1 所示。如果放大 QPSK 已调波的功率放大器具有明显的非线性,如前所述,时变的包络又会引起频谱的扩展,这个现象称为"频谱再生"。

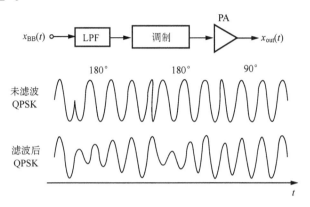

图 3.6.1　低通滤波器对 QPSK 信号波形的影响

参阅本书第十章,一般来说,对于线性射频功放,其效率很难达到 40% 以上,而对非线性放大,效率很容易达到 60% 以上。因此非线性功率放大器的能量节省是显著的。

一般来说,调制中相位突变越严重,则采用基带信号加低通滤波整形会使调制输出波形的幅度变化越明显。这就是为什么 $\frac{\pi}{4}$QPSK 的"频谱再生"优于 QPSK,而 OQPSK 又优于 $\frac{\pi}{4}$ QPSK 的原因。这也是为什么在讨论调制方式时一直力求使已调波的相位突变小,最好是连续相位变化。

在调制方式选择中,功率有效和频谱有效是一对矛盾,通过用预滤波或脉冲成形(如滚降滤波器)可以限制信号带宽,但随之也提高了对功放的线性要求,例如采用升余弦滚降的 QPSK 调制具有窄带性能,但要求线性放大。

习　题

3-1　图 3-P-1 是用频率为 1000kHz 的载波信号同时传输两路信号的频谱图。试写出它的电压表示式,并画出相应的实现方框图。计算在单位负载上的平均功率 P_{AV} 和频谱宽度 BW_{AM}。

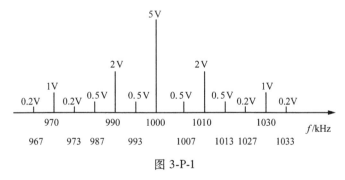

图 3-P-1

3-2　调幅波的数学表达式为 $v_{AM}(t)=10(1+0.5\cos\Omega t)\cos\omega_c t$,加于阻值为 1kΩ 的负载电阻上,求:
(1)载波分量功率为多少?

（2）旁频分量功率为多少？

（3）最大瞬时功率和最小瞬时功率分别为多少？

3-3 试画出下列四种已调信号的波形和频谱图。已知 $\omega_c \gg \Omega$。

（1）$v(t) = 5\cos\Omega t\cos\omega_c t$；

（2）$v(t) = 5\cos(\omega_c + \Omega)t$；

（3）$v(t) = (5 + 3\cos\Omega t)\cos\omega_c t$；

（4）$v(t) = \begin{cases} 5\cos\omega_c t & 2n\pi < \Omega t < (2n+1)\pi \\ 0 & (2n+1)\pi < \Omega t < 2(n+1)\pi \end{cases}$　$n = 0,1,2,\cdots$

3-4 已知载波电压为 $v_c(t) = V_{cm}\cos\omega_c t$，调制信号如图 3-P-4，$f_c \gg \dfrac{1}{T_\Omega}$，分别画出 $m = 0.5$ 及 $m = 1$ 两种情况下所对应的 AM 波形及 DSB 波形。

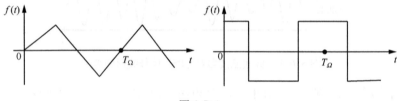

图 3-P-4

3-5 已知非线性器件的伏安特性为 $i = a_0 + a_1 v + a_2 v^3$，试问它能否产生调幅作用，为什么？

3-6 某调幅波的数学表达式为

$$v_{AM}(t) = V_{AM}(1 + m_1\cos\Omega_1 t + m_2\cos\Omega_2 t)\cos\omega_c t$$

且 $\Omega_2 = 2\Omega_1$，当此调幅波分别通过具有如图 3-P-6 所示频率特性的滤波器后：

（1）分别写出它们输出信号的数字表示式；

（2）分别说明它们属于哪种调制形式；

（3）若 $\omega_c \gg \Omega_1$，分别说明对它们可以采用何种解调方式。

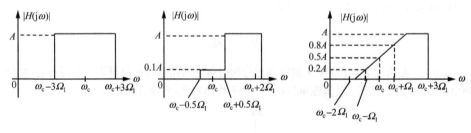

图 3-P-6

3-7 写出图 3-P-7 所示波形对应的信号表达式并画出其频谱结构图。

3-8 求 $v(t) = V_m\cos(10^7\pi t + 10^4\pi t^2)$ 的瞬时频率，说明它随时间变化的规律。

3-9 已知调制信号 $v_\Omega(t)$ 为如图 3-P-9 所示，试分别画出调频和调相时，瞬时频偏 $\Delta f(t)$ 和瞬时相位偏移 $\Delta\varphi(t)$ 的变化曲线（坐标对齐）。

3-10 调制信号如图 3-P-10 所示，试求调频波的频谱表达式（设载频为 ω_0）。

3-11 调频发射机载频为 90MHz，调制信号频率是 $F = 20\text{kHz}$，调制系数 $m_f = 5$，载波幅度为 30V（峰值），发射机驱动 50Ω 天线。试求：

（1）调频波的表达式；

（2）调频波的最大频偏；

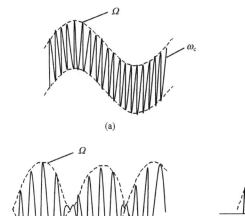

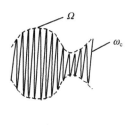

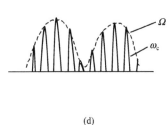

图 3-P-7

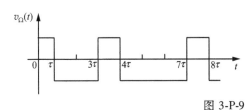

图 3-P-9

（3）调频波的带宽；

（4）发射机总功率；

（5）调频波载频功率占总功率的比例为多少？

3-12 已知载波信号 $v_c(t) = V_{cm}\cos\omega_c t = 5\cos 2\pi \times 50 \times 10^6 t$ （V），调制信号 $v_\Omega(t) = 1.5\cos 2\pi \times 2 \times 10^3 t$ （V）。

（1）若为调频波，且单位电压产生的频偏为 4kHz，试写出 $\omega(t)$、$\varphi(t)$ 和调频波 $v(t)$ 表示式；

（2）若为调相波，且单位电压产生的相移为 3rad，试写出 $\omega(t)$、$\varphi(t)$ 和调相波 $v(t)$ 表示式；

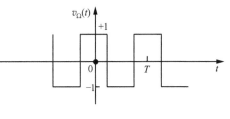

图 3-P-10

（3）计算上述两种调角波的 BW_{CR}。若调制信号频率 F 改为 4kHz，则相应频谱宽度 BW_{CR} 有什么变化？若调制信号的频率不变，而振幅 $V_{\Omega m}$ 改为 3V，则相应的频率宽度又有什么变化？

3-13 已知 $f_c = 20$MHz，$V_{cm} = 10$V，$F_1 = 2$kHz，$V_{\Omega m1} = 3$V，$F_2 = 3$kHz，$V_{\Omega m2} = 4$V，若调制灵敏度为 $\Delta f_m/V = 2$kHz，试写出调频波 $v(t)$ 的表达式，并写出频谱分量的频率通式。

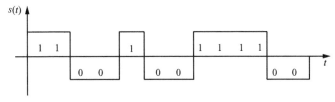

图 3-P-14

3-14　采用图 3.5.1 所示的 QPSK 调制电路，基带信号 $s(t)$ 的波形如图 3-P-14 所示，画出经串-并变换后的 $s_1(t)$ 和 $s_Q(t)$ 波形及 QPSK 信号波形。

3-15　设发送数字信息为 0 1 1 1 0 1 0 1 0 0 1 1，试画出 ASK、FSK、BPSK 及 QPSK 的波形示意图。

3-16　采用如图 3-P-16 所示原理电路，对 FSK 信号解调，试分析解调电路的输出。

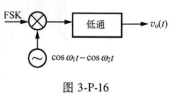

图 3-P-16

3-17　将图 3-P-17 所示的比特流经串、并变换为两路数据 I、Q，分别送入图 3.5.1 所示的 QPSK 调制器和图 3.5.3 所示的 OQPSK 调制器进行调制，试画出 QPSK 和 OQPSK 所对应的星座图、波形图。

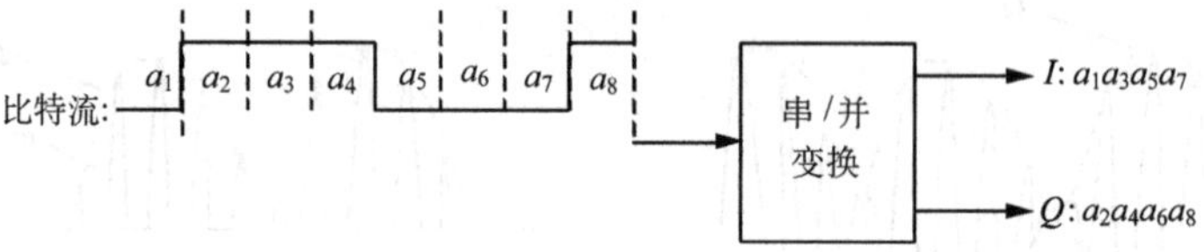

图 3-P-17

第四章 发射、接收机结构

4.1 概 述

通信机由发射机和接收机组成。发射机射频部分的任务是完成基带信号对载波的调制,将其变为通带信号并搬移到所需的频段上且有足够的功率发射,其结构方框图如图4.1.1(a)所示。发射机发射的信号是处于某一信道内的高频大功率信号,应尽量减少它对其他相邻信道的干扰,如图4.1.1(b)所示。发射机的主要指标是频谱、功率和效率。

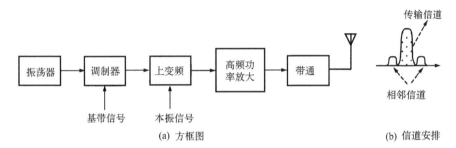

(a) 方框图   (b) 信道安排

图 4.1.1 发射机射频方框图和信道安排

接收机的射频部分与发射机相反,如图4.1.2所示,它要从众多的电波中选出有用信号,并放大到解调器所要求的电平值后再由解调器解调,将频带信号变为基带信号。由于传输路径上的损耗和多径效应,接收机接收的信号是微弱且又变化的,并伴随着许多干扰,这些干扰信号强度往往远大于有用信号,因此接收机的主要指标是灵敏度和选择性。

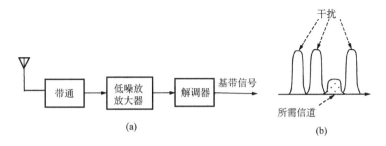

(a)   (b)

图 4.1.2 接收机的射频方框图和信道选择

移动通信的收发信机共用一根天线,天线与收发信机间必须有效地进行收发转换和隔离。收发若分时进行,则天线共用器可以是一个转换开关;收发若频率不同,则天线共用器必须具有良好的滤波,让发射信号对接收信号的干扰减少到最小。

为完成上述功能,在设计接收机和发射机的射频部分时应解决的关键问题有以下几个。

1）选用合适的调制和解调方法。一般应选择抗干扰性能好、频带利用率高及功率有效性好的调制方式。

2）接收机应从众多电波中选出有用信号而抑制干扰。这个问题的难度在于,要在位于极高频率(如 GSM 的频率约是 900 MHz)处从相隔只有 200kHz(以 GSM 为例)的各信道中选出有用信道。由于相对带宽小,要求滤波器 Q 值极高。

3）接收机的灵敏度与线性动态范围。灵敏度的定义是接收机接收微弱信号的能力,它取决于接收机前端的噪声底数。由于所接收的信号强弱的变化和可能伴随强干扰信号,导致恶化输出信噪比,因此要求有较大的线性动态范围。

4）高效率的不失真的功率放大器。高效率的功率放大器往往是非线性的,当它放大变包络的已调信号时会产生失真,因此高效率和线性在功率放大器中是一对矛盾。

5）发射信号对相邻信道的干扰。

6）天线转换器的损耗要小,隔离度要高。

本章介绍接收机和发射机射频部分的几种主要结构方案、主要性能指标。实际中究竟采用哪种方案取决于系统要求的性能指标、复杂程度、功耗和成本。

4.2 接收机方案

4.2.1 超外差式接收机

1. 基本结构方案

超外差式接收机(superheterodyne receivers)射频部分的结构方框如图 4.2.1 所示,其关键部件是下变频器。下变频器(图中用乘法器表示)将信号频率 ω_{RF} 和本振频率 ω_{LO} 混频(或称变频)后降为频率固定的中频信号 $\omega_{IF} = \omega_{RF} - \omega_{LO}$(本振频率比射频高时,则中频为 $\omega_{IF} = \omega_{LO} - \omega_{RF}$)。

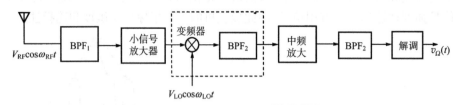

图 4.2.1 超外差式接收机射频部分的结构方框图

采用此方案主要基于以下三方面的考虑。首先,中频比信号载频低很多,在中频段实现对有用信道的选择要比在载频段选择对滤波器 Q 值的要求低得多。在此要区分两个概念,一是频带(band),二是信道 (channel)。例如,美洲的 IS-95 蜂窝移动通信系统,发射频带为824 ~ 849MHz,接收频带为 869 ~ 894MHz。每个频带分成 832 个信道,每个信道 30kHz。又如我国使用的 GSM 系统,其上行带是 890 ~ 915MHz(移动台发、基站收),下行频带是 935 ~ 960MHz(移动台收、基站发),而它的信道是 200kHz。图 4.2.1 的两个带通滤波器,BPF$_1$ 的中心频率很高,因此带宽较大,它是选择频带用的。而 BPF$_2$ 的中心频率较低,它是选择信道用的,即选择信道是靠中频滤波器。

其次,接收机从天线上接收到的信号电平一般为 $-120 \sim -100$dBm。如此微弱的信号要放大到解调器可以解调或 A/D 变换器可以工作的电平,一般需要放大 100dB 以上。为了放大器的稳定和避免振荡,在一个频带内的放大器,其增益一般不超过 $50 \sim 60$dB。采用超外差式接收机方案后,将接收机的总增益分散到了高频、中频和基带三个频段上。而且,载频降为中频后,在较低的固定中频上做窄带的高增益的放大器要比在载波频段上做高增益的放大器容易和稳定得多。

其三,在较低的固定中频上解调或 A/D 变换也相对容易。

在超外差式接收机中,下变频器前面的高频放大器必须是低噪声放大器(lownoise amplifier,LNA),因为变频器的噪声系数一般都较大,而前端的带通滤波器 BPF_1 是无源滤波器,有一定的损耗,按多级线性系统级联的噪声系数的公式得知,若无此低噪声放大器,则整个系统的噪声系数将很大。而在变频器前引入具有一定增益的低噪声放大器可以减弱变频器和后面中频放大器的噪声对整机的影响,从而对提高灵敏度有利。但 LNA 的增益不宜太高,因为变频器是非线性器件,进入它的信号太大,会产生众多非线性失真。LNA 的增益一般不超过 15dB。带通滤波器 BPF_1 可以放在 LNA 前或 LNA 后,放在后面对降低系统噪声系数有利,放在前面可以对进入 LNA 的信号进行预选,滤除了很多带外信号,也就减少了由于 LNA 的非线性引入的各种互调失真干扰。

超外差式接收机的最大缺点是组合干扰频率点多。这是因为变频器往往并不是一个理想乘法器,而是一个能完成相乘功能的非线性器件,它将进入的有用信号 ω_{RF} 和本振信号 ω_{LO},以及混入的干扰信号(如频率为 ω_1 与 ω_2 的干扰信号)通过变频器非线性特性中的某一高次方项组合产生组合频率,如 $|p\omega_{\text{LO}} \pm q\omega_{\text{RF}}|$ 或 $|p\omega_{\text{LO}} \pm (m\omega_1 \pm n\omega_2)|$,若它们落在中频频带内,就会形成对有用信号的干扰。通常把这些组合频率引起的干扰称为寄生通道干扰。

例如对于 $|\omega_{\text{LO}} - q\omega_{\text{RF}}| = \omega_{\text{IF}} + \Delta F$($\Delta F$ 小于中频带宽)时,这个寄生的中频会与信号的有用中频 $|\omega_{\text{LO}} - \omega_{\text{RF}}| = \omega_{\text{IF}}$ 在后面的检波器中产生差拍信号而出现频率为 ΔF 的啸叫声。又如当 $|\omega_{\text{LO}} - (2\omega_1 - \omega_2)| \approx \omega_{\text{IF}}$ 时,又形成了三阶互调干扰,如图 4.2.2 所示。

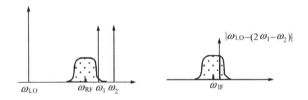

图 4.2.2　组合频率引起的寄生通道干扰

在寄生通道干扰中,一种称为"镜像干扰"的现象最为严重。一个与有用信号相对位于本振信号 ω_{LO} 的另一侧且与本振频率之差也为中频 ω_{IF} 的信号,即 $\omega_{\text{im}} = \omega_{\text{LO}} + \omega_{\text{IF}}$,称为镜像频率信号。如果它没有被变频器的前端电路滤除而进入了变频器,即使变频器是一个理想的乘法器,镜频信号与本振混频后也为中频,如图4.2.3 所示。由于中频滤波器无法将其滤除,它与有用信号混合降低了中频输出的信噪比,形成了对有用信号的干扰。

要消除镜频干扰的唯一办法是不让它进入变频器,这要靠变频器前面的滤波器 BPF_1

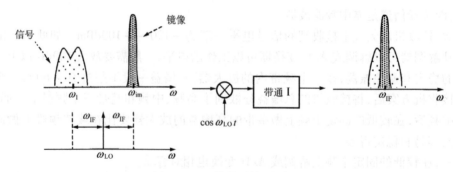

图 4.2.3 "镜像干扰"的产生

滤除。BPF_1 能否有效滤除镜像频率,关键看 BPF_1 的 Q 值。设信号频率是 900 MHz,中频是 10.7MHz,则镜像频率是 921.4MHz。若 BPF_1 用单调谐 LC 回路,中心频率调谐在 900MHz,要求回路对镜像频率衰减 60dB,则可估算出回路 Q 值是

$$60(\text{dB}) \approx 20\log \sqrt{1 + Q^2 \left[\frac{2(f_{\text{im}} - f_{\text{RF}})}{f_{\text{RF}}} \right]^2}$$

$$Q \geqslant 2.1 \times 10^4$$

这么高的 Q 值用 LC 回路是很难做到的。不过在很多场合,BPF_1 不是用 LC 调谐回路,而是用其他类型的无源滤波器,这些滤波器的引入必然增加信号的损耗。一般 LNA 的增益约选 15dB,那么滤波器 BPF_1 的损耗不应超过几分贝。

在有限的 Q 值范围内要有效地衰减镜像频率,就必须增大中频频率。所以外差式接收机的一个重要问题是选择中频频率。

2. 中频选择

由上面的讨论可知,高的中频使镜像频率远离有用信号,利于抑制镜像频率干扰,利于提高输出中频的信噪比,也就利于提高接收机的灵敏度。但是高中频使具有相同 Q 值的中频滤波器的带宽变大,必然降低了它对相邻信道的抑制能力。而由前面讨论知道,接收机选择有用信道抑制邻道干扰主要是靠中频滤波器 BPF_2,因此高的中频降低了接收机的选择性。所以中频的选择考虑的是"灵敏度"和"选择性"这一对矛盾的折中。

中频值的选择主要根据接收机对主要干扰的抑制要求和滤波器的可实现性。

(1)根据抑制镜像通道的要求

设接收机要求镜像抑制比为 60dB,即 1000 倍,而且高频放大通道的滤波器指标已定,其带宽为 $\text{BW}_{3\text{dB}}$,滤波器的幅频特性衰减值为 60dB 时的带宽是 $\text{BW}_{60\text{dB}}$,对应的矩形系数是 $K_{60\text{dB}} = \dfrac{\text{BW}_{60\text{dB}}}{\text{BW}_{3\text{dB}}}$,如图 4.2.4 所示。此时满足这些指标要求的中频值范围是

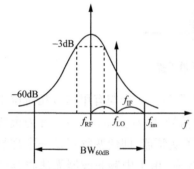

图 4.2.4 根据抑制镜像
通道的要求选中频

$$f_{\text{IF}} \geqslant \frac{1}{4} \text{BW}_{3\text{dB}} K_{60\text{dB}}$$

（2）根据对中频干扰的抑制要求

外差式接收机的另一个很重要的干扰是中频干扰。当频率等于中频的干扰信号进入混频器的射频输入口，混频器对此中频信号而言，相当于一个放大器，中频不必混频而是直通输出，后面是无法将其滤除的。因此抗拒中频干扰的任务也要靠高频放大通道的滤波器。

设接收机要求中频抗拒比是 80dB，同上所述，并要求高频滤波器对此抑制能力的矩形系数是 K_{80dB}，如图 4.2.5 所示，则满足要求的中频范围有

$$f_{RF} - f_{IF} \geqslant \frac{1}{2} BW_{3dB} K_{80dB}$$

（3）根据中频滤波器的可实现性

当中频频率和中频带宽（根据系统的信道要求）确定后，就可以确定中频滤波器的 $Q = \dfrac{f_{IF}}{BW_{3dB}}$ 值。根据滤波器的 Q 值的可实现范围，检验此中频值的合理性。中频滤波器是高 Q 窄带滤波器，应尽量选用体积小、精心设计制作的成品，如声表面波滤波器，陶瓷滤波器等。这些滤波器都有一些常用的规定值，如 10.7MHz、70MHz 等。

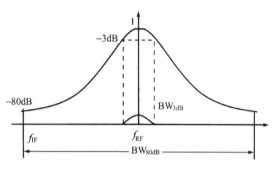

图 4.2.5　根据对中频干扰的抑制要求选中频

（4）根据抑制寄生通道干扰要求

根据当地可能有的干扰频率来计算混频器的组合频率值，并选择合适的中频，尽量减少寄生通道干扰。当然这个工作量是很大的，必须依靠计算机完成。要指出的是，由于寄生通道是由非线性器件的高次方项产生的，它的幅度取决于展开式中的系数 α_N，N 越大，则幅度越小。中频值的大小还决定了中频放大器制作的难易程度，频率很高的放大器做成高增益后不易稳定。

3.　二次变频方案

为了解决中频选择中碰到的"灵敏度"和"选择性"的矛盾，可以采用二次混频方案，如图 4.2.6 所示。

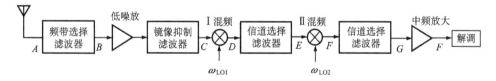

图 4.2.6　二次变频方案及其各点的频谱

Ⅰ 中频采用高中频值，以提高镜像频率抗拒比（接收机抑制镜像频率干扰的能力）。图中的第一第二个带通滤波器主要完成频带选择和滤除镜像频率。

Ⅱ 中频采用低中频值。Ⅱ 中频滤波器完成提取有用信道抑制邻道干扰的任务。图中的放大器，第一个是高频前端低噪声放大器，后面是相应的中频放大器，采用二次变频方案，将接收机的总增益分配在三个频段中，比较稳定，一般 Ⅱ 中频放大器的增益最高。放大器、变频器和滤波器之间应很好的阻抗匹配，才能保证有效地发挥滤波器的滤波性能。

图 4.2.7 介绍一个 IS-19 蜂窝移动电话接收机射频部分电路结构，图中采用二次变频的超外差式方案。通过天线双工器的预选，滤除频带外的干扰；进入的 881MHz 信号首先经

过两级低噪声放大器放大并由 881MHz 滤波器滤除镜像干扰;然后进入 I 混频器,与来自频率合成器的 926MHz 本振信号混频,由 45MHz 晶体滤波器选出 45MHz 的 I 中频信号,再进入二混频器,与 44.545MHz 的二本振信号混频,由 455kHz 的陶瓷滤波器选出 455kHz 的 II 中频信号;经两次混频后,将 881MHz 的信号降为 455kHz 频率相对较低的 II 中频信号,经过中频放大、限幅、滤波,最后送入解调器解调,得到音频或数据。

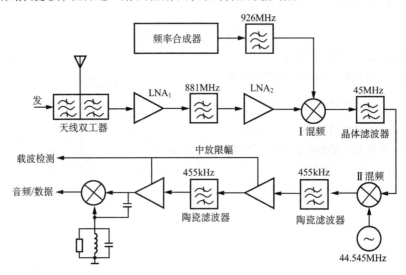

图 4.2.7 一个采用二次变频的超外差式接收机芯片电路结构方框图

4.2.2 直接下变频方案

让本振频率等于载频,即取中频为 $\omega_{IF} = 0$,就不存在镜像频率,也就不会有镜像频率干扰。把载频直接下变频(direct-conversion)为基带的方案也称零中频方案(zero-IF 或 homodyne keceivers)。

图 4.2.8 为数字通信的直接下变频方案的原理方框图。由于零中频信号就是基带信号,而在数字通信里基带信号往往都是分成同相和正交的两路,所以图 4.2.8 中通过两个正交的本振信号,下变频直接变为 I/Q 两路正交基带信号。

除了没有镜像频率干扰外,直接下变频方案还有以下优点:接收机的射频部分只包含了高频低噪声放大器和混频器,增益不高,易于满足线性动态范围的要求,且由于没有抑制镜频滤波器,也就不必考虑放大器和它的匹配问题;由于下变频后是基带信号,因此不必采用专用的中频滤波器来选择信道,而只需用低通滤波器来选择有用信道,并用基带放大器放大即可,而这些电路都是很容易集成的。

图 4.2.9 是 MAXIM 公司生产的用于 2.4GHz 802.11b 的零中频发送接收芯片 MAX2820 内部结构方框图,芯片包括接收、发射、频率合成和控制四大部分。接收通道将射频直接下变频为基带,接收灵敏度为 −97dBm,基带放大器增益控制范围大于 65dB。发射通道将基带信号直接上调制为射频,最大发射功率为 +2dBm,发射功率控制范围大于 25dB。

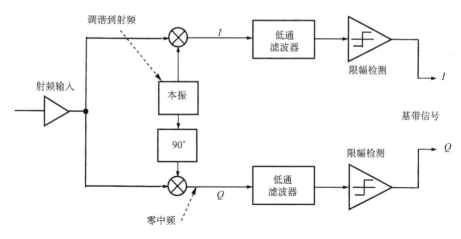

图 4.2.8 直接下变频方案的原理方框图

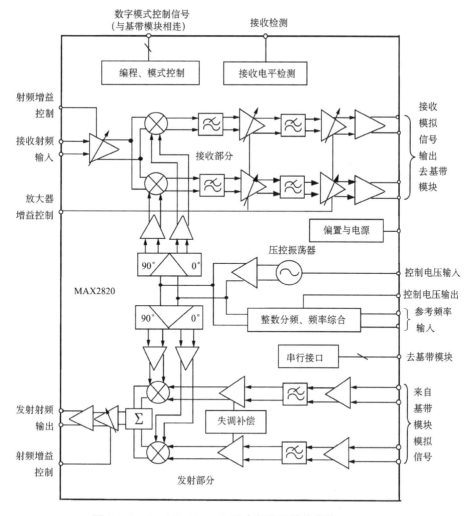

图 4.2.9 2.4GHz 802.11b 零中频发送接收芯片 MAX2820

与外差式接收机相比,零中频方案存在一些如下所述很难解决的问题。

1. 本振泄露

零中频方案的本振频率与信号频率相同,如果变频器的本振口与射频口之间的隔离性能不够好,本振信号就很容易从变频器的射频口输出,再通过高频放大器泄漏到天线,辐射到空间,形成对邻道的干扰。这在外差式接收机中就不容易发生,因为外差式接收机的本振频率和信号频率相差很大,一般本振频率都落在前级滤波器的频带以外。

2. 低噪声放大器(LNA)偶次谐波失真干扰

两个频率相近的干扰信号进入 LNA,由于 LNA 伏安特性非线性的偶次项引起的差频,在直接变频方案中就可能会因为混频器的不理想(RF 口与 IF 口隔离不好)而直通进入基带信号,造成干扰。详细分析参见混频器一章。

3. 直流偏差

直流偏差是零中频方案特有的一种干扰,它是由自混频引起的。如上所述,如果由本振泄漏的本振信号又从天线回到高频放大器,进入下变频器的射频口,它和本振口进入的本振信号经混频,差拍为零频率,即为直流,如图 4.2.10(a)所示。同样,进入高频放大器的强干扰信号也会由于变频器的各口隔离性能不好而漏入本振口,反过来它又和射频口来的强干扰经混频,差拍为直流,如图 4.2.10(b)所示。这些直流偏差在超外差式接收机中是不可能干扰有用信号的,因为那时中频不等于零。而在零中频方案中,将 RF 信号转变为中频为零的基带信号,这些直流偏差就叠加在基带信号上,而且这些直流偏差往往比射频前端的噪声还要大,一方面使信噪比变差,而且这些大的直流偏差还可能使混频器后的各级放大器饱和,无法放大有用信号。

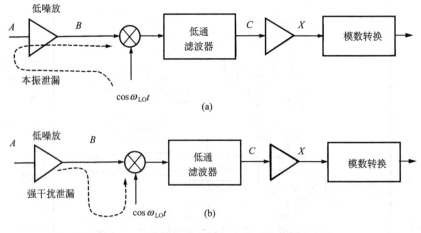

图 4.2.10 本振信号自混频和强干扰信号自混频

这些零偏差干扰可以通过后面的数字信号处理的方法减弱,但这是相当复杂的。特别是当泄漏到天线的本振信号,经天线发射出去又从运动的物体反射回来被天线接收,通过高频放大器进入变频器经混频后,构成的直流偏差可能还是时变的,要消除这些干扰就更困难。

也可以将下变频后的基带信号用电容器隔直流的方法耦合到基带放大器,以此消除直流偏差的干扰,但此法对于在直流附近集中了比较大的能量的基带信号是不适合的,这种方法会增加误码率。因此减弱直流偏差干扰的有效方法是将欲发射的基带信号经过适当的编码并选择合适的调制方式,使接收并经下变频后的基带信号在直流附近的能量尽量减少,这时就可以用交流耦合的方法来消除直流偏差而不损失信号能量。但缺点是要用到大电容,增加了体积。还有一些减少直流偏差干扰的方法请参考有关文献(Kazavi B 1998)。

4. 噪声

有源器件内存在的 $\frac{1}{f}$ 噪声随着频率的降低而增加,都集中在低频段。尤其是场效应管的 $\frac{1}{f}$ 噪声比较大,它对搬移到零中频的基带信号产生干扰,降低信噪比。一般直接变频接收机的主要增益放在基带级,前端射频部分的增益约为 20 倍,有用信号经下变频后的幅度不会大,$\frac{1}{f}$ 噪声的影响就更严重。因此采用零中频方案时,一般下变频器都设计成有一定的增益。

零中频方案还有诸如两支路的匹配问题,低通滤波器的设计问题等都是需要考虑的。当数字通信采用零中频方案时,两条正交支路如果不一致,例如变频器的增益不同,两本振信号不是严格的相差 90°都会引起基带 I/Q 信号变化。零中频方案可以用集成的有源低通滤波器代替外差式接收机的外接无源中频滤波器来进行信道选择,从电路集成的角度讲这是一个优点,但是有源滤波器会增加噪声,设计时应兼顾功耗、噪声及线性动态范围的综合要求。

4.2.3 镜频抑制接收方案

前面介绍的超外差式接收机是靠外接镜频抑制滤波器来滤除镜像频率干扰,而镜频抑制接收方案(image-reject receivers)是采用改变电路结构来抑制超外差式接收机中的镜像频率干扰。考虑到镜像频率 ω_{im} 和信号频率 ω_{RF} 分别位于本振频率 ω_{LO} 的两边,采用某些处理会对它们产生不同的影响。基本方案如图 4.2.11 所示,也称为 Hartley 结构。在此方案中,用相互正交的两个本振信号去与来自 LNA 的射频信号混频,再将其中一路相移 90°,然后叠加,就可以得到抑制镜像频率的中频信号。

首先考虑相移 90°的作用。从时域看,对于周期为 T 的正弦信号,相移 90°就是意味着延时 $\frac{T}{4}$,如图 4.2.12(a)所示。可以看出,对于正频率信号 $\sin\omega t$ 延时 $\frac{T}{4}$ 变成 $-\cos\omega t$,$\cos\omega t$ 延时 $\frac{T}{4}$ 变成 $\sin\omega t$。用指数函数表示时,由于

$$\sin\omega t = \frac{1}{2j}(e^{j\omega t} - e^{-j\omega t})$$

$$-\cos\omega t = -\frac{1}{2}(e^{j\omega t} + e^{-j\omega t})$$

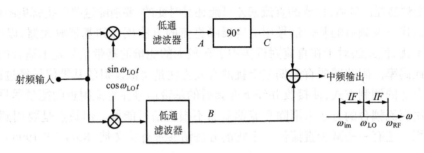

图 4.2.11　Hartley 结构镜频抑制接收

相移90°的过程可以理解为如图4.2.12(b)所示的操作,即相移后信号的频谱是相移前的信号频谱乘以函数

$$G(\omega) = -\mathrm{jsgn}(\omega)$$

的结果。从图4.2.12(b)中可以看出,对于实数信号,相移的过程对于正频率和负频率产生不同的相位变化。

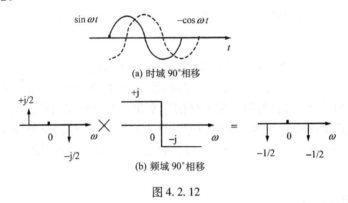

(a) 时域 90°相移

(b) 频域 90°相移

图 4.2.12

在图 4.2.11 所示的抑制镜像频率的外差式接收机方案中。设射频输入信号为 $v_{\mathrm{RF}}(t) = V_{\mathrm{RF}}\cos\omega_{\mathrm{RF}}t$,镜像干扰信号为 $v_{\mathrm{im}}(t) = V_{\mathrm{im}}\cos\omega_{\mathrm{im}}t$。这些输入信号与两个正交的本振信号 $\cos\omega_{\mathrm{LO}}t$ 与 $\sin\omega_{\mathrm{LO}}t$ 相乘(即混频)并通过低通滤波器后,滤除了和频分量,则图 4.2.11 中 $v_A(t)$ 和 $v_B(t)$ 分别为

$$v_A(t) = \frac{V_{\mathrm{RF}}}{2}\sin(\omega_{\mathrm{LO}} - \omega_{\mathrm{RF}})t + \frac{V_{\mathrm{im}}}{2}\sin(\omega_{\mathrm{LO}} - \omega_{\mathrm{im}})t$$

$$v_B(t) = \frac{V_{\mathrm{RF}}}{2}\cos(\omega_{\mathrm{LO}} - \omega_{\mathrm{RF}})t + \frac{V_{\mathrm{im}}}{2}\cos(\omega_{\mathrm{LO}} - \omega_{\mathrm{im}})t$$

其中,$(\omega_{\mathrm{LO}} - \omega_{\mathrm{RF}}) < 0$,$(\omega_{\mathrm{LO}} - \omega_{\mathrm{im}}) > 0$,因此 $v_A(t)$ 移相90°后变为

$$v_C(t) = \frac{V_{\mathrm{RF}}}{2}\cos(\omega_{\mathrm{LO}} - \omega_{\mathrm{RF}})t - \frac{V_{\mathrm{im}}}{2}\cos(\omega_{\mathrm{LO}} - \omega_{\mathrm{im}})t$$

将 $v_C(t)$ 和 $v_B(t)$ 相加后的输出为

$$v_{\mathrm{IF}}(t) = v_C(t) + v_B(t) = V_{\mathrm{RF}}\cos(\omega_{\mathrm{LO}} - \omega_{\mathrm{RF}})t$$

可以看出,镜像抑制混频的原理在于有用射频信号和镜像干扰信号位于本振信号的两边,它们和本振信号混频后取出的差拍信号频率,一个为正,一个为负。而 90°移相对频率为(ω_{LO}

$-\omega_{RF})<0$ 和 $(\omega_{LO}-\omega_{im})>0$ 的信号有不同的作用结果,叠加后即可抑制镜像干扰。

　　这个方案要真正做到抑制镜频干扰的关键有两点。一是两条支路必须完全一致,其中包括本振信号的幅度、混频器的增益、低通滤波器的特性都必须一致。二是正交要精确,即两路的本振信号要精确地相差 $90°$,否则镜像频率不可能完全抑制。

　　镜频抑制混频器还可以采用图 4.2.13 所示的方案,称为 Weaver 结构。在这个方案中,用第二个正交混频器代替 $90°$ 移相器。图 4.2.14 用频谱搬移的概念分析了图 4.2.13 所示的 Weaver 结构镜频抑制混频器方案原理。

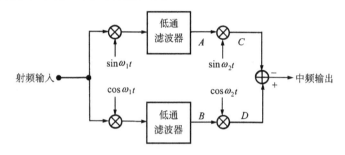

图 4.2.13　Weaver 结构镜频抑制混频器

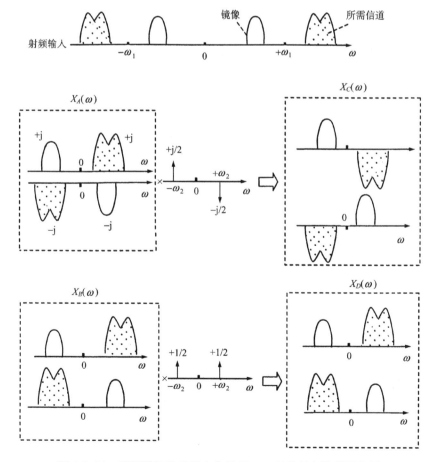

图 4.2.14　用频谱搬移的概念分析 Weaver 结构镜频抑制混频器

在图 4.2.13 方案中,由于第二次混频的中频不是零,也就可能存在镜频干扰的问题。为了消除第二混频的镜频干扰,Ⅰ 混频后的低通滤波器应改用带通滤波器,也可以选用 $\omega_1 + \omega_2 = \omega_{RF}$,类似于零中频的方案,或者采用其他措施。

图 4.2.15 所示为采用镜频抑制混频方案的发送接收芯片 MAX2511,片内包含了发射、接收、本振三大部分。接收通道输入为 200 ~ 400MHz 的射频或高的 Ⅰ 中频,输出为 10.7MHz 低中频,接收通道还包含了限幅器,并提供了 90dB 范围的接收信号强度指示。发射通道也为镜频抑制上变频,将 10.7MHz 的低中频已调波上变频至 400MHz,最大输出功率为 +2dBm。

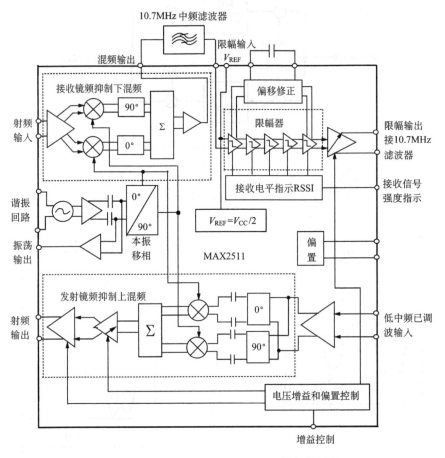

图 4.2.15 抑制镜频混频发送接收芯片 MAX2511

4.2.4 数字中频方案

在二次混频方案中,可以将第二次混频和滤波数字化。如图 4.2.16 所示,第一次混频后的信号经放大直接进行 A/D 变换,然后采用两个正交的数字正弦信号做本振,采用数字相乘和滤波后得到基带信号。

采用数字混频的优点是,数字处理方法可以避免 I/Q 两路的不一致。数字中频方案的难点在于对 A/D 变换器的要求较高,主要体现在以下几个方面。

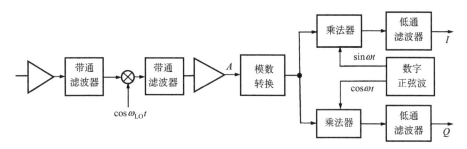

图 4.2.16 数字中频方案

1）由于 I 中频相对比较高,因此要求 A/D 变换器的速度也很高。

2）I 中频的信号虽然经过了放大,但幅度仍较小,这就要求 A/D 变换器有较高的分辨率和较小的噪声。

3）如果 I 中频的滤波器不能很好地滤除镜频干扰和其他频率的干扰信号,为了防止由互调失真等原因引起的对有用信号的影响,要求 A/D 变换器的线性度很高。

4）要求 A/D 变换器有较大的动态范围,这是因为接收到的有用信号电平可能会因为传输路径的衰落和多径效应而变化。

5）A/D 变换器的带宽应和 I 中频信号一样。

4.3 发射机方案

发射机完成的主要功能是调制、上变频、功率放大和滤波。发射机的方案比较简单,大致可以分为两种:一是将调制和上变频合二为一,在一个电路里完成,这称为直接变换法。二是将调制和上变频分开,先在较低的中频上进行调制,然后将已调信号上变频搬移到发射的载频上,这称为两步法。

图 4.3.1 和图 4.3.2 分别画出了直接变换的正交调制发射机方案和两步变换的正交调制发射机方案。

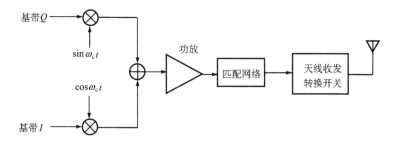

图 4.3.1 直接变换正交调制发射机

直接变换法虽然简单,但它有明显的缺点,由于发射信号是以本振频率为中心的通带信号,经功率放大或发射后的强信号会泄漏或反射回来影响本振,牵引本振频率。特别是在为了节省能源,需要频繁的接通断开功率放大器时,产生的干扰更大,本振频率不稳,则直接影

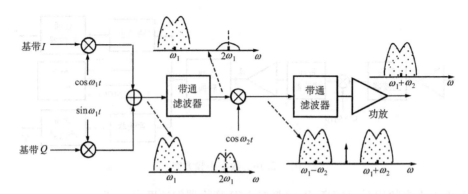

图 4.3.2　两步变换正交调制发射机

响发射机的各项性能指标。改进的方法可以让本振频率和调制的载频(即发射的频率)不同,如图 4.3.3 所示,两个较低的本振频率 ω_1 和 ω_2 合成为 $\omega_1 + \omega_2$,以此新的频率作为载频,这样,由于发射的频率和本振频率相差很远,不易发生强信号对本振频率的牵引。

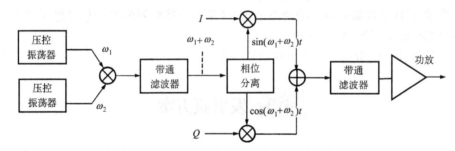

图 4.3.3　带有两个偏置本振的直接变换发射机

两次变换法明显地可以减弱直接变换法的缺点,而且由于调制是在较低的中频上进行,正交的两支路容易一致。其缺点是第二次上变换后必须采用滤波器滤除另一个不要的边带,为了达到发射机的性能指标,对这个滤波器的要求是比较高的,或者也可以采用镜频抑制上变频器,如图 4.2.15 所示。

4.4　无线发射接收机的性能指标

本节以 GSM(global system for mobile communications)为例介绍收发信机的技术指标,意在让读者对整机性能有一个概念。GSM 系统的主要性能有以下几个。

1) 发射频率:移动台发送 890 ~ 915MHz;基站发送 935 ~ 960MHz。

2) 双工间隔:45MHz。

3) 载波信道间隔:200kHz。

4) 多址方式:时分多址(TDMA)/频分多址(FDMA)。

5) 调制方式:GMSK。

6) 信道比特率:42kb/s。

1. 发信机技术指标

（1）平均载频功率

平均载频功率是指发信机输出的平均载波峰值功率。根据不同的应用（如移动台的车载式、便携式、手持机等）划分为不同的等级，而同一等级在不同功率控制电平时输出的功率也不同。

（2）发信载频包络

发信载频包络是指发信载频功率相对于时间的关系，该指标主要验证发信机发射的载频包络在一个时隙期间内是否严格满足 GSM 规定的 TDMA 时隙幅度上升沿、下降沿及幅度平坦度要求。

（3）射频功率控制

由于移动通信的远近效应，在与基站通信过程中必须对移动台的发射功率进行调整，以便保证移动台与基站之间的通信质量而又不至于对其他移动台产生明显的干扰。同样，对基站的发射功率也进行控制。GSM 规定了在功率控制的每一级电平上发信机的射频输出功率精度。

（4）射频输出频谱

对射频输出频谱提出要求主要是考虑对相邻信道的干扰。该频谱包括两个方面，一是连续调制频谱：由 GSM 调制产生的在离开载频不同的偏移点处（主要考虑相邻信道）的射频功率；二是切换瞬态频谱，GSM 的调制信号具有突发特性，在调制突发的上升、下降沿而产生的在离开载频不同的偏移点处的射频功率。

（5）杂散辐射

发信机的杂散辐射是指除有用边带和邻道以外的离散频率上的辐射。杂散辐射按其来源的不同可分为传导型和辐射型两种。传导型杂散辐射是指天线连接处或进入电源线（仅指基站）引起的辐射，而辐射型则是指由于机箱以及设备结构而引起的杂散辐射。

（6）互调衰减

由于电路的非线性、发信机的载波和通过天线进入的干扰信号产生了互调分量，互调衰减是衡量发信机对此互调干扰的抑制能力。它是有用信号的功率电平与该发信机的发射带宽内产生的最高互调分量功率电平之比，以 dB 表示。如图 4.4.1 所示，测量时一般规定干扰信号电平及对载频的频偏值。

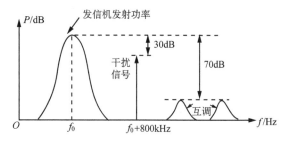

图 4.4.1　互调衰减

（7）相位误差

相位误差定义为发射信号的相位与理论上最好信号（即理论上按 GMSK 调制出来的信号）的相位误差。

（8）频率精度

频率精度定义为考虑了调制和相位误差的影响后，发射信号的频率与该射频频道号对应的标称频率之间的误差。

下面列举发信机部分指标的数据（以移动台最低功率为例）。

1）输出功率 0.8W（29dBm）。

2）射频输出频谱（表4.4.1）

表 4.4.1　射频输出频谱

	相对载波功率/dB						允许的最大电平/dBm			
调制谱性能	相对载频的偏移/kHz					瞬态频谱性能	相对载频的偏移/kHz			
	100	200	250	400	600 ~ 1800		400	600	1200	1800
	+0.5	−30	−33	−54	−54		−23	−26	−32	−36

3）杂散发射（表4.4.2）

表 4.4.2　杂散发射

9kHz ~ 1GHz	1 ~ 12.75GHz	935 ~ 960MHz
250nW（ −36dBm）	1μW（ −30dBm）	4pW（ −84dBm）

4）频率精度 0.1ppm（1×10^{-7}）。

5）相位误差：一个时隙内，相位误差的均方根应不大于 5°，峰值小于 20°。

6）互调衰减：≤ −70dBc 或 250nW（ −36dBm）。

2. 接收机指标

（1）灵敏度

收信机灵敏度是指收信机在满足一定的误码率性能条件下收信机输入端所需最小信号电平，它与信道类型及传播情况都有关系。

（2）阻塞和杂散响应抑制

衡量接收机由于一些无用信号存在，使接收机接收有用信号质量降低而不超过一定限度的能力。

（3）互调响应抑制

互调响应抑制是指收信机在与有用信号频率有某一特定频率关系的两个或多个干扰信号存在时，收信机接收有用信号的质量降低不超过一定限度的能力。阻塞、杂散响应抑制与互调响应抑制这几项指标主要检验收信机射频前端部分的放大器、混频器及滤波器的线性性能。

（4）邻道干扰抑制

邻道干扰抑制是指当相邻信道上存在信号时，接收机接收有用信号质量降低不超过一定限度的能力。该指标是检验收信机的邻道选择性。

（5）杂散辐射

收信机的杂散辐射是指发射机不发射功率时由收信机引起的辐射，它主要由天线连接器和机箱的辐射引起。

下面列举接收机的部分指标数据。

1）灵敏度（仅列举一个数据）：静态 -102dBm，$\text{BER}10^{-5}$。

2）阻塞：$113\text{dB}\mu\text{V}$。

3）互调特性：$70\text{dB}\mu\text{V}$（电动势）（-43dBm）。

4）杂散抑制：$70\text{dB}\mu\text{V}$。

5）杂散发射：$9\text{kHz} \sim 1\text{GHz} \leqslant 20\text{nW}$（$-57\text{dBm}$）；
$$1 \sim 12.75\text{GHz} \leqslant 20\text{nW}（-47\text{dBm}）。$$

3. 系统指标分配与计算

综观上面介绍的收发信机的指标可知，其最主要的指标不外乎是：频率稳定度（与振荡源的相位噪声有关）、输出功率、接收机的灵敏度（与噪声有关）、动态范围及对各种干扰的抑制（与滤波器及器件非线性有关）。本章前面介绍的各种方案的组成中，从射频的角度看，限制系统指标的最主要的射频单元以及对它们的要求如下。

1）天线双工器的插入损耗必须很小。

2）低噪声放大器必须有很低的噪声、合适的增益、高的三阶互调截点及低的功耗。

3）混频器应有高的三阶互调截点及低的噪声。

4）频率合成器应有低的相位噪声、切换速率快。

5）滤波器的中心频率的热漂移要小、频率响应误差小。

一个收发信机的设计师在进行具体电路设计前，三个方面的工作是不可少的。首先应根据通信环境、通信距离、工作频段、调制方式等一系列因素来合理的确定接收机、发射机的整机指标（这部分内容由后继课程介绍）。其次，将这些整机指标合理地分配到各个组成部件。分配的原则有两个，一是要根据各部件的物理可实现性，二是根据每个部件的指标对整机的影响定出合理的值，这些具体的影响在以后的各节中会进行分析。最后，在选定了各部件的集成电路芯片后，根据这些已定器件的指标验证整机的指标性能是否合格。下面通过一个例子来说明最后一点的做法。

假设一外差式接收机的射频前端组成如表 4.4.3 所示，各级的输入输出阻抗均是 50Ω 且都达匹配。射频前端电路影响接收机整机指标的最重要的三项指标是：增益、噪声和三阶互调截点，每级的这些指标均列于表内，现计算该系统总的增益、噪声系数和三阶互调截点输入功率值。

为方便起见，在系统的两级连点处标上 A、B、C、D、E、F 字母，如表 4.4.3 所示。

（1）增益计算

计算增益时，应由前向后，只要将各级的增益分贝数相加即可。要注意的是滤波器的插入损耗是增益的倒数，即 $L = \dfrac{1}{G_\text{P}}$，所以，$L(\text{dB}) = -G_\text{P}(\text{dB})$。增益计算结果如表 4.4.3 所示。

表 4.4.3　接收机各级指标计算

	A	双工器 $L_1=2\text{dB}$	B	低噪声放大器 $G_{P_2}=15\text{dB}$	C	抑制镜频滤波器 $L_3=6\text{dB}$	D	混频器 $G_{P_4}=5\text{dB}$	E	中频滤波器 $L_5=5\text{dB}$	F	中频放大器
NF				$NF_1=2\text{dB}$				$NF_4=12\text{dB}$				$NF_6=10\text{dB}$
IIP$_3$		+100dBm		−12dBm		+100dBm		+5dBm		+100dBm		
增益/dB		−2		13		7		12		7		
NF/dB	8.79		6.79		20.1		14.1		15		110	
IIP$_3$/dBm	−10.6		−12.6		+11		+5		−100			

（2）噪声系数计算

为看清各部件对系统噪声系数的影响，计算总的噪声系数可从后向前逐级推算，在 F 点的噪声系数就是中频放大器的噪声系数，即 $NF_F=10\text{dB}$。

滤波器是无源有耗网络，它的噪声系数即是它的损耗，在 E 点有

$$NF_E = NF_5 + NF_F = 5\text{dB} + 10\text{dB} = 15\text{dB}$$

根据第二章多级线性系统噪声系数的计算公式计算 D 点的噪声系数。先将各级用分贝表示的功率增益和噪声系数转换成自然数

$$G_{P_4} = 5\text{dB} \rightarrow 3.16, NF_4 = 12\text{dB} \rightarrow 15.8, NF_E = 15\text{dB} \rightarrow 31.62$$

则有

$$F_D = F_4 + \frac{F_E - 1}{G_{P_4}} = 15.8 + \frac{31.62 - 1}{3.16} = 25.49 \rightarrow 14.1\text{dB}$$

按此法计算出系统的噪声系数如表 4.4.3 所示。

（3）三阶互调截点输入功率 IIP$_3$ 计算

计算 IIP$_3$ 也可以从后向前。需要指出的是，IIP$_3$ 是表征有源器件的线性范围的，无源器件一般来说不存在线性范围这个指标，因此在表中认为几个滤波器的 IIP$_3$ 都很大，达 100dBm，它们对系统的线性范围的影响都可以忽略。所以在 D 点忽略了中频滤波器的 IIP$_3$ 的影响后，其 IIP$_3$ 与混频器的 IIP$_3$ 相同，即

$$\text{IIP}_{3,D} = + 5\text{dBm} \rightarrow 3.16\text{mW}$$

在 C 点，同样忽略了镜像抑制滤波器的 IIP$_3$ 的影响，但根据第二章多级系统接连 IIP$_3$ 的计算式(2.7.17)，滤波器的损耗对系统的线性范围的影响不能忽略，可计算如下：镜像抑制滤波器的损耗 $L=6\text{dB}$，即增益 $G_P = -6\text{dB} \rightarrow 0.251$，所以在 C 点有

$$\text{IIP}_{3,C} = \frac{\text{IIP}_{3,D}}{1/L} = \frac{3.16}{0.251} = 12.58(\text{mW})，则 \text{IIP}_{3,C} = + 11\text{dBm}$$

在 B 点,由于低噪声放大器(LNA)的 $\text{IIP}_{3,2} = -12\text{dBm} \rightarrow 0.063\text{mW}$,其功率增益是 $G_{P,2} = 15\text{dB} \rightarrow 31.6$,则有

$$\frac{1}{\text{IIP}_{3,B}} = \frac{1}{\text{IIP}_{3,2}} + \frac{G_{P,2}}{\text{IIP}_{3,C}} = \frac{1}{0.063} + \frac{31.6}{12.58} = 18.38$$

所以在 B 点

$$\text{IIP}_{3,B} = 0.054\text{mW} = -12.6\text{dBm}$$

同理可以计算出 A 点的 IIP_3。

小结:

本章从系统的角度介绍了收发信机几种常用的方案,从而明确了组成接收、发射机射频前端的基本部件。同时本章又列举了接收发射机的基本指标,让读者比较全面的了解系统的特性,这对后面分析具体电路具有指导意义。

习　题

4-1　说明外差式接收机的优、缺点。

4-2　说明接收机的灵敏度,选择性的定义,它们与哪些因素有关? 接收机的噪声带宽的定义,它会影响接收机的什么性能?

4-3　为什么要用二次变频方案,对 I 中频和 II 中频的选择有何要求?

4-4　设接收机输入端与 50Ω 天线匹配,接收机的灵敏度为 $1.0\mu\text{V}$,解调器要求输入功率为 0dBm,求接收机在解调器之前的净增益。设射频部分的增益为 20dB,求中频增益。

4-5　如图 4-P-5 所示放大器及输入信号,放大器带宽 $B = 200\text{kHz}$。试求:

(1) 输入信噪比 $\left(\dfrac{S}{N}\right)_{\text{in}}$;

(2) 输出信号功率 S_{out};

(3) 输出噪声功率 N_{out};

(4) 输出信噪比 $\left(\dfrac{S}{N}\right)_{\text{out}}$。

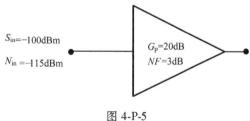

图 4-P-5

4-6　用图 4.2.13 所示的频谱搬移图分析图 4.2.12 的 Weaver 结构镜频抑制混频器的原理。

4-7　检测发射机和接收机有哪些性能指标,这些指标分别提出了什么要求,主要受整机哪一部分电路的影响?

4-8　调频广播频段为 88 ~ 108MHz,最大频偏为 $\Delta f_{\text{m}} = \pm 75\text{kHz}$,最高调制率为 $F = 15\text{kHz}$,信道间隔为 200kHz,调频接收机中频为 $f_{\text{IF}} = 10.7\text{MHz}$。试求:

(1) 在 RF 段选择信道和在中频段选择信道所要求的 Q 值;

(2) 接收机的本振频率范围,频率覆盖系数(高低端频率之比);

（3）镜像频率是否落在信号频带内？

（4）如何选择中频可以保证镜像频率一定位于信号频带之外？

4-9 图 4-P-9 所示为 38GHz 点对点的无线通信接收机前端方框图。已知：38GHz 波导插入损耗 $L_1 = 1.0$dB；LNA 增益 $G_{PLNA} = 20$dB；噪声系数 $NF_{LNA} = 3.5$dB；三阶互调截点 $IIP_{3LNA} = 15$dBm；38GHz 带通滤波器：插入损耗 $L_2 = 4$dB；I 混频：变频损耗 $L_M = 7$dB，噪声系数 $NF_M = 7$dB，三阶互调截点 $IIP_{3M} = 10$dBm；1.8GHz 中频放大器：增益 $G_{PIF} = 13$dB，噪声系数 $NF_{IF} = 2.5$dB，三阶互调截点 $IIP_{3IF} = 25$dBm。计算此接收机前端总增益、噪声系数及输入三阶互调截点功率电平。

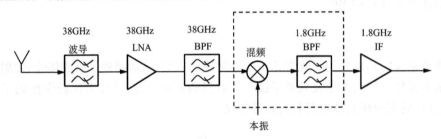

图 4-P-9

4-10 图 4-P-10 所示为一无线接收机前端方框图，已知馈入天线的噪声功率为 $N_i = kT_aB$，$T_a = 15$K。假设系统温度为 T_0，输入阻抗为 50Ω，中频带宽是 10MHz。求：

（1）系统噪声系数；

（2）系统等效噪声温度；

（3）输出噪声功率；

（4）在中频带宽内输出噪声的双边功率谱密度（双边噪声功率见第六章混频器）；

（5）若要求接收机最小输出信噪比是 20dB，问加到接收机输入端的最小输入电压应为多少？

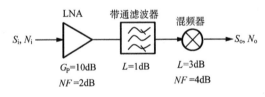

图 4-P-10

第五章 低噪声放大器

低噪声放大器(low-noise amplifier, LNA)是射频接收机前端的主要部件。它主要有四个特点。首先,它位于接收机的最前端,这就要求它的噪声越小越好。为了抑制后面各级噪声对系统的影响,还要求有一定的增益,但为了不使后面的混频器过载,产生非线性失真,它的增益又不宜过大。放大器在工作频段内应该是稳定的。其次,它所接收的信号是很微弱的,所以低噪声放大器必定是一个小信号线性放大器。而且由于受传输路径的影响,信号的强弱又是变化的,在接收信号的同时又可能伴随许多强干扰信号混入,因此要求放大器有足够大的线性范围,而且增益最好是可调节的。第三,低噪声放大器一般通过传输线直接和天线或天线滤波器相连,放大器的输入端必须和它们很好的匹配,以达到功率最大传输或最小的噪声系数,并能保证滤波器的性能。第四,应具有一定的选频功能,抑制带外和镜像频率干扰,因此它一般是频带放大器。

本章首先分析低噪声放大器的性能指标,然后复习晶体管的电路模型,最后通过典型电路分析来了解设计低噪放的方法。

由于晶体管有两种描述方法,一是物理等效电路模型,如最常用的小信号混合π型模型,模型中的参数都有一定的物理意义,这种等效电路适用的频率范围较宽。二是用网络参数表示的网络模型,在射频段最合适的参数是 S 参数,这是一组特定频率下的线性参数。对应两种不同描述方法,低噪放的设计相应有两种不同方法。本章重点介绍用晶体管小信号等效电路模型设计低噪放的方法,S 参数和用 S 参数设计低噪放的方法用小字形式给出。

5.1 低噪声放大器指标

在设计低噪放前,本节先列举几个典型的低噪声放大器的指标数据,让读者对它的全貌有个了解。然后分析影响这些指标的因素,以及可能产生的矛盾和解决的办法,在这基础上引出后面的设计方法。

表 5.1.1 列举了两个不同工艺的低噪声放大器的指标。

表 5.1.1 低噪声放大器性能指标

指　　标	0.5μm GaAs FET	0.8μm Si Bipolar	指　　标	0.5μm GaAs FET	0.8μm Si Bipolar
电源电压/V	3.0	1.9	IIP_3/dBm	−11.1	−3
电源电流/mA	4.0	2.0	input VSWR	1.5	1.2
频率/GHz	1.9	1.9	output VSWR	3.1	1.4
噪声系数 NF/dB	2.8	2.8	隔　离/dB	21	21
增益/dB	18.1	9.5			

分析表 5.1.1 可得出低噪声放大器的主要指标是:低的噪声系数(NF)、足够的线性范围(IIP_3)、合适的增益(gain)、输入输出阻抗的匹配(VSWR)、输入输出间良好的隔离。对于移动通信还有一个很重要的指标是低电源电压和低功耗,原因是移动通信中,接收机处于等待状态时,射频前端电路一直是工作的,因此低功耗是十分重要的。下面分析影响这些指标的因素,特别要强调的是,所有这些指标都是互相牵连的,甚至是矛盾的,它们不仅取决于电路的结构,对集成电路来说,还取决于工艺技术,在设计中如何采用折中的原则,兼顾各项指标,是很重要的。

(1) 低功耗

LNA 是小信号放大器,必须给它设置一个静态偏置。而降低功耗的根本办法是采用低电源电压、低偏置电流,但伴随的结果是晶体管的跨导减小,从而引起晶体管及放大器的一系列指标的变化,详见下面分析。

(2) 工作频率

放大器所能允许的工作频率与晶体管的特征频率 f_T 有关。根据式(5.2.2)和式(5.2.7)可知,减小偏置电流的结果使晶体管的特征频率降低。在集成电路中,增大晶体管的面积使极间电容增加也降低了特征频率。

(3) 噪声系数

根据式(2.1.2),任何一个线性网络的噪声系数可以表示为

$$F = 1 + \frac{\overline{(V_n + I_n R_S)^2}}{4kTBR_S}$$

式中,$\overline{V_n^2}$ 和 $\overline{I_n^2}$ 是网络输入端的等效噪声电压源和等效噪声电流源。对于共射组态的单管双极型晶体管放大器的噪声系数又可表示为

$$F = 1 + \frac{r_{bb'}}{R_S} + \frac{1}{2g_m R_S} + \frac{g_m R_S}{2\beta} \approx 1 + \frac{r_{bb'}}{R_S} + \frac{1}{2g_m R_S} \tag{5.1.1}$$

对单管共源 MOS 场效应管放大器,当仅考虑沟道噪声时,场效应管放大器的噪声系数为

$$F = 1 + \frac{1}{R_S} \gamma \frac{1}{g_m} \tag{5.1.2}$$

对长沟道 MOSFET,$\gamma = 2/3$。由此可见:

1) 放大器的噪声系数与工作点有关。

2) 晶体管放大器的噪声与基区体电阻有关,为了降低噪声,在集成电路设计时可以用增大晶体管的面积来减小基区体电阻 $r_{bb'}$,但面积增大会加大极间电容。

3) 噪声系数与信号源内阻 R_S 有关。

(4) 增益

低噪声放大器的增益要适中,过大会使下级混频器的输入太大,产生失真,但为了抑制后面各级的噪声对系统的影响,其增益又不能太小。

放大器的增益首先与管子跨导有关,跨导直接由工作点的电流决定。其次,放大器的增益还与负载有关。低噪声放大器是频带放大器,它的选频功能由其负载决定。LNA 的负载一般有两种形式,一是采用调谐的 LC 回路做负载,并将下级混频器的输入电容并入回路电容,做成频带放大,既用于选频又可以提高增益。二是 LNA 后面接集中选频滤波器,则 LNA

可以做成宽带的,选频功能由滤波器完成。这些滤波器为了便于应用,其输入输出阻抗都做成 50Ω 或一些特定的标准数值,LNA 的输出端必须与滤波器相匹配,以保证滤波器的众多特性,如插入损耗、带内波动以及带外衰减等。但由于负载阻抗太小,增益不易做高,此时 LNA 可以采用两级放大。

(5) 增益控制

低噪声放大器的增益最好是可控制的。在通信电路中,控制增益的方法一般有以下几种:改变放大器的工作点,改变放大器的负反馈量,改变放大器谐振回路的 Q 值等,这些改变都是通过载波电平检测电路产生自动增益控制电压来实现的。

(6) 输入阻抗匹配

低噪声放大器与其信号源的匹配是很重要的。放大器与源的匹配有两种方式:一是以获得噪声系数最小为目的的噪声匹配,二是以获得最大功率传输和最小反射损耗为目的的共轭匹配。一般来说,现在绝大多数的 LNA 均采用后一种匹配方法,这样可以避免不匹配而引起 LNA 向天线的能量反射,同时,力求两种匹配接近。

匹配网络可以用纯电阻网络,也可以用电抗网络。电阻匹配网络适合于宽带放大,但它们要消耗功率,并增加噪声。采用无损耗的电抗匹配网络不会增加噪声,但只适合窄带放大。LNA 的匹配方式大致可以分成如图 5.1.1 所示的四种形式以及它们的组合。

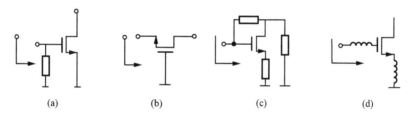

图 5.1.1　LNA 的匹配方式

在图 5.1.1(a)中,晶体管采用共源(共射)结构,输入阻抗很大,并联所需的电阻即可达匹配。由于电阻的热噪声的影响,这种方式加大了放大器的噪声。图 5.1.1(b)中晶体管采用共栅(共基)结构,输入阻抗为 $\dfrac{1}{g_{\mathrm{m}}}$,数值比较小。改变偏置即可改变跨导 g_{m},达到匹配。图 5.1.1(c)中采用电阻串并联负反馈控制输入阻抗,达到阻抗匹配。此方案适合于宽带放大,缺点是与具有相同噪声性能的其他结构形式的放大器相比,它的功耗较大,且在集成低噪声放大器中,需要集成较多的电阻,这特别不适合 CMOS 技术。图 5.1.1(d)中晶体管的源(射)极采用电感负反馈,与晶体管的输入电容等调谐后实现匹配,这种结构适用于窄带放大,与其他方式相比,它能获得较好的噪声性能。因此在 GaAs MESFET 和 CMOS 放大器中普遍采用。低噪声放大器的输入匹配要求,有的是在集成电路内部就已经实现,有的需要外接匹配网络,由具体产品决定。

(7) 线性范围

线性范围主要由三阶互调截点 IIP_3 和 1dB 压缩点来度量。由式(2.7.12)知,$\mathrm{IIP}_3 = \sqrt{\dfrac{4}{3}\left|\dfrac{a_1}{a_3}\right|}$。由于双极晶体管的集电极电流 i_{C} 与输入电压 v_{BE} 呈指数函数关系,代入其幂级数

展开式中的 $a_1 = \frac{1}{V_T} I_S \mathrm{e}^{\frac{V_{BEQ}}{V_T}}$ 和 $a_3 = \frac{1}{6} \frac{I_S}{V_T^3} \mathrm{e}^{\frac{V_{BEQ}}{V_T}}$[表(2.6.1)],可得 $V_{inIP_3} = \sqrt{\frac{4}{3}\left|\frac{a_1}{a_3}\right|} = 2\sqrt{2} V_T$,此电压值相当于输入功率是 $-12.7\mathrm{dBm}(50\Omega$ 阻抗)。若为了获得更好的线性,必须采取一些改善措施。

在讨论放大器的线性范围时要注意三个问题:一是线性范围和器件有关,场效应管由于是平方律特性,因此它的线性要比双极型好;二是和电路结构有关,例如加负反馈、单管放大改为差分放大等均可改善线性,从下面的电路分析中可以看出;第三,输入端的阻抗匹配网络也会影响放大器的线性范围。

(8)隔离度和稳定性

增大低噪声放大器的反向隔离可以减少本振信号从混频器向天线的泄漏程度。在超外差式接收机中,由于 LNA 和混频器间一般接有抑制镜像干扰的滤波器,且第一中频的数值较高,本振信号频率位于滤波器通带以外,因此本振信号向天线的泄漏比较小。但在零中频方案中,本振泄漏则完全取决于 LNA 的隔离性能。同时,LNA 的反向隔离度好,减少了输出负载变化对输入阻抗的影响,从而简化其输入输出端的匹配网络的调试。

引起反向传输的原因在于晶体管的集电极和基极间的极间电容 C_{bc} 以及电路中寄生参数的影响,它们也是造成放大器不稳定的原因。例如会在某些频率点上,由于源阻抗和负载阻抗的不恰当组合,变成正反馈,引起不稳定,甚至振荡。放大器的稳定性是随着反向传输的减少,即隔离性能的增加而改善的。提高稳定性的措施有采用中和电容的中和法及晶体管共射共基(或共源共栅)(cascode)结构的失配法,如图 5.1.2 所示。

在图 5.1.2(a)中,外接一反馈元件 Y_N,它的一端接在放大器输出的某一部分电压上,另一端接在放大器输入端(基极或栅极),由它(常称中和电路)引入的反馈(注意反馈极性)来抵消晶体管内部反馈电容 $C_{b'c}$ 引入的反馈,使放大器成为单向传输电路。Y_N 一般采用电容以抵消 $C_{b'c}$。

在图 5.1.2(b)所示的共射共基接连电路中,由于共射级的大输出阻抗与共基级的小输入阻抗严重失配,可以证明,接连后的复合管,其反向传输只有单管的百分之一左右,因此大大提高了稳定性。

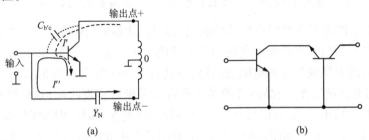

图 5.1.2 中和电路与共射共基(cascode)接连

5.2 晶体管高频等效电路

现代移动通信的发展要求低成本、低功耗、高集成的集成电路。在这些集成电路中,射频前端的集成是最困难的,包括接收机的低噪声小信号放大器,发射机的高频功率放大器以及收发信机的各种滤波器电路。为了实现射频集成,选择合适的工艺技术是很重要的。

目前的射频集成电路工艺包括双极(bipolar)、GaAs 和 CMOS 工艺。工作频率最高的是 GaAs 器件,GaAs 是一种化合半导体材料,性能稳定、工艺成熟,它的最高频率达到 50 ~ 100GHz,在超高速微电子学和光电子学中占据了重要地位,近几年来特别在超高速、低噪声方面发展极快。

用在射频集成电路中的双极工艺有:纯双极(pure bipolar)、BiCMOS 和 SiGe HBT(异质结)。与 CMOS 晶体管相比,双极晶体管有两个明显的优点,一是在相同的偏置电流下,跨导大;二是有较高的增益带宽积。由于跨导与偏置电流成正比,第一个优点导致在较小的功耗下获得大增益,第二个优点可以提高工作频率(低于 10GHz)。

不同半导体形成的 PN 结称为异质结。异质结双极晶体管(HBT)是发射区采用轻掺杂的宽带隙材料,基区采用重掺杂的窄带隙材料,能同时得到高增益和高频率。SiGe 异质结双极晶体管(SiGe-HBT)是利用先进的外延技术,外延 SiGe 合金作为基区的双极晶体管。SiGe-HBT 的主要应用是高频大功率器件和微波集成电路,它较 GaAs 器件的优势在于成本低和易于系统集成。目前,SiGe-HBT 的最好水平是 f_T 可达 75GHz。

BiCMOS 是把双极器件和 CMOS 器件共同集成在同一个 Si 衬底上,它集中了双极器件高速、高跨导、驱动能力强和 CMOS 器件的低功耗、高集成的优点。与纯粹的双极器件相比,BiCMOS 工艺中的双极器件性能要差一点,因此一般采用双极工艺为基础的 BiCMOS 工艺,这有利于保证双极晶体管的性能,但 BiCMOS 的工艺处理较复杂,成本提高。SiGe-BiCMOS 工艺能达更高的工作频率、更低的功率和高集成的要求,将来的移动通信有望将射频、模数变换和基带信号处理集成于一块芯片上。

三种双极工艺器件的截止频率如表 5.2.1 所示。

CMOS 器件由于比双极器件的噪声低,线性好,很有发展前途。如果现代深亚微米 CMOS 工艺可以达到 0.1μm 以下,则高性能逻辑电路的工作时钟频率可达 3GHz 以上,则通信系统的射频和基带数字电路就可以集成在一块 CMOS 芯片上。

表 5.2.1 三种双极型工艺的器件的截止频率

工艺技术	截止频率 f_T/GHz
bipolar	25 ~ 50
BiCMOS	10 ~ 20
SiGe HBT	40 ~ 80

对包含晶体管的电子电路进行分析、计算及计算机模拟时,必须运用晶体管等效电路。这一节简单回顾双极型晶体管和场效应管的小信号等效电路,等效电路中的各参数的物理意义以及这些参数的受控关系,特别强调这些等效电路在高频运用时的特点。

5.2.1 双极型晶体管共射小信号等效电路

图 5.2.1 为共射极三极管放大器的原理电路图。

当输入 v_s 为小信号且给晶体管设置合适的偏置 V_{BEQ},工作点为 Q 时,$v_{BE} = V_{BEQ} + v_s$。晶体管的转移特性为

$$i_C = I_S e^{\frac{q v_{BE}}{kT}} = I_S e^{\frac{q(V_{BEQ}+v_s)}{kT}} = I_{CQ} e^{\frac{q v_s}{kT}} \quad\quad (5.2.1)$$

式中，$I_{CQ} = I_S e^{\frac{q V_{BEQ}}{kT}}$。

若信号幅度 $V_{Sm} \ll V_T \left(V_T = \frac{kT}{q} \approx 26\text{mV} \right)$，晶体管为线性应用，则对应共射极的小信号简化混合 π 型等效电路如图 5.2.2 所示。对此等效电路应明确两点：

1）电路中的所有参数均与工作点 Q 有关。

2）该电路是交流小信号等效电路。

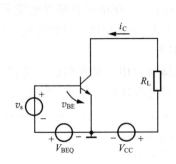

图 5.2.1 共射极三极管放大器

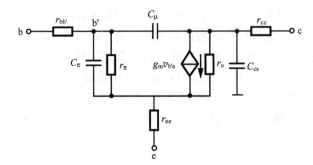

图 5.2.2 双极型晶体管小信号混合 π 型等效电路

电路中各元件的物理意义如下：

1）$r_\pi = \dfrac{\partial v_{BE}}{\partial i_B} \bigg|_Q = \dfrac{\beta}{g_m}$，为输出交流短路时的输入电阻，$r_\pi$ 可记为 $r_{b'e}$。

2）$g_m = \dfrac{\partial i_C}{\partial v_{BE}} \bigg|_Q = \dfrac{I_{CQ}}{V_T}$，为正向传输跨导。

3）$r_o = \dfrac{\partial v_{CE}}{\partial i_C} \bigg|_Q = \dfrac{V_A}{I_{CQ}}$，$V_A$ 为晶体管的厄尔利（early）电压，r_o 为输入交流短路下的输出阻抗，r_o 也可记为 r_{ce}。

4）$C_\pi = C_{je} + C_b$，C_{je} 为正偏发射结电容，C_b 为基区扩散电容。$C_b = \tau_F g_m$，τ_F 为基区正向渡越时间，取决于工艺参数，C_π 也可记为 $C_{b'e}$。

5）反偏集电结电容 $C_\mu = \dfrac{C_{\mu 0}}{\left(1 - \dfrac{V_{BC}}{\Psi_0} \right)^n}$，$\Psi_0$ 是 CB 结的势垒电位，C_μ 也可记为 $C_{b'c}$。

6）C_{cs} 是集电极与衬底间的势垒电容。

7）$r_{bb'}$、r_{ee}、r_{cc} 为各极的体电阻。由于 r_{ee}、r_{cc} 很小可忽略，因此主要考虑基区体电阻 $r_{bb'}$。

8）特征频率 f_T，定义为共射输出短路电流放大倍数 β 下降为 1 时的频率：

$$f_T = \frac{g_m}{2\pi(C_\pi + C_\mu)} \approx \frac{g_m}{2\pi C_\pi} \quad\quad (5.2.2)$$

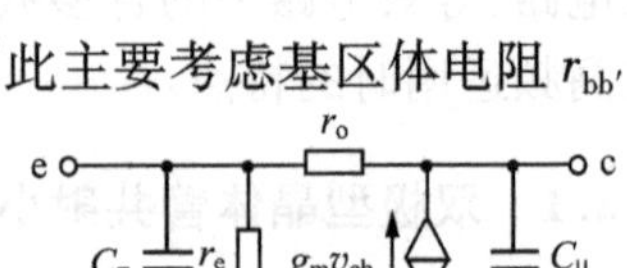

若忽略体电阻 $r_{bb'}$、r_{ee}、r_{cc}，将图 5.2.2 变形，可得双极晶体管共基组态的交流小信号等效电路如图 5.2.3 所示。注意共基

图 5.2.3 双极型晶体管共基小信号交流等效电路

放大器的输入电阻为 $r_e \approx \dfrac{1}{g_m}$,远比共射电路的 r_π 要小。

5.2.2 场效应管小信号模型

根据场效应管漏源电压 v_{DS} 的大小,可以分为两种工作区域,如图 5.2.4 所示。在 $v_{GS} > V_{GS(th)}$ 和 $v_{DS} \leqslant (v_{GS} - V_{GS(th)})$ 条件下,场效应管处于可变电阻区,在该状态时的伏安特性为

$$i_D = \beta_n \Big[(v_{GS} - V_{GS(th)}) v_{DS} - \frac{1}{2} v_{DS}^2 \Big] \quad (5.2.3)$$

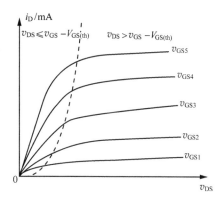

图 5.2.4 场效应管的两个工作区

其中,$\beta_n = \mu_n C_{ox} \dfrac{W}{L}$。当 v_{DS} 很小时(比如小于 0.1V),则上式可以简化为

$$i_D = \beta_n \big[(v_{GS} - V_{GS(th)}) v_{DS} \big] \qquad (5.2.4)$$

此式说明:① 在此工作区,i_D 和 v_{DS} 成线性关系,电导值为 $g = \dfrac{i_D}{v_{DS}} = \beta_n (v_{GS} - V_{GS(th)})$;② 此电阻受栅源电压 v_{GS} 的控制,因此该工作区称可变电阻区。

在 $v_{GS} > V_{GS(th)}$ 和 $v_{DS} \geqslant (v_{GS} - V_{GS(th)})$ 条件下,场效应管工作在饱和区(恒流区),此时伏安特性为

$$i_D = \frac{1}{2} \beta_n (v_{GS} - V_{GS(th)})^2 \qquad (5.2.5)$$

漏极电流与栅源电压成平方律特性。其转移跨导为

$$g_m = \left. \frac{\partial i_D}{\partial v_{GS}} \right|_Q = \beta_n (V_{GSQ} - V_{GS(th)}) = \sqrt{2\beta_n I_{DQ}} \qquad (5.2.6)$$

由上式可知,小信号跨导与偏置电流 I_{DQ} 的平方根成正比。

场效应管高频小信号模型如图 5.2.5 所示。等效电路中包含 3 个极间电容,它们分别是 C_{gs}——栅极与源区电容,C_{gd}——栅极与漏区电容和 C_{ds}——漏极与源极的电容。等效电路中的 r_G、r_S、r_D 分别是各极的欧姆电阻,r_{ds} 是漏源电阻,R_i 是串联栅极电阻,其值很小,一般可以忽略。对于 GaAs FET,这些参数的典型数值是

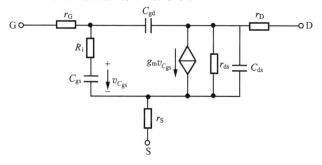

图 5.2.5 场效应管高频小信号模型

$$R_i = 7\Omega, r_{ds} = 400\Omega, C_{gs} = 0.3\text{pF}$$
$$C_{ds} = 0.12\text{pF}, C_{gd} = 0.01\text{pF}, g_m = 40\text{mS}$$

场效应管的单位电流增益频率为

$$f_T = \frac{g_m}{2\pi(C_{gs} + C_{gd})} \approx \frac{g_m}{2\pi C_{gs}} \qquad (5.2.7)$$

5.3　低噪声放大器设计

无论采用 Bipolar、Bi-CMOS 或 GaAs FET 工艺技术设计低噪声放大器,其电路结构都是差不多的,都是由晶体管、偏置、输入匹配和负载四大部分组成。

图 5.3.1(a)是由分立元件构成的单管小信号选频放大器的典型电路。其中,R_{b1}、R_{b2}、R_e 为直流偏置电阻,为小信号线性放大器设置合适的工作点。C_E、C_B 是交流旁路电容,变压器 T_1 用作输入匹配,选频回路 LC 作为放大器负载,完成选频及与下级匹配的任务。该放大器的直流通路和交流通路分别如图 5.3.1(b)、(c)所示。

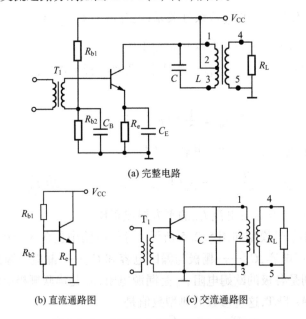

(a) 完整电路

(b) 直流通路图　　　　　(c) 交流通路图

图 5.3.1　典型的小信号选频放大器电路

在实际电路中为了达到各项指标,采用各种变形结构,下面将介绍几种典型的射频集成低噪声放大器电路,并以晶体管小信号模型为工具,介绍它们的设计方法。

例 5.3.1　1GHz CMOS 低噪声放大器。

本例是共栅极 CMOS 低噪声放大器,其电路原理图如图 5.3.2 所示。

1. 电路结构

场效应管 M_1 和 M_2 接成双端输入双端输出共栅极差动放大器。其输入端采用电感 L_1 和 L_2 组成匹配网络,输出端采用 LC 回路(由电感 L_3、L_4 与下级的输入电容组成 C_0)选频。

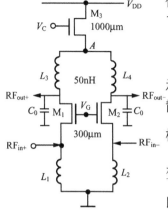

图 5.3.2 共栅极 CMOS
低噪声放大器

偏置为 V_G（偏置电路没有画出），电感 L_1、L_2、L_3 和 L_4 同时提供了各管子的直流通路，由于对称，所以 A 点为交流蒂。

（1）输入匹配网络

以 M_1 为例，共栅极放大器的交流等效电路如图 5.3.3 所示。电路中采用外接电感线圈 L_1 和 FET 管的极间电容 C_{gs}、杂散及分布电容 C_P 构成回路，在工作频率 1GHz 处并联谐振。共栅极的输入电阻为 $\frac{1}{g_m}$，通过调节 M_1 和 M_2 的偏置电压 V_G，可改变 M_1、M_2 的跨导 g_m 以使 $\frac{1}{g_m} = 50\ \Omega$，完成与源阻抗 $R_S = 50\Omega$ 的匹配。

（2）输出回路

电感线圈 L_3 与漏极电容 C_d、杂散电容 C_0（包括下级混频器的输入电容）组成并联谐振回路，谐振于工作频率，即有

$$\omega_{RF} = \frac{1}{\sqrt{L_3(C_d + C_0)}}$$

根据电容 C_d、C_0 和工作频率可求得电感 L_3 为

$$L_3 = \frac{1}{\omega_{RF}^2(C_d + C_0)} \qquad (5.3.1)$$

式中，$C_d \approx C_{gs}$。

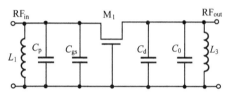

图 5.3.3 共栅极放大器的交流等效电路

例如，工作频率 $f_{RF} = 1GHz$，通过调节偏置电压 V_G 使输入匹配，即 $\frac{1}{g_m} = 50\Omega$。已知 $f_T = 5GHz$，根据特征频率 $\omega_T = \frac{g_m}{C_{gs}}$ 可求出 C_{gs}。忽略杂散电容 C_0 以及下级混频器的输入电容，则从式（5.3.1）求得电感 $L_3 = 40nH$。

2. 性能指标

（1）增益

设线圈 L_3 的串联损耗电阻是 r，FET 的输出电阻 r_{ds} 很大可忽略，则并联回路的谐振阻抗是

$$R_P = \rho Q = \omega_{RF} L_3 \times \frac{\omega_{RF} L_3}{r}$$

因此放大器的增益为

$$A_V = g_m R_P = g_m \frac{(\omega_{RF} L_3)^2}{r} = \frac{L_3}{r} g_m \omega_{RF}^2 L_3 \qquad (5.3.2)$$

此式可作为共栅极放大器增益设计的指导公式。

在式（5.3.2）中，电感 L_3 与其损耗电阻 r 的比值取决于电感的制作方式。例如采用芯片内集成矩形螺旋线圈实现，在 CMOS 工艺中，L/r 约为 $0.7nH/\Omega$，由式（5.3.2）就可计算出增益达 26.8dB。

本例中输入输出均采用了 LC 并联谐振回路,在完成共轭匹配与提高增益的同时也抑制了干扰。放大器的带宽应由两个回路的带宽共同决定,如果输入输出回路的带宽相等,均为 BW_1,则放大器的带宽为

$$BW_{总} = BW_1 \sqrt{2^{\frac{1}{2}} - 1} \tag{5.3.3}$$

称 $\sqrt{2^{\frac{1}{n}} - 1}$ 为缩减因子。(本例 $n = 2$)

式(5.3.3)的证明:由于一级并联谐振回路的选择性为 $S = \dfrac{1}{\sqrt{1 + \xi^2}}$,相同的 n 级并联回路接连时,总的选择性为 $S_\Sigma = S_i^n = \left(\dfrac{1}{\sqrt{1 + \xi^2}}\right)^n$,根据通频带的定义,令 $S_\Sigma = \dfrac{1}{\sqrt{2}}$,求得 $BW_{总} = BW_1 \sqrt{2^{\frac{1}{n}} - 1}$。

实际上,输入回路与共栅极的输入阻抗 $\dfrac{1}{g_m} = 50\Omega$ 并联,输入回路的 Q 值很低,而输出回路是和共栅极的输出阻抗并联,它的 Q 值要比输入回路高得多。两个不同 Q 值的选频回路级联,带宽主要取决于高 Q 回路,因此共栅 LNA 的放大器的总带宽主要取决于输出回路。

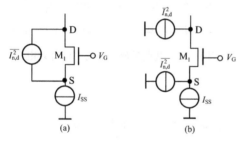

图 5.3.4　共栅极电路的噪声等效电路

(2)噪声

若只考虑沟道电阻热噪声,共栅极电路的噪声等效电路如图 5.3.4(a)所示,图中 $\overline{I_{n,d}^2} = 4kT\gamma g_m B$ 是沟道电阻噪声。将图 5.3.4(a)中的噪声源分裂为图5.3.4(b)所示的两个噪声源,若忽略输出端(漏极 D)的噪声源 $\overline{I_{n,d}^2}$ 折合到输入端的等效噪声源[见式(2.2.6)此值很小],则共栅极电路在输入端的等效噪声电流源即为

$$\overline{I_n^2} \approx \overline{I_{n,d}^2} = 4kT\gamma g_m B$$

根据式(2.3.2)该放大器的噪声系数是

$$F = 1 + \frac{4kT\gamma g_m}{4kT/R_S} = 1 + \gamma$$

由于 $\gamma = \dfrac{2}{3}$(对长沟道 MOSFET),所以 $F = 1.67$,即 $NF = 2.2\text{dB}$。

无论是双极型技术或 FET 技术,实现低噪声的基本思路是:采用单管单级放大,以减少有源器件引入的噪声;匹配网络宜用电感负反馈,而不宜用电阻反馈,因为电阻有热噪声;当需要超低噪声时,偏置电路采用扼流圈,而不采用电阻或有源器件。

(3)线性

采用了差动输入方式,输入信号的线性范围比单管大。输出电流是 M_1 和 M_2 的输出电流之差,可以抵消放大器非线性失真的偶次谐波,进一步扩大了线性范围。

(4)隔离

如前所述,FET 放大器不稳定的主要原因是 FET 的漏栅极间反馈电容 C_{gd} 的耦合。但

在共栅组态中,电容 C_{gd}(包含在图 5.3.3 的电容 C_d 中)交流直接接地,不会反馈到输入回路,因此输出输入间的隔离性能很好。

(5) 输出电平调节

图 5.3.2 电路中,负载线圈通过 PMOS 管 M_3 与 3V 电源相连,M_3 工作在可变电阻区,调节 M_3 的栅极偏压 V_C,改变了 M_3 等效电阻,也即改变了 M_3 的漏源间的电压降,从而改变了输出直流电平,达到与下级混频器电平配置。

必须注意:共栅结构 LNA 中,由偏置决定的 g_m 对输入阻抗和放大器增益有很大影响,因此要很好地设置它的静态偏置。

例 5.3.2 1.9 GHz CMOS 低噪声放大器。

图 5.3.5 所示是 1.9GHz 0.6μm 工艺的 CMOS 低噪声放大器的电路原理图。

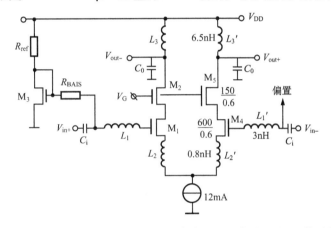

图 5.3.5　1.9GHz 0.6μm 工艺的 CMOS 低噪声放大器电路原理图(M_4 偏置与 M_1 相同)

这个电路的特点如下。

1) 采用共源共栅级连(cascode)电路(M_1、M_2 及 M_4、M_5 两对)。

2) 输入端串联电感 L_1,源极采用电感 L_2 负反馈。

3) 负载用 L_3 与下级输入电容 C_0 组成谐振回路。

4) 采用双端输入双端输出差分形式。

下面从偏置电路、输入阻抗匹配、噪声、增益和隔离度几个方面进行分析。

(1) 偏置电路(M_4 偏置,图中省略)

M_3 与 M_1 组成镜像电流源,M_3 的芯片宽度只是 M_1 的几分之一,以减小偏置电流的额外功率消耗。M_3 的电流是由电源电压、电阻 R_{ref} 以及 M_3 的偏压 V_{GS} 共同决定。电阻 R_{BAIS} 选择得尽可能大,以使 M_3 的噪声折合到 LNA 输入端的等效噪声电流源可以忽略[见式(2.2.6)],一般在 50Ω 的系统中,R_{BAIS} 约为几百至几千欧。C_i 为隔直流电容。

(2) 输入阻抗匹配

下面先分析图 5.3.6(a)所示的由 M_1 构成的共源放大器。由于共源放大器的输入阻抗很高,源极采用了电感 L_2 负反馈,其等效电路如图 5.3.6(b)所示。图中忽略了漏栅极间的反馈电容 C_{gd},电感 L_1 是输入端连接线电感(bondwire inductors),R_S 是信号源内阻。

在输入回路中,有

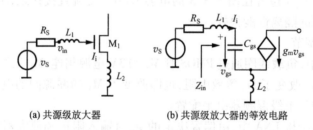

(a) 共源级放大器   (b) 共源级放大器的等效电路

图 5.3.6

$$\dot{V}_S = \dot{I}_i R_S + j\dot{I}_i \omega L_1 + \frac{\dot{I}_i}{j\omega C_{gs}} + j\omega L_2(\dot{I}_i + g_m \dot{V}_{gs})$$

所以,输入阻抗为

$$Z_{in} = j\omega(L_1 + L_2) + \frac{1}{j\omega C_{gs}} + \frac{g_m}{C_{gs}} L_2 \qquad (5.3.4)$$

设输入信号角频率是 ω_{RF},调谐输入回路使之在工作频率处串联谐振,即有

$$\omega_{RF} = \frac{1}{\sqrt{(L_1 + L_2)C_{gs}}} \qquad (5.3.5)$$

为与源阻抗匹配,令

$$R_S = \frac{g_m}{C_{gs}} \cdot L_2 \qquad (5.3.6)$$

输入回路的有载 Q 值是

$$Q_{in} = \frac{1}{2R_S \omega_{RF} C_{gs}} = \frac{\omega_{RF}(L_1 + L_2)}{2R_S} \qquad (5.3.7)$$

图 5.3.5 的 L_2 是在芯片内的集成螺旋电感,可见,不必外接元件,由串联谐振回路调节 L_2 和 g_m(即改变偏置)就可以达到输入端的共轭阻抗匹配。

(3) 噪声

当工作频率不是很高时,可以只考虑场效应管 M_1 的沟道电阻噪声,即 $\overline{I_{n,d}^2} = 4kT\gamma g_m B$,由式(5.1.2)可推导出噪声系数(见附录)为

$$F = 1 + \gamma \frac{1}{R_S} \frac{1}{g_m} \frac{1}{4Q_{in}^2} \qquad (5.3.8)$$

上式表明,增加输入回路的有载 Q_{in} 可改善噪声系数。这样就解决了低功耗(g_m 小)和低噪声系数的矛盾。

在图 5.3.5 中,频率很高时,共栅极 M_2 的噪声也不能忽略。因为当频率高时,共栅极 M_2 的输入阻抗变小,它作为共源放大器 M_1 的负载使 M_1 增益变小,因此 M_2 的噪声折合到 LNA 输入端的等效值变大,详细分析见参考文献(Rudell J C 1997)。

(4) 增益

低噪声放大器的输出直接与混频器相连。由于管子输入电容的影响,混频器对 LNA 来说呈现容性负载。低噪声放大器中的电感 L_3 与混频器的输入电容及 M_2 的输出电容组成并联谐振回路,调谐于输入信号频率 ω_{RF},提高了 LNA 的增益。虽然共栅极 M_2 有很低的输入

阻抗,它使 M_1 的电压增益 A_{V1} 很低,接近于1,但共源极 M_1 有较高的电流增益,而 M_2 有较大的电压增益,所以共源共栅级连放大器的功率增益较大。

由于采用谐振回路作负载,因此它是窄带放大器,放大器的带宽取决于线圈 L_2 和 L_3 的 Q 值。线圈 L_2 和 L_3 均为芯片内的螺旋线圈,它们的 Q 值不高。

（5）线性

采用双端输入和输出差分对结构,以电感 L_2 作为共源放大器的源极负反馈阻抗,这些措施都扩大了放大器的线性范围。采用电感负反馈的优点还在于:电感的阻抗随着频率的增加而增加,这就有效地抑制了高频谐波干扰与互调分量。

差分结构的放大器提高了共模抑制比,可以抑制来自数字电路部分和其他的干扰噪声。

（6）隔离度

图 5.3.5 中放大器构成了共源共栅接连组态,这种组合形式提供了最佳的输出输入间的隔离度,减少了极间电容 C_{gd} 的影响。该低噪放性能的模拟结果如表 5.3.1 所示。

表 5.3.1　低噪放性能的模拟结果

参数	数值
增益	20.7 dB
噪声系数	2.4 dB
输入阻抗(S_{11})	−27 dB
IIP$_3$(在 1.894GHz)	−2 dBm
镜频抑制(在 1.5GHz)	−10.6 dB
功耗	19.8 mW
电源	3.3 V

小结:

本例输入端采用源极电感负反馈实现与信号源匹配,共源共栅接连增加隔离度。

例 5.3.3　2.7V,900MHz CMOS 低噪声放大器。

2.7V,900MHz CMOS 低噪声放大器的电路原理图如图 5.3.7 所示。

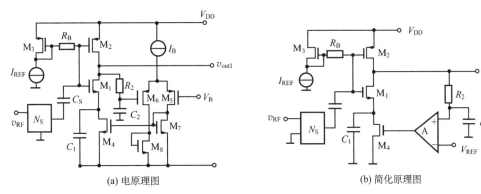

(a) 电原理图　　　　　　　　(b) 简化原理图

图 5.3.7　2.7V,900MHz CMOS 低噪声放大器的电原理图

本电路有四个特点。第一个特点是采用两级相同(图中只画出了一级)的共源[图5.3.7(a)中 C_1 为交流短路]放大器的级连结构。信号由匹配网络 N_S 和隔直流电容 C_S 输入至放大管 M_1 和 M_2,输出 v_{out1} 交流耦合至下一级放大器。采用两级级联是为了获得足够的增益。此 LNA 的负载是阻抗为 50Ω 的集中参数滤波器,如果只用一级,则因负载阻抗小而增益不够。

第二个特点是每一级放大器都由 NMOS M_1 和 PMOS M_2 管组成,目的是在低电流下获得较大 g_m 和 $\omega_T\left(\omega_T = \dfrac{g_m}{c_{gs}}\right)$。电路中采用了电流"再使用"(current reuse)技术,其原理如图 5.3.8 所示。

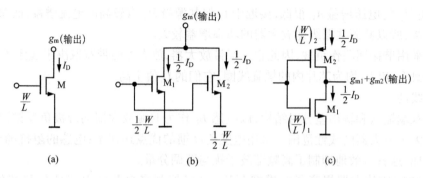

图 5.3.8 电流"再使用"(current reuse)技术原理

图 5.3.8(a)是漏极电流为 I_D,器件宽长比为 $\frac{W}{L}$ 的 NMOS 管。现用两个宽长比均为 $\frac{1}{2}\frac{W}{L}$,漏极电流均为 $\frac{1}{2}I_D$ 的 NMOS 管并联来代替图 5.3.8(a)中的管子,如图 5.3.8(b)所示。根据 g_m 的定义和计算公式(5.2.6)得

$$g_{m1} = g_{m2} = \sqrt{2\mu_n \text{Cox} \cdot \left(\frac{1}{2}\frac{W}{L}\right) \cdot \left(\frac{1}{2}I_D\right)} = \frac{1}{2}g_m$$

其中,g_m 是图 5.3.8(a)中单管的跨导。而该复合管的跨导是

$$g_{mt} = \frac{I_D}{V_i} = \frac{\frac{1}{2}I_D + \frac{1}{2}I_D}{V_i} = g_{m1} + g_{m2}$$

它与图 5.3.8(a)中管子的跨导 g_m 相同。由于

$$\left(\frac{W}{L}\right)_1 = \left(\frac{W}{L}\right)_2 = \frac{1}{2}\left(\frac{W}{L}\right)$$

则三只管子的极间电容必满足关系式:$C_{gs1} = C_{gs2} = \frac{1}{2}C_{gs}$,因此三只管子的截止频率 ω_T 是相同的。若用一个 PMOS 管代替图 5.3.8(b)中的 M_2,得到如图 5.3.8(c)。可以看到,用两只宽长比为 $\frac{1}{2}\frac{W}{L}$ 的互补 MOS 管,在电流减小一半的情况下,获得与宽长比为 $\frac{W}{L}$ 的一只 NMOS 管相同的跨导,从而实现了低功耗和增益、低噪声的折中,并且不降低管子的工作频率。当然,采用了 PMOS 管,由于它的载流子迁移率 $\mu_p = 0.5\mu_n$,对应的跨导 g_{mp} 有所减小,$g_{mp} = \frac{1}{2} \times \sqrt{0.5}g_{mn}$,复合管的跨导为 $g_t = \frac{1}{2}g_m + g_{mp} = 0.85g_m$,此时对应的噪声系数略有增加(约 0.2dB),但毕竟它的电流减小了一半。

第三个特点是采用直流反馈放大电路,稳定 v_{out} 的直流电位。如图 5.3.7(b)所示,输出电压 v_{out} 经过 R_2C_2 低通滤波器滤波后,将 v_{out} 的直流漂移送入由 $M_5 \sim M_8$ 组成的放大器 A 放大,控制 M_4 的栅极电位。M_4 工作于可变电阻区,它的等效电阻值受栅极电位控制,从而改变 M_1 的直流反馈量,稳定输出电压的直流电位。图 5.3.7 中,M_3 为镜像电流源,它给 M_1、M_2 设置偏置电流。

第四个特点是输入输出分别外加匹配网络 N_S 和 N_L 达到与输入阻抗 50Ω 及负载阻抗 50Ω 的匹配。

该 LNA 为 0.5μm CMOS 技术,在 2.7V 电源,900MHz 工作频率时达到最小噪声为1.9dB,增益15.6dB,输入 IIP_3 是 −3dBm,功耗 20mW。

小结:

本例从改变电路结构角度出发,采用电流再使用技术,解决了低功耗和低噪声的矛盾。

例5.3.4　增益调节。低噪声放大器的增益最好是能调节的。这里举一改变增益的例子。图5.3.9是一个与图5.3.5结构类似(共射共基结构;输入端用射极加电感负反馈完成对信号源的共轭匹配;输出用L_C和下级输入电容构成LC回路作负载)的双极型晶体管的LNA,该放大器增加了自动增益控制部分。

图5.3.9中,输入信号v_{RF}送入Q_3和Q_5放大,设计时使晶体管Q_3的面积比Q_5大得多,输入的信号电流主要流入Q_3。晶体管Q_1、Q_2、Q_4是共基形式,它们和Q_3、Q_5组成了共射共基组态,而Q_1、Q_2两晶体管又组成了电流控制开关,增益控制电平是V_A。当Q_1的基极电位V_A是低电平时,Q_1截止,Q_3中的电流(包括偏置和信号)全部流向Q_2,信号通过Q_2输出,这是LNA的高增益状态。当Q_1的基极电位V_A是高电平时,Q_3的绝大部分电流经过Q_1流向电源,而此时只有Q_3的很小部分电流通过Q_2以及流过Q_5和Q_4的小电流到达输出,这是LNA的低增益状态。用这种方法,通过设置Q_3和Q_5的电流比可以精确地控制增益比,但缺点是只能有大小两档增益。

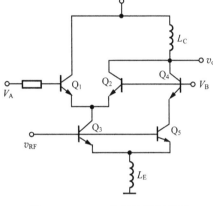

图5.3.9　LNA的增益控制举例

例5.3.5　实际产品举例。MAX2640是低功耗、超低噪声集成放大器,其性能指标如表5.3.2所示(测试条件:电源电压$V_{CC}=3.0V$,输入射频功率$P_{RFin}=-34dBm$,$Z_0=50\Omega$,温度$T_A=+25℃$)。

表5.3.2　MAX2640性能指标

工作频率范围	400　~1500MHz
增益	15.1dB
增益随温度变化($T_A=T_{min}-T_{max}$)	0.6 dB
噪声系数	0.9 dB
输入回波损耗	-11 dB
输出回波损耗	-14 dB
反向隔离	40 dB
输入1dB增益压缩点	-22 dBm
输入三阶截点	-10 dBm

表5.3.3　S参数(只列举4个频率点;MHz)

频率	S_{11}模	相角	S_{21}模	相角	S_{12}模	相角	S_{22}模	相角
400	0.907	-35.1	4.62	109.1	0.001	13.5	0.302	108.4
800	0.810	-64.9	4.85	29.1	0.004	64.2	0.384	56.8
1200	0.735	-88.0	4.48	-53.4	0.013	-10.6	0.455	10.7
1500	0.688	-104.9	3.81	-117.5	0.024	-59.8	0.489	-20.2

应用MAX2640设计低噪放时,可参考表5.3.3所示的S参数。外接电路如图5.3.10所示。其中,C_1、C_2是隔直流电容,C_3为电源滤波电容,Z_1和Z_{M1}是输入匹配元件。

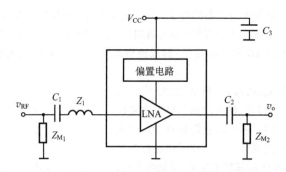

图 5.3.10 超低噪放 MAX2640 应用电路

小结：

本节围绕低噪声小信号放大器的基本指标：噪声、增益、线性、匹配、隔离及功耗，通过典型电路举例，以晶体管等效电路模型为工具，分析了小信号放大器电路的结构特点。低噪声放大器电路设计的基本特点如下。

（1）共源共栅级联增大输出输入隔离。

（2）双端输入输出改善线性。

（3）源极电感负反馈或共栅组态实现输入阻抗匹配。

（4）合理设置偏置元件和偏置值改善噪声。

（5）输出采用 LC 回路选频和阻抗变换。

放大器的偏置是根据放大器设计提出对参数 g_m 的要求而定，但本章没有详细讨论如何来设计偏置电路，可以参考有关资料。特别要指出的是，各项指标在实现上会产生矛盾，要学会相互折中。

5.4 S 参 数

一个线性网络常用它的端口参数来描述其特性而不必知道网络内部的结构，如 h 参数、y 参数等。在射频和微波频段用得最多的是 S 参数。S 参数也称散射参数，暗示为事物分散为不同的分量，散射参数即描述其分散的程度和分量的大小。在电子系统中，它有两个分量：入射波与反射波，因此 S 参数是基于入射波和反射波之间关系的参数。S 参数在射频段很容易测量，特别适合用于微波段的系统设计。在用晶体管和集中参数元件组成的电路中，散射的概念比较难理解。为了便于说明问题，下面先引入单端口网络的 S 参数，目的是为了理解入射波与反射波的概念，然后再介绍实用的双端口网络的 S 参数。

5.4.1 单端口网络 S 参数

如图 5.4.1 所示，电源 V_s 的内阻为 Z_0，接负载 Z_L。对负载而言，这可视为一个单端口网络。此时实际电流是

$$I = \frac{V_s}{Z_0 + Z_L} \tag{5.4.1}$$

端口电压为

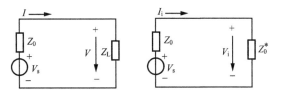

图 5.4.1 单端口 S 参数

$$V = IZ_L = \frac{V_s}{Z_0 + Z_L}Z_L \tag{5.4.2}$$

现定义入射电流 I_i,认为它是电源 V_s 传到共轭匹配负载 Z_0^* 上的电流,即

$$I_i = \frac{V_s}{Z_0 + Z_0^*} \tag{5.4.3}$$

则入射电压为

$$V_i = I_i Z_0^* = \frac{V_s}{Z_0 + Z_0^*}Z_0^* \tag{5.4.4}$$

而实际电流可看作入射电流和反射电流之差值,即

$$I = I_i - I_r \tag{5.4.5}$$

实际电压是入射电压与反射电压之和,即

$$V = V_i + V_r \tag{5.4.6}$$

将式(5.4.2)和式(5.4.4)代入式(5.4.6),将其表示为

$$V_r = V - V_i = \frac{Z_0}{Z_0^*}\left(\frac{Z_L - Z_0^*}{Z_L + Z_0}\right)V_i = S^V V_i \tag{5.4.7}$$

一般情况下,Z_0 为纯电阻(下面的分析均按此条件),则有

$$S^V = \frac{Z_L - Z_0}{Z_L + Z_0} \tag{5.4.8}$$

式中,S^V 为单端口网络中的反射电压与入射电压之比,即为此单端口网络的电压反射系数。单端口网络只有一个端口,因此只有一个 S 参数。此 S 参数就是它的电压反射系数,若用 Γ 表示反射系数,则有

$$\Gamma = S^V = \frac{V_r}{V_i} = \frac{Z_L - Z_0}{Z_L + Z_0} \tag{5.4.9}$$

且 $0 \leqslant \Gamma \leqslant 1$。

当负载和源匹配,即 $Z_L = Z_0$ 时,反射系数为零,信号源输出资用功率(available power)$P_A = \frac{V_s^2}{4Z_0}$ 给负载。当负载与源不匹配时,负载得到的功率小于资用功率,此损失(减少的功率与资用功率比)称为回波损耗(return loss),记为 RL,以 dB 表示为

$$RL(dB) = -20\log|\Gamma| \tag{5.4.10}$$

实际应用时,常用电压驻波比来衡量匹配状况,电压驻波比定义为

$$VSWR = \frac{1 + |\Gamma|}{1 - |\Gamma|} \tag{5.4.11}$$

匹配时,VSWR = 1,VSWR 越大,失配越厉害。

反射系数 Γ 可以表示在圆图上(见第一章扩展),如负载 $Z_L = 100 + j100 \ \Omega$,$Z_0 = 50\Omega$,则归一化负载阻抗为

$$z_L = \frac{Z_L}{Z_0} = \frac{100 + j100}{50} = 2 + j2$$

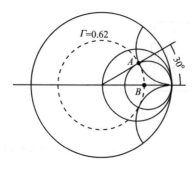

图 5.4.2 反射系数表示在
Smith 圆图上

将此点画在 Smith 圆图上,如图 5.4.2 上 A 点所示。以圆图中心为圆心,自圆心到 A 的距离为半径画圆,则此圆即表示等模反射系数 Γ 的轨迹。由此可读出此负载的反射系数的模 $|\Gamma| = 0.62$。通过圆心和负载阻抗点 A 画射线,射线与横轴的夹角即是反射系数的角度,为 $30°$。此反射系数圆与正实轴的交点 B 即为对应的驻波比,由图读出 $SWR = 4.4$,这些数值与按式(5.4.9)及式(5.4.11)得到的计算值基本一致。

5.4.2 双端口网络 S 参数

1. 双端口网络 S 参数定义

一晶体管放大器是双端口网络,它的两个端口分别接信号源和负载。必须用 4 个 S 参数来描述入射波和反射波之间的关系,即输入端口和输出端口的反射系数,输入口向输出口的正向传输以及输出口向输入口的反向传输,如图 5.4.3 所示。在端口 1,V_{1i} 为入射电压波,V_{1r} 为反射电压波。在端口 2,V_{2i} 为入射电压波,V_{2r} 为反射电压波。

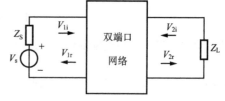

图 5.4.3 双端口网络 S 参数

反射电压 V_{1r} 是由端口 1 的入射波 V_{1i} 在端口 1 的反射以及端口 2 的入射波 V_{2i} 经过网络的反向传输两部分组成。反射电压 V_{2r} 是由端口 1 的入射波 V_{1i} 经过网络的正向传输和端口 2 的入射波 V_{2i} 在端口 2 的反射两部分组成。因此可列方程:

$$V_{1r} = S_{11} V_{1i} + S_{12} V_{2i}$$
$$V_{2r} = S_{21} V_{1i} + S_{22} V_{2i} \tag{5.4.12}$$

参数 $S_{11} = \dfrac{V_{1r}}{V_{1i}}\bigg|_{V_{2i}=0}$ 表示当 $V_{2i} = 0$ 时,端口 1 的反射波电压与入射波电压之比。测量条件要求 $V_{2i} = 0$。由于端口 2 没有源,所以端口 2 的入射波 V_{2i} 实际上是信号源通过双端口网络的传输到达负载 Z_L 后的反射。要求 $V_{2i} = 0$,即无反射,这就要求网络的端口 2 与负载 Z_L 匹配。这个条件与测量网络的其他参数,如 h 参数、y 参数,要求网络在端口短路或开路相比,匹配在射频时是较容易做到的,而在射频时做到短路和开路,则要困难得多,这就是 S 参数适用于射频系统的原因。

由上可知,S_{11} 即是双端口网络在输出口匹配时,输入口的反射系数。同理可得

$S_{22} = \dfrac{V_{2r}}{V_{2i}}\bigg|_{V_{1i}=0}$ 是当输入口 1 匹配时,输出口的反射系数;

$S_{21} = \dfrac{V_{2r}}{V_{1i}}\bigg|_{V_{2i}=0}$ 是当输出端口 2 匹配时,输入向输出的正向传输;

$S_{12} = \dfrac{V_{2r}}{V_{2i}}\bigg|_{V_{1i}=0}$ 是当输入口 1 匹配时,输出向输入的反向传输。

2. 反射系数与 S 参数关系

由 S 参数定义得知,S_{11} 是双端口网络在输出口匹配时输入口的反射系数。试问:当输出端口不匹配时,输入端口的反射系数又是多少?

首先,沿用单端口网络的概念,在负载端引入反射系数 Γ_L,如图 5.4.4 所示。把双端口网络的 V_{2r} 看作是向负载的入射波,V_{2i} 是由负载引起的反射,根据反射系数定义,则有 $V_{2i} = \Gamma_L V_{2r}$。将此式代入双端口网络的 S 参数方程,可得

$$V_{1r} = S_{11} V_{1i} + S_{12} \Gamma_L V_{2r} \tag{5.4.13}$$

$$V_{2r} = S_{21} V_{1i} + S_{22} \Gamma_L V_{2r} \tag{5.4.14}$$

消去方程组中的 V_{2r},并根据反射系数的定义,有

$$\Gamma_{in} = \frac{V_{1r}}{V_{1i}} = S_{11} + \frac{S_{12} S_{21} \Gamma_L}{1 - S_{22} \Gamma_L} \tag{5.4.15}$$

由上式可见,当 $S_{12} \neq 0$ 时,输入端反射系数不仅与网络 S 参数有关,还与网络所接负载有关。当负载端匹配,即 $\Gamma_L = 0$ 时,$\Gamma_{in} = S_{11}$。

同理有

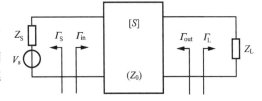

图 5.4.4　源端和负载端的反射系数

$$\Gamma_{out} = \frac{V_{2r}}{V_{2i}} = S_{22} + \frac{S_{12} S_{21} \Gamma_S}{1 - S_{11} \Gamma_S} \tag{5.4.16}$$

式中,Γ_S 是源端的反射系数。

3. 双端口网络的输入阻抗

端口 1 的输入阻抗为端口 1 的电压 V_1 和电流 I_1 之比为

$$Z_{in} = \frac{V_1}{I_1} = \frac{V_{1i} + V_{1r}}{I_{1i} - I_{1r}} = \frac{V_{1i}}{I_{1i}} \frac{1 + \frac{V_{1r}}{V_{1i}}}{1 - \frac{I_{1r}}{I_{1i}}} = Z_0 \frac{1 + \Gamma_{in}}{1 - \Gamma_{in}} \tag{5.4.17}$$

同时可得

$$\Gamma_{in} = \frac{Z_{in} - Z_0}{Z_{in} + Z_0} \tag{5.4.18}$$

上两式说明,同一端口的反射系数和输入阻抗可以互相表示。并且,反射系数描述了该端口与参考阻抗 Z_0 的失配程度,匹配时,$\Gamma = 0$。在射频系统中,一般 $Z_0 = 50\Omega$。

5.5　用 S 参数设计放大器

S 参数设计法是将晶体管看做是一个黑盒子,只知道它的端口参数,是从系统或网络的角度出发来设计放大器。本节先介绍各种功率增益的定义以及放大器的稳定性,然后介绍用 S 参数设计放大器。

5.5.1　S 参数与功率传输

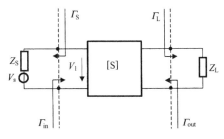

图 5.5.1　线性网络的功率传输

下面分析如图 5.5.1 所示的线性网络(或双极晶体管及场效应管)的功率传输与 S 参数的关系。

若以特性阻抗 Z_0 为参考,可以将各端口的阻抗均用反射系数来表示。在图 5.5.1 中,信号源端 $\Gamma_S = \frac{Z_S - Z_0}{Z_S + Z_0}$,网络输入输出端有 $\Gamma_{in} = \frac{Z_{in} - Z_0}{Z_{in} + Z_0}$ 和 $\Gamma_{out} = \frac{Z_{out} - Z_0}{Z_{out} + Z_0}$,在负载端有 $\Gamma_L = \frac{Z_L - Z_0}{Z_L + Z_0}$,信号源电动势的有效值为 V_s。

网络输入功率为 $P_{\text{in}} = \dfrac{|V_1|^2}{Z_{\text{in}}}$，$V_1$ 为网络输入端电压，代入 $V_1 = V_{1\text{i}}(1 + \varGamma_{\text{in}})$ 和式(5.4.17)，得

$$P_{\text{in}} = \frac{|V_1|^2}{Z_{\text{in}}} = \frac{1}{Z_0} |V_{1\text{i}}|^2 (1 - |\varGamma_{\text{in}}|^2) \tag{5.5.1}$$

输入端电压 V_1 与信号源 V_s 的关系为

$$V_1 = \frac{V_s}{Z_S + Z_{\text{in}}} Z_{\text{in}}$$

代入用反射系数表示的 Z_S、Z_{in} 和 V_1，则有

$$V_{1\text{i}} = \frac{V_s}{2} \frac{(1 - \varGamma_S)}{(1 - \varGamma_{\text{in}} \varGamma_S)} \tag{5.5.2}$$

将上式代入式(5.5.1)可得

$$P_{\text{in}} = \frac{V_s^2}{4 Z_0} \frac{|1 - \varGamma_S|^2}{|1 - \varGamma_S \varGamma_{\text{in}}|^2} (1 - |\varGamma_{\text{in}}|^2) \tag{5.5.3}$$

同理，负载上得到的功率为 $P_L = \dfrac{|V_2|^2}{Z_L} = \dfrac{|V_{2\text{r}}|^2}{Z_0}(1 - |\varGamma_L|^2)$，将式(5.4.14)与式(5.5.2)代入后可得

$$P_L = \frac{1}{Z_0} \frac{|V_{1\text{i}}|^2 |S_{21}|^2}{|1 - S_{22} \varGamma_L|^2} (1 - |\varGamma_L|^2) = \frac{|V_s|^2}{4 Z_0} \frac{|S_{21}|^2 (1 - |\varGamma_L|^2) |1 - \varGamma_S|^2}{|1 - S_{22} \varGamma_L|^2 |1 - \varGamma_S \varGamma_{\text{in}}|^2} \tag{5.5.4}$$

根据线性网络输入、输出端阻抗的匹配情况，可以定义以下三种功率增益。

1. 功率增益(或称工作功率增益，operating power gain)

功率增益定义为网络的输入、输出端为任意阻抗值时，负载得到的真正功率与输入网络的实际功率之比。由式(5.5.3)和式(5.5.4)可得网络的功率增益为

$$G_P = \frac{P_L}{P_{\text{in}}} = \frac{|S_{21}|^2 (1 - |\varGamma_L|^2)}{|1 - S_{22} \varGamma_L|^2 (1 - |\varGamma_{\text{in}}|^2)} \tag{5.5.5}$$

2. 变换器功率增益(transducer power gain)

当放大器输入端与源共轭匹配：$Z_{\text{in}} = Z_S^*$，即 $\varGamma_{\text{in}} = \varGamma_S^*$ 时，信号源输入放大器的功率最大。称此功率为资用功率(available power)。由式(5.5.3)可得输入资用功率为

$$P_A = P_{\text{in}} \Big|_{\varGamma_{\text{in}} = \varGamma_S^*} = \frac{V_S^2}{4 Z_0} \frac{|1 - \varGamma_S|^2}{1 - |\varGamma_S|^2} \tag{5.5.6}$$

负载所得功率与该资用功率之比称为变换器功率增益，用下标 T 表示，即

$$G_T = \frac{P_L}{P_A} = \frac{|S_{21}|^2 (1 - |\varGamma_S|^2)(1 - |\varGamma_L|^2)}{|1 - \varGamma_S \varGamma_{\text{in}}|^2 |1 - S_{22} \varGamma_L|^2} \tag{5.5.7}$$

变换功率增益是一个比较重要的参数，因为它考虑了信号源和负载的失配。

当网络的反向传输为零或者很小可以忽略时，即 $|S_{12}| \approx 0$ 时，则网络为单向传输，此时 $\varGamma_{\text{in}} = S_{11}$。由式(5.5.7)知，网络的单向变换器功率增益为(下标加 U 表示)

$$G_{TU} = \frac{|S_{21}|^2 (1 - |\varGamma_S|^2)(1 - |\varGamma_L|^2)}{|1 - \varGamma_S S_{11}|^2 |1 - S_{22} \varGamma_L|^2} \tag{5.5.8}$$

3. 资用功率增益(available power gain)

当放大器输出端也达共轭匹配：$Z_L = Z_{\text{out}}^*$，也即 $\varGamma_L = \varGamma_{\text{out}}^*$ 时，负载得到最大功率，该功率值由式(5.5.4)知：

$$P_{\mathrm{L}}\bigg|_{\varGamma_{\mathrm{L}}=\varGamma_{\mathrm{out}}^*} = \frac{V_{\mathrm{s}}^2}{4Z_0} \frac{|S_{21}|^2(1-|\varGamma_{\mathrm{out}}|^2)|1-\varGamma_{\mathrm{S}}|^2}{|1-S_{22}\varGamma_{\mathrm{out}}^*|^2|1-\varGamma_{\mathrm{S}}\varGamma_{\mathrm{in}}|^2}\bigg|_{\varGamma_{\mathrm{L}}=\varGamma_{\mathrm{out}}^*} \tag{5.5.9}$$

由于 $\varGamma_{\mathrm{in}}$ 与 $\varGamma_{\mathrm{L}}$ 有关,根据式(5.4.15)和式(5.4.16),当 $\varGamma_{\mathrm{L}}=\varGamma_{\mathrm{out}}^*$ 时,又有

$$|1-\varGamma_{\mathrm{S}}\varGamma_{\mathrm{in}}|^2_{\varGamma_{\mathrm{L}}=\varGamma_{\mathrm{out}}^*} = \frac{|1-S_{11}\varGamma_{\mathrm{S}}|^2(1-|\varGamma_{\mathrm{out}}|^2)^2}{|1-S_{22}\varGamma_{\mathrm{out}}^*|^2}$$

因此,式(5.5.9)可简化为

$$P_{\mathrm{L}}\bigg|_{\varGamma_{\mathrm{L}}=\varGamma_{\mathrm{out}}^*} = \frac{V_{\mathrm{s}}^2}{4Z_0} \frac{|S_{21}|^2|1-\varGamma_{\mathrm{S}}|^2}{|1-S_{11}\varGamma_{\mathrm{S}}|^2(1-|\varGamma_{\mathrm{out}}|^2)} \tag{5.5.10}$$

资用功率增益定义为输入输出均匹配时的增益(用下标 A 表示):

$$G_{\mathrm{A}} = \frac{P_{\mathrm{L}}\big|_{\varGamma_{\mathrm{L}}=\varGamma_{\mathrm{out}}^*}}{P_{\mathrm{A}}} = \frac{|S_{21}|^2(1-|\varGamma_{\mathrm{S}}|^2)}{|1-S_{11}\varGamma_{\mathrm{S}}|^2(1-|\varGamma_{\mathrm{out}}|^2)} \tag{5.5.11}$$

5.5.2 放大器的稳定性

典型放大器的结构如图5.5.2所示,可以划分为三大部分:一是输入网络,二是晶体管(或线性模块),三是输出网络。输入、输出网络完成信号源和负载与晶体管之间的阻抗变换。设计放大器,首先要保证其工作稳定,其次才是达到指标。那么什么样的系统是稳定的? 从反射系数的角度来分析,只有当反射系数的模小于1,即 $|\varGamma|<1$ 时,系统才是稳定的。因为根据反射系数定义,它是某一端口的反射电压与入射电压之比,即 $\varGamma=\dfrac{V_{1\mathrm{r}}}{V_{1\mathrm{i}}}=\dfrac{Z_{\mathrm{in}}-Z_0}{Z_{\mathrm{in}}+Z_0}$,则 $|\varGamma|>1$ 表示反射电压幅度大于入射电压,或者说放大器的输入阻抗出现了负实部,输入阻抗表现为负电阻,这是由正反馈引起的,由振荡器理论可知,这会引起自激振荡。

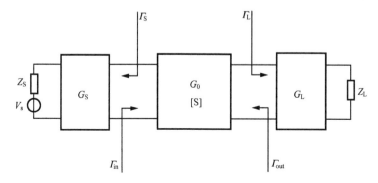

图 5.5.2 放大器组成

对图 5.5.2 所示的放大器,共有四个反射系数,只有当四个反射系数的模均小于1,即满足

$$|\varGamma_{\mathrm{S}}|<1 \qquad |\varGamma_{\mathrm{L}}|<1 \tag{5.5.12}$$

以及

$$|\varGamma_{\mathrm{in}}| = \left|S_{11} + \frac{S_{12}S_{21}\varGamma_{\mathrm{L}}}{1-S_{22}\varGamma_{\mathrm{L}}}\right| < 1 \tag{5.5.13}$$

$$|\varGamma_{\mathrm{out}}| = \left|S_{22} + \frac{S_{12}S_{21}\varGamma_{\mathrm{S}}}{1-S_{11}\varGamma_{\mathrm{S}}}\right| < 1 \tag{5.5.14}$$

时,才算稳定。在选定了晶体管,确定了工作频率和偏置后,晶体管的 S 参数已为定值,由上式可见,影响放大器稳定性的因素就是输入输出网络的反射系数 $\varGamma_{\mathrm{S}}$ 和 $\varGamma_{\mathrm{L}}$。由于这些网络的阻抗与频率有关,晶体管的 S 参数也与频率及偏置有关,因此讨论放大器的稳定性是在一定的工作频率和偏置条件下进行的,当这些条件变化了,稳定性也会变化。

由于晶体管的 S 参数及反射系数均可以表示在 Smith 圆图上,因此根据上面四个反射系数的表达式,可以在 Smith 圆图上求出放大器的稳定区域,具体分析详见参考文献(Ludwig R et al. 2002, Pazar P M 2001)。

放大器的稳定性有两种情况。一是对于任何的无源匹配网络,只要 $|\Gamma_S|<1$,$|\Gamma_L|<1$,晶体管一定有 $|\Gamma_{in}|<1$ 和 $|\Gamma_{out}|<1$,则称此放大器为无条件稳定;二是只能对某些条件下的 Γ_S 和 Γ_L,放大器才是稳定的,则称为条件稳定。本书仅讨论无条件稳定的情况。可以推导出,构成放大器的晶体管,当满足

$$|\Delta| = |S_{11}S_{22} - S_{12}S_{21}| < 1 \tag{5.5.15}$$

以及 Rollett 因数 k

$$k = \frac{1 - |S_{11}|^2 - |S_{22}|^2 + |\Delta|^2}{2|S_{12}||S_{21}|} > 1 \tag{5.5.16}$$

时,放大器是无条件稳定的。

对于 $S_{12}\approx 0$ 的单向传输晶体管,一定有 Rollett 因数 $k\to\infty$,且当 $|S_{11}|<1$,$|S_{22}|<1$ 时,式(5.5.15)满足,由此晶体管构成的放大器一定是无条件稳定的。本节下面将讨论由这样的晶体管构成放大器的设计方法。

5.5.3 按照增益要求设计放大器

在设计放大器时,一般有以下几种原则:一是以达最大功率增益为目标;二是以达最大稳定增益为目标;三是要达到某一确定的增益值(小于最大增益),因为有时常用降低增益的方法来改善带宽或增加稳定性;四是以达最小噪声系数为目标。所有这些设计目标均可按网络的 S 参数推导出相应的公式。本节介绍采用单向传输且无条件稳定的晶体管,并按照增益要求设计放大器。

在图 5.5.2 所示的典型放大器结构中,其信号源端共轭匹配时的变换功率增益为 G_T,根据式(5.5.7)知

$$G_T = \frac{(1 - |\Gamma_S|^2)}{|1 - \Gamma_S\Gamma_{in}|^2}|S_{21}|^2\frac{(1 - |\Gamma_L|^2)}{|1 - S_{22}\Gamma_L|^2} \tag{5.5.17}$$

可将此增益分解为由输入网络增益 G_S,晶体管增益 G_0 和输出网络增益 G_L 三者之积:

$$G_T = G_S \cdot G_0 \cdot G_L \tag{5.5.18}$$

其中

$$G_S = \frac{1 - |\Gamma_S|^2}{|1 - \Gamma_S\Gamma_{in}|^2} \tag{5.5.19}$$

$$G_0 = |S_{21}|^2 \tag{5.5.20}$$

$$G_L = \frac{1 - |\Gamma_L|^2}{|1 - S_{22}\Gamma_L|^2} \tag{5.5.21}$$

若晶体管与输入、输出网络间达共轭匹配,即 $\Gamma_S = \Gamma_{in}^*$,$\Gamma_L = \Gamma_{out}^*$ 时,匹配网络的增益达最大值:

$$G_{Smax} = \frac{1}{1 - |\Gamma_{in}|^2} \tag{5.5.22}$$

$$G_{Lmax} = \frac{1}{1 - |\Gamma_{out}|^2} \tag{5.5.23}$$

特别对于 $S_{12}=0$,且 $|S_{11}|<1$,$|S_{22}|<1$ 的单向、无条件稳定的晶体管,由于 $\Gamma_{in}=S_{11}$,$\Gamma_{out}=S_{22}$,则有

$$G_{Smax} = \frac{1}{1 - |S_{11}|^2} \tag{5.5.24}$$

$$G_{Lmax} = \frac{1}{1 - |S_{22}|^2} \tag{5.5.25}$$

因此当图 5.5.2 所示为单向、无条件稳定放大器时,其最大变换功率增益可表示为

$$G_{\text{TUmax}} = \frac{1}{1 - |S_{11}|^2} \times |S_{21}|^2 \times \frac{1}{1 - |S_{22}|^2} \tag{5.5.26}$$

匹配条件要求为 $\Gamma_S = S_{11}^*$, $\Gamma_L = S_{22}^*$。

当要求放大器的增益为小于最大增益的某一确定值时,可先根据式(5.5.19)和式(5.5.24)以及式(5.5.21)和式(5.5.25)定义一个参数——归一化增益,对输入、输出网络它们分别表示为

$$g_S = \frac{G_S}{G_{\text{Smax}}} = \frac{1 - |\Gamma_S|^2}{|1 - S_{11}\Gamma_S|^2}(1 - |S_{11}|^2) \tag{5.5.27}$$

$$g_L = \frac{G_L}{G_{\text{Lmax}}} = \frac{1 - |\Gamma_L|^2}{|1 - S_{22}\Gamma_L|^2}(1 - |S_{22}|^2) \tag{5.5.28}$$

归一化增益表示了输入(或输出)网络的实际增益与该网络的反射系数的关系,并且归一化增益 g 将放大器的实际增益与该放大器所能达到的最大增益联系起来,表达式为

$$G_{\text{TU}}(\text{dB}) = g_S G_{\text{Smax}} + G_0 + g_L \cdot G_{\text{Lmax}} \tag{5.5.29}$$

因此设计增益为定值 G_{TU} 的放大器的问题就归结为在已知晶体管参数 S_{11}、S_{22} 和归一化增益 g_S、g_L 的条件下,通过式(5.5.27)和式(5.5.28)求出 Γ_S 和 Γ_L 的范围。

由于假设晶体管是单向传输,输出网络不影响输入端,因此可以分别求解输入、输出网络的增益轨迹。而 S 参数和反射系数又都可以表示在 Smith 圆图上,因此,以 Γ_S 或 Γ_L 为变量,可将式(5.5.27)和式(5.5.28)所表示的等增益轨迹画在 Smith 圆图上。可以证明,等增益轨迹是一个圆心为

$$d_{g_i} = \frac{g_i S_{ii}^*}{1 - |S_{ii}|^2(1 - g_i)} \tag{5.5.30}$$

半径为

$$r_{g_i} = \frac{\sqrt{1 - g_i}(1 - |S_{ii}|^2)}{1 - |S_{ii}|^2(1 - g_i)} \tag{5.5.31}$$

的圆,其中,$i = S$,$ii = 11$ 或者 $i = L$,$ii = 22$。

需要说明的是,在实际应用时,绝大多数晶体管的反向传输 S_{12} 都是很小的,上面的单向传输假设成立,当然必要时可以乘一个系数加以修正,见后面分析。

例 5.5.1　已知双极晶体管 MRF9011 LT1 在工作频率 $f = 1\text{GHz}$,直流电压 $V_{\text{CE}} = 10\text{V}$,偏置电流 $I_C = 5.0\text{mA}$ 时,共射组态的 S 参数为

$$S_{11} = 0.65 \angle -166°, \qquad S_{21} = 3.39 \angle 78°$$
$$S_{22} = 0.51 \angle -40°, \qquad S_{12} = 0.07 \angle 36°$$

观察其输入、输出端的等增益圆。

解　由于 $|S_{12}| \approx 0$,$|S_{11}| < 1$,$|S_{22}| < 1$,则此晶体管可视为单向传输器件,且是无条件稳定的。这也可通过计算参数

$$|\Delta| = |S_{11}S_{22} - S_{21}S_{12}| = 0.535 < 1$$

$$k = \frac{1 - |S_{11}|^2 - |S_{22}|^2 + |\Delta|^2}{2|S_{12}S_{21}|} = 1.27 > 1$$

得到证实。对应的 G_{Smax} 和 G_{Lmax} 分别为

$$G_{\text{Smax}} = \frac{1}{1 - |S_{11}|^2} = \frac{1}{1 - 0.65^2} = 1.73 \text{ 或 } G_{\text{Smax}} = 2.38\text{dB}$$

$$G_{Lmax} = \frac{1}{1 - |S_{22}|^2} = \frac{1}{1 - 0.51^2} = 1.35 \text{ 或 } G_{Lmax} = 1.3\text{dB}$$

根据式(5.5.30)和式(5.5.31)可计算出输入、输出等增益圆的数据如表5.5.1和表5.5.2所示。

表5.5.1 输入等增益圆的数据

G_S	g_s	d_{g_s}	r_{g_s}
G_{Smax}	1	S_{11}^*	0
2dB	0.916	$0.617 \angle 166°$	0.173
1dB	0.727	$0.475 \angle 166°$	0.341
0dB	0.578	$0.456 \angle 166°$	0.456

表5.5.2 输出等增益圆的数据

G_L	g_L	d_{g_L}	r_{g_L}
G_{Lmax}	1	S_{22}^*	0
0.52dB	0.835	$0.445 \angle 40°$	0.313
0dB	0.740	$0.405 \angle 40°$	0.405

将等增益圆画在Smith圆图上,如图5.5.3所示。

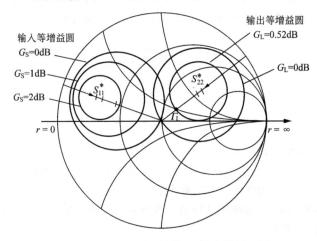

图5.5.3　Smith图上的输入、输出等增益圆

以输入网络等增益圆为例,根据式(5.5.30)和式(5.5.31)及例5.5.1可以看出等增益圆的一些特征如下。

1)输入网络等增益圆的圆心均位于Smith圆图中心与S_{11}^*的连线上,如例5.5.1的圆心均位于角度为166°的射线上。

2)S_{11}^*点对应的增益为G_{Smax}。

3)0dB增益圆的半径r_{g_s}与圆心离Smith圆图中心的距离相等。如例5.5.1为0.456,说明0dB增益圆通过Smith圆图的中心,从而增加了放大器的增益。

4)输入匹配网络是一个无源网络,它的增益大于0dB只是说明由于输入端的匹配减少了整个放大器的反射系数。

例5.5.2 用集成低噪声放大模块MAX2640,设计工作频率为400MHz的低噪声放大器电路,要求获得最大功率增益。

解 由前节已知MAX2640在400MHz时的S参数为

$$S_{11} = 0.907\angle -35.1°, S_{21} = 4.62\angle 109.1°$$
$$S_{12} = 0.001\angle 13.5°, S_{22} = 0.302\angle 108.4°$$

由于 MAX2640 的 $S_{12} = 0.001\angle 13.5 \approx 0$，因此 MAX2640 可视为单向传输器件。首先检验器件的稳定性：

$$|\Delta| = |S_{11}S_{22} - S_{12}S_{21}| \approx 0.2739$$

$$K = \frac{1 - |S_{11}|^2 - |S_{22}|^2 + |\Delta|}{2|S_{12}S_{21}|} = 17.3 > 1$$

由于 $|\Delta| < 1$，而 $K > 1$，所以此器件是无条件稳定的。设所设计的放大器电路结构如图5.5.2所示。为了获得最大增益，要求

$$\Gamma_S = S_{11}^* = 0.907\angle 35.1°$$
$$\Gamma_L = S_{22}^* = 0.302\angle -108.4°$$

现根据 Γ_S 和 Γ_L，采用 Smith 圆图设计输入匹配网络和输出匹配网络。

将 $\Gamma_S = 0.907\angle 35.1°$ 画在阻抗圆图上，如图5.5.4的 A 点。读出 A 点代表的归一化阻抗值：

$$z_S = r_S + jx_S = 0.5 + j3.1$$

对应的

$$Z_S = z_S \times Z_0 = R_S + jX_S$$
$$= (0.5 + j3.1) \times 50 = 25 + j155(\Omega)$$

此 Z_S 是输入匹配网络向源端看入的，将源端的 $Z_0 = 50\Omega$ 经输入匹配网络变换后的阻抗。由于 Z_S 的电阻为 25Ω，小于 $Z_0 = 50\Omega$，因此输入的 L 型匹配网络如图 5.5.5 所示。

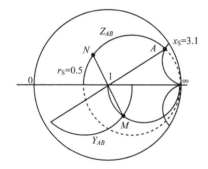

图 5.5.4 圆图设计例 5.5.2

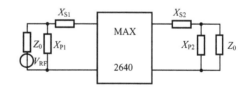

图 5.5.5 圆图设计例 5.5.2

操作过程如下。

1）找出图 5.5.4 中 z_S 与电抗 x_{S1} 串联的轨迹。即过圆图 A 点沿等 $r_S = 0.5$ 画一弧 z_{AB}。

2）将串联的 z_{AB} 变为并联的 y_{AB}。即以圆图中心为对称点，作出 z_{AB} 的中心对称弧 y_{AB}。

3）找出图 5.5.4 中 $Z_0 = 50\Omega$ 与 x_{P1} 并联的轨迹。即过圆图中心沿等电导 $g = 1$ 画半圆，与弧 y_{AB} 相交与 M 点，弧长 MO 即为与 $Z_0 = 50\Omega$ 并联的电抗 x_{P1} 的电纳值。由图知 $b_M - b_0 = -1$，所以并联的感抗为 $X_{P1} = \omega L = \dfrac{Z_0}{b_M - b_0} = 50\Omega$。

4）作 M 点的中心对称点，在弧 z_{AB} 上得到点 N，弧长 NA 即为串联电抗 x_{S1} 的值。由图 5.5.4 知 $x_A - x_N = 2.6$，所以串联的感抗为

$$X_{S1} = Z_0 \times (x_A - x_N) = 50 \times 2.6 = 130(\Omega)$$

输入匹配网络设计完毕，同理根据 Γ_L 可以设计出输出匹配网络的 X_{S2} 和 X_{P2}。

下面举例说明按照确定增益（小于最大增益）要求设计低噪声放大器。

例 5.5.3 用例 5.5.1 的晶体管 MRF 9011 LT1 设计工作于 1GHz，增益为 13.5dB 的放大器。

解 根据已知的 S 参数可算出晶体管的正向传输增益为

$$G_0 = |S_{21}|^2 = 3.39^2 = 11.492 \rightarrow G_0 = 10.6\text{dB}$$

采用例 5.5.1 的计算结果,则放大器的最大单向变换增益为

$$G_{\text{TUmax}} = G_{\text{Smax}} + G_0 + G_{\text{Lmax}} = 2.38 + 10.6 + 1.3 = 14.28(\text{dB})$$

设放大器源端匹配由源端的匹配网络($\Gamma_S = S_{11}^*$)和晶体管可得增益 2.38 + 10.6 = 12.98dB,为达到 13.5dB 增益,取输出网络的增益为 $G_L = 0.52$dB,该等增益圆如图 5.5.3 所示。对应该圆上的所有点均满足设计要求,但一般尽量取离 Smith 圆心最近的点,以减小失配。如图 5.5.3 所示,取 $G_L = 0.52$dB 圆上且位于 Smith 圆心与 S_{22}^* 相连射线上的点 Γ_L,对应的 $\Gamma_L = 0.132\angle 40°$,通过此 Γ_L 和 $\Gamma_S = S_{11}^*$ 可以设计输入、输出网络。

5.5.4 按照噪声系数设计放大器

由第二章分析知,放大器的噪声系数与信号源的阻抗有关,而与负载阻抗无关。一个晶体管,当它的源端所接信号源的阻抗等于它所要求的最佳源阻抗时,由该晶体管构成的放大器的噪声系数最小。可以证明,放大器的噪声系数公式又可表示为

$$F = F_{\min} + \frac{R_N}{G_S}|Y_S - Y_{\text{opt}}|^2 \tag{5.5.32}$$

式中,$Y_{\text{opt}} = G_{\text{opt}} + jB_{\text{opt}}$ 是使噪声系数最小的最佳源阻抗;$Y_S = G_S + jB_S$ 是源端的实际阻抗;R_N 是器件的等效噪声电阻,它与器件的工作状态有关;$F_{\min}$ 是当源端为最佳源阻抗时放大器的最小噪声系数。

根据反射系数与阻抗的关系,可以写出

$$Y_S = \frac{1}{Z_0}\frac{1 - \Gamma_S}{1 + \Gamma_S} \tag{5.5.33}$$

$$Y_{\text{opt}} = \frac{1}{Z_0}\frac{1 - \Gamma_{\text{opt}}}{1 + \Gamma_{\text{opt}}} \tag{5.5.34}$$

$$|Y_S - Y_{\text{opt}}|^2 = \frac{4}{Z_0^2}\frac{|\Gamma_S - \Gamma_{\text{opt}}|^2}{|1 + \Gamma_S|^2|1 + \Gamma_{\text{opt}}|^2} \tag{5.5.35}$$

而源阻抗的实部为

$$G_S = \text{Re}[Y_S] = \frac{1}{2}[Y_S + Y_S^*] = \frac{1}{2Z_0}\left(\frac{1 - \Gamma_S}{1 + \Gamma_S} + \frac{1 - \Gamma_S^*}{1 + \Gamma_S^*}\right) = \frac{1}{Z_0}\frac{1 - |\Gamma_S|^2}{|1 + \Gamma_S|^2} \tag{5.5.36}$$

则放大器的噪声系数式(5.5.32)又可表示为

$$F = F_{\min} + \frac{4R_N}{Z_0}\frac{|\Gamma_S - \Gamma_{\text{opt}}|^2}{(1 - |\Gamma_S|^2)|1 + \Gamma_{\text{opt}}|^2}$$

上式重新排列后为

$$\frac{|\Gamma_S - \Gamma_{\text{opt}}|^2}{1 - |\Gamma_S|^2} = \frac{F - F_{\min}}{4R_N/Z_0}|1 + \Gamma_{\text{opt}}|^2 \tag{5.5.37}$$

定义噪声参数 N:

$$N = \frac{F - F_{\min}}{4R_N/Z_0}|1 + \Gamma_{\text{opt}}|^2 \tag{5.5.38}$$

由于晶体管在确定的工作频率和偏置条件下,相应的 Γ_{opt}、$F_{\min}$ 以及 R_N 都是定值,因此对于放大器的一个固定噪声系数 F,N 是一个常数。

将 N 代入式(5.5.37)可得

$$\frac{|\Gamma_S - \Gamma_{opt}|^2}{1 - |\Gamma_S|^2} = N \tag{5.5.39}$$

式(5.5.39)是一个描述放大器的噪声参数 N 与其源端阻抗 Γ_S 关系的方程。可见,对于噪声系数为固定值 F 的放大器,在 Smith 圆图上,应能画出一个以 Γ_S 为变量的等噪声系数的轨迹。可以证明,此轨迹是一个圆心为

$$d_F = \frac{\Gamma_{opt}}{N+1} \tag{5.5.40}$$

半径为

$$r_F = \frac{\sqrt{N(N+1-|\Gamma_{opt}|^2)}}{N+1} \tag{5.5.41}$$

的圆。从而,按照要求的噪声系数设计放大器的问题就演变为从该等噪声系数圆中确定一个合适的 Γ_S 值。

例 5.5.4 用例 5.5.1 的晶体管 MRF9011 LT1 设计一单级共射放大器,要求其噪声系数小于 2.2dB,并分别画出当 $NF=2.2$dB 和 $NF=2.5$dB 时的等噪声圆。

由手册知 MRF9011 LT1 在工作频率为 1GHz,直流电压 $V_{CE}=10$V,偏置电流 $I_C=5.0$mA 时的 $F_{min}=1.8$dB。

解 由例 5.5.1 分析,设该晶体管是单向传输,并无条件稳定。

设

$$\Gamma_{opt} = 0.62\angle 100°, R_N = 20\Omega①$$

将用 dB 表示的噪声系数化为自然数:

$NF=1.8$dB→$F=1.513$; $NF=2.2$dB→$F=1.659$; $NF=2.5$dB→$F=1.778$

当 $NF=2.2$dB 时

$$N = \frac{1.659-1.513}{4\times\frac{20}{50}}|1+0.62\angle 100°|^2 = 0.1066$$

当 $NF=2.5$dB 时

$$N = \frac{1.778-1.513}{4\times\frac{20}{50}}|1+0.62\angle 100°|^2 = 0.1935$$

可计算出相应的等噪声圆的参数如表 5.5.3 所示。

表 5.5.3 等噪声圆的参数

NF	N	d_F	r_F
1.8dB	0	Γ_{opt}	0
2.2dB	0.1066	0.56∠100°	0.25
2.5dB	0.1935	0.519∠100°	0.33

将两个等噪声圆画在 Smith 圆图上,如图 5.5.6 所示。可见,Γ_{opt} 点对应了放大器的最小噪声系数点。等噪声圆的圆心均位于圆图中心与 Γ_{opt} 相连的射线上,且半径越大,噪声系数越大。

将例 5.5.3 的输入端等增益圆重新画在图 5.5.6 上,如图中虚线所示,则位于 $NF=2.2$dB 等噪声圆内的等增益圆对应的 Γ_S 值都能确保放大器的噪声系数小于 2.2dB。由图 5.5.6 还可以看出,对应放大器最小噪声系数的最佳源阻抗 Γ_{opt} 与使放大器增益最大的输入端匹配阻抗 $\Gamma_S = S_{11}^*$ 不是同一点,因此最小噪声系数与最大增益不能兼顾。

① 手册上没有提供 MRF9011 LT1 的 Γ_{opt} 和 R_N,本例此值是参照相应器件假设的。

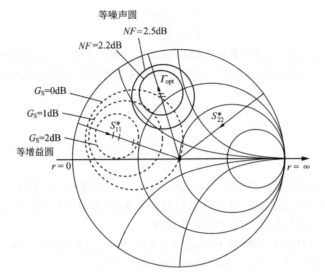

图 5.5.6   例 5.5.4 图及等噪声圆

5.5.5   单向传输品质因子

前面分析均假设晶体管是单向传输且为无条件稳定的,但对于那些 S_{12} 并不为零的晶体管,放大器增益为 G_T 而不是 G_{TV},这就引入了误差 G_T/G_{TU}。特别是在晶体管的输入、输出端均匹配,即 $\Gamma_S = S_{11}^*$、$\Gamma_L = S_{22}^*$ 时,单向变换器增益达最大值 G_{TUmax},此时误差也最大,因此可用 G_T/G_{TUmax} 来估算由于假设单向传输引入的增益误差范围。可以证明:

$$\frac{G_T}{G_{TUmax}} = \frac{1}{\left|1 - \dfrac{S_{12}S_{21}S_{22}^*S_{11}^*}{(1-|S_{11}|^2)(1-|S_{22}|^2)}\right|^2} \qquad (5.5.42)$$

定义

$$U = \frac{|S_{12}||S_{21}||S_{22}||S_{11}|}{(1-|S_{11}|^2)(1-|S_{22}|^2)} \qquad (5.5.43)$$

为单向传输品质因子(unilateral figure of merit),由于复数运算必定满足

$$|1 - |\dot{x}|| < |1 - \dot{x}| < |1 + |\dot{x}||$$

因此式(5.5.42)可以化为

$$|1 + U|^{-2} \leqslant \frac{G_T}{G_{TU}} \leqslant |1 - U|^{-2} \qquad (5.5.44)$$

由式(5.5.44)可以估算由于假设晶体管单向传输而引入的误差范围。

例 5.5.5   估算例 5.5.1 晶体管由于假设其为单向传输时引入的增益误差范围。

解   例 5.5.1 晶体管 MRF9011LT1 的 S 参数为

$$S_{11} = 0.65\angle-166°, \qquad S_{21} = 3.39\angle78°$$
$$S_{22} = 0.51\angle40°, \qquad S_{12} = 0.07\angle36°$$
$$U = \frac{0.07\times3.39\times0.51\times0.65}{(1-(0.65)^2)(1-(0.51)^2)} = \frac{0.07866}{(1-0.4225)\times(1-0.26)} = 0.1814$$
$$|1-U|^{-2} = 1.5 \rightarrow 1.767\text{dB}$$
$$|1+U|^{-2} = 0.713 \rightarrow 1.467\text{dB}$$

因此

$$0.713 < \frac{G_T}{G_{TU}} < 1.5$$

$$-1.467 \leqslant G_T - G_{TU} \leqslant 1.767 \ (dB)$$

可见,将晶体管 MRF9011LT1 视为单向器件时,增益误差在 ± 1.7dB 之内。很明显,当 $S_{12} = 0$ 时,$U = 0$,$G_T = G_{TU}$,则误差为 0。

　　误差较大时,单向传输的近似条件已不能满足,而且由于不恰当的假设还可能引起对输入、输出网络不合理的设计要求,这时就必须采用考虑了内部反馈因素 S_{12} 的双向传输(bilateral)设计模型。由于 S_{12} 的反馈使得放大器的输入输出间相互影响,这时不能独立地分别设计输入输出网络,因此使设计公式变得更为复杂,详见参考文献(卡逊 R S 1984,Ludwing R et al. 2002, Pazar D M 2001)。

扩展　证明式(5.3.8)

　　首先求图 5.3.6(a)共源放大器输入等效噪声源 $\overline{V_n^2}$。由图可见,输入电流 $i_i = \dfrac{v_S}{2R_S}$。放大器漏极输出电流为 $g_m v_{GS} = g_m i_i \dfrac{1}{\omega_{RF} C_{gs}} = g_m \dfrac{v_S}{2R_S} \dfrac{1}{\omega_{RF} C_{gs}}$。设放大器输出负载为 R_L,则放大器增益为 $A_V = \dfrac{V_o}{V_{in}} = \dfrac{g_m}{R_S} \dfrac{R_L}{\omega_{RF} C_{gs}}$。场效应管噪声电流 $\overline{I_{n,d}^2} = 4kT\gamma g_m B$ 在放大器的输出端产生的噪声电压为 $\overline{V_{n,o}^2} = \overline{I_{n,d}^2} R_L^2 = 4kT\gamma g_m R_L^2 B$。将其折合到输入端的等效噪声电压为 $\overline{V_n^2} = \dfrac{\overline{V_{n,o}^2}}{A_V^2} = \dfrac{4kT\gamma}{g_m}(R_S \omega_{RF} C_{gs})^2 B$。根据式(2.3.2)输入端的等效噪声电压与噪声系数的关系可得此放大器的噪声系数为

$$F = 1 + \frac{\overline{V_n^2}}{4kTR_S B} = 1 + \gamma \frac{1}{R_S g_m}(R_S \omega_{RF} C_{gs})^2$$

将式(5.3.7)表示的 Q_{in} 代入,则可得式(5.3.8)。

习　题

5-1　推导共射组态双极型晶体管放大器的噪声系数公式(5.1.1)。

5-2　推导如图 5-P-2 所示的采用并联电阻 R_1 进行阻抗匹配场效应管放大器的噪声系数。

5-3　单调谐放大器如图 5.3.1 所示,下级为与本级相同的单调谐放大器。已知放大器的中心频率 $f_0 = 10.7$MHz,回路线圈电感 $L_{13} = 4\mu$H,$Q = 100$,匝数 $N_{13} = 20$ 匝,$N_{12} = 5$ 匝,$N_{45} = 5$ 匝。晶体管等效电路的输入电导 $g_{ie} = 2$mS。输入电容 $C_{ie} = 18$pF,输出电导 $g_{oe} = 200\mu$S,输出电容 $C_{oe} = 7$pF,跨导 $g_m = 45$mS。试求该放大器谐振回路的外接电容、放大器通频带、谐振时的电压增益及功率增益。

5-4　在三级同步调谐(中心频率均相同)的 LC 单回路中频放大器中,中心频率为 465kHz,每个回路的 $Q_e = 40$,试问总的通频带为多少? 如果要使总的通频带为 10kHz,则允许最大 Q_e 为多少?

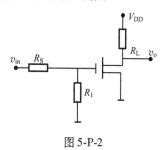

图 5-P-2

5-5 三级同步调谐单回路放大器的中心频率 $f_0 = 10.7\text{MHz}$,要求 $\text{BW}_{3\text{dB}} \geqslant 100\text{kHz}$,失谐在 $\pm 250\text{kHz}$ 时衰减大于或等于 20dB,试确定单回路放大器每个回路的 Q_e 值。

5-6 在图 5-P-6 中,已知 $v_\text{i}(t) = 26\cos 3 \times 10^7 t\text{mV}$,环境温度 $T = 27℃$,晶体管的 $\beta = 98$,$V_\text{on} = 0.7\text{V}$。写出输出电压 $v_\text{o}(t)$ 的表达式。

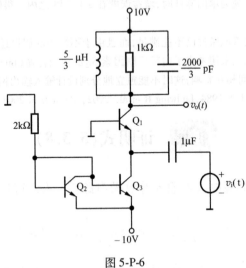

图 5-P-6

5-7 说明共源-共栅放大器的优点。

5-8 微波晶体管在 10GHz 时的 S 参数(以 50Ω 电阻为参考)为

$$S_{11} = 0.45\angle 150°, \quad S_{12} = 0.01\angle -10°, \quad S_{21} = 2.05\angle 10°, \quad S_{22} = 0.40\angle -150°$$

以它构成放大器,源阻抗 $Z_\text{S} = 20\Omega$,负载阻抗 $Z_\text{L} = 30\Omega$,如图 5-P-8 所示。求放大器的输入、输出端的反射系数 Γ_in 和 Γ_out,并计算放大器的功率增益。

图 5-P-8

5-9 如图 5-P-9 所示低噪声放大器,已知 M_1 的特征频率 $\omega_\text{T} = 35 \times 10^9$,工作频率 $\omega_\text{C} = 10^9 \text{rad/s}$,$C_\text{gs} = 0.67\text{pF}$,$R_\text{S} = 50\Omega$,$L_3 = 7\text{nH}$,$C_\text{G}$ 为隔直流电容,交流短路。求:

(1) 输入匹配回路 L_1、L_2 的值;

(2) 输出回路的负载电容 C_L;

(3) 若不计 M_2 的噪声,计算此放大器的噪声系数,设 $r = \dfrac{2}{3}$;

(4) 若输出回路的 $Q = 5$,计算此放大器的增益为多少分贝?

5-10 按最大功率增益原则设计如图 5-P-10 所示的放大器,已知晶体管在 500MHz 时的 S 参数($Z_0 = 50\Omega$)为

$$S_{11} = 0.72\angle -116°, \quad S_{21} = 2.60\angle 76°, \quad S_{12} = 0.03\angle 57°, \quad S_{22} = 0.73\angle -54°$$

求:(1) 检验晶体管的稳定性;

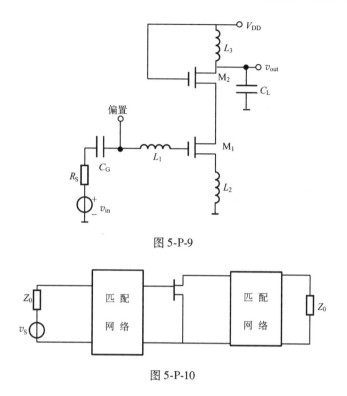

图 5-P-9

图 5-P-10

（2）计算放大器的最大增益；

（3）若用 L 网络匹配，计算匹配网络元件参数。

第六章 混 频 器

6.1 概 述

混频器是通信机的重要组成部件。在发射机中一般用上混频,它将已调制的中频信号搬移到射频段。接收机一般为下混频,它将接收到的射频信号搬移到中频上。接收机的混频器位于 LNA 之后,将 LNA 输出的射频信号通过与本振信号相乘变换为中频信号。其基本原理如下:

设本振信号为

$$v_{LO}(t) = V_{LO}\cos\omega_{LO}t$$

射频信号为

$$v_{RF}(t) = V_{RF}\cos\omega_{RF}t$$

相乘得

$$v_{LO}v_{RF} = \frac{1}{2}V_{LO}V_{RF}[\cos(\omega_{RF}-\omega_{LO})t + \cos(\omega_{RF}+\omega_{LO})t]$$

下混频器用滤波器取出其中的差频信号 $\omega_{RF}-\omega_{LO}$ 作为中频输出信号(本章以接收机的下混频为例讲述)。图 6.1.1 是用于调幅接收机中混频器的结构框图,并画出了各端口的信号波形与频谱。

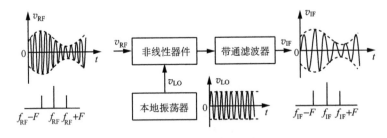

图 6.1.1 调幅接收机的混频器

从图 6.1.1 可以看出,混频器有三个端口,一是射频口,输入的是射频信号;二是本振口,输入的是本振信号;三是中频口,接滤波器,取出中频信号。

从频域角度看,混频是一种频谱的线性搬移,输出中频信号与输入射频信号的频谱结构相同,唯一不同的是载频。从时域波形看,输出中频信号的波形与输入射频信号的波形相同,不同的也是载波频率。

实现频谱搬移的基本方法是将两个信号相乘。实现相乘的方法有多种,可以用吉尔伯特乘法器电路,也可以用工作在线性时变状态的非线性器件。常用的非线性器件有二极管、场效应管(FET)和双极型晶体管(BJT)。混频器在线性时变工作时,要求射频输入是小信号,本振输入是大信号。混频器对射频信号而言应是线性系统,其电路参数随本振信号作周期性变化,这样才能保证在频谱搬移时,射频的频谱结构不变。与 FET、BJT 相比,二极管不需要偏置,功耗低,开关速度快,因此常被用于混频电路。FET 是平方律特性器件,用它构成混频器产生的无用频率成分要比用 BJT 构成的混频器少得多,具有更好的性能,因此使用得更多。

这一节先提出并分析混频器的性能指标,以后各节将介绍混频器电路结构与设计方法。

表 6.1.1 列举了一个典型有源混频器的主要指标参数。

表 6.1.1 混频器主要参数举例

增益	10 dB
NF	12 dB
IIP_3	$+5$ dBm
输入阻抗	50Ω
口间隔离	$10 \sim 20$ dB

1. 增益

混频器的增益为频率变换增益,定义为输出中频信号的大小与输入射频信号大小之比。电压增益 A_V 和功率增益 G_P 分别定义为

$$A_V = \frac{V_{IF}}{V_{RF}} \tag{6.1.1}$$

$$G_P = \frac{P_{IF}}{P_{RF}} \tag{6.1.2}$$

当混频器的射频口通过抑制镜像频率的滤波器与 LNA 相连时,为了保证滤波器的性能,混频器射频口的输入阻抗必须和此滤波器的输出阻抗相匹配,滤波器的输出阻抗一般是 50Ω。同样,混频器的中频口也应和中频滤波器匹配,低于 $100MHz$ 的中频滤波器的阻抗一般都大于 50Ω。例如声表面波滤波器为 200Ω,中频陶瓷滤波器是 330Ω,晶体滤波器是 $1k\Omega$。由于两个口的阻抗不同,功率增益和电压增益的关系是

$$G_P = \frac{P_{IF}}{P_{RF}} = \frac{V_{IF}^2/R_L}{V_{RF}^2/R_S} = A_V^2 \frac{R_S}{R_L} \tag{6.1.3}$$

如果以 dB 表示,则功率增益和电压增益的分贝数值就不同。在计算整机的指标(如噪声系数、线性范围等)时应注意这一点。

混频器可以分为有源混频器和无源混频器两种,它们的区别就在于是否有功率增益,无源混频器的增益小于 1,称为混频损耗。无源混频器常用二极管和工作在可变电阻区的场效应管构成。有源混频器的增益大于 1,它由场效应管和双极型晶体管构成。无源混频器的线性范围大,速度快,而有源混频器由于增益大于 1,因此,可以降低混频以后各级噪声对接收机总噪声的影响。

2. 噪声

混频器紧跟 LNA 后面,属于接收机的前端电路,它的噪声性能对接收机的影响很大。混频器对射频而言是线性网络,可以按线性网络的计算公式来计算它的噪声系数,只不过将计算公式中的增益改为混频器的频率变换增益。

混频器的噪声有两种定义和测量方法,即双边(DSB)和单边(SSB)噪声系数。对于超外差式接收机,射频(RF)信号位于本振(LO)信号的一侧,经过混频后,混频器不仅将有用信号频带内的噪声搬到了中频,并且还将位于镜像频带内的噪声也搬到了中频,如图 6.1.2 所示,此时,测得的

混频器的噪声系数称为混频器的单边噪声系数(SSB)。如果假设射频频带与镜像频带内的噪声相同,且混频器的射频口对这两个频段的频率响应相同,还假设混频器是无噪的,对于图 6.1.2 所示情况,则经过混频后,输出信噪比比输入信噪比降低了一半,即低了 3dB 。

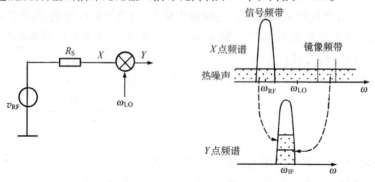

图 6.1.2 混频器的单边噪声

对于零中频方案的接收机,由于射频频率和本振频率相等,若射频为已调信号,它的频谱位于载频两边,如图 6.1.3 所示。则经过混频后,它仅将信号频带内的噪声搬到了零中频的频带内(因为此时无镜频)。很明显,此时如果假设混频器是无噪的,则经过混频后输出输入的信噪比没有变化。对于这种信号频谱位于本振两侧的情况,测得混频器的噪声系数称为混频器的双边噪声系数(DSB)。在测量时如果仪器测出的噪声系数是双边的,只要加上 3dB 就是单边噪声系数。

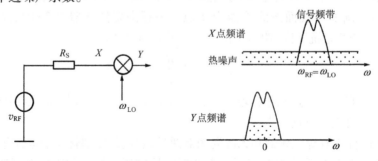

图 6.1.3 混频器的双边噪声

3. 失真与干扰

混频功能是靠器件的非线性特性的平方项完成两信号相乘来实现的。由于器件非线性特性的高次方项,使本振与输入信号除产生有用中频分量外还会产生很多组合频率,当某些组合频率落到中频带宽内,就形成了对有用中频信号的干扰。因此混频器的失真主要表现在组合频率干扰上,这些失真一般可分为以下几种。

(1) 干扰哨声

混频器的中频是 $f_{IF} = f_{RF} - f_{LO}$。若本振和有用射频信号的谐波引起的组合频率满足 $\pm(pf_{RF} - qf_{LO}) = f_{IF} \pm F$,其中,$F$ 是音频(F 小于中频带宽),p、q 为整数,它是由非线性器件的 $(p+q)$ 次方产生的。这些组合频率分量和有用中频就会在检波器输出产生频率为 F 的差拍信号,形成哨叫声,称此为干扰哨声。注意,产生此干扰哨声时,混频器的输入口并没有外界干扰信号存在。

（2）寄生通道干扰

当混频器的输入信号中伴有干扰信号 f_m 时,本振除与射频 f_{RF} 产生中频信号外,还可能与干扰相互作用产生中频,即: $\pm(qf_{LO}-pf_m)=f_{IF}$,它是由非线性器件的 $(q+p)$ 次方项产生的。若把有用射频信号 f_{RF} 与本振产生中频的通道称为主通道,则干扰与本振产生中频的通道称为寄生通道。寄生通道产生的中频干扰了有用信号的中频分量。在寄生通道干扰中,变换能力最强的两种干扰是中频干扰 $f_m=f_{IF}(q=0,p=1)$ 和镜像频率干扰 $f_m=f_{LO}-f_{IF}(q=1,p=1)$,如图 6.1.4 所示。前者被混频器直接放大,它的增益比主通道的变换增益大,后者通过混频器时与主通道有相同的变换增益。而离有用信号最近的干扰是 $f_m=(f_{RF}+f_{LO})/2$,它通过混频器非线性器件的 4 次方项 $(p=2,q=2)$,将干扰信号变换到中频输出,如图 6.1.4 所示。

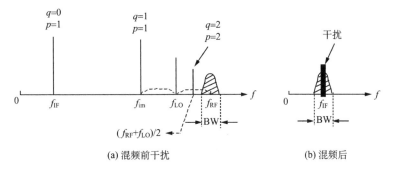

(a) 混频前干扰   (b) 混频后

图 6.1.4   混频器的主要干扰

（3）互调失真

当混频器的射频输入口有多个干扰信号 f_{m1} 、f_{m2} 同时进入时,每个干扰信号单独与本振作用的组合频率并不等于中频,但可能会产生如式

$$\pm\left[(rf_{m1}-sf_{m2})-f_{LO}\right]=f_{IF}$$

所示的组合频率分量,使混频器的输出中频失真。它是由非线性器件的 $(r+s+1)$ 次方产生的。与线性放大器一样,这种由两个干扰信号相互作用而产生的干扰称为互调失真。r 和 s 的值越小,相应产生的寄生中频分量的幅度越大,互调失真就越严重。其中,以三阶互调 $r+s=3$ 最为严重,它由混频器非线性器件的 4 次方项产生。三阶互调干扰的信号频率与射频信号频率之间满足 $2f_{m1}-f_{m2}\approx f_{RF}$ 或 $2f_{m2}-f_{m1}\approx f_{RF}$ 。

4. 线性指标

混频器对输入 RF 小信号而言是线性网络,其输出中频信号与输入射频信号的幅度成正比。但是当输入信号幅度逐渐增大时,与线性放大器一样,也存在着非线性失真问题。因此,与放大器一样,也可以用下列质量指标来衡量它的线性性能。

（1）1dB 压缩点

定义为变频增益下降 1dB 时相应的输入(或输出)功率值,如图 6.1.5 所示。

（2）三阶互调截点

设混频器输入两个射频信号 f_{RF1} 和 f_{RF2} ,它们的三阶互调分量 $2f_{RF1}-f_{RF2}$ (或 $2f_{RF2}-f_{RF1}$)

与本振混频后也位于中频带宽内,就会对有用中频产生干扰。与放大器的三阶互调截点定义相同,使三阶互调产生的中频分量与有用中频相等时的输入信号功率记为 IIP_3(或对应的输出记为 OIP_3),如图 6.1.5 所示。

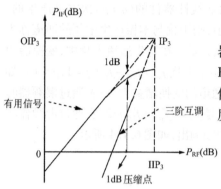

图 6.1.5　混频器的线性动态范围

(3) 线性动态范围

定义 1dB 压缩点与混频器的基底噪声之比为混频器的线性动态范围,用 dB 表示。由于混频器的输入 RF 信号经过了 LNA 的放大,因此送入混频器的射频信号总要比输入 LNA 的信号大,因此对混频器的线性度指标要比对 LNA 要求高。

5. 口间隔离

混频器的各口间的隔离不理想会产生以下几个方面的影响。本振(LO)口向射频(RF)口的泄漏会使本振大信号影响 LNA 的工作,甚至通过天线辐射。RF 口向 LO 口的窜通会使 RF 中包含的强干扰信号影响本地振荡器的工作,如产生频率牵引等现象,从而影响本振输出频率。LO 口向 IF 口的窜通,本振大信号会使以后的中频放大器各级过载。RF 信号如果隔离不好也会直通到中频输出口,但一般来说,由于 RF 频率很高,都会被中频滤波器滤除,不会影响输出中频。但是当接收机采用零中频方案时,就可能存在问题。下面对此现象进行分析。

如图 6.1.6 所示,假设进入 LNA 的信号中存在两个邻道强干扰,设它们是

$$v_1(t) = V_1\cos\omega_1 t, \qquad v_2(t) = V_2\cos\omega_2 t$$

这时射频总输入为 $v(t) = v_{RF}(t) + v_1(t) + v_2(t)$。若 LNA 的传输特性 $i = f(v)$ 中存在偶次方项,即 $i(t) = a_1 v(t) + a_2 v^2(t)$,则两个干扰信号经 LNA 中偶次方项的差拍,产生频率很低的信号分量 $a_2 V_1 V_2\cos(\omega_1 - \omega_2)$。这些低频信号由于混频器的 RF 口和中频口之间的隔离性能不好,不经过混频而直接窜通到达混频器的中频输出口,干扰了有用信号,如图 6.1.6 所示。

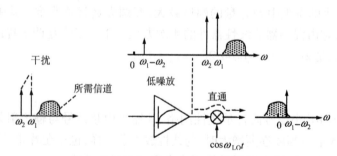

图 6.1.6　混频器中 RF 口对中频的干扰(零中频方案)

6. 阻抗匹配

对混频器的三个口的阻抗要求主要有两点。一是要求匹配。混频器 RF 及 IF 口的匹配可以保证与各口相接的滤波器正常工作。LO 口的匹配可以有效地向本地振荡器汲取功率。

但对 FET 管,由于栅极的输入阻抗很高,匹配往往是很难做到的。第二个要求是每个口对另外两个口的信号,力求短路。例如 RF 口对中频和本振频率呈短路,又如 IF 口对射频和本振频率也应呈短路,LO 口也是同样。这样减少了各口之间的干扰。

在了解了混频器的主要性能指标后,后面几节将按有源混频器和无源混频器,分别介绍它们的电路工作原理及影响性能的因素。

6.2 有源混频器电路

双极型晶体管和场效应管都可以用来构成有源混频器,它们的实现原理也基本相同,因此下面的分析对两者均适用。

6.2.1 单管跨导型混频器

1. 工作原理

跨导型混频器是常用的混频电路。其原理电路如图6.2.1(a)所示,或表示成图6.2.1(b)的形式,输出回路调谐于中频频率。该混频器工作于线性时变状态,输入射频 $v_{RF}(t) = V_{RF}\cos\omega_{RF}t$ 是小信号,本振 $v_{LO}(t) = V_{LO}\cos\omega_{LO}t$ 是大信号,即 $V_{LO} \gg V_{RF}$。场效应管的输入电压为 $v_{GS}(t) = -V_{GG} + v_{LO}(t) + v_{RF}(t)$。大的本振电压与直流偏置电压 V_{GG} 一起作为 FET 的偏置,称为时变偏置,表示如下:

$$V_{GSQ}(t) = -V_{GG} + v_{LO}(t)$$

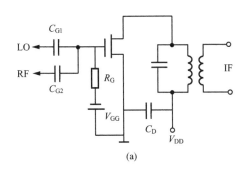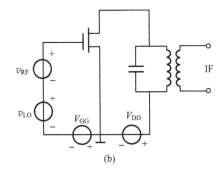

(a)   (b)

图 6.2.1 单管跨导型混频器电原理图

$V_{GSQ}(t)$ 控制 FET 的跨导 $g_m(t)$(见第二章线性时变工作状态),所以将这种混频器称跨导型混频器。时变跨导 $g_m(t)$ 的重复频率即为本振频率 ω_{LO},将它用傅里叶级数展开:

$$g_m(t) = g_{m0} + g_{m1}\cos\omega_{LO}t + g_{m2}\cos2\omega_{LO}t + \cdots$$

其中,系数为

$$g_{m0} = \frac{1}{2\pi}\int_{-\pi}^{\pi} g_m(t)\,\mathrm{d}\omega_{LO}t$$

$$g_{mi} = \frac{1}{\pi}\int_{-\pi}^{\pi} g_m(t)\cos i\omega_{LO}t\,\mathrm{d}\omega_{LO}t$$

当 RF 小信号从栅极馈入时,漏极电流为

$$i_D = I_{D0}(t) + g_m(t)v_{RF}(t) \qquad (6.2.1)$$

其中,$I_{D0}(t)$是由时变偏置决定的时变静态电流,与射频输入信号无关。而时变跨导$g_m(t)$中的基波分量与射频信号$v_{RF}(t)$相乘则得中频电流:

$$i_{IF}(t) = \frac{1}{2}g_{m1}V_{RF}\cos(\omega_{RF} - \omega_{LO})t \qquad (6.2.2)$$

将输出中频电流与输入射频电压之比定义为变频跨导,用g_{fc}表示,则

$$g_{fc} = \frac{I_{IF}}{V_{RF}} = \frac{1}{2}g_{m1} \qquad (6.2.3)$$

即变频跨导g_{fc}等于时变跨导的基波分量的一半。

此中频电流由漏极的中频回路取出。假设中频回路的谐振阻抗是R_L,则混频器的中频输出电压为

$$v_{IF}(t) = \frac{1}{2}g_{m1}R_LV_{RF}\cos(\omega_{RF} - \omega_{LO})t$$

混频器的电压增益为

$$A_V = \frac{V_{IF}}{V_{RF}} = \frac{1}{2}g_{m1}R_LV_{RF}/V_{RF} = g_{fc}R_L \qquad (6.2.4)$$

混频器的变频跨导可按图6.2.2所示方法求得。首先根据跨导的定义$g_m = \frac{di_D}{dv_{GS}}$,由器件的伏安特性曲线$i_D \sim v_{GS}$,求出器件的$g_m \sim v_{GS}$关系曲线;然后代入混频器的时变偏置$v_{GS}(t) = -V_{GG} + v_{LO}(t)$,通过$g_m \sim v_{GS}$曲线画出时变跨导$g_m(t)$的波形;再用傅里叶级数求出$g_m(t)$中的基波分量幅度,则可得变频跨导$g_{fc}$。

在图6.2.2中,由于场效应管的伏安特性$i_D \sim v_{GS}$的平方律特征,所以它的$g_m \sim v_{GS}$特性呈线性。但当v_{GS}太大时,由于器件的非线性,g_m受限为g_{mmax}。由图看出,不同的直流偏置V_{GG}和本振信号幅度V_{LO},就有不同的变频跨导。分析出可知,当偏置$V_{GG} = \frac{1}{2}V_{GS(off)}$(或$V_{GS(off)}$)且本振信号幅度$V_{LO}$使$g_m(t)$的最大值达到$g_{mmax}$时,$g_m(t)$的波形近似为占空比约50%,幅度为$\frac{1}{2}g_{mmax}$的矩形波。此时$g_m(t)$的基波分量最大,因此变频跨导也最大,可求得为$g_{fc} = \frac{1}{\pi}g_{mmax}$。

2. 设计考虑

(1) RF 口和 LO 口的设计

FET 混频器的栅极输入 LO 和 RF 信号,当 LO 和 RF 信号的频率相差很大时,要求 FET 的输入端与 LO 源及 RF 源都匹配是不太可能的,一般主要考虑与 RF 口前端的低噪声放大器连接。图6.2.1 所示场效应管混频器的等效电路如图6.2.3 所示,图中g_{fc}是变频跨导。由于混频器的输出是中频回路,对 RF 短路,不影响输入阻抗,因此混频器射频口的输入阻抗为$R_i + \frac{1}{\omega_{RF}C_{gs}} \approx \frac{1}{\omega_{RF}C_{gs}}$,呈容性,当混频器直接接 LNA 时,此输入电容就可并入 LNA 的谐振回路中。

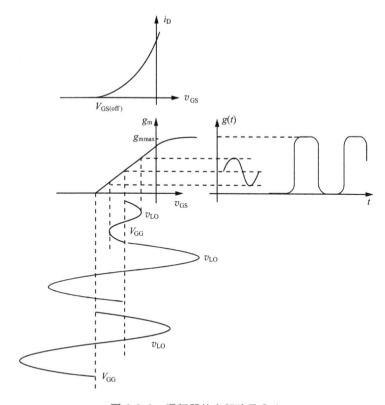

图 6.2.2　混频器的变频跨导求法

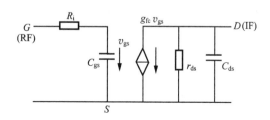

图 6.2.3　场效应管混频器等效电路

在图 6.2.1 中 LO 口的耦合电容 C_{G1} 很小,以使本振源不影响 RF 口的参数。但是 C_{G1} 越小,本振源就越需提供更大的功率,才能保证足够大的本振电压加在栅极上。

（2）偏置

在相同的本振电压幅度下,偏置 V_{GG} 不同,变频跨导也不同。如前所述,为了使变频跨导达到最大,应使外加直流偏置为 $V_{GG}=\dfrac{1}{2}V_{GS(off)}$（或 $V_{GS(off)}$）,并保证足够大的本振电压,以使 g_m 达到最大值 g_{mmax}。

在本振电压变化引起时变偏置变化的整个周期内,FET 应工作在饱和区,以维持 FET 的漏极电流 i_D 与栅极电压 v_{GS} 呈平方律特性。保证上述条件最简便的方法是让漏极电压在本振的一个周期内不变,即漏极对本振频率短路,图6.2.4中的垂直虚线表示 FET 的漏极在本振频率时的短路负载线。为此,在中频输出端接入 LO 串联谐振回路,如图6.2.5所示。

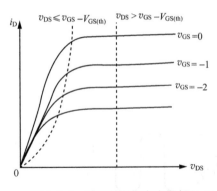

图 6.2.4　FET 的漏极在本振频率时的短路负载线

（3）输出回路

混频器输出端的中频回路完成两个任务。一是对中频谐振，从含众多频率分量的漏极电流中选出中频信号输出，回路带宽与输入的射频信号带宽相同。二是要完成阻抗变换，将中频负载（中频滤波器的输入阻抗）变换到漏极所需的阻抗，以获得适当的增益。为了防止射频和本振从中频口输出，中频回路应对射频和本振频率短路，因此要求中频回路的 Q 值不能太低。

（4）中频陷波

当输入回路中混有中频信号时，混频器直接将此中频信号放大输出，此时混频器的作用呈现为一中频放大器。为了减少混入输入端的中频干扰和噪声，FET 的栅极应对中频短路。为此，可以通过偏置电路使中频短路，也可加中频串联回路作为中频陷波器，如图 6.2.5 所示。

（5）本振注入

本振电压可以从栅极注入，也可以从源极注入，如图 6.2.6 所示。当从源极注入本振电压时，其工作原理是，电阻 R_G 使栅极直流电位为零，源极电阻 R_S 上的直流压降作为栅源负偏压 V_{GG}。例如，选择 R_S 的大小，使 FET 的静态偏置刚好在夹断点 $V_{GS(off)}$ 上。加入本振后，本振的负半周使源极电位降低，$v_{GS} > V_{GS(off)}$，则 FET 导通，而正半周仍保持 FET 截止，这样，与本振从栅极注入一样，本振电压控制了偏置，跨导随本振时变，实现了混频。

从源极注入本振信号的优点是 LO 口与 RF 口的隔离加大了，但缺点是 R_S 对射频的负反馈使混频增益下降，且本振源提供的功率比从栅极注入要大。

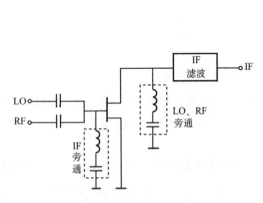

图 6.2.5　中频串联回路作为中频陷波器

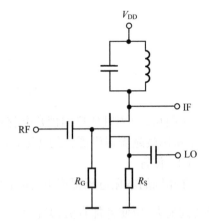

图 6.2.6　本振电压从源极注入

3. 双栅 FET 混频器

双栅场效应管常用来构成混频器。图 6.2.7（a）示出了它的交流通路图（直流偏置另加）。该电路的组成特点是：本振信号接在靠近漏极的栅极 G_2 上，射频信号接在靠近源极

的栅极 G_1 上;本振口和射频口分别与自己的源阻抗匹配;接本振信号的栅极应对中频短路;
双栅场效应管的漏极应对本振和射频短路。

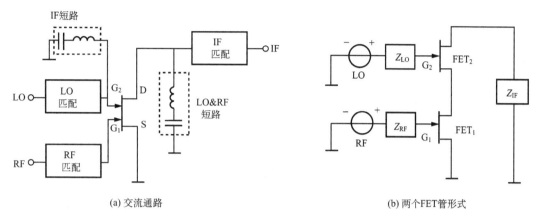

(a) 交流通路　　　　　　　　　　　　(b) 两个FET管形式

图 6.2.7　双栅场效应管混频器

　　双栅场效应管混频器的工作原理与单栅管不同。为便于说明,将双栅管画为两个 FET
管,如图 6.2.7(b) 所示。上面的 FET_2 作为跟随器工作,本振信号通过它从源极输出,控制
下面的 FET_1 的漏极电平 v_{DS1},而且在本振信号的整个周期内,此电平应足够低,以使下面的
FET_1 管工作在可变电阻区。则对 FET_1 管,它的伏安特性为

$$i_{D1} = \beta_n \left[(v_{GS1} - V_{GS(th)}) v_{DS1} - \frac{1}{2} v_{DS1}^2 \right]$$

当 v_{DS1} 很小时(如小于0.1伏),上式简化为

$$i_{D1} \approx \beta_n (v_{GS1} - V_{GS(th)}) v_{DS1}$$

FET_1 的漏极电流 i_{D1} 与它的栅源电压 v_{GS1} 成线性关系。此 FET_1 的跨导是

$$g_1 = \frac{\partial i_{D1}}{\partial v_{GS1}} = \beta_n v_{DS1} \qquad (6.2.5)$$

它受 v_{DS1} 的控制,而 v_{DS1} 跟随本振信号 $v_{LO}(t)$ 而变化[为方便起见,设跟随器 FET_2 的增益为
1,则 $v_{DS1} = v_{LO}(t)$],因此 FET_1 的跨导是一个时变跨导,由式(6.2.5)有 $g_1(t) = \beta_n v_{LO}(t)$,它
的变化频率就是本振信号的频率 ω_{LO}。当 FET_1 的栅极输入射频信号 $v_{RF}(t)$ 时,根据跨导的
定义,FET_1 输出电流与射频信号电压之间的关系可表示为

$$i_{D1} = g_1(t) v_{GS1} = g_1(t) v_{RF} = \beta_n v_{DS1} v_{RF} = \beta_n v_{LO} v_{RF} \qquad (6.2.6)$$

FET_1 的漏极电流 i_{D1} 中包含了 $(\omega_{RF} - \omega_{LO})$ 频率,实现了混频功能。

　　混频电流 i_{D1} 通过上面的 FET_2,到达中频输出端,因此可将上面的 FET_2 对中频电流看
作是一个共栅放大器(源极输入,漏极输出)。为保证足够的中频增益,要求 FET_2 的栅极应
对中频短路,且保证在 FET_2 栅极的本振信号变化时,FET_2 始终处于饱和区,具有一定的增
益。为此,应使 v_{DS2} 不受本振信号变化的影响,FET_2 的漏极应对本振短路。要做到这两点,
如图 6.2.7(a) 所示,在 FET_2 的栅极接入中频串联回路,对中频短路。在 FET_2 的漏极接入
本振串联回路,对本振和射频都短路,对射频也短路的目的是增大射频口与中频口的隔
离度。

6.2.2 单平衡混频器

采用平衡电路结构形式,可以抑制输出电流中的无用分量。单平衡混频器为一可变互导乘法器,如图6.2.8所示。它由三部分组成,一是由本振信号 $v_{LO}(t)$ 激励的差分对管 Q_2、Q_3;二是输出电流受射频信号 $v_{RF}(t)$ 控制的晶体管 Q_1;三是中频负载 R_L。

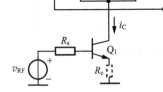

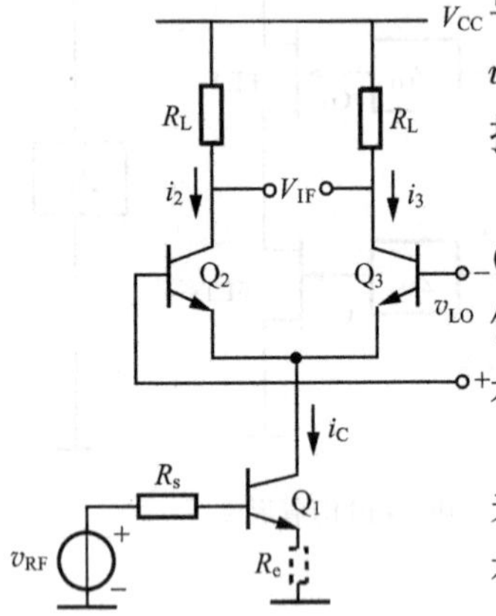

此电路的工作有三个特点:①Q_1 是射频小信号线性放大器(也称输入跨导级);②差分对 Q_2、Q_3 在本振大信号作用下可看作轮流导通的双向开关 $S_2(\omega_{LO}t)$;③当双端输出时,输出电流 i 是两电流 i_2 和 i_3 的差。

为保证 Q_1 工作于放大区,必须加上偏置电路(图6.2.8中未画出)给它设置合适的工作点。设其直流工作点电流是 I_{CQ_1},在信号 $v_{RF}(t)$ 作用下,Q_1 的集电极电流为(设 R_e 短路)

$$i_C = I_{CQ_1} + g_{m1}v_{RF}$$

图6.2.8 单平衡混频器

g_{m1} 是 Q_1 的跨导。由晶体管差分对放大电路知,在本振电压 $v_{LO}(t)$ 的作用下,Q_2、Q_3 的电流[证明见第二章扩展]分别是

$$i_2 = \frac{i_C}{2}\left[1 + \text{th}\frac{q}{2kT}v_{LO}(t)\right]$$

$$i_3 = \frac{i_C}{2}\left[1 - \text{th}\frac{q}{2kT}v_{LO}(t)\right]$$

因此输出电流是

$$i = i_2 - i_3 = i_C\text{th}\frac{q}{2kT}v_{LO}(t)$$

当本振电压幅度 V_{LO} 足够大,Q_2、Q_3 呈现开关工作,此时输出电流为

$$i = i_C S_2(\omega_{LO}t) = (I_{CQ_1} + g_{m1}v_{RF})S_2(\omega_{LO}t) \qquad (6.2.7)$$

将双向开关 $S_2(\omega_{LO}t)$ 的展开式(2.6.5)代入上式知,输出电流中含有 $p\omega_{LO}$ 及 $p\omega_{LO} \pm \omega_{RF}$($p=1,3,5,\cdots$)的频率成分,其中,中频分量为

$$i_{IF} = \frac{2}{\pi}g_{m1}V_{RF}\cos(\omega_{RF} - \omega_{LO})t = I_{IF}\cos\omega_{IF}t$$

设中频回路谐振阻抗为 R_L,则由中频回路选出的中频电压是

$$v_{IF} = I_{IF}R_L\cos(\omega_{RF} - \omega_{LO}) = \frac{2}{\pi}g_{m1}V_{RF}R_L\cos\omega_{IF} \qquad (6.2.8)$$

而输出电流 i 中的其余许多组合频率分量被中频回路滤除了。因此,混频器的电压增益是

$$A_V = \frac{V_{IF}}{V_{RF}} = \frac{2}{\pi}g_{m1}R_L \qquad (6.2.9)$$

设计考虑

(1) 本振电压幅度

混频器的一些指标都是在特定的本振电压幅度下测得的,对上述单平衡混频器,本振电压幅度应保证差分对工作在开关状态,一般在 -10dBm 即可。

（2）线性

混频器的线性主要是对射频口而言,这部分的线性不好会引起进入的射频信号或干扰信号产生非线性失真,进而和本振信号产生很多组合频率,当这些组合频率落在中频带宽内,就形成干扰。

引起混频变换非线性主要有两个原因。第一个原因是 RF 口的伏安特性 $I \sim V$ 的静态和动态的非线性,即不能保证 g_{m1} 是常数,这使式(6.2.8)中的中频电压 V_{IF} 与 V_{RF} 不成正比,该特性与前面的低噪声放大器的非线性分析完全相同。为了改善线性,可以在图 6.2.8 所示的 RF 级 Q_1 的发射极加一负反馈电阻 R_e 或电感 L。但加反馈元件在改善线性的同时会降低增益,而且加反馈电阻会增大噪声和功耗,所以混频器的设计是在噪声、线性、增益和功耗之间折中,并应抓住最主要的指标。特别对某些包络非恒定的已调信号如 8QAM 和 DQPSK,混频器的线性指标就特别重要。

RF 口的 $I \sim V$ 变换的动态的非线性主要是由于工作频率升高时(如大于 1GHz),管子的输入电容的影响明显,特别是双极型晶体管的输入电容 C_{be} 是电压的非线性函数,则引起 RF 口输出电流随输入 RF 电压的非线性。对工作在恒流区的场效应管由于输入电容 C_{gs} 可以近似为线性器件,因此,Q_1 改用场效应管可减少非线性失真。

引起混频器非线性的第二个主要原因是负载的非线性。若把 Q_1 看作 RF 的线性放大器,则 Q_2 和 Q_3 以及电阻 R_L 都是 Q_1 的负载,在很多场合,用有源负载代替电阻 R_L,这些器件呈现的非线性,也必然影响混频器的线性范围。

（3）阻抗匹配

由于射频口和本振口分开,可以分开考虑各自的阻抗匹配,因此不必像单管跨导型混频器那样需在 RF 匹配和 LO 效率之间折中。

本振口阻抗匹配设计:由图 6.2.8 可见,在本振口,由于电路的对称性,呈开关作用的差分对管的发射极对本振频率是虚地,因此本振口的输入阻抗即为差分对 Q_2、Q_3 的输入阻抗。

从一般的非平衡输出的本振源到此差分对平衡口必须有一个不平衡到平衡的变换器。如果不用变换器而将差分对放大器 Q_2、Q_3 采用一端基极接地的单端输入方式,如图 6.2.9 所示,差分对的发射极(源极)已不是虚地,为了防止不平衡,下面的晶体管 Q_1 的集电极的输出阻抗必须尽可能大(当 Q_1 用双极型晶体管和 MOSFET 时均可满足该要求,但用 GaAs FET 时则不一定保证)。

射频口阻抗匹配设计:如果图 6.2.8 中单平衡混频器的射频口是带有发射极负反馈电阻 R_e 的共射极电路,它的输入阻抗为

$$R_i = r_{be} + (1 + \beta)R_e$$

其值比较大,适合于直接和 LNA 相连。当混频器必须和前面的输出阻抗为 50Ω 的抑制镜像频率滤波器相连时,将 Q_1 改为共基放大器更合适,如图 6.2.10 所示。

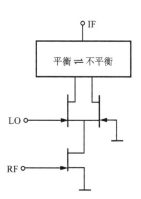

图 6.2.9 差分对输入端一端接地的单端输入方式

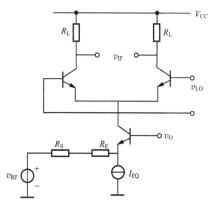

图 6.2.10 共基组态射频口

共基放大器的输入阻抗是 $\dfrac{1}{g_m}$，在输入回路串联电阻 R_E，使此共基放大器的输入阻抗与信号源阻抗相等即 $R_i = R_E + \dfrac{1}{g_m} = R_S$，达到阻抗匹配，则 Q_1 的集电极射频电流约为

$$i_{RF} = \frac{V_{RF}\cos\omega_{RF}t}{R_S + R_E + \dfrac{1}{g_{m1}}} \tag{6.2.10}$$

由式(6.2.8)知输出中频电压幅度为

$$V_{IF} = \frac{2}{\pi}I_{RF}R_L = \frac{2}{\pi} \times \frac{V_{RF}}{R_S + R_E + \dfrac{1}{g_{m1}}}R_L \tag{6.2.11}$$

RF 放大器 Q_1 的输入电压为

$$V_i = \frac{V_{RF}}{R_S + R_E + \dfrac{1}{g_{m1}}} \times \left(R_E + \frac{1}{g_{m1}}\right)$$

所以该混频器的电压变换增益为

$$A_V = \frac{V_{IF}}{V_i} = \frac{2R_L}{\pi} \times \frac{1}{R_E + \dfrac{1}{g_{m1}}} = \frac{2}{\pi} \times \frac{R_L}{R_S} \tag{6.2.12}$$

由于 RF 口匹配，则输入功率为 $\dfrac{1}{2}\dfrac{V_{RF}^2}{4R_S}$，输出中频功率为 $P_{IF} = \dfrac{V_{IF}^2}{2R_L}$，代入式(6.2.11)则功率变换增益为

$$G_P = \frac{4}{\pi^2} \times \frac{R_L}{R_S} \tag{6.2.13}$$

由式(6.2.12)和(6.2.13)看出，混频器只有当它的输入输出端均匹配，且输入、输出阻抗相等时才有 $A_V^2 = G_P$。

（4）中频口的设计

中频口可以双端输出，也可以单端输出。双端输出时，如图 6.2.8 或通过平衡至不平衡的变换器，并提供差分放大器集电极与中频滤波器间的匹配，以达到要求的混频增益，如图6.2.11所示。双端输出比单端输出有两个优点，一是增益大，二是双端输出切断了 RF 口向中频口的直通路径，其原因如图 6.2.12 所示。

单端输出，例如从 Q_2 集电极输出时，由于 i_2 的单向导通性，它只能等效为一个单向开关，此单向开关中的平均分量将射频信号引入了中频口。而双端输出时，$i = i_2 - i_3$ 等效为一个双向开关，由于没有平均分量，也就切断了射频的通路。这从输出电压的表达式中也可以看出。

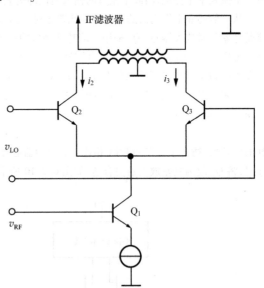

图 6.2.11　变压器耦合中频口双端输出

单端输出时：

$$v_o = R_L i_2 = R_L(I_{CQ} + g_{m1}v_{RF})\left(1 + \text{th}\frac{q}{2kT}v_{LO}\right) = R_L(I_{CQ} + g_{m1}v_{RF})[1 + S_2(\omega_{LO}t)] \tag{6.2.14}$$

输出电压 v_o 中含射频分量。

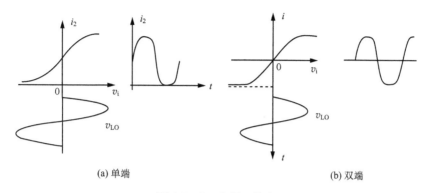

(a) 单端   (b) 双端

图 6.2.12 中频口输出

双端输出时:

$$v_o = R_L(i_2 - i_3) = R_L(I_{CQ} + g_{m1}v_{RF})S_2(\omega_{LO}t) \tag{6.2.15}$$

输出电压 v_o 中不含射频分量。

(5) 隔离特性

由上面分析可知,当 IF 口双端输出时,RF 向 IF 口的隔离是很好的。LO 口向 RF 口由于差分对 Q_2、Q_3 的发射极对本振信号是虚地,因此本振信号不会进入 RF 输入口。RF 口向 LO 口的泄漏由于本振输入口一般是平衡端,如果平衡变压器的中点很好的接地,则 RF 信号是不会出现在本振口的。但从式(6.2.14)与式(6.2.15)的开关函数展开式可以看出,中频口无论是单端还是双端输出均含有本振信号,改进的方法是采用下面介绍的双平衡混频器结构。

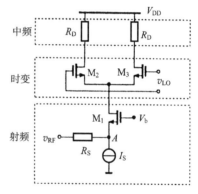

图 6.2.13 场效应管单平衡混频器

(6) 噪声特性

计算混频器的噪声相当困难,通常采用计算机模拟的方法。现以场效应管单平衡混频器为例来分析混频器的噪声来源。一个混频器可以分解为如下三大部分:RF 输入级、本振时变级和中频负载,如图 6.2.13 所示,每一部分都会产生噪声。混频器的噪声系数可以按以下步骤进行计算。

1)找出混频器中的所有噪声源。

2)算出混频器中每个噪声源在混频器输出中频端的噪声功率。

3)将所有的噪声功率叠加。

4)将总的中频口噪声功率除以相应的变频增益,得到它在混频器输入端的等效噪声电压 $\overline{V_n^2}$(场效应管的 $\overline{I_n^2}$ 很小,见式(2.2.6))。

5)计算混频器的噪声系数 $F = \dfrac{\overline{V_n^2}}{4kTR_SB} + 1$。

混频器的各噪声源如图 6.2.14 所示,在射频级要考虑三个频段的噪声:射频段噪声 i_{RF}、镜像频率段噪声 i_{IM}、中频段噪声 i_{IF},因为这些频段的噪声都可能通过混频器变换到达中频输出口。由于本振级本振电压足够大,而且变化足够陡峭,M_2、M_3 可以看作是由方波控制的理想开关,而且导通的 FET 工作在可变电阻区,导通电阻很小,因而 M_2、M_3 的噪声就是由这很小的沟道电阻产生的热噪声,由图 6.2.14(b)中的 $\overline{V_n^2}$ 表示。中频级主要是中频负载产生的噪声,如图 6.2.14(a)中的 $I_{n,RD}$。

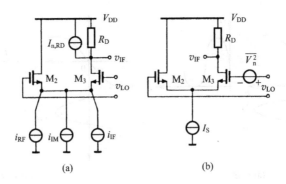

图 6.2.14　混频器各噪声源

6.2.3　吉尔伯特双平衡混频器

双平衡混频器是由吉尔伯特(Gilbert)单元电路组成,原理电路如图 6.2.15 所示。吉尔伯特(Gilbert)单元电路也可称为双平衡模拟乘法器单元电路。

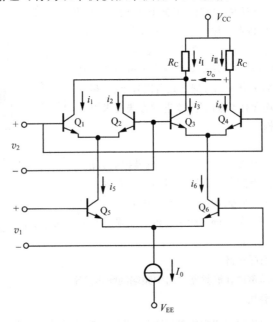

图 6.2.15　吉尔伯特模拟乘法器

它是由两对差分对管 Q_1、Q_2、Q_5 和 Q_3、Q_4、Q_6 组成,输入电压 $v_2 = V_{2m}\cos\omega_2 t$ 交叉地加到上面两个差分对管的输入端,输入电压 $v_1 = V_{1m}\cos\omega_1 t$ 加到由 Q_5 和 Q_6 组成的差分对管输入端。当双端输出时,输出电压 $v_o = (i_I - i_{II})R_L$,而该乘法器的差值电流为

$$i = i_I - i_{II} = (i_1 + i_3) - (i_2 + i_4) = (i_1 - i_2) - (i_4 - i_3) \quad (6.2.16)$$

差值电流 $(i_1 - i_2)$ 和 $(i_4 - i_3)$ 分别是上面两个差分对的输出电流,它们分别是

$$i_1 - i_2 = i_5 \text{th}\left(\frac{qv_2}{2kT}\right) \quad (6.2.17)$$

$$i_4 - i_3 = i_6 \text{th}\left(\frac{qv_2}{2kT}\right) \tag{6.2.18}$$

则

$$i = (i_5 - i_6)\text{th}\left(\frac{gv_2}{2kT}\right) \tag{6.2.19}$$

而 $(i_5 - i_6)$ 是差分对管 Q_5 和 Q_6 的输出差值电流,它们为

$$i_5 - i_6 = I_0\text{th}\left(\frac{gv_1}{2kT}\right) \tag{6.2.20}$$

因而总的输出电流为

$$i = I_0\text{th}\left(\frac{qv_1}{2kT}\right) \cdot \text{th}\left(\frac{qv_2}{2kT}\right) \tag{6.2.21}$$

该模拟乘法器并不能真正实现两个信号 v_1 和 v_2 的相乘,一般可以按 v_1、v_2 的大小分三种情况来讨论其输出。

1. v_1、v_2 均为小信号

若 V_{1m}、V_{2m} 均小于 26mV 时,采用近似式:

$$\text{th}\frac{qv}{2kT} \approx \frac{q}{2kT}v$$

所以输出电流可简化为

$$i = I_0\left(\frac{q}{2kT}\right)^2 v_1 v_2 \tag{6.2.22}$$

实现了输入电压 v_1、v_2 线性相乘,输出电流中仅含有 $(\omega_1 \pm \omega_2)$ 的频率分量。但它的动态范围很小,而且乘积系数 $\left(\frac{q}{2kT}\right)^2 \cdot I_0$ 与温度 T 有关,这种情况一般不常用。

2. 一个为大信号,一个为小信号

设 v_2 为大信号,v_1 为小信号。当 v_2 的幅度 V_{2m} 大于 100mV 时,上面 4 只晶体管 Q_1、Q_2、Q_3、Q_4 可以认为工作于开关状态,此时 $\text{th}\left(\frac{q}{2kT}v_2\right) \approx S_2(\omega_2 t)$,则输出电流为

$$i = I_0\frac{q}{2kT}v_1 \cdot S_2(\omega_2 t) = g_m v_1 \cdot S_2(\omega_2 t) \tag{6.2.23}$$

式中,$g_m = \frac{q}{kT}\frac{I_0}{2}$,为 Q_5 或 Q_6 在静态偏置电流为 $I_0/2$ 时的跨导。

将 $S_2(\omega_2 t)$ 的展开式代入上式,其中,$n = 1$ 对应的频谱分量即是 v_1 与 v_2 相乘的结果,频率为 $(\omega_1 + \omega_2)$ 和 $(\omega_1 - \omega_2)$,其电流幅度为

$$I_1 = \frac{2}{\pi}I_0\frac{q}{2kT}V_{1m} = \frac{2}{\pi}g_m V_{1m} \tag{6.2.24}$$

该乘法器输出电流大小与小信号 v_1 的幅度及该小信号放大器(Q_5、Q_6)的跨导有关,与大信号 v_2 的幅度无关。

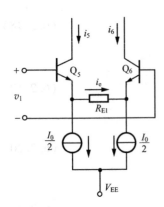

图 6.2.16　加负反馈电阻

以吉尔伯特乘法器构成的双平衡混频器一般工作于这种状态。其缺点同样是 v_1 的线性范围很小。

为了扩大 v_1 的线性范围,可以在下面差分对管 Q_5、Q_6 的发射极加负反馈电阻,如图 6.2.16 所示。

下面简单说明反馈电阻 R_{E1} 对扩大 v_1 线性范围的作用。在图 6.2.16 中

$$v_1 = v_{BE_5} + v_{R_{E1}} - v_{BE_6}$$

且有

$$i_5 = \frac{1}{2}I_0 + i_e \quad \text{和} \quad i_6 = \frac{1}{2}I_0 - i_e \qquad (6.2.25)$$

式中,i_e 是流过电阻 R_{E1} 的电流。根据晶体管集电极电流 i_C 与其发射极电压 v_{BE} 的关系式 $i_C \approx I_S e^{\frac{q}{kT}v_{BE}}$,可以写出

$$v_{BE_5} - v_{BE_6} = \frac{kT}{q}\ln\frac{i_5}{i_6} = V_T\ln\frac{1 + 2i_e/I_0}{1 - 2i_e/I_0} \qquad (6.2.26)$$

由于级数展开式

$$\ln\frac{1+x}{1-x} = 2x + \frac{2}{3}x^3 + \frac{2}{5}x^5 + \cdots$$

当 $x < 0.5$ 时,可以忽略三次方及三次方以上各项(误差小于 10%),则有

$$v_1 = v_{R_{E1}} + V_T\frac{4i_e}{I_0} = i_e\left(R_{E1} + \frac{4V_T}{I_0}\right) \qquad (6.2.27)$$

当 $R_{E1} \gg \dfrac{4V_T}{I_0}$ 时,有 $v_1 \approx v_{R_{E1}}$。因此从式(6.2.25)可得

$$(i_5 - i_6) \approx 2i_e = 2\frac{v_{R_{E1}}}{R_{E1}} \approx \frac{2v_1}{R_{E1}} \qquad (6.2.28)$$

则由式(6.2.19)可得吉尔伯特模拟乘法器的输出电流为

$$i \approx \frac{2v_1}{R_{E1}}\text{th}\left(\frac{q}{2kT}v_2\right) \qquad (6.2.29)$$

可见加了负反馈电阻后,将 $i \sim v_1$ 关系线性化了。由于 i_5、i_6 必须为正值,且级数展开时必须满足 $x = \dfrac{2i_e}{I_0} < 0.5$,从式(6.2.25)和式(6.2.28)得 v_1 的最大线性范围为

$$-\frac{1}{4}I_0 \leqslant \frac{v_1}{R_{E1}} \leqslant \frac{1}{4}I_0 \qquad (6.2.30)$$

对应于 v_1 端线性化的吉尔伯特模拟乘法器的典型产品是 MC1596(MC1496),如图 6.2.17 所示。在图 6.2.17 中,晶体管 Q_9 和 Q_7、Q_8 组成了两个镜像恒流源,代表了图 6.2.16 中的两个电流源 $\dfrac{I_0}{2}$。MC1596 的工作频率最高到 100MHz。

3. v_1、v_2 均为大信号

此时上、下两对差分对管均工作于开关状态,所以有

$$i = I_0 S_2(\omega_1 t) \cdot S_2(\omega_2 t) \qquad (6.2.31)$$

输出电流与两输入信号的幅度均无关,输出电流中含有 ω_1 和 ω_2 的各奇次谐波的组合频率 $|(2n-1)\omega_1 \pm (2m-1)\omega_2|$ 分量,其中,$|\omega_1 \pm \omega_2|$ 即为 v_1 与 v_2 相乘的频谱分量。

吉尔伯特乘法单元电路在调制、混频、鉴频、鉴相中得到广泛应用。

采用图 6.2.15 所示的 Gilbert 乘法器单元电路构成双平衡混频器其工作模式一般是本振大信号作为开关控制信号加在 Q_1、Q_2、Q_3、Q_4 输入端,射频小信号加在线性放大器 Q_5、Q_6 的输入端。当 Gilbert 乘法单元作混频应用时,一般不在 Q_5、Q_6 的发射极加负反馈电阻,因为这会增加混频器的噪声系数。

双平衡混频器与单管或单平衡混频器相比有两个优点:一是各端口间的隔离性能好,特别是本

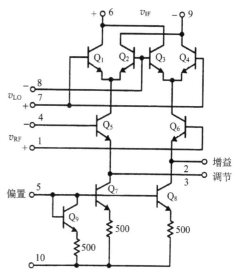

图 6.2.17 吉尔伯特模拟乘法器
典型产品 MC 1596 内部电路

振端向中频端的隔离性能比单平衡混频器有所改进。因为在双平衡混频器中,输出电流是上面两个差分对电流以相反的相位叠加,抵消了本振信号向中频端的泄漏,见式(6.2.22)、式(6.2.29)及式(6.2.31)所示,无论 v_1 和 v_2 工作于大小信号状态,输出电流中都不包含有 v_2(本振信号)的频率分量。二是线性范围大。其原因是:①RF 输入级是差分放大器,它的伏安特性为 tanh 函数,此函数以零点为中心有较大的线性范围。在相同的非线性失真条件下,差分放大器的线性输入动态范围几乎是单管共射(无发射极反馈电阻 R_e)放大器的 10 倍。②双平衡。由于采用了 Q_1、Q_2、Q_3、Q_4 双平衡结构,输出电流 i 与射频输入差分放大器的两管电流之差($i_5 - i_6$)成正比,这样就抵消了 RF 级的 I/V 变换中的偶次失真项。

双平衡混频器的本振、射频输入以及中频输出可以采用单端形式也可以是双端平衡形式,如图 6.2.18 所示。

图 6.2.19 画出了一个由 CMOS 器件的 Gilbert 乘法单元构成的双平衡混频器实际电路,射频为 1.9GHz,本振频率为 1.7GHz,用于无绳电话接收机的下混频器。其射频级是由 $M_1 \sim M_4$ 组成的共源共栅放大器,采用共栅组态的 M_3、M_4 目的是使本振端到射频端具有良好的隔离。$M_5 \sim M_8$ 是本振输入级,起开关作用完成混频功能。工作于可变线性电阻区的 M_9 和 M_{10} 作为混频器的有源负载,并通过改变流过二极管 M_{16} 的电流控制 M_9 和 M_{10} 的电阻值,从而改变混频器增益。差分对 M_{13}、M_{14} 和镜像电流源 M_{15}、M_{11}、M_{12} 组成一个共模反馈电路抑制共模干扰,C_{COMP} 是共模反馈环的补偿电容。

下面提供两个混频器实际产品,分析其电路原理、性能指标及使用方法。

产品一:MC13143 是 MOTOROLA 公司生产的超低功耗 DC-2.4GHz 线性混频器,它的主要技术指标如下。

极低的功耗:电流 1.0mA,$V_{CC} = 1.8 \sim 6.5V$;

宽的输入带宽:DC-2.4GHz;

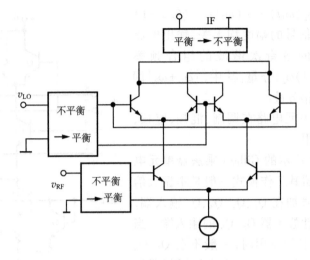

图 6.2.18　双平衡混频器的输入输出方式

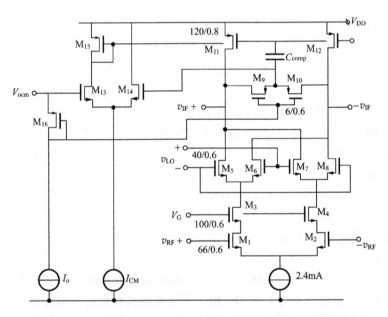

图 6.2.19　CMOS 工艺的 1.9GHz 无绳电话接收机的下混频器

宽的输出带宽：DC-2.4GHz；

宽的本振带宽：DC-2.4GHz；

高的混频线性：输出 1dB 压缩点为 3.0dBm，线性范围可调；

50Ω 单端射频输入阻抗；

差分集电极开路混频输出。

MC13143 是由 Gilbert 乘法器构成的双平衡混频器，其电路原理图如图6.2.20所示。射频放大级由 Q_5、Q_6、Q_7、Q_8 组成。RF 信号单端输入，通过 Q_7、Q_8 组成的镜像电流源将单端的 RF 信号变换为差分信号分别馈入共基放大器 Q_5、Q_6 的发射极。Q_1、Q_2、Q_3、Q_4、Q_5、Q_6 构成双平衡模拟乘法器。与典型的 Gilbert 单元不同的是此处 Q_5、Q_6 接成共基形式。

本电路的特点是可以从①脚馈入控制电流(0～2.3mA),通过改变 RF 级的直流工作点来改善其线性。当控制电流为 2.3mA 时,三阶互调截点可达 $IIIP_3 = 20$dBm。

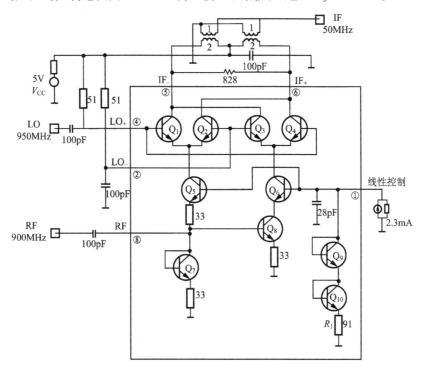

图 6.2.20　四象限乘法器构成的双平衡混频器 MC13143

使用时,本振端 Q_1、Q_2、Q_3、Q_4 的偏置由片外两个 51Ω 电阻与电源 V_{CC} 相连而设定。为了获得最佳的混频增益,要求外部本振源输入 −10dBm。中频输出端可以通过变压器或 LC 回路来实现阻抗变换和双端变单端,并与中频滤波器相连,如图 6.2.21 所示。该混频器的变频增益可达 3.0dB,噪声系数为 12dB。如果采用中频陶瓷滤波器,它的插入损耗为 3dB,则包括滤波器在内的整个混频器系统的增益为 0dB,噪声系数为 15dB。

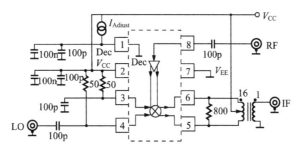

图 6.2.21　超低功耗 DC-2.4GHz 线性混频器 MC13143 应用图

产品二:MAX2680 是 MAXIM 公司生产的低噪声、硅锗下变频器,其主要特性是:
射频、本振频率　　400MHz～2.5GHz

中频　　　　　　　10～500MHz

电源电压　　　　　+2.7～+5.5V

低功耗关闭模式(shutdown mode)电流<0.1μA

变频电路是由 Gilbert 单元构成的双平衡混频器,射频、本振均单端输入,中频单端输出。芯片外形如图 6.2.22 所示。

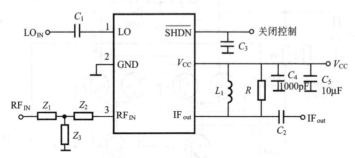

图 6.2.22　MAX2680 典型应用电路

作为混频器,MAX2680 的主要性能指标如表 6.2.1 所示(以频率 1950MHz 为例)。

表 6.2.1　MAX2680 主要性能指标

($V_{CC} = \overline{SHDN} = +3.0V, T_A = +25℃, P_{LO} = -5dBm, P_{RF_{in}} = -25dBm$。$RF_{in}$ 和 IF_{out} 端均匹配到 50Ω)

名　称	测试频率	典型值	注　释
变频功率增益	$f_{RF} = 1950MHz$ $f_{LO} = 1880MHz$ $f_{IF} = 70MHz$	7.6 dB	
输入三阶截点	$f_{RF1} = 1950MHz$ $f_{RF2} = 1951MHz$ $f_{LO} = 1880MHz$　$f_{IF} = 70MHz$	-8.2dBm	$f_{IF} = f_{LO} - (2f_{RF2} - f_{RF1})$
噪声系数(单边)	$f_{RF} = 1950MHz$ $f_{LO} = 2020MHz$ $f_{IF} = 70MHz$	8.3dB	
本振在中频口泄漏	$f_{LO} = 1880MHz$	-22dBm	
本振在射频口泄漏	$f_{LO} = 1880MHz$	-26dBm	
IF/2 寄生响应	$f_{RF} = 1915MHz$ $f_{LO} = 1880MHz$ $f_{IF} = 70MHz$	-51dBm	$f_{IF} = 2f_{RF} - 2f_{LO}$

　　MAX2680 典型应用电路如图 6.2.22 所示,使用时要注意各端口的阻抗匹配。

　　MAX2680 的本振口是一宽带口,从 400MHz 到 2.5GHz 电压驻波比优于2.0:1,本振电压输入电平范围是 -10dBm 到 0dBm(50Ω 源阻抗)。射频口的输入阻抗、中频输出阻抗及阻抗匹配网络参数分别如表 6.2.2 和表 6.2.3 所示。

表 6.2.2 输入匹配阻抗

参数名称	400MHz	900MHz	1950MHz	2450MHz
输入阻抗	179 − j356	54 − j179	32 − j94	33 − j73
匹配元件 Z_1	86 nH	270 pF	1.5 pF	short
匹配元件 Z_2	270 pF	22 nH	270 pF	270 pF
匹配元件 Z_3	open	open	1.8 nH	1.8 nH

表 6.2.3 输出匹配阻抗

参数名称	45MHz	70MHz	240MHz
输出阻抗	960 − j372	803 − j785	186 − j397
匹配元件 L_1	390 nH	330 nH	82nH
匹配元件 C_2	39 pF	15 pF	3 pF
匹配元件 R	250Ω	open	open

小结：

本节从混频器的变频原理、变频增益、线性和口间隔离出发分析了有源混频器的电路结构与特点。

（1）混频器有单管、双栅场效应管、单平衡和双平衡多种形式，采用平衡结构的目的是为了抵消混频过程中产生的无用的组合频率分量。

（2）混频器均工作于线性时变状态，本振大信号控制时变特性，特别要明确的几个概念是时变跨导、变频跨导和变频增益。

（3）吉尔伯特模拟乘法器是应用得最为广泛的优良混频电路，由于三个口均采用双端平衡方式，隔离性能很好，输出频谱大大改善。

（4）射频级采用差分放大和加负反馈可以改善混频器线性。

6.3 无源混频器

6.3.1 二极管混频

1. 线性时变工作状态的二极管

如图 6.3.1(a)所示，二极管两端所加电压为 $v_D(t) = v_{LO}(t) + v_{RF}(t)$，设 $v_{LO}(t) = V_{LO}\cos\omega_{LO}t$，$v_{RF}(t) = V_{RF}\cos\omega_{RF}t$ 且 $V_{LO} \gg V_{RF}$，即 $v_{LO}(t)$ 是大信号，$v_{RF}(t)$ 是小信号。

二极管伏安特性在大信号作用下可以视为一条从原点出发（当势垒电位 V_B 不能忽略时，可加正偏置电压抵消 V_B），斜率为 g_D 的直线，由第二章式(2.6.2)知，此时二极管可以看成是受大信号控制的单向开关，其伏安特性可表示为

$$i_D = g_D S_1(\omega t) v_D(t) \tag{6.3.1}$$

式中，$S_1(\omega t)$ 是由本振电压控制的单向开关，开关重复频率为 ω_{LO}。则式(6.3.1)又可写成

$$i_D = g_D \cdot S_1(\omega_{LO}t) \cdot v_D(t) \tag{6.3.2}$$

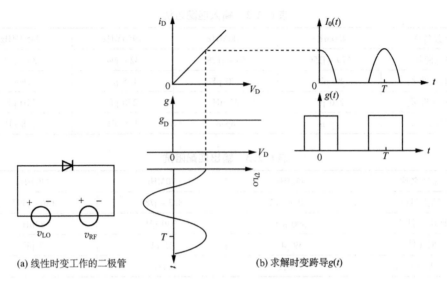

图6.3.1 线性时变工作状态的二极管

代入 $v_D(t)$ 表达式则可得

$$i_D = g_D S_1(\omega_{LO} t) \cdot [v_{LO}(t) + v_{RF}(t)] \tag{6.3.3}$$

此时,对二极管的两个输入信号来说,二极管是工作在线性时变工作状态。它对大信号 v_{LO} 是非线性时变的,而对小信号 v_{RF} 是线性的。式(6.3.3)可改写为

$$i_D = I_0(t) + g(t) \cdot v_{RF}(t) \tag{6.3.4}$$

比较式(6.3.3)和式(6.3.4)可得

$$I_0(t) = g_D S_1(\omega_{LO} t) v_{LO}(t) \tag{6.3.5}$$

$$g(t) = g_D S_1(\omega_{LO} t) \tag{6.3.6}$$

式中,$g(t)$ 为时变跨导,$g(t) = \dfrac{\partial i_D}{\partial v_D}\bigg|_{V_D = v_{LO}}$。

时变跨导 $g(t)$ 的重复频率取决于大信号 v_{LO} 的频率。求解时变跨导 $g(t)$ 波形的方法如图6.3.1(b)所示。也可以将 $S_1(\omega_{LO})$ 的展开式代入式(6.3.6),得到 $g(t)$ 的表达式:

$$g(t) = g_D \times \left(\frac{1}{2} + \frac{2}{\pi}\cos\omega_{LO} t - \frac{2}{3\pi}\cos3\omega_{LO} t + \frac{2}{5\pi}\cos5\omega_{LO} t - \cdots \right)$$

时变跨导的基波分量为

$$g_1(t) = \frac{2}{\pi} g_D \cos\omega_{LO} t \tag{6.3.7}$$

作为混频器时,由式(6.3.4)可知,中频电流由时变跨导 $g(t)$ 的基波分量与射频电压 $v_{RF}(t)$ 相乘得到,中频电流为

$$i_{IF}(t) = g_D \frac{1}{\pi} V_{RF}\cos(\omega_{RF} - \omega_{LO})t = \frac{1}{\pi} g_D V_{RF}\cos\omega_{IF} t \tag{6.3.8}$$

根据变频跨导的定义,此单二极管混频器的变频跨导是

$$g_{fc} = \frac{I_{IF}}{V_{RF}} = \frac{1}{\pi} g_D \tag{6.3.9}$$

由式(6.3.3)所示的输出电流中含有众多的组合频率分号,因此,在实际中一般不用上述的单二极管混频器,而常用下面介绍的二极管双平衡混频器。

2. 二极管双平衡混频器

图 6.3.2 所示是最常用的二极管双平衡混频器,也称环行混频器。它由四只性能一致的二极管组成环路,具有 LO、RF、IF 三个端口。本振电压 $v_{LO}(t) = V_{LO}\cos\omega_{LO}t$ 和射频电压 $v_{RF}(t) = V_{RF}\cos\omega_{RF}t(V_{LO} \gg V_{RF})$ 分别从 LO 口和 RF 口输入,它们都通过变压器将单端输入变为平衡输入并进行阻抗变换。中频 IF 口是不平衡输出。

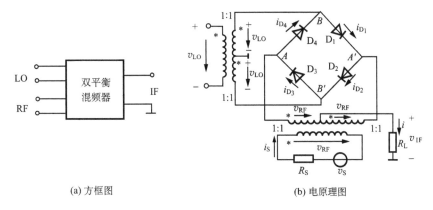

(a) 方框图   (b) 电原理图

图 6.3.2 二极管双平衡混频器

可以从以下五个方面来分析上述混频器的工作原理和特性。

（1）等效电路

由于本振信号幅度远大于射频信号,因此二极管可以看作本振信号控制下的开关。由图 6.3.2(b)所示,二极管 D_1、D_2 与 D_3、D_4 两端的电压分别是

$$v_{D_1} = v_{LO} - v_{IF} + v_{RF}, \qquad v_{D_2} = v_{LO} + v_{IF} - v_{RF}$$

$$v_{D_3} = -v_{LO} - v_{IF} - v_{RF}, \qquad v_{D_4} = -v_{LO} + v_{IF} + v_{RF}$$

根据每个二极管所加的本振电压的极性可以判断,二极管 D_1、D_2 与 D_3、D_4 分别在本振信号的两个不同的半周内导通,因此表示二极管的开关函数应相差 180°。

分别画出当 $v_{LO}(t)$ 为正时,二极管 D_1、D_2 导通,以及 $v_{LO}(t)$ 为负时,二极管 D_3、D_4 导通的等效电路,如图 6.3.3(a)、(b)所示,并列出相应的回路方程。在 $v_{LO}(t)$ 为正时,图 6.3.3(a)的回路方程如下:

$$v_{LO} + v_{RF} + (i_{D_2} - i_{D_1})R_L - i_{D_1}R_D = 0$$

$$-v_{LO} + v_{RF} + (i_{D_2} - i_{D_1})R_L + i_{D_2}R_D = 0$$

解回路方程组得

$$i_{D_1} - i_{D_2} = \frac{2v_{RF}(t)}{2R_L + R_D}S_1(\omega_{LO}t) \tag{6.3.10}$$

同理可求得

$$i_{D_3} - i_{D_4} = \frac{-2v_{RF}(t)}{2R_L + R_D}S_1(\omega_{LO}t + \pi) \tag{6.3.11}$$

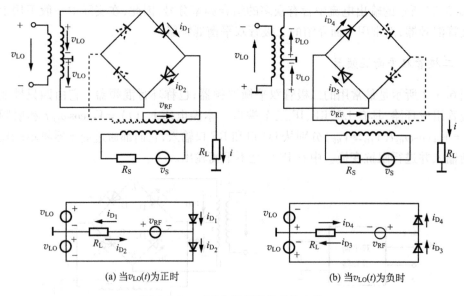

(a) 当 $v_{LO}(t)$ 为正时   (b) 当 $v_{LO}(t)$ 为负时

图 6.3.3 双平衡混频器的等效电路

上面两式用开关函数 $S_1(\omega_{LO}t)$ 和 $S_1(\omega_{LO}t+\pi)$ 分别对应了本振电压的两个不同半周。

（2）输出中频电流

在本振信号整个周期内,流过中频口负载上的电流为两个半周的电流的合成,即

$$i = (i_{D_3} - i_{D_4}) + (i_{D_1} - i_{D_2}) = \frac{2v_{RF}(t)}{2R_L + R_D}[S_1(\omega_{LO}t) - S_1(\omega_{LO}t + \pi)]$$

$$= \frac{2v_{RF}(t)}{2R_L + R_D}S_2(\omega_{LO}t) \tag{6.3.12}$$

式中,$S_2(\omega_{LO}t)$ 为重复频率为 ω_{LO} 的双向开关。

取差频 $\omega_{IF} = \omega_{RF} - \omega_{LO}$ 为中频,则中频电流为

$$i_{IF}(t) = \frac{4}{\pi}\frac{V_{RF}}{R_D + 2R_L}\cos\omega_{IF}t \tag{6.3.13}$$

由于中频负载电阻是 R_L,则输出中频电压是

$$v_{IF}(t) = R_L\frac{4}{\pi}\frac{V_{RF}}{R_D + 2R_L}\cos\omega_{IF}t \tag{6.3.14}$$

当 $R_L \gg R_D$ 时,上式简化为

$$v_{IF}(t) \approx \frac{2}{\pi}V_{RF}\cos\omega_{IF}t \tag{6.3.15}$$

（3）射频输入电流与输入阻抗

从上面的分析可以看出,在本振周期的两个不同半周内,流过射频线圈两部分的二极管电流方向相同,所以感应到 RF 变压器初级的电流 i_S 为

$$i_S = (i_{D_1} - i_{D_2}) - (i_{D_3} - i_{D_4}) = \frac{2v_{RF}(t)}{2R_L + R_D} \approx \frac{v_{RF}(t)}{R_L} \tag{6.3.16}$$

由式(6.3.16)可见,i_S 中只有射频,没有本振和中频分量。

混频器在 RF 口的输入阻抗定义为射频电压与射频电流之比,即

$$R_{\mathrm{RFi}} = \frac{V_{\mathrm{RF}}}{I_{\mathrm{S}}} = R_{\mathrm{L}} \qquad (6.3.17)$$

二极管双平衡器的输入阻抗等于中频负载电阻。

（4）隔离特性

只要平衡混频器的各二极管性能一致,变压器完全对称,由式(6.3.12)看出,中频口的负载电流中既没有本振分量也没有射频分量,而从式(6.3.16)中也知射频口不包含本振分量,这是由于电路的对称性。在图 6.3.2 中,点 A 和 A' 对本振信号而言是虚地点,所以本振信号不会流过 RF 线圈和中频口。同理,由于对称,图 6.3.2 中的点 B 和 B' 对射频信号而言也是虚地点,射频信号不会流过本振线圈,所以本振与 RF 口和 IF 口之间有很好的隔离。

（5）二极管双平衡混频器的变频损耗

设射频端信号源与混频器输入阻抗匹配,即 $R_{\mathrm{S}} = R_{\mathrm{RFi}}$,如图 6.3.2 所示,则必有 $V_{\mathrm{S}} = 2V_{\mathrm{RF}}$,$V_{\mathrm{S}}$ 为射频信号源幅度。因此,射频信号输入功率为

$$P_{\mathrm{RF}} = \frac{1}{2}\frac{V_{\mathrm{S}}^2}{4R_{\mathrm{S}}} = \frac{1}{2}\frac{V_{\mathrm{RF}}^2}{R_{\mathrm{L}}} \qquad (6.3.18)$$

由式(6.3.15)知中频功率为

$$P_{\mathrm{IF}} = \frac{1}{2}\left(\frac{2}{\pi}V_{\mathrm{RF}}\right)^2 \Big/ R_{\mathrm{L}} = \frac{2}{\pi^2}\frac{V_{\mathrm{RF}}^2}{R_{\mathrm{L}}} \qquad (6.3.19)$$

则混频损耗为

$$L = 10\lg\frac{P_{\mathrm{RF}}}{P_{\mathrm{IF}}} = 10\lg\frac{\pi^2}{4} \approx 4\mathrm{dB} \qquad (6.3.20)$$

小结:

二极管双平衡混频器通过四只工作在线性时变状态的二极管完成了混频功能,混频增益小于 1,它的三个端口的隔离特性靠四只二极管的性能一致性及变压器的对称性保证。它还可以应用于调制、解调等频谱搬移电路或鉴相电路。

表 6.3.1 给出了美国 Mini-Circuits 公司生产的部分二极管双平衡混频器的指标。

表 6.3.1　美国 Mini-Circuits 公司生产的二极管双平衡混频器产品指标
（本振功率 +23dBm,射频最高可达 +15dBm）

型号	频率/MHz		变频损耗/dB（频带中段）	LO-RF 隔离/dB	LO-IF 隔离/dB
	LO/RF	IF			
RAY-1	5 ~ 500	DC − 500	6.57	40	40
RAY-2	10 ~ 1000	DC − 1000	6.89	40	35
ZMY-1	5 ~ 500	DC − 500	6.62	40	40
ZAY-1	5 ~ 500	DC − 500	6.57	40	40

6.3.2 无源场效应管混频器

无源场效应管混频器也称场效应管电阻混频器,在通信中应用得也很多。它有很多二极管和有源场效应管混频器所不具备的优点。无源场效应管混频器利用了场效应管在 $v_{GS} > V_{GS(th)}$ 和 $v_{DS} < (v_{DS} - V_{GS(th)})$ 且 v_{DS} 很小时,场效应管处于可变电阻区的特性。处于可变电阻区 FET 的漏极电流为

$$i_D \approx \beta_n(v_{GS} - V_{GS(th)})v_{DS} \qquad (6.3.21)$$

对 v_{DS} 而言,可把 FET 看作是电导大小为

$$g = \frac{i_D}{v_{DS}} = \beta_n(v_{GS} - V_{GS(th)}) \qquad (6.3.22)$$

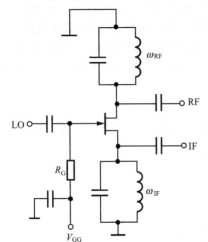

图 6.3.4 工作在 1GHz 以下的 FET
电阻混频器

的线性电阻,其电阻值受栅压 v_{GS} 控制。令 $v_{GS} = v_{LO}(t)$,则控制沟道电阻的电压是本振信号,沟道电阻变成了时变电阻,它的变化频率就是 ω_{LO}。现让 $v_{DS} = v_{RF}(t)$,则电压 v_{DS} 通过时变沟道电阻产生的漏极电流由式(6.3.21)可知,包含有 $\omega_{RF} \pm \omega_{LO}$ 的频率成分,即可以完成频率变换功能。中频($\omega_{IF} = |\omega_{RF} - \omega_{LO}|$)电流可以从漏极或源极取出。

图 6.3.4 表示出了实际的可工作在 1GHz 以下的 FET 电阻混频器。该电路特点是:①栅极直流偏置 V_{GG} 接近于夹断电压 $V_{GS(th)}$,本振电压加在栅极上控制 v_{GS}。②漏极没有加直流电源,但需有直流通路(回路线圈),静态时 $v_{DS} = 0$,所以称为无源混频器。射频电压加在漏极上,使 $v_{DS} = v_{RF}(t)$,漏极回路谐振于射频频率 ω_{RF}。③中频信号由源极输出,源极回路谐振于中频频率 ω_{IF}。

设计该混频器时要注意以下事项。

1) FET 的漏极对 LO 频率必须是短路的,因为只有保证了 v_{DS} 不受 v_{LO} 的影响,才能实现 $i_D \sim v_{DS}$ 间的线性关系。

2) FET 的漏极必须对中频短路,一是保证线性,二是防止中频漏向 RF 口,并且 RF 口应很好地与前端匹配(一般是 50Ω)。

3) 中频口应对 LO 和 RF 提供很好的滤波,并与中频滤波器匹配。

4) 为了减少本振源提供的功率,栅极应与 LO 源匹配。当漏极是对本振频率短路时,FET 的输入阻抗主要是由电容 C_{gs} 引起,电阻部分主要考虑栅极的直流偏置电阻 R_G 的选取。

5) 直流偏置应设置在等于或略低于 FET 的夹断电压。本振电压的幅度尽可能大,可以在使栅极导通的门限电压至雪崩击穿的门限电压之间变化。

6) FET 的漏极应提供直流到地的通路,如图 6.3.4 中的 RF 回路线圈。

FET 电阻混频器的最大优点是非线性失真小。在二极管混频器和有源 FET 混频器中,它们是利用了器件的非线性实现混频的,这种非线性同时也产生了互相调制等非线性失真。但在 FET 电阻混频器中,完成混频功能只是利用比值 $\dfrac{i_D}{v_{DS}}$,即沟道电阻受本振信号线性控制。当 v_{DS} [也即 $v_{RF}(t)$ 信号]很小时,输出电流 i_D 与 v_{DS} 有良好的线性。因此失真就非常小。FET 电阻混频器的三阶互调截点输入电平可达 30dBm。

FET 电阻混频器的噪声也比较小,因为它的噪声纯粹是沟道电阻的热噪声。与二极管混频器相比,后者包含了明显的 PN 结的散粒噪声。

FET 电阻混频器也可以做成平衡结构,请参阅有关参考文献(Larson L E 1997)。

习　题

6-1　变频电路的变频增益与放大器的增益定义有何不同？为什么同一晶体管作为放大器工作时，其增益高于变频时的增益？

6-2　IS-54 数字蜂窝通信系统的接收频带为 869～894MHz，第一中频为 87MHz，信道带宽 30kHz。问两种可能的本振频率范围是多少？对应的镜像频率是多少？

6-3　理想乘法器作为混频器，比较本振电压采用幅度相同的正弦波和方波时，变频跨导大小的变化和对滤波器的要求。

6-4　如图 6-P-4 所示，(a) 为二极管混频器与中频放大器，(b) 为场效应管混频器与中频放大器，混频器及放大器的增益（或损耗）及噪声系数均如图所示。分别计算中频放大器的噪声系数为 $NF_A = 0$ 及 $NF_A = 10\text{dB}$ 时，两个系统的总噪声系数。

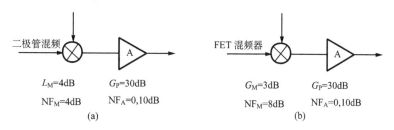

图 6-P-4

6-5　一混频器，当输入功率为 −10dBm 时，增益产生 1dB 压缩，此时对应的输出功率为 1dBm，且知对应三阶互调截点的 $\text{OIP}_3 = 15\text{dBm}$。现测得三阶互调失真输出功率为 $P_{IM} = -62\text{dBm}$，试求两个干扰信号输入电平 P_M，并画出输出信号功率 P_1、三阶互调失真输出功率 P_{IM} 对输入功率曲线图。

6-6　图 6-P-6 所示，三极管混频电路中，$V_{BB} = 0$，三极管的转移特性为

$$i_c = \begin{cases} av_{BE}^2 & v_{BE} > 0 \\ 0 & v_{BE} \leqslant 0 \end{cases}$$

设输入信号为 $v_{RF}(t) = V_{RF}\cos\omega_{RF}t$，$v_{LO}(t) = V_{LO}\cos\omega_{LO}t$（$V_{RF} \ll V_{LO}$）。试求混频器的变频跨导 g_{fc} 和变频电压增益 A_V。

6-7　一非线性器件的伏安特性为

$$i = \begin{cases} g_D v & v > 0 \\ 0 & v \leqslant 0 \end{cases}$$

式中，$v = V_Q + v_1 + v_2 = V_Q + V_{1m}\cos\omega_1 t + V_{2m}\cos\omega_2 t$。若 V_{2m} 很小，满足线性时变条件，则在 $V_Q = -V_{1m}/2$、0、V_{1m} 三种情况下，画出 $g_m(t)$ 波形并求出时变增量电导 $g_m(t)$ 的表示式，分析该器件在什么条件下能实现振幅调制、解调和混频等频谱搬移功能。

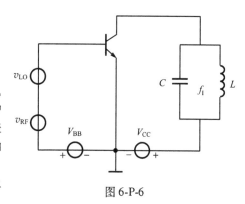

图 6-P-6

6-8　一双差分对平衡调制器如图 6-P-8 所示，其单端输出电流为

$$i_1 = \frac{I_0}{2} + \frac{i_5 - i_6}{2}\text{th}\frac{qv_1}{2kT} \approx \frac{I_0}{2} + \frac{v_2}{R_E}\text{th}\frac{qv_1}{2kT}$$

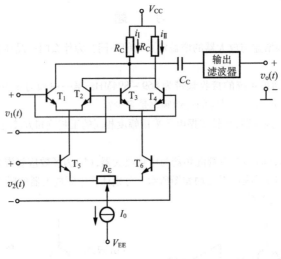

图 6-P-8

试分析为实现下列功能(不失真),两输入端各自应加什么信号电压? 输出端电流包含哪些频率分量,输出滤波器的要求是什么?

(1) 混频(取 $\omega_1 = \omega_L - \omega_C$);

(2) 双边带调制;

(3) 双边带调制波解调。

6-9 差分对混频器电路如图 6-P-9 所示,设输出回路谐振于差频上,且对调制信号有足够的通带,回路空载品质因数 $Q_0 = 100$,晶体管 $\beta \gg 1$,本振电压 $v_L(t) = 90\cos 10^8 t\,(\text{mV})$,$v_S(t) = [1 + mf(t)]\cos(9 \times 10^7 t)\,(\text{mV})$。试求输出电压 $v_o(t)$ 表达式。

6-10 2.4GHz 场效应管混频器,场效应管的参数为 $R_i = 10\Omega$,$C_{gs} = 0.3\text{pF}$,$R_{ds} = 300\Omega$,$C_{ds} \approx 0$,变频跨导 $g_{fc} = 10\text{ms}$。问:

(1) 为匹配,射频口的 RF 源阻抗应为多少? 中频负载应多大?

(2) 匹配时,该混频器的变频电压增益是多少? 变频功率增益是多少?

6-11 在图 6-P-11 所示场效应管混频器原理电路中,已知场效应管的静态转移特性为 $i_D = I_{DSS}\left(1 - \dfrac{v_{GS}}{V_{GS(off)}}\right)^2$。在满足线性时变条件下,试画出下列两种情况下 $g_m(t)$ 的波形图并导出混频跨导 g_{fc} 表达式。

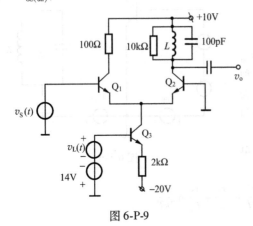

图 6-P-9

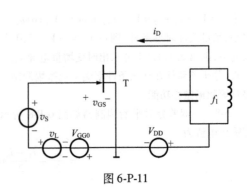

图 6-P-11

（1）$V_{GG0} = |V_{GS(off)}|/2, V_{Lm} \leqslant |V_{GS(off)}|/2$；

（2）$V_{GG0} = |V_{GS(off)}|, V_{Lm} \leqslant |V_{GS(off)}|$。

6-12 已知混频电路的输入信号电压 $v_S(t) = V_{Sm}\cos\omega_c t$，本振电压 $v_L(t) = V_{Lm}\cos\omega_L t$，静态偏置电压 $V_Q = 0V$。在满足线性时变条件下，试分别求出具有图 6-P-12 所示两种伏安特性的混频管的混频跨导 g_{fc}。

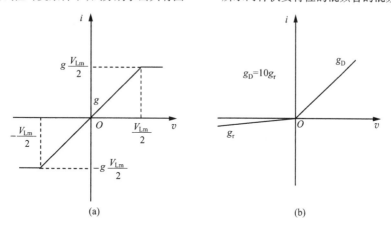

图 6-P-12

6-13 （1）图 6-P-13 所示为一变频电路，分析其工作原理，计算本振频率。

（2）若本振电压 $v_L(t) = 260\cos\omega_L t$（mV），计算该变频器的变频跨导。

（3）若射频输入电流为 $i_{RF} = (1 + \cos10^3 t)\cos10^7 t$（μA），变压器 M_1 初次级匝数比为 10:1，求中频输出电压 $v_o(t)$ 的表达式。

6-14 试求图 6-P-14 所示的单平衡混频器的输出电压 $v_o(t)$ 表示式。设二极管的伏安特性均为从原点出发，斜率为 g_D 的直线，且二极管工作在受 v_L 控制的开关状态。

6-15 试求图 6-P-15 所示电路的混频损耗 L_M。假设各二极管均工作在受 v_L 控制的开关状态，且 $R_D \ll R_L$。

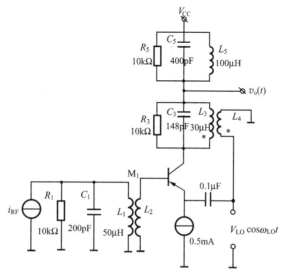

图 6-P-13

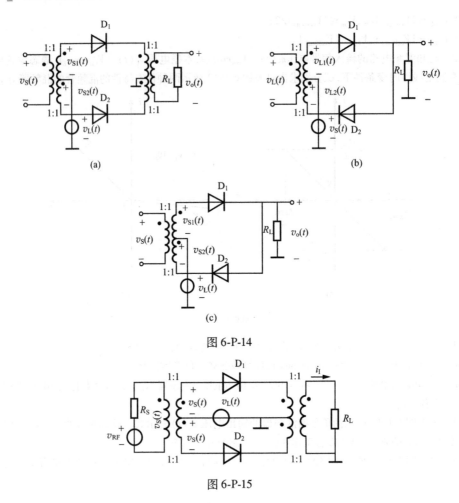

图 6-P-14

图 6-P-15

6-16 双平衡场效应管无源混频器如图 6-P-16 所示,设场效应管在本振电压作用下为理想开关,中频口接电阻 R_S。问:

(1) 其工作原理和中频口所含频谱成分。

(2) 变频电压增益为多少?

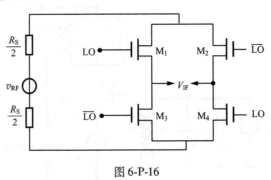

图 6-P-16

6-17 在一超外差式广播收音机中,中频频率 $f_1 = f_L - f_S = 465\text{kHz}$。试分析下列现象属于何种干扰,又是如何形成的。

（1）当收到频率 $f_S = 931\text{kHz}$ 的电台时,伴有频率为 1kHz 的哨叫声;

（2）当收听频率 $f_S = 550\text{kHz}$ 的电台时,听到频率为 1480kHz 的强电台播音;

（3）当收听频率 $f_S = 1480\text{kHz}$ 的电台播音时,听到频率为 740kHz 的强电台播音。

6-18　超外差式广播收音机的接收频率范围为 535 ~ 1605kHz,中频频率 $f_1 = f_L - f_S = 465\text{kHz}$。试问:

（1）当收听 $f_S = 702\text{kHz}$ 电台的播音时,除了调谐在 702kHz 频率刻度上能收听到该电台信号外,还可能在接收频段内的哪些频率刻度上收听到该电台信号(写出最强的两个)? 它们各自是通过什么寄生通道形成的?

（2）当收听 $f_S = 600\text{kHz}$ 的电台信号时,还可能同时收听到哪些频率的电台信号(写出最强的两个)? 各自是通过什么寄生通道形成的?

6-19　晶体三极管混频器的输出中频频率为 $f_1 = 200\text{kHz}$,本振频率为 $f_L = 500\text{kHz}$,输入信号频率为 $f_S = 300\text{kHz}$。晶体三极管的静态转移特性在静态偏置电压上的幂级数展开式为 $i_C = I_0 + av_{be} + bv_{be}^2 + cv_{be}^3$。设还有一干扰信号 $v_M = V_{Mm}\cos(2\pi \times 3.5 \times 10^5 t)$ 作用于混频器的输入端。试问:

（1）干扰信号 v_M 通过什么寄生通道变成混频器输出端的中频电压?

（2）若转移特性为 $i_C = I_0 + av_{be} + bv_{be}^2 + cv_{be}^3 + dv_{be}^4$,求其中交叉调制失真的振幅;

（3）若改用场效应管,器件工作在平方律特性的范围内,试分析干扰信号的影响。

6-20　混频器中晶体三极管在静态工作点上展开的转移特性由下列幂级数表示:$i_C = I_0 + av_{be} + bv_{be}^2 + cv_{be}^3 + dv_{be}^4$。已知混频器的本振频率为 $f_L = 23\text{MHz}$,中频频率 $f_1 = f_L - f_S = 3\text{MHz}$。若在混频器输入端同时作用 $f_{M_1} = 19.6\text{MHz}$ 和 $f_{M_2} = 19.2\text{MHz}$ 的干扰信号,试问在混频器输出端是否会有中频信号输出? 它是通过转移特性的几次项产生的?

第七章 振 荡 器

振荡器作为混频器的本振源,产生正弦波作为本振信号送入混频器。从能量的观点看,放大器是一种在输入信号的控制下,将直流电源提供的能量转变为按输入信号规律变化的交变能量的电路。而正弦波振荡器是不需要输入信号控制就能自动地将直流电源的能量转变为特定频率和振幅的正弦交变能量的电路。

对于振荡器的输出信号,应该有以下指标来衡量:一是频率,即频率的准确度与稳定度;二是振幅,即振幅的大小与稳定性;三是波形及波形的失真;四是输出功率,要求该振荡器能带动一定阻抗的负载。

振荡器按其构成原理可分为反馈型振荡器和负阻型振荡器两大类。这里说的负阻型振荡器主要是指采用负阻器件和谐振回路组成的振荡器,利用负阻器件的负电阻效应与谐振回路中的损耗正电阻相抵消,维持谐振回路的稳定振荡。常用的负阻器件有隧道二极管,负阻振荡器常用在微波段。本章主要介绍反馈型振荡器,讨论反馈型振荡器的工作原理、设计方法、影响性能指标的因素及典型线路。本质上反馈型振荡器就是负阻型振荡器,也可以用负阻的原理来分析,详见下面介绍。

7.1 反馈型振荡器的基本原理

7.1.1 反馈型振荡器的基本组成与平衡条件

1. 基本组成

反馈型振荡器是基于放大与反馈的机理而构成的,对于任何一个带有反馈的放大电路,都可以画成如图 7.1.1(a) 所示,其输入输出满足以下关系:

$$\dot{V}_{o} = \dot{A}(j\omega)\dot{V}_{i} \tag{7.1.1}$$

$$\dot{V}_{F} = \dot{F}(j\omega)\dot{V}_{o} \tag{7.1.2}$$

$$\dot{V}_{i} = \dot{V}_{s} + \dot{V}_{F} \tag{7.1.3}$$

式中,$\dot{A}(j\omega)$ 和 $\dot{F}(j\omega)$ 分别为不带反馈的放大器增益和反馈系数。则反馈放大器的增益为

$$\dot{A}_{f} = \frac{\dot{V}_{o}}{\dot{V}_{s}} = \frac{\dot{A}}{1 - \dot{A}\dot{F}} \tag{7.1.4}$$

当 $\dot{A}\dot{F} = 1$ 时,该反馈放大器具有无限大增益,也即,当输入信号为零时,放大器具有有限输出,这就是振荡器。因此,可将反馈型振荡器画成如图 7.1.1(b) 所示结构。由图知,这时反馈电压 $\dot{V}_{F}$ 恰好等于放大器所需的输入电压 $\dot{V}_{i}$,振荡器达平衡,且 $\dot{A}\dot{F} = 1$。

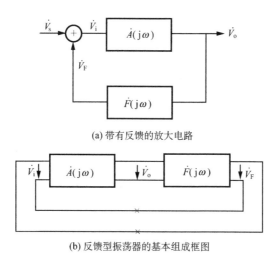

(a) 带有反馈的放大电路

(b) 反馈型振荡器的基本组成框图

图 7.1.1　反馈型振荡器组成框图

正弦波振荡器要求输出角频率为 ω_{osc} 的正弦信号,即只能在频率 ω_{osc} 上满足 $\dot{A}(j\omega_{osc}) \cdot \dot{F}(j\omega_{osc}) = 1$。为此,在振荡环路中,必须有选频网络或移相网络给予保证,而且这个选频网络的选频滤波性能越好,振荡器的频谱就越纯。选频网络可以是并联或串联的 LC 回路,或石英晶体谐振器,声表面波谐振器或者 RC 相移网络等。这个选频网络可以作为放大器的负载构成选频放大器(图 7.1.3),也可以作为反馈网络构成选频反馈。

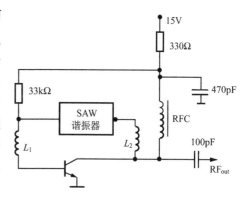

图 7.1.2　正弦波振荡器

例如在图 7.1.2 所示振荡电路中,反馈网络为声表面波谐振器,跨接在放大器的输入和输出之间构成正弦波振荡。

2. 平衡条件

定义反馈振荡器的环路增益为

$$\dot{T}(j\omega) = \frac{\dot{V}_F}{\dot{V}_i} = \dot{A}(j\omega) \cdot \dot{F}(j\omega)$$

图 7.1.1(b)所示,环路增益 $\dot{T}(j\omega)$ 是在 × 处断开,并考虑了放大器的输入阻抗对反馈网络的影响后的开环增益。

根据以上分析可知,在振荡器达平衡时,必须满足两个条件:一个是振幅平衡条件,即环路增益的模为 1,即

$$|\dot{T}(j\omega_{osc})| = |\dot{A}(j\omega_{osc}) \cdot \dot{F}(j\omega_{osc})| = 1 \tag{7.1.5}$$

振幅平衡条件可以用来估算振荡器的输出幅度(见后面分析);第二个是相位平衡条件,环路增益的相移为 0,即

$$\varphi_{\dot{T}(j\omega_{osc})} = \varphi_{\dot{A}(j\omega_{osc})} + \varphi_{\dot{F}(j\omega_{osc})} = 2n\pi \qquad (n = 0,1,2,\cdots) \qquad (7.1.6)$$

即 $\dot{V}_F$ 与 $\dot{V}_i$ 同相,满足正反馈条件。

相位平衡条件可以用来求出振荡器的振荡频率。设某振荡器电路(交流通路)如图7.1.3所示,选频网络是并联 LC 回路,其谐振频率为 ω_0。它作为晶体管放大器的负载,构成选频放大器。采用变压器耦合作为反馈网络,变压器的初次级的同名端必须如图所示,才能保证正反馈条件。

该放大器的增益为

$$\dot{A}(j\omega) = \frac{\dot{V}_o}{\dot{V}_i} = \dot{g}_m \dot{Z}(j\omega) \qquad (7.1.7)$$

$\dot{g}_m$ 是晶体管在振荡器平衡时的平均跨导,$\dot{Z}(j\omega)$ 是计及晶体管输入阻抗影响后的并联回路的阻抗,反馈网络的反馈系数为 $\dot{F}(j\omega) = \dfrac{\dot{V}_F}{\dot{V}_o} = n, n = \dfrac{N_2}{N_1}$ 是变压器的次初级匝数比,振荡器的环路增益为

$$\dot{T}(j\omega) = \dot{A}(j\omega) \cdot \dot{F}(j\omega) = \dot{g}_m \dot{Z}(j\omega) \cdot \dot{F}$$

其相位条件应满足

$$\varphi_{\dot{T}(j\omega)} = \varphi_{\dot{g}_m} + \varphi_{\dot{Z}(j\omega)} + \varphi_{\dot{F}} = 0$$

即

$$\varphi_{\dot{Z}(j\omega)} = -(\varphi_{\dot{g}_m} + \varphi_{\dot{F}}) \qquad (7.1.8)$$

式中,$\varphi_{\dot{g}_m}$、$\varphi_{\dot{Z}(j\omega)}$、$\varphi_{\dot{F}}$ 分别是晶体管的跨导 $\dot{g}_m$、并联谐振回路的阻抗 $\dot{Z}$ 及反馈系数 $\dot{F}$ 的相角。一般说来,$\varphi_{\dot{g}_m}$ 和 $\varphi_{\dot{F}}$ 都很小,而且几乎不随 ω 而变化,而并联回路的相频特性是

$$\varphi_{\dot{Z}(j\omega)} \approx -\arctan 2Q\frac{\omega - \omega_0}{\omega_0}$$

将式(7.1.8)画于图7.1.4上,显然在它们的交点 ω_{osc} 处,环路增益的相移为零,即振荡器的振荡频率 $\omega = \omega_{osc}$。图中 $\omega_{osc} \neq \omega_0$,表明在振荡器平衡时,谐振频率为 ω_0 的并联谐振回路是失谐的,此失谐量产生的相移恰好抵消晶体管的 $\dot{g}_m$ 和反馈系数 $\dot{F}$ 的相移,保证整个环路的相移为零,即 $\dot{V}_F$ 与 $\dot{V}_i$ 同相。

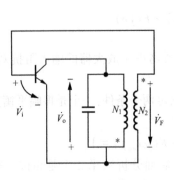

图7.1.3 LC 振荡器电路

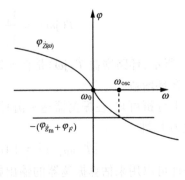

图7.1.4 振荡器的相位条件

一般来说,只要管子的特征频率选得合适,使其正向传输的相移可以忽略,则 $\varphi_{\bar{g}_m} = 0$。而图中 $\dot{F}$ 是变压器的匝数比 n,所以 $\varphi_{\dot{F}} = 0$。因此 $\varphi_{\dot{T}} \approx \varphi_{\dot{Z}}$,此时 $\omega_{osc} = \omega_0$。

由此可以得出以下结论。

1) 振荡器的相位平衡条件,决定了它的振荡频率。当晶体管和反馈网络引入的相移可以忽略时,振荡器的振荡频率近似等于选频回路的中心频率。

2) 振荡器环路增益的相频特性,主要取决于环路中选频回路的相频特性,而选频回路的相频特性与回路的 Q 值有密切关系,Q 越大,相频特性的斜率越陡,回路的选频滤波功能也越好。

7.1.2 起振条件

振荡器在平衡时的输出,是靠振荡器在接通电源瞬间产生的电流突变以及电路内各种微弱噪声通过振荡环路内的选频回路选频,循环地送入放大器放大和反馈而形成的。为了保证输出信号从无到有幅度不断增长,在振荡建立过程中,反馈电压 V_F 和原输入电压(起先是噪声)V_i 必须同相,并且 $V_F > V_i$,因此振荡器的起振条件是:

(1) 振幅条件

$$| \dot{T}(j\omega) | = \left| \frac{\dot{V}_F}{\dot{V}_i} \right| = | \dot{A}(j\omega) | \cdot | \dot{F}(j\omega) | > 1 \qquad (7.1.9)$$

即环路增益 $T = AF > 1$,而且增益越大越易起振。

(2) 相位条件

$$\varphi_{\dot{T}(j\omega)} = \varphi_{\dot{A}(j\omega)} + \varphi_{\dot{F}(j\omega)} = 0 \qquad (7.1.10)$$

即环路增益的相位为 0,满足正反馈条件。

对于振荡器的起振过程应特别注意的问题是:

1) 起振时,由于放大器工作在小信号条件,因此是线性工作状态,可以用晶体管小信号等效电路来计算其增益 $\dot{A}$。并且,为了获得较高增益 A,必须给放大器设置合适的工作点。

2) 在振荡建立过程中,环路增益 T 恒大于 1,放大器的输入 v_i 就不断增大,放大器从小信号工作条件逐渐变为大信号工作。如果外界不加任何措施,放大器就从线性放大器过渡到非线性放大器(出现了饱和与截止)。因此振荡器平衡时的增益 A 的计算方法不同于起振时,此时应采用晶体管的大信号平均参数,如式(7.1.7)中的平均跨导 $\bar{g}_m$。同时晶体管进入大信号非线性工作状态后,其集电极电流中包含丰富的谐波,会造成输出信号的波形失真。

3) 振荡器的振幅起振条件 $T = AF > 1$,保证了幅度不断增长,但随后又必须限制其增长,使振荡器达到平衡,即满足 $T = AF = 1$。因此在振荡环路中必须有一个非线性器件,它的某些参数应随信号的增大而变化,达到限幅的目的。一般这个非线性器件就是晶体管本身,晶体管的非线性特性使放大器的增益 A 随输入信号 V_i 的增大而减小,即增益压缩。图 7.1.5 画出了对应某一固定直流偏置放大器的增益 A 随 V_i 变化的曲线。

设振荡器的反馈系数 F 为常数,则环路增益 $T = AF$ 随信号 V_i 的变化曲线形状也同增益 A 随 V_i 的变化曲线 $A - V_i$,如图 7.1.5 所示。画出 $T = 1$ 的水平线,与曲线 $T = AF$ 相交于 M,此 M 点即为振荡器的平衡点。由此平衡点可以估算出平衡时放大器输入幅度 V_i 或输

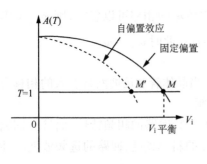

图 7.1.5　放大器的增益 A 随 V_i 变化的曲线

出幅度 $V_o(= AV_i)$ 的大小。

4) 在电路设计上可以采取一些外界措施帮助振荡器在起振过程中,将 $T = AF > 1$ 自动调节为平衡时的 $T = AF = 1$,从而减弱管子的非线性工作程度,以改善输出信号波形,减少失真。特别是不要让双极型晶体管工作于饱和区(场效应管工作于可变电阻区),因为处于饱和区的双极型晶体管,其输出阻抗很低,并联在选频回路两端会大大降低选频回路的 Q 值,严重影响选频回路的选频滤波功能,从而影响频率稳定度。这些外加使振荡器趋于平衡的方法称为外稳幅,而前面仅靠晶体管的非线性达振幅平衡,称为内稳幅。

常用的外稳幅措施有很多种,例如用差分放大器代替单管放大器。差分放大器的传输特性如图 7.1.6 所示。由于两管的集电极电流必须满足 $i_1 + i_2 = I_0$,当输入信号 V_i 增大时,一管趋于截止,另一管趋于恒流 I_0 ,因而输出被限幅,放大器增益下降。进入限幅状态的差分放大器不是依靠饱和而是依靠一管截止,因此改善了振荡器的性能。

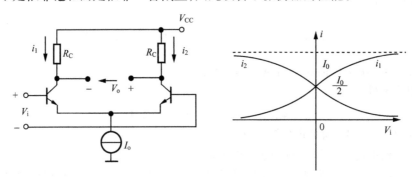

图 7.1.6　差分放大器

又如,采用电平检测控制电路对振荡器进行限幅也是常用的措施之一,其方框如图 7.1.7 所示。图中,幅度检波器检出输出信号的幅度值,将此幅度值与一参考电平相比较,用比较的结果来控制振荡器的环路增益。在起振时,由于幅度很小,使其增益高,当振幅逐渐增大到等于参考电平时,比较器反转,使振荡器环路增益限制为 1,达到平衡。只要参考电平选得合适,振荡器就可以工作在线性状态,从而减少输出正弦波的失真。此方法的缺点是:电路中采用的器件太多,可能增加振荡器的输出噪声。

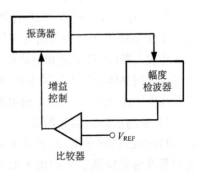

图 7.1.7　采用自动电平控制电路对振荡器限幅

再如,在振荡器电路中使其不仅包含正反馈,而且还包含负反馈(直流或交流)。刚起振时,让正反馈占主导;而在起振过程中,随着幅度的增大,使负反馈量随之增加,从而降低放大器增益,达到平衡。

图 7.1.8(a)所示为一带直流负反馈电阻 R_E 的振荡电路,偏置电阻 R_{b1}、R_{b2}、R_E 使晶体管的静态工作点为 Q,工作点处的偏置电压是[图 7.1.8(b)]

$$V_{BEQ} = E_b - I_{bQ}R_b - I_{eQ}R_e$$

式中,$E_b = \dfrac{V_{CC}}{R_{b1} + R_{b2}}R_{b2}$。起振时晶体管处于 A 类工作,增益较高,起振后,随着 V_i 不断增大,晶体管进入非线性区,导致电流 $i_e(\approx i_c)$ 正负半周不对称[图 7.1.8(c)],i_e 的平均分量 $I_{e=}$ 增大,使 $I_{e=} > I_{eQ}$,其在发射极电阻 R_E 上的压降 $I_{e=}R_E$ 增大。同理,i_b 的平均分量 $I_{b=}$ 也相应增大。结果是在起振过程中晶体管的直流工作点变为

$$V_{BE} = E_b - I_{b=}R_b - I_{e=}R_E$$

可见直流偏置随着起振的过程不断降低,工作点不断左移,放大器工作状态从 A 类向 B 类,甚至 C 类过渡[图 7.1.8(c)]。工作点越低,放大器的增益越小,从而在起振的过程中环路增益 $T = AF$ 不断降低,最终达到振幅平衡($T = AF = 1$)。

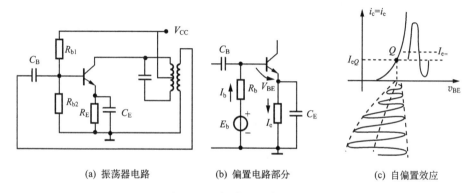

(a) 振荡器电路　　　　(b) 偏置电路部分　　　　(c) 自偏置效应

图 7.1.8　振荡器的偏置效应

上述现象称为振荡器中的自偏压效应。带有自偏置效应的振荡器的环路增益 T 随 V_i 的变化曲线如图 7.1.5 虚线所示,它的变化率要比固定偏置的振荡器陡。采用自偏置方法的优点是避免了通过晶体管的饱和来达到振幅平衡,而是让晶体管在振荡周期的一周内有一部分时间是截止的。这样,对选频回路 Q 值的影响,也即对选频回路的选频性能影响就很小,从而对振荡器的频率稳定性有益。平衡时处于 C 类放大状态的晶体管电流中虽然也包含了很多谐波,但选频回路良好的选频特性使振荡器输出仍为正弦波。

7.1.3　振荡器的稳定条件

如图 7.1.9 所示,自然界中处于平衡状态的物体都有稳定平衡与不稳定平衡之分。同样,对处于平衡状态的振荡器也应研究它的稳定性。当受到外界因素的扰动,例如温度的变化、电源电压波动或者外界电磁场的干扰等,破坏了原来的平衡状态,当干扰消失后,振荡器若能自动恢复到原来的平衡状态,它就是稳定的,否则就是不稳定的。稳定条件同样可分为振幅稳定条件和相位稳定条件。

图 7.1.9　稳定平衡与不稳定平衡

1. 振幅稳定条件

振荡器平衡时,环路增益 $T=1$,反馈电压 $V_F = T \cdot V_i = V_i$。若外界扰动使振荡器的输入幅度由 V_i 增大为 V_i',为了使其幅度变化尽量小,则经过振荡环路一个循环后应该有 $V_F'' = V_F' = T \cdot V_i' < V_i'$,使外界扰动影响逐渐减小,所以要求 $T<1$,这样经过几个循环就会靠近原来的幅度值。可见,在平衡点处外界扰动使 V_i 增大则要求 T 减少。同理,V_i 减少则要求 T 增大。因此,振幅稳定的振荡器要求在平衡点处满足条件

$$\left. \frac{\partial T}{\partial V_i} \right|_{\text{平衡点}} < 0 \qquad (7.1.11)$$

这样无论外界扰动使 $V_{i平衡}$ 如何变化,经过几个循环之后,它们一定能回到平衡状态,所以振幅是稳定的。并且,环路增益 T 随 V_i 的变化率越陡峭,振幅稳定性就越好。

图 7.1.10 画出了两个不同振荡器的环路增益 T 随放大器输入电压 V_i 变化的特性曲线。令 $T=1$,曲线 A 代表的振荡器有一个平衡点,由于该 $T \sim V_i$ 曲线是负斜率的,因此必有 $\left. \frac{\partial T}{\partial V_i} \right|_{\text{平衡点}} < 0$,此平衡点是稳定平衡点。曲线 B 代表的振荡器有两个平衡点 M 和 N。其中在点 M 处 $\left. \frac{\partial T}{\partial V_i} \right|_{\text{平衡点}} > 0$,因此它是不稳定平衡点。若某一原因使 V_i 增大,而环路增益 T 也随之增大,则必然使 V_i 进一步增大,最后离开平衡点 M 到达新的平衡点 N。反之,若某一原因使 V_i 减小,而环路增益 T 也随之减小,则必然进一步使 V_i 减小,离开平衡点 M,直到停止振荡。对于曲线 B 所代表的振荡器,称之为硬激励振荡器。因为它的起始点 $T<1$,不满足振幅起振条件,并且它的第一个平衡点是不稳定平衡点,必须采用外激励的方式,使起始的冲击电压大于 V_{iM},使环路增益 T 随之大于 1,从而进入稳定平衡点 N。相反地,曲线 A 所代表的振荡器称为软激励,它能够自动起振。由于晶体管的非线性,只要静态工作点取得合适,其增益总是随 V_i 的增大而减少的,因此由它们构成的振荡器一定满足振幅稳定条件。特别是带有自偏置效应的振荡器,由于在起振过程中放大器的增益随 V_i 的变化非常快,如图 7.1.5 虚线所示,因此振幅稳定性很好。

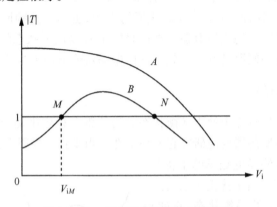

图 7.1.10 振荡器的硬激励和软激励

2. 相位稳定条件

在讨论相位稳定前应明确以下两点。

1）任何正弦振荡 $v(t) = V_m \cos\omega t$ 的角频率 ω 与相位 φ 的内在关系。正弦振荡的角频率 ω 是它的相位 φ 随时间的变化率，即 $\omega = \dfrac{d\varphi}{dt}$，相位变化必然引起频率变化。在相同时间内，相位超前了，则意味着频率必然上升；相位迟后，必然是频率下降，因此振荡器的相位稳定条件也就是振荡器的频率稳定条件。

2）一个正弦波振荡器的频率 ω_{osc} 值是根据其相位平衡条件求出的，也就是说在此频率 ω_{osc} 处，经过一个循环，反馈振荡器的 $\dot{V}_F$ 与 $\dot{V}_i$ 相位相差 2π，环路增益 $\dot{T}$ 的相位为 2π（或者为 $2n\pi, n = 0,1,2,\cdots$）。

当外界突发的扰动使振荡器的频率从 ω_{osc} 上升为 ω'_{osc}（即 $\omega'_{osc} > \omega_{osc}$）时，如果电路能够使放大器的输入 V_i 经过放大和反馈一个循环，变为新的 V'_i 时的相位变化小于 2π，即环路增益的相移 $\varphi_T < 2\pi$，则与平衡时相比，每循环一周新的输入电压的相位都要滞后原输入电压，意味着频率 $\omega''_{osc} = \dfrac{d\varphi_T}{dt}$ 降低，并向原振荡频率方向移动。因此，为了保证振荡器的频率稳定，当外界扰动使振荡器的频率 ω 增大时要求 φ_T 减少；同理 ω 减少时，要求 φ_T 增大，所以振荡器的相位稳定条件要求在平衡点处：

$$\left.\frac{\partial \varphi_T}{\partial \omega}\right|_{平衡点} < 0 \qquad\qquad (7.1.12)$$

即振荡器的环路增益的相位-频率特性，必须是负斜率的。

分析图 7.1.3 所示的以并联 LC 回路作选频回路的振荡器，因为

$$\varphi_T = \varphi_{g_m} + \varphi_F + \varphi_Z$$

由于 φ_{g_m} 和 φ_F 几乎不随频率而变，所以有

$$\frac{\partial \varphi_T}{\partial \omega} = \frac{\partial \varphi_{g_m}}{\partial \omega} + \frac{\partial \varphi_F}{\partial \omega} + \frac{\partial \varphi_Z}{\partial \omega} \approx \frac{\partial \varphi_Z}{\partial \omega}$$

而并联谐振回路的相频特性 $\varphi_Z = -\arctan 2Q_e \dfrac{\omega - \omega_0}{\omega_0}$（$Q_e$ 是回路有载品质因数，ω_0 是回路中心频率）是负斜率的，所以图 7.1.3 所示的振荡器一定是相位稳定的，并且曲线 $\varphi_Z - \omega$ 越陡，即 $\left|\dfrac{\partial \varphi_T}{\partial \omega}\right|$ 越大，频率稳定性就越好。例如从图 7.1.11 看出，对于同样的变化量 $\Delta(\varphi_{g_m} + \varphi_F)$，对于 $\varphi_Z - \omega$ 越陡的曲线，$\Delta\omega_{osc}$ 的变化量越小。

由于

$$\left.\frac{\partial \varphi_Z}{\partial \omega}\right|_{\omega_0} = -\frac{2Q_e}{\omega_0} \qquad\qquad (7.1.13)$$

决定振荡器相位稳定条件的相频特性的斜率与回路的 Q 值成正比，因此可以得出结论，选

频回路的 Q 值越高,振荡器的频率稳定性越好。这是设计振荡器的一个最基本的指导思想。

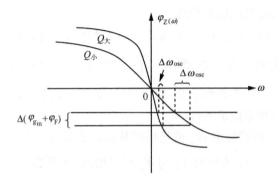

图 7.1.11 Q 值对振荡器频率稳定度的影响

小结:

分析反馈型振荡器时,首先要抓住以下几个要点。

(1) 包含一个合适偏置的可变增益放大器。

(2) 闭合环路是正反馈。

(3) 有选频回路。

(4) 环路增益 T 的相频特性为负斜率。

以上四点保证了振荡电路是合理的。然后按照小信号放大器等效电路的分析方法,计算出环路增益 $T(\mathrm{j}\omega)$,看其是否满足振幅起振条件 $T>1$,再按照相位平衡条件计算振荡频率。

7.2 LC 振荡器

7.2.1 构成 LC 振荡器的两个注意点

根据反馈型振荡器的组成原理,一个最简单的 LC 振荡器,是在晶体管(双极型和场效应管)的输出端集电极(漏极)接有并联 LC 谐振回路作负载的选频放大器,再将输出反馈回输入,只要满足正反馈即可,如图 7.2.1(a)所示。

在构成振荡器时要注意以下两个问题。

(1) 反馈电压的提取

按放大器交流电路中晶体管接地端的不同,可分为共基(共栅)、共射(共源)等组态,共基是同相放大器,共射是反相放大器。振荡平衡时,由于振荡频率近似等于回路谐振频率,谐振阻抗为纯电阻,回路两端的电压与晶体管等效电流源 $\bar{g}_{\mathrm{m}} v_{\mathrm{i}}$ 同相,则图 7.2.1(a)中的共基放大器从集电极直接反馈回发射极,满足正反馈,而共射放大器从集电极反馈回基极却是负反馈[图 7.2.1(b)]。因此,对共射放大器提取反馈电压的极性应改变。

(2) 对 LC 回路的 Q 值的影响

共射或共基,特别是共基放大器,晶体管的输入阻抗较小,如果直接从集电极输出端,也

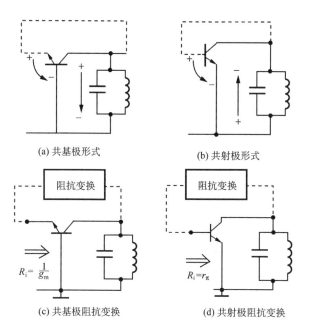

(a) 共基极形式　　　　　　　(b) 共射极形式

(c) 共基极阻抗变换　　　　　(d) 共射极阻抗变换

图 7.2.1　最简单的 LC 振荡器交流图

即从回路两端取电压反馈回输入端,小的晶体管输入电阻并联在回路两端,会大大降低回路的谐振阻抗和 Q 值。降低谐振阻抗的结果是降低了放大器的增益,甚至可能使环路增益不大于 1 而无法起振。而 Q 的降低,则降低了振荡器的频率稳定度。为此必须提高放大器输入端对回路的接入阻抗,如图 7.2.1(c)、(d)所示,在反馈支路上进行阻抗变换。

阻抗变换的方法如第一章所述,一般有两种:一是采用变压器互感耦合,二是采用部分接入。下面分析的几种 LC 振荡器的电路结构形式都注意了这两点考虑。

7.2.2　互感 LC 振荡器

互感耦合 LC 振荡器采用改变互感线圈初次级的匝数比来进行阻抗变换。图 7.2.2 分别画出了共基、共射放大器的互感耦合 LC 振荡器的交流通路。为保证正反馈,必须注意互感耦合线圈的同名端(见图示)。

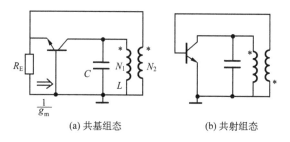

(a) 共基组态　　　　　　　　(b) 共射组态

图 7.2.2　互感耦合 LC 振荡器的交流通路

图 7.2.3 是图 7.2.2(a)所示的振荡器加上直流偏置后的完整电路。图中 R_{b1}、R_{b2}、R_E 是直流偏置电阻,以保证放大器在起振时有足够的增益。电容 C_B 为交流旁路电容,C_E

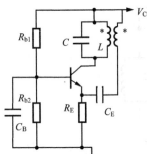

图 7.2.3 共基组态的互感耦合
LC 振荡器完整电路

是隔直流电容。

若不考虑晶体管的极间电容与输入输出阻抗的影响,该振荡器的振荡频率近似为选频回路的谐振频率,即 $\omega_{osc} \approx \omega_0$ $= \dfrac{1}{\sqrt{LC}}$,振幅起振条件的分析参见下节。

7.2.3 三点式振荡器

三点式振荡器是采用 LC 回路部分接入的形式降低晶体管的输入阻抗对回路的接入比,从而减少晶体管输入阻抗对回路的影响。

图 7.2.4(a)与图 7.2.4(b)为共基放大器的三点式振荡器交流通路。由于共基放大器为同相放大器,所以在相同性质的电抗元件上抽取部分输出电压反馈回发射极,一定满足正反馈。

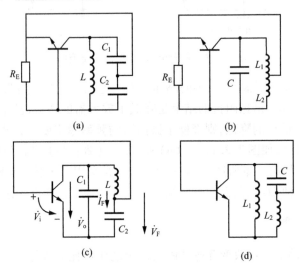

图 7.2.4 共基组态的三点式振荡器(a)(b)
和共射组态的三点式振荡器(c)(d)

图 7.2.4(c)与图 7.2.4(d)为共射放大器的三点式振荡器交流通路图。由于共射放大器为反相放大器,与共基形式不同,它必须从不同性质的电抗元件中抽取部分输出电压反馈,才能保证正反馈。图 7.2.4(c)电路中各电压电流的矢量图如图 7.2.5 分析所示(忽略了晶体管输入输出阻抗的影响),可见 $\dot{V}_F$ 与 $\dot{V}_i$ 同相。

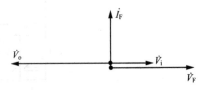

图 7.2.5 图 7.2.4(c)电路中
各电压电流的矢量图

1. 构成三点式振荡器的一般原则

在构成三点式振荡器时,是否有一般规律可循呢? 下面推导构成三点式振荡器的一般法则。

三点式振荡器的构成方式首先是在晶体管的三个电极两两之间各接一个纯电抗元件，三个电抗元件中，其中有一个必须是异性的。

由纯电抗元件 X_1、X_2、X_3 构成的三点式振荡器如图 7.2.6(a)所示。若忽略晶体管极间电容的影响，则振荡器的振荡频率即为谐振回路的中心频率，所以必有 $X_1 + X_2 + X_3 = 0$。画出其等效电路图，各电压的正方向如图 7.2.6(b)所示。将环路在 × 处断开，忽略晶体管输入阻抗的影响，由电路可以得到以下表达式：

$$V_o = g_m R_P V_i \tag{7.2.1}$$

R_P 是回路的谐振阻抗，且有

$$V_F = \frac{-V_o}{X_2 + X_3} \cdot X_2 = g_m R_P \cdot \frac{X_2}{X_1} \cdot V_i \tag{7.2.2}$$

由上式知，为保证 V_F 与 V_i 同相，电抗 X_1 与 X_2 必须同性质。

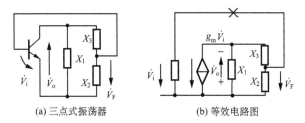

(a) 三点式振荡器　　　(b) 等效电路图

图 7.2.6　纯电抗元件 X_1、X_2、X_3 构成的三点式振荡器

综上分析知，在三点式振荡器中，与发射极相连的两个电抗元件必须同性质，而另一个电抗元件为异性，这就是构成三点式振荡器的一般原则[请分析习题 7-2(2)加深了解]。若与发射极相连的电抗元件为电容，则称电容三点式振荡器，也称考毕兹(Colbitts)振荡器，交流通路图如图 7.2.4(a)、(c)所示。若与发射极相连的电抗元件为电感，则称为电感三点式振荡器，又称哈脱莱(Hartley)振荡器，交流通路图如图 7.2.4(b)、(d)所示。

2. 三点式振荡器性能分析

下面以图 7.2.4(a)所示的电容三点式为例进行分析。图 7.2.7(a)是它的完整电路，图 7.2.7(b)是交流通路。在图 7.2.7(a)中，R_{b1}、R_{b2}、R_E 是直流偏置电阻，R_L 为负载电阻，电容 C_B 为交流旁路电容，使晶体管的基极交流接地，C_C 是隔直流电容。

将晶体管共基等效电路代入，得到图 7.2.7(c)所示电路，其中，r_e 是共基放大器的输入电阻，$C_{b'e}$ 为输入电容。在电路的 × 处断开，并考虑晶体管的输入阻抗和输入电容对回路的影响，可得图 7.2.7(d)，按此电路则可计算振荡器环路增益 $\dot{T}$。

振荡频率可以通过令振荡器的环路增益 $\dot{T}$ 的相角为零得出。若忽略晶体管的输入电阻、负载电阻及回路损耗的影响，工程上常用谐振回路的中心频率来近似：

$$\omega_0 = \frac{1}{\sqrt{L\dfrac{C_1 C_2'}{C_1 + C_2'}}} \tag{7.2.3}$$

式中，$C_2' = C_2 + C_{b'e}$。

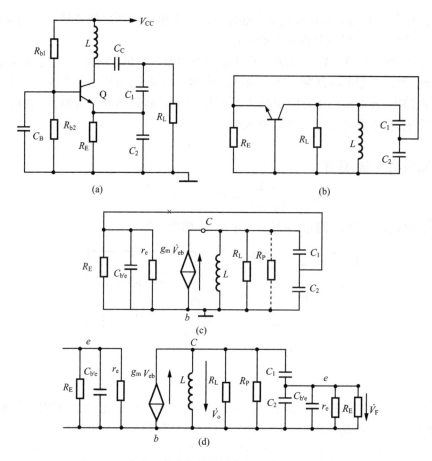

图 7.2.7 电容三点式振荡器的完整电路和交流等效电路

下面分析振幅起振条件。首先计算放大器的负载阻抗,它由 LC 回路自身的谐振电阻 $R_P = \rho Q_0$、负载 R_L 以及共基电路的输入阻抗 $r_e = \dfrac{1}{g_m}$ 和发射极电阻 R_E 组成,一般 $R_E \gg r_e$。

由于输入电导 $g_i = \dfrac{1}{r_e} + \dfrac{1}{R_E} \approx \dfrac{1}{r_e} = g_m$,它对回路的接入系数是

$$P_{eb} = \frac{C_1}{C_1 + C_2'}$$

当 $g_i \ll \omega C_2'$ 时,部分接入并联支路为高 Q。并联在总回路两端的输入电导为

$$g_i' = P_{eb}^2 \times g_i \approx \left(\frac{C_1}{C_1 + C_2'} \right)^2 g_i \tag{7.2.4}$$

而 $g_L' = \dfrac{1}{R_L} + \dfrac{1}{R_P}$,则放大器的负载电导为

$$g_L'' = g_L' + g_i' = g_L' + P_{eb}^2 g_i$$

放大器增益为

$$A = \frac{V_o}{V_{eb}} = \frac{g_m V_{eb}}{g_L''} \frac{1}{V_{eb}} = \frac{g_m}{g_L''} = \frac{g_m}{g_L' + P_{eb}^2 g_i} \tag{7.2.5}$$

反馈系数近似为

$$F = \frac{V_F}{V_o} \approx P_{eb} = \frac{C_1}{C_1 + C_2'} \tag{7.2.6}$$

满足振幅起振的条件是

$$T(\omega_{osc}) = AF = \frac{g_m}{g_L' + P_{eb}^2 g_i} P_{eb} > 1 \tag{7.2.7}$$

一般要求 T 为 3~5 倍。

由式(7.2.7)可知,为了满足振幅起振条件,应该增大 g_m,减小 g_L' 和 g_i' ($= P_{eb}^2 g_i$)。但是增大 g_m 必然使 g_i 变大,对增大增益不利,而且 g_i 变大会降低回路的有载 Q,因为此谐振回路的 Q 为

$$Q_e = \frac{\omega_o C_\Sigma}{g_L' + P_{eb}^2 g_i} \tag{7.2.8}$$

因此应合理地选择放大器的工作点。

对于反馈系数 F,并不是越大越好。由式(7.2.7)看出,由于 $F \approx P_{eb}$,反馈系数太大会使增益 A 减小,反而使环路增益 T 降低。而且反馈系数太大,还会使输入阻抗 $R_i = \frac{1}{g_i}$ 对回路的接入系数变大,降低了回路的有载 Q 值[见式(7.2.8)所示],使回路的选频性能变差,振荡波形产生失真,频率稳定性降低。一般取 $F = 1/3 \sim 1/5$。

一般来说,在射频段的振荡器,其放大器主要采用共基形式,因为对于 f_T 相同的晶体管,共基形式要比共射的工作频率高。

电感三点式振荡器的分析方法与电容三点式相同,只是在计算振荡频率时,回路的总电感为 $L_\Sigma = L_1 + L_2 \pm 2M$,振荡频率为

$$\omega_{osc} = 1/\sqrt{L_\Sigma C} \tag{7.2.9}$$

3. 实际考虑

上面的分析均基于理想假设,实际上有很多因素会影响振荡器的工作频率,如晶体管的输入输出阻抗、晶体管的偏置电阻与去耦电容、电感的损耗等,下面对这些影响加以分析。当然要精确考虑这些因素的影响,最好采用计算机辅助分析。

在图 7.2.7(d)中,令

$$Z_1 = \frac{1}{j\omega C_1}, \quad Z_2 = \frac{1}{g_i + j\omega C_2'}, \quad Z_3 = \frac{1}{g_L' + 1/j\omega L}$$

则由图求得反馈电压 $V_f(j\omega)$

$$V_f(j\omega) = \frac{g_m V_{eb}(j\omega)}{\frac{1}{Z_3} + \frac{1}{Z_1 + Z_2}} \frac{Z_2}{Z_1 + Z_2}$$

所以

$$T(j\omega) = \frac{V_f(j\omega)}{V_{eb}(j\omega)} = \frac{g_m}{\frac{1}{Z_2} + \frac{1}{Z_3} + \frac{Z_1}{Z_2 Z_3}} \tag{7.2.10}$$

将 Z_1、Z_2、Z_3 表达式代入上式,经整理得

$$T(j\omega) = \frac{g_m}{A + jB} = T(\omega)e^{j\varphi_T(\omega)} \tag{7.2.11}$$

式中
$$T(\omega) = \frac{g_m}{\sqrt{A^2 + B^2}}, \quad \varphi_T(\omega) = -\arctan\frac{B}{A}$$

式中
$$A = g'_L + g_i + g'_L C'_2/C_1 - g_i/(\omega^2 LC_1)$$

$$B = \omega C'_2 - \frac{1}{\omega C_1}g_i g'_L - \frac{C'_2}{\omega LC_1} - \frac{1}{\omega L}$$

根据 $\varphi_T(\omega_{osc}) = 0$(即 $B = 0$)和 $T(\omega_{osc}) > 1$(即 $g_m > A$)分别求得电容三点式振荡器的相位起振条件为

$$\omega_{osc}^2 LC_1 C'_2 - C_1 - C'_2 - Lg_i g'_L = 0 \tag{7.2.12}$$

振幅起振条件为

$$g_m > g'_L \left(1 + \frac{C'_2}{C_1}\right) + g_i\left(1 - \frac{1}{\omega_{osc}^2 LC_1}\right) \tag{7.2.13}$$

下面对上述起振相位条件做简要的讨论:

振荡器的振荡角频率 ω_{osc} 由相位起振条件确定。求解式(7.2.12)得

$$\omega_{osc} = \sqrt{\frac{1}{LC} + \frac{g_i g'_L}{C_1 C'_2}} = \omega_0\sqrt{1 + \frac{g_i g'_L}{\omega_0^2 C_1 C'_2}} \tag{7.2.14}$$

式中,$C = \dfrac{C_1 C'_2}{C_1 + C'_2}$,$\omega_0 = \dfrac{1}{\sqrt{LC}}$ 分别为回路的总电容和固有谐振角频率。

上式表明,电容三点式振荡器的振荡角频率 ω_{osc} 不仅与 ω_0 有关,而且还与 g_i、g'_L 即回路固有谐振电阻 R_P、外接电阻 R_L 和 R_i 有关,且 $\omega_{osc} > \omega_0$。在实际电路中,一般满足

$$\omega_0^2 C_1 C'_2 \gg g_i g'_L$$

因此,工程估算时,可近似认为

$$\omega_{osc} \approx \omega_0 = \frac{1}{\sqrt{LC}} \tag{7.2.15}$$

例 7.2.1 设计图 7.2.7(a)所示的考毕兹振荡器。采用的晶体管在共射状态时的参数为 $C_{b'e} \approx 0$,$\beta = 30$,$r_{b'e} = 1200\Omega$。已知线圈电感 $L = 0.1\mu H$,空载品质因数 $Q_0 = 100$。取回路电容 $C_1 = C_2$,且回路的固有谐振频率 $f_0 = 50MHz$,电路中 $R_L = \infty$,$R_E = 1k\Omega$。求:

(1)振荡器的振荡频率 ω_{osc};

(2)为保证顺利起振,回路的 Q_0 不能低于多少?

解 由于 $g_m r_{b'e} = \beta$,因此放大器的跨导为

$$g_m = \frac{\beta}{r_{b'e}} = \frac{30}{1200} = 0.025 \text{ (S)}$$

图 7.2.7(a)共基极晶体管的输入阻抗 $r_e = \dfrac{1}{g_m} = \dfrac{1}{0.025} = 40(\Omega)$,由于 $r_e \ll R_E$,所以共基放大器的输入电导 g_i 为

$$g_i = \frac{1}{r_e} + \frac{1}{R_E} \approx \frac{1}{r_e} = g_m = 0.025 \text{ S}$$

LC 回路的谐振阻抗 R_P 为

$$R_P = \rho Q_0 = \omega_0 L \times Q_0 = 2\pi \times 50 \times 10^6 \times 0.1 \times 10^{-6} \times 100 = 3.14 \times 10^3(\Omega)$$

由于 $R_L = \infty$,所以负载电导 g'_L 为

$$g'_L = \frac{1}{R_L} + \frac{1}{R_P} = \frac{1}{R_P} = 3.18 \times 10^{-4} \text{ S}$$

由已知条件求得回路总电容为

$$C = \frac{1}{\omega_0^2 L} = \frac{1}{(2\pi \times 50 \times 10^6)^2 \times 0.1 \times 10^{-6}} \approx 100 \text{ (pF)}$$

由于 $C_1 = C_2$,所以 $C_1 = C_2 = 200\text{pF}$。

由式(7.2.14)知,考虑晶体管及回路损耗后振荡器的振荡频率为

$$\omega_{osc} = \omega_0 \sqrt{1 + \frac{g'_L \; g_i}{\omega_0^2 C_1 C_2}}$$

代入以上数据得

$$\omega_{osc} = 1.001\omega_0 \approx \omega_0$$

振荡器振荡频率近似为回路的固有谐振频率。

由式(7.2.7)知,振荡器起振的振幅条件应满足

$$T(\omega_{osc}) = \frac{g_m}{g'_L + P_{eb}^2 g_i} \cdot P_{eb} > 1$$

也即

$$P_{eb} g_m - P_{eb}^2 g_i > g'_L$$

已知 $C_1 = C_2$,所以 $P_{eb} = \frac{1}{2}$。根据上式可得最大的 g'_L:

$$g'_{L\,max} = 0.00625 \text{ S}$$

对应并联谐振回路的最低谐振阻抗为

$$R_{P\,min} = \frac{1}{g'_{L\,max}} = 160 \ \Omega$$

因此,为保证振幅起振条件,LC 回路的最小空载 Q 为

$$Q_{0\,min} = \frac{R_{P\,min}}{\omega_0 L} = 5.1$$

4. 改进型电容三点式振荡器

在考毕兹电路中,要提高振荡器的工作频率,必须减小电容 C_1、C_2 的数值,但是由于晶体管的极间电容 C_{ce}、C_{be}、C_{bc} 均并联在 C_1、C_2 以及回路两端,因此当 C_1、C_2 太小时,极间电容对回路电容的影响会增大。而极间电容是一个不稳定的参数,它会随温度、电源电压等条件而变化,这就使振荡器的频率不稳,为此需要对电路进行改进。

改进型电容三点式振荡器如图7.2.8(a)所示,它在回路中增加了一个小电容 C_3 与电感串联。其中,RFC 为高频扼流圈,可视为对直流短路,对高频开路。该电路又称克拉泼电路,其交流通路如图7.2.8(b)所示。决定振荡器振荡频率的回路总电容 C_Σ 是由 C_1、C_2 与 C_3 串联。只要满足 $C_3 \ll C_1$ 以及 $C_3 \ll C_2$,则回路总电容 $C_\Sigma \approx C_3$,振荡频率主要由小电容 C_3 决定,即

$$\omega_{osc} = \frac{1}{\sqrt{LC_\Sigma}} \approx \frac{1}{\sqrt{LC_3}} \tag{7.2.16}$$

减小 C_3 就增大了振荡频率。因而电容 C_1、C_2 可以取得比较大,以此减小晶体管极间电容对振荡频率的影响。

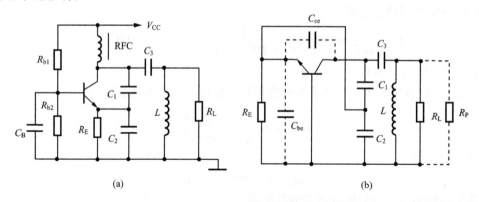

图 7.2.8　克拉泼电路及其交流通路

在克拉泼电路中,通过调整电容 C_3 可以改变振荡频率,但电容 C_3 也不能太小,它受到振幅起振条件的限制。若不考虑晶体管输入阻抗的影响,回路的总的谐振阻抗为(在电感两端)$R'_P = R_P /\!/ R_L$,其中,R_P 是由线圈损耗引入的等效电阻。因接入 C_3 后,晶体管 cb 对回路的接入系数是

$$P_{cb} = \frac{C_3}{C_{12} + C_3} \qquad (7.2.17)$$

式中,$C_{12} = \dfrac{C_1 C_2}{C_1 + C_2}$。因此,折合到共基放大器输出 cb 端的回路阻抗为

$$R''_P = \left(\frac{C_3}{C_{12} + C_3} \right)^2 R'_P \qquad (7.2.18)$$

可见,共基放大器输出端 cb 的负载随 C_3 的减小而减小,因此放大器的增益随负载的减小也减小,从而振荡器的环路增益 T 随 C_3 的减小也减小。在改变 C_3 调整振荡频率时,有可能会因为不满足振幅起振条件而停振。

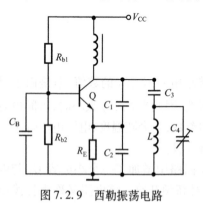

图 7.2.9　西勒振荡电路

为了有效地改变振荡器的频率,而不影响环路增益,可采用图 7.2.9 所示电路,在电感 L 的两端并联一个电容 C_4。此时,振荡回路的总电容为 $C_\Sigma = C_3 + C_4$,则振荡频率为 $\omega_{osc} = \dfrac{1}{\sqrt{LC_\Sigma}} = \dfrac{1}{\sqrt{L(C_3 + C_4)}}$。当调整 C_4 来改变振荡器频率时,并不改变共基放大器输出端的接入系数。图 7.2.9 形式的振荡器称为西勒电路。

7.2.4　负阻 LC 振荡器

前面两种 LC 振荡器均用无源网络(变压器或谐振回路部分接入)进行阻抗变换,以减少晶体管输入阻抗对回路 Q 值的影响。也可以用有源器件对阻抗进行变换,如图 7.2.10(a)所示的交流通路,图中 Q_1 为振荡管,Q_2 是跟随器。

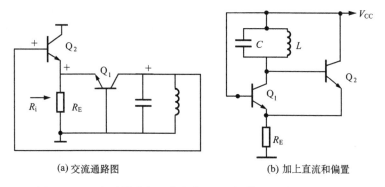

(a) 交流通路图   (b) 加上直流和偏置

图 7.2.10 跟随器进行阻抗变换的 LC 振荡器及其交流通路图

共基放大器 Q_1 的 eb 间的输入阻抗 r_e 与 R_E 并联,作为跟随器 Q_2 的发射极电阻,经跟随器 Q_2 的变换后,扩大了 $(1+\beta)$ 倍,再并联到 Q_1 的 LC 回路两端,减少了对回路 Q 值的影响。同时用 Q_2 的跟随作用也实现由 Q_1 的集电极输出 LC 回路向 Q_1 的输入 eb 端的正反馈。

上述电路加上直流电压后如图 7.2.10(b) 所示。当 Q_1 的基极用 V_{CC} 做直流偏置时,可以把图 7.2.10(b) 中 Q_1 的基极与 Q_2 的集电极相连,并把电感、电容均分成两个,演变成图 7.2.11(a) 所示的由 Q_1、Q_2 交叉耦合构成的正反馈振荡电路,这就是目前应用得相当广泛的负阻 LC 振荡器。

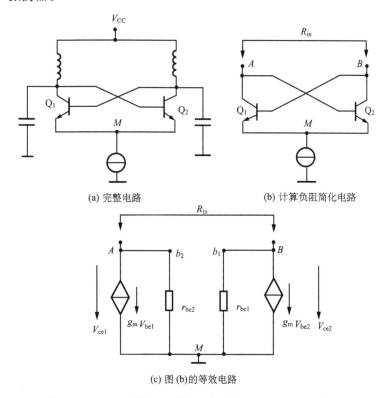

(a) 完整电路   (b) 计算负阻简化电路

(c) 图 (b)的等效电路

图 7.2.11 交叉耦合正反馈 LC 振荡电路(负阻 LC 振荡器)

在分析该电路性能时,如图 7.2.11(b)的简化电路。从 A、B 两点看入,Q_1、Q_2 组成一个单端口网络。设 Q_1、Q_2 完全相同,点 M 为对称中点,所以是交流地。代入晶体管 Q_1、Q_2 的等效电路后如图 7.2.11(c)所示,在此,忽略了晶体管的基区体电阻 $r_{bb'}$。由于 $V_{ce1} = V_{be2}$, $V_{ce2} = V_{be1}$,在振荡器平衡时,A、B 两点的电压幅度对称相等,得 $\dot{V}_{ce1} = -\dot{V}_{ce2}$,则 Q_1 的集电极到发射极(即 AM 两端)的交流等效电导为

$$G_1 = \frac{-g_m V_{be1}}{V_{ce1}} + \frac{1}{r_{be2}} = -g_m + \frac{1}{r_{be2}} \qquad (7.2.19)$$

在式(7.2.19)中,$g_m V_{be1}$ 前面加负号的原因是因为此电流源增大时,V_{ce1} 是减少的。化简式(7.2.19)可得

$$G_1 = \frac{-g_m r_{be2} + 1}{r_{be2}} \approx -g_m \qquad (因为 g_m r_{b'e} = \beta \gg 1) \qquad (7.2.20)$$

这是一个负电导。正电阻吸收能量,负电阻提供能量,而此处晶体管 Q_1 的集电极到发射极的负电导表示晶体管提供了能量转换,将直流电源的能量转换为交流能量。同理,Q_2 的集电极到发射极(即 BM 两端)的等效电导也为 $-g_m$。则单端口网络 AB 的输入电阻是 Q_1、Q_2 两管的集电极到发射极输出电阻的串联,即

$$R_{in} = \frac{-2}{g_m} \qquad (7.2.21)$$

当由单端口网络提供的负阻 R_{in} 等于并联谐振回路的谐振电阻 R_P 时,负阻提供的能量补充了并联谐振回路的损耗,则振荡维持。振荡器的振荡频率等于并联回路的谐振频率。因此,又把这类由跟随器进行阻抗变换而演变来的 LC 振荡器称为负阻型 LC 振荡器。

图 7.2.12 画出了能提供正交输出电压($\pm v_{OUT}$)的集成场效应管负阻型 LC 振荡器电路。M_1、M_2 为振荡管,镜像电流源 M_3、M_4 为 M_1、M_2 提供了直流偏置。M_1、M_2 正反馈交叉耦合等效为一负阻,其值为 $R_{in} = \frac{-2}{g_m}$,片内总电感 $L = L_1 + L_2 = 6.4nH$,M_1、M_2 漏极处的结电容各是 $2.4pF$(包括 L 的寄生电容,晶体管的各极间电容及二极管 D_1、D_2 的电容),因此总电容为 $C_\Sigma = 1.2pF$。可计算出振荡频率为

$$f_0 = \frac{1}{2\pi\sqrt{LC_\Sigma}} = 1.8 \text{ GHz}$$

调节电平 V_C 的大小,可以改变二极管 D_1、D_2 的极间电容值,起到调节振荡频率的功能。设 LC 回路的串联损耗电阻为 $r = 15\Omega$,则并联回路的谐振电导为

$$G_P = \frac{1}{R_P} = \frac{1}{\rho Q} = r(\omega_0 C_\Sigma)^2 = 3 \text{ mS}$$

为了抵消此谐振回路的损耗,需要由 M_1、M_2 提供的总负电导应为

$$G_m = \frac{g_m}{2} = G_P$$

若提供 2 倍的保险系数,则每个晶体管的 g_m 应为 12mS。

该电路的电源电压最低可为

$$V_{DDmin} = V_{DSsat, M_3} + V_{GS, M_1}$$

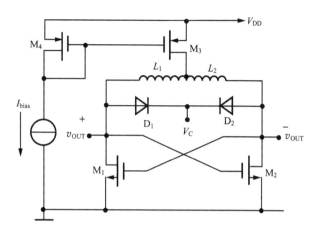

图 7.2.12 集成场效应管负阻型 LC 振荡器电路

而 M_3 的饱和电压 V_{DSsat,M_3} 和 M_1 的栅极电压 V_{GS,M_1} 都是很小的,因此功耗极低。该集成电路是以 $0.7\mu m$ 的 CMOS 工艺制成,其测量指标如表 7.2.1 所示。

表 7.2.1 图 7.2.12 振荡器指标

参 数	测量数值
振荡频率	1.8GHz
调谐范围	14 %
电源电压	1.5V
功耗	6mW
相位噪声@ 600kHz	-116dBc/Hz

小结:

(1) LC 振荡器是用 LC 回路作为选频的振荡器,常用的有三种形式,即互感耦合、三点式和负阻 LC 型。

(2) 构成 LC 振荡器要确保正反馈与回路高 Q。

(3) 三点式振荡器是将 LC 选频回路的三个电抗元件分别接在三极管的 e、b、c 三极之间,为保证正反馈,与发射极 e 相接的两电抗元件性质必须相同,第三个电抗元件为相反性质,这就是三点式振荡器构成的基本原则。

(4) LC 振荡器起振时的环路增益的计算与小信号放大器的分析完全相同。

(5) 当晶体管和反馈网络的相移可忽略时,LC 振荡器的振荡频率近似等于 LC 回路的中心频率。

7.3 石英晶体振荡器

7.3.1 石英晶体特性简述

石英晶体是 SiO_2 的结晶材料,具有非常稳定的物理特性。按照一定的方式进行切割,将切割出的石英片两边镀上银,从银层上引出引脚,并加上封装,即构成石英晶体谐振器,如图 7.3.1 所示。

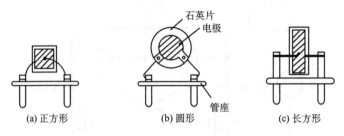

(a) 正方形　　　　　(b) 圆形　　　　　(c) 长方形

图 7.3.1　石英晶体谐振器的内部结构

石英晶体片的有关特性简单归纳如下。

(1) 温度特性

按不同的切割方式,石英晶体具有不同的温度特性,GT 和 AT 型切割的晶体,在很宽温度范围内的温度系数趋于零,而 ST 型切割的晶体在 20℃时的温度系数近似为零。

(2) 固有频率

每个石英晶体片都有一固有振动频率,其值与晶体片的尺寸密切有关,晶体片越薄,其固有振动频率越高。

(3) 压电效应

石英晶体具有压电特性。当石英片受外部压力或拉力作用时,在其两面会产生出电荷,这是正压电效应。而在石英片的两面加电场时,石英片会产生形变,这是逆压电效应。因此在石英晶体片两端加交变电压时,由于正、逆压电效应的作用,在线路中会出现交变电流,且当外加交变电压的频率与石英晶体片的固有振动频率一致时,达到共振,产生出的电流最大。

(4) 等效电路

由第(3)点分析可知,单一石英片可以等效为一串联谐振电路,如图 7.3.2(a)所示,当外加电压源的频率与石英晶体片的固有频率相同时,回路谐振,回路电流最大。特别是在石英晶体等效的串联回路中,等效电容 C_q 非常小(10^{-2} pF 以下),等效电感 L_q 极大(几十毫亨以上甚至可达几亨),r_q 约几十欧,因此该串联谐振电路具有极高的 Q 值(大于 10^4 以上):

$$Q_q = \frac{\omega_q L_q}{r_q} = \frac{1}{r_q}\sqrt{\frac{L_q}{C_q}} \tag{7.3.1}$$

这个 Q 的数量级是普通 LC 谐振回路无法达到的。

在石英晶体谐振器的等效电路中还必须引入并联电容 C_0(几个皮法),它是由静态电容和封装电容组成的,如图 7.3.2(b)所示。外电路接到 A、B 两端,外电路对此等效谐振回路的接入系数 $P = \dfrac{C_q}{C_0 + C_q}$ 极小(小于 10^{-3} 以下),因此外电路对晶体的电特性,特别是对晶体的等效 Q 值影响极小。

(5) 谐振频率与电抗特性

如果忽略电阻 r_q,晶体谐振器两端呈现的阻抗为纯电抗,它有两个谐振频率点,即串联谐振频率点和并联谐振频率点。串联谐振频率为

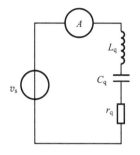

(a) 石英晶片等效为一个串联谐振电路

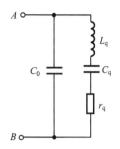

(b) 成品的石英谐振器的等效电路

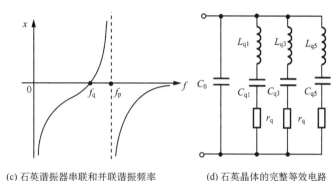

(c) 石英谐振器串联和并联谐振频率　　　　(d) 石英晶体的完整等效电路

图 7.3.2　石英晶体等效电路和电抗特性

$$f_q = \frac{1}{2\pi} \frac{1}{\sqrt{L_q C_q}} \tag{7.3.2}$$

并联谐振频率为

$$f_p = \frac{1}{2\pi} \frac{1}{\sqrt{L_q \frac{C_q C_0}{C_q + C_0}}} = f_q \left(\frac{C_q + C_0}{C_0} \right)^{\frac{1}{2}} \approx f_q \left(1 + \frac{C_q}{2C_0} \right) \tag{7.3.3}$$

由于 $C_q \ll C_0$，所以 f_p 极靠近 f_q。例如 5MHz 的晶体 $\frac{C_q}{C_0} \doteq 2.6 \times 10^{-2}$，求得 $f_p - f_q = 6.5$kHz。

在串联谐振点 f_q 处，电抗为零，相当于短路。在串联和并联谐振频率点之间晶体呈感性，其余为容性，如图 7.3.2(c)所示。由于 f_p 与 f_q 间隔很小，因此等效电感随频率的变化曲线极陡峭。

(6) 泛音特性

石英晶体片的振动具有多谐性，除了有基频振动外，还含有奇次谐波的振动，称为泛音振动。在使用石英晶体谐振器时，既可以利用它的基频，也可以利用它的泛音频率，并可以采用特定的切割方式来加强某次泛音。这样就克服了工作频率很高时，要求石英晶体片极薄而容易损坏的缺点。石英晶体完整的等效电路如图 7.3.2(d)所示。当利用基频时称为基音晶体，利用泛音时称为泛音晶体，基音晶体的频率一般都在 20MHz 以下。

7.3.2　石英晶体振荡电路

根据石英晶体工作在振荡电路中的两种不同作用,可以分为并联型石英晶振和串联型石英晶振两大类。当工作频率位于 f_q 点附近,晶体呈短路,则称串联型晶振;当工作频率位于 f_q 与 f_p 之间,石英晶体呈电感,则称并联型晶振。

1. 并联型晶振电路

（1）基音晶体振荡电路

将电容三点式振荡器中的电感线圈用石英晶体代替,就构成并联型石英晶振电路,如图 7.3.3(a)所示。现在要问,该电路中的晶体为什么一定是呈感性? 该振荡器的振荡频率是多少?

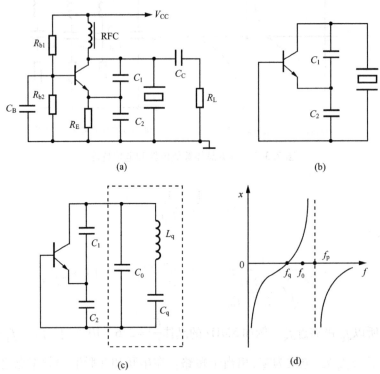

图 7.3.3　并联型基音晶振电路及其等效电路

根据振荡器的振荡频率由电路中的电抗元件所构成的选频回路的中心频率决定的原则,来分析该晶体振荡电路。代入晶体等效电路,画出交流通路图如图7.3.3(c)所示。在此并联谐振回路中,电容 C_1、C_2 的串联值 $C_L = \dfrac{C_1 C_2}{C_1 + C_2}$ 是电路中并联在晶体两端总的外电容值,称为晶体的负载电容 C_L。该并联谐振回路的谐振频率为

$$f_0 = \frac{1}{2\pi\sqrt{L_q \dfrac{C_q(C_0 + C_L)}{C_q + (C_0 + C_L)}}} \approx f_q\left(1 + \frac{1}{2} \times \frac{C_q}{C_0 + C_L}\right) \tag{7.3.4}$$

它位于石英晶体的两个频率点f_q和f_p之间,如图7.3.3(d)所示。在频率f_0处,晶体呈感性,这就满足了电容三点式振荡器的构成法则,所以只要放大器有足够增益,就可起振,且振荡频率为$f_{osc} = f_0$。由式(7.3.4)可知,并联型石英晶振的振荡频率是由石英晶体和负载电容C_L值共同确定的,改变C_L值,振荡频率可在f_q和f_p之间进行微调,但可调范围极小。因此,对于并联型石英晶振电路,厂家给出的指标是当负载电容为某值(对基音晶体通常是30pF或50pF)时的晶体标称频率f_0。

图7.3.4所示是计算机中常用的并联型石英晶振电路,CMOS反相器作为反相放大器(相当于反相共射放大器)。石英晶体起等效电感作用。一个电阻并联接在反相器的输入与输出之间,电阻也可以和晶体串联,用以限制晶体的电流。两个电容分别在反相器的输入与输出端接地,每个电容的大小约等于晶体要求的负载电容的两倍。

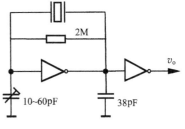

图7.3.4　并联型石英晶振电路

(2) 泛音晶体振荡电路

一般来说基音的振荡强度总比泛音大,应用高频泛音晶体作振荡器时,应确保振荡器的振荡频率在该次泛音上,而不会振荡在它的基音或其他泛音上。为此,采用如图7.3.5(a)所示的电路,用L_0、C_0组成并联谐振回路,代替基音晶振电路中的电容C_1[图7.3.3(b)]。

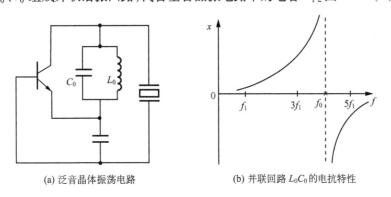

(a) 泛音晶体振荡电路　　　　　　(b) 并联回路$L_0 C_0$的电抗特性

图7.3.5　并联型泛音晶体振荡电路

图中,设石英晶体为5次泛音晶体,f_1为晶体的基音频率。L_0、C_0组成并联谐振回路的谐振频率为f_0,选其值为$3f_1 < f_0 < 5f_1$,其电抗频率特性如图7.3.5(b)所示。这样,在晶体的基音和3次泛音频率点上,回路$L_0 C_0$呈感性,不满足电容三点式的组成法则,而在5次泛音处,$L_0 C_0$回路呈容性,满足三点式组成法则,所以该振荡器一定振荡在5次泛音频率上。对于7次以上泛音,由于回路$L_0 C_0$呈现的阻抗太小,使电容分压比减少,不易满足振幅起振条件。

2. 串联型晶振电路

如果在串联谐振频率f_q点上,晶体等效为短路时,使电路满足振荡条件,则称此电路为串联型晶体振荡电路。图7.3.6是一个简单的串联型石英晶体振荡电路。同向放大器A_1的增益为$A_1 = \left(1 + \dfrac{R_f}{R_1}\right)$。石英晶体串接在反馈支路上,反馈网络的反馈系数为

$$\dot{F} = \frac{\dot{V}_F}{\dot{V}_o} = \frac{R_3}{R_2 + R_3 + \dot{Z}_{cr}} = \frac{R_3}{R_2 + R_3 + |Z_{cr}| e^{j\varphi_{Z_{cr}}}}$$

$$(7.3.5)$$

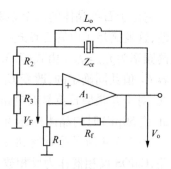

图 7.3.6 串联型石英晶振电路

其中，$\dot{Z}_{cr}$ 是石英晶体的阻抗。在晶体的串联谐振频率 f_q 处，晶体呈短路，$Z_{cr} = 0$，此时反馈最强，环路增益 $T = A_1 F$ 最大，且相移为零，满足正反馈条件。只要 $T = A_1 F > 1$，则起振，振荡频率为 $f_{osc} = f_q$。电路中并联电感 L_0 的目的是让其与晶振的封装电容 C_0 在频率 f_q 处谐振，这样石英晶体真正成为一个高 Q 的串联谐振回路，保证了振荡频率的稳定性。

这样的振荡器能否保证相位稳定条件呢？当频率偏离 f_q 时，石英晶体呈现极高的阻抗，即有 $|Z_{cr}| \gg (R_2 + R_3)$，因此有 $\dot{F} \approx \frac{R_3}{|Z_{cr}| e^{j\varphi_{Z_{cr}}}}$。振荡器环路增益的相频特性

$$\varphi_{\dot{T}} = \varphi_{\dot{A}_1} + \varphi_{\dot{F}} = 0 + \varphi_{\dot{F}} = -\varphi_{Z_{cr}} \qquad (7.3.6)$$

由于在 f_q 附近，晶体呈现串联谐振特性，它的相频特性 $\varphi_{Z_{cr}} \sim \omega$ 为正斜率，如表1.2.2所示，因此振荡器的相频特性满足

$$\left. \frac{d\varphi_{\dot{T}}}{d\omega} \right|_{\omega_{osc}} = - \left. \frac{d\varphi_{Z_{cr}}}{d\omega} \right|_{\omega_q} < 0 \qquad (7.3.7)$$

振荡器是相位稳定的。

图 7.3.7(a) 是另一串联型晶体振荡电路实例，交流通路如图 7.3.7(b) 所示。电路中，在晶体的串联谐振频率点上，晶体管的基极交流接地，放大器的增益最大，且满足正反馈条件。当频率偏离晶体的串联谐振频率 f_q，由于晶体阻抗急剧增大，振荡停止。

对于工作于串联型的石英晶体，必须了解其工作频率以及串联谐振时的等效电阻等指标。

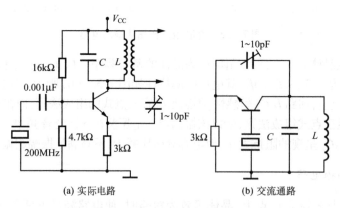

(a) 实际电路   (b) 交流通路

图 7.3.7 串联型晶体振荡电路及其交流通路

表 7.3.1 列出石英晶体的一些指标。

表 7.3.1 石英晶体指标举例

名　称	BA14D	JA26	JA40	JA49（压控型）
标称频率	5MHz	8867.237 kHz	4194 kHz	12 ~ 20 MHz
调整频差	-4 ~ -12Hz	$\pm 4 \times 10^{-6}$	$\pm 20 \times 10^{-6}$	
谐振电阻/Ω	≤165	≤60	≤80	≤25
负载电容/pF	∞	20	30	30
并电容 C_0/pF		≤5.5	7	≤14
工作温度范围/℃	53 ~ 68	-10 ~ +60	-10 ~ +55	-55 ~ +85
温度频差	$\pm 4 \times 10^{-6}$	$\pm 25 \times 10^{-6}$	$\pm 20 \times 10^{-6}$	$\pm 50 \times 10^{-6}$（总频差）
频率可调性				0.035 %
激励功率	100μW	2mW	2mW	2mW

小结：

（1）石英晶体由于具有极稳定的物理特性、极高的 Q 值,且接入系数极小,因此石英晶体振荡器具有很高的频率稳定性。

（2）并联型晶体振荡电路中,石英晶体作电感用,类似于电容三点式,振荡频率位于 f_q 与 f_p 之间,负载电容可微调振荡频率。在串联型晶体振荡电路中,晶体处于串联谐振,阻抗最小,相当于短路。对于泛音晶体必须用相应措施保证工作在所需的频率点。

7.4 压控振荡器

7.4.1 简述

在很多情况下要求振荡器的频率是可以受控的,如频率合成器、锁相解调电路等。当振荡器的频率随外加控制电压变化而变化时,称为压控振荡器（voltage-controlled oscillators, VCO）。

压控振荡器的主要性能指标如下。

1）频率范围:VCO 受控可变的最高频率 f_{max} 与最低频率 f_{min} 之差。

2）线性度:理想的压控特性应该是线性的,如图7.4.1所示,即

$$f = f_0 + A_0 v_c \qquad (7.4.1)$$

式中, v_c 为控制电压, f_0 是控制电压为零时 VCO 的固有频率, A_0 称为压控灵敏度。但在实际情况很难做到线性受控。线性度表示实际控制特性相对于理想线性控制的偏

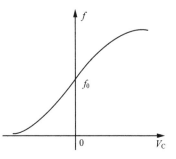

图 7.4.1 压控振荡器特性曲线

移。压控振荡器常用于锁相解调与锁相频率合成器中,锁相解调与锁相频率合成器相比,它对 VCO 的线性度要求更高。

3）压控灵敏度 A_0：也称 VCO 的增益,它表示单位控制电压所产生的频率变化量,单位是 Hz/V 或（rad/s）/V。VCO 的增益是锁相环电路中极重要的一个参数。

4）调制带宽：VCO 的调制带宽定义为允许控制电压变化的最大速率。由于 VCO 的控制端常接旁路电容滤除干扰,这就影响了控制电压的变化速率的提高。对锁相解调中的VCO,其带宽应能大于调制信号的最高调制频率。对频率合成器中的 VCO,在频率转换时,其带宽不能成为转换时间的限制。

5）工作电压：VCO 的工作电压和控制电压都应在系统所提供的电源电压范围内。

6）噪声：噪声性能是振荡器一个很重要的指标。VCO 从它的控制电压输入端或电源端都可能会受到干扰而形成噪声,因而在电路设计上应该采用各种减少噪声的方法。

构成 VCO 的方法一般有两种,一种是前面讲述的带调谐回路（如 LC 回路）的振荡器,用改变回路电抗元件值的方法来实现频率控制;另一种称为张弛振荡器,也称多谐振荡器。高频中常用的张弛振荡器有射极耦合多谐振荡器和环形振荡器,用改变电容充放电电流大小和各级的延迟时间的方法来实现对频率的控制。

当对压控振荡器的相位噪声要求较高时,应采用具有高 Q 的 LC 谐振回路的振荡器。而张弛振荡器由于没有高 Q 的选频元件,所以它的频谱纯度不够好,但张弛振荡器不需要外接调谐元件,可以全部集成,因此目前在高频集成锁相环中也得到广泛的应用。下面分别介绍这几种压控振荡器。

7.4.2　变容二极管压控振荡器

变容二极管压控振荡器是利用变容二极管作为可变电容的调谐型振荡器。变容二极管是利用二极管在反向偏置条件下,势垒电容随外加电压而变化的一种器件。变容二极管的符号如图 7.4.2 所示,它在工作时的基本特点如下。

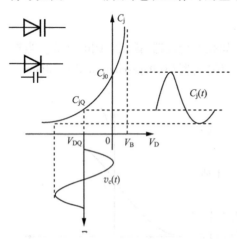

图 7.4.2　变容二极管电容 C_j 特性

1）二极管反向偏置,外加电压变化时二极管应始终保持不导通。

2）结电容 C_j 与外加电压的变化规律如图 7.4.2 和式（7.4.2）所示。

$$C_j = \frac{C_{j0}}{\left(1 - \dfrac{V_D}{V_B}\right)^n} \quad (V_B < 0) \quad (7.4.2)$$

式中, C_{j0} 是偏置为零时的电容值, V_B 是势垒电位差（一般为 0.5V）, n 是电容变化指数（由工艺决定）。

变容二极管作为谐振回路电容的一部分（或全部）而构成的 LC 振荡器如图 7.4.3(a)、图 7.4.4和图 7.4.5(a) 所示。

图 7.4.3(a) 为 LC 压控振荡器,其交流通路如图 7.4.3(b) 所示。电容 0.01μF 交流短路,晶体管为共基形式,两个背对背串接的变容二极管 D_1 、 D_2 与电感 L 组成并联 LC 回路,回路输出电压通过电容 C(10pF)反馈回输入端,构成正反馈。这四个电抗元件共同决定了振荡器的振荡频率。只要晶体管的截止频率 f_T 足够

高,选择合适的电感、电容和变容二极管,振荡频率可达 1.2GHz。此电路采用 PNP 管有两个明显的好处:一是输出方便,可以直接由电感的抽头和地间输出,且输出阻抗也较低;二是变容管可以采用正电压调谐,与电源电压极性一致。

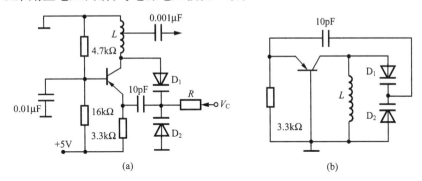

图 7.4.3　LC 压控振荡器及交流通路图

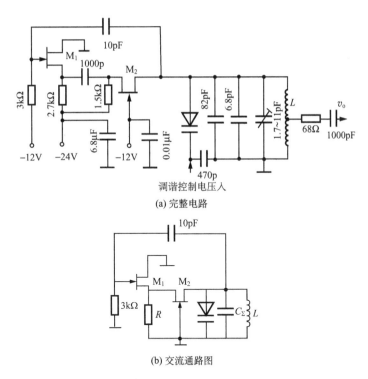

图 7.4.4　由两个 FET 接连的 VCO 电路

　　调谐电压 V_C 通过电阻 R 加在变容管上,由于高频电感 L 对调谐电压 V_C 相当于短路,因此两个串联变容管的调谐电压相同。采用两个二极管背对背串联的好处在于减小加在每个变容二极管上的高频电压,以利于提高频率稳定度(见第九章分析)。

　　图 7.4.4(a)所示是由两个 FET 接连的 VCO 电路。它可以工作在 120～160MHz。图中 M_2 为共栅极放大器,谐振回路接在其漏极电路中,回路电压通过电容 10pF 反馈回 M_1 的栅极上。其交流通路如图 7.4.4(b)所示,其中,C_Σ 为 82pF、6.8pF 和可变电容三者并联,电阻

R 为 2.7kΩ 和 1.5kΩ 并联。该电路的特点是,在同相放大器 M_2 的反馈支路中插入跟随器 M_1,它的增益近似为 1,在确保实现正反馈的同时跟随器 M_1 又完成了阻抗变换,减小共栅极放大器 M_2 的输入阻抗对回路的影响,保证了谐振回路的高 Q 值。变容二极管正极的直流电平为地电平,改变加在变容二极管负极上的调谐控制电压,即可实现对振荡频率的控制。

图 7.4.5(a)为晶体压控振荡器,交流通路如图 7.4.5(b)所示。电容 C_1、C_2 和变容管 C_j 与晶体组成谐振回路,晶体呈感性。控制电压 v_c 改变了变容二极管的等效电容 C_j,从而改变了晶体振荡器的频率。

由于晶体的 Q 极高,晶体呈感性的区域($f_q \sim f_p$)很小,因此晶体压控振荡器可调频率变化范围很小(表 7.3.1)。为了展宽晶体压控振荡器的控制范围,可以用一个电感线圈与晶体串联,如图 7.4.5(c)所示,将晶体呈电感的范围从 $f_q \sim f_p$ 展宽到 $f_s \sim f_p$,则振荡器的可调频率范围也相应展宽。

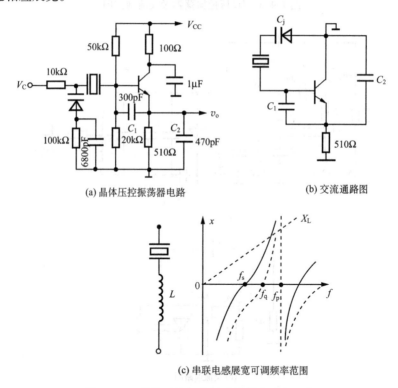

(a) 晶体压控振荡器电路 (b) 交流通路图

(c) 串联电感展宽可调频率范围

图 7.4.5 晶体压控振荡器及控制范围的展宽

7.4.3 射极耦合多谐振荡器

图 7.4.6 为射极耦合多谐振荡器的电路原理图。

交叉耦合的两个晶体管构成了正反馈,通过对一个储能元件(一般是电容器)在两个门限电平之间交替地进行充、放电而实现振荡,振荡频率取决于电容器的充放电时间。控制电容器的充放电电流的大小,可以控制频率的变化。其工作原理简单分析如下:设初始状态电

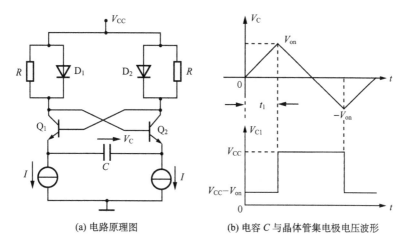

(a) 电路原理图   (b) 电容 C 与晶体管集电极电压波形

图7.4.6 射极耦合多谐振荡器的电路原理图

容器上电荷为零,且晶体管 Q_1 导通,Q_2 截止,设每个 PN 结导通电压均为 V_{on},此时 Q_1 各极电位为

$$V_{c1} = V_{CC} - V_{on}$$

$$V_{b1} = V_{e2} = V_{CC}, \quad V_{e1} = V_{b1} - V_{on} = V_{CC} - V_{on}$$

而 Q_2 各极电位是

$$V_{b2} = V_{CC} - V_{on}, \quad V_{b2} - V_{e2} < V_{on}$$

电源 V_{CC} 通过二极管 D_1 和晶体管 Q_1 对电容 C 充电,充电电流为 I。只要 Q_1 导通,Q_2 截止,则 V_{e1} 被箝位于 $V_{e1} = V_{CC} - V_{on}$,而电容 C 充电电荷在电容上积累的结果,只能使 V_{e2} 下降。当 V_{e2} 下降到 $V_{e2} = (V_{CC} - V_{on}) - V_{on}$,即 V_{e2} 与 V_{b2} 的电位差等于 V_{on} 时,Q_2 导通,Q_1 截止,各极电位发生跳变。此时,电源 V_{CC} 通过 D_2 和 Q_2 对电容 C 反向充电,直至引起 Q_1 重新导通,Q_2 截止。由于恒流源 I 充电,可以画出电容器 C 上电压的变化如图 7.4.6(b) 所示。可见,在电容器的两端为三角波,它在两个门限电平 $+V_{on}$ 和 $-V_{on}$ 间变化,而在晶体管的集电极输出方波。在图 7.4.6(b) 中有

$$V_{on} = \frac{1}{C} \int_0^{t_1} I \mathrm{d}t = \frac{I}{C} t_1 \tag{7.4.3}$$

所以振荡频率

$$f = \frac{1}{T} = \frac{1}{4t_1} = \frac{I}{4CV_{on}} \tag{7.4.4}$$

因此,控制充电电流 I 的大小或者改变电容器 C 的大小,可以控制多谐振荡器频率。

图 7.4.7 是集成锁相环 L562 中的压控振荡器实际电路。与原理电路[图7.4.6(a)]不同的是,在 L562 中,两个交叉耦合正反馈的晶体管是 Q_{19}、Q_{20} 和 Q_{21}、Q_{22},这里 Q_{19} 和 Q_{22} 是射极跟随器,在正反馈环中增加了射极跟随器有利于隔离和阻抗变换,并起到了电平移位作用。Q_{23}、Q_{24}、Q_{25} 和 Q_{26}、Q_{27}、Q_{28} 分别为 Q_{19}、Q_{20} 和 Q_{21}、Q_{22} 提供直流偏置。充电电容是外接电容 C,充电电流是由 Q_{24}、Q_{25} 和 Q_{26}、Q_{27} 供给。控制电压 v_c 改变 Q_{25}、Q_{26} 的电流,也就改变了该射极耦合多谐振荡器的频率。输出电压取自于 Q_{20} 的集电极。

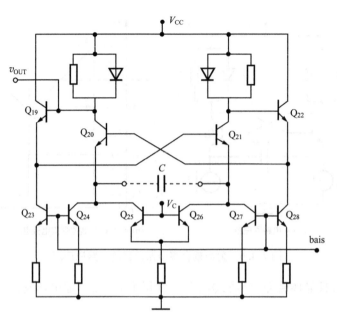

图 7.4.7　集成锁相环 L562 中的压控振荡器实际电路

7.4.4　环形振荡器

反馈振荡在一个没有选频回路的反馈环路中也可以产生,只要该环路的开环增益足够大,且输出相对于输入有一定的时延。图 7.4.8 所示的用奇数个 CMOS 反相器构成的环形振荡器就是目前高频压控振荡器常用的电路结构。

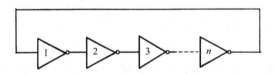

图7.4.8　奇数个 CMOS 反相器构成的环形振荡器

该电路的振荡频率是由每级反相器的延迟时间 τ_d(它可以由流过每级的电流来控制)和反相器的级数 n 来决定。

$$f_{osc} = \frac{1}{2n\tau_d} \qquad (n \text{ 为奇数}) \tag{7.4.5}$$

从获得最高频率和减少噪声的角度出发,希望级数越少越好,典型的是三个反相器,其工作原理如图 7.4.9(a)所示。

如图 7.4.9(b)所示,设初始状态时 $V_1 = 0$,$V_2 = 1$,$V_3 = 0$,在 $t = 0$ 时刻反相器 1 的输出发生反转。设每级的延迟时间均为 τ_d,经过 $2\tau_d$ 时间后,此变化经反相器 3 输出反馈到反相器 1 的输入端。再经过 τ_d 的延迟,在时间 $t = 3\tau_d$ 时,反相器 1 的输出电位 V_1 又发生反转,此后连续不断,形成振荡。

图 7.4.10 所示是 CMOS 反相器电路。由图可见,输出电压 v_o 跟随输入电压 v_i 跳变的

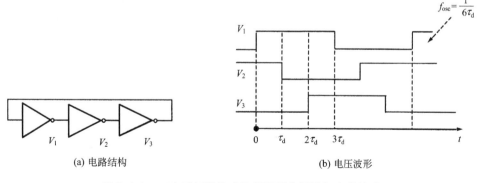

(a) 电路结构   (b) 电压波形

图 7.4.9 三个反相器构成的环形振荡器及相应的波形

延迟时间取决于流过它的电流 i_D、电压的摆幅 V_{op} 以及输出节点上的等效电容值 C_L（寄生电容及下一级的输入电容）。当电压摆幅和输出电容值固定时，延迟时间反比于流过它的电流，这样，频率就与控制电流成正比。

图 7.4.11 所示是最简单的三级环形压控振荡的原理电路。图中，M_1、M_2 是其中一个反相器，M_3 与反相器串接，改变加在 M_3 栅极上的电压 V_C，M_3 的电流也即反相器的电流随着改变，从而改变了该反相器的延迟时间，也就改变了振荡频率。

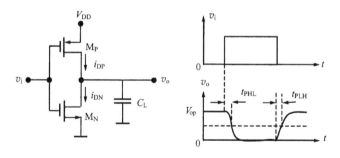

图 7.4.10 反相器的延迟时间

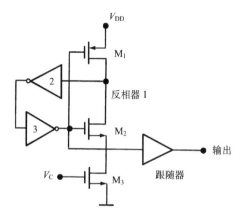

图 7.4.11 三级环形压控振荡的电路原理图

上述振荡器采用 $1.2\mu m$ 的 CMOS 工艺，它的测量值列于表 7.4.1 中。

表 7.4.1　图 7.4.11 振荡器测量参数

参　数	测量值
调谐范围	320～926MHz
电源电压	5V
功耗	9.4mW
相位噪声@100kHz	−80dBc/Hz

由于没有高 Q 的选频回路,所以环形振荡器的频谱纯度没有 LC 振荡器好,其工作频率也受到器件延迟时间的限制。但环形振荡器的最大优点是集成度高。为了获得高速、低功耗、低噪声性能优良的环形振荡器,在设计时要遵循的原则如下。

1）环形振荡器的级数尽可能少。

2）选择能以最大速度工作的电路结构。

3）不用外部电抗元件,而只用不可避免的电路寄生参数。

4）降低电路的复杂性以使寄生电容尽量小。

有许多文献报道了有关的研究,如将图 7.4.9 所示的三级环形振荡器改变为图 7.4.12（a）的结构,以提高其工作频率。图 7.4.12 的工作原理是由于在任何一个相邻的延迟时间 τ_d 内,三个反相器的输出电位总是两个高一个低或两个低一个高交替变化,如图 7.4.9（b）所示。采用三个跨导型放大器 G_1、G_2、G_3 将每一级反相器的输出电压变换成电流,然后将这些电流在某一个节点（如节点 X）相加,就能使总电流值的大小每隔 τ_d 时间发生变化,如图 7.4.12（b）所示,这样就提高了 X 点上电压 V_X 的频率。

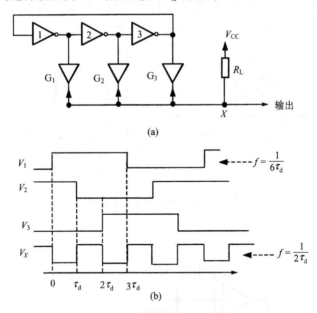

图 7.4.12　三级环形振荡器的改进（a）和相应波形（b）

7.5　振荡器的频率稳定度

7.5.1　简述

振荡器作为收发信机的频率源,它的主要指标是频率准确度和稳定度。准确度是指振荡器实际的频率值 f_x 对其标称值 f_0 的相对偏离,其表达式为

$$\varepsilon = \frac{f_x - f_0}{f_0} = \frac{\Delta f}{f_0} \qquad (7.5.1)$$

式中,$\Delta f = f_x - f_0$ 称为绝对频差。

频率稳定度是指在一定的时间间隔内频率准确度的变化。频率稳定度是衡量振荡器性能一个极其重要的指标,频率准确度是要靠稳定度来保证的。频率稳定度又可分为长期稳定度和短期稳定度两种。长期稳定度主要是指振荡器元件老化或某些元件参数的慢变化引起的频率漂移,另外,由于振荡器所处环境条件(如温度、电源电压、磁场、负载等外界因素)的变化也会引起频率的波动。长期稳定度以一天或更长的时间来计算。提高长期稳定度可以从提高振荡电路元器件的标准性(不变性)和改善环境两方面着手,如选择优质高稳定的元器件,采用牢固可靠的工艺以减少分布参数和寄生参数以及这些参数的变化。对温度的变化采用恒温措施或进行温度补偿,对电源电压的变化加稳压,对磁场和电场的干扰加屏蔽,对负载的变化加跟随器进行隔离等。

短期频率稳定度是讨论以秒或毫秒来计算的频率起伏。由于观察的时间非常短,所以影响短期频率稳定度的主要因素是各种随机噪声。在通信系统中主要考虑信号源(振荡器)的短期稳定度,而研究短期频率稳定度也就是研究振荡器的相位噪声。

理想的正弦波振荡器的输出信号为 $v(t) = A\cos\omega_c t$,它的频谱是一条单一的幅度为 A 的谱线。但是由于振荡器中存在着有源器件的固有噪声、电阻热噪声以及外部干扰,所有这些噪声通过振荡器这个非线性系统时,对它的输出信号的幅度和相位都可能进行调制,所以振荡器实际的输出信号应该表示为一个调幅调相波:

$$v(t) = A[1 + a(t)]\cos[\omega_c t + \varphi_n(t)] \qquad (7.5.2)$$

式中,$a(t)$ 为归一化的幅度调制,$\varphi_n(t)$ 为相位调制(即相位噪声)。但由于振荡器的正反馈的自限幅作用,抑制了振幅噪声,因此实际上只需考虑相位噪声的影响。由于频率是相位的微分,对正弦信号而言,相位噪声即表现为振荡频率 $f(t)$ 在一平均值 f_c 上下随机起伏,如图 7.5.1 所示。

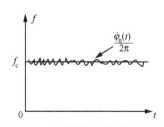

图 7.5.1　相位噪声对频率的影响

对一个可用的振荡源,它的相位噪声应该是不大的,因此设 $\varphi_n(t) \ll 1\text{rad}$,则可将式(7.5.2)化简为

$$v(t) = A\cos\varphi_n(t)\cos\omega_c t - A\sin\varphi_n(t)\sin\omega_c t \approx A\cos\omega_c t - A\varphi_n(t)\sin\omega_c t \qquad (7.5.3)$$

式中,第一项为载波电压,第二项可视为载波信号 $A\sin\omega_c t$ 受到相位噪声 $\varphi_n(t)$ 调制的双边带信号,因此带有相位噪声的振荡器输出信号的频谱是一条载波频谱与被搬移到载波 ω_c 两边的相位噪声 $\varphi_n(t)$ 频谱的叠加,频谱结构如图 7.5.2 所示(详细证明见本章扩展)。

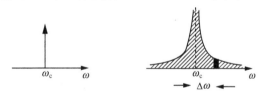

(a) 理想正弦振荡器输出频谱　　　　(b) 实际正弦振荡器输出频谱

图 7.5.2　振荡器输出频谱

7.5.2 相位噪声的影响

振荡信号的频谱不纯,对接收机或发射机都会产生不良影响。在发射机的上混频中,由于本振信号频谱不纯,将本振噪声转移到了发射频带内,如图7.5.3(a)示,频谱不纯的发射信号对邻道信号产生干扰。

接收机的混频器将本振噪声转移到了中频段,图7.5.3(b)画出了无噪本振和有噪本振的混频结果,本振噪声降低了中频信号的信噪比。更严重的是当接收信号中伴有强干扰信号f_M时,情况就很糟糕。如果本振信号是纯粹的f_L,则由于$f_M - f_L \neq f_I$,则混频后干扰被滤除了。但对带有相位噪声的本振信号,干扰f_M和由混频器的非线性产生的谐波$2f_M$等与某些特定频率上的本振噪声混频,会将更多的本振噪声转移到了中频带宽之内,如图7.5.3(c)所示。这种现象也称为倒易混频,相当于本振噪声把信号中的强干扰作为本振信号进行混频而变成中频。倒易混频使接收机中频信噪比变差,甚至可能淹没有用信号。

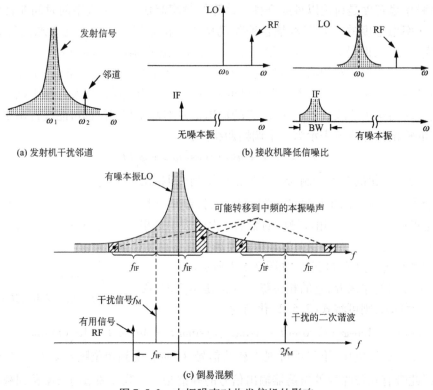

(c) 倒易混频

图 7.5.3 本振噪声对收发信机的影响

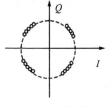

图 7.5.4 相位噪声对 QPSK 星座图的干扰

本振噪声也会干扰数字通信。例如对 QPSK,信息是包含在载波的相位中,而带有相位噪声的本振信号对已调波进行下混频后,中频信号的相位受到了干扰,如图7.5.4所示,解调后就增大了误码率。

7.5.3　频率稳定度的表示方法

振荡器的相位噪声直接影响振荡器的短期频率稳定度。振荡器的短期频率稳定度有两种表征法,在频域用单边相位噪声功率表征,在时域则用阿伦方差表征。

时域表征的阿伦方差可以用频率计来测量。频率计的测频方法是在一闸门时间 τ(也称取样时间)内数脉冲的个数,因此是频率的平均值。阿伦方差的具体测量方法如下。

1)固定频率计的取样时间 τ。依次测出两个相邻的、无时间间隔的、在相同的取样时间 τ 内的频率值 f_i(对应时间 t_i)和 f_i'(对应时间 t_i'),其中,$t_i' = t_i + \tau$,如图 7.5.5 所示。

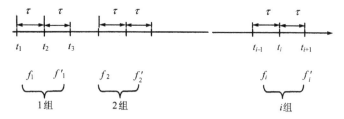

图 7.5.5　阿伦方差测量法

2)以上述频率值为一组,在一段时间内,用频率计依次测出 N 组频率值:f_1 和 f_1',f_2 和 f_2',$\cdots$,f_n 和 f_n' 。

3)求出这 N 组的绝对频差:

$$\Delta f_1 = f_1 - f_1'\ ,\ \Delta f_2 = f_2 - f_2'\ ,\ \cdots,\Delta f_n = f_n - f_n'$$

4)阿伦方差定义为

$$\sigma(\tau) = \frac{1}{f_0}\sqrt{\frac{(\Delta f_1)^2 + (\Delta f_2)^2 + \cdots + (\Delta f_n)^2}{2N}} \tag{7.5.4}$$

阿伦方差的值与测量的取样时间 τ 有关。通常取若干个取样时间 τ,测出相应的 $\sigma(\tau)$,画出对应的曲线,可以得出振荡源在不同的时间 τ 内的短期频率稳定度,如图 7.5.6 所示。

频率稳定度的频域表征法是用单边(SSB)相位噪声。单边相位噪声是指偏离载频 f_c 一定量 Δf 处[图 7.5.7(a)],单位频带内噪声功率 P_{SSB} 相对于平均载波功率 P_C 的分贝数,即

$$L(\Delta f) = 10 \log \frac{P_{SSB}}{P_C} \tag{7.5.5}$$

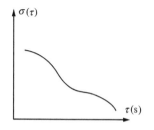

图 7.5.6　振荡源在不同的时间 τ 内的短期频率稳定度

单位为 dBc/Hz,dBc 表示相对于载波功率的大小。例如,测得载波功率为 -2dBm,在偏离载频 1MHz 处在带宽 1kHz 内的噪声功率为 -70dBm,那么单位频带内的相对单边噪声功率为 -70dBm$-(-2)$dBm-30dB $= -98$dBc/Hz。(30dB 代表 1kHz)。图 7.5.7(b)所示是某仪器工作在 1.0GHz 处的单边相位噪声功率图。由图可以看出,在偏离载波 100Hz 处为 -70dBc/Hz,偏离 1kHz 处为 -95dBc/Hz,偏离 100kHz 处为 -145dBc/Hz。单边相位噪声功率可以用频谱分析仪来测量。

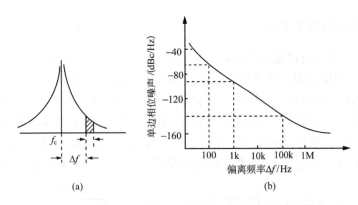

图 7.5.7 某仪器工作在 1.0GHz 处的单边相位噪声功率

频率稳定度究竟是用时域表征好还是用频域表征好？从测量的角度看，如果频率计的取样时间太短(如 10ms 以下)，就不易测量，即当频率的不稳定性突发速率高于这一数量级时，就不用时域法表征。而同样，对接近载频的低频噪声不易由频谱分析仪测出。所以频域表征能较好地反映高频相位噪声对频率稳定度的影响，而时域表征能较好地反映低频相位噪声对频率稳定度的影响。阿伦方差和单边相位噪声的关系请自行参考有关书籍。

在无线通信系统中，一般要求频率稳定度(设随温度变化)为 $2 \sim 0.5$ppm/℃ (ppm = 10^{-6})。对相位噪声的要求是，当偏离载频 10kHz 时为 $-80 \sim -110$dBc/Hz。

小结：

在设计振荡器时，提高频率稳定度，减少相位噪声的最有效办法是提高选频回路的 Q 值，同时还要减小由于非线性器件的作用，避免使幅度噪声向相位噪声的转换。

扩展 关于图7.5.2 频谱的证明

理想的正弦波振荡器的输出信号 $v(t) = A\cos\omega_c t$，它的频谱是一条单一的幅度为 A 的谱线，如图 7.5.2(a)所示。下面将讨论带有相位噪声的振荡器如何产生如图 7.5.2(b)所示的频谱结构，噪声分量与振荡器电路参数的关系如何。

以图 7.2.7 所示的考毕兹振荡器为例。由于有源器件的内部噪声，如双极型晶体管(或场效应晶体管)的噪声电流 $\overline{I_{n,c}^2}$(或 $\overline{I_{n,D}^2}$)与反馈信号一起加到了放大器的输入端，根据反馈型振荡器的一般结构，其电路模型如图 7.A.1(a)所示。图中 $n_i(t)$ 代表电路内部噪声功率，假设它为白噪声，$n_o(t)$ 为振荡器的输出噪声功率。现分析电路噪声经过振荡器这个反馈系统后的输出噪声 $n_o(t)$ 的频谱。

根据式(7.1.4)所示的反馈理论有

$$\frac{n_o(s)}{n_i(s)} = \left| \frac{\dot{A}\dot{F}}{1 - \dot{A}\dot{F}} \right|^2 = \left| \frac{\dot{T}}{1 - \dot{T}} \right|^2 \tag{7.A.1}$$

设振荡器的振荡频率 ω_{osc} 等于 LC 回路的谐振频率 ω_0，在振荡频率 ω_{osc} 处有 $T(\omega_{osc}) = 1$。当 $n_i(s) \neq 0$，则有 $n_o(\omega_{osc}) \to \infty$。

下面求偏离振荡频率 ω_{osc} 为 $\Delta\omega$ 处的噪声。

任何一个函数 $f(x)$ 当 $x = x_0 + \Delta x$ 时，其函数值在 Δx 很小时可以用泰勒级数近似，即

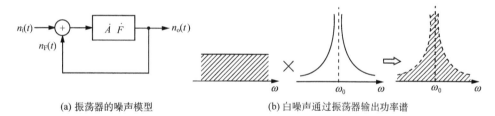

(a) 振荡器的噪声模型　　　　　　　(b) 白噪声通过振荡器输出功率谱

图 7. A. 1　振荡器的噪声模型

$$f(x + \Delta x) \approx f(x_0) + \frac{\mathrm{d}f(x)}{\mathrm{d}x}\Big|_{x = x_0} \cdot \Delta x$$

因此在偏离振荡频率 ω_{osc} 为 $\Delta\omega$ 的频率点,即 $\omega = \omega_0 + \Delta\omega$ 处,根据式(7. A. 1),噪声可写为

$$\frac{n_{\mathrm{o}}}{n_{\mathrm{i}}}(\omega_0 + \Delta\omega) = \left| \frac{\dot{T}(\omega_0) + \frac{\mathrm{d}\dot{T}}{\mathrm{d}\omega}\Big|_{\omega_0} \Delta\omega}{1 - \left[\dot{T}(\omega_0) + \frac{\mathrm{d}\dot{T}}{\mathrm{d}\omega}\Big|_{\omega_0} \Delta\omega\right]} \right|^2 \tag{7. A. 2}$$

因为 $\dot{T} = \dot{A}\dot{F}$,则 $\frac{\mathrm{d}\dot{T}}{\mathrm{d}\omega} = \dot{F}\frac{\mathrm{d}\dot{A}}{\mathrm{d}\omega} + \dot{A}\frac{\mathrm{d}\dot{F}}{\mathrm{d}\omega}$,$\dot{F}$ 是反馈系数,$\dot{A}$ 是选频放大器在 LC 回路谐振点处的增益。由于 LC 谐振回路的幅频特性在谐振点 ω_0 处是平坦的,其导数为零,所以 $\frac{\mathrm{d}A}{\mathrm{d}\omega}\Big|_{\omega_0} \approx 0$,一般有 $\frac{\mathrm{d}F}{\mathrm{d}\omega} = 0$ 及 $T(\omega_0) = 1$,所以 $\frac{\mathrm{d}T}{\mathrm{d}\omega}\Big|_{\omega_0} \cdot \Delta\omega \ll T(\omega_0)$,则式(7. A. 2)可化简为

$$\frac{n_{\mathrm{o}}}{n_{\mathrm{i}}}(\omega_0 + \Delta\omega) = \left| \frac{1}{\frac{\mathrm{d}\dot{T}}{\mathrm{d}\omega}\Big|_{\omega_0} \cdot \Delta\omega} \right|^2 \tag{7. A. 3}$$

在偏离 ω_0 处,增益 A 变为复数,可用极坐标表示环路增益,$\dot{T} = \dot{A}\dot{F} = |AF|\mathrm{e}^{\mathrm{j}\varphi_T}$,其中,$\varphi_T = \varphi_A + \varphi_F$,由于 $\frac{\mathrm{d}\varphi_F}{\mathrm{d}\omega} = 0$ 和 $\frac{\mathrm{d}F}{\mathrm{d}\omega} = 0$,则有

$$\frac{\mathrm{d}\dot{T}}{\mathrm{d}\omega} = \left(\frac{\mathrm{d}|AF|}{\mathrm{d}\omega} + \mathrm{j}|AF|\frac{\mathrm{d}\varphi_A}{\mathrm{d}\omega}\right)\mathrm{e}^{\mathrm{j}\varphi_T} \approx \mathrm{j}|AF|\frac{\mathrm{d}\varphi_A}{\mathrm{d}\omega}\mathrm{e}^{\mathrm{j}\varphi_T}$$

将上式代入式(7. A. 3),得

$$\frac{n_{\mathrm{o}}}{n_{\mathrm{i}}}(\omega_0 + \Delta\omega) = \frac{1}{(\Delta\omega)^2\left(|AF|_{\omega_0}\left|\frac{\mathrm{d}\varphi_A}{\mathrm{d}\omega}\right|_{\omega_0}\right)^2} \tag{7. A. 4}$$

由式(7. 1. 13),知 $\frac{\mathrm{d}\varphi_T}{\mathrm{d}\omega}\Big|_{\omega_0} = \frac{\mathrm{d}\varphi_A}{\mathrm{d}\omega}\Big|_{\omega_0} = \frac{\mathrm{d}\varphi_Z}{\mathrm{d}\omega}\Big|_{\omega_0} = -\frac{2Q_{\mathrm{e}}}{\omega_0}$,且 $|AF|_{\omega_0} = 1$,所以有

$$\frac{n_{\mathrm{o}}}{n_{\mathrm{i}}}(\omega_0 + \Delta\omega) = \frac{1}{4Q_{\mathrm{e}}^2}\left(\frac{\omega_0}{\Delta\omega}\right)^2 \tag{7. A. 5}$$

　　式(7. A. 5)表示了振荡器输出噪声功率谱与电路参数 Q_{e} 及频率偏移量 $\Delta\omega$ 的关系,振荡器的噪声频谱如图 7. A. 1(b)所示。该噪声频谱有如下特点。

　　1)在 $\omega = \omega_0$ 处为无穷大,偏离振荡频率 ω_0 越远,其值越小。

2）频谱特性与振荡器的有载 Q_e 密切相关，Q_e 越大，曲线越尖锐，相位噪声衰减得越快。因此再一次证明，为了减少相位噪声，必须提高选频回路的有载 Q 值。

习　题

7-1　图 7-P-1 所示为构成振荡器的放大器及反馈网络的输入、输出特性。试分析这两个振荡器的建立过程并说明它们的区别。

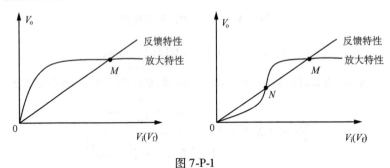

图 7-P-1

7-2　（1）按照相位平衡条件，试判断图 7-P-2 所示交流通路中，哪些可能产生振荡，哪些不能产生振荡。若能产生振荡，则说明属于哪种振荡电路。

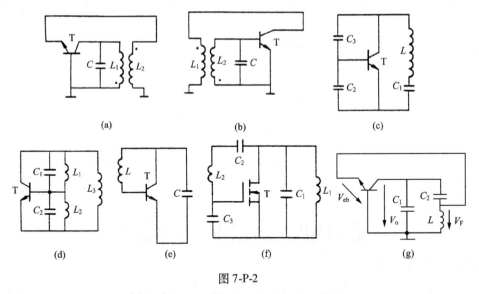

图 7-P-2

（2）在图（g）中，设回路 LC_1C_2 谐振，

① 用画矢量图法说明该电路是否满足正反馈，能否起振？

② 该电路是否满足三点式振荡电路的一般法则？

③ 该电路能否保证高 Q？该振荡电路是否合理？

7-3　图 7-P-3 所示电路为三回路振荡器的交流通路，图中 f_{01}、f_{02}、f_{03} 分别为三回路的谐振频率。试写出它们之间能满足相位平衡条件的两种关系式并画出振荡器电路（发射极交流接地）。

7-4　振荡电路如图 7-P-4 所示，试分析下列现象振荡器工作是否正常并说明原因。

（1）图中 A 点断开，振荡停振，用直流电压表测得 $V_B=2.7\mathrm{V}$，$V_E=2.1\mathrm{V}$，接通 A 点，振荡器有输出，测得直流电压 $V_B=2.6\mathrm{V}$，$V_E=2.3\mathrm{V}$；

（2）振荡器有振荡时,用示波器测得 B 点为正弦波,而 E 点为一余弦波脉冲;

（3）试问 C 点波形为何种波形?

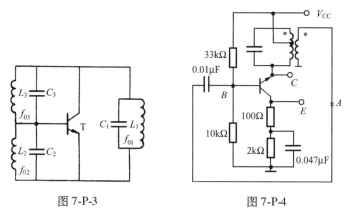

图 7-P-3　　　　　　　　　　　图 7-P-4

7-5　试运用反馈振荡原理,分析图 7-P-5 所示各交流通路能否振荡?

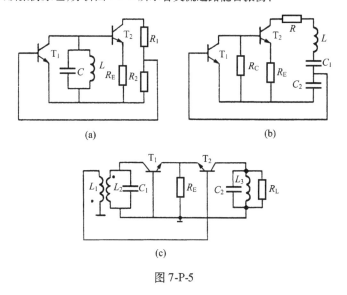

(a)　　　　　　　　　　　　　(b)

(c)

图 7-P-5

7-6　试改正图 7-P-6 所示振荡电路中的错误并指出电路类型。图中 C_B、C_D、C_E 均为旁路电容或隔直流电容,L_C、L_E、L_S 均为高频扼流圈。

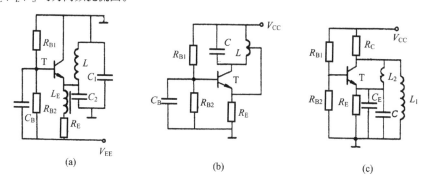

(a)　　　　　　　　　　(b)　　　　　　　　　(c)

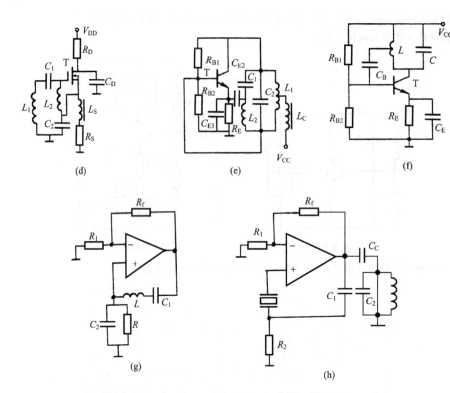

图 7-P-6

7-7 如图 7-P-7 所示振荡器，已知 $L_1 = 10\mu H$，$C = 1000pF$，变压器匝数比为 $N_1 : N_2 = 5 : 1$。设晶体管导通电压为 $V_{on} = 0.65V$，忽略晶体管极间电容影响，且 β 很大。试问：为保证振幅起振条件，集电极回路 Q 的最小值为多少？

7-8 (1) 画出一个晶体管为共射组态的考毕兹振荡电路（包括直流偏置）。

(2) 设工作频率为 200MHz，晶体管的偏置条件为 $V_{CE} = 3V$，$I_{CQ} = 3mA$，$\beta \gg 1$，$r_{be} = 2k\Omega$，$r_{ce} = 10k\Omega$，$C_{BE} = 1pF$，回路电感 $L = 50nH$，求回路电容 C_1、C_2（设回路空载 $Q_0 = \infty$）。

7-9 若石英晶体片的参数为 $L_q = 4H$，$C_q = 6.3 \times 10^{-3} pF$，$C_0 = 2pF$，$r_q = 100\Omega$，试求：

(1) 串联谐振频率 f_q；

(2) 并联谐振频率 f_p 与 f_q 相差多少？

(3) 晶体的 Q 和等效并联谐振电阻为多大？

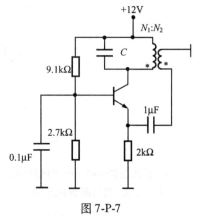

图 7-P-7

7-10 画出 7-P-10 所示石英晶体振荡器的交流通路图，说明它们属于哪类石英晶体振荡电路。

7-11 输出振荡频率为 240MHz 的三次泛音晶体振荡器如图 7-P-11 所示。画出它的交流通路图并计算电感 L 的范围。

7-12 试画出具有下列特点的晶体振荡器电路：

(1) 采用 NPN 型晶体三极管；

(2) 晶体作为电感元件；

(3) 正极接地的直流电源供电；

（4）晶体三极管 E-C 间为 LC 并联谐振回路；

（5）发射极交流接地。

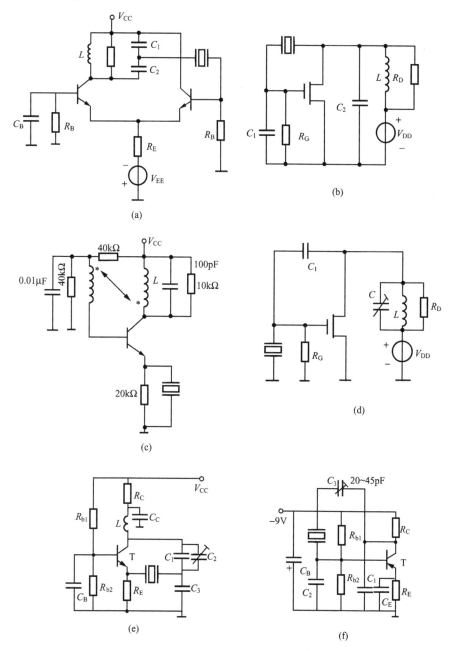

图 7-P-10

7-13 晶体振荡电路如图 7-P-13 所示,已知 $\omega_1 = \dfrac{1}{\sqrt{L_1 C_1}}$，$\omega_2 = \dfrac{1}{\sqrt{L_2 C_2}}$。试分析电路能否产生正弦波振荡,若能振荡？试指出 ω_{osc} 与 ω_1、ω_2 之间的关系。

7-14 差分对压控振荡器如图 7-P-14 所示,通过控制开关 S 分成两个波段,每个波段内由调节变容二

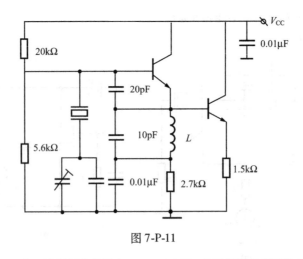

图 7-P-11

极管电容 C_j 控制频率。已知 I 波段频率范围为 320 ~ 330MHz,II 波段频率范围为 330 ~ 340MHz,回路电容最大值是 $C_{max} = 26.8pF$,电容 C_2、C_3 为隔直流电容。

(1) 分析振荡器的工作原理;

(2) 求电感 L_1 和 L_2 的值;

(3) 若电容 $C_1 = 14pF$,求变容二极管在每个波段电容值的变化范围。

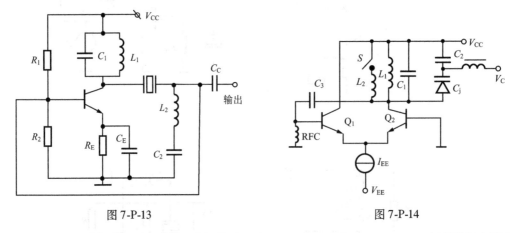

图 7-P-13   图 7-P-14

7-15 如图 7-P-15 所示差分负阻压控振荡器,已知 $L = 100nH$,电容 $C_1 = C_2 = 33pF$,振荡器频率调节范围为 130MHz ~ 160MHz。

(1) 计算每只变容二极管电容变化范围;

(2) 若回路等效并联谐振电阻为 $R_P = 10k\Omega$,该压控振荡器在可调频率范围内 Q 值的变化为多少?

7-16 振荡器的振幅不稳定,是否也会引起频率发生变化,为什么?

7-17 GSM 标准要求对在离载频 3MHz 处 −23dBm 的干扰电平,在离载频 1.6MHz 处 −33dBm 的干扰电平,在离载频 0.6MHz 处 −43dBm 的干扰电平均至少有 9dB 的抗拒能力。若载频功率为 −99dBm,试问在偏离本地振荡同样频率值点上的相位噪声的功率谱密度不能超过多少?假设信道带宽为 200kHz。

7-18 频率为 860MHz,信道间隔为 30kHz,为保证接收机对邻道干扰有 80dB 的抑制能力,试确定对本振信号相位噪声的指标要求。设干扰信道信号电平与有用信道相同,中频带宽为 12kHz。

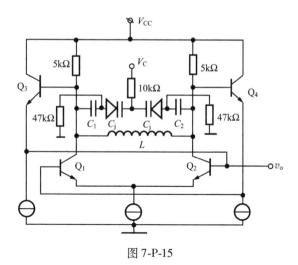

图 7-P-15

第八章 锁相与频率合成技术

锁相技术是一种相位负反馈控制技术,锁相环电路具有极优良的性能,它的主要特点是:①锁定时无剩余频差;②具有良好的窄带载波跟踪性能;③具有良好的宽带调制跟踪性能;④门限性能好;⑤易于集成。因此锁相环电路在电子系统中得到广泛的应用。在通信系统中锁相电路的基本应用是:锁相解调、载波提取与位同步以及频率合成。本章首先介绍锁相技术的基本概念与特性,然后讲述锁相环电路的实现,最后介绍锁相频率合成技术,锁相解调和载波提取放在第九章分析。锁相电路的理论分析繁复,本章只是简单的介绍,详细分析请自行参考有关书籍。

8.1 锁相环的基本组成与原理

锁相技术是一种相位负反馈技术,它是通过比较输入信号和压控振荡器的输出信号的相位,取出与这两个信号的相位差成正比的电压作为误差电压来控制振荡器的频率,达到使其与输入信号频率相等的目的。

8.1.1 锁相环的组成及数学模型

锁相环(PLL)由三个基本部件组成,即鉴相器、环路滤波器和压控振荡器,如图 8.1.1 所示。

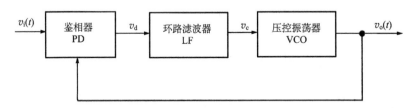

图 8.1.1 锁相环的基本组成

锁相环是一个传递相位的闭环反馈系统,系统的响应是对输入输出信号的相位(或频率)而言,而不是对它们的幅度。因此,在分析锁相环的性能前,首先应给出每一部件表示环路中信号传递的数学模型。

1. 鉴相器

鉴相器(PD)有两个输入信号,一是频率为 ω_i 的输入信号电压:

$$v_i(t) = V_{im}\sin(\omega_i t + \varphi_1) \tag{8.1.1}$$

二是压控振荡器 VCO 的输出电压 v_o。设开环时 VCO 的自由振荡频率为 ω_r,其输出电压表

示为

$$v_o(t) = V_{om}\cos(\omega_r t + \varphi_2) \tag{8.1.2}$$

闭环时 VCO 的频率受到控制电压 v_c 的控制,瞬时频率自 ω_r 变为 ω_o,相应的输出变为

$$v_o(t) = V_{om}\cos(\omega_o t + \varphi_2)$$

为了比较方便起见,设输入信号 v_i 和压控振荡器的输出信号 v_o 的初始相位 φ_1、φ_2 均为零,并将输入信号 v_i 和受控后的压控振荡器的输出信号 v_o 的频率均以 ω_r 为参考,将它们转化为

$$v_i = V_{im}\sin[\omega_r t + (\omega_i - \omega_r)t] = V_{im}\sin[\omega_r t + \varphi_i(t)] \tag{8.1.3}$$

$$v_o = V_{om}\cos[\omega_r t + (\omega_o - \omega_r)t] = V_{om}\cos[\omega_r t + \varphi_o(t)] \tag{8.1.4}$$

下面定义几个与频率和相位有关的量。

输入相位:

$$\varphi_i(t) = (\omega_i - \omega_r)t \tag{8.1.5}$$

输入固有角频差:

$$\Delta\omega_i = (\omega_i - \omega_r) = \frac{d\varphi_i}{dt} \tag{8.1.6}$$

它表示输入信号频率 ω_i 偏离 VCO 自由振荡频率 ω_r 的数值。

输出相位:

$$\varphi_o(t) = (\omega_o - \omega_r)t \tag{8.1.7}$$

控制角频差:

$$\Delta\omega_o = (\omega_o - \omega_r) = \frac{d\varphi_o}{dt} \tag{8.1.8}$$

它表示受控的 VCO 的频率 ω_o 与其自由振荡频率 ω_r 的差值。

误差相位:

$$\varphi_e(t) = \varphi_i - \varphi_o = (\omega_i - \omega_o)t \tag{8.1.9}$$

瞬时角频差:

$$\Delta\omega_e = (\omega_i - \omega_o) = \frac{d\varphi_e}{dt} \tag{8.1.10}$$

它表示受控的 VCO 的瞬时频率 ω_o 与输入信号频率 ω_i 的差值。

理想鉴相器的功能是:产生一个输出电压,此电压的平均分量 v_d 正比于两输入信号的相位差,它们之间的传输特性是

$$v_d(t) = A_d\varphi_e(t) \tag{8.1.11}$$

式中,A_d 为鉴相灵敏度,单位是 V/rad。在很多情况下,这个线性关系不一定满足。例如当用模拟乘法器做鉴相器时(见 8.6 节),鉴相特性为正弦鉴相,输出电压 $v_d(t)$ 是误差相位 $\varphi_e(t)$ 的非线性函数:

$$v_d(t) = U_d\sin\varphi_e(t) = U_d\sin(\omega_i - \omega_o)t \tag{8.1.12}$$

如图 8.1.2(a)所示。此时,鉴相器输出是一正弦信号,其频率是输入信号频率和 VCO 瞬时频率的差,因此也称为差拍正弦信号。U_d 是正弦鉴相器的最大输出电压,单位为伏。U_d 在数值上等于该正弦鉴相器在 $\varphi_e = 0$ 处的鉴相灵敏度 A_d,当 $\varphi_e \leqslant \dfrac{\pi}{6}$ 时 ,正弦鉴相可以近似为线性:

$$v_d(t) = A_d \varphi_e(t)$$

从相位传输的角度看,按式(8.1.12)可画出鉴相器的数学模型如图8.1.2(b)所示,它的输入是相位$\varphi_i(t)$和$\varphi_o(t)$,输出是电压$v_d(t)$。鉴相器的功能表现为两个方面,一是相位相减,二是将相位差变成电压。鉴相器的两个重要指标是鉴相灵敏度和鉴相范围。

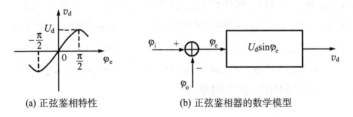

(a) 正弦鉴相特性　　　　　(b) 正弦鉴相器的数学模型

图 8.1.2　鉴相器的数学模型

2. 环路滤波器

环路滤波器(LF)是低通滤波器,它是由电阻、电容可能还有放大器组成的线性电路。它的输入是鉴相器的输出电压$v_d(t)$,它滤除电压$v_d(t)$中的高频成分和噪声,取出平均分量$v_c(t)$去控制压控振荡器的频率。环路滤波器可以改善控制电压的频谱纯度,提高系统稳定性。

表示环路滤波器的输出输入电压关系的是滤波器的传递函数$A_F(s)$,可表示为

$$V_c(s) = A_F(s)V_d(s) \tag{8.1.13}$$

式中,s是复频率。当求线性系统的稳态响应时,可将$s = j\Omega$代入,此时$A_F(j\Omega)$就是滤波器的频率特性。如果用微分算子$p\left[p \equiv \dfrac{\mathrm{d}}{\mathrm{d}t}(\quad)\right]$代替复频率$s$,则可得环路滤波器的时域方程:

$$v_c(t) = A_F(p)v_d(t) \tag{8.1.14}$$

常用的环路滤波器有以下三种,如图8.1.3所示。

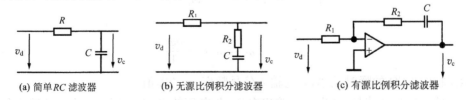

(a) 简单RC滤波器　　　(b) 无源比例积分滤波器　　　(c) 有源比例积分滤波器

图 8.1.3　常用的环路滤波器

简单RC滤波器,其传递函数为

$$A_F(s) = \frac{V_c(s)}{V_d(s)} = \frac{\dfrac{1}{sC}}{R + \dfrac{1}{sC}} = \frac{1}{1 + s\tau} \tag{8.1.15}$$

式中,时间常数$\tau = RC$,当$\Omega \to \infty$时,$A_F(\Omega) \to 0$;当$\Omega \to 0$时,$A_F(\Omega) \to 1$。

无源比例积分滤波器,其传递函数为

$$A_F(s) = \frac{V_c(s)}{V_d(s)} = \frac{R_2 + \dfrac{1}{sC}}{R_1 + R_2 + \dfrac{1}{sC}} = \frac{1 + s\tau_2}{1 + s(\tau_1 + \tau_2)} \tag{8.1.16}$$

式中,时间常数 $\tau_1 = R_1C, \tau_2 = R_2C$,一般 $\tau_2 < \tau_1$。当 $\Omega \to 0$ 时,$A_F(\Omega) \to 1$;当 $\Omega \to \infty$ 时,$A_F(\Omega)$ 趋于比例常数 $\dfrac{\tau_2}{\tau_1 + \tau_2}$,所以称为比例积分滤波器。

有源比例积分滤波器,当集成运放满足理想条件时,其传递函数为

$$A_F(s) = \frac{V_c(s)}{V_d(s)} = -\frac{R_2 + \dfrac{1}{sC}}{R_1} = -\frac{1 + s\tau_2}{s\tau_1} \tag{8.1.17}$$

式中,时间常数 $\tau_1 = R_1C, \tau_2 = R_2C$。当 $\Omega \to 0$ 时,$A_F(\Omega) \to \infty$;当 $\Omega \to \infty$ 时,$A_F(\Omega) \to -\dfrac{\tau_2}{\tau_1}$。

环路滤波器的主要指标是带宽、直流增益和高频增益,它由滤波器的时间常数和滤波器的类型决定。简单 RC 滤波器的高频增益为零。比例积分滤波器由于在传递函数分子中引入了一个因子 $(1 + s\tau_2)$,因此在高频时有一定的增益,这对锁相环的捕捉特性有利。从相频特性上看,该因子在频率较高时有相位超前校正作用,这利于增加环路的稳定性。有源滤波器还要考虑它的线性动态范围,要求它的输出电压能够提供给 VCO 在锁定时所需要的控制电压。

3. 压控振荡器

压控振荡器(VCO)是频率受电压控制的振荡器。它的输入为控制电压 $v_c(t)$,理想的频率受控特性应为线性的,即

$$\omega_o(t) = \omega_r + A_o v_c(t) \tag{8.1.18}$$

ω_r 是当 $v_c = 0$ 时 VCO 的自由振荡角频率,A_o 为压控灵敏度,其单位是 rad/s/V。在锁相环路中,VCO 的输出作为鉴相器的输入,但在鉴相器中起作用的是其瞬时相位,而不是角频率 ω_o。由于相位是频率的积分,即

$$\int_0^t \omega_o(\tau)\,d\tau = \omega_r t + A_o \int_0^t v_c(\tau)\,d\tau \tag{8.1.19}$$

将式(8.1.19)与式(8.1.4)相比可得

$$\varphi_o(t) = A_o \int_0^t v_c(\tau)\,d\tau = \frac{A_o}{p} v_c(t) \tag{8.1.20}$$

式中,p 是微分算子。表征 VCO 输出相位 φ_o 与输入电压 v_c 关系的数学模型,可以看作是一理想积分器,如图 8.1.4(b)所示,因此也称 VCO 为锁相环中的一个固有积分环节。

将锁相环的三个部件的模型合起来,得到锁相环完整的数学模型如图 8.1.5 所示。

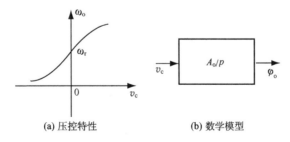

(a) 压控特性　　　　　(b) 数学模型

图 8.1.4　压控振荡器的数学模型

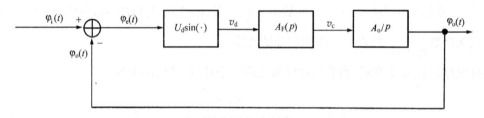

图 8.1.5 锁相环的数学模型

8.1.2 环路的基本方程

根据锁相环的数学模型,当用相位表示时,环路的基本方程是

$$\varphi_e = \varphi_i - \varphi_o = \varphi_i - U_d A_o A_F(p) \int_0^t \sin\varphi_e(\tau) d\tau \qquad (8.1.21)$$

基本方程表示了在锁相环闭环系统中,信号相位之间所发生的控制关系。将式(8.1.21)两边微分,得到环路用角频率表示的基本方程为

$$\frac{d\varphi_e}{dt} = \frac{d\varphi_i}{dt} - \frac{d\varphi_o}{dt} = \frac{d\varphi_i}{dt} - U_d A_o A_F(p) \sin\varphi_e$$

用 p 代表微分算子,也可以写成

$$p\varphi_e(t) = p\varphi_i(t) - U_d A_o A_F(p) \sin\varphi_e(t) \qquad (8.1.22)$$

将式(8.1.6) ~ 式(8.1.10)与式(8.1.22)比较可知,$p\varphi_e(t) = \Delta\omega_e(t)$ 为瞬时频差,$p\varphi_i(t) = \Delta\omega_i(t)$ 为输入固有频差,$U_d A_o A_F(p) \sin\varphi_e(t) = \Delta\omega_o(t)$ 为控制频差,式(8.1.22)可简化为

$$\Delta\omega_e(t) = \Delta\omega_i(t) - \Delta\omega_o(t) \qquad (8.1.23)$$

该方程表示了环路中动态角频率的平衡关系,即闭合环路在任何时候都满足

瞬时频差 = 输入固有频差 - 控制频差

从以下几点可加深对环路方程的理解。

1)方程描述了输入信号的相位(或角频率) $\varphi_i(t)$ 和输出信号的瞬时相位(或角频率) $\varphi_o(t)$ 之间的关系,而不是输入电压 $v_i(t)$ 与输出电压 $v_o(t)$ 之间的幅度关系。

2)该方程是非线性微分方程,它的非线性主要来自鉴相器。虽然压控振荡器、环路中的放大器也可能存在非线性,但只要设计恰当,均可视为线性。微分方程的阶数取决于所用环路滤波器的传递函数 $A_F(p)$。如用 RC 滤波器,它的传递函数 $A_F(p) = \dfrac{1}{1 + p\tau}$ 是一阶的,则环路方程

$$p\varphi_e = p\varphi_i - A_o U_d \frac{1}{1 + p\tau} \sin\varphi_e \qquad (8.1.24)$$

为二阶微分方程,即环路微分方程的阶数为 $A_F(p)$ 的阶数加 1 。加 1 的原因是因为 VCO 是环路中的固有积分器。采用上面所述的三种滤波器的环路都是二阶的,二阶环用得较多。当 $A_F(p) = 1$ 时,即无环路滤波器的锁相环,称为一阶环。

3)当误差相位 φ_e 比较小时,由于 $U_d \sin\varphi_e \approx A_d\varphi_e$,环路方程可线性化,即

$$p\varphi_e = p\varphi_i - A_o A_d A_F(p)\varphi_e \qquad (8.1.25)$$

4)在式(8.1.23)中,如果闭合环路的输入固有频差 $\Delta\omega_i = \omega_i - \omega_r$ 是固定的,即输入信

号的频率不变时,随着环路的控制过程,控制频差 $\Delta\omega_o$ 越来越大,瞬时频差 $\Delta\omega_e$ 就越来越小。当控制频差大到等于输入固有频差而使瞬时频差为零时,称环路进入锁定。锁定时闭合环路的瞬时角频差为零,即进入鉴相器的两个信号频率相等,或者说 VCO 的频率与输入信号频率相等。

8.2 锁相环的跟踪特性

锁相环路有两个基本状态:锁定和失锁。在锁定和失锁之间有两种动态过程,分别称为跟踪与捕捉。分析处于跟踪状态的环路时,若相位误差较小,则锁相环可视为线性系统;而在捕捉时,须对环路进行非线性分析。本节介绍的锁相环的跟踪特性以及后面将要介绍的锁相环的噪声特性和稳定性都是将锁相环线性化后讨论的,其前提是要求相位误差比较小。

本节首先介绍固定输入信号频率下环路锁定时的一些特性,然后分析已锁定的锁相环对输入信号频率变化的跟踪过程及相应的衡量环路跟踪特性优劣的指标。

8.2.1 静态特性

锁相环锁定时的静态特性可以从两个方面来说明。

(1) 锁定时瞬时频差为零

$\Delta\omega_e = \omega_i - \omega_o = 0$,即进入鉴相器的两信号频率相等。

(2) 稳态相位误差 $\varphi_{e\infty}$

锁定时两信号频差为零,由于频率是相位的微分,则两信号间相位误差虽不一定为零,但一定是常数,称此相位误差为稳态相位误差,用 $\varphi_{e\infty}$ 表示。正是此稳态相位误差产生控制电压 v_c 去控制 VCO 的频率,使之与输入信号频率相等。稳态相位误差的大小与环路的增益有关,以正弦鉴相器为例,环路锁定时鉴相器的输出为

$$v_d = U_d \sin\varphi_{e\infty} \tag{8.2.1}$$

式中,$\varphi_{e\infty}$ 是常数,所以 v_d 是直流,环路滤波器对应的增益为 $A_F(0)$。由于锁定时控制频差等于输入频差,即 $\Delta\omega_o = \Delta\omega_i$,则环路基本方程为

$$A_o U_d A_F(0) \sin\varphi_{e\infty} = \Delta\omega_i \tag{8.2.2}$$

可以得出锁定时的稳态相位误差为

$$\varphi_{e\infty} = \sin^{-1}\frac{\Delta\omega_i}{U_d A_o A_F(0)} = \sin^{-1}\frac{\Delta\omega_i}{A_{\Sigma0}} \tag{8.2.3}$$

称 $A = A_o U_d$ 为环路增益,单位是 rad/s,$A_{\Sigma0} = U_d A_o A_F(0)$ 为环路的直流增益。式(8.2.3)说明 $A_{\Sigma0}$ 越大或 $\Delta\omega_i$ 越小,则 $\varphi_{e\infty}$ 越小,即环路锁定时的稳态相位误差越小。为减小稳态相位误差,当环路增益不够大时,可以在环路滤波器与压控振荡器之间加放大器。采用正弦鉴相器时,由式(8.2.3)可知最大稳态相位误差 $|\varphi_{e\infty}| \leqslant 90°$。

例 8.2.1 已知某锁相环路正弦鉴相器的最大输出电压 $U_d = 2.5\text{V}$,VCO 的自由振荡频率 $f_r = 5\text{MHz}$,压控灵敏度 $A_o = 20\text{kHz/V}$,采用无源比例积分滤波器,输入信号频率为 $f_i = 5.01\text{MHz}$,环路锁定。问:

(1) 锁定时控制频差 $\Delta\omega_o$ 为多大?

（2）锁定时，VCO 控制电压 V_C 是多大？

（3）稳态相位误差 $\varphi_{e\infty}$ 为多少？

解 （1）锁定时控制频差等于输入频差，即

$$\Delta\omega_o = \Delta\omega_i = \omega_i - \omega_r = 2\pi\times(5.01-5)\times10^6 = 2\pi\times10^4(\text{rad/s})$$

（2）VCO 的控制特性为 $\Delta\omega_o(t) = A_o v_C(t)$，所以有

$$V_C = \frac{\Delta\omega_o}{A_o} = \frac{10^4}{20\times10^3} = 0.5(\text{V})$$

（3）稳态相位误差是 $\varphi_{e\infty} = \sin^{-1}\dfrac{\Delta\omega_i}{U_d A_o} = \sin^{-1}\dfrac{10^4}{2.5\times20\times10^3} = 11.54(°)$

当环路采用理想积分滤波器时，由于滤波器的直流增益 $A_F(0) = \infty$，因此，环路锁定时的稳态相位误差 $\varphi_{e\infty} = \arcsin\dfrac{\Delta\omega_i}{U_d A_o A_F(0)} = 0$。尽管 $\varphi_{e\infty} = 0$，对应鉴相器输出电压 $v_d = U_d\sin\varphi_{e\infty} = 0$，但此时 VCO 的控制电压并不等于零，而仍是 $V_C = \dfrac{\Delta\omega_o}{A_o}$，此电压是靠环路锁定前（从失锁到锁定的过程中）误差信号在理想积分电容器上积累而成的。

8.2.2　线性跟踪特性

处于锁定状态的环路，若输入信号频率或相位发生变化，环路通过自身调节，来维持锁定状态的过程称为跟踪。跟踪性能是表示环路跟随输入信号频率或相位变化的能力。前面分析的稳态相位误差是环路锁定后的静态特性，而跟踪特性是指环路到达新的锁定后所经历的动态特性。

跟踪可分为线性跟踪与非线性跟踪，分析线性跟踪性能的前提是假设跟踪过程中，由输入信号频率（或相位）变化引起的相位误差 φ_e 都很小，鉴相器工作在线性状态，因此环路方程可线性化，相应的锁相环路是线性系统，此时跟踪特性又称为环路的线性动态特性。

对于线性系统，描述它输出输入特性的关系是系统的传递函数。因此，分析跟踪特性的依据是环路的传递函数，包括开环传递函数、闭环传递函数及误差传递函数。

1. 传递函数

（1）开环传递函数 $H_o(s)$

开环传递函数 $H_o(s)$ 定义为开环时的 $\dfrac{\varphi_o(s)}{\varphi_e(s)}$，如图 8.2.1 所示。

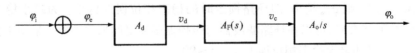

图 8.2.1　锁相环开环线性化模型

由图可得

$$\varphi_o = A_d A_o A_F(s)\frac{\varphi_e}{s} \tag{8.2.4}$$

所以开环传递函数为

$$H_o(s) = \frac{\varphi_o}{\varphi_e} = \frac{A_d A_o A_F(s)}{s} \tag{8.2.5}$$

其中,$A = A_d A_o$ 称为线性环路的增益。

（2）闭环传递函数 $H(s)$

闭环传递函数 $H(s)$ 定义为闭环时的 $\frac{\varphi_o(s)}{\varphi_i(s)}$。由于 $\varphi_e(s) = \varphi_i(s) - \varphi_o(s)$,所以闭环传递函数为

$$H(s) = \frac{\varphi_o}{\varphi_i} = \frac{\varphi_o}{\varphi_o + \varphi_e} = \frac{H_o(s)}{1 + H_o(s)}$$

代入式（8.2.5）得

$$H(s) = \frac{A_d A_o A_F(s)}{s + A_d A_o A_F(s)} \tag{8.2.6}$$

（3）误差传递函数 $H_e(s)$

误差传递函数 $H_e(s)$ 定义为闭环时的 $\frac{\varphi_e(s)}{\varphi_i(s)}$：

$$H_e(s) = \frac{\varphi_e}{\varphi_i} = \frac{\varphi_e}{\varphi_o + \varphi_e} = \frac{1}{1 + H_o(s)}$$

代入式（8.2.5）得

$$H_e(s) = \frac{s}{s + A_d A_o A_F(s)} \tag{8.2.7}$$

为了理解这些传递函数的含义,应强调以下几点。

1）这些函数是将锁相环近似为线性系统后得出的,正弦鉴相器要求 $|\varphi_e| \leqslant \frac{\pi}{6}$。

2）锁相环是相位传递系统。传递函数中的 s 表示输入输出信号相位变化的频率,而不是输入输出信号的载频。

3）当 $s \to 0$ 时,$H(s) \to 1$;当 $s \to \infty$ 时,$H(s) \to 0$,闭环传递函数具有低通特性。而对误差传递函数 $H_e(s)$：当 $s \to 0$ 时,$H_e(s) \to 0$;当 $s \to \infty$ 时,$H_e(s) \to 1$,误差传递函数具有高通特性。这是因为 $H(s) = 1 - H_e(s)$,所以这两个特性是一致的。

当环路采用不同的环路滤波器时,三个传递函数的表达式如表8.2.1所示。表中用 ω_n——无阻尼振荡频率（rad/s）和 ζ——阻尼系数来描述环路性能。

一般把锁相环传递函数的极点数称为阶,而把锁相环包含理想积分器的个数称为型。由表8.2.1看出,采用表中所示的三种滤波器的环路传递函数都有两个极点,因此都为二阶环,这与前面非线性微分方程的阶的定义相符。对于采用理想积分滤波器或高增益（$A_o A_d \gg \omega_n^2$）的无源比例积分滤波器的环路,由开环传递函数看出,在 $s = 0$ 处有一个二阶极点,即环路中包含了两个理想积分器,因此是 Ⅱ 型环。一阶环和采用简单的 RC 滤波器及非高增益的无源比例积分滤波器的环路,由于环路模型中只有 VCO 一个理想积分器,因此是 Ⅰ 型环。

环路的跟踪特性主要表现为两种响应,一是输入信号频率（或相位）为正弦变化（如正

弦角度调制信号 FM)时系统的输出响应,称为系统的正弦响应;另一种是输入信号的频率或相位发生阶跃变化(如 FSK 及 PSK)时系统的输出响应,称为系统的瞬态响应。

表 8.2.1 采用不同环路滤波器时环路的传递函数表达式

滤波器类型	$H_o(s)$	$H(s)$	$H_e(s)$	ω_n, ζ
简单 RC 滤波器 $A_F(s) = \dfrac{1}{1 + s\tau}$ $\tau = RC$	$\dfrac{\omega_n^2}{s^2 + 2\zeta\omega_n s}$	$\dfrac{\omega_n^2}{s^2 + 2\zeta\omega_n s + \omega_n^2}$	$\dfrac{s^2 + 2\zeta\omega_n s}{s^2 + 2\zeta\omega_n s + \omega_n^2}$	$\omega_n^2 = \dfrac{A_d A_o}{\tau}$ $2\zeta\omega_n = \dfrac{1}{\tau}$
理想积分滤波器 $A_F(s) = \dfrac{1 + s\tau_2}{s\tau_1}$ $\tau_1 = R_1 C$ $\tau_2 = R_2 C$	$\dfrac{2\zeta\omega_n s + \omega_n^2}{s^2}$	$\dfrac{2\zeta\omega_n s + \omega_n^2}{s^2 + 2\zeta\omega_n s + \omega_n^2}$	$\dfrac{s^2}{s^2 + 2\zeta\omega_n s + \omega_n^2}$	$\omega_n^2 = \dfrac{A_d A_o}{\tau_1}$ $2\zeta\omega_n =$ $A_d A_o \dfrac{\tau_2}{\tau_1}$
无源比例积分 滤波器 $A_F(s) =$ $\dfrac{1 + s\tau_2}{1 + s(\tau_1 + \tau_2)}$ $\tau_1 = R_1 C$ $\tau_2 = R_2 C$	$\dfrac{s\omega_n\left(2\zeta - \dfrac{\omega_n}{A_d A_o}\right) + \omega_n^2}{s\left(s + \dfrac{\omega_n^2}{A_d A_o}\right)}$	$\dfrac{s\omega_n\left(2\zeta - \dfrac{\omega_n}{A_d A_o}\right) + \omega_n^2}{s^2 + 2\zeta\omega_n s + \omega_n^2}$	$\dfrac{s\left(s + \dfrac{\omega_n^2}{A_d A_o}\right)}{s^2 + 2\zeta\omega_n s + \omega_n^2}$	$\omega_n^2 = \dfrac{A_d A_o}{\tau_1 + \tau_2}$ $2\zeta\omega_n =$ $\dfrac{1 + A_d A_o \tau_2}{\tau_1 + \tau_2}$

2. 瞬态响应

对于输入信号相位突变(如 PSK)频率突变(如 FSK)的跟踪过程,相位误差经历了从稳态→时变→锁定后达到新的稳态相位误差 $\varphi_{e\infty}$ 的变化过程。瞬态响应主要研究环路瞬变过程中的三个量,它们是:①相位误差的最大瞬时跳变值,该值不能超过鉴相器的鉴相范围;②锁定后稳态相位误差的大小;③趋于稳定的时间,稳态相位误差越小,趋于稳定的时间越短,表示跟踪性能越好。

根据线性系统理论,瞬态相位误差 $\varphi_e(t)$ 就是 $\varphi_e(s)$ 的拉氏反变换,因此瞬态分析可以借助于环路的误差传递函数,具体步骤如下。

1)求环路相位误差的拉氏变换 $\varphi_e(s)$。

先根据输入相位的时间变化 $\varphi_i(t)$ 求出输入相位的拉氏变换 $\varphi_i(s)$,再根据误差传递函数 $H_e(s)$ 得

$$\varphi_e(s) = \varphi_i(s) H_e(s) \tag{8.2.8}$$

2)求相位误差 $\varphi_e(t)$ 随时间的变化特性。

根据线性系统理论,$\varphi_e(t)$ 就是 $\varphi_e(s)$ 反变换,即

$$\varphi_e(t) = L^{-1}\varphi_e(s) = L^{-1}\left[\varphi_i(s) H_e(s)\right] \tag{8.2.9}$$

3) 求稳态相位误差 $\varphi_{e\infty}$。

可以由 $\varphi_e(t)$ 求出 $\varphi_{e\infty}$，也可根据拉氏变换的终值定理求解：

$$\varphi_{e\infty} = \lim_{t\to\infty}\varphi_e(t) = \lim_{s\to 0}s\cdot\varphi_e(s) \tag{8.2.10}$$

下面以输入频率阶跃信号（如 FSK）为例来说明跟踪过程。

假设锁相环原来是锁定的，且稳态相位误差为 0。当 $t = 0$ 时刻，输入频率发生阶跃跳变，由 ω_i 跳变为 $\omega_i + \Delta\omega$，如图 8.2.2 所示。分析环路的跟踪特性也就是分析环路的输出信号频率从 $t = 0$ 起的变化规律及最终结果。

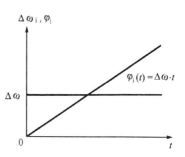

图 8.2.2 输入频率突变

首先求输入信号相位的变化及对应的拉氏变换。由于相位是频率的积分，则输入信号的相位变化是 $\varphi_i(t) = \int_0^t \Delta\omega\cdot\mathrm{d}\tau = \Delta\omega\cdot t$，对应的拉氏变换为

$$\varphi_i(s) = \frac{\Delta\omega}{s^2} \tag{8.2.11}$$

由误差传递函数可以得到相应的相位误差是

$$\varphi_e(s) = H_e(s)\cdot\varphi_i(s) = H_e(s)\cdot\frac{\Delta\omega}{s^2} = \frac{s}{s + A_o A_d A_F(s)}\times\frac{\Delta\omega}{s^2} \tag{8.2.12}$$

其次求相位误差随时间的变化。由式（8.2.12）知，对于不同的环路滤波器，由于 $A_F(s)$ 不同，瞬态相位误差 $\varphi_e(t)$ 有不同的表达式。

（1）采用简单的 RC 滤波器

由表 8.2.1 知，其对应的误差传递函数为

$$H_e(s) = \frac{s^2 + 2\zeta\omega_n s}{s^2 + 2\zeta\omega_n s + \omega_n^2} \tag{8.2.13}$$

式中，ω_n 是环路的无阻尼振荡角频率，$\omega_n = \sqrt{\dfrac{A_o A_d}{\tau}}$；$\zeta$ 是阻尼系数，$\zeta = \dfrac{1}{2}\sqrt{\dfrac{1}{A_o A_d \tau}}$。

将式（8.2.13）代入式（8.2.12），通过拉氏反变换，求得环路瞬态相位误差 $\varphi_e(t)$ 的时间表达式为（设 $0 < \zeta < 1$）

$$\varphi_e(t) = L^{-1}\varphi_e(s)$$

$$= 2\zeta\frac{\Delta\omega}{\omega_n} + \frac{\Delta\omega}{\omega_n}e^{-\zeta\omega_n t}\left(\frac{1-2\zeta^2}{\sqrt{1-\zeta^2}}\sin\omega_n\sqrt{1-\zeta^2}\,t - 2\zeta\cos\omega_n\sqrt{1-\zeta^2}\,t\right) \tag{8.2.14}$$

（2）采用理想积分滤波器

由表 8.2.1 知，对应的误差传递函数为

$$H_e(s) = \frac{s^2}{s^2 + 2\zeta\omega_n s + \omega_n^2} \tag{8.2.15}$$

同理，通过式（8.2.12）与式（8.2.15）及拉氏反变换，可求得环路瞬态相位误差的时间表达式为（设 $0 < \zeta < 1$）

$$\varphi_e(t) = 0 + \frac{\Delta\omega}{\omega_n}e^{-\zeta\omega_n t}\frac{\sin\omega_n\sqrt{1-\zeta^2}t}{\sqrt{1-\zeta^2}} \qquad (8.2.16)$$

分析式(8.2.14)和式(8.2.16)看到,式中的第一项是常数,第二项随时间而变。这说明锁相环在跟踪输入信号频率变化时的瞬态响应可以分成两部分,一部分是由第二项描述的瞬态响应的过渡过程,当时间 $t\to\infty$ 时,它趋于零;二是该过渡过程结束后的由第一项描述的稳态量。采用理想积分滤波器的稳态相位误差为零,由式(8.2.14)可以求出采用 RC 滤波器的稳态相位误差是

$$\varphi_{e\infty} = \lim_{t\to\infty}\varphi_e(t) = 2\zeta\frac{\Delta\omega}{\omega_n} \qquad (8.2.17)$$

此 $\varphi_{e\infty}$ 是由环路参数 ω_n、ζ 及输入信号的频率跳变量 $\Delta\omega$ 决定的常数,因此对于输入信号的频率阶跃,两个环路最终都是跟踪上的。稳态相位误差越小,表示跟踪性能越好。为减少稳态相位误差,由式(8.2.17)知,应使 ω_n 足够大,ζ 变小,而且,频率阶跃 $\Delta\omega$ 越大,为减小 $\varphi_{e\infty}$,ω_n 也应越大。

对于表示过渡过程的第二项,可以画出阻尼系数 ζ 为不同值时的 $\frac{\varphi_e(t)}{\Delta\omega/\omega_n}$-$\omega_n t$ 的曲线,现以采用理想积分滤波器为例,曲线如图8.2.3所示。由此可以看出以下两点。

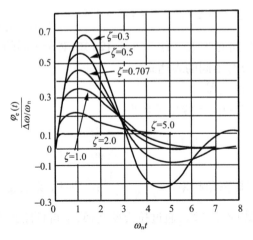

图 8.2.3 频率阶跃瞬态相位误差
(采用理想积分滤波器的二阶环)

1) 输入信号频率跳变,使环路脱离锁定而瞬变,而后再达到新的锁定,即输出输入频率重新相等,需要一定的响应时间。一般把输出响应曲线由跳变起始到与稳态值相差某一误差 $\delta\%$ 的时间定义为响应时间 t_s。由式(8.2.16)可求得当误差为2%时,有

$$t_s = \frac{4}{\zeta\omega_n} \qquad (8.2.18)$$

2) 在达到稳定前,相位误差在稳定值上下摆动,在变化过程中最大的瞬态相位误差称为过冲量 φ_{ep}。过冲量不能太大,否则环路将趋于不稳定。由图知,相对过冲量 $\frac{\varphi_{ep}}{\Delta\omega/\omega_n}$ 与环

路阻尼系数有关。阻尼系数 ζ 越小,过冲量越大,为了兼顾小的稳态相位误差和小的过冲量,ζ 一般选 0.707 比较合适。过冲量还与环路带宽 ω_n 有关,ω_n 大过冲小。为保证良好的跟踪性能,输入频率跳变 $\Delta\omega$ 也不能过大。

由上分析可知,衡量瞬态响应主要有三个参数:过冲量 φ_{ep}、响应时间 t_s 及稳态相位误差 $\varphi_{e\infty}$。好的瞬态响应要求过冲量小,响应时间短,稳态相位误差小。

如何来选择环路参数或结构来兼顾瞬态响应的这三项指标呢?由式(8.2.10)和式(8.2.12)知,当输入频率跳变时,稳态相位误差的一般表达式是

$$\varphi_{e\infty} = \lim_{t\to\infty}\varphi_e(t) = \lim_{s\to 0} s \cdot \varphi_e(s) = \frac{\Delta\omega}{A_d A_o A_F(0)} \tag{8.2.19}$$

可以看出,增大直流增益 $A_o A_d A_F(0)$,就可以减小稳态相位误差。若环路采用简单的 RC 低通滤波器,$A_F(0) = 1$,则 $\varphi_{e\infty} = \dfrac{\Delta\omega}{A_d A_o}\left(=2\zeta\dfrac{\Delta\omega}{\omega_n}\right)$。此时,为减少稳态相位误差而增大环路增益 $A = A_o A_d$ 时,会使阻尼系数 ζ 变小(表 8.2.1),则过冲量变大,使环路不稳定。克服这个矛盾的办法是采用理想有源比例积分滤波器,它的 $A_F(0)\to\infty$,由式(8.2.19)知,其稳态相位误差 $\varphi_{e\infty}\to 0$,这与式(8.2.16)结果一致。此时,再通过改变 ζ 可以控制 $\varphi_e(t)$ 的瞬态特性,限制过冲量 φ_{ep} 和建立时间 t_s,而 $\varphi_{e\infty}$ 始终等于零。由此可见,二阶Ⅱ型环的跟踪性能要比二阶Ⅰ型环好,环路的跟踪性能主要取决于它的"型",而不是"阶"。

例 8.2.2 锁相环采用理想积分滤波器,环路阻尼系数 $\zeta = 1/\sqrt{2}$,环路锁定,稳态相位误差为零。在 $t = 0$ 时刻输入信号频率阶跃变化 100Hz,测得最大相位误差为 0.23rad,问:

(1) 达到此最大相位误差的时刻 t_1;

(2) $t_2 = 3.2$ms 后,由输入频率阶跃引起的相位误差不大于多少?

解 (1)将式(8.2.16)对时间 t 求导并令其等于零,可得

$$\cot\sqrt{1-\zeta^2}\,\omega_n t = \frac{\zeta}{\sqrt{1-\zeta^2}}$$

由于 $\zeta = 1/\sqrt{2}$,所以,$\omega_n t = 1.11$,这与图 8.2.3 所示结果一致。

为求时间 t_1,先求环路 ω_n。由图 8.2.3 知,当 $\zeta = 1/\sqrt{2}$ 时,环路的最大相对相位误差 $\dfrac{\varphi_{emax}}{\Delta\omega_i/\omega_n} = 0.46$,因此有

$$\omega_n = \frac{0.46\times\Delta\omega_i}{\varphi_{emax}} = \frac{0.46\times 2\pi\times 100}{0.23} = 4\pi\times 100(\text{rad/s})$$

从而求得 $t_1 = 0.88$ms。

(2) 由于 $\omega_n t_2 = 4\pi\times 100\times 3.2\times 10^{-3} = 4$,由图 8.2.3 曲线知,对应 $\omega_n t_2 = 4$ 的 $\dfrac{\varphi_e}{\Delta\omega_i/\omega_n} = 0.1$,因此有

$$\varphi_e(t_2) = \frac{0.1\times 2\pi\times 100}{4\pi\times 100} = 0.05(\text{rad})$$

所以,$t_2 = 3.2$ms 后,由输入频率阶跃引起的相位误差不大于 0.05rad。

3. 正弦响应

正弦响应是分析输入信号的相位(或频率)作正弦方式变化时,锁相环路的跟踪特性。设输入信号是一单音调制的调频波,其载波频率与 VCO 的固有频率相等,表达式如下:

$$v_i(t) = V_{im}\sin\left[\omega_r t + \frac{\Delta\omega_m}{\Omega_1}\sin(\Omega_1 t + \varphi_1)\right] \tag{8.2.20}$$

式中,$\Delta\omega_m$ 是最大频偏,Ω_1 是调制频率。参考式(8.1.3),v_i 的相位变化就是锁相环的输入相位,它为

$$\varphi_i(t) = \frac{\Delta\omega_m}{\Omega_1}\sin(\Omega_1 t + \varphi_1) = \varphi_{im}\sin(\Omega_1 t + \varphi_1) \tag{8.2.21}$$

相应地 VCO 输出信号为 $v_o(t) = V_{om}\cos[\omega_r t + \varphi_o(t)]$。研究相位 $\varphi_o(t)$ 随输入相位 $\varphi_i(t)$ 的变化,就是锁相环的正弦响应。

根据线性系统理论,正弦信号 $\varphi_i(t)$ 通过传递函数为 $H(s)$ 的线性系统,输出信号 $\varphi_o(t)$ 的频率与 $\varphi_i(t)$ 相同,也是 Ω_1,它们之间的关系用复数形式表示时为

$$\dot\varphi_o(j\Omega) = \dot H(j\Omega)\dot\varphi_i(j\Omega) \tag{8.2.22}$$

若写成 $\varphi_o(t) = \varphi_{om}\sin(\Omega_1 t + \varphi_2)$,则幅度 φ_{om} 为

$$\varphi_{om} = \varphi_{im}\left|H(j\Omega_1)\right| \tag{8.2.23}$$

它取决于闭环函数 $H(j\Omega)$ 在 $\Omega = \Omega_1$ 的幅值。相位 φ_2 为

$$\varphi_2 = \varphi_1 + \angle H(j\Omega_1) \tag{8.2.24}$$

它取决于闭环函数 $H(j\Omega)$ 在 $\Omega = \Omega_1$ 处的相移。

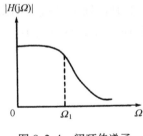

图 8.2.4 闭环传递函数的幅频特性

闭环传递函数 $H(j\Omega)$ 的频率特性(幅频特性、相频特性)就是锁相环的频率响应。它表征了锁相环路对角频率 Ω_1 为不同值的输入相位 $\varphi_i(t)$ 的通过能力。如图 8.2.4 所示,若 Ω_1 位于 $H(j\Omega)$ 的通带内,φ_{om} 不为零,则 VCO 的输出电压 v_o 也为调频波。若 Ω_1 远在 $H(j\Omega)$ 的通频带外,$\varphi_i(t)$ 被环路衰减,即

$$\varphi_{om} = \varphi_{im}\left|H(j\Omega_1)\right| \approx 0$$

则 VCO 的输出电压 $v_o = V_{om}\cos\omega_r t$ 为单一载波。可见只要控制锁相环的闭环传递函数的带宽,就能决定输出信号是否跟踪输入信号的角度调制变化。

以理想积分滤波器为环路滤波器的锁相环为例,滤波器的 $A_F(s) = \dfrac{1 + s\tau_2}{s\tau_1}$,由表 8.2.1 知,对应的环路闭环传递函数为

$$H(s) = \frac{2\zeta\omega_n s + \omega_n^2}{s^2 + 2\zeta\omega_n s + \omega_n^2} \tag{8.2.25}$$

此闭环传递函数相应的幅频特性为

$$H(\Omega) = \frac{\sqrt{1 + (2\zeta\Omega/\omega_n)^2}}{\sqrt{(1 - \Omega^2/\omega_n^2)^2 + (2\zeta\Omega/\omega_n)^2}} \tag{8.2.26}$$

可以画出不同 ζ 时的幅频特性曲线,如图 8.2.5 所示。

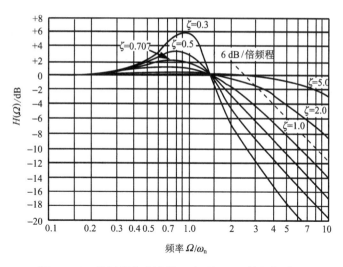

图 8.2.5　理想积分滤波器二阶环闭环函数幅频特性

可见闭环函数 $H(\Omega)$ 的幅频特性具有低通特性,且其特性与 ζ 有关, ζ 大,带宽宽而平坦。为求出其 3dB 带宽,令 $H(\Omega) = \dfrac{1}{\sqrt{2}}$,若将下降 3dB 所对应的角频率记为 Ω_c ,则有

$$\frac{\Omega_c}{\omega_n} = \left[2\zeta^2 + 1 + \sqrt{(2\zeta^2 + 1)^2 + 1} \right]^{\frac{1}{2}} \tag{8.2.27}$$

例如,已知 $\zeta = 0.707$,求得环路的 3dB 带宽为

$$\Omega_c = 2.058\omega_n = 2.058 \left(\frac{A_d A_o}{\tau_1} \right)^{\frac{1}{2}} \tag{8.2.28}$$

表 8.2.2 中列出了 3dB 带宽与阻尼系数 ζ 的关系。

表 8.2.2　3dB 带宽与阻尼系数 ζ 的关系

ζ	0.5	0.707	1
Ω_c/ω_n	1.82	2.058	2.48

从表中可以看出,当 ζ 固定时,环路带宽 Ω_c 与环路无阻尼自由振荡角频率 ω_n 之比为一常数,因此经常用 ω_n 来说明环路 3dB 带宽的大小。

由式(8.2.28)可以看出,改变 VCO 的压控灵敏度 A_o 、鉴相器的鉴相灵敏度 A_d 、滤波器的时间常数 τ_1 的大小,都可以控制锁相环的带宽。增大 τ_1 ,减小环路增益 $A = A_o A_d$,可以使 3dB 带宽非常小。

对锁相环的频率响应应强调以下几个概念。

1)锁相环的频率响应是对输入电压(电流)的相位作正弦变化时的响应。以上述单音调频信号 $v_i(t) = V_{im}\sin[\omega_r t + \varphi_{im}\sin(\Omega_1 t + \varphi_1)]$ 为例,它的频谱是以 ω_r 为中心,谱线间隔为 Ω_1 ,幅值为相应的贝塞尔函数值的若干条谱线。而该调频信号的瞬时相位变化为 $\varphi_i(t) = \varphi_{im}\sin(\Omega_1 t + \varphi_1)$,这是一个频率为 Ω_1 的正弦分量,其频谱是位于 Ω_1 处,幅值为 φ_{im} 的一条谱

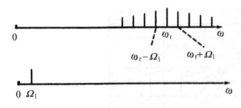

图 8.2.6 调频波的电压谱与相位谱

线,如图 8.2.6 所示。对 v_i 的这两个频谱,前者称作 v_i 的电压谱,它处于高频段;后者称作 v_i 的相位谱,它位于低频段。锁相环闭环传递函数的频率响应是描述对输入调频信号中的不同调制频率的响应,也即对其相位谱的响应。

2) 锁相环的低通特性是对输入信号的相位谱而言,当调制信号频率 Ω_1 位于闭环传递函数 $H(\Omega)$ 的通频带内,锁相环的 VCO 输出也是调频波,因此对输入信号的电压谱,锁相环相当于是中心频率位于 ω_r 处的带通滤波器。此时,锁相环则成为一个良好的宽带调制跟踪环(跟踪输入信号的相位变化),它可作为 FM 信号的解调器应用。反之,调节环路增益 $A = A_o A_d$ 和时间常数 τ,使闭环传递函数 $H(\Omega)$ 的带宽很窄,Ω_1 位于通带外,则锁相环相当于在很高的载频上实现通频带极窄的滤波器,具有极高的 Q 值,它可滤除调频波的所有旁频,而只提取其载频,这就是锁相环良好的窄带滤波功能。

3) 从环路相位误差角度来分析正弦跟踪特性。

当输入信号为调频波时,环路的相位误差 $\varphi_e(t)$ 同样可以用误差传递函数求出,用复数表示为

$$\dot{\varphi}_e(j\Omega) = \dot{H}_e(j\Omega)\dot{\varphi}_i(j\Omega) \tag{8.2.29}$$

根据线性系统理论,$\varphi_e(t)$ 同样是频率为调制信号频率 Ω_1 的正弦函数:

$$\varphi_e(t) = \varphi_{em}\sin(\Omega_1 t + \varphi_3) \tag{8.2.30}$$

$$\varphi_{em} = \varphi_{im}|H_e(j\Omega_1)| \tag{8.2.31}$$

与前面分析的瞬态响应不同,此处当 $t\to\infty$ 时,稳态相位误差并不是常数,而是趋于稳定的正弦波。此正弦波的幅度 φ_{em} 称为稳态相位误差峰值。与瞬态响应时的要求一样,稳态相位误差峰值 φ_{em} 越小,跟踪性能越好。

与闭环传递函数 $H(\Omega)$ 相反,误差传递函数 $H_e(\Omega)$ 是高通。调制频率 Ω_1 越低,则相位误差峰值 φ_{em} 就越小,这是必然的,因为输出相位 $\varphi_o(t)$ 跟踪上了 $\varphi_i(t)$;反之,当调制频率 Ω_1 增高时,相位误差的峰值 φ_{em} 增大。

需要注意的是,环路在跟踪角度调制信号时,应保证鉴相器工作在它的相位-电压转换特性的线性区,不应使误差相位峰值过大。图 8.2.7 画出了在跟踪调频信号时 $\frac{\varphi_{em}}{\Delta\omega_m/\omega_n}$-$\frac{\Omega_m}{\omega_n}$ 变化的曲线,其中,Ω_m 是最高调制频率,$\Delta\omega_m$ 是最大频偏,ω_n 是环路无阻尼自由振荡角频率。

由曲线可以看出以下三点。

1) ζ 值越小,φ_{em} 的值就越大。

2) φ_{em} 出现在 $\Omega_m = \omega_n$ 处。

3) $\Omega_m < \omega_n$ 或 $\Omega_m > \omega_n$ 时,φ_{em} 均减小。原因是,当 $\Omega_m < \omega_n$ 时,调制信号频率位于环路闭环函数的通带内,输出跟踪上了输入,所以相位误差小。而当 $\Omega_m > \omega_n$ 时,调制频率变大,对于最大频偏 $\Delta\omega_m$ 固定的输入调频波而言,其输入相位的幅度 $\varphi_{im} = \frac{\Delta\omega_m}{\Omega_m}$ 变小,所以相位误差也小,见式(8.2.31)。

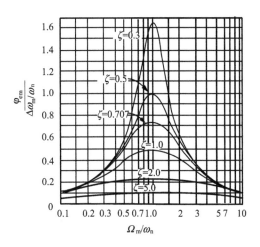

图 8.2.7 跟踪 FM 信号的 $\dfrac{\varphi_{em}}{\Delta\omega_m/\omega_n}$-$\dfrac{\Omega_m}{\omega_n}$ 变化曲线（高增益二阶环）

小结：

（1）工作前提及分析依据——分析环路的线性跟踪特性时将环路方程线性化,其前提是误差相位较小。分析线性跟踪特性的依据是环路的三个传递函数:开环传递函数、闭环传递函数和误差传递函数,这些函数表征锁相环作为传递相位信息的线性系统的特征。

（2）应用的环路参数与电路部件参数——作为闭环线性系统,它主要的指标是环路无阻尼自由振荡角频率与阻尼系数,它们都由环路增益 $A_d A_o$ 和环路滤波器的时间常数 τ 决定。

（3）衡量环路跟踪性能的指标——环路 3dB 带宽、过冲量、建立时间和稳态相位误差,它们直接受到环路的阻尼系数及环路无阻尼自由振荡角频率的影响,因此也可以通过调节环路参数 A_d、A_o、τ 来控制环路的性能,以实现环路的不同应用。

8.2.3 非线性跟踪

在跟踪过程中,如果相位误差 φ_e 比较大,线性化的分析不再适用,这就涉及锁相环的非线性跟踪。要确切的分析非线性跟踪状态的性能,需要求解非线性微分方程,除一阶环外,这是很困难的。这里仅介绍同步带的概念。

环路锁定后,缓慢的增大输入频差 $\Delta\omega_i$,环路通过跟踪过程能够保持环路锁定的最大输入频差称为同步带,记为 $\Delta\omega_H$（Hold range）。由式(8.2.3)知,锁定时的稳态相位误差是 $\varphi_{e\infty}$ $= \sin^{-1}\dfrac{\Delta\omega_i}{U_d A_o A_F(0)}$,正弦鉴相器能够保持锁定的最大相位误差是 $\dfrac{\pi}{2}$,则应有 $\Delta\omega_i \leqslant U_d A_o A_F(0)$ $= A_{\Sigma 0}$,所以同步带为

$$\Delta\omega_H = \pm A_{\Sigma 0} \tag{8.2.32}$$

采用理想积分器的二阶环,由于 $A_F(0) = \infty$,对应的同步带 $\Delta\omega_H \to \infty$,在实际电路中,它受到 VCO 的调谐范围的限制。

与瞬态响应中的频率发生阶跃变化不同,环路的同步带对应的是输入信号频率的缓慢

变化,因此同步带是视作环路锁定的"静态限制"。在测量同步带时,缓慢增大输入频差 $\Delta\omega_i$ 的速率,即最大同步扫描速率是受限制的,具体分析请参考有关资料。

8.3 捕捉性能

锁相环是相位负反馈系统,它自身的控制作用可以分两种情况来讨论。一是上面所说的跟踪,它是指环路原来是锁定的,输入信号的频率或相位发生了变化,环路通过自身的调节跟上输入的变化。在线性跟踪过程中,相位误差很小,可以允许将环路线性化。锁相环的另一种控制作用是捕捉。捕捉是指失锁状态的环路,通过自身的调节作用,从失锁变为锁定的过程。失锁时 VCO 的频率不等于输入信号频率,也不再满足误差相位很小的条件,因此分析捕捉过程必须用非线性分析。分析锁相环的捕捉特性主要讨论三点:环路是如何从失锁到锁定的;保证环路能通过自身的调节达到锁定的最大输入频差,即捕捉带(pull-in range—$\Delta\omega_p$)是多大;从失锁到锁定需要的时间,即捕捉时间是多少。捕捉带大,捕捉时间短,则说明环路的捕捉特性好。

研究捕捉过程需要求解高阶非线性微分方程,这是十分复杂的。本节仅定性地介绍捕捉过程以及说明表征环路捕捉特性的指标与环路参数的关系。分析捕捉过程要抓住两点,一是鉴相器(以正弦鉴相器为例)的输出是一个差拍正弦信号,它的频率是输入信号与 VCO 的频率差;二是环路滤波器 LF 是低通滤波器。

捕捉时,设输入信号频率 ω_i 不变。下面分析当输入固有频差 $\Delta\omega_i=\omega_i-\omega_r$ 为不同值时的捕捉情况。

(1)$\Delta\omega_i$ 很大

由于 $\Delta\omega_i$ 很大,鉴相器输出的差拍信号频率很高,若环路采用 RC 低通滤波器,此差拍信号几乎完全被滤除,LF 输出电压 v_c 趋于零,没有信号去控制 VCO,所以不可能捕捉。

(2)$\Delta\omega_i$ 较小

由于 $\Delta\omega_i$ 较小,鉴相器输出的差拍信号的频率较低,它位于环路滤波器的通带内,环路滤波器的输出电压 $v_c=U_dA_F(\Delta\omega_i)\sin\Delta\omega_i t$ 是一个正弦波,它使 VCO 的频率按照此控制电压的规律变化,即

$$\omega_o(t)=\omega_r+A_ov_c=\omega_r+A_oU_dA_F(\Delta\omega_i)\sin\Delta\omega_i t \tag{8.3.1}$$

由于 v_c 的幅度 $U_dA_F(\Delta\omega_i)$ 足够大,$\omega_o(t)$ 摆动的幅度也大,则 $\omega_o(t)$ 在以正弦方式摆动的一周内,一旦等于 ω_i,环路即可锁定。把这种控制电压在正弦变化一周内就捕获的现象称为快捕。把能实现快捕的最大输入固有频差称为快捕带,记为 $\Delta\omega_L$(Lock range)。那么快捕带与环路的参数关系如何?

由式(8.3.1)可得 ω_o 的最大摆动幅度为 $A_oU_dA_F(\Delta\omega_i)$,根据快捕带的定义有

$$\Delta\omega_L=A_oU_dA_F(\Delta\omega_L) \tag{8.3.2}$$

若以 RC 积分滤波器为例,它的传递函数为

$$A_F(j\Omega)=\frac{1}{1+j\Omega\tau} \tag{8.3.3}$$

现通过滤波器的信号频率是输入固有频差,即 $\Omega=\Delta\omega_L$,如果满足 $\Delta\omega_L\gg\frac{1}{\tau}$,即 $\Delta\omega_L\tau\gg1$,则有

$$|A_F(\Delta\omega_L)| = \frac{1}{\Delta\omega_L\tau} \tag{8.3.4}$$

将上式代入式(8.3.2)可得快捕带为

$$\Delta\omega_L = \pm\sqrt{\frac{A_o U_d}{\tau}} \tag{8.3.5}$$

对于采用其他形式滤波器的锁相环路,其快捕带的公式如表8.6.2所示。

（3）$\Delta\omega_i$ 间于上述两者之间

设输入信号频率 ω_i 大于 VCO 的自由振荡频率 ω_r。由于 $\Delta\omega_i > \Delta\omega_L$,鉴相器输出的差拍正弦信号的频率较高,环路滤波器对它的衰减较大,但又没有完全衰减,对 VCO 产生的控制频差的幅度为

$$\Delta\omega_o = \omega_o - \omega_r = A_o U_d A_F(\Delta\omega_i) < \Delta\omega_i$$

因此不能快速捕获。但是由于正弦信号 v_c 的控制作用使 VCO 的频率 ω_o 在 ω_r 上下摆动,而 ω_i 又是恒定的,因此 VCO 与输入信号的频差 $\Delta\omega_e = \omega_i - \omega_o$ 也将随时间摆动。当 $v_c > 0$ 使 $\omega_o > \omega_r$ 时,$\Delta\omega_e = \omega_i - \omega_o$ 减小;当 $v_c < 0$ 使 $\omega_o < \omega_r$ 时,$\Delta\omega_e = \omega_i - \omega_o$ 增大。由于频率是相位的微分,即 $\Delta\omega = \dfrac{d\varphi_e}{dt}$,并且 $v_c = U_d A_F(\Delta\omega)\sin\varphi_e$,因此相位误差 φ_e 在对应 $v_c > 0$ 的 $0 \sim \pi$（或 $2n\pi \sim (2n+1)\pi$）范围内随时间的增长速率比对应 $v_c < 0$ 的 $\pi \sim 2\pi$（或 $(2n+1)\pi \sim 2(n+1)\pi$）范围时的速率慢,需要的时间长,因此鉴相器的输出 v_d 不再是正弦波,而变为正半周长,负半周短的不对称波形,如图8.3.1所示。

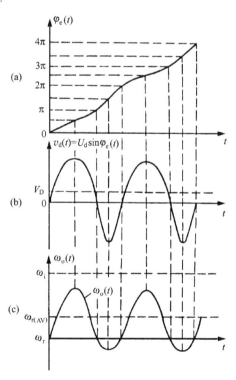

该不对称波形包含有直流分量、基波分量和众多的谐波分量,其中的直流分量为正值,经过环路滤波器后,该直流分量使 VCO 的频率向输入信号的频率方向牵引,如图 8.3.1 所示。VCO 的受控频率 ω_o 与输入频率 ω_i 的差减小,即有新的频差:

$$\Delta\omega_i' = \omega_i - \omega_{r(AV)} < \Delta\omega_i$$

由于频差减小,低通滤波器对它的通过能力增大,即有 $|A_F(\Delta\omega_i')| > |A_F(\Delta\omega_i)|$,产生一个更大的控制电压 $v_c = U_d A_F(\Delta\omega_i')$。也即随着捕获过程的进行,VCO 的频率向着输入信号频率的方向牵引,使鉴相器输出的差拍信号的频率逐渐降低,环路滤波器输出的控制电压逐渐变大。这样通过几个循环,直到 ω_o 能够摆动到 ω_i 时,环路就可通过快捕过程到达锁定。图 8.3.2 画出了在捕捉过程中鉴相器输出电压 $v_d(t)$ 的变化过程。

以上只是对环路自身的捕获过程的定性分析,详细分析请参考有关资料。

图 8.3.1　捕捉过程示意图

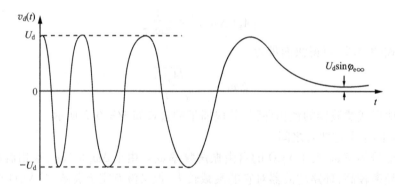

图 8.3.2　捕捉过程中鉴相器输出电压 $v_d(t)$ 的变化

通过以上分析可以归纳出两点。第一,二阶环路的捕捉过程包括频率牵引和快捕两个过程。把快捕过程称为相位锁定,快捕的时间是很短的,一般可近似为上节分析的瞬态响应的建立时间。而频率牵引所需时间要比快捕时间长得多(指采用普通的正弦鉴相器),捕捉时间主要是指频率牵引的时间。第二,二阶环路的频率牵引主要由滤波器引起,环路滤波器在捕获过程中起到两个作用:①对差拍电压中的交流成分起衰减作用,频率越高,衰减越大;②对差拍电压中的直流分量进行积分,此积累的电压不断对 VCO 频率进行牵引,直至快捕。而一阶环由于没有环路滤波器,因此它只有快捕,没有频率牵引。环路滤波器以及环路增益 A_oU_d 对捕捉性能的影响很大。环路的快捕带主要取决于环路的高频增益。无源和有源比例积分滤波器由于高频传输特性没有衰减到零,因此它的捕捉特性要比简单的 RC 滤波器好。

由上面的分析还可以推断出这样一个结论:捕捉带总是小于同步带。

测同步带时,从锁定状态出发,因此鉴相器的输出是直流 $v_d = U_d\sin\varphi_{e\infty}$,低通滤波器对它的增益最大,等于 $A_F(0)$,控制电压为 $v_c = A_F(0)U_d\sin\varphi_{e\infty}$。随着 $\Delta\omega_i$ 的极缓慢增加,环路一直处于锁定,但稳态相位误差 $\varphi_{e\infty}$ 增大,鉴相器的输出直流也增大,直至 $\varphi_{e\infty} = |\pi/2|$ 时,$\sin(\pi/2) = 1$ 达最大值,此时对应的 $\Delta\omega_i$ 即为同步带 $\Delta\omega_H$。所以,同步带的大小由鉴相器最大输出电压 U_d、滤波器的直流增益 $A_F(0)$ 及压控灵敏度 A_o 决定(设压控振荡器的调谐范围足够大)。

而在测量捕捉带时,环路是处于失锁状态,鉴相器输出交变信号的频率是数值很大的差拍频率值 $\Delta\omega_i$,环路低通滤波器对它的衰减大于直流。即使输入信号频率从很大值减小到等于同步带的边界点,即 $\Delta\omega_i = \Delta\omega_H$ 时,由于此时对应的控制电压 $v_c = U_dA_F(\Delta\omega_i)\sin\Delta\omega_i t$ 仍是交流,它的幅值一定小于对应同步带时的直流控制电压 $v_c = U_dA_F(0)\sin\varphi_{e\infty}\left(\varphi_{e\infty} = \dfrac{\pi}{2}\right)$,所以 VCO 的频率 $\omega_o(t)$ 不可能摆到 ω_i 上,环路也无法捕捉。只有当 $\Delta\omega_i$ 继续减小,使环路滤波器对差拍正弦的衰减进一步减小,控制电压 v_c 增大,才可能使 $\omega_o(t)$ 的摆动幅度增大,达到捕捉。这就是捕捉带一定小于同步带的原因。

对于锁相环的三个重要频带的关系归纳如下:

$$\Delta\omega_L < \Delta\omega_P < \Delta\omega_H \tag{8.3.6}$$

如图 8.3.3 所示。

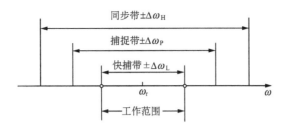

图 8.3.3　锁相环各频带大小关系

捕捉时间主要取决于输入固有频差 $\Delta\omega_i$ 和环路的带宽 ω_n，它们之间的关系式为

$$T_P = \frac{(\Delta\omega_i)^2}{2\zeta\omega_n^3} \tag{8.3.7}$$

频差减少一半,时间可以缩短 4 倍;环路带宽扩大 2 倍,捕捉时间则缩短 8 倍。

捕捉时间同时还与鉴相的频率有关,与鉴相频率的关系可按下面经验公式来估算:

$$T_P = \frac{25}{f_{PD}} \tag{8.3.8}$$

式中,f_{PD} 为鉴相频率。f_{PD} 越低,捕捉时间越长。

在锁相环的制作中,不能仅靠环路自身的捕捉,一般都要采取一些措施来加速捕捉。缩短捕捉时间的基本方法有两类,一是按照上述公式指出的方向——扩大环路带宽,如环路做成可变带宽,在捕捉时,使带宽增大,锁定后环路带宽变为需要的窄带;二是减小频差,图 8.3.4 提出了两个减小频差的方法。图 8.3.4(a)是频率合成器的原理方框图(除去 D/

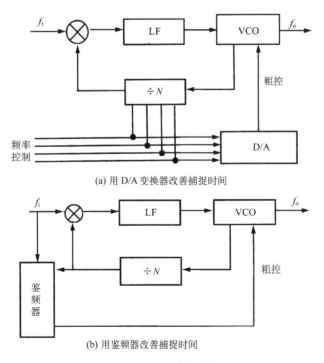

(a) 用 D/A 变换器改善捕捉时间

(b) 用鉴频器改善捕捉时间

图 8.3.4　加速捕捉的措施

A 变换器),在此图中,将要设置的分频比 N(由于 $f_{vco}=Nf_i$,在参考频率 f_i 不变时,该分频比 N 与环路 VCO 要输出的频率相对应)经过 D/A 数模变换,作为 VCO 的粗调电压加到 VCO 上,使 VCO 的频率事先向要变化的频率方向移动,这就减少了频差 $\Delta\omega_i$。在图 8.3.4(b)所示的频率合成器中,VCO 的粗调电压来自于鉴频器,该鉴频器的中心频率设在参考频率 f_i 点,则鉴频器的输出电压反映了分频后的 VCO 与参考频率的频差大小。用鉴频器的输出进行粗调,可以很快将 VCO 的频率拉向 ω_i。

缩短捕捉时间的另一个很有效的方法是采用鉴频鉴相器代替环路中的鉴相器,这实际上就是图 8.3.4(b)的思路。在锁相式频率合成器中常用跳变沿触发的鉴频鉴相器。该鉴频鉴相器既可作鉴频器用,又可作鉴相器用。在捕捉过程中,当 VCO 的频率与输入参考信号的频率相差很大时,鉴频功能在反馈环中起作用,频率误差电压迅速驱动 VCO 的频率接近输入信号频率。当频差减到足够小,两个信号的相位误差在 2π 范围内时,鉴相器起作用,最终使相位锁定。在采用鉴频鉴相器的环路中,其捕捉时间可近似为快捕时间。

8.4 锁相环的噪声

前面各节对锁相环的分析,都只考虑了信号的作用,本节进一步讨论输入噪声和环路内部噪声及各种干扰对环路工作性能的影响。实际环路工作时,环路的各个部件如鉴相器、环路滤波器、分频器、压控振荡器等都会产生噪声,图 8.4.1 表示了锁相环作为频率合成器时考虑噪声后的噪声模型。其中,N_i 是输入噪声,它来源于输入晶振或参考分频器等;N_{PD} 是鉴相器的噪声;N_{LF} 是滤波器或放大器的噪声;N_V 是压控振荡器的噪声;N_N 是环路可编程分频器的噪声。

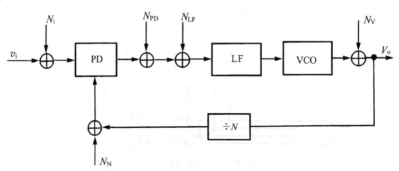

图 8.4.1 频率合成器的噪声模型

锁相环在不同的应用场合,各种噪声与干扰的影响是不同的。在通信电路中,锁相环的主要应用是频率合成和锁相鉴频、载波及位同步提取等。在后面几项应用中,主要考虑输入相加噪声和调制噪声对输出信噪比的影响,在频率合成器中要考虑压控振荡器的内部噪声和输入相位噪声,它们引起输出信号的相位抖动与频率不稳。考虑所有的噪声的影响是很困难的,本节只是以频率合成器为例,分析环路处于锁定时线性状态的一些结论。

在频率合成器中主要讨论两种噪声的影响,一是与输入信号同时进入的输入噪声;二是由压控振荡器 VCO 本身产生的噪声输出。本节介绍这些噪声如何通过环路的传输,最终作为总的相位噪声的一部分输出。

1. 环路对输入噪声的"低通"特性

当锁相环存在输入相位噪声时,输入信号可表示为

$$v_i(t) = V_{im}\cos(\omega_r t + \varphi_{ni}),$$

式中,φ_{ni}为输入信号的随机相位噪声,鉴于相位噪声的随机性,其强度只能用功率谱密度来表示,设为$S_{\varphi ni}(f)$。该相位噪声通过环路传输到 VCO 的输出,产生随机输出相位噪声 φ_{no},环路锁定时 VCO 的输出可表示为

$$v_o(t) = V_{om}\sin(\omega_r t + \varphi_{no})$$

根据环路的闭环传递函数的定义 $H(j\Omega) = \dfrac{\varphi_o}{\varphi_i}$,则输出相位噪声 φ_{no} 的功率谱密度应为

$$S_{\varphi no}(f) = S_{\varphi ni}(f)\,|H(j2\pi f)|^2 \tag{8.4.1}$$

$|H(j2\pi f)|^2$ 表示功率传输函数。设输入相位噪声为白噪声,即 $S_{\varphi ni}(f) = n_i$ = 常数,则环路输出相位噪声的均方值为

$$\overline{\varphi_{no}^2} = \int_0^\infty S_{\varphi ni}(f)\,|H(j2\pi f)|^2 df = n_i\int_0^\infty |H(j2\pi f)|^2 df \tag{8.4.2}$$

设

$$B_L = \int_0^\infty |H(j2\pi f)|^2 df \tag{8.4.3}$$

用一个高度为 1[即 $H(j0)$],宽为 B_L 的理想矩形滤波器代替锁相环的功率传输特性 $|H(j2\pi f)|^2$ 在曲线下的面积,则 $\overline{\varphi_{no}^2} = n_i B_L$。称 B_L 为环路等效单边噪声带宽。环路噪声带宽 B_L 很好地反映了环路对输入噪声的滤除作用,B_L 越小,滤除性能越好。

由于闭环传递函数为低通特性,如图 8.4.2 所示,所以环路对远离载频的输入信号的随机相位噪声可以滤除,只让位于载频附近的随机相位噪声通过,因此环路以载频为中心呈现一通选特性。这与前面分析跟踪特性时的正弦稳态响应完全相同,不同的只是由于相位噪声的随机性,只能用频谱密度表示其强度,而且引入了等效单边噪声带宽的定义。

不同的环路滤波器的 B_L 不同,如表 8.6.2 所示。图 8.4.3 画出了采用理想积分滤波器的环路的噪声带宽与阻尼系数的关系曲线,当 $\zeta = 0.5$ 时,B_L 最小,$B_{Lmin} = 0.5\omega_n$。

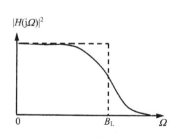

图 8.4.2　环路等效噪声带宽

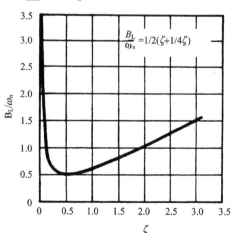

图 8.4.3　理想二阶环 B_L/ω_n-ζ 关系曲线

2. 环路对 VCO 噪声的"高通"特性

VCO 的相位噪声可以用附加的 φ_{nV} 来表示,如图 8.4.4 所示。下面分析 φ_{nV} 是如何通过环路向 φ_{no} 传输的。

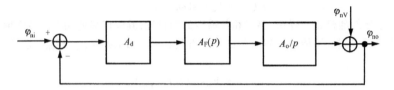

图 8.4.4　带 VCO 相位噪声的锁相环数学模型

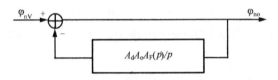

图 8.4.5　VCO 相位噪声通过环路

VCO 的噪声与输入噪声是不相关的,所以在分析环路对 VCO 的噪声的传输特性时,假设 $\varphi_{ni} = 0$,图 8.4.4 转变为图 8.4.5,则可得

$$\varphi_{no}(p) = \varphi_{nV}(p) - \frac{A_d A_o A_F(p)}{p}\varphi_{no}(p) \tag{8.4.4}$$

$$\frac{\varphi_{no}(p)}{\varphi_{nV}(p)} = \frac{p}{p + A_d A_o A_F(p)} = H_e(p) \tag{8.4.5}$$

由上式知,环路输出相位噪声与 VCO 的相位噪声之比同误差传递函数 $H_e(s)$,所以环路对 VCO 的噪声 φ_{nV} 的传输呈高通特性。也就是说,环路锁定时,对锁定载频附近的 VCO 的相位噪声的抑制性能好,而对越远离载频的 VCO 的相位噪声,其抑制能力越弱。这是因为 VCO 的相位噪声 φ_{nV} 在通过鉴相器时,前面有一个负号($\varphi_e = \varphi_i - \varphi_o$),所以锁相环路对 VCO 的输出相位是一个负反馈电路,而由于环路滤波器的低通作用,相位噪声的频率越低(即是靠近载频附近的噪声),负反馈作用越强,环路对它的抑制作用也就越大。反之,相位噪声的频率越高,负反馈越弱,环路的抑制作用也就弱。

可以看到环路对输入相位噪声的抑制作用和对 VCO 相位噪声的抑制作用是相反的。对频率合成器来说,它的输入信号是来自晶体振荡器,具有很高的频率稳定度,相位噪声很小,若再经过参考分频后,相位噪声更小。因此,环路的主要噪声来自于 VCO,抑制 VCO 的相位噪声就成频率合成器的主要矛盾。

8.5　锁相环的稳定性

锁相环是相位负反馈系统,具有极优良的特性,前面所讨论的所有这些特性的前提是:锁相环是稳定的。与振荡器的稳定性一样,锁相环这个闭环系统当它处于锁定的平衡状态时,在外界干扰、噪声等因素的作用下,环路若有能力保持它的平衡状态,则环路是稳定的,否则是不稳定的。

锁相环又是一个非线性系统,它的稳定性不仅与系统参数有关,而且还与外界干扰的强弱有关。在大的干扰作用下,环路失锁,处于捕捉状态,此时须用非线性捕捉过程来分析其稳定性。但若分析小干扰时的稳定性,仍可用环路的线性模型,而且在线性状态下的稳定性是系统稳定的必要条件。本节通过举例说明如何判别处于线性状态的环路稳定性,并讨论在线性状态下环路稳定性与组成环路部件参数的关系。

1. 稳定性判据——波特准则

稳定性的判断准则有多种,这里仅介绍依据系统波特图的波特准则,锁相环的闭环传递函数 $H(s)$ 与它的开环传递函数 $H_o(s)$ 的关系为

$$H(s) = \frac{H_o(s)}{1 + H_o(s)} \tag{8.5.1}$$

波特准则是利用环路的开环频率特性直接来判断其闭环特性的稳定性的方法。对于式(8.5.1)表示的单位反馈环路,如果系统的开环特性是稳定的并且满足条件:

当 $\varphi_{H_o(\omega_K)} = \pi$ 时,　　　　　　$20 \log|H_o(\omega_K)| < 0\text{dB}$

当 $20 \log|H_o(\omega_T)| = 0\text{dB}$ 时,　$|\varphi_{H_o(\omega_T)}| < \pi$　　　　(8.5.2)

则系统闭环后一定是稳定的,这就是波特准则。可以将波特准则用图8.5.1来表示。

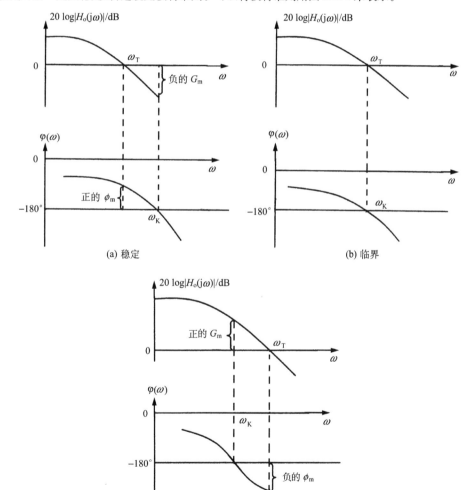

图 8.5.1　判断闭环稳定性的波特准则

对于图8.5.1(a),对应对数幅频特性的零截点 ω_T,开环传递函数的相角滞后不足π。而对应相频特性的滞后为π时的频率 ω_K,开环传递函数的对数幅频特性值小于0,所以此系统闭环时一定是稳定的。对于图8.5.1(b),由于 $\omega_K = \omega_T$,所以此系统闭环时处于临界状态。而对于图8.5.1(c)所示的系统,$20\log|H_o(\omega_K)| > 0$,或者说 $|\varphi_{H_o(\omega_T)}| > \pi$,所以系统闭环后一定不稳定。

2. 稳定裕量

系统稳定只是环路正常工作的必要条件,但稳定的程度还有所区分,可以用稳定裕量来描述系统的稳定程度,稳定裕量有相位裕量和增益裕量两项,如图8.5.1(a)所示。

(1) 幅度裕量 G_m

当 $\omega = \omega_K$,$\varphi_{H_o(\omega_K)} = \pi$ 时,$20\log|H_o(\omega_K)| < 0\text{dB}$,则系统是稳定的,幅度裕量定义为

$$G_m = 20\log|H_o(\omega_K)| \tag{8.5.3}$$

G_m 应为负值,数值越负,表示越稳定,通常要求 $G_m \leqslant -10\text{dB}$。

(2) 相位裕量 ϕ_m

当 $\omega = \omega_T$,$20\log|H_o(\omega_T)| = 0\text{dB}$ 时,$|\varphi_{H_o(\omega_T)}| < 180°$ 系统稳定,相位裕量定义为

$$\phi_m = 180° - |\varphi_{H_o(\omega_T)}| \tag{8.5.4}$$

对于稳定的反馈系统,ϕ_m 必须为正值。ϕ_m 越大,表示系统越稳定,一般要求 $\phi_m \geqslant 45°$。

3. 锁相环路的稳定性

对于环路滤波器传递函数为 $A_F(s)$ 的锁相环路,其开环传递函数 $H_o(s)$ 为

$$H_o(s) = \frac{\varphi_o}{\varphi_e} = \frac{A_d A_o A_F(s)}{s} \tag{8.5.5}$$

因此当环路采用不同的环路滤波器时,其稳定性可能有变化。

(1) 采用简单的 RC 滤波器 $\left[A_F(s) = \dfrac{1}{1+s\tau} \right]$。

此时环路的开环频率特性为

$$H_o(j\Omega) = \frac{A_o A_d}{j\Omega(1+j\Omega\tau)} \tag{8.5.6}$$

对数幅频特性为

$$20\log|H_o(j\Omega)| = 20\log A_o A_d - 20\log\Omega - 20\log\sqrt{1+(\Omega\tau)^2} \tag{8.5.7}$$

对数相频特性为

$$\varphi_{H_o(j\Omega)} = -\frac{\pi}{2} - \arctan\Omega\tau \tag{8.5.8}$$

分析此相频特性,对于所有的 $0 \leqslant \Omega < \infty$,均有 $|\varphi_{H_o(\Omega)}| < \pi$,所以此锁相环路一定是稳定的。

根据式(8.5.7)画波特图时,首先可以分析对数幅频特的变化趋势。由于此传递函数在 $S=0$(由VCO固有积分环产生)及 $S = -j\dfrac{1}{\tau}$(由环路滤波器产生)处有两个极点,因此它的对数幅频特性可以认为从 $\Omega = 0$ 开始以 $-20\text{dB}/10\text{oct}$ 下降,到 $\Omega = \dfrac{1}{\tau}$(滤波器的3dB带宽点)处,加速为以 $-40\text{dB}/10\text{oct}$ 下降,且在 $\Omega = \dfrac{1}{\tau}$ 处,$\varphi_{H_o(j\Omega)} = -135°$。由于 $\Omega = \dfrac{1}{\tau}$ 是开环频率特性的一个极点,则可按 $\dfrac{1}{\tau} > A_o A_d$ 与 $\dfrac{1}{\tau} < A_o A_d$ 两种情况来讨论式(8.5.7)表示的波特图。

1) $\dfrac{1}{\tau} > A_o A_d$。此时对于 $\Omega \ll \dfrac{1}{\tau}$ 的频率,式(8.5.7)中的第三项可以忽略,则有

$$20 \log | H_o(j\Omega) | \approx 20 \log A_o A_d - 20 \log\Omega \tag{8.5.9}$$

所以对数幅频特性曲线与频率轴的交点为

$$\Omega_T = A_o A_d \tag{8.5.10}$$

此时,$\Omega_T < \dfrac{1}{\tau}$。因此由式(8.5.8)知,$|\varphi_{H_o(j\Omega_T)}| < 135°$,如图8.5.2(a)所示。

　2) $\dfrac{1}{\tau} < A_o A_d$,此时对于 $\Omega \gg \dfrac{1}{\tau}$ 的频率,式(8.5.7)可近似为

$$20 \log | H_o(j\Omega) | \approx 20 \log A_o A_d - 20 \log\Omega - 20 \log\Omega\tau \tag{8.5.11}$$

对数幅频特性曲线与频率的交点为

$$\Omega_T = \sqrt{\frac{A_o A_d}{\tau}} \tag{8.5.12}$$

此时,$\Omega_T > \dfrac{1}{\tau}$,因此由式(8.5.8)知,$|\varphi_{H_o(j\Omega_T)}| > 135°$,如图8.5.2(b)所示。

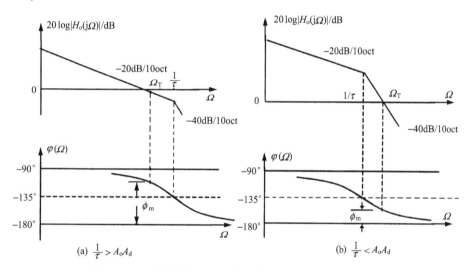

图 8.5.2　采用简单 RC 积分滤波器的锁相环稳定性分析

　　以上代入具体数值可以算出稳定裕量。比较两种情况可以看出,对于采用 RC 滤波器的环路,当环路增益 $A_o A_d$ 一定时,环路滤波器的时间常数 τ 不能选得过大,否则环路稳定性下降。

　　(2)采用理想积分滤波器

　　理想二阶环的开环频率特性为

$$H_o(j\Omega) = \frac{A_d A_o}{\tau_1} \cdot \frac{1 + j\Omega\tau_2}{(j\Omega)^2} \tag{8.5.13}$$

理想二阶环的开环传递函数在 $S = 0$ 处有一个二阶极点,在 $S = -j\dfrac{1}{\tau_2}$ 处有一个零点。其对数幅频特性为

$$20 \log | H_o(j\Omega) | = 20 \log \frac{A_d A_o}{\tau_1} + 20 \log \sqrt{1 + (\Omega\tau_2)^2} - 40 \log\Omega \tag{8.5.14}$$

相频特性为

$$\phi_{H_o(j\Omega)} = -\pi + \arctan\Omega\tau_2 \tag{8.5.15}$$

　　由于存在一个零点(这是比例积分滤波器与简单 RC 滤波器相比的优点),其相位有一超前量,使其相移特性全部在 $-\pi$ 线之上,所以环路一定是稳定的。同样可以按上面的分析方法画出其波特图。

　　按同样的方法可以分析采用无源比例积分滤波器的锁相环的稳定性,可以得出如下结论:一阶和二阶环路一定是稳定的。

8.6 锁相环路的实现

前面几节已经介绍了锁相环的性能,在这一节中将介绍锁相环中各部件的电路实现以及性能。由于环路滤波器在本章第一节中已详细介绍,压控振荡器在第七章中也已详细介绍,因此本节仅罗列一下这两个部件的性能指标,而将重点放在鉴相器上。

压控振荡器的主要性能指标如下。

1)频率受控范围

2)线性度

3)压控灵敏度 A_o

4)调制带宽

5)噪声

6)工作电压

描述环路滤波器的传递函数的主要指标如下。

1)直流增益

2)高频增益

3)3dB 带宽(时间常数)

4)线性动态范围(仅对有源滤波器)

8.6.1 鉴相器

一个理想鉴相器的输出电压应与两输入信号的相位差成正比,如图 8.6.1 所示,即

$$v_d = A_d(\varphi_1 - \varphi_2) = A_d\varphi_e$$

鉴相器的主要指标如下。

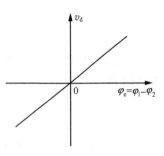

图 8.6.1 理想鉴相特性曲线

1)鉴相特性曲线。鉴相器的输出电压随输入信号相位差的变化曲线,要求线性且线性范围大。

2)鉴相灵敏度。单位相位差产生的输出电压,单位为 V/rad。一个理想鉴相器的鉴相灵敏度应与输入信号的幅度无关。当鉴相特性不为线性时,一般定义为 $\varphi_e = 0$ 点上的灵敏度。

3)鉴相范围。输出电压随相位差单调变化的相位范围。

4)鉴相器的工作频率。

鉴相器大致分两类:一是模拟鉴相器,它的输入可以是各种模拟信号,适用于锁相解调;二是数字鉴相器,它的输入必须是数字信号,其鉴相灵敏度比模拟鉴相器高,在频率合成器中用得较多。数字鉴相器大致可分为三类,一是门鉴相器,二是 R-S 触发器鉴相器,三是跳变沿触发的鉴频鉴相器。其中,性能最好及用得最多的是由多个触发器构成的边沿触发的鉴频鉴相器。各种鉴相器的应用特性如表 8.6.1 所示。

表 8.6.1　鉴相器性能比较

鉴相器种类	特　　性
模拟鉴相器	灵敏度较低,有较好的线性,锁定时两信号有 90° 相移
门鉴相器	输入应为对称方波,锁定时两输入信号有 90° 相移
R-S 触发器鉴相器	输入为脉冲或方波,锁定时两输入信号有 90° 相移
边沿触发鉴频鉴相器	输入为脉冲或方波,锁定时两输入信号相移为 0° 或 180°,有鉴频和鉴相功能

1. 模拟鉴相器

模拟鉴相器由模拟乘法器构成,它们的实现方框图如图 8.6.2 所示。Gilbert 乘法单元的电路及原理在第六章中[图 6.2.15 与式(6.2.21)]已详细介绍,它的输入输出关系为

$$v_{o} = I_{o}R_{c}\mathrm{th}\,\frac{v_{x}}{2V_{T}}\mathrm{th}\,\frac{v_{y}}{2V_{T}} \qquad (8.6.1)$$

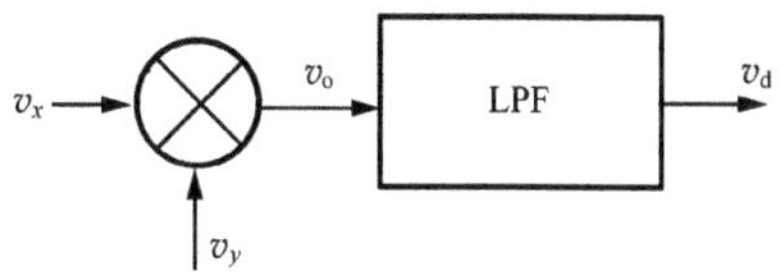

为获得正弦鉴相,要求两输入信号正交,设两输入信号为

图 8.6.2　模拟鉴相器的实现方框图

$$v_{x} = V_{xm}\sin(\omega_{1}t + \varphi)\,; \qquad v_{y} = V_{ym}\cos\omega_{1}t \qquad (8.6.2)$$

在应用模拟乘法器作为鉴相器时,可以按照输入信号的大小分成三种不同情况。

（1）输入 v_{x}、v_{y} 均为小信号

当输入 v_{x}、v_{y} 均是小信号时,两个双曲正切函数均可以线性化,两信号相乘通过低通滤波器滤除高频分量后,鉴相器的输出变为

$$v_{d} = \frac{1}{2}AV_{xm}V_{ym}\sin\varphi \qquad (8.6.3)$$

式中,$A = \dfrac{I_{o}R_{c}}{4V_{T}^{2}}$,$V_{T} = \dfrac{kT}{q}$。这是典型的正弦鉴相器,其鉴相特性如图 8.6.3(a)所示。它的鉴相范围是 $|\varphi| \leqslant \dfrac{\pi}{2}$,线性鉴相范围是 $|\varphi| \leqslant \dfrac{\pi}{6}$,鉴相灵敏度及最大输出电压为

$$U_{d} = A_{d}\,|_{\varphi_{e}=0} = \frac{1}{2}AV_{xm}V_{ym} = \frac{I_{o}R_{c}}{8V_{T}^{2}}V_{xm}V_{ym} \qquad (8.6.4)$$

该鉴相器的缺点是,鉴相输出电压与输入信号的幅度有关,而且还与温度有关。

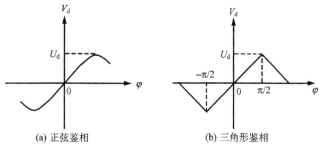

(a) 正弦鉴相　　　　　　　　　　(b) 三角形鉴相

图 8.6.3　模拟乘法器作鉴相器

（2）输入一个是大信号，一个是小信号

设输入信号 v_x 是小信号，v_y 是大信号。在大信号作用下，双曲正切函数可视为重复频率为 ω_1 的双向开关，因此

$$v_o(t) = BV_{xm}\sin(\omega_1 t + \varphi)S_2(\omega_1 t)$$

式中，$B = \dfrac{I_o R_c}{2V_T}$。代入 $S_2(\omega_1 t)$ 的展开式并通过低通滤波器滤除高频分量后，鉴相器的输出为

$$v_d(t) = \frac{2}{\pi}BV_{xm}\sin\varphi \tag{8.6.5}$$

此鉴相特性仍为正弦鉴相，鉴相灵敏度为

$$A_d = \frac{I_o R_c}{\pi V_T}V_{xm} \tag{8.6.6}$$

鉴相灵敏度与小信号的幅度有关。

（3）两个输入均为大信号

此时输出电压为

$$v_o(t) = I_o R_c S_2\left(\omega_1 t + \varphi + \frac{\pi}{2}\right)S_2(\omega_1 t)$$

经低通滤波器滤波，v_o 的平均分量即为输出电压，则有

$$v_d = \frac{2I_o R_c}{\pi}\varphi \qquad \left(-\frac{\pi}{2} \leqslant \varphi \leqslant \frac{\pi}{2}\right)$$

$$v_d = \frac{2I_o R_c}{\pi}(\pi - \varphi) \quad \left(\frac{\pi}{2} \leqslant \varphi \leqslant \frac{3\pi}{2}\right) \tag{8.6.7}$$

两个输入均为大信号时的鉴相特性如图 8.6.3（b）所示，为三角形鉴相特性，最大输出电压为 $U_d = I_o R_c$，鉴相灵敏度为

$$A_d = \frac{2I_o R_c}{\pi} \tag{8.6.8}$$

鉴相灵敏度与输入信号幅度无关，仅由电路参数决定，线性鉴相范围是 $|\varphi| \leqslant \dfrac{\pi}{2}$。

2. 门鉴相器

门鉴相器中最常用的是异或门鉴相，它由异或门与低通滤波器组成。异或门的电路符号，真值表如图 8.6.4 所示，输出波形及鉴相特性如图 8.6.5 所示。异或门鉴相器要求两输入信号为占空比是 1:1 的方波。

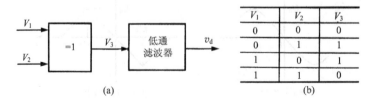

V_1	V_2	V_3
0	0	0
0	1	1
1	0	1
1	1	0

(a)   (b)

图 8.6.4　异或门鉴相器及真值表

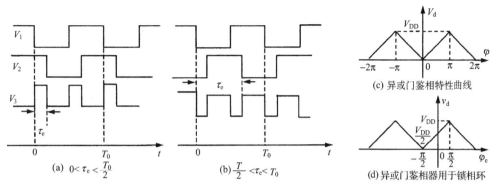

图 8.6.5　异或门鉴相特性

分析异或门的输出电压 V_3 波形看出以下两点。

1）输出电压 V_3 的频率是输入电压 V_1 的两倍，则鉴相器输出电压的纹波频率高，容易滤除。

2）V_3 的脉冲宽度与 V_1、V_2 间的相位差（时间差）有关。当 V_1 超前 V_2 的时间为 $0 \leqslant \tau_e \leqslant \dfrac{T_0}{2}$ 时，如图 8.6.4（a）所示，经过低通滤波器后的平均电压为

$$v_d = \frac{2}{T_0}\int_0^{\tau_e} V_{dm}\mathrm{d}t = \frac{2V_{dm}}{T_0}\tau_e \tag{8.6.9}$$

式中，V_{dm} 是输出脉冲幅度。式（8.6.9）若用相位差 $\varphi_e = \omega\tau_e$ 表示，则

$$v_d = \frac{V_{dm}}{\pi}\varphi_e \quad (0 \leqslant \varphi_e \leqslant \pi) \tag{8.6.10}$$

当 V_1 超前 V_2 的时间为 $\dfrac{T_0}{2} \leqslant \tau_e \leqslant T_0$ 时，如图 8.6.4（b）所示，经过低通滤波器后的平均电压为

$$v_d = \frac{2}{T_0}\int_{\tau_e}^{T_0} V_{dm}\mathrm{d}t = \frac{2}{T_0}(T_0 - \tau_e)V_{dm} \tag{8.6.11}$$

用相位差表示，则

$$v_d = \frac{V_{dm}}{\pi}(2\pi - \varphi_e) \quad (\pi \leqslant \varphi_e \leqslant 2\pi) \tag{8.6.12}$$

同理也可以算出 V_1 滞后 V_2 的鉴相器输出。画出的鉴相特性曲线如图 8.6.5(c)所示。

鉴相器的鉴相范围是 $0 \sim \pi$，鉴相灵敏度是

$$A_d = \frac{V_{dm}}{\pi} = \frac{V_{DD}}{\pi} \tag{8.6.13}$$

在将异或门鉴相器用于锁相环时，可认为 $V_{DD}/2$ 为其中心静态点。与乘法器构成的鉴相器一样，当两信号正交时，视为相位误差 $\varphi_e = 0$，此时鉴相器对应的输出 $v_d = V_{DD}/2$，如图 8.6.5(d)所示。则异或门鉴相器的鉴相范围也为 $-\dfrac{\pi}{2} \sim \dfrac{\pi}{2}$，最大鉴相输出电压是 $V_{DD}/2$。门鉴相器采用电平触发，故噪声容限较小。

3. 边沿触发鉴频鉴相器

(1) 工作原理

边沿触发的鉴频鉴相器(phase/frequency detector)与前面的门鉴相器相比,它的输入不需要对称的方波,且既可鉴频又可鉴相,特别适用于数字锁相频率合成器。当采用鉴频鉴相器(PFD)代替鉴相器时,从一个频率值转换到另一个频率值所需时间能缩小 5 倍以上。

通常的鉴频鉴相器原理如图 8.6.6 所示。设鉴相器的两个输入信号的频率分别为 f_V(VCO 的频率)和 f_R(输入参考信号 R 的频率),鉴相器产生两个不互补的输出 ϕ_V 和 ϕ_R。如果 $f_V > f_R$,或 $f_V = f_R$ 但 V 的相位超前 R,则鉴相器输出 ϕ_V 为正脉冲,且脉冲宽度与两输入信号的频率差或相位差有关,而输出 ϕ_R 一直为低电平。相反,如果 $f_V < f_R$,或 $f_V = f_R$ 但 V 的相位迟后 R,则 ϕ_R 为正脉冲,且脉冲宽度与两输入信号的频率差或相位差有关,而 ϕ_V 一直为低电平。如果 $f_V = f_R$ 且 V 和 R 同相,则电路的输出 ϕ_V 和 ϕ_R 除了有极短暂的同相正脉冲外,两者都保持低电平。这样根据鉴相器输出脉冲的形状和宽度就指示出两输入信号 R、V 间的频率差或相位差。

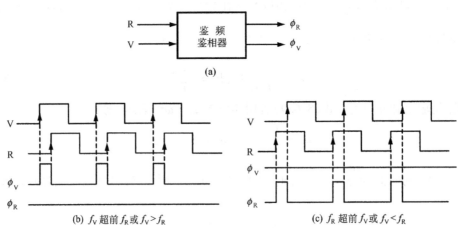

图 8.6.6　鉴频鉴相器框图和波形

设计鉴频鉴相器的方法如下:

为了避免输出对输入工作周期的依赖,电路采用上升沿触发的时序电路。电路只有三个状态 $\phi_R\phi_V = 00$,$\phi_R\phi_V = 01$,$\phi_R\phi_V = 10$,而不存在 $\phi_R\phi_V = 11$。

根据图 8.6.6 的波形图可画出状态转换图 8.6.7。

设初始态(0)为 $\phi_R\phi_V = 00$,当 $f_R > f_V$ 时,先到 R 的上升沿 R↑,则从初始态(0)→Ⅱ状态 $\phi_R\phi_V = 10$。如果 f_R 比 f_V 大很多,则对在 V 的上升沿来到前所有 R 的上升沿 R↑,电路一直维持在 Ⅱ 状态。在 Ⅱ 状态,如果有 V 的上升沿 V↑来到,则状态由 Ⅱ→(0)态。由于 $f_R > f_V$,在两个 V 的上升沿 V↑之间总会有一个 R 的上升沿 R↑,所以状态就在状态 Ⅱ 和(0)态之间转换,不会到状态 Ⅰ。在此状态转换过程中,ϕ_V 一直是低电平,而 ϕ_R 是 0、1 交替的脉冲,脉冲的宽度与 f_R 和 f_V 之间的频率差或相位差有关。同理,当 $f_R < f_V$ 时,状态在(0)态和 Ⅰ 态之间转换。

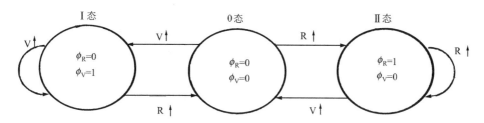

图 8.6.7 三态鉴频鉴相器的状态转换图

（2）电路实现

采用两个具有复位功能的 D 触发器作状态寄存器,如图 8.6.8 所示。设触发器为上升沿触发,信号 R、V 分别作为它们的 CP。触发器的数据端 D 接高电平,输出取自 Q_R 和 Q_V。复位后的初始状态 $Q_R Q_V = 00$,当 CP 信号 R↑来到时,DFF_R 置数,则 $Q_R = 1$,Q_V 保持 0。若 CP 信号 R↑不断来,则一直保持 $Q_R = 1$。当 CP 信号 V↑来到时,DFF_V 置 1,即 $Q_V = 1$。此时 $Q_R Q_V = 11$ 通过与门,使 DFF_R 和 DFF_V 复位,则 $Q_R Q_V = 00$,回到初态。可以看到,只有一个短暂的时间(与门和触发器的时延)使 DFF_R 和 DFF_V 同时置 1,因此电路不可能在 $Q_R Q_V = 11$ 状态停留。

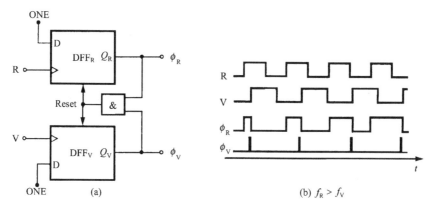

图 8.6.8 鉴频鉴相器的实现与波形

鉴相器的功能是取出两输入信号的相位差,通过低通滤波器将相位差转变为控制 VCO 的平均电压。将鉴频鉴相器输出的脉冲 ϕ_R、ϕ_V 的宽度转变为平均电压的方法一般有两种,一是将 ϕ_R、ϕ_V 送入差分放大器放大,并通过低通滤波器输出,如图 8.6.9 所示;另一种是用后面介绍的"电荷泵电路"。

（3）电荷泵(charge pump)

电荷泵(CP)完成的功能是将反映两信号相位差的脉冲 ϕ_R、ϕ_V 转换为反映相位差大小的平均电压(或电流),此平均电压一般是通过低通滤波器的电容上积累的电荷产生的,如图 8.6.10 所示。鉴频鉴相器的输出 ϕ_R、ϕ_V 分别开关两个电流源,控制电流源对电容器的充放电,将代表相位差 φ_e 大小的脉冲宽度转变为电容器上电荷量。

对应鉴相器的三个状态,电荷泵也有三个状态。当 $f_R > f_V$,或 $f_V = f_R$ 但 V 的相位迟后 R,则 ϕ_R 为正脉冲,开关 S_1 随 ϕ_R 的 0、1 变化而开关。当 ϕ_R 为 1 时,S_1 通,电流源 I 向电容

C_P 充电,电压 v_c 为正。当 ϕ_R 为 0 时,S_1 断开,停止充电,电容 C_P 上电荷保持。因此电容器上的电压 v_c 与 ϕ_R 的正脉冲宽度成正比,也即与 f_V 小于 f_R 的频率差或 f_V 与 f_R 的相位差成正比。反之,当 $f_V>f_R$,或 $f_V=f_R$ 但 V 的相位超前 R,则鉴相器输出 ϕ_V 为正脉冲,C_P 通过 I 放电,v_c 减少甚至变负(当采用正负双电源时)。第三个状态是,当 $f_V=f_R$ 且 V 的相位与 R 的相位相同,即 $\phi_R=\phi_V=0$ 时,开关 S_1 和 S_2 均断开,输出电压 v_c 保持常数。

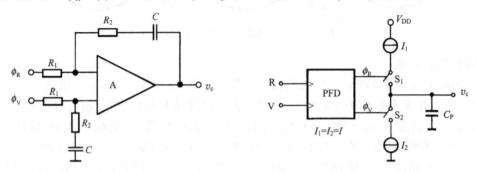

图 8.6.9 用差分放大器变换 $\phi_R\phi_V$ 图 8.6.10 PFD 与电荷泵

采用鉴频鉴相器(PFD)与电荷泵组合的一个特点是:如果 ϕ_R 一直为正脉冲,充电的结果可使 v_c 趋于 $+\infty$。反之,脉冲 ϕ_V 引起的放电会使 v_c 趋于 $-\infty$。由此可以推出两个结论:①采用鉴频鉴相器和电荷泵组合的锁相环的捕捉带仅由 VCO 的可变频率范围决定,因为控制电压可以达到足够大;②由它们构成的锁相环在锁定时,参考信号 R 和 VCO 的输出信号 V 间的相位差一定是 0,因为只要有无限小的一个相位差,就会在电容 C_P 上形成无限的电荷积累。这些是与采用正弦鉴相器(或采用门鉴相器)和 RC 滤波器的锁相环不同的特点。

(4) 鉴频鉴相器与电荷泵组合的数学模型

如前所述,鉴频鉴相器和电荷泵组成了锁相环中的鉴相器,而电荷泵后的电容即是低通滤波器。描述这个组合的数学模型首先要说明的是输出电压 v_c 和相位差 φ_e 的关系,其次要说明鉴相灵敏度。

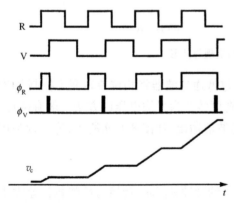

图 8.6.11 电荷泵的输出电压

设锁相环原处于锁定状态,在 $t=0$ 时刻,输入信号 R 的相位发生跳变,输入鉴相器的两信号的相位差变为 φ_e,鉴频鉴相器(PFD)的输出脉冲 ϕ_R 宽度 τ_e 正比于相位差 φ_e 的大小,它控制电流源 I 对电容 C_P 充电。在 $0\sim\tau_e$ 时间内,电容器 C_P 上的电压线性上升,电压变化量是 $V_C=\dfrac{I\tau_e}{C_P}$,在时间 $\tau_e\sim T$(T 是鉴相器工作周期)内,电容器 C_P 上的电压保持。只要输入信号 R 的相位超前 V,则 ϕ_R 的正脉冲使正电荷在 C_P 上一直积累,可以说鉴频鉴相器和电荷泵的组合(PFD/CP)具有无限的直流增益,如图 8.6.11 所示。因此比较合理的是采用一周内电压变化的平均量

$$V_C=\frac{I\tau_e}{C_PT}=\frac{I}{2\pi C_P}\varphi_e\left(\text{因为 }\varphi_e=\omega\tau_e,T=\frac{2\pi}{\omega}\right)\text{作为 PFD/CP}$$

的输出电压 V_C 对相位阶跃 φ_e 的响应。将此式两边作拉氏变换,则有

$$V_C(s)=\frac{I}{2\pi C_P}\frac{1}{s}\varphi_e=\frac{A_{PFD}}{s}\varphi_e \tag{8.6.14}$$

这就是鉴频鉴相器与电荷泵组合的数学模型,其方框图及鉴相特性如图 8.6.12(a)、(b)所示。若按锁相

环组成的三大部件(鉴相器、环路滤波器、压控振荡器)划分,C_P 应属于环路滤波器,如图 8.6.12(c)所示,则可以认为鉴频鉴相器与电荷泵组合(PFD/CP)的鉴相灵敏度为 $A_d = \dfrac{I}{2\pi}$,I 是由电路决定的常数(当用电压型泵电路时改为 V)。

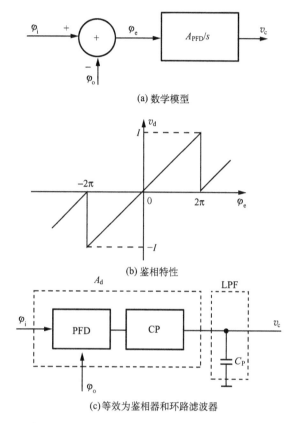

(a) 数学模型

(b) 鉴相特性

(c)等效为鉴相器和环路滤波器

图 8.6.12　鉴频鉴相器与电荷泵组合的数学模型

(5) 采用鉴频鉴相器与电荷泵的锁相环(Ⅱ 型锁相环电路)

由鉴频鉴相器与电荷泵构成的锁相环如图 8.6.13 所示。由以上分析知,它有三个重要的特点:①捕捉时间快;②捕捉的范围仅由 VCO 的频率可变范围决定;③锁定时无稳态相位误差。严格地说,鉴相输出 ϕ_R、ϕ_V 的脉冲特性使锁相环成为一个离散时间系统,但只要环路带宽远小于输入信号频率,可以认为在输入信号的一周内,环路的状态改变很少,因此仍可用连续时间系统的分析方法。

由图 8.6.13(b)可知,其开环传递函数为

$$H_o(s) = \frac{A_{PFD}}{s} \times \frac{A_o}{s}$$

式中,A_o 为 VCO 的压控灵敏度。从该锁相环的开环传递函数看,它包含了两个理想积分器,开环传递函数在 $s = 0$ 处有一个二阶极点,因此为 Ⅱ 型锁相环路。开环传递函数的相频特性为常数 $-\pi$,根据前面的稳定性分析,这必然引起环路的不稳定。改进的方法是将一个电阻 R 与 C_P 串联,如图 8.6.13(a)所示。在传递函数中引入一个零点,可提高稳定性,此时对应的 PFD 与泵电路(CP)组合的数学模型公式变为

$$\frac{\overline{V_C}}{\varphi_e} = \frac{I}{2\pi}\Big(R + \frac{1}{C_P s}\Big) \tag{8.6.15}$$

因此环路的闭环传递函数为

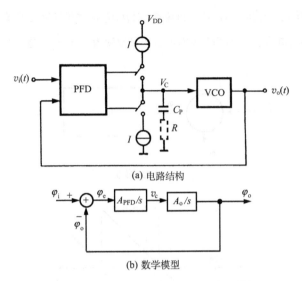

(a) 电路结构

(b) 数学模型

图 8.6.13　鉴频鉴相器与电荷泵构成的锁相环

$$H(s) = \frac{H_o(s)}{1 + H_o(s)} = \frac{\dfrac{I}{2\pi C_P}(RC_P s + 1)A_o}{s^2 + \dfrac{I}{2\pi}A_o R s + \dfrac{I}{2\pi C_P}A_o} \tag{8.6.16}$$

系统的零点为

$$\Omega_Z = -\frac{1}{RC_P} \tag{8.6.17}$$

并且有

$$\omega_n = \sqrt{\frac{I}{2\pi C_P}A_o} \tag{8.6.18}$$

$$\zeta = \frac{R}{2}\sqrt{\frac{IC_P}{2\pi}A_o} \tag{8.6.19}$$

但是引入 R 后会在控制电压 v_c 中引入纹波。为了抑制此纹波，一般再在控制电压输出端到地并一个电容。详细的分析请参考有关资料(Razavi B 1998)。

8.6.2　集成锁相环产品举例

本节例举两个不同类型的集成锁相环产品，以了解实际电路组成。

例 8.6.1　4046 是 CMOS 单片集成锁相环。HEF4046B 由两个鉴相器、一个 VCO、一个源极跟随器和一个齐纳二极管组成，其管脚排列与内部结构如 8.6.14 所示。

随着 CMOS 工艺的发展，HC 系列 4046 的 VCO 工作频率可以达到 20MHz，鉴相器的响应时间可达 20ns。

（1）鉴相器

鉴相器 PD_1 是异或门鉴相器，其鉴相灵敏度为

$$A_d = \frac{V_{dd}}{\pi} \quad (\text{V/rad})$$

鉴相器 PD_2 是边沿触发的鉴频鉴相器，它有两个输出端，引脚(1)是锁定指示；脚(13)是鉴

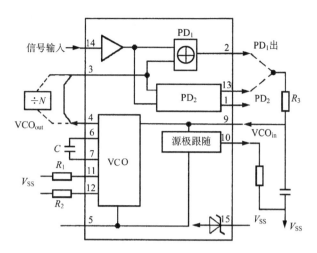

图 8.6.14　单片集成锁相环 HEF 4046

相器输出,其工作波形如图 8.6.15(b)所示。当输入信号的相位(或频率)超前 VCO 的相位(或频率)时,由信号的上升边沿触发使 PD_2 的脚(13)为高电平 V_{DD},出现正脉冲,此正脉冲的宽度与两信号的相位差有关。当 VCO 的上升沿来到时,使脚(13)为高阻。相反,当 VCO 的相位(或频率)超前输入信号时,PD_2 的脚(13)为低电平(地),出现负脉冲,负脉冲的宽度与两信号的相位差有关。当随后的输入信号的上升沿来到时,又使脚(13)为高阻。变为高

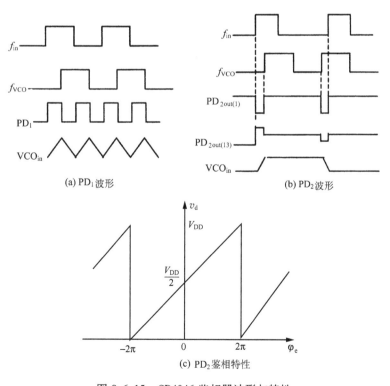

(a) PD_1 波形

(b) PD_2 波形

(c) PD_2 鉴相特性

图 8.6.15　CD4046 鉴相器波形与特性

阻的好处是可以减少锁定状态时控制线上的纹波。由于 PD_2 输出为高阻,因此常用外接电阻分压,使其中心点控制在 $\dfrac{V_{DD}}{2}$ 上(见后面例题)。鉴频鉴相器 PD_2 的鉴相特性如图 8.6.15(c)所示,鉴相灵敏度为 $A_d = \dfrac{V_{DD}}{4\pi}$。

(2)VCO

4046 的 VCO 是线性度很好的压控振荡器,它是射极耦合的多谐振荡器,其电路如图 8.6.16 所示。P_4、N_3 和 P_5、N_2 组成两条对外接电容充电的通道,充电电流为 P_2 的电流 i_2。设初始时,MOS 管 P_5 和 N_2 截止,P_4 和 N_3 导通,则 i_2 通过 P_4、N_3 向电容 C 充电,当充电过程使(6)、(7)端的电位达到使控制门 10、门 11 翻转的电平时,控制门 10、门 11 翻转,从而改变了 P_4、N_3 和 P_5、N_2 的通断,则 C 反向充电,如此循环形成振荡。振荡器的中心频率由电容 C 和充电电流 i_2 值决定。MOS 管 P_1、P_2 组成了镜像电流源,调节脚(12)外接电阻 R_2 的大小,改变了镜像电流源 P_1 的参考电流,从而改变了充电电流 i_2,借以调节 VCO 的中心频率。脚(5)为 VCO 启动端,当其为低电平时,P_3 导通,电源 V_{DD} 接通,VCO 被启动起振。

压控振荡器的控制电平,即来自环路滤波器的控制电压从脚(9)输入,控制 MOS 管 N_1 的栅极电位,从而改变 N_1 的导通电流,再通过镜像电流源控制充电电流 i_2 的大小,实现对

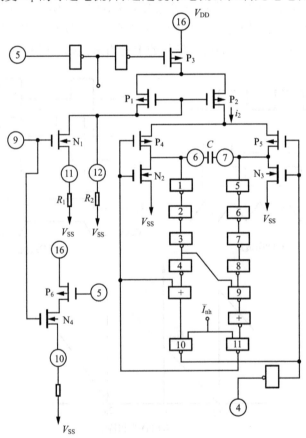

图 8.6.16　HEF4046 压控振荡器简化电路

VCO 的频率控制。改变脚(11)外接电阻 R_1 的大小,可以改变场效应管 N_1 的跨导,进而改变电流 i_2,由此可以调节 VCO 的压控灵敏度。VCO 的控制端(9)是 N 沟道场效应管的输入,输入电阻高达 $10^8\Omega$,因此对设计环路滤波器有利。

当电源电压为 5V 时,根据测量可以得出 VCO 的参数与外接元件关系的经验公式为

$$\text{中心频率:} \omega_{osc} = \frac{2\left(\dfrac{V_C - 1}{R_1} + \dfrac{4}{R_2}\right)}{C} \quad (\text{其中,} V_C \text{ 为控制电压}) \tag{8.6.20}$$

$$\text{压控灵敏度:} A_o \approx \frac{2}{R_1 C} \text{ rad/s/V} \tag{8.6.21}$$

例 8.6.2 L562 是单片模拟集成锁相环,其工作频率可达 30MHz。图 8.6.17 所示出了 L562 的结构框图。与其他锁相环电路相比,L562 增添了一个限幅器来限制环路的直流增益,并通过调节(7)脚的限幅电平来控制直流增益,达到控制同步带的目的。当用 L562 做调频波解调器应用时,跟随器 A_2 是解调电压输出。

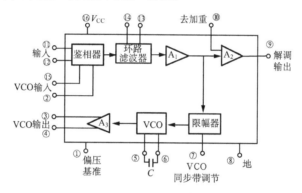

图 8.6.17 模拟集成锁相环 L562 结构框图

L562 的内部电路如图 8.6.18 所示。其鉴相器是由 $Q_1 \sim Q_9$ 管构成的 Gilbert 单元乘法电路的模拟鉴相器,分别从(2)、(15)和(11)、(12)双端输入,从(13)、(14)双端输出,环路滤波器接于脚(13)、(14)。双端输出电压分别通过电平位移电路 Q_{10}、Q_{11}、R_5 和 Q_{12}、Q_{13}、R_6、Q_{14}、R_8 加到 VCO 中 Q_{25}、Q_{26} 的基极和发射极(通过 R_{27})上。其中,Q_{14} 管兼作放大器 A_1,Q_{15} 管为跟随器 A_2。L562 的 VCO 是由 $Q_{17} \sim Q_{29}$ 管构成的射极耦合多谐振荡器,其电路原理在第七章中已作介绍,VCO 的自由振荡频率由(5)、(6)端的外接定时电容决定。在这个电路中,$Q_{19} \sim Q_{22}$ 管构成交叉耦合正反馈电路,$Q_{23} \sim Q_{25}$ 和 $Q_{26} \sim Q_{28}$ 管是为交叉耦合正反馈电路($Q_{19} \sim Q_{22}$)提供偏置的电流源,鉴相器输出电压控制其中 Q_{25}、Q_{26} 管的电流,达到改变振荡频率的目的。同时,Q_{25}、Q_{26} 管基射极导通电压和 R_{27} 上的压降又限制了鉴相器输出电压值,起到了限幅的作用,由引出端(7)注入电流,改变 R_{27} 上压降,用来调整限幅电平。$Q_{30} \sim Q_{33}$ 管组成放大器 A_3,用来放大 VCO 的输出电压。$Q_{35} \sim Q_{42}$ 组成稳压电路,其中,R_{22} 和 $Q_{37} \sim Q_{40}$ 管产生基准电压,分成二路,一路经 Q_{35} 管和稳压管 Q_{16} 为 VCO 和 A_3 提供集电极电源电压,并从引出端(1)引出,通过外接电阻加到引出端(2)和(15)上,为双差分对管提供偏置。另一路经 Q_{36} 管为双差分对管提供集电极电源电压,并经 R 和温度补偿网络为各电流源提供偏置,同时通过 Q_7 管为 Q_3、Q_4 管提供基极偏置。

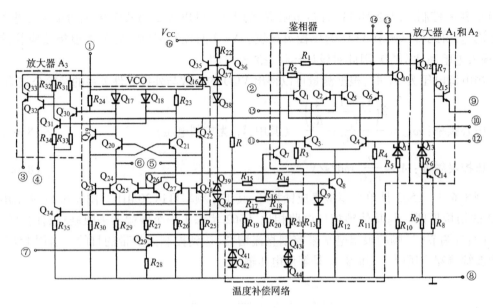

图 8.6.18　L562 内部电路原理图

8.6.3　锁相环设计

1. 锁相环指标

设计一个锁相环,首先必须了解描述锁相环的性能指标。虽然锁相环在不同应用时会有不同的要求,但锁相环作为一个基本功能部件,从上面分析可以看出,它的基本指标可以分为以下五个方面:描述静态特性的有稳态相位误差 $\varphi_{e\infty}$;描述线性跟踪特性的有反映频率响应的 -3dB 带宽 Ω_c,反映瞬态特性的过冲量 φ_{eP},建立时间 t_s 以及描述非线性跟踪特性的同步带 $\Delta\omega_H$;描述捕捉特性的有快捕带 $\Delta\omega_L$、捕捉带 $\Delta\omega_P$ 与捕捉时间 T_P;描述环路对输入噪声滤波性能的指标是环路噪声带宽 B_L;最后是描述稳定性的指标相位裕量和幅度裕量。

所有这些指标均与环路的两个重要参数 ω_n 与 ζ 有关,而这两个参数又直接由环路的增益与环路滤波器的时间常数决定。表 8.6.2 列出了锁相环的各项指标与组成元件参数之间的关系。

2. 滤波器的选择

对简单的 RC 滤波器,从表 8.6.2 看,选用大的时间常数 $\tau = RC$ 和高的环路增益 $A_d A_o$ 时,会使环路的阻尼系数 $\zeta\left(\zeta = \dfrac{1}{2}\sqrt{\dfrac{1}{A_o A_d \tau}}\right)$ 减小,从而降低环路的稳定性。因此对于选定的环路增益,当要做成窄带环 $\left(\omega_n = \sqrt{\dfrac{A_o A_d}{\tau}}\right)$ 时,势必使环路不稳定。也就是说,采用这种简单的滤波形式不可能独立地调整带宽,环路增益及阻尼系数。而采用比例积分滤波器时,如表 8.6.2 所示,对于选定的环路增益,由于绝大多数情况 $\tau_2 \ll \tau_1$,可以通过改变 τ_1 选择 ω_n,

而阻尼系数可由 τ_2 决定。在通信电路中一般选择 $\zeta=0.707$ 比较好。采用有源比例积分滤波器的环路由于是 Ⅱ 型环,它的跟踪性能要比无源滤波器好。

表8.6.2　锁相环部分参数一览表

性能指标名称 ＼ 环路滤波器 公式	简单 RC 滤波器 $A_F(s)=\dfrac{1}{1+s\tau}$ $\tau=RC$	无源比例积分滤波器 $A_F(s)=\dfrac{1+s\tau_2}{1+s(\tau_1+\tau_2)}$ $\tau_1=R_1C,\ \tau_2=R_2C$	理想积分滤波器 $A_F(s)=\dfrac{1+s\tau_2}{s\tau_1}$ $\tau_1=R_1C,\ \tau_2=R_2C$	备　注
环路自由振荡角频率 ω_n	$\sqrt{\dfrac{A_oA_d}{\tau}}$	$\sqrt{\dfrac{A_oA_d}{\tau_1+\tau_2}}$	$\sqrt{\dfrac{A_oA_d}{\tau_1}}$	
阻尼系数 ζ	$\dfrac{1}{2}\sqrt{\dfrac{1}{A_oA_d\tau}}$	$\dfrac{1}{2}\sqrt{\dfrac{A_oA_d}{\tau_1+\tau_2}}\left(\tau_2+\dfrac{1}{A_oA_d}\right)$	$\dfrac{\tau_2}{2}\sqrt{\dfrac{A_oA_d}{\tau_1}}$	
环路带宽 Ω_c	当 $\zeta=\dfrac{1}{\sqrt 2}$ 时,$\Omega_c=\omega_n$	类似理想积分滤波器	$\Omega_c=\omega_n\left[2\zeta^2+1+\sqrt{(2\zeta^2+1)^2+1}\right]^{\frac12}$	ω_n 越大,Ω_c 越大,一般用 ω_n 来表征 Ω_c;ζ 小频响曲线斜率陡,取 $\zeta=0.7\sim1$ 滤波性能好
瞬态响应　过冲量	仅与 ζ 有关,ζ 小过冲厉害 $\zeta>1$ 过阻尼,瞬态响应曲线按指数规律变化 $1>\zeta>0$ 欠阻尼,瞬态响应曲线呈衰减振荡			兼顾过冲量与建立时间,取 $\zeta=0.707$ 较好
瞬态响应　建立时间 t_s(允许误差±2%)	$t_s=\dfrac{4}{\zeta\omega_n}$			
等效噪声带宽 B_L	$\dfrac{A_oA_d}{4}$	$\dfrac{\omega_n}{8\zeta}\left[1+\left(2\zeta-\dfrac{\omega_n}{A_oA_d}\right)^2\right]$ 当增益 A_oA_d 很大时,近似于理想积分滤波器	$\dfrac{\omega_n}{8\zeta}(1+4\zeta^2)$	①从抑制噪声看,由于 RC 滤波器的 B_L 不可调,所以一般不用;②ω_n 小滤除输入噪声好,从抑制输入噪声看,宜选 $\zeta=0.5$ 为佳,但考虑到建立时间不宜太长,ζ 应再大些;③ω_n 大滤除 VCO 噪声好
捕捉性能"正弦鉴相器"　同步带 $\Delta\omega_H$	$\pm A_\Sigma = A_oA_dA_F(0)$			此结论假设 VCO 频率控制范围足够大
捕捉性能"正弦鉴相器"　捕捉带 $\Delta\omega_P$	$\pm1.25\omega_n$	$\pm2\sqrt{\zeta\omega_nA_oA_d}$	$\pm\infty$	
捕捉性能"正弦鉴相器"　快捕带 $\Delta\omega_L$	$\pm\omega_n=\pm\sqrt{\dfrac{A_oA_d}{\tau}}$	$\pm2\zeta\omega_n=\pm A_oA_d\dfrac{\tau_2}{\tau_2+\tau_1}$	$\pm2\zeta\omega_n=\pm A_oA_d\dfrac{\tau_2}{\tau_1}$	快捕带与高频增益有关 $\Delta\omega_H>\Delta\omega_P>\Delta\omega_L$
捕捉性能"正弦鉴相器"　捕捉时间 T_P	$\dfrac{\Delta\omega_i^2}{2\zeta\omega_n^3}$			$\Delta\omega_i$ 为输入固有频差

3. 设计考虑

设计锁相环时首先要根据环路的指标来确定环路的两个重要参数,即环路增益 $A=A_oA_d$ 和环路的固有角频率 ω_n,然后再由这两个参数来计算环路其他的元件参数,如滤波器的时间常数等。

（1）增益 $A=A_oA_d$

主要根据要求的稳态相位误差 $\varphi_{e\infty}$ 和同步带 $\Delta\omega_H$ 来确定。如果仅由 A_dA_o 决定的增益不够时,可以在环路滤波器后加放大器。

(2)环路固有角频率 ω_n

ω_n 直接与环路带宽有关,在确定环路带宽时主要考虑以下几个方面的要求:噪声带宽 B_L;当环路作为 FM 解调时调制信号的速率;捕获时间 T_P 以及捕捉带。但是这里存在着互相矛盾的要求:

1)为减小外部输入噪声引起的输出相位抖动,要求环路带宽应尽可能小。

2)为减小由信号调制而引起的相位误差(即降低正弦响应中 φ_e 的峰值 φ_{em},见图 8.27),减少压控振荡器的噪声引起的输出相位抖动并获得较好的跟踪与捕获性能,要求环路带宽应尽可能大。

矛盾的双方究竟以哪个为主,取决于环路的用途。当环路用作载波提取时,应以 1)为主。而作为 FM 波的解调器应用时,应以 2)为主。因为作为对 FM 的解调器时,环路应能容许所有的调制频率通过,同时还必须保证对应输入信号频率变化的最大频偏,环路都能保持锁定(峰值相位误差 φ_{em} 小于 90°)。有关详细分析可见锁相鉴频一节。

(3)稳定性

相位裕量一般要求在 30°~70°范围内。相位裕量越大稳定性越好,但是太大的相位裕量限制了建立时间的改善,因此一般定为 45° 较合适。

4. 设计举例

例8.6.3 采用单片集成锁相环 CD4046 及简单的 RC 低通滤波器,设计出符合下列要求的锁相环路:

① 开环对数幅频特性 0dB 交点为 $\Omega_T = 10^3 \text{rad/s}$;

② 相位裕量 $\phi_m = 45°$;

③ 环路中心频率(VCO 自由振荡频率)$f_r = 20 \text{kHz}$。

解 首先确定电路的结构。由于 CD4046 的鉴相器Ⅱ的输出是高阻,因此后面采用电阻分压,使对应相位差为零时,鉴相器输出为 $\dfrac{V_{DD}}{2}$。同时为了提高对后级滤波器的驱动能力,在鉴相器与滤波器之间加一跟随器,整个锁相环的电路如图 8.6.19 所示。下面应求出低通滤波器时间常数 $R_3 C_1$,决定 CD4046 中 VCO 参数的外接元件 R_1、R_2 和 C 的数值。

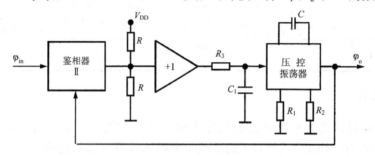

图 8.6.19 锁相环电路

(1)求时间常数 $R_3 C_1$

根据稳定性要求,在对数幅频特性过零交点 $\Omega_T = 10^3 \text{rad/s}$ 时,相位裕量为 45°,而采用

简单 RC 滤波器的环路的相频特性如式(8.5.8)所示,因此由式(8.5.4)有

$$180° - 45° = \left| -\frac{\pi}{2} - \arctan\varOmega_\mathrm{T}\tau \right|$$

得 $\varOmega_\mathrm{T}\tau = 1$,代入 $\varOmega_\mathrm{T}$ 值,得时间常数 $\tau = R_3 C_1 = 1\mathrm{ms}$。若取 $R_3 = 100\mathrm{k}\Omega$,则 $C_1 = 0.01\mu\mathrm{F}$。

(2)求决定 VCO 压控灵敏度的元件 $R_1 C$

采用简单 RC 滤波器环路的开环对数幅频特性如式(8.5.7)所示,根据设计条件有

$$20\ \log A_\mathrm{o} A_\mathrm{d} - 20\ \log\varOmega_\mathrm{T} - 20\ \log\ \sqrt{1 + (\varOmega_\mathrm{T} R_3 C_1)^2} = 0$$

代入 $\varOmega_\mathrm{T}$ 和 $R_3 C_1$ 以及鉴相器 Ⅱ 的鉴相灵敏度 $A_\mathrm{d} = \dfrac{V_\mathrm{DD}}{4\pi}\mathrm{V/rad}$,其中,取 $V_\mathrm{DD} = 5\mathrm{V}$,由上式可得 VCO 的压控灵敏度 $A_\mathrm{o} = 3.55 \times 10^3 \mathrm{rad/s/V}$,由式(8.6.21)可得 $R_1 C = 0.563 \times 10^{-3}(\mathrm{S})$。取 $C = 0.001\mu\mathrm{F}$,则 $R_1 = 563\mathrm{k}\Omega$。

(3)求决定 VCO 中心频率的元件 R_2

由于鉴相器 PD$_2$ 输出电压的中点为 $\dfrac{V_\mathrm{DD}}{2}$,一般要求 VCO 的频率变化范围是以中心为对称,所以取控制电压 $V_\mathrm{C} = \dfrac{V_\mathrm{DD}}{2}$ 时对应 VCO 的中心频率。式(8.6.20)表示了 VCO 的中心频率与外接元件 R_1、R_2、C 以及控制电压 V_C 的关系。代入 $\omega_\mathrm{osc} = \omega_\mathrm{r} = 2\pi \times 2 \times 10^4$ 及 R_1 和 C,由此可得 $R_2 \approx 67\mathrm{k}\Omega$。

根据上面设计的环路参数,下面检验所设计的锁相环性能。主要检查 VCO 的可调频率范围,在此范围内鉴相器的稳态相位误差以及锁相环的锁定范围(同步带)。

根据 CD4046 的 VCO 的经验公式 $\omega_\mathrm{osc} = 2\left(\dfrac{V_\mathrm{C} - 1}{R_1} + \dfrac{4}{R_2} \right)\bigg/ C$ 可以计算 VCO 的可调谐频率范围。将 VCO 的最高控制电压 $V_\mathrm{C} = V_\mathrm{DD} = 5\mathrm{V}$ 代入上式得 $f_\mathrm{max} \approx 21\mathrm{kHz}$。VCO 的最小控制电压为 0V,则得 $f_\mathrm{min} = 18.4\mathrm{kHz}$。所以 VCO 的可用频率范围是以 20kHz 为中心,$\pm 1\mathrm{kHz}$ 变化范围。

由于采用了简单的 RC 滤波器,其直流增益 $A_\mathrm{F}(0) = 1$。而且一般来说,环路稳态相位误差 φ_e 不为零,而正是由此稳态相位误差所产生的控制电压 ΔV_C 来控制 VCO 频率变化,所以必满足下面两式:

$$\Delta V_\mathrm{C} = A_\mathrm{F}(0) \times \Delta V_\mathrm{d} = A_\mathrm{d}\varphi_\mathrm{e} \tag{8.6.22}$$
$$\Delta\omega = A_\mathrm{o}\Delta V_\mathrm{C} \tag{8.6.23}$$

而且在此锁相环中应满足下面两个关系:① 控制 VCO 频率偏移中心频率 $\Delta f = \pm 1\mathrm{kHz}$ 的控制电压 $\Delta V_\mathrm{C} \leqslant \dfrac{V_\mathrm{DD}}{2}$,$V_\mathrm{DD}$ 为电源电压;② VCO 偏移 $\Delta f = \pm 1\mathrm{kHz}$ 时,环路产生的相位误差必须在鉴相器的鉴相范围 $\pm 2\pi$ 之内。

将计算出的 CD4046 的 VCO 的压控灵敏度 $A_\mathrm{o} = 3.55 \times 10^3\mathrm{rad/s/V}$ 代入式(8.6.23),可求得 $\Delta V_\mathrm{C} = 1.77\mathrm{V} < \dfrac{1}{2}V_\mathrm{DD}$。

已知 CD4046 的鉴相器鉴相灵敏度 $A_\mathrm{d} = \dfrac{V_\mathrm{DD}}{4\pi}$,由上述 ΔV_C 及式(8.6.22)可求得 VCO 频

偏 1kHz 时的稳态相位误差 $\varphi_e = 4.4\text{rad} < 2\pi$,此稳态相位误差在 CD4046 鉴相器的鉴相范围之内。

由以上计算可知,在此例中锁相环的同步锁定范围是 ±1kHz,它受到了由控制电压决定的 VCO 最大可调频率的限制,而不是鉴相器的鉴相范围等因素的限制。

8.7 频率合成器

频率合成器可以产生大量与基准参考频率源具有同样高精度和稳定度的离散频率信号,它作为收发信机的本振源是射频电路中一个极重要组成部件,因为现代通信是多信道的,收发信机需要多信道的本振源。频率合成器有几种不同的实现原理,不同实现原理或不同用途的频率合成器的具体性能会有很大差异,但作为频率合成器,其主要的性能指标有以下几点。

1)频率范围。频率合成器输出的最低频率 f_{min} 至最高频率 f_{max} 的范围。称 $k = \dfrac{f_{\text{max}}}{f_{\text{min}}}$ 为频率覆盖系数。当频率覆盖系数 k 较大时,要分成几个频段。一般来说,频率合成器的频率覆盖系数主要取决于压控振荡器的频率可变范围。

2)频率间隔 f_{ch} 与信道总数。频率间隔 f_{ch} 是指频率合成器两个相邻频率点的间隔。它应符合通信机所要求的信道间隔。

3)转换时间。从一个频率值转换到另一个频率值并达到锁定所需的时间。

4)噪声。它表征了输出信号的频谱纯度。频率合成器的噪声一般有两类,一是相位噪声,二是寄生干扰。相位噪声的频谱是位于有用信号的两边对称的连续频谱。寄生干扰是频率合成器中产生的一些离散的、非谐波信号的干扰,如图 8.7.1 所示。

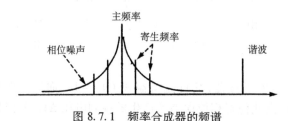

图 8.7.1 频率合成器的频谱

本节主要介绍锁相频率合成器与直接数字频率合成器的基本原理。

8.7.1 整数分频频率合成器

1. 典型的锁相频率合成器

(1)方框图与工作原理

在一个简单的锁相环中插入可编程分频器,即构成锁相频率合成器,图 8.7.2(a)所示是其原理框图。当环路锁定时,进入鉴相器的两个信号频率相等,所以 $f_o = Nf_r$,VCO 的输出频率是参考频率的 N 倍,参考频率一般是频率极稳的晶振。改变 N 的数值,即可以改变输出信号的频率。此频率合成器的输出频率范围主要取决于 VCO 的可调频率范围,其频率间隔为 $f_{\text{ch}} = f_r$。频率稳定度与输入参考信号的频率稳定度相同。

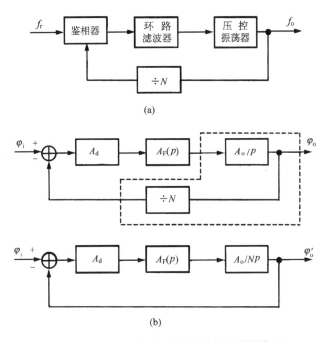

图 8.7.2　锁相式频率合成器结构与数学模型

（2）数学模型

与图 8.1.1 所示的锁相环的数学模型相比，频率合成器只是多了 $\div N$ 的分频器。分析其数学模型时，可以先将此 $\div N$ 分频器归并到 VCO 中，则进入鉴相器比相的相位变成 $\varphi'_o = \dfrac{1}{N}\dfrac{A_o v_c}{p}$。

与图 8.1.1 所示的锁相环比，只需将等效的 VCO 的压控灵敏度降低为 $A'_o = \dfrac{A_o}{N}$，而其余均不变，如图 8.7.2（b）所示。因此，带有等效 VCO 的锁相环的闭环传递函数为

$$H'(s) = \frac{\varphi'_o}{\varphi_i} = \frac{\dfrac{1}{N} A_o A_d A_F(s)}{s + \dfrac{1}{N} A_o A_d A_F(s)} \tag{8.7.1}$$

但实际的频率合成器是从 VCO 输出的，而不是从分频器输出的，因此对频率合成器来说，它的闭环传递函数应该是

$$H(s) = \frac{\varphi_o}{\varphi_i} = \frac{N\varphi'_o}{\varphi_i} = N \times H'(s) = \frac{A_o A_d A_F(s)}{s + \dfrac{1}{N} A_o A_d A_F(s)} \tag{8.7.2}$$

它在形式上比采用等效 VCO 锁相环路的闭环传递函数 $H'(s)$ 在幅度上扩大了 N 倍。

根据上式所示的传递函数，可以看到加了分频器后对环路性能的影响，下面以理想有源比例积分滤波器为例。

1）环路固有角频率和阻尼系数

$$\omega_n = \sqrt{\frac{A'}{\tau_1}} = \sqrt{\frac{A_o A_d}{N \tau_1}} \tag{8.7.3}$$

$$\zeta = \frac{\tau_2}{2}\sqrt{\frac{A'}{\tau_1}} = \frac{\tau_2}{2}\sqrt{\frac{A_o A_d}{N\tau_1}} \tag{8.7.4}$$

环路带宽和阻尼系数都变小了。由前面的锁相环性能分析知，ω_n 与 ζ 对环路的动态特性有很大的影响，当频率合成器的 N 在大范围内变化时，环路的动态性能会变化很大。

2）环路等效噪声带宽

$$B_L = \frac{\omega_n}{8\zeta}(1 + 4\zeta^2) = \frac{\omega_n}{8\zeta}\Big(1 + \frac{A_o A_d \tau_2^2}{N\tau_1}\Big) \tag{8.7.5}$$

当 $N \gg \dfrac{A_o A_d \tau_2^2}{\tau_1}$ 时

$$B_L \approx \frac{\omega_n}{8\zeta} \tag{8.7.6}$$

环路等效噪声带宽减小了。

3）捕捉范围。把程序分频器和 VCO 看成一个等效的 VCO，此时频率合成器就相当于普通的锁相环路，若采用无源比例积分滤波器，环路在程序分频器输出端呈现的捕捉带为

$$\Delta\omega'_P = \pm 2\sqrt{\zeta\omega_n A'_o A_d} \approx \pm \frac{2}{N}\sqrt{(A_o A_d)^2 \frac{\tau_2}{2(\tau_1 + \tau_2)}}$$

在环路的 VCO 输出端，由于它的频率比程序分频器的输出端高 N 倍，所以在 VCO 输出端呈现的捕捉带为

$$\Delta\omega_P = N\Delta\omega'_P = \pm 2\sqrt{(A_o A_d)^2 \frac{\tau_2}{2(\tau_1 + \tau_2)}} = \pm 2\sqrt{\zeta\omega_n A_o A_d} \tag{8.7.7}$$

由以上分析可见，锁相环路中插入程序分频器并不影响锁相环的捕捉带。

2. 带高速前置分频器的锁相频率合成器

高频频率合成器首先碰到的问题是高的输出频率 f_{max} 与可变程序分频器的最高工作频率（一般 $<30\text{MHz}$）之间的矛盾。下面讨论解决此矛盾的几种常用方法。

在可变分频器前加高速前置固定分频器 K，如图 8.7.3 所示。经预分频后将程序分频器的工作频率降低 K 倍。但随之而来的新问题是，由于 K 是不可变的，因此频率合成器的信道间隔变为 $f_{ch} = Kf_r$，扩大了 K 倍，不符合原设计要求。当然可以通过降低参考频率的方法使 $f_r = \dfrac{f_{ch}}{K}$ 来保证信道间隔的要求，但是过低的输入参考频率会产生两个限制：一是鉴相频率过低，使建立时间变长；二是输入参考频率变低，为保证环路稳定并能有效地滤除鉴相器输出的参考频率 f_r 及其谐波分量，要求环路带宽约为 $\dfrac{f_r}{10}$，因此环路的带宽很小。带宽小的影响是：建立时间变长，抑制 VCO 噪声能力变差，而在频率合成器中，抑制 VCO 的相位噪声很重要。

3. 带混频器的频率合成器

移动通信接收机中频率合成器由于频率高、信道多，在实现时经常采用锁相、混频和倍

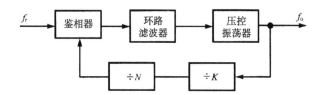

图 8.7.3　带高速分频器 K 的频率合成器

频相结合等综合技术。图 8.7.4 是一实用的频率合成器原理方框图,其工作频率是 870 ～ 890 MHz,信道间隔是 30kHz,信道数是 665 个。

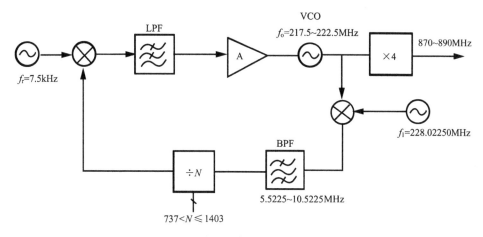

图 8.7.4　实用频率合成器原理方框图

　　为降低 VCO 频率,将 VCO 经 4 倍频后作为频率合成器输出,因此 VCO 的频率变化范围应是 $(870 \sim 890)/4 = (217.5 \sim 222.5)$ MHz。根据信道间隔 30kHz 可求出参考信号频率 $f_r = 30 \div 4 = 7.5$ kHz。为降低程序分频器的工作频率,将 VCO 信号与频率为 $f_1 = 228.02250$ MHz 的本振信号混频,由带通滤波器取出 $(5.5225 \sim 10.5225)$ MHz 的信号,分频数为 $(5.5225 \sim 10.5225)/0.0075 = 737 \sim 1403$。

4. 双模前置分频锁相频率合成器

(1) 工作原理

　　为了解决高的 VCO 输出频率和低速的可变程序分频器之间的矛盾,并为了保证合适的信道间隔,可采用双模前置分频的锁相频率合成器,又称为吞脉冲锁相频率合成器。

　　双模前置分频锁相频率合成器中的分频器由高速的双模前置分频器 $[\div P / \div (P + 1)]$、吞脉冲计数器“A”、程序计数器“N”、模式控制电路四大部分组成,如图 8.7.5 所示。

　　开始工作时,吞脉冲计数器被预置为 A,程序计数器被预置到 N,要求 $N > A$。双模分频器受到换模信号的控制,开始时以分频比 $(P + 1)$ 工作。此时每输入 $(P + 1)$ 个 VCO 脉冲,双模分频器输出一个脉冲,该输出脉冲同时送到“A”吞脉冲计数器和“N”程序计数器中作为 CP 去计数,这两个计数器都是减法计数器。当双模分频器输出 A 个脉冲[也就是输入 $(P + 1) \times A$ 个 VCO 脉冲]时,“A”吞脉冲计数器减到 0,由控制逻辑检出,产生一个换模信号,

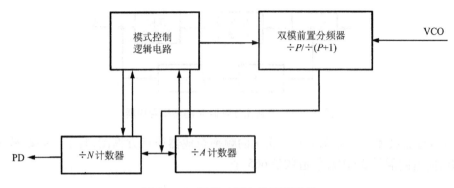

图 8.7.5　吞脉冲可变分频器原理

使双模分频器变为以分频比 P 工作。此后,"A"计数器停止工作,而"N"计数器继续从$(N-A)$做减法计数。当再送入$(N-A)\times P$个 VCO 脉冲后,"N"计数器到 0,这时,一方面"N"计数器产生一个输出脉冲给鉴相器去与参考信号比相;另一方面由控制逻辑产生换模信号,双模分频器的分频比又变为$(P+1)$,同时也使"A"、"N"两个计数器重新被置数,从而开始一个新的工作周期。可见,在每一个工作周期中,输入 $M=A(P+1)+(N-A)P=NP+A$ 个 VCO 脉冲,才产生一个输出脉冲给鉴相器,所以总的分频比是 $M=NP+A$。

由上分析还可知,吞脉冲锁相频率合成器达到了两个目的,一是只有双模前置分频器是工作在高速状态,而可编程的"A"、"N"计数器的工作速度可以比双模分频器低 P 倍;二是由于 $f_{vco}=(NP+A)f_r$,计数器 A 是分频比的个位,当 A 变化时,信道间隔仍为 f_r,克服了上节所述的加高速固定前置分频器 K 使信道间隔变为 Kf_{ch} 的缺点。

图 8.7.6 画出了用于双模前置分频锁相频率合成的集成电路芯片 MC145152 的结构。

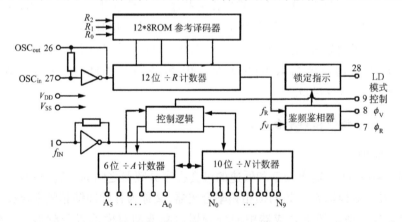

图 8.7.6　吞脉冲锁相频率合成的集成电路芯片 MC145152

大规模锁相频率合成集成电路 MC145152 由晶体振荡器、3 比特参考分频器 R、10 比特程序分频器 N、6 比特吞脉冲分频器 A、模式控制逻辑与鉴频鉴相器六大部分组成。VCO 信号从脚(1)输入,频道间隔由外接晶体[脚(26)、(27)]和设置的参考分频数 R 确定,模式控制信号从脚(9)输出至双模分频器,(7)、(8)两脚输出的鉴相脉冲 ϕ_V、ϕ_R 送入外接的泵电路转变为 VCO 的控制电压。MC145152 的分频器工作频率可达 20 MHz。

（2）双模分频器

高速双模分频器常用触发器构成，其设计方法类同于数字电路中时序电路设计，下面举例说明。

例 8.7.1　设计一个由外信号控制的双模 $\div 3 / \div 4$ 分频器。

先设计 $\div 4$ 分频器。以输入信号为时钟，用两个 D 触发器即可构成 $\div 4$ 的分频器，其电路如图 8.7.7（a）所示，由 Q_2 或 $\overline{Q_2}$ 输出均可。

设计 $\div 3$ 分频器时，强行从 4 个状态中扣掉一个，如 $Q_1 Q_2 = 01$，使状态 11 不经过 01 而直接回到 00。设计出的 $\div 3$ 分频器电路图如图 8.7.7（b）所示。

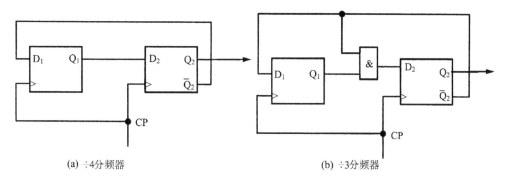

(a) $\div 4$ 分频器　　　　　　(b) $\div 3$ 分频器

图 8.7.7　$\div 4$ 和 $\div 3$ 分频器

用一个或门将 $\div 3$ 分频器和 $\div 4$ 分频器合为一个，且由控制信号 MC 控制，可得图 8.7.8。当 MC = 1 时，为 $\div 4$ 分频器；当 MC = 0 时，为 $\div 3$ 分频器，即实现了双模 $\div 3 / \div 4$ 分频器。

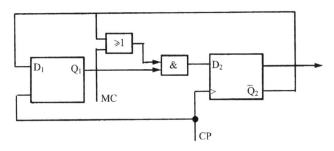

图 8.7.8　双模 $\div 3 / \div 4$ 分频器

以 $\div 3 / \div 4$ 分频器为核心可以构成 $\div 15 / \div 16$ 双模分频器，构成电路如图 8.7.9 所示。它由同步双模 $\div 3 / \div 4$ 分频器和异步分频器 FF_3 和 FF_4 组成，假设 $FF_1 \sim FF_4$ 均为上升沿触发。

图中当控制信号 MC = 1 时，由 FF_1 和 FF_2 构成的 4 分频器经过 FF_3 和 FF_4 各 2 分频，输出为 16 分频。当要求 15 分频时，在控制信号 MC = 0 的作用下，从 16 个状态中扣掉一个状态，而保留其余 15 个状态。分析状态转换表中的 16 个状态，在图 8.7.9 中添加一个或门 G_2，让 $\overline{Q_3 Q_4} = 00$ 起作用，可去除状态 0100，变为 $\div 15$ 分频器。扣除状态 0100 的优点在于，见状态转换表，从第一个 $\overline{Q_3 Q_4} = 00$（即状态 0000）开始，经过或门 2 的传输，到它起作用扣除状态 0100，其中经过了 3 个时钟周期，这足够满足门电路的传输时延，因此不会产生冒险现象。

其余典型的双模分频器还有 $\div 8 / \div 9$，$\div 10 / \div 11$，$\div 63 / \div 64$ 等。

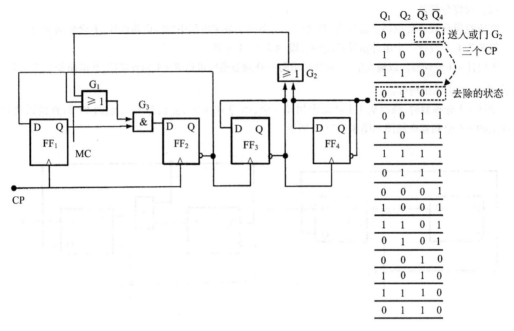

Q_1	Q_2	$\bar{Q}_3$	$\bar{Q}_4$	
0	0	0	0	送入或门 G_2
1	0	0	0	三个 CP
1	1	0	0	
0	1	0	0	去除的状态
0	0	1	1	
1	0	1	1	
1	1	1	1	
0	1	1	1	
0	0	0	1	
1	0	0	1	
1	1	0	1	
0	1	0	1	
0	0	1	0	
1	0	1	0	
1	1	1	0	
0	1	1	0	

图 8.7.9　÷15／÷16 双模分频器

8.7.2　分数频率合成器

上面的整数分频频率合成器存在的问题是,若信道间隔 f_{ch} 很小,由于 $f_r = f_{ch}$,低的参考频率使频率合成器存在很多弊病,如锁相环的带宽受限于参考信号频率等。下面提出了分数频率合成器,以解决频率合成器中的小频率间隔问题。

在分数频率合成器中,输出频率可以按输入参考频率的分数倍变化,这样的结果是参考频率可以远远大于信道间隔。参考频率提高,就可以相应增大锁相环路带宽,这就有利于快速锁定,抑制 VCO 相位噪声等。

小数分频器的实现思路如图 8.7.10 所示,图中采用了一个双模分频器。如果 VCO 的分频比是受控变化的,比如说,在一个固定的时间间隔 T 内,50% 时间按 ÷5 分频,而在剩余的 50% 时间内按 ÷6 分频,则在时间间隔 T 内的平均分频比是 5.5。只要改变这个时间分配的百分数,就能改变 VCO 的平均分频比。而频率合成器的输出频率可以按照参考频率的分数倍变化,因此参考频率可以比频率合成器要求的信道间隔大得多。

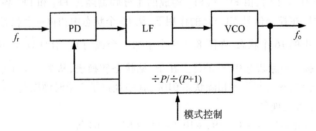

图 8.7.10　小数分频器的实现思路

按此思路,小数分频频率合成器的原理方框图如图 8.7.11 所示。

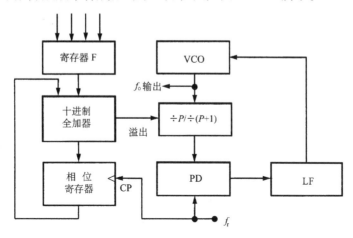

图 8.7.11　小数分频频率合成器的原理方框图

其基本工作原理如下:设双模分频器的分频数为$[\div P / \div (P + 1)]$。图 8.7.11 中左边是一个由参考信号 f_r 作为 CP 的相位寄存器。在输入的参考信号的每一个周期中,寄存器 F 中的存数和相位寄存器中的存数在 BCD 全加器中相加一次,每当这个带有二-十进制转换逻辑的全加器加满时就溢出一次。溢出脉冲的持续时间为$\dfrac{1}{f_r}$,它作为双模分频器的换模信号使双模分频器在这个脉冲持续时间内的分频比改变一次。

例如,假设双模分频器开始以分频数 P 分频,由于环路锁定,因此有 $f_{vco} = P \times f_r$。设寄存器 F 存的数是 $F = 0.1$,相位寄存器初始清零,每来一个 CP(频率为f_r),全加器加 0.1,在此做加法的时间内双模分频器仍一直保持分频数为 P。当第十个 CP 来到时,全加器加到 1 溢出。在此溢出脉冲的时间内,双模分频器的分频比变为$(P + 1)$,同样,由于环路锁定,有 $f_{vco} = (P+1) \times f_r$。则 VCO 在输入参考信号 f_r 的前 9 个周期总的输出数是 $9P$,在 f_r 的第 10 个周期时的输出数是$(P+1)$,即在输入参考信号 f_r 的 10 个周期内,VCO 共输出$[9P + (P + 1)]$个脉冲数。由于环路锁定,因此有 $f_{vco} = M \times f_r$,其中,M 为总的分频数,即

$$M = \frac{f_{vco}}{f_r} = \frac{9P + (P+1)}{10} = P + 0.1 = P.1$$

由于 $F = 0.1$,所以可以写成 $M = P.F$,实现了小数分频,寄存器 F 中的值就是分数部分的整数值。

图 8.7.11 也可以画成图 8.7.12 的形式。在图 8.7.12 中,用一个参考分频器代替图 8.7.11 中的相位累加器等部件。只要改变模式控制脉冲,就可以按分数比例来控制输出频率变化的间隔。

小数分频频率合成器的一个最大缺点是在输出信号旁边出现分数寄生频率点,因为此时 VCO 的输出信号已不是一个严格的周期信号。比如,在图 8.7.11 中 $f_r = 1MHz$,$P = 10$,$F = 0.1$,则 $f_{vco} = M \times f_r = (P + F) \times f_r = 10.1MHz$。这是 VCO 的平均频率,实际上 VCO 的前 90(记为 A)个脉冲是 10MHz,而后 11(记 B)个脉冲是 11MHz,而且每经过$(A + B)$个脉冲有一个重复。这样的 VCO 信号经过分频反馈回鉴相器与严格的周期参考信号进行比相时,

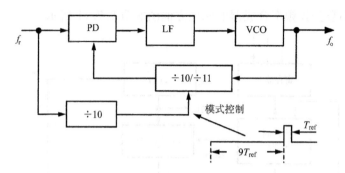

图 8.7.12　小数分频频率合成器的原理方框图的另一种形式

相位差会以重复周期 $T = \dfrac{1}{Ff_r}$ 积累→消失→积累→消失,从而引起环路滤波器的输出也产生一个同样周期的斜上升电压 v_c 去控制 VCO。这相当于用频率 $F_1 = Ff_r$ 对 VCO 寄生调频,从而在 VCO 的中心频率 f_{vco} 两旁出现 $F_1, 2F_1, 3F_1$ 等旁频,这就是分数寄生频率。消除寄生频率的方法有许多,请自行参考有关文献(张冠百 1990,Razavi B 1998)。

8.7.3　直接数字频率合成器

　　直接数字频率合成(direct digital synthesis—DDS)的思路与前面介绍的锁相环频率合成器的方法完全不同。它的思路是:按一定的时钟节拍从存放有正弦函数表的 ROM 中读出这些离散的代表正弦幅值的二进制数,然后经过 D/A 变换并滤波,得到一个模拟的正弦波,改变读数的节拍频率或者取点的个数,就可以改变正弦波的频率。

　　直接数字频率合成器用数字技术产生正弦波,它具有数字信号处理的一系列优点,如精确、无偏离、便于集成等。但它与模拟法相比最大的缺点是输出的寄生频率很多且工作频率不可能非常高。直接数字频率合成的原理框图如图 8.7.13 所示。

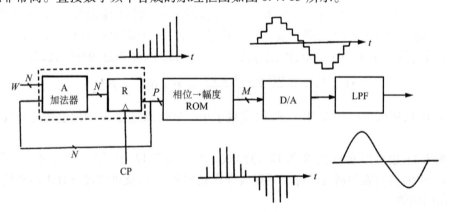

图 8.7.13　直接数字频率合成的原理框图

　　相位累加器 A 和寄存器 R 组成 ROM 的地址计数器。相位累加器的 N 位输入称为频率字 W。寄存器 R 每接受一个时钟 CP,它所存的数就增加 W,也即每接受一个 CP,地址计数器就增加了频率字 W 所代表的相位值 $\Delta\varphi$。通过查 ROM 表可得出对应此相位值 φ 的正弦波幅度值。当累加器溢出时,下一周正弦取样又重新开始,如图 8.7.14 示。

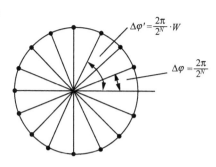

图 8.7.14　直接数字频率合成的频率变化原理

例如,当 W 取最小值 $W = 1$ 时,由于 W 是 N 位,则一个正弦周期的 2π 相角被分成 2^N 等份,即 $\Delta\varphi = \dfrac{2\pi}{2^N}$。当取样周期为 T_{CP} 时,输出信号的周期为

$$T_{out} = T_{CP}\frac{2\pi}{\Delta\varphi} = T_{CP}2^N \qquad (8.7.8)$$

对应的输出频率是

$$f_{out} = f_{min} = f_{CP}/2^N \qquad (8.7.9)$$

这是 DDS 频率合成器的最低输出频率。

而对应任意一个频率字 W,由于每来一个 CP,寄存器增加的相角是

$$\Delta\varphi' = \frac{2\pi}{2^N}W \qquad (8.7.10)$$

因此对应的输出频率是

$$f_{out} = \frac{f_{CP}}{2^N}W \qquad (8.7.11)$$

时钟频率不变,改变频率字 $W(W > 1)$,表示在正弦一周内,取点的间隔 $\Delta\varphi$ 改变,从而改变了 DDS 频率合成器输出信号的频率。

由上分析可以看出,DDS 主要有以下几个特点。

1) 改变时钟频率 f_{CP} 和频率字 W 均可以改变输出信号频率。

2) DDS 输出的最低频率是当 $W = 1$ 时,$f_{out} = f_{min} = f_{CP}/2^N$。最高频率根据奈奎斯特取样定理,可达 $f_{out} = \dfrac{f_{CP}}{2}$。一般要求 f_{out} 不大于 $\dfrac{f_{CP}}{4}$,即一个正弦波周期至少采样 4 点。

3) DDS 两个输出频率的最小间隔称为分辨率,它等于 DDS 的最小输出频率,由相位累加器的位数决定。只要相位累加器的位数 N 足够大,DDS 的频率分辨率就足够精确。如 $N = 32$,$f_{CP} = 125\mathrm{MHz}$,可以做到 $\Delta f = \dfrac{f_{CP}}{2^{32}} = 0.0291\mathrm{Hz}$ 的分辨率。

4) DDS 中 ROM 的容量应取多大? 像上例一样,如果 ROM 的地址线也取 $N = 32$ 位,每个字 10 位,则 ROM 的容量为 $2^{32} \times 10 = 4 \times 10^{10}$。这样的容量显然太大了,将受到体积和成本的限制。在典型的 RF 应用中,D/A 变换器应有 10 ~ 12 位分辨率,可以满足幅度的量化误差要求。与此 D/A 变换器相对应,ROM 的每个字也取 10 ~ 12 位,但只取相位累加器的高若干位作为 ROM 的地址线,以减小容量压力。这样 DDS 依靠 D/A 变换器的位数来保证输出正弦波的幅度精度,而靠相位累加器的频率字位数来保证频率的分辨率。

与锁相频率合成器相比,DDS 技术有以下几项优点。

1) 由于模拟的压控振荡器 VCO 是锁相式频率合成器相位噪声的主要来源,DDS 技术没有 VCO,因此 DDS 频率合成器的相位噪声减小许多。DDS 的相位噪声主要取决于时钟信号的相位噪声,而时钟信号是一个频率很高的固定值,它可以是频率稳定度极高的晶体振荡

器,也可以通过宽带锁相环取得,而此宽带的锁相环抑制了相位噪声。而且 DDS 的输出频率一定小于时钟频率,DDS 对时钟信号相当于一个分频器,因此它的输出信号的相位噪声理论上要比时钟信号改善了 $20\ \log \dfrac{f_{\mathrm{CP}}}{f_{\mathrm{out}}}\mathrm{dB}$。

2) DDS 只需通过改变频率字 W 就可以提供精确的信道间隔。

3) DDS 提供了极快的信道转换速度,不必像锁相频率合成那样通过负反馈来稳定频率。对于 DDS 频率合成器的频率转换时间,理论上与频率的步进大小无关,只取决于器件的工作速度。

4) DDS 可以在数字域对输出信号进行各种调制,只需把相关的数据写在 ROM 中即可。它可以进行数字调幅、调频和调相,可以同时产生两路完全正交的信号,因此使用非常方便。

但 DDS 应用在射频段的一个缺点是它的时钟频率要高于输出信号至少两倍(最好是 4 倍),而如此高的时钟频率是不易实现的,并且 D/A 变换器的速度也限制了 DDS 的工作频率。DDS 作为频率合成器应用的一个重要问题是杂散信号较多,这主要是因为以下几个原因:①DDS 是以对正弦波抽样、D/A 变换的方式产生正弦波,因此会产生很多离散的杂散信号;②由于 ROM 的容量限制,ROM 的地址线位数比相位累加器的位数少很多,由此产生的相位舍位误差会引入很多杂散频率分量;③D/A变换器的非线性也是 DDS 主要的杂散分量的来源。如何提高 DDS 杂散信号抑制比请参考有关资料(张冠百 1990)。

图 8.7.15 画出实际的 DDS 产品 AD7008 结构图。AD7008 是 CMOS DDS 调制器,它的核心是 32 比特的相位累加器、存放有 sin/cos 数值的 ROM 以及 10 比特的 D/A 变换器。AD7008 还可以实现相位调制、频率调制、幅度调制及 I/Q 正交调制信号的输出。

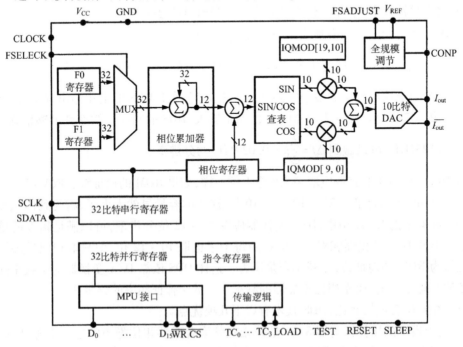

图 8.7.15 直接数字频率合成芯片 AD7008 结构图

1）数据输入。数据可以从 SDATA 脚在串行时钟（SCLK）的上升沿串行输入，也可以从数据脚 $D_{15} \sim D_0$ 在 $\overline{WR}$ 的上升沿并行输入。并行输入时，可以一次 8 比特，也可以一次 16 比特。

2）频率调制。AD7008 有两个频率字寄存器 F_0、F_1，基带信号从引脚 FSELECT 输入，通过 FSELECT 的选择，使相位累加器的输入值 $\Delta \varphi$ 来自 F_0 或 F_1 寄存器，因而很容易实现二进制 FSK 调制。

3）相位调制。AD7008 还有一个 12 比特的偏置相位寄存器插入在相位累加器中，其内容被加到累加器输出的高 12 位上，控制此偏置相位寄存器的值可实现相位调制。

4）I/Q 调制器。AD7008 包括两个 10 比特的幅度乘法器和两个 10 比特的 IQMOD 寄存器，因而可实现幅度调制（AM 或 QAM）。通过两个 10 比特的 IQMOD 寄存器分别控制 I 和 Q 信号的幅度，I 和 Q 信号与 ROM 的输出（$\cos\varphi$ 和 $\sin\varphi$）分别相乘并相加，得到 I/Q 调制。当不需要幅度调制时，通过指令把 I/Q 调制短路直接输出正弦波。

5）指令输入与传送控制。指令信息只能并行输入，所有的寄存器加载和传送要求都受 LOAD 和传送控制 TC 的控制，可以通过微处理器与 AD7008 相接完成。

AD7008 的时钟频率可达 50MHz，输出信号频率最高为 20MHz，频率分辨率可达 0.02Hz。由于它有多种调制功能，因此在通信电路中得到广泛应用。

习　题

8-1　根据式(8.1.15)、式(8.1.16)和式(8.1.17)，分别画出 RC 积分滤波器、无源比例积分滤波器和有源比例积分滤波器的幅频、相频特性曲线，并在曲线上标明几个特殊点的值。

8-2　设一阶锁相环中正弦鉴相器的鉴相灵敏度为 $A_d = 2V/rad$，VCO 的压控灵敏度为 $A_o = 2\pi \times 10^4 rad/s/V$，VCO 的自由振荡角频率为 $\omega_r = 2\pi \times 10^6 rad/s$。问：

（1）输入频率为 $\omega_i = 2\pi \times 1015 \times 10^3 rad/s$，环路能否锁定？

（2）若能锁定，稳态相位误差是多少？此时控制电压多大？

（3）环路的同步带是多大？

8-3　设计一采用无源比例积分滤波器的二阶环，已知 $R_1 = 20k\Omega$，$R_2 = 2k\Omega$，$C = 10\mu F$，环路增益为 $A_o A_d = 3000 rad/s$，求：

（1）环路时间常数 τ_1、τ_2；

（2）环路的自然角频率 ω_n 和阻尼系数 ζ。

8-4　具有无源比例积分滤波器的二阶锁相环路，已知环路滤波器的 $R_1 = 100k\Omega$，$R_2 = 10k\Omega$，$C = 4.7\mu F$，环路自然角频率 $\omega_n = 20 rad/s$，环路阻尼系数 $\zeta = 0.707$。试求：

（1）同步带 $\Delta \omega_H$；

（2）推导快捕带 $\Delta \omega_c$ 的公式并求快捕带；

（3）按表 8.6.2 求捕捉带；

（4）若起始频差为 10Hz，求捕捉时间 T_P。

8-5　锁相环采用有源比例积分滤波器如图8-P-5所示。试求：

（1）有源比例积分滤波器的传输函数 $A_F(s)$；

（2）若环路增益 $A_o A_d = 220/s$，求环路自然角频率 ω_n、阻尼系数 ζ 和快捕带 $\Delta \omega_c$；

（3）若 $A_v = 1000$（放大器增益），求同步带 $\Delta \omega_H$。

8-6 已知一阶环路的复频域传递函数为 $H(s) = \dfrac{A}{s+A}$,若输入

信号为

$$v_i(t) = V_{im}\sin\left(\omega_1 t + \Delta\varphi_1\sin\frac{A}{10}t + \Delta\varphi_2\sin\frac{A}{5}t\right)$$

环路锁定后输出信号为

$$v_o(t) = V_{om}\cos\left[\omega_1 t + A_1\sin\left(\frac{A}{10}t + \varphi_1\right) + A_2\sin\left(\frac{A}{5}t + \varphi_2\right)\right]$$

试确定 A_1、A_2、φ_1、φ_2 的值。

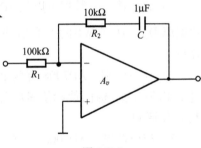

图 8-P-5

8-7 一阶环接通瞬间输入和输出信号分别为

$$v_i(t) = V_{im}\sin(2.005 \times 10^6\,\pi t + 0.5\sin 2\pi \times 10^3 t)$$

$$v_o(t) = V_{om}\cos(2\pi \times 10^6 t)$$

测得环路锁定后稳态相位误差 $\varphi_e = 0.5\text{rad}$。

(1)写出环路锁定后,输出信号的表示式;

(2)计算该环路的带宽。

8-8 若在二阶环的低通滤波器与压控振荡器之间插入一电压增益为 A_1 的放大器,如图8-P-8 所示。

(1)试分析它对环路参数 ζ、ω_n 以及捕捉带有什么影响;

(2)在图 8-P-8 中,已知 $A_o = 2\pi\times 25\text{rad/s/V}$,$A_d = 0.7\text{V/rad}$,$A_1 = 2$,求环路的同步带;

(3)若 $R = 3.6\text{k}\Omega$,$C = 0.3\mu\text{F}$,求环路的快捕带。

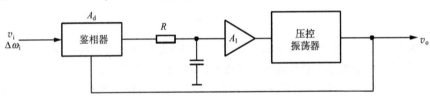

图 8-P-8

8-9 在图 8-P-8 所示锁相环路中,当输入频率发生突变 $\Delta\omega_i = 100\text{rad/s}$ 时,要求环路的稳态相位误差为 0.1rad,试确定放大器的增益 A_1。已知 $A_d = 25\text{mV/rad}$,$A_o = 10^3\text{rad/s/V}$。

8-10 假设一阶环路,VCO 的压控灵敏度为 $A_o = 200\pi\times 10^6\text{rad/s/V}$,鉴相灵敏度为 $A_d = 0.8\text{V/rad}$,VCO 的频率为 $f_0 = 500\text{MHz}$,环路锁定,若输入信号频率从 500MHz 突变到 600MHz,试画出 VCO 控制电压的变化曲线。

8-11 试推导一阶环路的等效噪声带宽 B_L 表达式(用环路参数 $A_o A_d$ 表示),说明一阶环路在应用时的缺点。

8-12 比较表 8.6.2 中,采用 RC 积分滤波器和高增益的无源比例积分滤波器的锁相环的噪声带宽 B_L 表达式,说明从噪声性能要求出发,采用 RC 积分滤波器环路的缺点。

8-13 或门鉴相器如图 8-P-13 所示,试求它的鉴相特性通式 $v_d = f(\varphi_e)$,并画出鉴相特性曲线。与异或门鉴相器相比较,它有何不足?

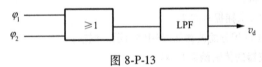

图 8-P-13

8-14 用集成锁相环 CD4046 构成的锁相环路如图 8-P-14 所示,要求满足下列性能指标:

（1）开环对数幅频特性 0dB 交点为 $\Omega_T = 10^3 \text{rad/s}$；

（2）相位裕量 $\phi_m = 45°$；

（3）VCO 自由振荡频率 $f_r = 20\text{kHz}$；

（4）VCO 的中心频率为 20kHz，可调频率范围为 ±10kHz。

设电源电压为 $V_{DD} = 5\text{V}$，环路采用 CD4046 鉴相器 PDII，VCO 的受控电压范围为 1.2～5V，电阻 $R_4 = 100\text{k}\Omega$。

求：环路滤波器元件 C_1、R_3 及 CD4046 的外接电阻 R_1、R_2、C（图 8.6.14）。

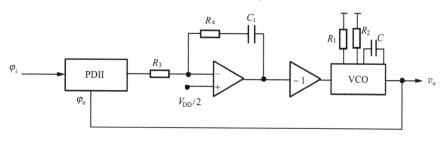

图 8-P-14

8-15　什么是前置分频？什么是双模前置分频？什么是参考分频？它们的作用是什么？

8-16　中心频率为 200MHz 的频率合成器，其 VCO 压控灵敏度 $A_o = 2\text{MHz/V}$，鉴相灵敏度为 $A_d = 2\text{V/rad}$，参考频率为 $f_R = 20\text{MHz}$，设环路为一阶环。试求环路带宽及频率跳变 $\Delta f_0 = f_R$ 时的捕获时间。（误差小于 10%）

8-17　上述频率合成器改为用截止频率 $F = 800\text{kHz}$ 的低通 RC 滤波器作环路滤波器，试计算环路自由振荡角频率 ω_n 及捕获时间。（误差小于 10%）

8-18　画出用图 8.7.6 所示的集成块 MC145152 构成的吞脉冲锁相频率合成器的方框图。若选用 $P = 40$ 的双模前置分频器，频率间隔为 1kHz，若 VCO 的频率变化范围足够宽，试求该频率合成器的输出频率范围。

8-19　设计一直接数字频率合成器（DDS），输出频率从 1kHz～10MHz，频率间隔为 10Hz，要求输出最高频率时至少采样 4 点。若将 D/A 变换器的分辨率 $\dfrac{1}{2^N - 1}$ 引入的离散误差作为频率合成器的噪声，要求噪声功率必须低于载波 40dB。试求：

（1）时钟频率；

（2）相位累加器的位数；

（3）D/A 变换器的位数；

（4）ROM 的容量。

8-20　设计一个高增益二阶环路组成的锁相频率合成器，其输出频率为 30～40MHz，频率间隔为 100kHz。已知 VCO 的压控灵敏度 $A_o = 2\pi \times 10^6 \text{rad/s/V}$，采用鉴频鉴相器，鉴相灵敏度为 $A_d = \dfrac{5}{2\pi}\text{V/rad}$，锁定时间 $t_s \leq 2\text{ms}$，阻尼系数等于 1，试确定环路滤波器参数 R_1、R_2（C 为 0.33μF）。

8-21　图 8-P-21 所示为一发射机结构方框图，问：

（1）若 $H(s)$ 为低通滤波器，发射载频 f_2 与频率 f_1 及 f_3 的关系如何？

（2）若 $H(s)$ 为高通滤波器，f_2 与 f_1 及 f_3 的关系又如何？

（3）比较上述两种选择的优缺点。

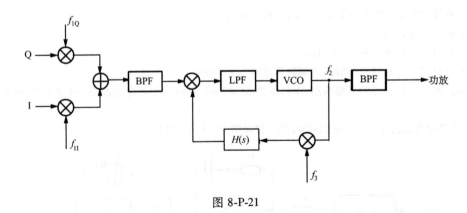

图 8-P-21

第九章 调制与解调电路

在第三章中,介绍了各种调制与解调的原理及实现方框图,本章将介绍它们具体实现电路。

按照频谱搬移的方式来区分,可以将调制分为频谱的线性搬移和非线性搬移两大类,因此调制和解调电路也可按此分成两类。模拟调制中的 AM、DSB、SSB 和数字调制中的 ASK 以及 PSK 均为频谱的线性搬移,即已调信号 $v(t)$ 的频谱是将基带信号 $d(t)$ 频谱搬移到载频 ω_c 处,而对应的解调是调制的逆过程,它将已调波的旁频搬回基带。实现频谱线性搬移的基本方法在时域中是将基带信号与载波相乘,图 9.0.1、图 9.0.2 和图 9.0.3 画出了典型的 DSB 和 QPSK 调制与解调电路方框图。图中,核心电路是乘法器。除乘法器外,调制解调中的关键电路还有载波提取和正交信号形成电路,其余的低通、采样判决等电路不在本书介绍范围内。

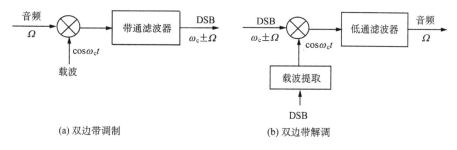

(a) 双边带调制   (b) 双边带解调

图 9.0.1   DSB 调制与解调的基本方框图

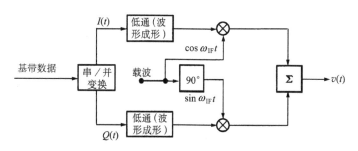

图 9.0.2   QPSK 调制的基本方框图

与上述频谱线性搬移不同,模拟调制中的 FM 或数字调制中的 FSK 是属于频谱的非线性搬移,它们不能用时域中两信号相乘电路来实现。

本章首先介绍基于乘法器的平衡调制和相干解调电路,相干载波的提取以及正交载波的几种获得方法。然后依次介绍用于非相干解调的包络检波电路,用于模拟调频的直接调频、间接调频电路以及各种鉴频电路,其中包括锁相鉴频电路。

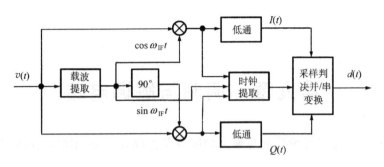

图 9.0.3　QPSK 解调的基本方框图

对于普通调幅 AM,可以用乘法器实现,但是由于它的波形的包络变化携带了信息,因此在发射机中必须采用线性功率放大器放大,而线性功率放大器的效率一般很低,为了避免这一不利因素,对于普通调幅 AM,一般采用高电平调制,即在高频功率放大器中进行调制,具体原理见第十章。

9.1　调制与解调器

调制与解调器的核心电路是乘法器,实现两信号相乘的最常用电路是二极管双平衡混频器和吉尔伯特(Gilbert)乘法单元电路,因此本节主要介绍这些电路在调制与解调器中的应用。

9.1.1　平衡调制器

衡量平衡调制器的指标主要取决于已调波的质量标准。

对于数字调制来说,衡量已调波的性能质量主要表现在两个方面:一是它的频谱结构,即已调波所占有的带宽大小、带外能量泄漏以及带内频谱结构;二是调制误差,即在星座图上输出信号所对应的矢量偏离理想位置的误差。衡量模拟已调信号的质量也同样是这两个方面,只不过不采用星座图,而是看已调波的波形,如调幅波的包络等。

已调波的性能质量是由其实现电路保证的,从图 9.0.2 看出,调制质量除了与两正交的载波的相位误差、正交的两路的一致性以及频谱成形滤波器性能有关外,对平衡调制器提出的指标要求有以下几点。

1)频率响应(包括幅频特性和相频特性)。该指标是从基带信号的频带宽度对调制电路提出的要求。调制电路的频率响应应能够满足调制信号的速率要求。频率响应不均匀会造成调制误差和频带内频谱的畸变,产生频率失真。

2)非线性特性。该指标是从基带信号的幅度对调制电路提出的要求。在幅度调制或多电平键控中,对调制电路的线性度要求较高。调制电路的非线性会使已调信号产生调制误差,并由此产生调制信号的谐波而使已调波频谱展宽。非线性指标主要用交调系数表示。

3)载波泄漏。该指标衡量调制电路的对称平衡性能。对于抑制载波的双边带或者信息序列完全独立等概率的对称键控调制,已调波中不应该含有载波频谱。但是由于调制器电路的不理想,使输出信号的频谱中残留有载频分量,这种分量称为载波泄漏。较大的载波泄漏占据一定的功率,降低了有效信号的能量。同时,较大的载波泄漏也干扰了键控信号的有效矢量,使它们偏离了原来的位置,产生调制误差。

1. 二极管双平衡调制器

二极管双平衡调制器就是二极管双平衡混频器。其结构如图 9.1.1 所示,是由四只环形排列的二极管和输入、输出变压器封装而成,可以分为 LO、RF、IF 三个端口。用作调制器时,由于调制信号的速率一般要比载频低,它要求的变压器电感量较大,所以调制信号一般是从 IF 口输入。平衡调制器各信号的输入如图9.1.2 所示。

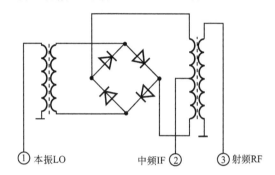

图 9.1.1　二极管双平衡混频器结构

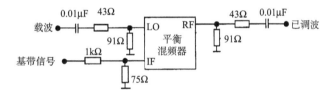

图 9.1.2　平衡调制器信号输入

平衡混频器作为乘法器完成频谱搬移的工作原理详见第六章分析。二极管特性呈现一开关,工作于线性时变状态。在数字调制时,由于调制信号是数字序列,因此,一般以它作为大信号,控制二极管的导通截止。而在抑制载波的双边带模拟调制中,为了不失真的调制,应以载波作为大信号,控制二极管的通断,调制信号通过二极管的开关作用实现与载波的线性相乘。

平衡调制器的指标主要靠以下几点予以保证。

1)平衡。四只二极管性能要一致,变压器的中心抽头要准,两边要对称。双平衡调制器各个端口隔离度的高低及载波的抑制均由此平衡程度决定。

2)二极管开关特性要求理想。应该选用反向结电容小,脉冲响应快的高速开关二极管。

3)变压器的频率响应要宽,应尽量减少高频段变压器的分布参数的影响。

二极管平衡调制器的线性好,带宽宽,如美国 mini-circuits 公司生产的 TFM-2 双平衡混频器,它的带宽可达 1000MHz,三端口间隔离度大于 45dB,当做成中频为 140MHz 的调相器时,在 ±40MHz 带宽内,幅度误差小于 0.2dB,交调系数小于 −35dB。

2. 吉尔伯特(Gilbert)乘法器

Gilbert 乘法器电路见 6.2 节。应用 Gilbert 乘法电路作调制器时应注意的是,载波(或参考)信号应为大信号,控制差分对晶体管工作于开关状态,为了不失真调制,加调制信号的差分对特性对输入调制信号应是线性的。

用 Gilbert 乘法电路构成的 BPSK 调制电路如图 9.1.3 所示。只要载波信号足够大(100mV 以上),即可控制这些晶体管使其工作在开关状态。在图 9.1.3 中,在晶体管 Q_5、Q_6 的发射极上加负反馈电阻,用以扩大差分对的线性范围,保证不失真调制。输出采用变压器将双端变单端,为了减少载波泄漏,变压器初级两绕组一定要对称。

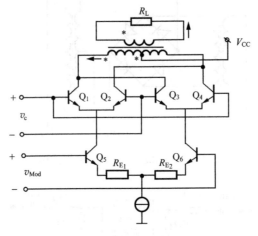

图 9.1.3　用 Gilbert 乘法电路构成的 BPSK 调制电路

下面以 8 PSK 的例子来说明调制器的设计方法。

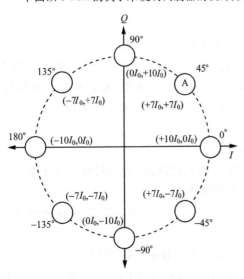

图 9.1.4　8PSK 的星座图

8PSK 的星座图如图 9.1.4 所示,它以位于同一个圆上的均匀分布的 8 个点来表示比特信息。为了确保星座分布,必须合理设置正交的两路基带信号 I、Q 的值。现设圆的半径为 10,则每点的 I、Q 值如图示,其中,I_0 为某一恒流源(或恒压源)值。例如图中 A 点的坐标是 $A(I=7I_0, Q=7I_0)$,则 A 点的相位和模分别是

$$\varphi = \arctan \frac{Q}{I} = 45°$$

$$A = \sqrt{Q^2 + I^2} = \sqrt{7^2 + 7^2} = 9.899I_0$$

该模值与标准值相差 0.1dB,而此误差是可以接收的。

实现此调制器的电路如图 9.1.5 所示。这是两路完全相同的 Gilbert 乘法单元电路。现以 I 路为例说明。差分对 1、2 的尾电流分别是 $I_1 = 7I_0$ 和 $I_2 = 3I_0$。I_0 是由参考电压 V_{REF} 设定的。编码 B1-I、B0-I 分别控制差分对 1 和差分对 2,使它们的输出电流 i_1 和 i_2 分别在 $i_1 = 7I_0$ 和 $i_1 = 0$ 及 $i_2 = 3I_0$ 和 $i_2 = 0$ 之间切换。而编码

B2-I 则控制差分对 3。差分对 3 的输出电流 i_3 及 i'_3 与编码的关系如表 9.1.1 所示。Q 路的编码设置也完全相同,这样就实现了星座图中 8 个点对 Q、I 的大小设置的要求。

表9.1.1　图9.1.5 中 i_3 及 i'_3 与编码的关系

电流 编码 B2 B1 B0	i_3	i'_3	i_1	i_2
1　1　1	10	0	7	3
0　1　1	0	10	7	3
1　1　0	7	0	7	0
0　1　0	0	7	7	0
1　0　0	0	0	0	0
0　0　0	0	0	0	0

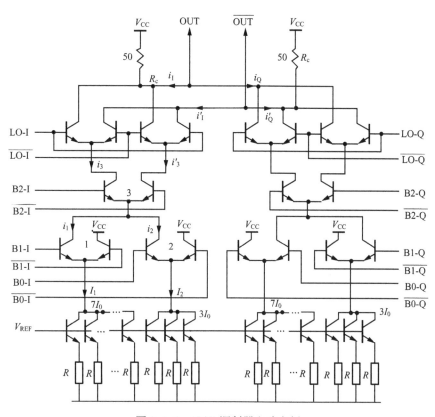

图9.1.5　8PSK 调制器电路实例

两路正交本振信号分别控制上面 4 个差分对,实现本振信号与基带信号的相乘,即实现了调制。为保证差分对开关工作,本振信号的幅度应在 100～200mV 间。

以 I 路为例说明调制器的输出。当 B2-I、B1-I、B0-I 等于 111 时,I 路的输出为

$$\text{OUT}_{\text{I}} = R_{\text{c}}(i_3 - i'_3)S_2(\omega_{\text{c}}t) = 10R_{\text{c}}S_2(\omega_{\text{c}}t)$$

而当 B2-I、B1-I、B0-I 等于 011 时,I 路的输出为

$$\text{OUT}_I = R_C(i_3 - i_3')S_2(\omega_c t) = -10R_C S_2(\omega_c t)$$

调制后的 I、Q 两路在输出合成,得到 8PSK 信号。

用此调制器实现 8PSK 调制的方框图如图 9.1.6 所示。图中编码器将基带数据转换为相应的 I、Q 编码,正交的本振信号由分频法产生(原理见后面分析)。为了减少数字噪声的辐射以及减少接收来自片内的干扰信号,图中电路的数字线均采用差分形式。

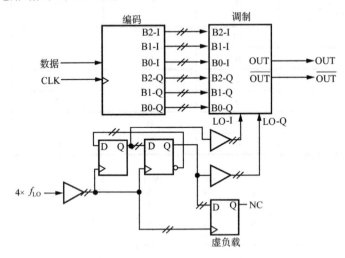

图 9.1.6 8PSK 调制的方框图

图 9.1.7 画出了另一个正交调制芯片的内部电路(Alcate)。该电路采用 $0.5\mu m$ GaAS MESFET 工艺。调制信号可以从直流到 500MHz,载波信号从 700MHz 到 3GHz。该芯片包括四个部分:正交载波信号产生、载波信号放大、调制和输出电路。正交的载波信号是通过两个无源的 RC 网络产生(原理见后面分析)。调制是由完全相同的 I、Q 两路 Gilbert 乘法单元电路完成。在每个相乘器前各有一个两级可变增益的放大器,通过外部调节放大器的增益,保证正交的两路载波信号的幅度一致。调制后的 I、Q 两路信号在负载上叠加,并由后面的输出缓冲电路将双端转变为单端输出。

9.1.2 相干解调器

相干解调是调制的逆过程,采用的电路与调制器一样,二极管双平衡混频器和 Gilbert 模拟乘法电路后接一个低通滤波器就可构成相干解调器,相干载波信号的提取见下节介绍。

图 9.1.8 画出了二极管双平衡混频器作解调应用时的电路。已调信号从 R 口输入,同步参考信号从 L 口输入,解调信号从 I 口输出。同步参考信号作为大信号控制二极管的通断。

图 9.1.9 是用 Gilbert 单元电路构成的产品 MC1596(内部电路如图 6.2.17 所示)构成的抑制载波单边带解调典型电路。使用时应注意,同步信号作为大信号应从(7)脚输入。使双差分对管 $Q_1 \sim Q_4$ 工作于双向开关状态。调幅信号 v_S 从(1)脚输入,由于差分对管接有扩大线性范围的反馈电阻 $R_{E2} = 1k\Omega$,保证了不失真的线性解调。输出由电阻 $1k\Omega$ 和两个 $0.005\mu F$ 组成的 π 型低通滤波器滤波。

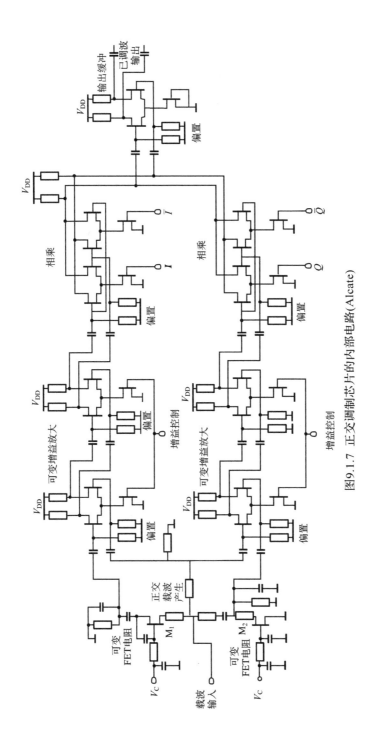

图9.1.7 正交调制芯片的内部电路(Alcate)

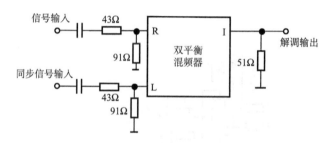

图 9.1.8　二极管双平衡混频器作解调器

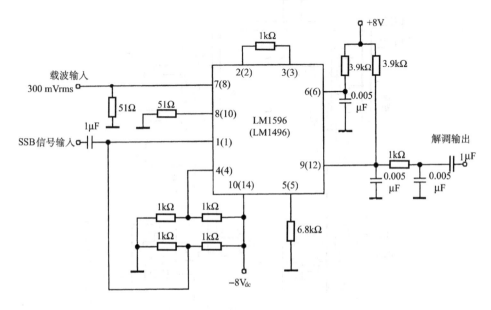

图 9.1.9　抑制载波的单边带解调电路

9.2　载波提取

　　相干解调的关键技术是相干信号的获得,也称载波提取。本节主要介绍两种最基本的载波提取电路。

　　载波提取一般分两种情况:一是接收的已调信号中存在载频分量,用一个窄带锁相环直接滤出(跟踪)此载频分量,这种方法称为直接法;二是已调信号中不包含载频分量,如抑制载波的各种调制,如 DSB,1 和 0 等概率的对称调制的已调信号 BPSK、QPSK 等。要从这些信号中恢复出载波,必须对此已调信号进行非线性处理,产生相应的载波分量,然后再用窄带滤波器或锁相环滤出,得到所需要的参考载波。

　　直接法的优点是电路简单,提取的参考载波与信号载波之间不存在相位含糊度。因此为了使接收端便于提取,往往在抑制载波的已调信号中,发射时插入一个载波。但是插入的载波分量不携带任何信息,这种方法不能有效地利用功率。而且这种方法只适用于原已调信号在载频附近只有很小分量的场合,如图 9.2.1(a)所示。如果原已调信号在载频附近有较大的频谱分量,如图 9.2.1(b)所示,在载波提取时不可能完全滤除而作为噪声,干扰恢复出来的参考载波,使其有较大的相位抖动。

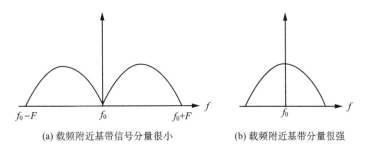

(a) 载频附近基带信号分量很小　　　(b) 载频附近基带分量很强

图 9.2.1　插入载波

从抑制载波的已调信号中恢复出参考载波的方法有许多种,但不管哪种方法,电路中都必须包含两个基本单元,即非线性处理和滤波提取。通过非线性处理让不含载频的信号产生出载频,然后再滤波提取。滤波提取一般都用锁相环,有时非线性处理也由锁相环完成,这种具有非线性处理功能的锁相环称为载波跟踪环。在很多情况下,载波提取和解调是在同一个环内同时完成的。下面介绍两种常用的方法。

9.2.1　平方环

以解调 BPSK 信号的平方环为例,讨论其实现原理。其结构如图 9.2.2 示。BPSK 信号可表示为

$$v(t) = a(t)\cos(\omega_c t + \varphi_1) \tag{9.2.1}$$

式中,$a(t) = +1$ 或 -1,代表所要传送的码字,φ_1 代表它的载波相位。将此信号进行取平方的非线性运算,即

$$v^2(t) = a^2(t)\cos^2(\omega_c t + \varphi_1) = \frac{a^2(t)}{2}\big[1 + \cos(2\omega_c t + 2\varphi_1)\big]$$

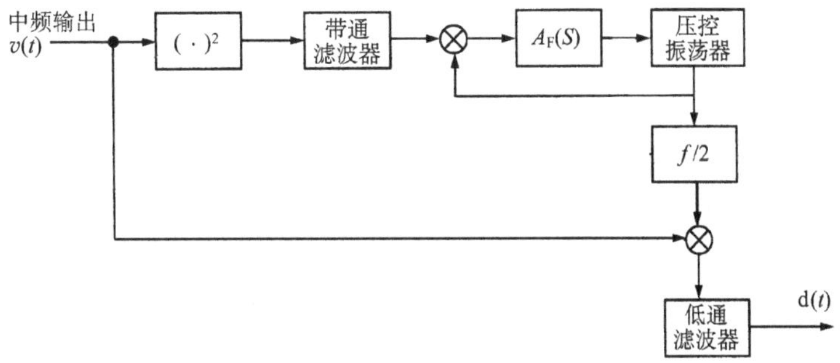

图 9.2.2　BPSK 信号的解调

由于 $a^2(t) = 1$,用滤波器或窄带锁相环取出频率为 $2\omega_c$ 的分量,则有

$$v_1(t) = \frac{1}{2}\cos(2\omega_c t + 2\varphi_1) \tag{9.2.2}$$

可见采用平方的非线性处理后,最重要的两个结果是:调制信息被消除了 $[a^2(t)=1]$;出现了 $2\omega_c$ 的频率成分。然后,通过 2 分频就可得到符合要求的参考载波。

图 9.2.2 中示出了 BPSK 信号解调的方框图。

图 9.2.3 所示出了对 QPSK 信号解调的 4 次方环的方框图。对输入信号进行 4 次方的非线性处理,其目的是消除调制信息。依次类推,对于 MPSK 调制,为了消除调制信号 $a(t)$,提取载波,必须先进行 M 次方运算。

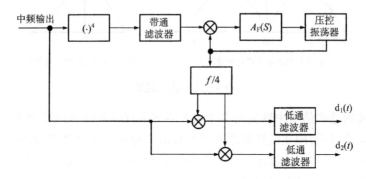

图 9.2.3　QPSK 信号解调的 4 次方环方框图

平方环中的平方运算可以采用倍频器,而最简单的倍频器是类似电源电路中的全波整流电路,如图 9.2.4 所示。4 次方运算,可用两次倍频实现。

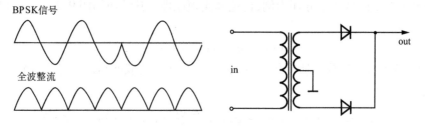

图 9.2.4　全波整流电路

9.2.2　考斯塔斯环

考斯塔斯(Costas)环是一种应用极为广泛的载波跟踪环,可用于解调各种数字调制信号,图 9.2.5 是解调 BPSK 信号的基本组成结构。环路由互相正交的两个通道组成。由于采用具有正弦特性的鉴相器,锁定时,VCO 的输出 v_o 与环路输入信号 v_1 相差 90°。将 VCO 的输出经过 90°移相后的 v_2 与输入信号同相,所以上面通道为同相通道环路,而下面通道为正交通道环路。

在考斯塔斯环中,用相乘非线性运算代替平方环中的平方运算。其工作原理分析如下:

设 BPSK 输入信号 v_1 为 $v_1(t)=a(t)\cos(\omega_c t+\varphi_1)$,其中,$a(t)=1$ 或 -1。取 VCO 的固有频率 ω_r 与输入信号的载波频率相同,则有

$$v_2(t) = V_{om}\cos(\omega_c t + \varphi_2)$$
$$v_3(t) = V_{om}\sin(\omega_c t + \varphi_2)$$

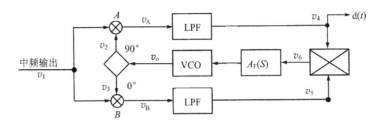

图 9.2.5　考斯塔斯环的最基本的结构

式中,V_{om} 与 φ_2 是 VCO 输出的幅度与相位。v_2 与 v_3 分别与 v_1 相乘并通过低通滤波器滤波后有

$$v_4 = \frac{1}{2}a(t)V_{om}\cos(\varphi_1 - \varphi_2)$$

$$v_5 = \frac{1}{2}a(t)V_{om}\sin(\varphi_1 - \varphi_2)$$

v_4、v_5 均是频率很低的信号,经过第二个乘法器相乘后的输出为

$$v_6 = v_4 \cdot v_5 = \frac{1}{8}V_{om}^2 \cdot a^2(t)\sin2(\varphi_1 - \varphi_2) = \frac{1}{8}V_{om}^2 a^2(t)\sin2\varphi_e$$

式中,$\varphi_e = \varphi_1 - \varphi_2$,由于 $a^2(t) = 1$,所以有

$$v_6 = \frac{1}{8}V_{om}^2 \sin2\varphi_e \qquad (9.2.3)$$

假设 $\varphi_e = \varphi_1 - \varphi_2$ 很小,$\sin\varphi_e \approx \varphi_e$,则有

$$v_6 = \frac{1}{4}V_{om}^2 \varphi_e \qquad (9.2.4)$$

由式(9.2.4)可以看出,环路的误差控制电压 v_6 与调制信号 $a(t)$ 无关,而与输入信号和 VCO 输出电压间的相位差有关,此误差电压经环路滤波器滤波后,控制压控振荡器的频率,使 VCO 输出电压 v_0 即为要提取的参考载波。

考斯塔斯环在提取载波的同时又作解调器用,因为被提取的载波 v_0 经移相或不移相与输入信号 v_1 分别在乘法器 A 或 B 中相乘,后面的低通滤波器 LPF 实际上起到了相干解调器中的积分器的作用,这就是一个典型的相干解调器,所以上下两通道的低通滤波器 LPF 的时间常数的选择原则是,必须滤除两高频信号相乘后产生的高频谐波,但又应保证鉴相器(即乘法器)检波后的数字解调信号无失真地通过。若数字符号的持续时间为 T,则低通滤波器的带宽 B 应为 $B > 6 \times \frac{1}{T}$,因此电压 v_4 可以作为 BPSK 的解调信号输出。

考斯塔斯环的设计方法与普通锁相环相同,但应注意的事项如下。

1) 环路有两类不同的乘法器,上下两通道用圆圈表示的乘法器就是通常环路的鉴相器,它可由双平衡 Gilbert 乘法器或二极管双平衡混频器实现,完成两个高频信号的相乘。而用方块表示的乘法器因其输入信号的频率很低,因此是一个直流乘法器,它的频率响应应从直流到调制信号带宽。

2) 环路中有两类不同的滤波器,即上、下两通道的低通滤波器 LPF 和中间的环路滤波器 $A_F(S)$,它们对时间常数的要求不同。上、下通道低通滤波器的时间常数取值原则如上所述,滤除鉴相器高频成分并让解调的数字信号不失真通过,而环路滤波器 $A_F(S)$ 一般采用比例积分滤波器,根据环路性能指标决定其时间常数大小。

3)考斯塔斯环的开环增益是鉴相灵敏度,VCO压控灵敏度及第三个乘法器(直流乘法器)增益三项之积。它比简单锁相环多了直流乘法器的增益这一项。

9.3 正交信号形成电路

在正交调制与解调等许多电路中,都需要一对正交的本振电压,下面介绍几种实现此功能的电路。

1. 网络相移法

可以采用很多种网络来产生90°相移,下面举几个常用的例子。

图9.3.1所示的 $RC\text{-}CR$ 网络是一种比较适合于高频段的相移电路。由图求得

$$\dot{V}_{out1} = \frac{1/j\omega C}{R + (1/j\omega C)}\dot{V}_{in} = \frac{1}{1 + j\omega CR}\dot{V}_{in}$$

$$\dot{V}_{out2} = \frac{R}{R + (1/j\omega C)}\dot{V}_{in} = \frac{j\omega CR}{1 + j\omega CR}\dot{V}_{in}$$

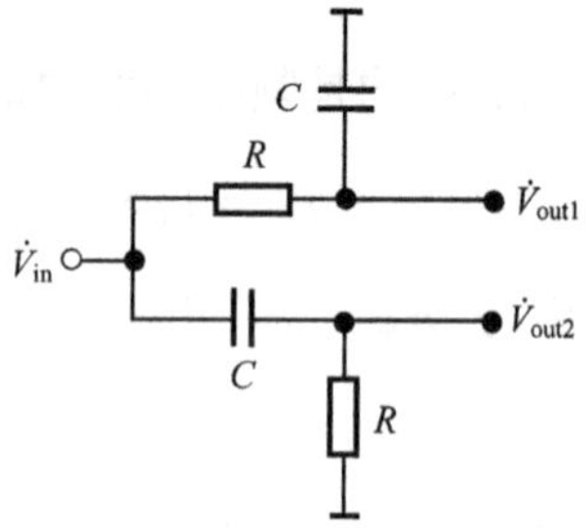

图9.3.1 $RC\text{-}CR$ 相移网络

两路输出电压 V_{out1}、V_{out2} 的相位差始终是90°。当 $\dot{V}_{in}$ 是频率为 ω_0 的输入信号时,只有满足 $\frac{1}{RC} = \omega_0$,才能使两路输出信号的幅度相等,此时,低通滤波器的输出 V_{out1} 相对输入提供了 $-45°$ 相移,而高通滤波器则相移了 $+45°$。此电路结构简单,但缺点是工作频带很窄。

图9.3.2画出了另一种 RC 串并联相移网络。其中,图9.3.2(a)所示网络的传递函数为

$$A(j\omega) = j\frac{\omega/\omega_0}{\left(1 - \frac{\omega^2}{\omega_0^2}\right) + j3\frac{\omega}{\omega_0}} \tag{9.3.1}$$

式中,$\omega_0 = \frac{1}{RC}$,它的幅频和相频特性如图示。在图9.3.2(b)中,由上下两支路组成的 RC 串并联网络,选择 RC 值使同一本振信号通过上下两路各相移 $\pm45°$,则输出正交。图中,上下支路各采用一个运放,调节运放的增益可以保证正交的两本振信号幅度一致。此电路的缺点是工作频率受到运放的限制。

在图9.1.7的正交调制器芯片中,采用的即是 RC 相移网络。场效应管 M_1、M_2 作为两个可变电阻,分别串、并接在两个 RC 相移网络中,由外电压 V_c 控制 M_1、M_2 的栅极偏压,改变等效电阻的大小,对正交网络进行调整。

2. 数字分频法

正交信号也可以用数字分频的方法获得,图9.3.3是4分频电路。4倍频的输入信号作为两个D触发器的时钟信号,输出被4分频,而且第二路输出偏移输入一个周期,从而两路输出正交。这种数字分频法的工作频率可以从几乎是直流一直到很高的频率。图9.1.6中

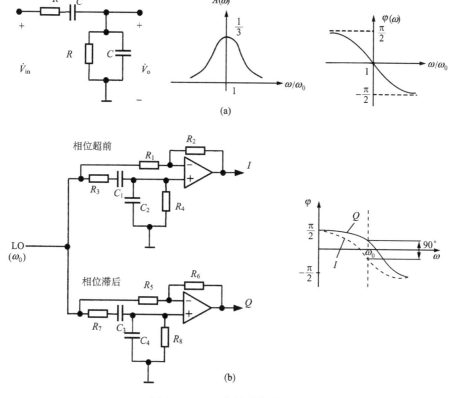

图 9.3.2 RC 串并联相移网络

的正交调制器即采用了此法。为了使电路不易受诸如温度等外界因素的影响,一般要求分频器的关键节点处有相同的负载。因此常采用一个空闲的触发器去平衡输出,如图 9.1.6 中的虚负载所示。此方法的缺点是要产生本振信号的 4 倍频作为输入信号。

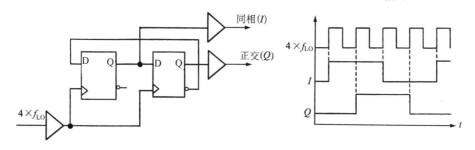

图 9.3.3 4 分频法产生正交信号

图 9.3.4 是采用 2 分频电路产生正交信号,对此电路的要求是,作为时钟的输入方波信号必须保证精确的 50% 占空比,否则会出现相移误差。

下面介绍用 3V 电源供电的超低功耗正交调制/解调器芯片 MAX2450。可用于数字无绳电话、GSM 和北美蜂窝移动电话。其结构方框如图 9.3.5 所示。该集成电路的性能指标及特点如下。

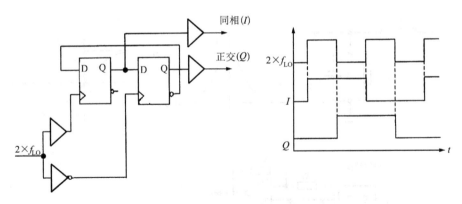

图 9.3.4　2 分频法产生正交信号

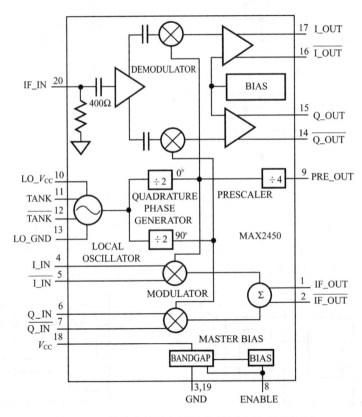

图 9.3.5　超低功耗正交调制/解调器芯片 MAX2450

1）包含集成的正交相移网络。

2）包含片内振荡器（外接调谐回路）。

3）片内有 8 分频器。

4）调制信号输入带宽最高可达 15MHz。

5）解调输出带宽最高可达 9MHz。

6）51dB 的解调电压变换增益。

7）5.9mA 工作电流,1μA 非工作电流。

8）CMOS 兼容。

其内部各部分的工作原理简述如下：

振荡器部分。MAX2450 的振荡器是 LC 负阻振荡器结构。其内部原理电路和外接谐振回路分别如图 9.3.6(a)、(b)所示(工作原理参考第七章振荡器)。

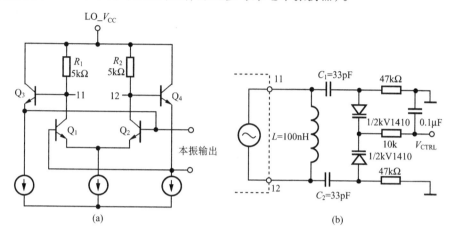

图 9.3.6　LC 负阻振荡器结构

图中列出了频率为 150MHz 左右的振荡回路参数。振荡频率为

$$f_o = \frac{1}{2\pi\sqrt{L_{eq}C_{eq}}}$$

式中, $L_{eq} = L + L_{STRAY}$, $C_{eq} = \dfrac{1}{\dfrac{1}{C_1} + \dfrac{1}{C_2} + \dfrac{2}{C_{VAR}}} + C_{STRAY}$ 。

C_{VAR} 是变容二极管电容, L_{STRAY} 和 C_{STRAY} 是杂散电感和电容。振荡回路的 Q 值是

$$Q = R_P\sqrt{\frac{C_{eq}}{L_{eq}}}$$

在本电路中, $R_P = 10\text{k}\Omega$ 。回路的 Q 值越大,振荡器的相位噪声性能越好。振荡器的频率通过控制电压 V_{CTRL} 调节。

正交相位产生部分。通过两个锁存器对本振信号进行 2 分频,产生两个严格正交的本振信号。再经过限幅放大器,形成方波,激励 Gilbert 乘法器。其中,同相信号经 4 分频,产生本振信号的 8 分频作为预定标信号从(9)脚输出。

调制部分。I,Q 两路基带信号以差模形式分别从(4)、(5)和(6)、(7)脚输入,最大输入电压为 $1.5V_{P-P}$,最高频率为 15MHz。差模输入阻抗约 44kΩ。调制后的中频输出也是差模形式,从(1)、(2)脚输出,适合驱动高阻负载(大于 20kΩ),当负载减小时(小于 2kΩ),输出电压幅度随着负载减小而减小。

解调器部分。解调器部分包括单端到双端变换器、两级 Gilbert 乘法单元电路和两级固定增益放大器。中频信号从(20)脚交流耦合输入,中频输入阻抗为 400Ω,中频放大器增益

为 14dB 并将单端输入变为双端输出,分别馈入 I、Q 两路解调器。Gilbert 乘法单元的频率变换增益为 15dB。解调输出的 I、Q 两路基带信号,送入基带信号放大器,分别从(16)、(17)和(14)、(15)脚双端输出。基带信号放大器的增益是 21dB。

图 9.3.7 是 MAX2450 用于收发信机的典型方框图,上面支路是接收,下面支路是发射。接收信号通过天线、滤波器和收发转换开关,进入低噪放和下混频器,经滤波和中放送去 MAX2450 解调,A/D 变换器将解调输出变换为数字基带信号再进行处理。发射时,将数字基带信号经 D/A 变换后送入 MAX2450 调制载波,调制后的通带信号经上混频和放大并送入天线发射。

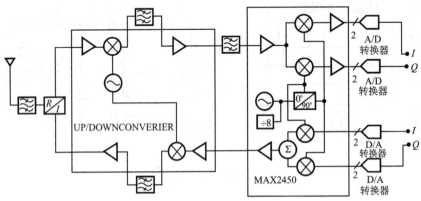

图 9.3.7   典型应用方框图

9.4   调幅波的包络检波电路

幅度调制信号的解调是频谱的线性搬移,它将已调信号中所包含的调制信息搬回到基带。除了前面介绍的相干解调外,对包络反映了调制信号变化的普通调幅波 AM,还可以采用称为包络检波的非相干解调。本节介绍包络检波器的组成电路、工作原理、性能指标以及用包络检波器构成的另一种相干解调电路——叠加型同步检波。

9.4.1   包络检波电路

1. 电路组成

包络检波器电路的基本组成如图 9.4.1(a)所示,包含非线性器件和低通滤波两大部分。非线性器件是二极管[在集成电路中常用三极管,如图 9.4.1(b)]。负载电阻 R 和电容 C 为低通滤波器,取出所需要的低频解调信号 v_{AV}。

设输入的调幅波(普通调幅波 AM 信号)为

$$v_i(t) = V_{cm}(1 + m_a \cos \Omega t)\cos\omega_c t \tag{9.4.1}$$

则低通滤波器 RC 的取值原则是:

时间常数 $RC \gg \dfrac{1}{\omega_c}$,低通滤波器的时间常数远大于载波周期,即电容 C 对高频载波 ω_c 近似短路,滤除高频分量。

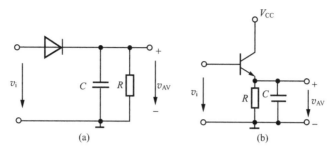

图9.4.1　包络检波器电路

$RC < \dfrac{1}{\Omega_{\max}}$，低通滤波器的时间常数小于调制信号周期，即低通滤波器的通频带让低频调制信号通过。例如对于载频为 $f_c = 465\text{kHz}\left(\dfrac{1}{\omega_c} = \dfrac{1}{2\pi f_c} = 0.35\mu\text{s}\right)$，调制信号频率 $F_{\max} = 5\text{kHz}$

$\left(\dfrac{1}{\Omega_{\max}} = 32\mu\text{s}\right)$ 时，可令 $RC = 20\mu\text{s}\left(\dfrac{10}{\omega_c} < RC < \dfrac{1}{\Omega_{\max}}\right)$，如取 $C = 0.01\mu\text{F}$，则 $R = 2\text{k}\Omega$。

2．工作原理

二极管作为非线性器件，按照输入信号的大小，可以有两种描述方法。当输入为小信号时，二极管的非线性伏安特性可以用幂级数来逼近，当输入为大信号时，可以用两段折线来描述。

（1）输入为小信号（平方律检波）

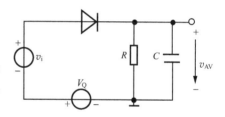

图9.4.2　平方律检波

当输入的调幅波为小信号时（$<100\text{mV}$），为保证二极管导通，应加偏置电压 V_Q，如图9.4.2所示。

由于输出电压很小，可以忽略输出电压 v_{AV} 的负反馈效应，则二极管两端的电压为

$$v_D = V_Q + v_i$$

二极管的伏安特性在工作点 V_Q 处展开的幂级数为

$$i_D = a_0 + a_1(v_D - V_Q) + a_2(v_D - V_Q)^2 + a_3(v_D - V_Q)^3 + \cdots$$

$$= a_0 + a_1 v_i + a_2 v_i^2 + a_3 v_i^3 + \cdots$$

频谱搬移主要由二次方项产生，代入调幅波 $v_i(t)$ 的表达式，二次方项电流为

$$a_2 V_{\text{cm}}^2 (1 + m_a\cos\Omega t)^2\cos^2\omega_c t = \dfrac{1}{2}a_2 V_{\text{cm}}^2 (1 + m_a\cos\Omega t)^2[1 + \cos2\omega_c t]$$

滤除高频成分，检波器输出的平均电压为

$$v_{\text{AV}} = R \cdot \left[a_0 + \dfrac{1}{2}a_2 V_{\text{cm}}^2 (1 + m_a\cos\Omega t)^2\right]$$

$$= a_0 R + \dfrac{1}{2}a_2 V_{\text{cm}}^2 R\left(1 + 2m_a\cos\Omega t + \dfrac{1}{2}m_a^2 + \dfrac{1}{2}m_a^2\cos2\Omega t\right)$$

有效解调信号输出为

$$v_{\text{AV}\Omega} = a_2 m_a V_{\text{cm}}^2 R\cos\Omega t \tag{9.4.2}$$

二极管小信号检波有以下特点。

1) 解调输出与输入信号幅度的平方 V_{cm}^2 成正比,所以称为平方律检波。

2) 出现了许多高次谐波失真项,其中,二次谐波失真项的大小为

$$v_{AV2\Omega} = \frac{1}{4}a_2 m_a^2 V_{cm}^2 R\cos 2\Omega t \tag{9.4.3}$$

(2) 输入为大信号(峰值包络检波)

当输入的调幅波为大信号时(大于 500mV),二极管的伏安特性可用两段折线表示,在实际电路中还可外加偏压 $V_{DQ} = V_{D(on)}$ 来抵消二极管导通电压 V_{on} 的影响,因此二极管伏安特性为过原点的两段折线,如图 9.4.3(a)所示,且有

$$i_D = \begin{cases} g_D v_D & v_D > 0 \\ 0 & v_D \leqslant 0 \end{cases}$$

在图 9.4.3(b)所示电路中,二极管两端电压为

$$v_D = v_i(t) - v_{AV} = v_i(t) - v_c \tag{9.4.4}$$

式中,v_{AV} 为输出解调电压,也是电容器 C 两端的电压 v_c。

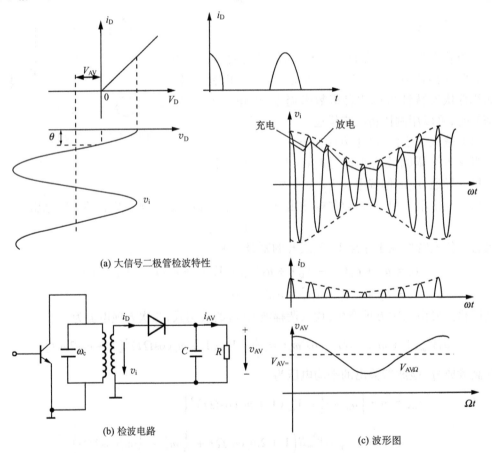

(a) 大信号二极管检波特性

(b) 检波电路

(c) 波形图

图 9.4.3　峰值包络检波

作为大信号检波电路,二极管的工作过程如下:

当 $v_i(t) > v_{AV}$ 时，$v_D > 0$，二极管导通，导通电阻为 R_D，此时输入信号 $v_i(t)$ 通过二极管向电容 C 充电，充电时间常数为 $\tau_充 = R_D C$。由于 R_D 很小，即充电时间常数很小，电容器上的电压 v_{AV} 很快到达 $v_i(t)$ 的顶峰。当 $v_i(t) < v_{AV}$ 时，$v_D < 0$，则二极管截止，电容 C 上电压通过电阻 R 放电，放电时间常数 $\tau_放 = RC$。实际电路中 $R \gg R_D$，则放电时间常数远大于充电时间常数。这样，电容器 C 上的电荷还远没有释放完时，在输入信号下一个正半周的某一时刻（$v_i > v_{AV}$ 时）又开始给电容器充电。

该电路工作过程有如下特点。

1）在高频信号的每一周电容器 C 充、放电一次。

2）放电时间常数 $\tau_放$ 远大于充电时间常数 $\tau_充$，即充电快、放电慢；但充电时间短，放电时间长。当充放电电荷相等，达到动态平衡时，电容器上的电压（即输出电压 v_{AV}），趋近于输入信号峰值，所以称为峰值包络检波器。

3）输出电压 v_{AV} 由两部分组成，它们是 $v_{AV} = V_{AV=} + v_{AV\Omega}$。平均值 $V_{AV=}$ 反映输入调幅波的幅度平均值，即为载波幅度 V_{cm}。v_{AV} 的交变部分 $v_{AV\Omega}$ 跟随输入信号的包络变化，即为调制信号，如图 9.4.3(c) 所示。

4）二极管只在输入信号峰值尖顶上有短暂的导通，大部分时间截止，二极管电流呈重复频率为 ω_c 的尖顶脉冲，如图 9.4.3(c) 所示。

在通信接收机中，由于检波电路一般位于中频放大器之后，输入检波器的信号幅度已足够大，因此属于峰值包络检波。

（3）平均包络检波

平均包络检波也属大信号检波，如图 9.4.4 所示。晶体三极管的 be 结相当于图 9.4.3 中的非线性器件二极管，但与图 9.4.3 不同的是，电容 C 上的电压 v_{AV} 由于晶体管输入、输出间的隔离，不影响加在三极管 be 结上的电压，此时

$$v_{BE} = V_{BB} + v_i$$

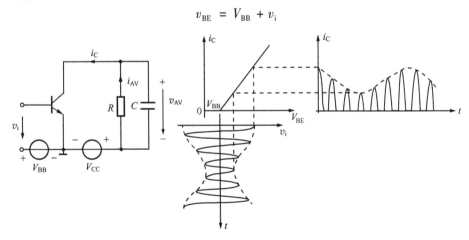

图 9.4.4　平均包络检波

在图 9.4.4 中，当 $V_{BB} = V_{on}$ 时，集电极电流 i_C 为输入信号的半波整流电流，可表示为

$$i_C = g_m V_{cm}(1 + m_a\cos\Omega t)\cos\omega_c t \cdot S_1(\omega_c t)$$

通过 RC 低通滤波器后，取出其平均分量为

$$i_{AV} = \frac{1}{\pi} g_m V_{cm} (1 + m_a \cos\Omega t)$$

$$v_o = v_{AV} = -\frac{g_m}{\pi} R V_{cm} (1 + m_a \cos\Omega t) \qquad (9.4.5)$$

v_{AV} 中包含了调制信号 $m_a V_{cm} \cos\Omega t$，实现了解调。

平均包络检波与峰值包络检波的不同点仅在于电容器上的输出电压没有反馈回输入，所以 be 结在输入信号的正半周导通、负半周截止。而峰值包络检波器由于电容上电压的负反馈作用，使二极管只在信号峰顶上短时间导通。

（4）并联型二极管包络检波

当要求检波电路和中频放大器间接入隔直流电容时，常用并联二极管包络检波电路，其结构如图 9.4.5 所示。与之对应，称图 9.4.3 所示的检波电路为二极管串联检波电路。二极管并联检波电路的检波电容和负载电阻的取值原则与串联型相同。与串联检波电路一样，二极管两端的电压也是 $v_D = v_i(t) - v_c$。因此，电容器 C 的充、放电过程与串联型完全相同。电容器 C 两端的电压 v_c 反映了输入信号 $v_i(t)$ 的包络变化。

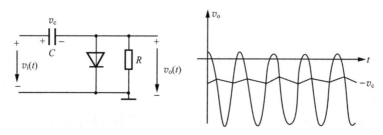

图 9.4.5　并联二极管检波电路

但与串联型检波电路不同的有两点。第一点是并联检波电路中包含了两个过程：① 是电容器由于充放电的时间常数不同引起的检波过程；② 是由于电容器的容抗 $x_c = \frac{1}{\omega_c C} \approx 0$，电路中还有一个高频电流 $i_S \approx \frac{v_i}{R}$（因为二极管导通的时间很短，可以不考虑）。第二点是检波输出不是取自于电容器两端，而是二极管两端。因此 $v_o = v_i(t) - v_c = v_i(t) - v_{AV}$，输出电压是高频输入和它的检波平均分量的叠加。为了取出解调信号，后面还应加低通滤波器。为简单起见，图 9.4.5 画出了当输入信号为等幅波时的并联二极管输出。

3. 性能指标

可以从三个主要方面来衡量检波器的性能。① 检波效率；② 检波失真；③ 输入阻抗。前两点是从检波器作为频率变换电路，衡量它的变换效果。第三点是检波器作为前级中频放大器的负载，衡量其对前级中频放大器的影响。

（1）检波效率

检波效率也称电压传输系数，它指检波器的输出信号与输入信号的幅度之比。若输入是等幅载波 $v_i(t) = V_{cm} \cos\omega_c t$，则检波器的输出为直流 $V_{AV=}$，检波效率定义为

$$k_{\mathrm{d}=} = \frac{V_{\mathrm{AV}=}}{V_{\mathrm{cm}}} \qquad (9.4.6)$$

式中,$k_{\mathrm{d}=}$称为静态检波效率。由图 9.4.3(a)可知,$k_{\mathrm{d}=} = \cos\theta$,$\theta$是二极管的导通角。可以证明,$\theta \approx \sqrt[3]{\dfrac{3\pi R_{\mathrm{D}}}{R}}$,因此峰值包络检波器的检波效率是由电路参数决定的常数。而且由于 $R_{\mathrm{D}} \ll R$,导通角 θ 很小,所以检波效率 $k_{\mathrm{d}=} = \cos\theta \to 1$。

当输入如式(9.4.1)所示的单音调幅波时,检波器的输出为

$$v_{\mathrm{AV}} = V_{\mathrm{AV}=} + V_{\mathrm{AV}\Omega}\cos\Omega t$$

定义动态检波效率 $k_{\mathrm{d}\sim}$ 为

$$k_{\mathrm{d}\sim} = \frac{V_{\mathrm{AV}\Omega}}{m_a V_{\mathrm{cm}}}$$

它表示输出的交流幅度与输入信号包络幅度之比,且可以证明 $k_{\mathrm{d}\sim} \approx k_{\mathrm{d}=}$。

对检波效率有两个要求,一是希望检波效率 k_{d} 越大越好,因为这样对于相同的检波输出电平要求的输入信号包络幅度可以小,则对前面电路的增益、动态范围的要求就可以小。二是要求检波效率是常数,不随输入信号的幅度而变化,这样就做到了线性不失真检波。峰值包络检波和平均包络检波均为线性不失真检波,而小信号平方律检波器的输出与输入信号幅度的平方成正比,无法做到对调幅波的线性不失真检波。但它可以用来作为输入信号的功率测量。

(2)输入阻抗

在接收机中,检波器跟在中频放大器后面,如图 9.4.3 所示。作为负载并接在中频选频回路两端,影响中频回路的 Q 值,从而影响中频回路的选择性,因此希望检波器的输入阻抗越大越好。

由于二极管检波电流是以载频为重复频率的尖顶脉冲,它含有丰富的谐波。而检波器的输入阻抗是描述检波器对前级的影响,因此应定义为输入信号电压幅度与二极管检波电流中信号基波分量幅度 I_{1m} 之比,即

$$R_{\mathrm{i}} = \frac{V_{\mathrm{im}}}{I_{\mathrm{1m}}}$$

按此输入阻抗的定义,可以求出大信号检波器的输入阻抗为

$$R_{\mathrm{i}} \approx \frac{6\pi R_{\mathrm{D}}}{4\theta^3} \approx \frac{R}{2} \qquad (9.4.7)$$

由上式可知,大信号峰值检波器的输入阻抗主要取决于负载电阻,其值为负载电阻的一半。此结论也可以由能量守恒原理得到证明。设输入信号为幅度 $V_{\mathrm{im}} = V_{\mathrm{cm}}$ 的等幅载波,检波器的输入阻抗为 R_{i},则检波器从信号源吸取的功率为 $P_{\mathrm{i}} = \dfrac{1}{2}\dfrac{V_{\mathrm{cm}}^2}{R_{\mathrm{i}}}$。根据峰值包络检波器的检波效率 $k_{\mathrm{d}} \approx 1$,则检波器输出电压是 $v_{\mathrm{AV}} = V_{\mathrm{cm}}$ 的直流。检波器输出到负载 R 上的功率为

$$P_{\mathrm{o}} = \frac{V_{\mathrm{AV}}^2}{R} = \frac{V_{\mathrm{cm}}^2}{R}$$

由于峰值包络检波器的二极管在载波一周内只有极小一部分时间导通,且导通电流很

小,二极管几乎不吸收功率,因此有 $P_o = P_i$,即

$$\frac{1}{2}\frac{V_{cm}^2}{R_i} = \frac{V_{cm}^2}{R}$$

因此 $R_i = \frac{R}{2}$。

对于并联型峰值包络检波器,由于负载电阻上有两个电流,因此它的输入阻抗包括两部分,一是与串联检波一样,对信号源引入了一个作为检波器的输入阻抗 $R_i = \frac{R}{2}$,另一个是高频电流 $i_S \approx \frac{v_i}{R}$,它对信号源引入的阻抗是 R。所以对信号源来说,并联型检波器的输入阻抗是两个等效阻抗的并联,即

$$R_i = \frac{R}{2} // R = \frac{1}{3}R$$

(3) 二极管检波器的失真

前面分析,对于理想的二极管峰值包络检波器,当输入为大信号(最小幅值大于500mV),负载电阻和电容的时间常数 RC 远大于 $\frac{1}{\omega_c}$,且 RC 低通滤波器的通带包含了最高调制频率 F_{max} 时,它应是传输系数近似为 1 的线性不失真幅度检波电路,输出电压反映了输入信号的包络变化。但是在解调调幅波时,如果电路元件参数选得不恰当,将会出现失真,下面分析两种主要失真现象及其成因。

1) 惰性失真。为了滤除高频分量,希望检波器负载 RC 的时间常数尽量大,但是 RC 过大,就会出现惰性失真,如图 9.4.6 所示。这是由于放电时间常数 RC 太大,使电容器上的电压变化跟不上信号包络的下降速度所致。此时,在输入信号的许多周期内,二极管均没有导通,输出电压只决定于电容 C 的放电规律,而没有反映输入信号的包络变化。

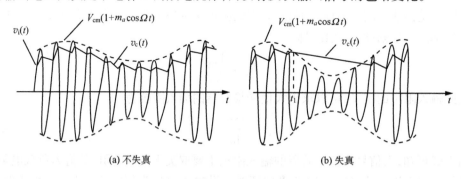

(a) 不失真　　　　　　　　　　　(b) 失真

图 9.4.6　惰性失真

可见,为了避免惰性失真,在输入信号的幅度下降的任何时刻都应满足电容器通过 R 的放电速度大于或等于包络的下降速度,即

$$\left|\frac{dv_c(t)}{dt}\right|_{t=t_1} \geqslant \left|\frac{dV_{im}(t)}{dt}\right|_{t=t_1} \tag{9.4.8}$$

式中,t_1 为信号包络下降区间的某一时刻。惰性失真与电路的哪些参数有关呢? 直观分析,

当调制频率 Ω 越大,调制度越深,即 m_a 越大,包络下降速度就越大,越易产生惰性失真,下面通过分析单音调制的调幅波,求出不产生惰性失真的条件。

当调幅信号为单音频调制时,其包络表达式为

$$V_{im}(t) = V_{cm}(1 + m_a\cos\Omega t)$$

在 $t = t_1$ 时刻,电容 C 通过 R 放电的时间函数为

$$v_c(t) = V_{c(t=t_1)}\mathrm{e}^{-\frac{t-t_1}{RC}} = V_{cm}(1 + m_a\cos\Omega t_1)\mathrm{e}^{-\frac{t-t_1}{RC}}$$

由于

$$\frac{\mathrm{d}V_{im}(t)}{\mathrm{d}t}\bigg|_{t=t_1} = -m_a V_{cm}\Omega\sin\Omega t_1$$

$$\frac{\mathrm{d}v_c(t)}{\mathrm{d}t}\bigg|_{t=t_1} = -\frac{1}{RC}V_{cm}(1 + m_a\cos\Omega t_1)$$

于是,式(9.4.8)可表示为

$$A = \frac{\left|\dfrac{\mathrm{d}V_{im}(t)}{\mathrm{d}t}\right|_{t=t_1}}{\left|\dfrac{\mathrm{d}v_c(t)}{\mathrm{d}t}\right|_{t=t_1}} = \Omega CR\left|\frac{m_a\sin\Omega t_1}{1 + m_a\cos\Omega t_1}\right| \leqslant 1 \tag{9.4.9}$$

由于不同时刻 t_1,调幅波的包络下降速度不同,为了保证在包络下降最快时仍不产生惰性失真,上式必须在 A 为最大值时仍成立。

为此求 A 对 t_1 的导数,并令其等于零,求得 A 达到最大值的条件

$$\cos\Omega t_1 = -m_a$$

将它代入式(9.4.9),即可求得不产生惰性失真的条件为

$$RC \leqslant \frac{\sqrt{1 - m_a^2}}{\Omega m_a} \tag{9.4.10}$$

即 Ω、m_a 越大,不产生惰性失真要求的时间常数就越小。

当多音频调制时,Ω 和 m_a 均取最大值。

2)负峰切割失真。在接收机中,检波器后接音频放大器,为了不影响音频放大器的直流工作状态,检波器与下级间采用加隔直流电容的交流耦合方式,如图9.4.7(a)所示。设 R_L 为下级的输入阻抗,C_g 应对所有音频调制信号短路。

在上述电路中,检波器的直流负载为 $R_= = R$,交流负载为 $R_\sim = R /\!/ R_L$。由于交、直流负载不同,有可能产生如图9.4.7(b)所示的负峰切割失真。下面通过列表9.4.1分析产生的原因。

设峰值包络检波器的输入信号为式(9.4.1)所示的单音调幅波,且设检波器传输系数近似为1,则 $v_{AV} = V_{cm}(1 + m_a\cos\Omega t)$,它包含了直流分量 $V_{AV=} = V_{cm}$ 和音频交流分量 $v_{AV\sim} = V_{AV\sim}\cos\Omega t = m_a V_{cm}\cos\Omega t$,对应的检波电流 i_{AV} 的交直流幅度如表9.4.1所示。

由于检波电流 $i_{AV} = I_{AV=} + I_{AV\sim}\cos\Omega t$,由表可见,检波器不接 R_L 与接有 R_L 的不同表现在交、直流电流幅度之比 $\dfrac{I_{AV\sim}}{I_{AV=}}$ 由 m_a(一定小于1)变为

$$m_a\frac{R}{R /\!/ R_L} = m_a\frac{R + R_L}{R_L}$$

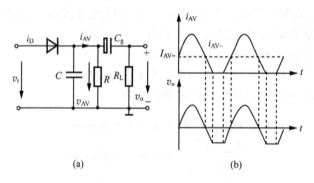

图 9.4.7 负峰切割失真

表 9.4.1 i_{AV} 的交直流幅度

检波电流	$I_{\mathrm{AV}=}$	$I_{\mathrm{AV}\sim}$	$I_{\mathrm{AV}\sim}/I_{\mathrm{AV}=}$
无 R_{L}	$\dfrac{V_{\mathrm{AV}=}}{R}=\dfrac{V_{\mathrm{cm}}}{R}$	$\dfrac{V_{\mathrm{AV}\sim}}{R}=m_a\dfrac{V_{\mathrm{cm}}}{R}$	$m_a<1$
有 R_{L}	$\dfrac{V_{\mathrm{AV}=}}{R}=\dfrac{V_{\mathrm{cm}}}{R}$	$\dfrac{V_{\mathrm{AV}\sim}}{R/\!/R_{\mathrm{L}}}=m_a\dfrac{V_{\mathrm{cm}}}{R/\!/R_{\mathrm{L}}}$	$m_a\dfrac{R}{R/\!/R_{\mathrm{L}}}$

而当此比值大于 1 时，i_{AV} 就出现负值，如图 9.4.7(b) 所示。但根据二极管的单向导电性能，i_{AV} 又不可能为负，因此只能为 0，所以检波输出电压的负峰值被削平了。这种失真称为负峰切割失真。综上所述，不产生负峰切割失真的条件为

$$m_a\frac{R_{=}}{R_{\sim}}<1 \tag{9.4.11}$$

式中，$R_{=}$ 与 $R_{\sim}$ 分别为检波器对应的直流负载与交流负载。

在实际电路中可以采用各种措施来减少交直流负载值的差别，以避免负峰切割失真的产生，如图 9.4.8 所示。

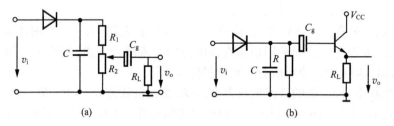

图 9.4.8 减少交直流负载值的差别

在图 9.4.8(a) 中，输出电压只取检波电压的一部分，则直流电阻 $R_{=}=R_1+R_2$，交流电阻为 $R_{\sim}=R_1+(R_2/\!/R_{\mathrm{L}})$，减少了两者的差别。但是这个方法的缺点是输出电压减小了。比较好的方法如图 9.4.8(b) 所示，检波器采用射极跟随器输出，利用射极跟随器输入阻抗大的特性，有效地减小了交直流负载的差别。

小结:

（1）调幅接收机常用的峰值包络检波器是一种线性不失真检波电路，其电压传输系数

是由电路参数决定的常数,数值接近1。大信号检波器的输入电阻等于负载电阻值的一半。

（2）检波器各元器件参数选择要点是:二极管的导通电压 $V_{D(on)}$ 尽可能小,为提高检波效率和对高频的滤波能力,RC 时间常数尽可能大,但其最大值受到不产生惰性失真和频带大于调制信号带宽两条件的限制。

（3）检波器输出电压由反映输入信号载波幅度的直流分量与反映调制信号的交流分量两部分组成。将交流解调信号送入低频放大器放大时应注意不引起检波器的负峰切割失真。由于直流分量反映输入信号载波电平的强弱,因此可将其作为接收机前端高频放大器及中频放大器的自动增益控制电平,如图9.4.9所示。用大电容 C_3（约 $10\mu F$）滤除交流调制信号,得到的直流电平作为自动增益控制电平 V_{AGC},送到前级控制其工作点,从而控制增益。

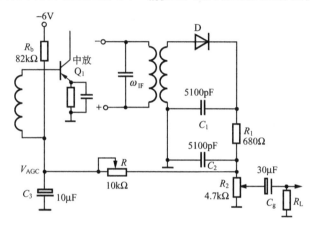

图 9.4.9　检波电平用于自动增益控制

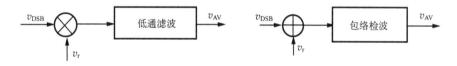

图 9.4.10　同步检波电路方框图

9.4.2　同步检波

调幅波的相干解调又称为同步检波。同步检波主要用于解调抑制载波的双边带和单边带信号,它需要一个与输入调幅波的载波同频同相的同步信号。同步检波电路可分乘积型与叠加型两种,其结构如图9.4.10所示。乘积型同步检波已在9.2.1节中作过介绍,下面仅介绍叠加型同步检波器电路及其工作原理。

叠加型同步检波电路如图9.4.11所示,将同步信号与调幅波叠加再经过包络检波器输出。

当抑制载波的双边带信号与同步信号叠加,且同步信号足够大,其频谱结构与普通调幅波完全相同,合

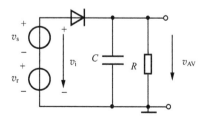

图 9.4.11　叠加型同步检波电路

成信号的包络变化必定反映了调制信号的变化,所以可以通过包络检波器解调。

现在讨论单边带信号与同步信号叠加后的情况。设单边带信号为

$$v_{SSB}(t) = V_{sm}\cos(\omega_c + \Omega)t \tag{9.4.12}$$

同步信号为

$$v_r(t) = V_{rm}\cos\omega_c t \tag{9.4.13}$$

一般有 $V_{rm} \gg V_{sm}$。

如图 9.4.12 所示,当同步信号和单边带信号叠加时,由于两矢量相位差为 Ωt 且 $V_{rm} \gg V_{sm}$,则可将单边带信号 $v_s(t)$ 视作在相干载波 $v_r(t)$ 的顶上以角频率 Ω 旋转的矢量,因而合成矢量的幅度 V_m 和相位 φ 均随时间而变。其幅度和相位分别是

$$V_m = \sqrt{(V_{sm}\sin\Omega t)^2 + (V_{rm} + V_{sm}\cos\Omega t)^2} \tag{9.4.14}$$

$$\varphi = -\arctan\frac{V_{sm}\sin\Omega t}{V_{rm} + V_{sm}\cos\Omega t} \tag{9.4.15}$$

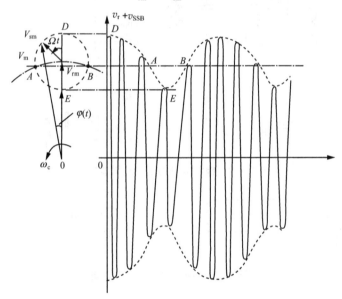

图 9.4.12 相干载波和单边带两矢量叠加

由于包络检波器对合成信号的相位变化不响应,所以只需分析合成矢量的幅度变化。将式(9.4.14)改写为

$$V_m = V_{rm}\sqrt{1 + \left(\frac{V_{sm}}{V_{rm}}\right)^2 + 2\frac{V_{sm}}{V_{rm}}\cos\Omega t} \tag{9.4.16}$$

若满足 $V_{rm} \gg V_{sm}$,上式中的 $\left(\frac{V_{sm}}{V_{rm}}\right)^2$ 可以忽略,则有

$$V_m \approx V_{rm}\left(1 + 2\frac{V_{sm}}{V_{rm}}\cos\Omega t\right)^{1/2}$$

$$= V_{rm}\left[1 + \frac{V_{sm}}{V_{rm}}\cos\Omega t - \frac{1}{2}\left(\frac{V_{sm}}{V_{rm}}\right)^2\cos^2\Omega t + \cdots\right]$$

进一步忽略上式中三次方及三次方以上各项,则有

$$V_{\mathrm{m}} \approx V_{\mathrm{rm}}\left[1 - \frac{1}{4}\left(\frac{V_{\mathrm{sm}}}{V_{\mathrm{rm}}}\right)^2 + \frac{V_{\mathrm{sm}}}{V_{\mathrm{rm}}}\cos\Omega t - \frac{1}{4}\left(\frac{V_{\mathrm{sm}}}{V_{\mathrm{rm}}}\right)^2\cos2\Omega t\right] \tag{9.4.17}$$

可见,单边带信号与同步信号叠加的合成信号的幅度中包含有调制信号的信息$\frac{V_{\mathrm{sm}}}{V_{\mathrm{rm}}}\cos\Omega t$,通过包络检波器可将其解调出来。但是合成矢量的包络变化中还含有调制信号的二次谐波,解调后无法通过低通滤波器将其滤除,从而产生解调失真。二次谐波失真系数为

$$k_{\mathrm{f}_2} = \frac{V_{2\Omega\mathrm{m}}}{V_{\Omega\mathrm{m}}} = \frac{1}{4}\frac{V_{\mathrm{sm}}}{V_{\mathrm{rm}}} \tag{9.4.18}$$

由上分析可知,用叠加型同步检波器解调单边带信号时,为减少失真,要求同步信号幅度 V_{rm} 远大于输入信号幅度 V_{sm}(当 $V_{\mathrm{rm}} > 10V_{\mathrm{sm}}$,$k_{\mathrm{f}_2} < 2.5\%$)。

为了抵消偶次谐波失真,常采用两个非线性器件组成的平衡电路,如图9.4.13所示。

在图9.4.13中,上、下两个包络检波器的输入信号分别是 $v_1 = v_{\mathrm{r}} + v_{\mathrm{s}}$ 和 $v_2 = v_{\mathrm{r}} - v_{\mathrm{s}}$。按照图9.4.13的矢量图,可以分别求出两个合成矢量的幅度 $V_{1\mathrm{m}}$ 和 $V_{2\mathrm{m}}$,这两幅度变化中的基波分量符号相反,偶次谐波分量符号相同。由于输出电压为 $v_{\mathrm{o}} = v_{\mathrm{AV1}} - v_{\mathrm{AV2}}$,抵消了二次及二次以上的偶次谐波,基波输出分量相加,从而改善了失真。

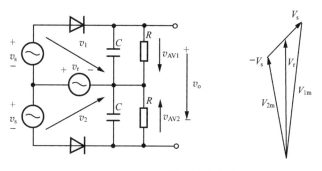

图 9.4.13　平衡同步检波电路

小结:

前面几节分析了以频谱线性搬移为特征的调制解调电路技术。

(1)实现频谱线性搬移的方法是在时域将两信号相乘,第六章介绍的电路技术均可应用于平衡调制器与相干解调电路中,不同的只是输出滤波器。

(2)相干解调需要与载波同频同相的参考信号,此载波提取电路一般用锁相环实现。构成载波提取电路的几个要点是:如何从抑制载波的已调波中产生有关载波的信息,如何消除调制信息,如何设计窄带锁相环路将载波信息提取出来。

(3)为实现数字调制中常用的正交调制,必须产生两个相位差为90°的正交载波,正交载波形成电路分数字和模拟两种,数字电路常用分频法,模拟电路常用移相法。

(4)包络检波器是一种调幅波的非相干解调法,它只适用于 AM 信号。它是靠一个非线性器件控制电容器的充放电,利用电容器的充放电时间常数不同而检出高频信号的包络的变化。为不失真检波,必须合理设置电容器的放电时间常数。叠加型同步检波也是相干

解调的一种方法,但它不是采用乘法器,而是在抑制载波的双边带(或单边带)信号中加入载波,使之变成近似的 AM 信号,然后采用包络检波器。

9.5 调频电路

9.5.1 简述

本节主要介绍模拟信号的调频电路,但分析方法同样适用于数字调制。

由第三章知,产生调频信号的方法主要有两种,一是直接调频法,二是间接调频法。无论是哪一种调频法,对一个调频电路的主要指标可以分为两个方面,一是关于调制性能的,二是关于载频性能的。

关于调制性能的主要要求如下。

(1) 调制特性为线性

调频波的频率偏移与调制电压的关系称为调制特性,为了不失真调制,要求调制特性为线性,如图 9.5.1 所示。实际上调制特性不可能做到完全线性,只能保证在一定的调制电压范围内近似为线性。

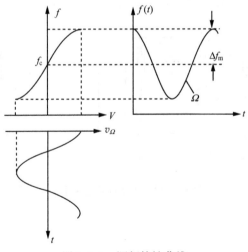

图 9.5.1　调频特性曲线

(2) 调制灵敏度高

单位电压引起的频率偏离量,称为调制灵敏度,$S_{FM} = \dfrac{\Delta f}{\Delta V}$,其单位为 Hz/V。

(3) 最大频偏 Δf_m 满足要求

最大频偏 Δf_m 是指在正常调制电压作用下,调频电路所能达到的最大频率偏离。不同的调频系统对最大频偏 Δf_m 有不同的要求,如调频广播要求 $\Delta f_m = 75kHz$,电视伴音要求 $\Delta f_m = 50kHz$,而无线电话要求 $\Delta f_m = 5kHz$。

(4) 调制电路的频率响应

由于调制信号具有一定的带宽,要求在整个调制信号的频谱宽度内,调制电路的特性,如调制灵敏度、最大频偏都应达到规定的要求。

（5）寄生调幅要小

理想的调频波的幅度是不变的,但在实际系统中是不可能做到的,存在着寄生调幅,要求其值尽量小。

关于载频方面的主要要求是:载频稳定度高。

保证载频有足够高的稳定度是接收机正常接收所必须的,否则可能使调频信号的频谱落到接收机的通带以外,无法收到,且影响邻道。

下面介绍常用的调频方法。

9.5.2　直接调频电路

直接调频电路就是一个振荡器,其振荡频率取决于电路中的电抗元件 L 和 C 的数值,用调制电压控制某个电抗元件的值就可以控制振荡器的频率,这就是直接调频的工作原理。

受控的电抗元件可以是电感或电容,但最常用的是变容二极管,用变容二极管构成的压控振荡器的原理在第七章中已详细介绍。本节只列举几个调频振荡器电路,从产生调频波的角度分析电路性能特点。

1. LC 正弦振荡器直接调频

（1）变容管作为回路总电容

图 9.5.2(a)所示为一直接调频振荡器电路。电阻 R 和电容 C_C 是电源滤波,R_{b1}、R_{b2}、R_E 为晶体管 Q 的直流偏置电阻,保证放大管有合适的增益。R_1、R_2、R_3 为变容二极管的直流偏置电阻,使变容管有一直流负偏压 V_{DQ}。电容 C_b、C_E、C_C 和 C_1、C_2 为高频旁路和隔直流电容,L_C 为高频扼流圈,L_C 和 C_2 共同作用阻止高频振荡信号干扰低频调制源。调制电压 v_Ω 通过 C_3 和 L_C 加到变容二极管上,高频旁路电容 C_2 数值不应过大,否则会引起高音频失真。

该振荡器的高频交流通路图如图 9.5.2(b)所示,振荡回路电感为 L,电容仅为变容二极管电容 C_j。构成电感三点式振荡电路,只要放大器的增益合适,则一定可以起振,振荡频率为 $\omega_{OSC} = \dfrac{1}{\sqrt{LC_j}}$。

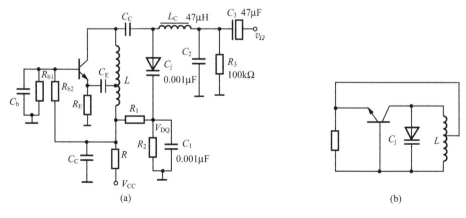

图 9.5.2　变容二极管调频电路(变容管全部接入)

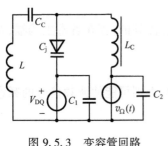

图 9.5.3　变容管回路

包含变容管直流偏置与音频调制信号的振荡回路如图 9.5.3 所示,加在变容二极管两端的电压为 $v_D = -(V_{DQ} + v_\Omega)$。假设调制信号 $v_\Omega(t) = V_{\Omega m}\cos\Omega t$ 为单音频信号,由于变容二极管两端电压为 $v_D = -(V_{DQ} + V_{\Omega m}\cos\Omega t)$,所以[参见式(7.4.2)]

$$C_j = \frac{C_{jo}}{\left(1 + \dfrac{V_{DQ} + V_{\Omega m}\cos\Omega t}{V_B}\right)^n} = \frac{C_{jQ}}{(1 + m\cos\Omega t)^n}$$

$$(9.5.1)$$

式中

$$C_{jQ} = \frac{C_{jo}}{\left(1 + \dfrac{V_{DQ}}{V_B}\right)^n}, \quad m = \frac{V_{\Omega m}}{V_B + V_{DQ}} \qquad (9.5.2)$$

式中,C_{jQ} 为变容管在静态工作点 $-V_{DQ}$ 上的结电容,m 称为电容调制度,反映了结电容受调制电压调变的程度,如图 9.5.4 所示。代入 C_j 表达式,可求出振荡器振荡频率随调制电压的变化规律。

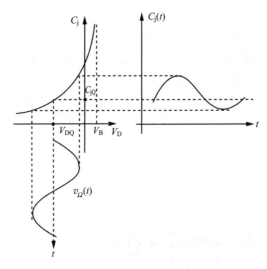

图 9.5.4　变容二极管特性

下面分析该调频振荡器的性能。

1）调制特性。

该调频振荡器的振荡频率 ω_{OSC} 为

$$\omega_{OSC} = \frac{1}{\sqrt{L \cdot \dfrac{C_{jQ}}{(1 + m\cos\Omega t)^n}}} = \omega_c(1 + m\cos\Omega t)^{n/2} \triangleq \omega_c(1 + x)^{n/2} \qquad (9.5.3)$$

式中,$\omega_c = \dfrac{1}{\sqrt{LC_{jQ}}}$ 是调制信号 $v_\Omega(t) = 0$ 时的振荡频率,即为调频波的载频,它由回路电感 L

和处于静态工作点 $-V_{DQ}$ 处的结电容值 C_{jQ} 决定。

当电容变化指数 $n=2$ 时,式(9.5.3)变为

$$\omega_{OSC} = \omega_c(1 + m\cos\Omega t)^{n/2} = \omega_c(1 + m\cos\Omega t) = \omega_c + \Delta\omega(t)$$

频偏 $\Delta\omega(t)$ 与调制信号成正比,调制特性为线性。

当 $n \neq 2$ 时,将式(9.5.3)对变量 $x = m\cos\Omega t$ 展开,忽略三次方以上各项,调制特性为

$$\omega_{OSC}(t) \approx \omega_c\left[1 + \frac{n}{2}x + \frac{n}{2}\frac{\left(\frac{n}{2}-1\right)}{2}x^2\right]$$

$$= \omega_c\left[1 + \frac{1}{8}n\left(\frac{n}{2}-1\right)m^2 + \frac{n}{2}m\cos\Omega t + \frac{1}{8}n\left(\frac{n}{2}-1\right)m^2\cos2\Omega t\right] \quad (9.5.4)$$

可见,当 $n \neq 2$ 时,调制特性为非线性,因为频偏中出现了调制信号的谐波。由此表明在这种振荡回路中仅包含变容二极管结电容的振荡器,欲使调制特性为线性,必须选用 $n=2$ 的超突变结的变容管。

2)最大频偏。由式(9.5.4),线性最大频偏为

$$\Delta\omega_m = \frac{n}{2}m\omega_c = \frac{n}{2} \times \frac{V_{\Omega m}}{V_{DQ} + V_B}\omega_c \quad (9.5.5)$$

最大频偏与调制信号的幅度 $V_{\Omega m}$ 成正比,且载频频率 ω_c 越高,频偏越大。

3)调制失真。由于 $n \neq 2$,频率的变化量 $\Delta\omega(t) = \omega(t) - \omega_c$ 中出现了调制信号的二次谐波分量,二次谐波失真系数为

$$K_{f_2} = \frac{\frac{1}{8}n\left(\frac{n}{2}-1\right)m^2}{\frac{n}{2}m} = \frac{1}{4}\left(\frac{n}{2}-1\right)m \quad (9.5.6)$$

调制信号越大(m 大),失真越大。当 $n=2$ 时,$K_{f_2}=0$,即为线性调频,无失真。

4)载频偏移。由式(9.5.4)看出,当 $n \neq 2$ 时,式中出现了直流分量,即载频出现了偏移,相对偏移量为

$$\frac{\Delta\omega_c}{\omega_c} = \frac{\frac{1}{8}n\left(\frac{n}{2}-1\right)m^2\omega_c}{\omega_c} = \frac{1}{8}n\left(\frac{n}{2}-1\right)m^2 \quad (9.5.7)$$

调制信号越大,偏移量越大,当 $n=2$ 时,没有载频偏移。

5)调制灵敏度。对 $n=2$ 的线性调频,调制灵敏度可表示为最大频偏与最大调制电压之比,则

$$S_{FM} = \frac{\Delta\omega_m}{V_{\Omega m}} = \frac{n}{2} \times \frac{1}{V_{DQ} + V_B}\omega_c \quad (9.5.8)$$

调制灵敏度与载频成正比。由于 ω_c 一般为几十兆到几百兆,所以调制灵敏度很高。

由上分析可知,用变容二极管作为回路总电容的直接调频振荡器的频偏大,调制灵敏度高,这是它的优点,但也使振荡器必然存在载频频率稳定度不高的缺点。例如电源电压变化、温度变化等都会引起变容管 C_{jQ} 的变化,而 C_{jQ} 的变化直接引起了载频 ω_c 的变化。回路中只包含一个变容管电容 C_j 的振荡器频率稳定度不高的另一个原因还在于,振荡回路的高

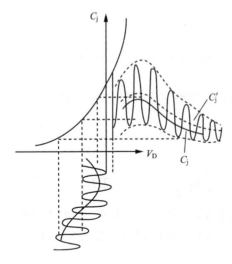

图 9.5.5　变容二极管上高频电压的影响

频电压全部作用在变容管上。变容管电容值 C_j 不仅受到直流偏压 V_{DQ},调制电压 $v_\Omega(t)$,同时还受到高频振荡电压的控制。如图 9.5.5 所示,由于变容管电容变化曲线的非线性,在音频调制电压一周内,由于高频电压的作用,使电容的变化量从 $C_j(t)$ 变为 $C'_j(t)$。此变化量与高频信号的幅度有关,这会使振荡器的幅度不稳定性转变为频率的不稳定性。而且变容管上电压太大,还会使变容管部分时间导通,电阻下降、影响回路 Q 值。因此为了提高调频振荡器的频率稳定度,必须降低调制灵敏度,减少变容管上高频电压幅度,这就引出了下面介绍的变容二极管部分接入回路的直接调频振荡电路。

(2) 变容管部分接入的直接调频振荡电路

振荡器的振荡回路中,除变容管外,还接有其他电容时,称为变容管部分接入。若用图 9.5.6 表示变容管部分接入时振荡回路的一般形式,则振荡回路的总电容为

$$C_\Sigma = C_1 + \frac{C_2 \cdot C_j}{C_2 + C_j}$$

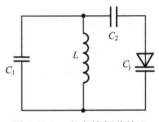

图 9.5.6　变容管部分接入

代入 C_j 随调制电压 $v_\Omega(t) = V_{\Omega m}\cos\Omega t$ 的变化公式(9.5.1),相应的调频特性方程为

$$\omega(t) = \frac{1}{\sqrt{LC_\Sigma}} = \frac{1}{\sqrt{L\left[C_1 + \dfrac{C_2 \cdot C_{jQ}}{C_2 \cdot (1 + m\cos\Omega t)^n + C_{jQ}}\right]}} \tag{9.5.9}$$

则载频为

$$\omega_c = \frac{1}{\sqrt{L\left(C_1 + \dfrac{C_2 \cdot C_{jQ}}{C_2 + C_{jQ}}\right)}}$$

将式(9.5.9)对 $x = m\cos\Omega t$ 展开(本书略),并引入表征变容管部分接入程度的参数 P,即

$$P = (1 + P_1)(1 + P_2 + P_1 P_2) \tag{9.5.10}$$

式中,$P_1 = C_{jQ}/C_2$,$P_2 = C_1/C_{jQ}$,可求得变容管部分接入时直接调频振荡器的最大频偏为

$$\Delta\omega_m = \frac{n}{2} \times \frac{m\omega_c}{P} \tag{9.5.11}$$

与变容管全部接入相比,最大频偏 $\Delta\omega_m$ 减小了 P 倍,这说明振荡器的频率受控制的程度减小了 P 倍,即调制灵敏度降低了 P 倍,这必然使因温度或偏置电压 V_{DQ} 等外界因素的变化而引起的载波频率的变化也减小了 P 倍,则载波频率稳定度提高了 P 倍。同时,由于变

容二极管的部分接入,加到变容管上的高频电压只是回路振荡电压的一部分,减少了高频信号振幅的变化对频率的影响,从而进一步提高了载波频率稳定度。

需要指出的是,若把回路的全部电容等效为一个可变电容,它的等效变容指数一定小于变容二极管的变容指数 n,为了达到线性调频,变容管的电容变化指数 n 必须大于 2,且要正确选择和调整电容 C_1 和 C_2 的值。

图 9.5.7(a)是变容管部分接入的直接调频振荡器典型电路,其中,C_7、C_8、L_{C_4} 为电源滤波网络,电阻 R_1、R_2、R_3 和扼流圈 L_{C_1} 为晶体管 Q 的直流偏置电阻,C_1 为高频旁路电容。为了有效地给变容管加上直流偏置而又不影响高频回路的工作,电路中采用了扼流圈 L_{C_2} 和大电阻 R_4。扼流圈 L_{C_3} 和旁路电容 C_9 用于避免高频振荡电压影响音频调制源,音频调制信号通过 L_{C_2} 和 L_{C_3} 加到变容管上。其高频交流通路图如图 9.5.7(b)所示。振荡器的谐振回路由 L、C_2、C_3、C_5 以及两个串接的变容二极管构成。

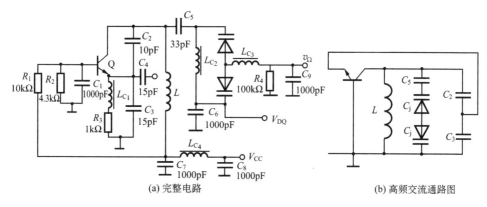

(a) 完整电路　　　　　　　　　　(b) 高频交流通路图

图 9.5.7　变容管部分接入的直接调频振荡器典型电路

分析图 9.5.7(a)电路可知,对于直流偏置 V_{DQ} 和调制信号 $v_\Omega(t)$,两变容管是并联,所以其工作点和受调制状态相同。而对于高频振荡信号,两变容管串联,减少了每只管子所承受的高频电压。该谐振回路的总电容为

$$C_\Sigma = \frac{C_2 \cdot C_3}{C_2 + C_3} + \frac{\dfrac{C_j}{2} \cdot C_5}{\dfrac{C_j}{2} + C_5}$$

振荡器的振荡频率为 $\omega_{OSC} = \dfrac{1}{\sqrt{LC_\Sigma}}$。

2. 晶体直接调频振荡电路

为了进一步提高频率稳定度,可采用变容二极管晶体直接调频电路。但需要注意的是晶体的串联谐振频率 f_q 与并联谐振频率 f_p 相差很小(参见 7.3 节),因此晶体振荡器的可调频率范围很小。一般情况下,相对频偏仅为 0.01% 左右。为了满足最大频偏 Δf_m 的要求,可以采用倍频的方法来扩展频偏。

由于调频波的频率为 $\omega(t) = \omega_c + \Delta\omega_m\cos\Omega t$,将此调频波 n 次倍频后,频率为 $n\omega(t) = n\omega_c + n\Delta\omega_m\cos\Omega t$,载频扩大了 n 倍,最大频偏也同样扩大了 n 倍。

图 9.5.8(a)是由变容管晶体直接调频振荡电路组成的无线话筒发射机。图中晶体管 Q_2 的集电极回路调谐在晶体振荡器的三次谐波 100MHz 上,因此该回路在晶体振荡频率处可视为短路。Q_2 组成的晶体振荡器交流通路图如图 9.5.8(b)所示,为并联型石英晶体振荡器。话音信号由 Q_1 放大后加到变容管上实现了调频。由于达到平衡状态时的振荡器工作于非线性状态,所以 Q_2 的集电极电流中含有丰富的谐波,其三次谐波由集电极回路选中,通过天线输出,完成了载频的三倍频功能,频偏也扩大了三倍。

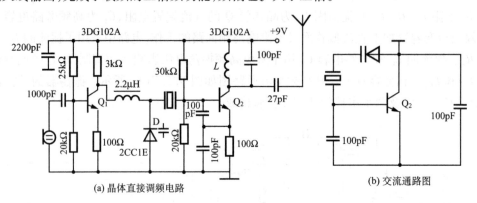

(a) 晶体直接调频电路　　　　　　　　　　(b) 交流通路图

图 9.5.8　变容管晶体直接调频电路及交流通路图

图中 Q_1 为音频放大器,话音信号经 1000pF 耦合输入。耦合电容 1000pF 与放大器的输入阻抗构成了高通滤波,称之为预加重电路,提升高音频信号的传输。在调频波解调电路中再用同样时间常数的去加重电路(低通)恢复音频。在调频系统中采用预加重和去加重的目的是为了抑制高音频噪声分量,提高信噪比。

3. 张弛振荡器直接调频

射极耦合多谐振荡器是最常用的张弛振荡器,在 7.4 节中已详细介绍了它的压控特性。如图 9.5.9 所示,当用音频调制信号控制射极电流 I_0 时,则从 $Q_1(Q_2)$ 的集电极可得调频方波,从电容器 C 两端可得调频三角波。进一步的问题是如何将调频方波和调频三角波转变为调频正弦波。

(1) 滤波法

第一种方法是滤波法。图 9.5.10 所示分别为调制信号 $v_\Omega(t)$、方波载波 $v_c(t)$ 和调频方波 $v(t)$。

用双向开关函数 $S_2(\omega t)$ 来描述方波载波,则 $v_c(t) = V_{cm} S_2(\omega_c t)$。设调制信号为 $v_\Omega(t) = V_{\Omega m}\cos\Omega t$,由于调频波的相位为 $\varphi(t) = \omega_c t + m_f\sin\Omega t$,所以调频后的方波为

$$v(t) = V_{cm} S_2(\omega_c t + m_f\sin\Omega t) \tag{9.5.12}$$

令 $\tau = t + \dfrac{m_f}{\omega_c}\sin\Omega t$,上式可改写为

$$
\begin{aligned}
v(t) &= V_{cm} S_2(\omega_c\tau) \\
&= \frac{4}{\pi}V_{cm}\cos\omega_c\tau - \frac{4}{3\pi}V_{cm}\cos3\omega_c\tau + \frac{4}{5\pi}V_{cm}\cos5\omega_c\tau\cdots
\end{aligned}
$$

$$= \frac{4}{\pi}V_{cm}\cos(\omega_c t + m_f \sin \Omega t) - \frac{4}{3\pi}V_{cm}\cos(3\omega_c t + 3m_f \sin \Omega t)$$

$$+ \frac{4}{5\pi}V_{cm}\cos(5\omega_c t + 5m_f \sin \Omega t)\cdots \tag{9.5.13}$$

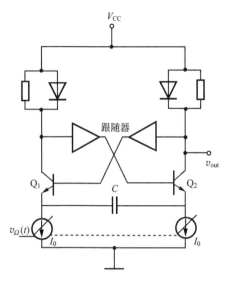

图 9.5.9　张弛振荡器直接调频

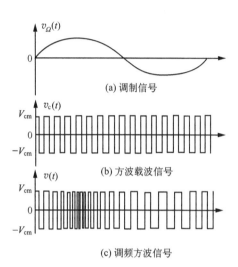

图9.5.10　调制信号、方波载波和调频方波

由此可见,一个单音调制的调频方波可以分解成调频的基波和它的奇次谐波之和。这些谐波的载频提高了 n 倍,调频指数扩大了 n 倍,因此相应占有的频谱宽度也几乎扩大了 n 倍,如图 9.5.11 所示。如果将此调频方波通过中心频率为 $n\omega_c$,通频带为 BW $= 2(n \cdot m_f + 1)F$ 的带通滤波器,则从中就可取出载频为 $n\omega_c$ 的调频正弦波。

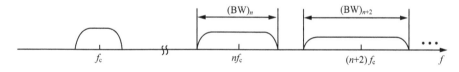

图 9.5.11　调频方波的频谱

为了取出不失真的调频正弦波,要求各次谐波的有效频谱不重叠,如图 9.5.11 所示。即要求

$$\frac{(BW)_{n+2} + (BW)_n}{2} < 2f_c \tag{9.5.14}$$

式中,$(BW)_{n+2}$ 和 $(BW)_n$ 分别为调频方波中的第 n 次和第 $(n+2)$ 次谐波的有效频带宽度。对调频三角波也可以采用同样的方法,从中取出调频正弦波。

(2) 非线性网络变换法

将调频三角波 $v_i(t)$ 通过传递函数为

$$v_o(t) = A\sin\left[\frac{\pi}{2V_m}v_i(t)\right] \tag{9.5.15}$$

的非线性网络,其中,V_m 是三角波的幅值,则可将其变换为调频正弦波,如图9.5.12 所示。

变换网络的非线性特性,可用分段线性逼近,在图 9.5.13 中,将非线性用七段折线逼近,而该网络用分立元件的具体实现如图 9.5.14 所示。在单片集成电路中,该非线性变换功能可采用发射极带负反馈电阻的双极晶体管差分放大器或多级 MOS 差分对并联电路来逼近。

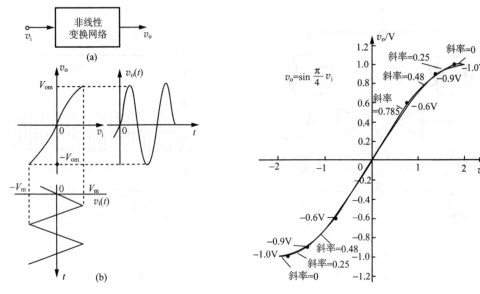

图 9.5.12　调频三角波变换为调频正弦波　　　　图 9.5.13　分段线性逼近

张弛振荡器产生的调频波频偏大,调制线性好,不需要调谐回路,易于集成,因此被广泛采用,它的缺点是工作频率不能做得很高,限于几十兆赫。

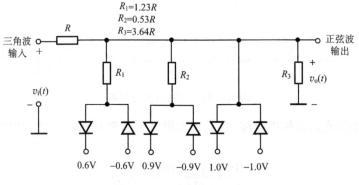

图 9.5.14　分段线性电路

9.5.3　间接调频电路

间接调频方案见 3.2.2 节,将经过积分的调制信号对载波进行调相,就可得到调频波。由于它的载波可以从高稳定的晶体振荡器获得,因此间接调频法产生的调频波具有较高的频率准确度与稳定度。间接调频的核心电路是调相电路,调相的方法有很多种,下面主要介绍可变移相法与可变时延法。

1. 可变移相法调相电路

可变移相法调相的实质是将频率为 ω_c 的载波信号通过中心频率受调制信号控制的谐振回路,则输出将是相位受调制的信号。图 9.5.15(a) 是简化的调相电路,其中,谐振回路由电感 L 与变容二极管 C_j 组成,C_C 是高频旁路电容,对音频应开路,L_C 是高频扼流圈,对音频应短路。

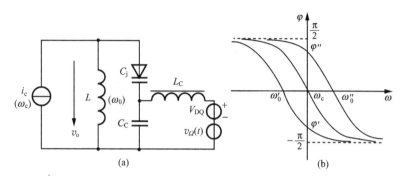

图 9.5.15 变容二极管调相

设单音调制信号为 $v_\Omega(t) = V_{\Omega m}\cos\Omega t$,变容管所加电压为
$$v_D = -(V_{DQ} + V_{\Omega m}\cos\Omega t)$$

当调制电压为零时,谐振回路的中心频率是 $\omega_0 = \dfrac{1}{\sqrt{LC_{jQ}}}$。加上调制后,该回路的中心频率随

调制电压的变化而变化。当电容调制度 $m = \dfrac{V_{\Omega m}}{V_{DQ} + V_B}$ 较小时,根据式(9.5.4)可得

$$\omega_0(t) \approx \omega_0\left(1 + \frac{n}{2}m\cos\Omega t\right) = \omega_0 + \Delta\omega_0(t) \tag{9.5.16}$$

该式是在忽略了 m 的二次方及二次方以上各项得到的。

设图 9.5.15(a) 中载波电流源 $i_c = I_{cm}\cos\omega_c t$,则谐振回路输出电压为
$$v_o(t) = I_{cm} \cdot |z(\omega_c)| \cdot \cos[\omega_c t + \varphi_z(\omega_c)] \tag{9.5.17}$$
$|z(\omega_c)|$ 和 $\varphi_Z(\omega_c)$ 分别是谐振回路在 $\omega = \omega_c$ 处阻抗的模和相移,即
$$\varphi_Z(\omega_c) = -\arctan 2Q_e \frac{\omega_c - \omega_0(t)}{\omega_0(t)}$$

式中,Q_e 是回路的有载 Q 值。由上式可见,回路输出电压相对于频率为 ω_c 的输入载波的相移 $\varphi_Z(\omega_c)$ 与包含在 $\omega_0(t)$ 中的调制电压 $v_\Omega(t)$ 有关。在式(9.5.16)中,若令 $\omega_0 = \omega_c$,则有

$$\varphi_Z(\omega_c) = -\arctan 2Q_e \frac{\omega_c - [\omega_c + \Delta\omega_0(t)]}{\omega_c + \Delta\omega_0(t)} = -\arctan 2Q_e \frac{-\Delta\omega_0(t)}{\omega_c + \Delta\omega_0(t)}$$

当满足条件 $|\varphi_Z(\omega_c)| < \dfrac{\pi}{6}$ 时[一般调频波均满足 $\Delta\omega_0(t) \ll \omega_c$],上式可简化为

$$\varphi_Z(\omega_c) \approx 2Q_e \frac{\Delta\omega_0(t)}{\omega_c}$$

代入式(9.5.16)得

$$\varphi_Z(t) \approx nmQ_e \cos\Omega t = m_p \cos\Omega t \tag{9.5.18}$$

式中,$m_p = nmQ_e$ 为最大相移。

可见输出电压的相移正比于调制信号,实现了调相。不失真线性调相的条件是最大相移 m_p 必须限制在 $\frac{\pi}{6}$ 以内。在式(9.5.17)中,由于 $|z(\omega_c)|$ 也随调制电压而变化,因此输出电压的幅度中存在着不希望有的寄生调幅。

为了增大 m_p,可以采用几级回路级连,如图 9.5.16 所示。图中各谐振回路间用 1pF 的小电容相连,以保证弱耦合互不影响。因此总的相移是每级相移之和,该三级回路最大相移可达 $\frac{\pi}{2}$。

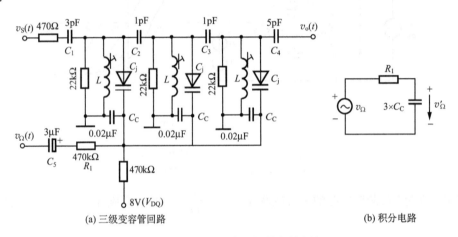

(a) 三级变容管回路　　　　　　　　　　　(b) 积分电路

图 9.5.16　三级变容二极管间接调频

在图 9.5.16 中变容管的直流偏压为 V_{DQ},电容 C_5($3\mu F$)为隔直流电容。为了实现调频,必须先对调制信号 $v_\Omega(t)$ 积分。积分电路由电阻 R_1(470kΩ)和三个并联电容 C_C 组成,加到电容 C_C 的电压即为变容管的调制电压,如图 9.5.16(b)所示。由于

$$\dot{V}'_\Omega = \frac{\dot{V}_\Omega}{R_1 + \dfrac{1}{j\Omega C'_C}} \times \frac{1}{j\Omega C'_C} = \frac{\dot{V}_\Omega}{1 + j\Omega C'_C R_1}$$

式中,$C'_C = 3 \times C_C$ 为图中三个 $0.02\mu F$ 电容并联。只要 $\Omega C'_C R_1 \gg 1$,调相电压近似为 $\dot{V}'_\Omega \approx \dfrac{\dot{V}_\Omega}{j\Omega C'_C R_1}$,它是调制电压 $v_\Omega(t)$ 的积分,因此,输出 $v_o(t)$ 为调频波。回路并联电阻 22kΩ 用于控制有载 Q_e。

2. 可变时延调相法

如果载波信号通过某一电路时,其迟延时间 τ 受到调制信号的控制,即 $\tau = kv_\Omega(t)$,k 为常数,则该输出信号可以表示为

$$v_o(t) = V_m \cos[\omega_c(t - \tau)] = V_m \cos[\omega_c t - k\omega_c v_\Omega(t)]$$
$$= V_m \cos(\omega_c t - m_p \cos\Omega t)$$

式中,$m_{\mathrm{p}} = k\omega_{\mathrm{c}} V_{\Omega\mathrm{m}}$。由于输出信号 $v_{\mathrm{o}}(t)$ 的相位与调制信号成正比,所以是一调相波。该方法称为可变时延调相法,具体实现方框如图 9.5.17(a)所示。

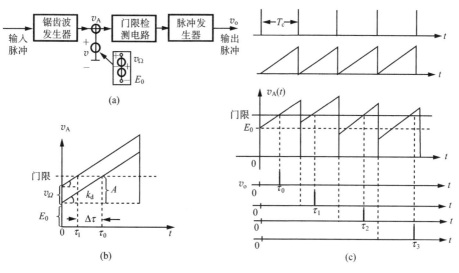

图 9.5.17　可变时延法调相

主振信号通过脉冲形成电路(放大、限幅、微分、整流),产生正的等幅等宽的窄脉冲,如图 9.5.17(c)所示。用此脉冲触发锯齿波发生器,产生重复周期为 $T_{\mathrm{c}} = \dfrac{2\pi}{\omega_{\mathrm{c}}}$ 的锯齿波。将此锯齿波与一直流电源 E_0 和交流调制信号 $v_{\Omega}(t)$ 相叠加共同作用于门限检测电路。调整直流电源 E_0,使调制电压 $v_{\Omega}(t) = 0$ 时,门限检测器的门限电平位于锯齿波的中点,见图 9.5.17(b)。当锯齿波电压超过门限电平时,门限检测器翻转,产生的电压跳变触发脉冲发生器,输出一脉冲 v_{o},图 9.5.17(c)所示。当叠加了调制电压后,由于调制信号的变化,改变了输出脉冲 v_{o} 的时延时间。如果锯齿波有良好的线性,则时延 τ 受调制电压的控制是线性的。

在图 9.5.17(b)中,设锯齿波的上升斜率为 K_{d},上升幅度为 $2A$。当调制电压 $v_{\Omega} = 0$ 时,载波对应的触发脉冲在 τ_0 处,$\tau_0 = \dfrac{A}{K_{\mathrm{d}}}$。而对应于 $v_{\Omega} \neq 0$ 时,触发脉冲的时间为 $\tau_1 = \dfrac{A - v_{\Omega}}{K_{\mathrm{d}}}$。则该脉冲相对载波的时延差为

$$\Delta\tau = \tau_1 - \tau_0 = -\frac{v_{\Omega}}{K_{\mathrm{d}}} \qquad (9.5.19)$$

式中负号表示 v_{Ω} 为正时,脉冲超前。上式表明调制电压线性地控制时延,也即线性地控制了输出脉冲的相移。将此调相脉冲通过滤波器,便可取出所需的某次谐波的调相正弦波。

可变时延调相的最大相移取决于它的最大时延。设锯齿波的正程扫描时间占 $0.8T_{\mathrm{c}}$,T_{c} 为锯齿波的周期,则最大时延差 $\Delta\tau_{\mathrm{m}} = \pm 0.4T_{\mathrm{c}}$。所以由滤波器取出的基频调相波的最大相移 m_{p} 为

$$m_{\mathrm{p}} = \omega_{\mathrm{c}}\Delta\tau_{\mathrm{m}} \leqslant \frac{2\pi}{T_{\mathrm{c}}} \times 0.4T_{\mathrm{c}} \leqslant 0.8\pi \qquad (9.5.20)$$

可变时延调相又称为脉冲调相,它的调制线性较好,最大相移也较大,广泛用于调频广播发射机中。

3. 矢量合成法调相

一个单音频调制的调相波,可以展开为

$$v(t) = V_{cm}\cos(\omega_c t + m_p\cos\Omega t)$$
$$= V_{cm}\cos\omega_c t\cos(m_p\cos\Omega t) - V_{cm}\sin\omega_c t\sin(m_p\cos\Omega t)$$

当 $m_p < \dfrac{\pi}{12}$ rad 时,$\cos(m_p\cos\Omega t) \approx 1$,$\sin(m_p\cos\Omega t) \approx m_p\cos\Omega t$,则上式化简为

$$v(t) = V_{cm}\cos\omega_c t - V_{cm}m_p\cos\Omega t\sin\omega_c t \tag{9.5.21}$$

可见,一个窄带调相波可以等效为一个载波矢量 $v(t) = V_{cm}\cos\omega_c t$ 和一个正交的双边带矢量 $v(t) = V_{cm}m_p\cos\Omega t\sin\omega_c t$ 的合成,称此为矢量合成法。实现方框图如图9.5.18所示。

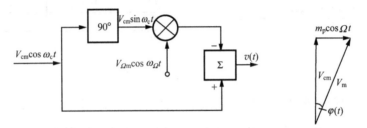

图 9.5.18 矢量合成法调相方框图

4. 间接调频的频偏扩展

用间接调频法实现调频波时,能取得的最大频偏是多少?下面通过数据来说明。假设某等幅多音频信号,其频率范围为 $F = 100\text{Hz} \sim 3\text{kHz}$,如图9.5.19(a)所示,用其作为调制信号产生的调频波,由于各调制信号的幅度相等,因此调频波的最大频偏 $\Delta\omega_m = kV_{\Omega m}$ 也一定相同。若调频电路采用可变移相间接调频实现时,首先应对调制信号积分。

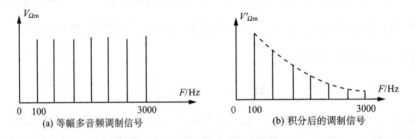

(a) 等幅多音频调制信号   (b) 积分后的调制信号

图 9.5.19 等幅的调制信号积分

等幅的调制信号积分后,在调制频率最低处幅度最大,如图9.5.19(b)所示。为了不失真调制,可变移相法的最大相移 $m_p < \dfrac{\pi}{6}$,这个最大相移必须在幅度最大的最低调制频率处得到限制。因此输出调频波的最大频偏为

$$\Delta f_{\mathrm{m}} = m_{\mathrm{p}} F = \frac{\pi}{6} \times 100 = 52(\mathrm{Hz})$$

与直接调频相比,间接调频的特点:一是偏频小,二是最大相移(从而最大频偏)与载频无关,它是由线性移相条件限制的一个常数。如单级调谐回路可变移相法 m_{p} 为 $\frac{\pi}{6}$,可变时延法 m_{p} 为 0.8π,矢量合成法是 $\frac{\pi}{12}$,它们不能像直接调频法那样,通过在比较高的载频下调制,获得大的频偏,但是降低载频值,也不影响间接调频电路的频偏大小。

最大线性频偏是调频电路的一个重要指标,用间接调频法产生调频波时如何保证该指标达到要求呢。我们知道,对频率进行加、减、乘、除运算,可以改变载频或频偏的大小。例如,将频率为 $\omega(t) = \omega_{\mathrm{c}} + \Delta \omega_{\mathrm{m}} \cos \Omega t$ 的调频波与频率为 ω_{L} 的本振信号混频,由于混频是频率的加、减运算,它只改变调频波载频的大小而不改变频偏。而将调频波倍频,则载频与频偏扩大同样倍数。所以,用间接调频法实现调频波时,可以在相对较低的载频上进行调相,然后通过倍频同时增大载频和频偏,还可以通过与某一本振信号混频,改变载频的大小而保持频偏不变。采用这些综合措施使载频与频偏两者均满足要求。需要提醒的是,为了保证电路的可实现性,调相电路的载频也不能取得太低,它至少要比最高调制频率高 10 倍以上。

9.6 鉴频电路

9.6.1 简述

对调频波的解调也称为鉴频,它是将调频波的频率变化规律(也即调制信号)变换为输出电压。理想的调频波应该是等幅的,对于带有寄生调幅或幅度受到干扰的调频波,在鉴频器前一般都加限幅器,用以消除调频波的寄生调幅,提高鉴频器输出的信噪比。

1. 鉴频器的主要性能指标

1)鉴频器的中心频率。在接收机中,鉴频器位于中频放大器之后,鉴频器的中心频率必须与其中频数值一致。

2)鉴频特性线性度。典型的鉴频特性曲线如图 9.6.1 所示。由图可见,当调频波的频率左、右偏离其中心频率时,鉴频器输出电压的正、负极性及大小均改变,实现了频率至电压的变换。为了不失真解调,鉴频特性曲线在一定范围内必须呈线性。

3)鉴频灵敏度 S_{D}。鉴频灵敏度表示鉴频器将输入信号的频率变化转换为电压的能力。它定义为在中心频率 f_{c} 处,电压增量 ΔV 与频率变化量 Δf 之比

$$S_{\mathrm{D}} = \frac{\Delta V}{\Delta f} \tag{9.6.1}$$

单位为 V/Hz。

4)线性鉴频范围 $2\Delta f_{\mathrm{m}}$。鉴频器能够不失真解调所允许的输入信号频率变化的最大范围,也称为鉴频器的带宽。要求 $2\Delta f_{\mathrm{m}}$ 大于输入调频波的最大频偏值的两倍。

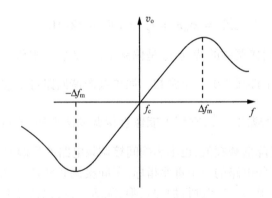

图 9.6.1　典型鉴频特性曲线

2. 鉴频的主要方法

鉴频电路的种类很多,但归纳其工作原理大致可以分为以下四种。

（1）斜率鉴频

将等幅调频波通过一线性网络,将其频率变化规律转移到幅度的变化上,输出一调幅调频波,然后再用包络检波器检出其幅度变化,从而实现了鉴频,其实现方框图见图 9.6.2(a)所示。

（2）正交鉴频

将调频波通过一线性网络,将其频率变化规律变成附加的相位变化,然后用相位检波器检出两信号的相位差,从而实现了鉴频。其实现方框如图 9.6.2(b)所示。正交鉴频是目前集成电路中用得最多的鉴频方法。

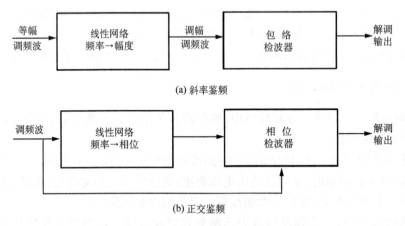

图 9.6.2　鉴频原理方框图

（3）脉冲计数式鉴频

将调频波通过一非线性网络,如图 9.6.3(a)所示,经过放大、限幅、微分、整流、脉冲成形,输出一串宽度为 τ 的调频脉冲序列。由于该脉冲序列的疏密反映输入信号瞬时频率的变化,将该脉冲序列通过低通滤波器,取出其平均分量,便可得到所需的调制电压,如图 9.6.3(b)所示。

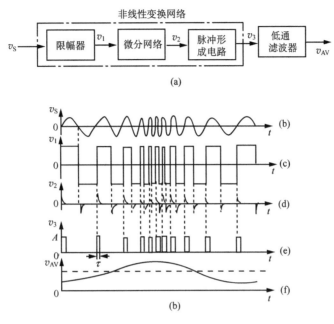

图9.6.3 脉冲计数式鉴频方框图

设调频波的频率为 $f(t) = f_c + \Delta f(t)$，则周期为 $T(t) = \dfrac{1}{f(t)}$。又设调频脉冲序列的幅度为 A，宽度为 τ，则其在一周内的平均分量为

$$v_{AV} = A \frac{\tau}{T(t)} = A\tau[f_c + \Delta f(t)] \tag{9.6.2}$$

平均分量 v_{AV} 反映了输入调频波频率的变化 $\Delta f(t)$。也可以将该脉冲序列送入一脉冲计数器计数，计数值的多少也就反映了调制信号的大小。

在应用该方法鉴频时要注意对调频波的最高频率的限制。为了不失真的解调，调频脉冲序列不能重叠，因此，调频脉冲序列的脉冲宽度 τ 与调频波的最小周期 $T_{\min}\left(T_{\min} = \dfrac{1}{f_{\max}}\right)$ 之间必须满足下列条件：

$$\tau < T_{\min} = \frac{1}{f_c + \Delta f_m} = \frac{1}{f_{\max}} \tag{9.6.3}$$

即脉冲宽度越窄，调频波的工作频率可以越高，但是脉冲宽度 τ 受到脉冲形成电路所能达到的最小宽度 $\tau_{\min}$ 的限制，而 $f_{\max} = \dfrac{1}{\tau_{\min}}$。所以脉冲计数式鉴频器的工作频率最高一般只到10MHz。但是脉冲计数式鉴频器的线性鉴频范围大，易于集成，这些都是它的优点。

（4）锁相鉴频

锁相鉴频是一种性能优良的鉴频电路，它允许输入调频波有较低的信噪比门限电平。

下面详细分析这些鉴频电路。

9.6.2 限幅电路

限幅器由非线性元件和谐振回路所组成，它的作用是将具有寄生调幅的调频波变换为等幅的调频波。限幅器的限幅特性如图 9.6.4 所示,主要有两项指标来衡量其优劣。一是限幅输出电压的平坦程度,要求越平坦越好;二是限幅门限电平 V_p,定义为输出限幅电平下降 3dB 时对应的输入电平,如图 9.6.4 所示,有时也称 -3dB 限幅灵敏度。

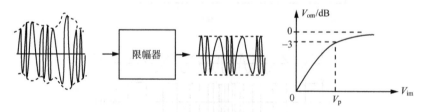

图 9.6.4　限幅特性

限幅器有多种实现电路,集成电路中最常用的是差分对放大器,如图 9.6.5(a) 所示。由图可见,当差模输入电压 $|v_{id}| > 100$mV 时,一管截止,另一管电流受限于 I_E,导致集电极电流顶部被削平,所含的基波分量幅度趋于恒定,然后由谐振回路取出幅度恒定的调频基波电压。

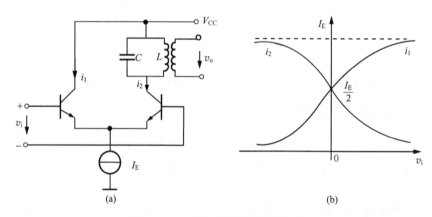

图 9.6.5　差分对限幅器及其波形

采用差分放大器限幅的优点在于它不是利用晶体管的饱和限幅,而是利用它的截止限幅,因此它不受基区载流子存储效应的影响,工作频率较高。而且两管对称,输出谐波少。

在实际的调频接收机中,常采用多级差分放大器级联构成限幅中频放大电路,这样既保证了足够高的中频增益,又降低了限幅门限电平,见后面图 9.6.12 所示。

用两只二极管构成的双向限幅器也具有较好的限幅特性,如图 9.6.6 所示。此限幅器的传输特性可看成由三段折线组成。当 $|v_i| < V_{D(on)}$ 时,二极管截止,折线的斜率为 $\dfrac{R_L}{R + R_L}$,当 $|v_i| > V_{D(on)}$ 后,二极管导通,折线的斜率为 $\dfrac{R_L // R_D}{R + R_L // R_D} \approx \dfrac{R_D}{R + R_D}$,$R_D$ 是二极管的导通电阻。由于 $R_D \ll R_L$,所以二极管导通后的传输特性斜率远小于二极管截止时的斜率。也就是说,$|v_i| > V_{D(on)}$ 后输出电压 v_0 随输入电压 v_i 的变化而变化很小,实现了限幅。

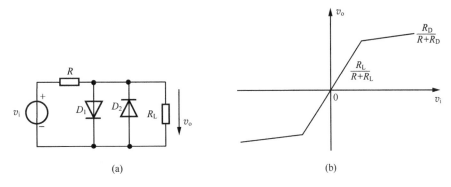

图 9.6.6　二极管限幅电路与特性

9.6.3　斜率鉴频

斜率鉴频采用图 9.6.2(a) 原理, 电路由两部分组成, 一是完成频-幅变换功能的线性网络, 二是包络检波器。本节主要介绍频-幅变换网络的实现, 然后讨论鉴频器的鉴频特性。

我们知道, 对于一个正弦稳态信号 $v_S(t) = V_{Sm}\cos\omega_c t$, 设其频谱函数为 $F_S(j\omega)$, 当它通过传递函数为 $A(j\omega) = A(\omega)e^{j\varphi_A(\omega)}$ 的线性网络时, 输出信号的频谱函数 $F_2(j\omega)$ 为

$$F_2(j\omega) = A(j\omega)F_S(j\omega) = A(\omega)F_S(j\omega)e^{j\varphi_A(\omega)} \tag{9.6.4}$$

输出信号的时间表达式为

$$v_2(t) = F^{-1}[F_2(j\omega)] \tag{9.6.5}$$
$$= V_{Sm}A(\omega_c)\cos[\omega_c t + \varphi_A(\omega_c)]$$

如果 $v_S(t)$ 是调频波, 即 $v_S(t) = V_{Sm}\cos[\omega_c t + m_f\sin\Omega t]$, 严格地说, 它不是正弦稳态信号, 因为它的频率 $\omega(t) = \omega_c + \Delta\omega_m\cos\Omega t$ 是瞬变的, 当它通过上述线性网络时, 式(9.6.5) 不成立, 那么输出信号会如何变化?

如果输入信号及输入信号与线性网络间满足下列两个条件: ①$\omega_c \gg \Omega$, $\omega_c \gg \Delta\omega_m$, 也即调频波的频率变化相对于载频是很慢和很小的; ②网络的 3dB 带宽大于输入调频波的有效频谱宽度, 则称此调频波对线性系统满足了准稳态条件。此时, 网络的输出响应能跟得上输入调频波瞬时频率的变化, 输出信号仍可表示为式(9.6.5)形式, 只是将 ω 用 $\omega(t) = \omega_c + \Delta\omega_m\cos\Omega t$ 代入即可。因此有

$$v_2(t) = V_{Sm}A(\omega_c + \Delta\omega_m\cos\Omega t)\cos[\omega_c t + m_f\sin\Omega t + \varphi_A(\omega_c + \Delta\omega_m\cos\Omega t)]$$
$$= V_{2m}(t)\cos[\omega_c t + m_f\sin\Omega t + \varphi_A(\omega_c + \Delta\omega_m\cos\Omega t)] \tag{9.6.6}$$

输出信号 $v_2(t)$ 的幅度 $V_{2m}(t)$ 是输入信号的幅度乘以线性网络的幅频特性 $A(\omega)$。因此有 $V_{2m}(t) = V_{Sm}A(\omega_c + \Delta\omega_m\cos\Omega t)$。

由此可见, 为了将调频波的频率变化转变到幅度的变化上, 必须要求线性网络的幅频特性满足 $A(\omega) = A_0\omega$, 即幅度与频率成线性关系, 如图 9.6.7 所示。

一个失谐的并联谐振回路就具有此功能。

1. 单失谐回路斜率鉴频电路

电路如图 9.6.8 所示。由谐振回路 L_1C_1 与包络检波器组成。所谓失谐是指谐振回路的中心频率与输入调频波的载频不等。为了线性鉴频,ω_c 应处于回路幅频特性斜边线性较好段的中点,如图 9.6.8(b) 所示。等幅的调频波 $v_S(t)$ 经失谐回路耦合后,得到作为包络检波器的输入端电压 $v_2(t)$,$v_2(t)$ 为调频调幅波,如图 9.6.8(b) 所示,其幅度为 $V_{2m}(t) = V_{Sm}A(\omega)$,失谐回路完成了将调频波的频率变化转移到了幅度的变化上。设包络检波器的检波效率为 k_d,则包络检波器输出为

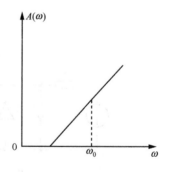

图 9.6.7 斜率鉴频线性
网络幅频特性

$$v_{AV} = k_d V_{Sm} A(\omega) \tag{9.6.7}$$

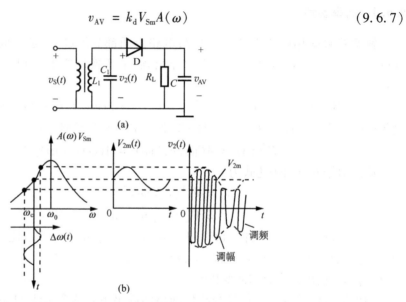

图 9.6.8 单失谐回路鉴频电路及特性

若谐振回路幅频特性的斜边部分满足 $A(\omega) = A_0\omega$,则

$$v_{AV} = k_d V_{Sm} A_0 \times (\omega_c + \Delta\omega_m \cos\Omega t)$$

实现了线性鉴频。

实际上失谐回路的斜边不是线性的,因此不可能做到不失真鉴频,而且其允许频率的变化范围也很小,鉴频器的带宽很窄,为此实际上常采用两个单失谐回路构成的平衡电路。

2. 双失谐回路斜率鉴频器

原理电路如图 9.6.9(a) 所示,两个回路分别失谐于载频 f_c 的左右两边。

两个包络检波器的输入信号幅度分别为 $V'_{2m}(t) = V_{Sm}A_1(\omega)$,$V''_{2m}(t) = V_{Sm}A_2(\omega)$,输出电压为 $v_{AV1} = k_d V_{Sm} A_1(\omega)$,$v_{AV2} = k_d V_{Sm} A_2(\omega)$,鉴频器输出电压为

$$v_o = v_{AV1} - v_{AV2} = k_d V_{Sm} [A_1(\omega) - A_2(\omega)] \tag{9.6.8}$$

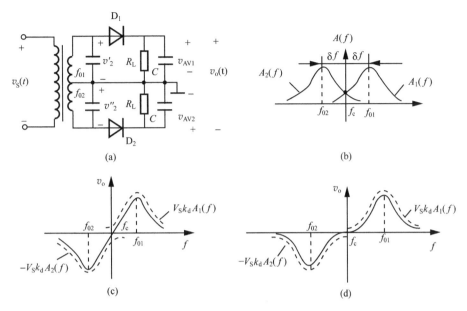

图 9.6.9　双失谐回路斜率鉴频电路及特性

由上式可见,鉴频器的鉴频特性曲线为两个失谐回路的谐振曲线之差,如图 9.6.9(c)所示。由于采用了平衡电路,上、下两个单失谐回路特性的非线性可以互相补偿,鉴频器输出非线性失真减少,线性鉴频范围扩大,鉴频灵敏度提高。但特别要注意合适调整两失谐回路的中心频率 f_{01} 和 f_{02} 对载频 f_c 失谐量 δf 的大小,如图 9.6.9(b)所示,否则会影响鉴频特性曲线,使鉴频器性能变差,如图 9.6.9(d)所示。

9.6.4　正交鉴频

正交鉴频的电路组成方框如图 9.6.2(b)所示,它由完成频-相转换功能的线性网络及相位检波器两部分组成。相位检波器又称鉴相器,各种鉴相电路结构与原理在第八章已详细介绍。由于需要鉴频的调频波不一定能达到数字逻辑电平值,因此在正交鉴频器中所用的鉴相器是用模拟乘法器(Gilbert 乘法单元)实现,不用其他的数字鉴相器。由第八章的分析可知,欲使模拟乘法器的鉴相特性呈过原点的正弦鉴相特性,使其在相位差 $\Delta\varphi = -\dfrac{\pi}{2} \sim \dfrac{\pi}{2}$ 间,鉴相输出电压与相位差一一对应,则鉴相器的两输入信号应正交,正交鉴频的名称也由此而来。下面分析实现频相转换功能的线性网络电路。

最常用的频相转换网络如图 9.6.10(a)所示。

它由电容 C_1 及并联谐振回路 LCR_P 组成。设输入调频波电压

$$v_1(t) = V_{1m}\cos(\omega_c t + m_f\sin\Omega t)$$

将图 9.6.10(a)电路化为图 9.6.10(b),其中,$\dot{I}_1 = j\omega C_1\dot{V}_1$。

在图 9.6.10(b)中,令等效并联谐振回路的中心频率 ω_0 与输入调频波的载频相等,即

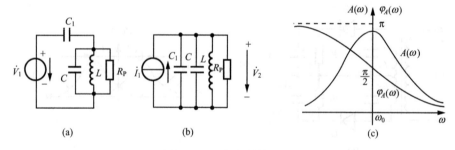

图 9.6.10　频相转换网络

$$\omega_0 = \frac{1}{\sqrt{L(C_1 + C)}} = \omega_c \tag{9.6.9}$$

并联谐振回路的 Q 值为

$$Q_e = \frac{R_P}{\omega_0 L} = R_P \omega_0 (C_1 + C) \tag{9.6.10}$$

当调频波的频偏不是很大,也即输入信号对回路失谐不太大时,输出电压

$$\dot{V}_2 = \dot{I}_1 \dot{Z}(\omega) = j\omega C_1 \dot{V}_1 \frac{R_P}{1 + j2Q_e \frac{[\omega(t) - \omega_0]}{\omega_0}} = \frac{j\omega C_1 R_P}{1 + j\xi} \dot{V}_1 \tag{9.6.11}$$

式中,$\xi = 2Q_e \dfrac{\omega(t) - \omega_0}{\omega_0}$ 表示输入信号频率 $\omega(t)$ 对回路中心频率 ω_0 的广义失谐。

$$\dot{V}_2 = \dot{V}_1 \frac{\omega C_1 R_P}{\sqrt{1 + \xi^2}} e^{j\frac{\pi}{2}} e^{j\Delta\varphi} \approx A(\omega) \dot{V}_1 e^{j\varphi_A} \tag{9.6.12}$$

$A(\omega) e^{j\varphi_A}$ 表示由 C_1 与 LCR_P 组成的线性网络的传递函数

$$\varphi_A = \frac{\pi}{2} + \Delta\varphi$$

式中

$$\Delta\varphi = -\arctan\xi = -\arctan 2Q_e \frac{\omega(t) - \omega_0}{\omega_0} \tag{9.6.13}$$

此线性网络的幅频和相频特性如图 9.6.10(c) 所示。

由于 $\omega(t) - \omega_0 = \omega_c + \Delta\omega(t) - \omega_0 = \Delta\omega(t)$,且一般有 $\Delta\omega(t) \ll \omega_c$,当满足条件 $|\Delta\varphi| < \dfrac{\pi}{6}$ 时,式(9.6.13)可写为

$$\Delta\varphi \approx -\xi = -2Q_e \frac{\Delta\omega(t)}{\omega_c} \tag{9.6.14}$$

因此,调频波 $v_1(t)$ 经过线性网络后的输出电压 $v_2(t)$ 与输入信号 v_1 的相位差 φ_A 为

$$\varphi_A = \frac{\pi}{2} - 2Q_e \frac{\Delta\omega(t)}{\omega_c} \tag{9.6.15}$$

可见,$v_1(t)$ 与 $v_2(t)$ 两信号正交,且 v_2 对 v_1 的相移 $\Delta\varphi$ 与输入信号 v_1 的频偏成正比,该线性网络完成了正交与频-相转换两个功能。

画出正交鉴频原理电路如图 9.6.11 所示,其中,乘法器和低通滤波器构成一个鉴相器。

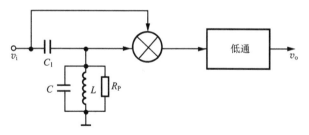

图 9.6.11　正交鉴频原理电路

移相网络的参数可按以下方法估算。首先确定能确保移相网络为线性相移的回路 Q 值。根据式(9.6.14)且线性移相时应满足的条件 $|\Delta\varphi| < \frac{\pi}{6}$,求得相对失谐 $\xi < 0.577$。则由式(9.6.14)可知

$$Q_e < 0.577 \frac{f_c}{2\Delta f_m} \tag{9.6.16}$$

式中,f_c 是调频波载频,Δf_m 为调频波最大频偏。由式(9.6.9)和(9.6.10)求出移相网络的参数。电容 C_1 一般是做在集成块内的,为 5 ~ 10pF,取 R_P 约为 20 ~ 60kΩ 之间,则可求出电容 C 和电感 L。

由于正交鉴频电路简单,调试方便,它是目前 FM 接收机中应用最为广泛的 FM 解调电路,图 9.6.12 是窄带 FM 中频集成电路 LM3361 中的中频放大与鉴频部分电路。LM3361 常用于二次混频的窄带 FM 接收机,II 中频频率是 455kHz,最大频偏 Δf_m = 5kHz。图中,二混频输出从 LM3361(5)、(6)脚进入[(6)、(7)脚均为交流地],输入端并联 R_2 = 1.8kΩ,是为了和 455kHz 的中频陶瓷滤波器的输出阻抗匹配。中频放大器由 6 级差分放大器组成,中频放大器的 −3dB 限幅灵敏度为 50μV 左右,如图 9.6.13(a)所示的限幅特性。

Q_{24} ~ Q_{30} 组成 Gilbert 乘法单元,中频放大器输出调频波 v_1 一路输入模拟乘法器下面的差分对管 Q_{29}、Q_{30},同时又经跟随器 Q_{18} 送至移相网络。移相网络由内部电容 C_1 = 10pF 及(8)脚外接元件 LCR_p 组成,移相后的信号 v_2 经跟射器 Q_{19} 输入模拟乘法器上面的四只差分对管 Q_{24}、Q_{25}、Q_{26}、Q_{27}。而 Q_{20}、Q_{21} 和 Q_{22}、Q_{23} 是乘法器的有源负载。Q_{32} 将乘法器双端输出转变为单端输出。鉴频器的输出电压为

$$v_0 = I_0 A \operatorname{th} \frac{g}{2kT} v_1 \cdot \operatorname{th} \frac{g}{2kT} v_2 \tag{9.6.17}$$

A 是由负载电阻及工作状态决定的常数,模拟乘法器作为鉴相器工作的最佳状态是让上下两个差分对管均工作在开关状态,鉴相特性为三角形。由于调频波 v_1 经前面的限幅中频放大器放大后为大信号,则差分对管 Q_{29}、Q_{30} 的差分特性可近似为双向开关,即 $\operatorname{th} \frac{v_1}{2kT} \approx S_2(\omega_c\tau)$。而移相后的电压 v_2 的幅度为(8)脚的电平,此电平取决于回路电阻 R_p 和片内电容 C_1 的分压,应保证其达到 100mV 的有效值,当 v_1 和 v_2 均为大信号时,该乘法器的输出为

$$v_o = A I_0 S_2(\omega_c\tau) S_2\left(\omega_c\tau + \Delta\varphi + \frac{\pi}{2}\right)$$

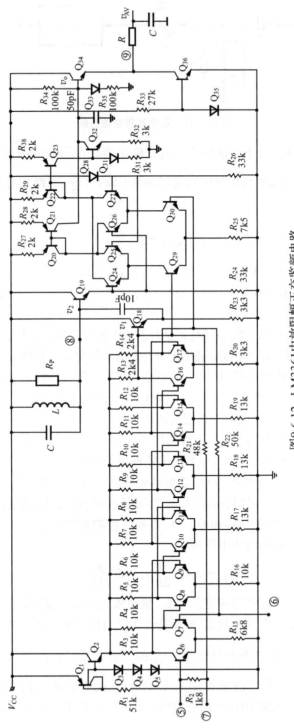

图9.6.12 LM3361中放限幅正交鉴频电路

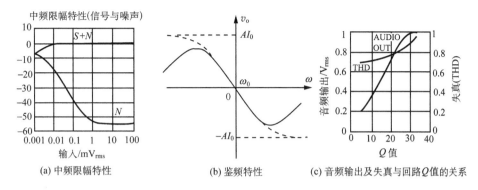

图 9.6.13　限幅灵敏度曲线和 Q 值的影响

$\Delta\varphi$ 为式(9.6.14)所示的由移相网络引起 $v_1(t)$ 和 $v_2(t)$ 间的附加相移。$v_\circ$ 经过 Q_{34} 由(9)脚输出送至外接 RC 低通滤波器,滤除高次谐波并实现去加重,即为解调输出。

正交鉴频器的鉴频特性曲线如图 9.6.13(b)中虚线所示,但由于 V_{2m} 也随移相网络的幅频特性 $A(\omega)$ 变化,实际的鉴频曲线如图中实线所示。LM3361 的鉴频灵敏度在中心频率点处约为 0.15V/kHz。

电阻 R_P 对回路 Q 值影响很大,当 R_P 较大时,回路的 Q 值高,输出音频也大。但过大的 Q 值会因回路的相频特性非线性使鉴频输出失真。图 9.6.13(c)画出了 Q 值对解调音频输出及失真的影响。

9.6.5　FSK 双滤波器解调

设 FSK 信号为

$$v_i(t) = \begin{cases} A\cos 2\pi f_1 t & b_n = 1 \\ A\cos 2\pi f_2 t & b_n = 0 \end{cases}$$

双滤波法解调方框图如图 9.6.14 所示,它由两个中心频率分别为 f_1 和 f_2 的滤波器、两个包络检波器及比较器组成。当输入信号为 $A\cos 2\pi f_1 t$ 时,上面支路包络检波器有电平输出,经采样比较器判断为 1。而输入信号为 $A\cos 2\pi f_2 t$ 时,下面支路包络检波器有电平输出,经采样比较器判断输出为 0。在具体实现此方案时,需要解决的一个问题是,带通滤波器的选择性与带宽的矛盾。为了精确地区分频率为 f_1、f_2 的两个信号,滤波器的选择性应足够好,即 Q 值要高。但为了使滤波器能对输入信号有足够快的响应,又需要足够大的带宽,即要求 Q 值低。

解决这个问题的一个方法是用混频器和高通滤波器来代替带通滤波器,如图 9.6.15 所示。设需解调信号的中频载频为 f_{IF}(因为解调器一般位于中频放大器后面,中频即为鉴频器的中心频率)。而对应的 FSK 信号频率分别为 $f_{IF}+\Delta F$ 和 $f_{IF}-\Delta F$。现取两混频器对应的本振电压频率也分别为 $f_{IF}+\Delta F$ 和 $f_{IF}-\Delta F$,而高通滤波器的截止频率为 ΔF。

当输入信号频率为 $f_{IF}+\Delta F$ 时,上面支路混频器输出频率接近于 $\Delta F-\Delta F$,被高通滤波器滤除。下面支路混频器输出信号为 $2\Delta F$,通过高通滤波器,并由包络检波器检出其包络,经采样比较器判别,输出为 1。而当输入信号频率为 $f_{IF}-\Delta F$ 时,上面支路有电平,则判别为 0。该方法的优点是用高通滤波器代替窄带带通,保证了足够大的带宽,响应快。

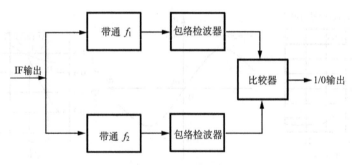

图 9.6.14 FSK 双滤波器解调

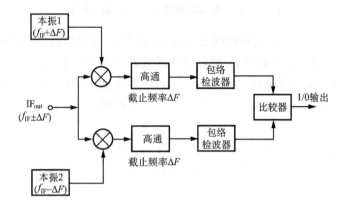

图 9.6.15 FSK 双滤波器解调

9.6.6 锁相鉴频

锁相鉴频由鉴相器、低通滤波器和压控振荡器三大部分组成,其中鉴相器由具有正弦鉴相特性的模拟乘法器构成,而不用数字鉴相器。因为需要解调的 FM 信号不一定是数字电平。环路滤波器一般采用比例积分滤波电路,如图 9.6.16 所示。

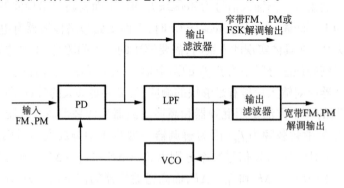

图 9.6.16 锁相鉴频电原理图

1. 鉴频原理

用于鉴频的锁相环,根据输入调频波是窄带调频($m_f < 1$)还是宽带调频,可以设计成不

同的带宽。当输入为窄带调频时,由于其频谱中含有较强的载频分量,可供环路跟踪用,因此,锁相环可以作成窄带环,VCO 仅跟踪输入调频波的载频。则鉴相器的输出反映了输入调频波与 VCO 载波信号的相位差,此相位误差信号经微分后,就是输入信号频率的变化,实现了鉴频。当输入调频波是宽带调频时,窄带环就不适用。这是因为,一方面,在宽带调频时,调频信号中含有的载频分量较弱,锁相环路无法进行载频跟踪;另一方面,由于宽带调频的调频系数大,也就是最大相位偏移大,若环路设计成窄带环,仅跟踪调频波的载频,则较大的相位偏移成为鉴相器相位误差的一部分,会使鉴相器工作于鉴相特性的非线性部分。因此对宽带调频波的解调,锁相环均设计成宽带的调制跟踪环。

设输入信号为宽带的单音调频波:

$$v_i(t) = V_{im}\cos(\omega_c t + m_{f1}\sin\Omega_1 t) \tag{9.6.18}$$

式中,ω_c 为载波角频率,Ω_1 为调制信号角频率,m_{f1} 是调频指数。

设锁相环路的带宽足够宽,环路锁定,则 VCO 输出信号的频率与输入信号相同,也是调频波,并且由于鉴相器为正弦鉴相,锁定时进入鉴相器的两信号正交,所以 VCO 输出电压为

$$v_o(t) = V_{om}\sin[\omega_c t + m_{f2}\sin(\Omega_1 t + \varphi_2) + \varphi_e] \tag{9.6.19}$$

式中

$$m_{f2} = m_{f1}H(\Omega_1) \tag{9.6.20}$$

是 VCO 输出调频波的调频指数。$H(\Omega_1)$ 与 φ_2 是锁相环的闭环传递函数 $H(S)$ 在频率为 Ω_1 处的幅值与相位,φ_e 为稳态相位误差。由式(9.6.19),VCO 的频率为

$$\omega(t) = \omega_c + \Omega_1 m_{f2}\cos\Omega_1 t = \omega_c + \Delta\omega_m\cos\Omega_1 t \tag{9.6.21}$$

由于 VCO 是直接调频振荡器,它的频率与控制电压 v_c 的关系为

$$\omega(t) = \omega_c + A_o v_c \tag{9.6.22}$$

控制电压 v_c 直接与 VCO 的频率变化成正比,即

$$v_c = \frac{\Delta\omega_m}{A_o}\cos\Omega_1 t \tag{9.6.23}$$

所以控制电压 v_c 就是调频波解调输出,如图 9.6.16 所示。

锁相鉴频在电路结构和原理上都类似于正交鉴频,都是将输入调频波与一相关信号相乘再通过低通滤波器。在正交鉴频中此相关信号是由输入信号移相而得,在锁相鉴频中此相关信号来自闭环的 VCO 输出。由于锁相环的相位负反馈作用,锁相环对于输入信号的相位噪声相当于一个低通滤波器,其带宽为 B_L(见8.4 节),而输入调频波的带宽为 BW,必有 BW≫B_L。即锁相环能够滤除输入信号中众多的相位噪声分量,使 VCO 输出信号的频谱更纯。所以锁相鉴频的性能大大优于正交鉴频,锁相鉴频器的输入载噪比门限很低。

2. 锁相鉴频器设计

设计锁相鉴频,即根据输入调频波的指标:载频 ω_c、最大频偏 $\Delta\omega_m$、最高调制频率 Ω_m,求出所需的环路增益 $A = A_o \cdot A_d$ 以及环路低通滤波器的时间常数 $\tau_1 = R_1 C$ 和 $\tau_2 = R_2 C$。

设计应遵循以下两条原则。

1) 对输入调频波的所有频率变化(最大频偏为 $\Delta\omega_m$),环路都应保持锁定;

2) 环路应允许最高调制频率 Ω_m 通过。

根据第一个设计原则可以求出环路的最低增益 $A_{\min}$。

首先让 VCO 的自由振荡频率等于输入调频波的载波,即 $\omega_r = \omega_c$。由式(8.2.3)知,若输入固有频差为 $\Delta\omega_i$,当环路锁定时,其稳态相位误差 φ_e 满足 $\sin\varphi_e = \dfrac{\Delta\omega_i}{A_o A_d A_F(0)}$。设图 9.6.16 所示的锁相环采用高增益无源比例积分滤波器,则 $A_F(0) = 1$。

现输入调频波的最大频偏为 $\Delta\omega_m$,为满足环路对输入信号的所有频率偏移均锁定的条件,应有

$$\sin\varphi_e = \frac{\Delta\omega_m}{A_o A_d} \tag{9.6.24}$$

由于环路能保持锁定的最大稳态误差相位为 $\varphi_{\text{emax}} = 90°$,由式(9.6.24)可得 $A_o A_d = \Delta\omega_m$。但是考虑到低的载噪比输入情况,大的相位噪声对输入信号的角度调制会引起环路误差相位的增大,所以取式(9.6.24)中的 φ_e 为 $\dfrac{\pi}{12}$rad,即 15°,有 75° 的余量留给噪声,同时也保证鉴相器工作在线性鉴相状态(当然,也可以按实际情况留出更多的余量)。

则求出环路的最低增益为

$$A_{\min} = \frac{\Delta\omega_m}{\sin\varphi_e} = \frac{\Delta\omega_m}{\sin 15°} \tag{9.6.25}$$

在实际工作中,鉴相器和压控振荡器一般都选用集成块,所以鉴相灵敏度 A_d 和压控灵敏度 A_o 都是定值。如果不满足 $A_o A_d \geqslant A_{\min}$ 的条件,可以在环路滤波器输出与 VCO 输入之间插入放大器,放大环路滤波器的输出电压 v_c。设放大器增益为 A_{vc},则只要满足环路直流总增益 $A_o A_d A_{vc} \geqslant A_{\min}$ 即可。插入放大器的好处是在保证总增益满足条件的同时,可选用压控灵敏度较低的 VCO,这样也就降低了 VCO 对电源电压变化等诸多干扰的灵敏度,提高了 VCO 的频率稳定性。同时,所加运算放大器一般对诸如电源电压变化等共模干扰有很好的抑制,这也降低了整个环路受外界噪声干扰的灵敏程度。

根据设计的第二个原则可以求出环路的自然振荡角频率 ω_n,从而求出环路滤波器的元件值,进一步还可以求出环路的 3dB 带宽和噪声带宽等指标。

在 8.2.2 节图 8.2.7 中画出了锁相环在跟踪正弦调频信号时,最大相位误差与环路带宽等参数的关系曲线 $\dfrac{\varphi_{\text{em}}}{\Delta\omega_m/\omega_n} \sim \dfrac{\Omega_m}{\omega_n}$,根据此曲线和已知的最大频偏 $\Delta\omega_m$、最高调制频率 Ω_m 以及系统设定的允许稳态相位误差峰值 φ_{em} 的条件,可以求得环路自然角频率 ω_n。

如令 $\zeta = 0.707$(通信系统中阻尼系数 ζ 一般取 0.707),由图 8.2.7 查得,当 $\Omega_m/\omega_n = 1$ 时,有

$$\frac{\varphi_{\text{em}}}{\Delta\omega_m/\omega_n} \approx 0.702 \text{ rad} \tag{9.6.26}$$

代入已知的最大频偏 $\Delta\omega_m$ 及最大调制频率 Ω_m,从式(9.6.26)求出 φ_{em}。若 φ_{em} 满足上面规定的 $\varphi_{\text{em}} \leqslant \dfrac{\pi}{12}$,则所求的 ω_n 满足要求。否则,重新确定 Ω_m/ω_n 值,直至计算结果满足条件为止。

由环路滤波器的时间常数与环路 ω_n、ζ 及增益 A 的关系式(表 8.6.2):

$$\tau = (R_1 + R_2)C = \frac{A}{\omega_n^2} \tag{9.6.27}$$

$$\tau_2 = R_2 C = \frac{2\zeta}{\omega_n} \tag{9.6.28}$$

取电容 C 为一定值,即可求出环路滤波器的电阻 R_1、R_2。

若锁相环是用于解调 FSK 信号,由于 FSK 不是正弦调频波,它的载频是在 ω_1、ω_2 之间跳变,则环路设计的第二个原则应该根据环路瞬态响应中分析频率跳变时,瞬态峰值相位误差与环路带宽等参数的关系曲线 $\frac{\varphi_e(t)}{\Delta\omega/\omega_n}$-$\omega_n t$(图 8.2.3)来进行。

设阻尼系数 $\zeta = 0.707$,由图 8.2.3 查得峰值相位误差为

$$\frac{\varphi_e}{\Delta\omega/\omega_n} = 0.45 \tag{9.6.29}$$

则有

$$\omega_n = 0.45 \frac{\Delta\omega}{\varphi_e} \tag{9.6.30}$$

代入 $\Delta\omega = \omega_2 - \omega_1$,$\varphi_e = \frac{\pi}{12}$rad,可求出 ω_n,从而进一步求出环路滤波器的元件值。一般来说,当锁相环的输入为 FSK 信号时,要求 FSK 的频率跳变值 $\Delta\omega = \omega_2 - \omega_1$ 小于环路的快捕带 $\Delta\omega_L$。

习　题

9-1 在图 9-P-1 所示电路中,调制信号 $v_\Omega = V_{\Omega m}\cos\Omega t$,载波电压 $v_c = V_{cm}\cos\omega_c t$,并且 $\omega_c \gg \Omega$,$V_{cm} \gg V_{\Omega m}$,晶体二极管 D_1 和 D_2 的伏安特性相同,均为从原点出发,斜率为 g_D 的直线。

(1)试问哪些电路能实现双边带调制?

(2)在能够实现双边带调制的电路中,试分析其输出电流的频率分量。

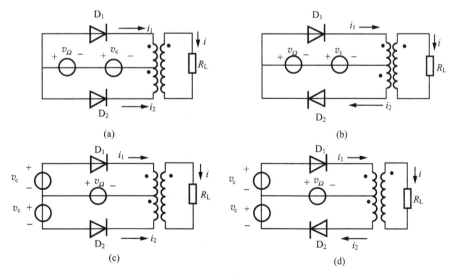

图 9-P-1

9-2 采用双平衡混频组件作为振幅调制器,如图 9-P-2 所示。图中 $v_c(t) = V_{cm}\cos\omega_c t$, $v_\Omega(t) = V_{\Omega m}\cos\Omega t$。各二极管正向导通电阻为 R_D,且工作在受 $v_c(t)$ 控制的开关状态。设 $R_L \gg R_D$,试求输出电压 $v_o(t)$ 表达式。

9-3 在图 9-P-3 所示桥式电路中,各晶体二极管的特性一致,均为自原点出发,斜率为 g_D 的直线,并工作在受 v_2 控制的开关状态。若设 $R_L \gg R_D(=1/g_D)$,试分析电路分别工作在混频和振幅调制时 $v_1(t)$、$v_2(t)$ 各应为什么信号? 并写出 $v_o(t)$ 表示式。

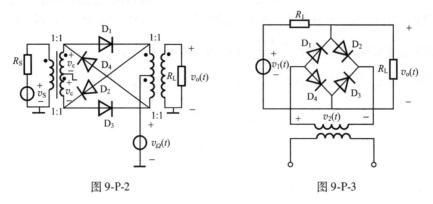

图 9-P-2   图 9-P-3

9-4 如图 9-P-4 所示功能电路,其中,$v_\Omega(t) = V_{\Omega m}\cos\Omega t$,开关 $S_2(t)$ 以重复频率 ω_0 转换,$\omega_0 \gg \Omega$。$H(j\omega)$ 是中心频带为 ω_0 带宽 $\mathrm{BW}_{3dB} = 2\Omega$ 的带通滤波器,

(1) 分别画出 $v_a(t)$ 和 $v_o(t)$ 波形,说明此电路的功能;

(2) 说明开关 $S_2(t)$ 可用什么电路来实现。

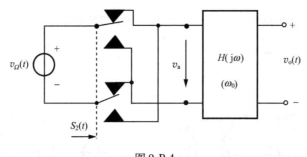

图 9-P-4

9-5 在图 9-P-5 所示差分对管调制电路中,$v_c = 400\cos(10\pi \times 10^6 t)\,\mathrm{mV}$,$v_\Omega(t) = 5\cos(2\pi \times 10^3 t)\,\mathrm{mV}$,试求输出电压 v_o。假设回路电阻 $R_e = 20\mathrm{k}\Omega$,中心频率为 $\omega_0 = 10\pi \times 10^6\,\mathrm{rad/s}$,晶体三极管的 β 很大,各管的基极电流可忽略不计,且设晶体管的 $V_{BE(on)} \approx 0$。

9-6 在图 9-P-6 所示的场效应管调制器电路中,$v_c = V_{cm}\cos\omega_c t$,$v_\Omega = V_{\Omega m}\cos\Omega t$,输出回路调谐在 ω_c 上,其通频带为 2Ω,谐振阻抗为 $5\mathrm{k}\Omega$,场效应管的转移特性为 $i_D = I_{DSS}\left(1 - \dfrac{v_{GS}}{V_{GSoff}}\right)^2$。若已知 $I_{DSS} = 10\mathrm{mA}$,$V_{GSoff} = -4\mathrm{V}$,$V_{cm} = 1.5\mathrm{V}$,$V_{\Omega m} = 0.5\mathrm{V}$,$V_{DD} = 20\mathrm{V}$,$V_{GG} = 2\mathrm{V}$,试求输出电压 v_o。

9-7 图 9-P-7 所示为二极管包络检波器电路。若设二极管的特性均为一条由原点出发、斜率为 $g_D = 1/R_D$ 的直线,$R_L C$ 低通滤波器具有理想的滤波特性,$R_L = 4.7\mathrm{k}\Omega$,其中,图(a)为推挽检波电路,图(b)中 $L_2 C_2$ 谐振回路的固有谐振电阻 $R_{e0} = 10\mathrm{k}\Omega$,$n = 2$。已知 $R_D \ll R_L$,$v_s(t) = V_{Sm}\cos\omega_c t$,试求电压传输系数 K_d,并估算图(a)电路的 R_i 和图(b)电路的 R_{ab} 值。

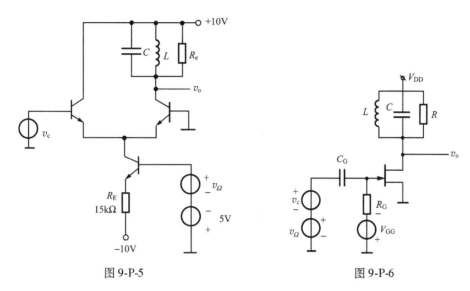

图 9-P-5 图 9-P-6

9-8 包络检波电路如图 9-P-8 所示,二极管正向电阻 $R_D = 100\Omega$,调制信号频率 $F = (100 \sim 5000)$ Hz,调制系数 $m_{amax} = 0.8$,求电路中不产生负峰切割失真和惰性失真的 C 和 R_{i2} 值。

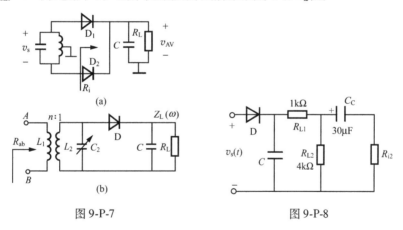

图 9-P-7 图 9-P-8

9-9 在图 9-P-9 所示的晶体二极管包络检波电路中,已知 $R_1 = 2k\Omega$,$R_2 = 3k\Omega$,$R_3 = 20k\Omega$,$R_\Omega = 10k\Omega$,若要求不产生负峰切割失真;试求输入调幅波 v_s 的最大调幅系数 m_a。

9-10 二极管大信号检波器中,晶体二极管的伏安特性是一条自原点出发,斜率为 $g_D = \dfrac{1}{R_D}$ 的直线。已知 $R_D = 80\Omega$,$R_L = 4.7k\Omega$,输入电压为 $v_s(t) = V_{sm}\cos\omega_s t$。如果负载电容 C 开路,试求电压传输系数 K_d 和输入电阻 R_i。

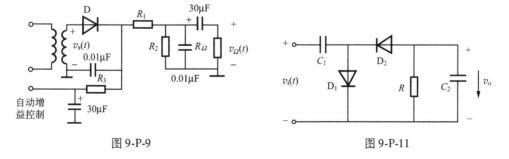

图 9-P-9 图 9-P-11

9-11 图 9-P-11 所示电路称为倍压检波器,当输入正弦电压 $v_i(t) = V_{im}\cos\omega_c t$ 时,输出检波电压 $v_o(t)$ $\approx 2V_{im}$,试画出电容 C_1、二极管 D_1 以及电容 C_2 两端的电压波形示意图,并说明电路工作原理。

9-12 峰值检波电路如图 9-P-12 所示,已知载波频率为 $f_c = 465\text{kHz}$,调制信号最高工作频率为 4kHz,调幅系数 $m_a = 0.3$,给定电阻 $R = 10\text{k}\Omega$,试问应如何选择电容 C? 若 $C_1 = 200\text{pF}$,回路 $Q_0 = 50, N_1 : N_2 = 200 : 14$,求 a、b 端输入阻抗。

9-13 图 9-P-13 所示为并联型包络检波器电路。图中,$R_L = 4.7\text{k}\Omega, i_s(t) = (1 + 0.6\cos\Omega t) \cdot \cos\omega_c t(\text{mA}), R_{e0} = 5\text{k}\Omega$。回路 $BW_{0.7} > 2F$,试画 $v_o(t)$ 波形。

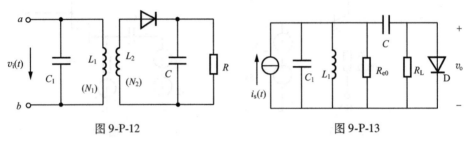

图 9-P-12   图 9-P-13

9-14 分析图 9-P-14 所示电路的工作原理,说明此电路的特点,其中,并联回路 $L_3 C_3$ 与 $L_1 C_1 C_2$ 有相同的谐振频率,均为 50MHz,电容 $C_4 = C_5 = 0.01\mu\text{F}$。

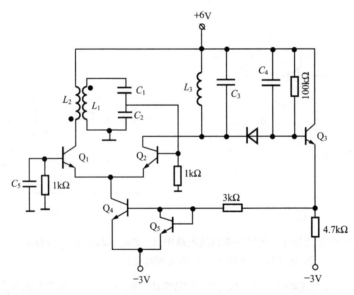

图 9-P-14

9-15 在图 9.2.5 的考斯塔斯环中,若输入的 BPSK 信号如图 9-P-15 所示,试画出 VCO 输出电压 v_o,同向通道电压 v_2,正交通道电压 v_3,鉴相器 A 的输出电压 v_A,以及解调输出数据波形。

9-16 调频振荡器的振荡回路由电感 L 和变容二极管组成,如图 9.5.2 所示。已知 $L = 2\mu\text{H}$,变容二极管参数 $C_{j0} = 225\text{pF}, n = 0.5, V_B = 0.6\text{V}, V_{DQ} = -6\text{V}$,调制信号 $v_\Omega(t) = 3\sin 10^4 t(\text{V})$,试求:

(1) 输出调频波的载频 f_c;

(2) 由调制信号引起的中心频率偏移 Δf_c;

(3) 最大频偏 Δf_m;

(4) 调制灵敏度 S_{FM} 以及二阶非线性失真系数 K_{f2}。

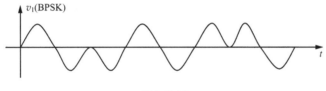

图 9-P-15

9-17 图 9-P-17 所示是变容管直接调频电路,其中心频率为 360MHz,变容管的 $n=3$, $V_B=0.6$V, $v_\Omega=\cos\Omega t$(V)。图中 L_1 和 L_2 为高频扼流圈,C_3 为隔直流电容,C_4 和 C_5 为高频旁路电容。

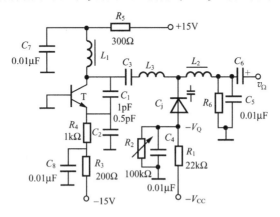

图 9-P-17

(1)分析电路工作原理和各元件的作用;

(2)调整 R_2,使加到变容管上的反向偏置电压 V_Q 为 6V 时,它所呈现的电容 $C_{jQ}=20$pF,试求振荡回路的电感量 L_3;

(3)试求最大频偏 Δf_m 和调制灵敏度 $S_{FM}=\Delta f_m/V_{\Omega m}$。

9-18 图 9-P-18 所示为变容管直接调频电路,试分别画出高频通路、变容管的直流通路和音频通路,并指出电感 L_1、L_2、L_3 的作用。图中,L_4 为电源滤波电感。

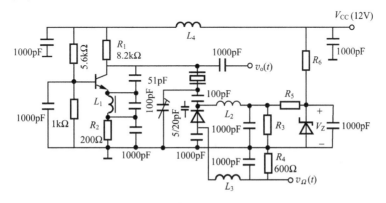

图 9-P-18

9-19 一变容管直接调频电路,如图 9-P-19 所示,已知 $v_\Omega=V_{\Omega m}\cos 2\pi\times 10^4 t$(V),变容管结电容 $C_j=100(V_Q+v_\Omega)^{-\frac{1}{2}}$(pF),调频指数 $m_f=5$rad,$v_\Omega=0$ 时的振荡频率 $f_o=5$MHz。

(1)画出该调频振荡器的高频通路、变容管的直流通路和音频通路;

（2）试求变容管所需直流偏置电压 V_Q；

（3）试求最大频偏 Δf_m 和调制信号振幅 $V_{\Omega m}$。

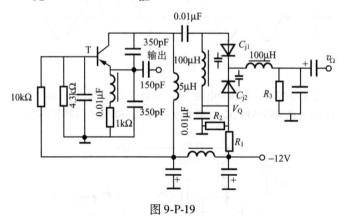

图 9-P-19

9-20 一调频方波电压，其载波频率为14MHz，峰对峰电压为10V，受频率为1MHz的正弦信号调制。现将该调频方波电压通过中心频率为70MHz、具有理想矩形特性的带通滤波器，得到载波频率为70MHz的调频正弦电压。若设带通滤波器的带宽大于调频信号的有效频谱宽度 BW_{CR}，试求调频方波的最大允许频率偏移 Δf_m。

9-21 在反馈振荡器的组成方框中插入相移网络，构成频率调制器，如图9-P-21所示。已知起振时放大器的增益 $A(j\omega)=A(\omega)e^{j\varphi_A(\omega)}$，反馈网络的反馈系数为 $k_f(j\omega)=k_f$，相移网络的增益为 $A_\varphi(j\omega)=A_\varphi e^{j\varphi_\varphi(\omega)}$，其中

$$\varphi_A(\omega)=-\arctan 2Q_e\frac{(\omega-\omega_0)}{\omega_0}\approx-2Q_e\frac{(\omega-\omega_0)}{\omega_0}$$

$$\varphi_\varphi(\omega)=Av_\Omega$$

试问：这是直接调频还是间接调频？并求其瞬时频率 $\omega(t)$ 表示式。

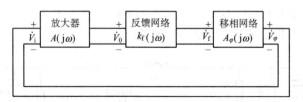

图 9-P-21

9-22 在图9.5.16所示的三级单回路变容管间接调频电路中，电阻 R_1 和三个电容 C_1 构成积分电路。已知：变容管的参数 $n=3$，$V_B=0.6V$；回路的等效品质因数 $Q_e=20$，输入高频电流 $i_s=\cos10^6t$（mA），调制电压的频率范围为300～4000Hz；要求每级回路的相移不大于30°。试求：

（1）调制信号电压振幅 $V_{\Omega m}$；

（2）输出调频电压振幅 V_{om}；

（3）最大频偏 Δf_m；

（4）若 R_1 改为470Ω，电路功能有否变化？

9-23 一调频发射机如图9-P-23所示，输出信号的 $f_c=100MHz$，$\Delta f_m=75kHz$，调制信号频率 $F=100Hz$ ～15kHz。已知 $v_\Omega(t)=V_{\Omega m}\cos\Omega t$，混频器输出频率 $f_3(t)=f_L-f_2(t)$，矢量合成法调相器提供的调制指数为0.2rad。试求：

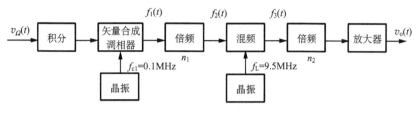

图 9-P-23

（1）倍频次数 n_1 和 n_2；

（2）$f_1(t)$、$f_2(t)$、$f_3(t)$ 的表示式。

9-24　试写出图 9-P-24 所示各电路在以下条件下的功能：

（1）在图（a）中，设 $v_\Omega(t) = V_{\Omega m}\cos 2\pi \times 10^3 t$，$v_c(t) = V_{cm}\cos 2\pi \times 10^6 t$，已知 $R = 30\text{k}\Omega$，$C = 0.1\mu\text{F}$ 或 $R = 10\text{k}\Omega$，$C = 0.03\mu\text{F}$；

（2）在图（b）中，设 $v_\Omega(t) = V_{\Omega m}\cos 2\pi \times 10^3 t$，$v_c(t) = V_{cm}\cos 2\pi \times 10^6 t$，已知 $R = 10\text{k}\Omega$，$C = 0.03\mu\text{F}$ 或 $R = 100\Omega$，$C = 0.03\mu\text{F}$；

（3）在图（c）中，设 $v_s(t) = V_m\cos(\omega_c t + M_f\sin\Omega t)$，已知 $R = 100\Omega$，$C = 0.03\mu\text{F}$，鉴相器的鉴相特性为 $v_d = A_\varphi\Delta\varphi$。

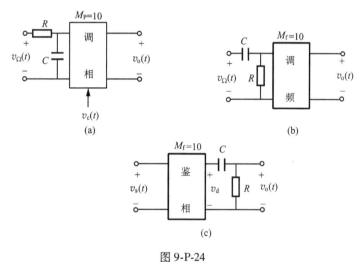

图 9-P-24

9-25　在图 9-P-25 所示的两个电路中，试指出哪个电路能实现包络检波，哪个电路能实现鉴频，相应的 f_{01} 和 f_{02} 应如何配置。

9-26　以集成块 LM1596 为核心，设计一个正交鉴频器。已知调频波载频 $f_c = 455\text{kHz}$，最大频偏 $\Delta f_m = 3\text{kHz}$，取移相网络中 $C_1 = 5\text{pF}$，$C = 180\text{pF}$，要求：

（1）画出鉴频器的完整电路；

（2）计算移相网络的电感 L 和电阻 R。

9-27　将图 9-P-27 所示的锁相环路用来解调调频信号。设环路的输入信号

$$v_i(t) = V_{im}\sin(\omega_r t + 10\sin 2\pi \times 10^3 t)$$

已知，$A_d = 250\text{mV/rad}$，$A_0 = 2\pi \times 25 \times 10^3 \text{rad/(s · V)}$，$A_1 = 40$，有源比例积分滤波器的参数为 $R_1 = 17.7\text{k}\Omega$，$R_2 = 0.94\text{k}\Omega$，$C = 0.03\mu\text{F}$，试求放大器输出 1kHz 的音频电压振幅 $V_{\Omega m}$。

9-28　在图 9-P-27 所示锁相解调电路中，若将环路滤波器改为简单 RC 滤波器，则当环路的输入信号

为 $v_i(t) = V_{im}\sin(\omega_r t + M_f\sin\Omega t)$ 时,试证:为实现不失真解调,必须满足:

$$\Omega\Delta\omega_m \leqslant (\Delta\omega_c)^2$$

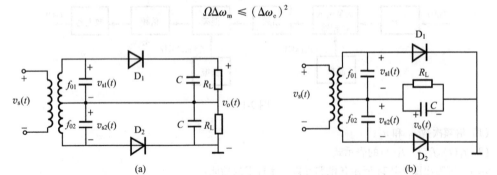

图 9-P-25

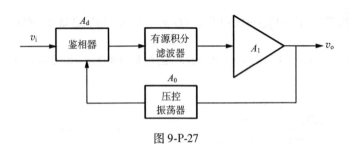

图 9-P-27

第十章　高频功率放大器

10.1　概　　述

高频功率放大器用于发射机的末级,它将已调制的频带信号放大到所需要的功率值,送到天线中发射,保证在一定区域内的接收机可以收到满意的信号电平,并且不干扰相邻信道的通信。本章首先介绍高频功率放大器的基本特点、主要性能指标,然后介绍高频功率放大器的分类,并详细介绍高效率的高频功率放大器和有关的大信号阻抗匹配问题。

高频功率放大器与小信号放大器相比有哪些区别,这些区别会造成什么影响? 这是我们首先考虑的问题。

高频功率放大器的首先要求是输出大的功率。一般来说天线的阻抗为 50Ω,如果要求输出 1W 功率,根据 $P = \dfrac{V^2}{R}$,则输出电压幅度 $V_m = 10V$,峰峰值 $V_{P-P} = 20V$。如果是电阻负载的线性放大器,如图 10.1.1(a)所示,电源电压 V_{CC} 应大于 20V。这样高的电源电压对移动的袖珍机肯定是不适合的。解决的办法可以采用高频扼流图 L_C 馈电,如图 10.1.1(b)所示,则 V_{CC} 可降低到 10V。

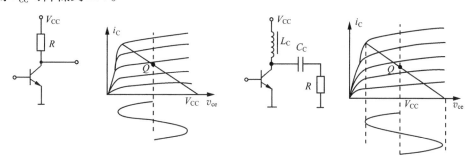

(a)集电极通过电阻负载馈电　　　　　　(b)集电极通过扼流圈馈电

图 10.1.1　电阻负载放大器的集电极馈电

即使电源电压降低到 10V,但晶体管承受的耐压仍是 20V,为了保证在 50Ω 天线负载上得到需要的功率,且又要降低管子的耐压(或电源电压),可以采用如图 10.1.2 所示的阻抗变换网络,将电压降低,例如为原来的 1/4,即 5V。但是降压后,为了保证晶体管仍输出同样的功率,必定扩大了相同倍数的输出电流。所以,高频功率放大器的工作特点是低电压、

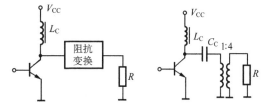

图 10.1.2　带阻抗变换网络的功率放大器

大电流。它的基本组成单元是晶体管、偏置电路、扼流圈、阻抗变换网络和负载。

由于高频大电流工作又引出了以下问题。

1）为了承受大电流,晶体管的芯片面积必须增大,而面积大又增大了极间电容。这必然降低了晶体管的功率增益和工作频率,因此为了适应高频大功率应用,RF 晶体管的基极与发射极一般做成如图 10.1.3（a）所示的窄长形的指状结构,这样使基极和发射极相互间的接触边缘最大（可以承受大的基极电流）而又使发射极的面积最小（减小极间电容）。

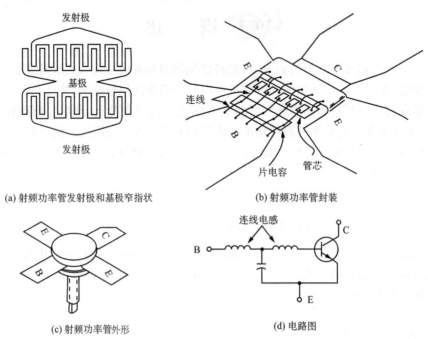

(a) 射频功率管发射极和基极窄指状

(b) 射频功率管封装

(c) 射频功率管外形

(d) 电路图

图 10.1.3 功率放大器的结构与封装

2）电路中的寄生参数（如引线的电感）影响极大。其中影响最大的是发射极引线电感,例如在 1GHz 工作频率时,1A 的电流在 10pH 的电感上就可以产生几十毫伏电压,它会降低增益甚至引起放大器的不稳定。为了减少发射极引线电感的影响,高频大功率晶体管常采用如图 10.1.3（b）、（c）的封装形式,它的发射极由两个相对的宽金属带引出。在制作和安装功放时,应注意发射极引线尽可能短。

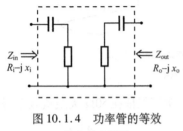

图 10.1.4 功率管的等效输入输出阻抗

3）晶体管的等效输入输出阻抗数值很小,而且是复数,如图 10.1.4 所示。功率越大的晶体管,其阻抗越小,这给匹配带来了困难。

4）由于大电流,电路中很小的电阻,如晶体管基区体电阻、扼流圈 RFC 的直流电阻等都会消耗功率,使放大器效率下降。

由上简单分析可知,高频功率放大器的设计和制作工艺都有它的特殊要求。需要指出,功率放大器为了减少大电流引入的损耗,常用单管放大,而且高频功率放大器常用共射（共源）组态,因为它有较高的增益。共基组态由于它的输入电流与输出电流大小相同,引入了较大的损耗。

可以按照不同的范畴对高频功率放大器进行划分。若按工作频带分,可分为宽带放大和窄带放大,若按工作状态分,可分为线性放大和非线性放大,若按放大器的类别分,可分为A、B、C、D、E等类。但是无论哪种高频功率放大器,它们共同的几个重要指标是:输出功率、效率、线性、功率增益和频带外的寄生输出与噪声。

表10.1.1列出了典型的高频功率放大器的性能指标值。

1)功率。功率根据用途而定,移动通信的袖珍机功率一般为0.3~0.6W,基站一般为10~100 W。

2)效率。效率对于移动通信的袖珍机是极为重要的指标,功率放大器的效率有两种定义方法。一种称为集电极效率η_C,它是输出功率P_{out}与电源供给功率P_{dc}之比,即

表10.1.1 高频功率放大器的性能指标

输出功率	+20 ~ +30dBm
效 率	30% ~60%
电源电压	3.8 ~5.8V
三阶互调失真(IMD)	−30dBc
增 益	20~30dB
寄生输出	−50 ~ −70dBc
稳定系数	>1
功率控制	开、关或1dB 步进

$$\eta_C = \frac{P_{out}}{P_{dc}} \quad (10.1.1)$$

这种定义没有考虑放大器的功率增益。另一种称为功率增加效率(power-added efficiency,PAE),它是输出功率P_{out}与输入功率P_{in}的差与电源供给功率P_{dc}之比

$$\eta_{PAE} = PAE = \frac{P_{out} - P_{in}}{P_{dc}} = \left(1 - \frac{1}{G_P}\right)\eta_C \quad (10.1.2)$$

功率增加效率PAE的定义中包含了功率增益的因素,当有比较大的功率增益时,$P_{out} \gg P_{in}$,此时有$\eta_C \approx PAE$。如何保证高的效率和大的功率,是高频功率放大器设计的核心,后面分析的A、B、C、D、E等类放大器,都是围绕这个目标展开的。

3)杂散输出与噪声。收发信机的接收和发射设备一般都是通过天线双工器共用一副天线的。如果收和发采用不同频带的工作方式,那么发射机功率放大器频带外的杂散输出或噪声,若位于接收机频带内,就会由于天线双工器的隔离性能不好而被耦合到接收机前端的低噪声放大器输入端,形成干扰,或者也会对其他相邻信道形成干扰。因此必须限制功率放大器的带外寄生输出,而且要求发射机的热噪声的功率谱密度在相应的接收频带处要小于−130dBm/Hz,这样对接收机的影响基本上可以忽略。

4)线性。如前所述,高频功率放大器按工作状态分为线性放大与非线性放大两种,后面的分析将会说明,非线性放大器有较高的效率,而线性放大器的最高效率也只有50%。因此从高效率的角度来看应采用非线性放大器。但是非线性放大器在放大输入信号的同时会产生一系列有害影响。从频谱的角度看,由于非线性的作用,输出会产生新的频率分量,如第二章分析的三阶互调、五阶互调分量等,它干扰了有用信号并使被放大的信号频谱发生变化,频带展宽。从时域的角度看,对于波形为非恒定包络的已调信号,由于非线性放大器的增益与信号幅度有关(见第二章),则使输出信号的包络发生了变化,引起波形失真,同时频谱也变化,引起频谱再生现象(见3.6节)。对于包含非线性电抗元件(如晶体管的极间电容)的非线性放大器,还存在使幅度变化转变为相位变化的影响(参见第九章变容二极管调频图9.5.5),干扰了已调波的相位。

非线性放大器的所有这些影响对移动通信来说都是至关重要的。因为为了有效地利用

频率资源和避免对邻道的干扰,一般都将基带信号通过相应滤波器形成特定波形,以限制它的频带宽度,从而限制调制后的通带信号的频谱宽度。但这样产生的已调信号的包络往往是非恒定的,因此非线性放大器的频谱再生作用使发射机的这些性能指标变坏。

非线性放大器对发射信号的影响,与调制方式密切关联。不同的调制方式,所得到的时域波形是不同的。如用于欧洲移动通信的 GSM 制式,采用高斯滤波的最小偏移键控(GMSK),它是一种相位平滑变化的恒定包络的调制方式,因此可以用非线性放大器来放大,不存在包络失真问题,也不会因为频谱再生而干扰邻近信道。但对于北美的数字蜂窝(NADC)标准,采用的是 $\frac{\pi}{4}$ 偏移差分正交移相键控 $\left(\frac{\pi}{4}-\text{DQPSK}\right)$ 调制方式,已调波为非恒定包络,它就必须用线性放大器放大,以防止频谱再生。

衡量高频功率放大器线性度的指标与小信号线性放大器相同,即三阶互调截点(IP_3),1dB 压缩点,谐波等,但需增加的一项指标是邻道功率比。它衡量由放大器的非线性引起的频谱再生对邻道的干扰程度。

10.2 高频功率放大器的分类

功率放大器的最重要的指标是输出功率与效率。由此出发,可将功率放大器分成 A、B、C、D、E 等类。

归纳这些分类原则,大致可以分为两种:一种是按照晶体管的导通情况分,另一种是按晶体管的等效电路分。

按照信号一周期内晶体管的导通情况,即按导通角大小,功率放大器可分为 A、B、C 三类。在信号的一周期内管子均导通,导通角 $\theta = 180°$(在信号周期一周内,管子导通角度的一半定义为导通角 θ),称为 A 类。一周期内只有一半导通的称为 B 类,即 $\theta = 90°$。导通时间小于一半周期的称为 C 类,此时 $\theta < 90°$。

如果按照晶体管的等效电路分,则 A、B、C 属于一大类,它们的晶体管都等效为一个受控电流源。而 D、E 属于另一类功放,它们的晶体管被等效为受输入信号控制的开关,它们的导通角近似为 $90°$,都是属于高效率的非线性功率放大器。

晶体管工作于有源放大区和作为开关应用时的主要区别如表 10.2.1 所示。

表 10.2.1

性能	有源放大区		开关应用	
晶体管等效	受控电流源	频率与输入信号相同 大小与输入信号成正比	开/关	开关频率受输入信号控制 截止时开关电流为 0 导通时开关电流大小与输入信号无关,而与 CE 端所接负载有关
输出阻抗	总是很高		导通时阻抗近似为 0 断开时阻抗无穷	
输出电压 v_{CE}	输出电压取决于 CE 端所接负载对等效电流源的响应		导通时为饱和电压 $v_{CESET} \approx 0$,与负载无关 断开由负载的瞬态响应决定	

10.3　A、B 类功率放大器

A、B 类功率放大器均属于线性放大器,本节简单介绍它们的工作特点。

10.3.1　A 类放大器

典型的 A 类放大器电路如图 10.3.1(a)所示,为使导通角 $\theta = 180°$,必须设置合适的静态工作点 I_{DQ} 和控制输入信号的大小。为了最大限度地利用晶体管,输出最大功率,一般选择 $V_{DD} = \frac{1}{2}V_{DSmax}$,$I_{DQ} = \frac{1}{2}I_{Dmax}$,$V_{DSmax}$ 和 I_{Dmax} 是管子所能承受的最大漏源极电压和漏极电流。在 A 类放大器中,晶体管工作于放大区,等效为受控的电流源,其输出特性如图 10.3.1(b)所示。该放大器的直流负载线(虚线表示)和交流负载线画在图 10.3.1(b)中。其中,最佳负载电阻为

$$R_{opt} = \frac{2V_{DD}}{I_{Dmax}} \tag{10.3.1}$$

A 类放大器最大输出信号电流幅度为 $I_{sm} \approx \frac{1}{2}I_{Dmax}$,最大输出电压幅度为 $V_{om} \approx V_{DD}$,因此最大输出功率为 $P_{omax} = \frac{1}{2}\left(\frac{1}{2}I_{Dmax} \times V_{DD}\right)$。电源 V_{DD} 供给功率为 $P_{dc} = I_{DQ} \times V_{DD}$。所以 A 类放大器的最大集电极效率为

$$\eta_c = \frac{P_{omax}}{P_{dc}} = \frac{\frac{1}{2}\left(\frac{1}{2}I_{Dmax} \times V_{DD}\right)}{I_{DQ}V_{DD}} = 50\% \tag{10.3.2}$$

A 类放大器是线性放大器。实际上,由于晶体管趋于饱和与截止时的非线性特性,对于大信号工作的 A 类放大器,如何保证它在固定偏置条件下达到最大可能输出时,仍保持良好的线性,这是一个比较难解决的问题。简单的办法是避免让管子接近饱和与截止,即减小输出信号功率,从而使效率降低到30% ~40% 。

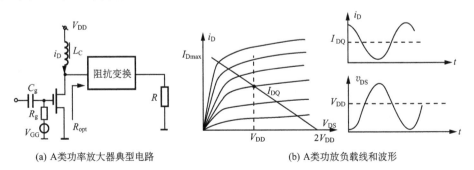

(a) A类功率放大器典型电路　　(b) A类功放负载线和波形

图 10.3.1　A 类功率放大器

10.3.2 B 和 AB 类放大器

晶体管 B 类功率放大器的导通角为 90°。同 A 类放大器一样,晶体管等效为一受控电流源,在导通的半周内,输出电流为半个正弦波,正弦波电压峰值近似为 V_{DD}。

B 类放大器一般都做成推挽形式,两个管子轮流导通,两个半波在负载上合成为一个正弦波,所以仍视 B 类放大器为线性放大器。但由于 P 型双极型晶体管一般不易做成高速,因此在射频段常采用如图 10.3.2(a)所示的两只 N 沟场效应管构成的 B 类推挽功率放大器电路。

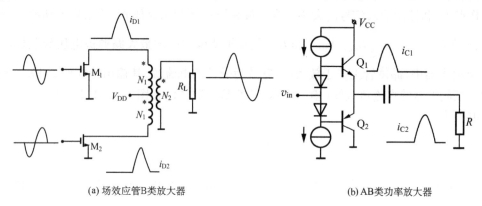

(a) 场效应管B类放大器　　　　(b) AB类功率放大器

图 10.3.2　B 类功率放大器

B 类放大器的效率比 A 类高,在图 10.3.2(a)中,每管的半波电压最大幅度为 V_{DD}。设变压器的初次级匝数比为 $2N_1 : N_2$,由于管子轮流导通,所以每只管子的负载电阻为 $R'_L = n^2 R_L$,其中,$n = \dfrac{N_1}{N_2}$。可以算出,流过每管的半波电流幅度为 $I_m = \dfrac{V_{DD}}{n^2 R}$,两管总输出功率 $P_{out} = \dfrac{V_{DD}^2}{2n^2 R_L}$,流过电源 V_{DD} 的平均电流为

$$I_{DD(avg)} = \frac{2}{T}\int_0^{\frac{T}{2}} \frac{V_{DD}}{n^2 R_L}\sin\omega t\,dt = \frac{2}{\pi} \times \frac{V_{DD}}{n^2 R_L} \tag{10.3.3}$$

式中,系数 2 反映两只管子 M_1 和 M_2 的两个半波电流都流过电源。所以图 10.3.2(a)所示的 B 类推挽放大器的效率为

$$\eta = \frac{P_{out}}{P_{dc}} = \frac{V_{DD}^2/2n^2 R_L}{I_{DD(avg)} \cdot V_{DD}} = \frac{\pi}{4} \approx 79\% \tag{10.3.4}$$

与 A 类放大器一样,当信号很大管子趋于饱和时,或者电流为零趋于截止时都出现了非线性。为了减少趋于截止时出现的交越失真,可以采用 AB 类。即无信号时设置一个较小的静态偏置电流 I_{CQ},导通角略大于 90°,如图 10.3.2(b)所示。

当放大器的负载是电阻,且阻抗匹配网络的带宽足够宽时,A 类和 B 类放大器都属于宽带放大器。

10.4　C类功率放大器

C类功率放大器的导通角小于90°,它是一种非线性放大器,有较高的效率,下面分析它的工作原理及特性。

10.4.1　电路组成与特点

C类功率放大器的原理电路如图10.4.1所示,为简单起见,设图中变压器为1:1。下面从电路的输入、输出、电流电压波形以及功率、效率等各不同方面来分析该放大器的组成及其性能特点。

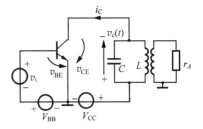

图10.4.1　C类功放电路原理图

1. 基极偏置 V_{BB}

基极偏置 V_{BB} 使晶体管静态时截止,即 $I_{CQ} = I_{BQ} = 0$,如图10.4.2所示。V_{BB} 可正、可负,但必有 $V_{BB} < V_{on}$,V_{on} 是晶体管 BE 结的导通电压。设输入信号为余弦波 $v_i(t) = V_{im}\cos\omega t$,加信号后为使晶体管导通,输入信号必须为大信号,其幅度应满足 $(V_{im} + V_{BB}) > V_{on}$,如图10.4.2所示。由图10.4.1可见,加在 BE 结上的电压为

$$v_{BE} = V_{BB} + V_{im}\cos\omega t \tag{10.4.1}$$

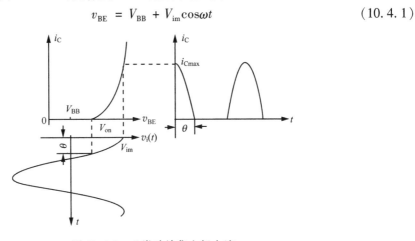

图10.4.2　C类功放集电极电流

2. 集电极电流 i_C

在大信号 v_i 作用下,晶体管在信号的一个周期内只有部分时间导通,导通角 θ 小于90°。因此集电极电流 i_C 为余弦脉冲,脉冲最大幅度 i_{Cmax} 和导通角 θ 是由晶体管特性,偏置电压 V_{BB} 和输入信号幅度决定的,如图10.4.2所示,其中

$$\cos\theta = \frac{V_{on} - V_{BB}}{V_{im}} \tag{10.4.2}$$

将余弦脉冲电流 i_C 进行傅里叶级数分解,得到

$$i_{\mathrm{C}} = I_{\mathrm{C0}} + i_{\mathrm{C1}} + i_{\mathrm{C2}} + i_{\mathrm{C3}} + \cdots \quad (10.4.3)$$

式中, I_{C0} 为其直流分量, $i_{\mathrm{C1}} = I_{\mathrm{C1m}}\cos\omega t$ 为基波分量, $i_{\mathrm{C2}} = I_{\mathrm{C2m}}\cos2\omega t$ 为二次谐波分量等。具体的分解方法见本章扩展。由扩展中的分析可知,集电极电流 i_{C} 中的各次谐波分量可表示为

$$i_{\mathrm{C1}} = I_{\mathrm{C1m}}\cos\omega t = i_{\mathrm{Cmax}}\alpha_1(\theta)\cos\omega t \quad (10.4.4)$$
$$i_{\mathrm{C2}} = I_{\mathrm{C2m}}\cos2\omega t = i_{\mathrm{Cmax}}\alpha_2(\theta)\cos2\omega t \quad (10.4.5)$$

其幅度与余弦脉冲的最大值 i_{Cmax} 及由导通角 θ 决定的电流分解系数 $\alpha(\theta)$ 有关,而且电流分解系数 $\alpha(\theta)$ 与导通角 θ 之间呈非线性关系。

画出各次谐波的电流分解系数 $\alpha_n(\theta)$ 随 θ 变化的曲线如图10.4.3所示,可以看出,当 $\theta=180°$ 时, $\alpha_0(\theta)$ 最大, $\alpha_1(\theta)$ 在 $\theta\approx120°$ 时最大, $\alpha_2(\theta)$ 在 $\theta\approx60°$ 时最大。

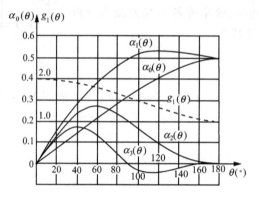

图 10.4.3 余弦脉冲电流分解系数

3. 输出回路

由于集电极电流 i_{C} 是脉冲,它包含了众多的频谱分量,为使输出是与输入信号频率相同的正弦波信号,C 类放大器的集电极输出端必须接有选频回路,此选频回路一般采用 LC 谐振回路。如图10.4.1,因此也称此类放大器为 C 类谐振功率放大器。

选频回路的中心频率 ω_0 与输入信号频率相同,带宽与输入信号频带宽度相同。C 类谐振功率放大器是窄带放大器。

假设回路的谐振阻抗为 R_{P} ,当输入信号为正弦波时,C 类功率放大器的回路两端的输出电压 $v_{\mathrm{c}}(t)$ 仍为正弦波,它是输出回路对集电极电流脉冲 i_{C} 中的基波分量的响应,其大小为

$$\begin{aligned} v_{\mathrm{c}}(t) &= i_{\mathrm{C1}}R_{\mathrm{P}} = I_{\mathrm{C1m}}R_{\mathrm{P}}\cos\omega t \\ &= V_{\mathrm{cm}}\cos\omega t \end{aligned} \quad (10.4.6)$$

而管子集电极电压为

$$v_{\mathrm{CE}} = V_{\mathrm{CC}} - v_{\mathrm{c}}(t) = V_{\mathrm{CC}} - V_{\mathrm{cm}}\cos\omega t \quad (10.4.7)$$

4. 电流电压波形

根据图 10.4.2 所示的晶体管的转移特性及外加电源电压、偏置、激励信号,式(10.4.6)所示的负载特性及式(10.4.7)所示的晶体管输出电压表达式,可以画出 C 类功率放大器的各极电流与电压波形,如图10.4.4所示。

10.4.2　动态负载线

C 类放大器的导通角小于 90°,管子在信号周期的一周内导通、截止各一次,因此它是非线性放大器。由于不断地导通与截止,晶体管的输出阻抗也不断变化。为了让放大器输出大的功率,应如何来选取负载值? 负载与作为信号源的管子之间,是否也存在着匹配问题? 为了解决这些问题,首先研究放大器的动态负载线。

所谓动态负载线,是指输入信号的一周期内,由管子的集电极电流 i_C 与集电极电压 v_{CE} 共同决定的动态点的运动轨迹,并将其画在晶体管的输出特性曲线上。

动态负载线是由电路中晶体管和外电路特性共同决定的。在画动态负载线时,基于两个已知条件。

（1）晶体管的输入、输出特性曲线

一般手册上给出的晶体管特性曲线都是静态时测得的,而且输出特性 $i_C - v_{CE}$ 是以 i_B 为参变量。如果满足晶体管的特征频率 f_T 远大于工作频率 f_o,可以忽略管子的高频效应,则仍采用此静态曲线。并且根据输入特性 i_B-v_{BE} 的一一对应关系,将输出特性中的参变量 i_B 变为 v_{BE},如图 10.4.5 所示。

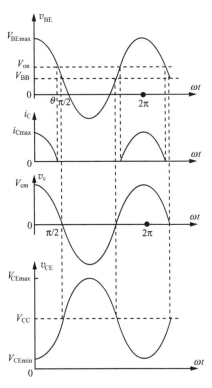

图 10.4.4　各极电流电压波形

（2）外电路方程

图 10.4.1 所示 C 类功率放大器的外电路方程,即式（10.4.1）和式（10.4.7）所描述的输入、输出电路方程。现将两方程重写一遍:

$$v_{BE} = V_{BB} + V_{im}\cos\omega t \tag{10.4.8}$$

$$v_{CE} = V_{CC} - i_{C1}R_P = V_{CC} - V_{cm}\cos\omega t \tag{10.4.9}$$

画动态负载线时要注意的一点是,在外电路输出方程式（10.4.9）中,描述的是集电极电压 v_{CE} 与基波电流 i_{C1} 的关系,而不是晶体管的输出特性所表征的 i_C 与 v_{CE} 的关系,所以不可能把输出方程作为一条负载线方程直接画在晶体管的输出特性上。在此我们采用物理意义比较明确的逐点描述法。

根据放大器的外电路输入、输出方程及图 10.4.2 和图 10.4.4 所示的电流电压波形,找出几个特殊的角度点,列出表 10.4.1。再根据表值以及晶体管的输入、输出特性曲线,可画出 C 类放大器的动态负载线,如图 10.4.5 所示。

从图示的动态负载线可以看出以下几点。

1）在输入信号变化一周过程中,晶体管的集电极电流 i_C 与集电极电压 v_{CE} 共同决定的动态点沿着 A→B→C→D→C→B→A 轨迹移动。即动态负载线是一条折线,管子经历了导通（放大区）→截止→导通（放大区）的过程,这与图 10.4.4 所示的电压电流波形是一致的。

表 10.4.1

ωt	v_{BE}	i_C	v_c	v_{CE}	动态线上点
0	$V_{BB} + V_{im} = V_{BEmax}$	i_{Cmax}	$I_{C1m}R_P = V_{cm}$	$V_{CC} - V_{cm} = V_{CEmin}$	A
θ	$V_{BB} + V_{im}\cos\theta$	0	$I_{C1m}R_P\cos\theta$	$V_{CC} - V_{cm}\cos\theta$	B
$\frac{1}{2}\pi$	V_{BB}	0	0	V_{CC}	C
π	$V_{BB} - V_{im}$	0	$I_{C1m}R_P\cos\pi = -V_{cm}$	$V_{CC} + V_{cm} = V_{CEmax}$	D
$\frac{3}{2}\pi$	V_{BB}	0	0	V_{CC}	C
$2\pi - \theta$	$V_{BB} + V_{im}\cos\theta$	0	$I_{C1m}R_P\cos\theta$	$V_{CC} - V_{cm}\cos\theta$	B
2π	$V_{BB} + V_{im} = V_{BEmax}$	i_{Cmax}	V_{cm}	$V_{CC} - V_{cm} = V_{CEmin}$	A

2）集电极电压的最大值 $V_{CEmax} = V_{CC} + V_{cm}$。若 $V_{cm} \approx V_{CC}$，则在选择功放管时，应保证集电极与发射极间的击穿电压 $V_{(BR)CEO} > 2V_{CC}$。

3）C 类放大器是非线性放大器，不适合放大非恒定包络的已调信号，如图 10.4.6 所示。以普通调幅波 AM 信号为例，C 类放大器对于幅度不同的输入信号的导通角 θ 不同，而输出电流 i_C 的基波分量的幅度为：$I_{C1m} = i_{Cmax}\alpha_1(\theta)$，由于 $\alpha_1(\theta) \sim \theta$ 的非线性关系，使得输出电压 $v_c(t)$ 的幅度 $V_{cm} = I_{C1m}R_P$ 的变化规律，即输出电压的包络与输入电压的包络不成正比，产生了失真。

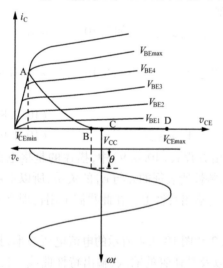

图 10.4.5　C 类放大器动态负载线

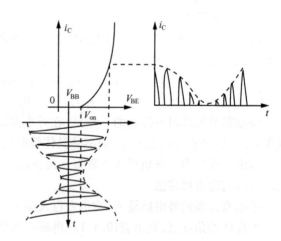

图 10.4.6　调幅波（AM）通过 C 类放大器

10.4.3　输出功率与效率

1. 功率与效率

C 类功率放大器的集电极回路调谐在信号频率上，高次谐波的电压分量很小。因此输

出功率 P_o 即为基波功率。

$$P_o = \frac{1}{2}I_{C1m}V_{cm} = \frac{1}{2}I^2_{C1m}R_P = \frac{1}{2}\frac{V^2_{cm}}{R_P} \tag{10.4.10}$$

集电极电源 V_{CC} 提供的功率 P_{dc} 等于流过的集电极电流 i_C 中直流分量 I_{C0} 与 V_{CC} 的乘积,即

$$P_{dc} = I_{C0}V_{CC} \tag{10.4.11}$$

因此集电极效率 η_C 为

$$\eta_C = \frac{P_o}{P_{dc}} = \frac{1}{2}\frac{I_{C1m}}{I_{C0}} \times \frac{V_{cm}}{V_{CC}} = \frac{1}{2}\xi\frac{I_{C1m}}{I_{C0}} \tag{10.4.12}$$

称 $\xi = \dfrac{V_{cm}}{V_{CC}}$ 为集电极电压利用系数,由图 10.4.5 及后面的分析可知,$\xi \approx 1$,则放大器的集电极效率主要取决于

$$\frac{I_{C1m}}{I_{C0}} = \frac{i_{Cmax}\alpha_1(\theta)}{i_{Cmax}\alpha_0(\theta)} = \frac{\alpha_1(\theta)}{\alpha_0(\theta)} = g_1(\theta) \tag{10.4.13}$$

称 $g_1(\theta)$ 为波形系数。图 10.4.3 中用虚线画出了 $g_1(\theta)$ 与 θ 的关系曲线。由此曲线和式(10.4.12)及式(10.4.13)可以看出,当 $\theta = 0°$ 时,$g_1(\theta) = 2$。若设 $\xi = 1$,效率可达 100%,但此时 $\alpha_1(\theta) = 0$,基波输出功率为 0,不可取。随着 θ 的增加,$g_1(\theta)$ 逐渐减小,效率降低。当 $\theta = 180°$ 时,$g_1(\theta) = 1$,即为 A 类放大器,此时效率最低,$\eta_C = 50\%$。这就说明,为了获得高的效率,为什么要选用 C 类放大器。功率放大器从 A 类到 B 类再到 C 类,通过减少导通角获得高效率。但为了兼顾大的输出功率和高的效率,C 类放大器一般可取 $\theta = 60° \sim 70°$。

C 类功率放大器效率高的原因也可以从图 10.4.4 各极的电流、电压波形中得到说明。由于电源供给的功率分别转换为输出功率和管子消耗功率,所以集电极效率又可表示为

$$\eta_C = \frac{P_o}{P_{dc}} = \frac{P_{dc} - P_C}{P_{dc}} = 1 - \frac{P_C}{P_{dc}} \tag{10.4.14}$$

式中,P_C 是管子消耗的功率。管耗 P_C 又可表示为晶体管的瞬时电流与瞬时电压之积在一周内的平均值,即

$$P_C = \frac{1}{2\pi}\int_0^{2\pi} i_C v_{CE}\,\mathrm{d}(\omega t) \tag{10.4.15}$$

要求管耗 P_C 小,由上式看出,应满足两点,一是要 i_C 与 v_{CE} 的乘积小,二是要积分区间小。从图 10.4.4 看出,C 类放大器的导通角很小,在很多时间内 $i_C = 0$,在这些区间内是不需要积分的,需要积分的区间只有 2θ,这必然减少了管耗。从波形图中还可以看出 i_C 和 v_{CE} 的最大值不是同时取得的。当 i_C 最大时,v_{CE} 最小;而 v_{CE} 逐渐增大时,i_C 又减小;当 v_{CE} 最大时 i_C 为 0,所以乘积 $i_C v_{CE}$ 很小。因此晶体管在信号一周内消耗的功率很小,效率很高。

C 类放大器通过减少导通角的方法来减小管耗,必然使输出功率降低。保持一定的导通角,而让 i_C 和 v_{CE} 的乘积很小甚至为零,这才是提高放大器效率的真正有效途径,后面介绍的高效率放大器就是基于此思路。

2. 最佳负载和功率增益

由图 10.4.5 所示 C 类功率放大器的动态负载线及输出电压波形看出,为获得最大输出

功率,应使 $V_{cm} = V_{CC} - V_{CE(sat)}$,其中,$V_{CE(sat)}$ 是晶体管的饱和电压。如果假设 $V_{CE(sat)}$ 为常数,则由电源电压 V_{CC} 和输出功率 P_o 可计算出其最佳负载

$$R_P = \frac{1}{2} \times \frac{(V_{CC} - V_{CE(sat)})^2}{P_o} \qquad (10.4.16)$$

一般说来,C 类功放的实际负载是天线,天线的阻抗一般不等于此放大器要求的最佳负载,因此中间必须插入阻抗变换网络,如图 10.4.7 所示。

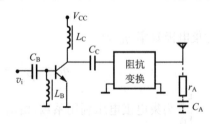

C 类放大器的输入功率 P_i 为

$$P_i = \frac{1}{2} I_{b1m} V_{im} \qquad (10.4.17)$$

其中,I_{b1m} 为输入电流脉冲的基波分量幅度。则功率增益为

图 10.4.7　C 类功率放大器输出阻抗变换

$$G_P = \frac{P_o}{P_i} \ \text{或}\ G_P(dB) = 10 \log \frac{P_o}{P_i} \qquad (10.4.18)$$

与 A 类功率放大器相比,为了获得相同的输出功率,C 类功率放大器比 A 类需要更大的输入功率,如图 10.4.8 所示。因此,从 A 类→B 类→C 类,功率放大器的效率增加,但功率增益下降。

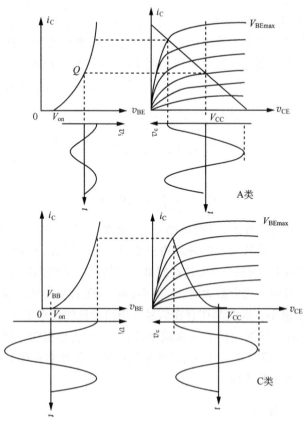

图 10.4.8　A 类和 C 类放大器功率增益比较

10.4.4 倍频与调制特性

1. 倍频

C 类谐振功率放大器的集电极电流 i_C 中含有丰富的谐波,只要将集电极回路调谐在它的第 n 次谐波上,则在负载两端即可得到输入信号的第 n 次倍频信号。由图 10.4.3 知,不同的导通角 θ,输出的谐波分量系数 $\alpha_n(\theta)$ 大小不同,因此,对某 n 次谐波的倍频器,应选择其相应的最佳导通角 θ。

C 类谐振功放一般只作二倍频或三倍频。这是因为它的集电极电流所含的谐波分量随着谐波次数 n 的增大而迅速减小,基波和低次谐波分量值总是大于高次谐波值。因此倍频次数过高,低次谐波的滤除很困难,要求回路 Q 值很高,而且输出的功率和效率都很低。

2. 调幅

从调制的功率有效性来看,普通调幅波 AM 不是一种好的调制方式,因为它的信息包含在其包络的变化中,因而不能用高效率的非线性放大器放大。因此在实际设备中,AM 信号并不是先调制再放大,而是直接在高效率的放大器中完成调制并放大。C 类功率放大器就可以实现调幅功能,包括集电极调制和基极调制两种方式。

集电极调制特性是指放大器输出电压幅度随电源电压 V_{CC} 的变化特性。由图 10.4.5 的动态负载线可以看出,当电路参数 V_{BB}、V_{im}、R_P 不变,而电源电压 V_{CC} 从大变小时,动态负载线向左移动,负载线的顶点 A 沿着 $V_{BEmax} = V_{BB} + V_{im}$ 曲线从放大区移动到饱和区,如图 10.4.9(a) 所示。可以画出集电极电流脉冲 i_C 随 V_{CC} 变化的波形如图 10.4.9(b) 所示,当动态线的顶点 A 在饱和区时,集电极电流脉冲 i_C 的峰值 i_{Cmax} 随电源电压 V_{CC} 的减小而减小并可能出现凹陷。而动态线顶点 A 在放大区时,集电极电流脉冲的峰值 i_{Cmax} 几乎不随 V_{CC} 的变化而变化。由于 V_{BB}、V_{im}、R_P 不变,则导通角 θ 基本不变,可以画出集电极直流分量 $I_{C0} = i_{Cmax}\alpha_0(\theta)$,基波分量 $I_{C1m} = i_{Cmax}\alpha_1(\theta)$ 及输出电压幅度 $V_{cm} = I_{C1m}R_P$ 随 V_{CC} 变化的曲线如图 10.4.9(c)。由图看出,动态负载线顶点在饱和区的 C 类功率放大器(称处于过压状态)变化 V_{CC},可以控制放大器输出电压 v_c 的幅度,这就是 C 类功率放大器集电极调幅的原理。

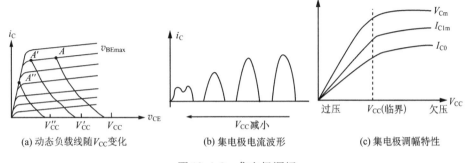

(a) 动态负载线随 V_{CC} 变化　　(b) 集电极电流波形　　(c) 集电极调幅特性

图 10.4.9　集电极调幅

同理,基极调制特性是指放大器输出电压幅度随基极偏压 V_{BB} 的变化性能。当 V_{im}、V_{CC}

及 R_P 不变,而 V_{BB} 从负向朝正向增加时,导通角相应增大,同时 $V_{BEmax} = V_{BB} + V_{im}$ 也随着增大,负载线的顶点在提高,如图 10.4.10(a)中 A_1、A_2、A_3 所示,集电极电流脉冲幅度也逐渐增大,可以画出集电极电流脉冲 i_C 随 V_{BB} 的变化如图 10.4.10(b)所示。可以看出,动态负载线顶点在放大区时(称处于欠压状态),i_{Cmax} 随 V_{BB} 的增大而增大。同时也可画出 I_{C0}、I_{C1m} 和 V_{Cm} 随 V_{BB} 的变化曲线如图 10.4.10(c)所示。由图看出,工作在放大区的 C 类功率放大器变化的 V_{BB} 可以控制输出电压 v_c 的幅度,这就是 C 类功率放大器基极调幅的原理。

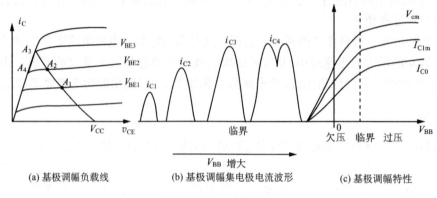

(a) 基极调幅负载线 (b) 基极调幅集电极电流波形 (c) 基极调幅特性

图 10.4.10 基极调幅

集电极调幅电路如图 10.4.11 所示。设 C 类功率放大器的输入信号为载波电压 $v_{RF}(t) = V_{Cm}\cos\omega_c t$,调制信号为 $v_\Omega(t) = V_{\Omega m}\cos\Omega t$。注意在图 10.4.11 电路中,电容器 C_1 应对载频 ω_c 短路,对音频 Ω 开路。用调制信号控制集电极电源,使电源成为时变的,即电容器 C_1 上的电压为 $V_{CC}(t) = V_{CC} + V_{\Omega m}\cos\Omega t$。如果确保电源电压变化时,放大器处于过压状态,且输出回路调谐于载频 ω_c,带宽 $BW \geq 2\Omega$,则可输出调幅波。

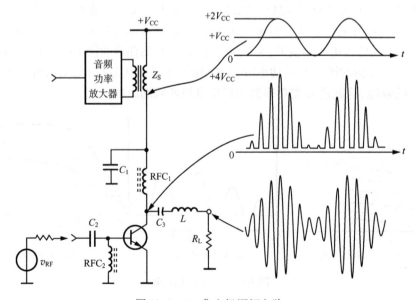

图 10.4.11 集电极调幅电路

同理,用调制信号控制基极偏压 V_{BB},并确保 $V_{BB}(t) = V_{BB0} + V_{\Omega m}\cos\Omega t$ 变化时放大器始终工作在欠压状态,即可实现基极调幅。

10.4.5　C 类放大器的馈电电路

馈电电路即指直流供电电路,放大器的馈电电路主要分集电极馈电和基极偏置馈电。

1. 集电极馈电

本章第一节已指出,在功率放大器中,为了能在较低的电压下输出较大的功率,电源一般均通过扼流圈或线圈对晶体管的集电极馈电。集电极馈电可以采用如图 10.4.12 所示的两种方式。

在图 10.4.12(a)中,电源电压 V_{CC} 通过扼流圈直接送到晶体管集电极,隔直大电容 C_{C_1} 防止回路线圈 L 对电源短路。在此电路中,信号电流受到扼流圈 L_C 的阻挡和旁路电容 C_{C_2} 的滤波不会进入电源,而只流向选频回路输出。直流电流由于隔直流电容 C_{C_1} 的阻断,不会流向输出回路,这种信号电流与直流电流分开两条支路流动的方式称为并馈。由于扼流圈的高阻,其两端电压即为回路高频电压,因此在输出回路中满足 $v_{CE} = V_{CC} + v_c$。

在图 10.4.12(b)中,扼流圈 L_C 和大电容 C_C 组成了电源滤波电路,C_C 对高频交流信号短路,但其两端直流电压为 V_{CC}。电源电压 V_{CC} 通过回路线圈 L 传送到晶体管的集电极。在此电路中,V_{CC}、回路输出电压 v_c 及晶体管三者串联,所以称为串联馈电,且有 $v_{CE} = V_{CC} + v_c$。

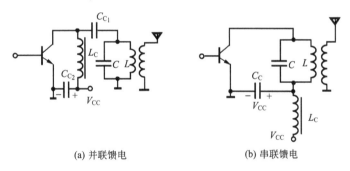

(a) 并联馈电　　　　　　　　　　(b) 串联馈电

图 10.4.12　集电极馈电方式

2. 基极馈电

晶体管 C 类放大器的基极偏置大约有三种方式:外偏置、自偏置及信号偏置。

图 10.4.13(a)是典型的外偏置形式,为了保证 C 类工作,电阻 R_{b2} 较小。

图 10.4.13(b)为自偏置电路。当不加信号时,由于发射极电阻上无电流,$V_{BE} = 0$,所以晶体管处于零偏置。加入大输入信号后,晶体管在信号的一周内部分时间导通,发射极电流 i_E 为脉冲。i_E 中的直流平均分量 I_{eo} 流经 R_e 产生上正下负的直流电压,而 i_E 中的高频成分全被大电容 C_E 短路,直流电压 $V_{R_e} = I_{eo} \cdot R_e$ 通过基极扼流圈 L_B 加到基极和发射极间形成直流负偏置电压。同理,该自偏置电阻电容也可以放在基极支路上,如图 10.4.13(c)所示。

图 10.4.13(d)为由信号本身产生的负偏置电压。它的工作原理完全类同于并联检波电路。无信号时,晶体管处于零偏置。当大信号输入时,晶体管导通,同时对串联电容 C_B

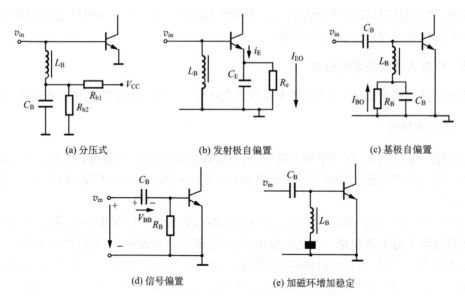

(a) 分压式　　　　　(b) 发射极自偏置　　　　　(c) 基极自偏置

(d) 信号偏置　　　　　(e) 加磁环增加稳定

图 10.4.13　基极馈电方式

充电。当信号电压为负,不能使晶体管导通时,电容通过电阻 R_B 放电,由于充放电时间常数不同,在电容 C_B 上形成了电荷积累,这就形成了 C 类放大器所需的负偏置。通过控制时间常数 $R_B C_B$,可以改变放大器的导通角。

功率放大器的稳定性是很重要的,由不稳定性引起的大电压或大电流会烧坏管子。为了提高稳定性,晶体管基极偏置的扼流圈应是低 Q 的,可以在其到地的引线端套一个铁氧体小磁环,如图 10.4.13(e)所示。一般来说放大器的低频增益总大于高频增益,用此方法可以降低低频增益,提高稳定性。

至此,对 C 类放大器电路,除了它的匹配网络外,都已经分析了,功率放大器的设计参见 10.6 节介绍。

小结:

(1) A、B、C 类放大器对应的导通角分别是 180°、90°和小于 90°,通过减小导通角来提高放大器的效率。但从 A→B→C 类,放大器的功率增益降低。C 类功率放大器虽然有很高的效率,但它的高效率($\theta = 0$)和大的输出功率($\theta = 120°$)不可能同时取得,也就是说它不可能达到"满输出功率的效率"(efficiency at full output power)。

(2) C 类放大器的集电极电流 i_c 是脉冲,因此在集电极必须设置 LC 选频回路,以保证输出所需频率的功率,C 类功率放大器是窄带放大器。

(3) 当输出功率和电源电压确定后,根据式(10.4.16)可以求出放大器的最佳负载。

(4) C 类功率放大器属于非线性放大器,当放大非恒定包络的已调信号时会产生频谱再生。

(5) C 类功率放大器可以实现倍频和调幅。

10.5 高效率高频功率放大器

10.5.1 简述

通过减小放大器的导通角 θ 可以提高效率,但是为了输出所需功率,必须以增大激励功率为代价,也即 C 类放大器的"功率增加效率"PAE 不高。进一步提高放大器效率的途径是什么呢?

由于放大器只是一个能量转换器,它将直流电源的能量转变为交流能量,一部分管子消耗,另一部分输出,因此,为提高效率必须减小管耗。从式(10.4.15)看出,减小管耗有两条路,一是减小导通角 θ,这就是 C 类放大器。二是减小管子电流 i_C 与其电压 v_{CE} 的乘积,要求 i_C 大时 v_{CE} 小,而 v_{CE} 大时 i_C 小。而且如果能进一步做到 i_C 和 v_{CE} 不同时出现,使乘积 $i_C v_{CE}$ 始终为零,则效率可达 100%。这就是 D、E 类功率放大器。按这种思路提出的高效率放大器与 A、B、C 类放大器的根本区别正如本章第 2 节所述,在 A、B、C 类放大器中,晶体管工作于放大区,等效于受控的电流源。而在 D、E 类放大器中晶体管等效为受输入矩形波控制的开关。开关导通时有电流经过,若保证管子饱和导通,其导通电阻很小,则开关两端电压很低,甚至趋于零。当开关断开时,电流 i_C 截止,而电压 v_{CE} 会很大,因此无论是导通还是断开,电流和电压两者的乘积始终很小,因而管子的耗散功率就很小。所以这种类型的功率放大器又称开关模式功率放大器。

10.5.2 D 类高频功率放大器

D 类功率放大器以其集电极电压为矩形波还是集电极电流为矩形波可分为两种,前者称为电压型 D 类放大器,后者称为电流型 D 类放大器。下面主要介绍电压型 D 类放大器。

D 类功率放大器原理电路如图 10.5.1 所示。两个性能基本相同的晶体管接成推挽形式,它们分别由两个同名端相反的变压器激励,输出通过 LC 串联谐振回路接到负载 R_L 上。

D 类功率放大器的工作原理分析如下:

在输入信号的作用下,两管轮流导通。与 B 类推挽功放不同的是,激励信号必须保证管子导通时为饱和导通,即导通时管子两端的电压为饱和压降 V_{CES}[也即饱和压降 $V_{CE(sat)}$]。可以画出 A 点的电压波形,如图 10.5.2 所示。这是一个频率与输入激励信号频率相同的矩形电压,所以该电路称为电压型 D 类放大器。

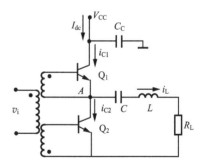

图 10.5.1 D 类功率放大器原理电路

v_A 的幅度为 $V_{Am} = V_{CC} - 2V_{CES}$。可以引入开关函数 $S_1(\omega t)$ 来描述矩形波 v_A

$$v_A(t) = V_{CES} + (V_{CC} - 2V_{CES})S_1(\omega t)$$

$$= V_{CES} + (V_{CC} - 2V_{CES})\left(\frac{1}{2} + \frac{2}{\pi}\cos\omega t - \frac{2}{3\pi}\cos3\omega t + \frac{2}{5\pi}\cos5\omega t + \cdots\right)$$

$$(10.5.1)$$

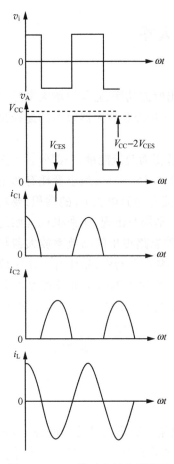

图 10.5.2　D 类功率放大器波形

其中，$v_A(t)$ 的基波分量为

$$v_{A1}(t) = \frac{2}{\pi}(V_{CC} - 2V_{CES})\cos\omega t \qquad (10.5.2)$$

$v_A(t)$ 作为串联回路 LCR_L 的信号源，LC 谐振于输入信号频率，如果回路的有载 Q 足够高，则负载电流 i_L 应为基波。忽略 LC 的损耗（设其空载 Q_0 很高），则有

$$i_L = \frac{v_{A1}(t)}{R_L} = \frac{1}{R_L}\frac{2}{\pi}(V_{CC} - 2V_{CES})\cos\omega t \qquad (10.5.3)$$

负载电流 i_L 是由晶体管 Q_1 和 Q_2 分别导通时的集电极电流 i_{C1} 和 i_{C2} 反向合成而得，即 $i_L = i_{C1} - i_{C2}$。因此可以画出 i_{C1} 和 i_{C2} 的波形如图 10.5.2 所示，每个电流脉冲的幅度与负载电流 i_L 的幅度 I_{Lm} 相同。

放大器输出到负载 R_L 上的功率为

$$P_o = \frac{2(V_{CC} - 2V_{CES})^2}{\pi^2 R_L} \qquad (10.5.4)$$

流过电源 V_{CC} 的直流电流为晶体管 Q_1 的集电极电流 i_{C1} 的平均分量，由于 i_{C1} 可以用开关函数表示为

$$i_{C1}(t) = \frac{1}{R_L} \times \frac{2}{\pi}(V_{CC} - 2V_{CES})\cos\omega t\,S_1(\omega t) \qquad (10.5.5)$$

所以其平均电流 I_{dc} 为

$$I_{dc} = \frac{2(V_{CC} - 2V_{CES})}{\pi^2 R_L} \qquad (10.5.6)$$

电源供给功率为

$$P_{dc} = I_{dc} \cdot V_{CC} = \frac{2(V_{CC} - 2V_{CES})}{\pi^2 R_L} \cdot V_{CC} \qquad (10.5.7)$$

则集电极效率为

$$\eta_C = \frac{P_o}{P_{dc}} = \frac{V_{CC} - 2V_{CES}}{V_{CC}} \qquad (10.5.8)$$

由此可以看出，D 类功率放大器的损耗主要是由于饱和压降（或者说管子导通时内阻）不为零所致，晶体管饱和压降 V_{CES} 越小，且电源电压越大，则效率就越高。但是一般饱和压降随频率的升高而增大。

D 类放大器在高频应用时的另一个关键问题是晶体管的开关时间。如图 10.5.3 所示，当输入电压发生跳变使晶体管导通时，晶体管的输出电流 i_C 要经过延迟时间 t_d 和上升时间 t_r。而当输入电压跳变欲使晶体管截止时，又要经过存储时间 t_s 和下降时间 t_f。当晶体管的这些开关延迟时间与信号的周期相比变

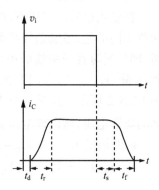

图 10.5.3　晶体管开关时间对波形的影响

得不可忽略,甚至占去了信号周期的较大部分时间时,两只晶体管的轮流导通、截止变得不理想,而且在开关转换瞬间,可能会出现同时导通或同时截止的现象。这一方面会增加损耗降低效率,另方面也会增大管子损坏几率。这就限制了 D 类功放工作频率的提高以及效率的提高,E 类功率放大器正是针对这个缺点做出的改进。

10.5.3 E 类高频功率放大器

1. E 类放大器的结构特点及电流电压波形

E 类放大器由单只作为开关用的晶体管和负载网络组成,如图 10.5.4 所示。其中,L_C 为高频扼流圈,R_L 为实际负载,R_P 为 E 类放大器要求的最佳负载。

为了获得高效率,要求晶体管的集电极电流 i_C 和集电极电压 v_{CE} 不同时出现。因此,设计 E 类放大器必须满足以下三个要点。

1)晶体管在从导通到截止时,集电极电压 v_{CE} 必须延迟到作为开关的晶体管完全断开,即集电极电流 i_C 为零后,才开始上升。

2)在晶体管开关从断开向导通的转换时刻,其集电极电压 v_{CE} 必须下降到零。

3)在晶体管开关从断开向导通的转换时刻,集电极电压 v_{CE} 的斜率必须为零,即保证晶体管是从集电极电流 $i_C = 0$ 起开始导通。

根据以上三要点,可以定性画出 E 类放大器在输入方波控制下的集电极电压波形如图 10.5.5 所示(图中假设放大器的导通角为 90°)。

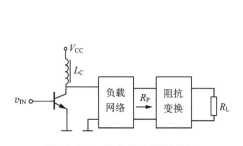

图 10.5.4 E 类放大器结构图

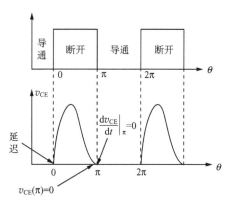

图 10.5.5 E 类放大器集电极电压波形

在 E 类放大器中,起关键作用的是它的负载网络,它决定了晶体管开关断开时的集电极电压波形。为了达到所要求的集电极电压波形,该负载网络必须是一个有阻尼的二阶系统,如图 10.5.6(a)所示,它由电感 L_x、电容 C_0 和电阻 R_P 组成。

电容 C_0 是晶体管的极间电容和外接电容之和(假设 C_0 为线性电容,其大小与两端电压无关),晶体管开关断开时的集电极电压波形靠此二阶系统中的电容器 C_0 的充放电保证。同时,作为一个放大器,须使负载两端输出电压 $v_o(t)$ 是与输入信号同频率的正弦波,则在负载网络内必须有一个 Q 值足够高的串联谐振回路来选频滤波,以保证负载电流是与输入信号基频相同的正弦波。因此 E 类放大器完整的负载网络如图 10.5.6(b)所示。这是一个由

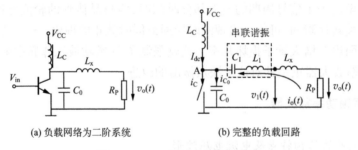

(a) 负载网络为二阶系统   (b) 完整的负载回路

图 10.5.6　E 类放大器负载回路

电感 $L = L_1 + L_x$，电阻 R_P 及电容 $C = \dfrac{C_1 C_0}{C_1 + C_0}$ 串联的衰减二阶系统。其中，$L_1 C_1$ 在输入信号基频处谐振，谐振阻抗为零，L_x 称为剩余电感。负载网络的阻尼，即电阻 $(R_P + r)$ 的大小（r 是线圈的损耗电阻）对晶体管截止时的集电极电压波形以及串联回路的滤波性能都有极大的影响，因此正确选择回路的有载 Q_e 值，是放大器可靠的高效率工作的保证，一般取 Q_e 为 5 ~ 10。同时，负载电阻 R_P 又决定了输出功率的大小，当满足电路设计要求所求得的 R_P 不等于实际负载电阻 R_L 时，必须添加阻抗变换网络，如图 10.5.4 所示。

下面分析 E 类放大器的各支路电流关系。设负载电流 i_o 为正弦波，即

$$i_o(\omega t) = I_o \sin(\omega t + \varphi) \qquad (10.5.9)$$

则输出电压 v_o 也为正弦波

$$v_o(\omega t) = -I_o R_P \sin(\omega t + \varphi)$$
$$= -V_o \sin(\omega t + \varphi) \qquad (10.5.10)$$

由于高频扼流圈 L_C 的交流阻抗极大，它仅允许直流电源 V_{CC} 提供的直流电流 I_{dc} 通过，而无交流分量。因此，由图 10.5.6（b）知，在节点 A 满足关系式

$$i(\omega t) = I_{dc} + I_o \sin(\omega t + \varphi) \qquad (10.5.11)$$

电流 $i(\omega t)$ 由两部分组成。当开关导通时，由于开关导通电阻为 0，电容 C_0 上无电流，电流 $i(\omega t) = i_C(\omega t)$ 是流过晶体管的集电极电流。当开关断开时，由于开关电阻为 ∞，晶体管上无电流，电流 $i(\omega t) = i_{C_0}(\omega t)$ 是电容上的充放电电流。

根据开关的通、断及要求的集电极电压波形，可以定性地画出相应的电流波形，如图 10.5.7 所示。其中，$i_C(\omega t)$ 和 $i_{C_0}(\omega t)$ 叠加等于 $I_{dc} + i_o(\omega t)$，满足式（10.5.11）；由于流过电容器 C_0 的电流 i_{C_0} 的正、负分别对应了电容器两端电压（即 v_{CE}）的上升和下降，因此电容器两端电压（即 v_{CE}）的峰值就恰好对应了电流 i_{C_0} 的过零点；同时，根据前面所述的

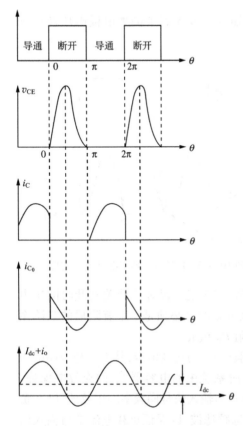

图 10.5.7　E 类放大器的各支路电流波形

E 类放大器的三要点中的 3)),在 $\omega t = \pi$ 时,要求集电极电压(即 C_0 两端的电压)的斜率为零,因此 $i_{C_0}(\pi) = 0$。

2. 设计目标与依据

设计 E 类放大器,是由已确定的设计目标,即由工作频率 f_0、输出功率 P_0、电源电压 V_{CC}、负载电阻 R_L 以及设定的谐振回路空载 Q_0 和有载 Q_e,然后按照 E 类放大器的设计公式,选择合适的晶体管,确定最佳负载 R_P、电容 C_0、剩余电感 L_x 及谐振回路元件 $L_1 C_1$ 和高频扼流圈 L_C 的值。若 $R_P \neq R_L$,或滤波性能不合要求,还需设计匹配网络和添加滤波网络。

推导 E 类放大器的设计公式的过程是相当烦琐的,本书在此不详细列举,只根据电路图 10.5.6(b) 简单说明推导设计公式时所依据的几方面关系式,以便更明确电路工作的物理意义。

(1)满足 E 类放大器高效率工作的基本要点

1)集电极电压在 $\theta = \pi$ 时必须等于零(θ 代表 ωt),即

$$v_{CE}(\pi) = v_{C_0}(\pi) = 0 \tag{10.5.12}$$

2)集电极电压在晶体管开关从断开到导通转换时刻的斜率为零,即

$$\left. \frac{dv_{CE}}{d\theta} \right|_\pi = \left. \frac{dv_{C_0}}{d\theta} \right|_\pi = 0 \tag{10.5.13}$$

(2)满足电路的电流、电压定律

1)集电极电压 v_{CE}(即电容器 C_0 两端电压)与输出电流的关系。

$$v_{C_0}(\theta) = \int i_{C_0} d\theta = \int_0^\pi [I_{dc} + I_o \sin(\theta + \varphi)] d\theta \tag{10.5.14}$$

2)集电极电压 $v_{CE}(v_{C_0})$ 与输出电压间的关系。

输出电流 $i_o(\omega t)$ 是频率与输入方波基频相同的正弦波,因此剩余电感 L_x 上的电压也是基频分量,但相位与输出电压 v_o 相差 90°,因此输出电压与剩余电感 L_x 上电压之和 $v_1(\theta)$ 为

$$v_1(\theta) = -[I_o R_P \sin(\theta + \varphi) + I_o X_{Lx} \sin(\theta + \varphi + 90°)] = V_1 \sin(\theta + \psi) \tag{10.5.15}$$

由于串联谐振回路 $L_1 C_1$ 的谐振阻抗近似为零,没有基波压降,由放大器电路图 10.5.6(b) 知,电容器 C_0 上电压 $v_{C_0}(t)$ 的基波分量即为上述电压 $v_1(\theta)$,根据傅里叶变换公式,$v_1(\theta)$ 的幅度可表示为

$$V_1 = \frac{1}{\pi} \int_0^{2\pi} v_{C_0}(\theta) \sin(\theta + \varphi) d\theta \tag{10.5.16}$$

3)集电极电压 $v_{CE}(v_{C_0})$ 与电源电压 V_{CC} 的关系。

由于高频扼流圈 L_C 上无交流电流,且扼流圈的直流电阻假设为零,因此点 A 的直流电位是 V_{CC},也即电容器 C_0 上电压的平均分量为 V_{CC},则

$$V_{CC} = \frac{1}{2\pi} \int_0^{2\pi} v_{C_0}(\theta) d\theta = I_{dc} R_{dc} \tag{10.5.17}$$

由此式可推导出放大器对直流电源呈现的直流负载电阻 R_{dc}。

（3）输出功率与效率

输出功率为

$$P_o = \frac{1}{2} \frac{V_o^2}{R_P} \tag{10.5.18}$$

电源供给功率为

$$P_{dc} = I_{dc} V_{CC} = \frac{V_{CC}^2}{R_{dc}} \tag{10.5.19}$$

集电极效率为

$$\eta = \frac{P_o}{P_{dc}}$$

（4）二阶网络的 Q 值

设线圈损耗电阻为 r，线圈空载 Q 为

$$Q_0 = \frac{\omega L}{r} = \frac{\omega(L_1 + L_x)}{r} \tag{10.5.20}$$

回路有载 Q 为

$$Q_e = \frac{\omega L}{r + R_P} = \frac{\omega(L_1 + L_x)}{r + R_P} \tag{10.5.21}$$

（5）选择晶体管参数的依据

1）晶体管开关速度应满足工作频率 f_0 要求。

2）集电极最大耐压。电容器 C_0 上电压最大值即为晶体管集电极的最高电压，则

$$V_{C_0max} = BV_{CEV}$$

3）晶体管最大电流。流经晶体管开关的最大电流为

$$i_{Cmax} = I_{dc} + I_o$$

列出以上各方程并求解，即可得到 E 类放大器的设计公式，详细推导请参考有关文献。

由于 D 类放大器和 E 类放大器的输出信号幅度与输入信号幅度没有线性关系，所以 D 类和 E 类放大器都不能放大非恒定包络的已调制信号。

10.6 高频功率放大器设计

在高频功率放大器和信号源之间，末级功率放大器和固定阻值的天线之间，或者两级功率放大器之间，都需要插入网络进行阻抗变换或匹配。在设计这些网络前，首先提出的问题是如何理解非线性高频功率放大器的输入、输出阻抗的含义？在高频时，这些阻抗的特性如何，如何变化？本节先说明这些问题，然后举例介绍功率放大器的设计。

10.6.1 晶体管大信号参数

射频大功率管，它工作于极高的频率，要求输出大功率，因此描述它的特性的参数与小信号时完全不同。在小信号线性工作时，晶体管的 S 参数不受输入电平的影响，仅与工作频率和工作点有关。而在大信号工作时，描述晶体管阻抗特性的各参数受到工作频率、输入电

平、输出端的负载阻抗、电源电压、偏置以及温度等的影响。在晶体管的数据手册中,对于大功率管一般都给出了许多曲线,如在不同的频率时输出功率随输入功率的变化曲线、输出功率随电源电压的变化曲线、功率增益随频率的变化曲线、管子的直流安全工作区等。还给出了在特定条件下晶体管的大信号阻抗,这些阻抗常以串联形式(也可以化成并联形式)列成表或画在阻抗圆图上。

例如,MOTOROLA 公司生产的高频功率管 MRF137,在手册上作了如下说明(摘要):

RF 功率场效应管,N 沟道增强型。最高工作频率可达 400MHz。适用于宽带大信号输出级和激励级。

1)28V 电源、150MHz 时特性:

输出功率30W、最小功率增益13dB、效率60%(典型值)。

2)28V 电源、400MHz、30W 输出功率时功率增益为 7.7dB。

3)低噪声系数——在 1.0A 、150MHz 时噪声系数为 1.5dB。

4)易于增益控制以及适于调制。

5)良好的热稳定型,适于 A 类工作。

手册中给出如图 10.6.1 所示的一些曲线(本书只画出部分),给出2~800MHz将近 50 个频率点的小信号 S 参数,以及在阻抗圆图上给出了如表10.6.1所示的大信号阻抗参数。其中,Z_{OL}是表示在给定的输出功率、电源电压、偏置电流和频率下的最佳负载阻抗的共轭值。它表明,当负载端与此值共轭时,在规定的条件下,晶体管放大器可以输出相应的功率。

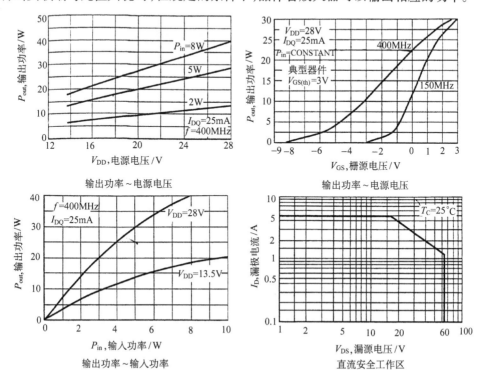

图 10.6.1 MRF137 的典型曲线

表 10.6.1 MRF137 的大信号阻抗参数（以串联形式给出）

$$V_{DD} = 28V, I_{DQ} = 25mA, P_{out} = 30W$$

f/MHz	Z_{in}/Ω	Z_{OL}/Ω
100	2.11 − j11.07	8.02 − j2.89
150	1.77 − j7.64	5.75 − j3.02
200	1.85 − j3.75	3.52 − j2.67
400	1.74 + j3.62	2.88 − j1.52

1. 输入阻抗

射频功率管的输入等效电路如图 10.6.2(a)所示,其中,R_E 是发射极扩散电阻,$r_{bb'}$ 是基区体电阻,C_1 是发射结扩散电容与渡越电容之和,C_2 是封装电容,L_S 是基区引线电感。

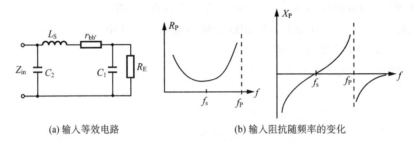

(a) 输入等效电路　　　　　　　　　(b) 输入阻抗随频率的变化

图 10.6.2　功率放大器输入阻抗

射频功率管的输入阻抗是一个大信号参数,它一般有以下几个特点:①输入阻抗的数值都很小,如表 10.6.1 所示,并且随着功率的增加或随着芯片面积的增大而减小;②输入阻抗是一个复数,它可以表示成电阻和电抗元件的并联,也可以表示成电阻和电抗元件的串联;③输入阻抗随频率的变化而变化。

图 10.6.2(b)是晶体管的输入以并联形式表示的电阻 R_P 与电抗 X_P 随频率的变化曲线。其中有一个串联谐振点和一个并联谐振点,在谐振点的两边,电抗性质发生变化。工作于 VHF 频段(30 ~ 300MHz)低端的大多数功率管,它们的 R_P 与 X_P 处在低于串联谐振点 f_s 处,输入阻抗呈容性。对于 VHF 频段高端,串联谐振点 f_s 大致位于此频段内,而并联谐振点 f_P 位于频段外。对于工作在 1 ~ 2GHz 的功率管,由于该频段是超过 f_s 而接近并联谐振点 f_P,因此功率管的输入阻抗呈感性。

描述射频功率管输入特性的另一个重要参数是 Q 值,定义为 $Q = R_P/X_P$,它是判断该器件是否适用于宽带应用的一个重要参数。Q 值小的晶体管,可以用于宽带。当它用于窄带时,选频功能可由外电路的高 Q 选频网络实现。对于 VHF 频段的器件,Q 约为 1 或更小,对于微波段的晶体管,Q 约为 5 或更大一些。

2. 输出阻抗

射频功率管的输出阻抗一般仅为一个输出电容 C_{out},它的输出电阻与负载电阻相比是极大的,因此一般可以忽略。如果此输出电阻不能忽略,则可视为与负载电阻 R_L 并联的电阻 R_T,如图 10.6.3 (a)所示。由于该输出电阻要吸收功率,器件的效率会下降。设器件输

出功率为 P_o,负载 R_L 上得到的功率为 P_L,则效率为

$$\eta = \frac{P_L}{P_o} = \frac{V^2/R_L}{V^2/(R_T \mathbin{/\mkern-5mu/} R_L)} = \frac{1}{1 + R_L/R_T} \tag{10.6.1}$$

效率随 R_T 的减小而减小。内部电阻 R_T 是一个小信号参数,它定义为

$$R_T = \frac{1}{\omega_T \cdot (C_{TC} + C_{DC})} \tag{10.6.2}$$

式中,C_{TC} 和 C_{DC} 分别是集电极的渡越电容和扩散电容。

输出电容 C_{out} 是结电容,其值随外加电压的变化而变化,由于它是大信号参数,因此可看作是在电压摆幅内的平均值。一般可以近似认为 $C_{out} = 2C_{CB}$。C_{CB} 是集-基间的渡越电容,C_{out} 随频率而变化的曲线示意图 10.6.3(b)。

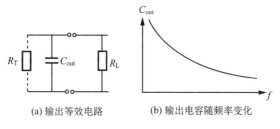

(a) 输出等效电路　　　　　(b) 输出电容随频率变化

图 10.6.3　功率管输出阻抗

3. 输出负载

在小信号电路设计中,为了获得最大的功率传输,都要求负载与信号源内阻相等,即达到匹配。但在功率放大器中,这个观点已不适用。因为在大信号工作时,晶体管的阻抗已不是一个常数。

设计功率放大器,出发点是输出大功率,因此一般总是让晶体管工作在其额定输出功率状态。如图 10.6.4 所示的放大器,当其输出功率为 P_o,电源电压为 V_{CC} 时,负载电阻 R_L 应为

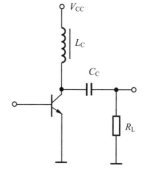

图 10.6.4　功率放大器原理电路

$$R_L = \frac{(V_{CC} - V_{CE(sat)})^2}{2P_o} \tag{10.6.3}$$

式中,$V_{CE(sat)}$ 为饱和电压,且随着频率的升高而增大。为了达到管子所能提供的最大输出功率,在图 10.6.4 中,可让 V_{CEmax} 和 i_{Cmax} 接近晶体管的集电极击穿电压 $V_{(BR)CEO}$ 和最大允许集电极电流 I_{CM}。从式(10.6.3)看出,功率放大器要求的负载电阻,除了管子的饱和电压外,与管子的其他参数无关,它只取决于输出功率和电源电压。

当频率升高时,特别对于微波功率管,此公式就变得不精确。必须按照手册给出的参数设计。以场效应管 MRF137 为例,表 10.6.1 给出了它的阻抗参数 Z_{OL}。Z_{OL} 表明,在给定的电源电压,工作频率及给定的输出功率条件下,该晶体管所要求的最佳负载的共轭值。Z_{OL} 是一个测量参数,它是采用一种称为"负载拉动测量"(load-pull measurement)法测得的。即

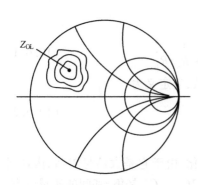

图 10.6.5　负载拉动测量
得到的等功率线

在保证给定参数(V_{CC},I_{CQ},f)及输入端共轭匹配,输入功率不变的条件下,通过改变负载阻抗的电阻和电抗,观察负载变化对放大器输出功率的影响。通过"负载拉动"测量,在阻抗圆图上画出一组等功率线,如图 10.6.5 所示,从而找出在该条件下能输出最大功率的最佳负载 Z_{OL}。从该测量方法也可以看出,一旦最佳负载确定后,该放大器的工作条件,它的源阻抗也相应被确定了。

功率放大器的结构框图如图 10.6.6 所示,一般分为激励级和输出级。图中画出了三个匹配网络,这三个匹配网络的目的是不同的。

精确地说,功率放大器的阻抗匹配,只是指其输入端与 50Ω 的源阻抗间的匹配,由图 10.6.6 中的 N_1 完成。N_1 实现了功率放大器的激励级与源的匹配。在功放输出级与天线之间的网络 N_3,只是完成阻抗变换,使天线阻抗变换为该级功放所要求的最佳负载 Z_{OL}。级间匹配网络 N_2 同样是完成阻抗变换,将输出级的输入阻抗变换为激励级所要求的最佳负载值。因此功率放大器设计的次序是:先设计输出级,其次是激励级,最后设计激励级和输出级间的匹配网络 N_2。

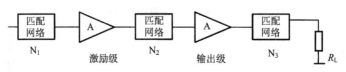

图 10.6.6　功率放大器结构框图

10.6.2　功率放大器设计举例

设计高频功率放大器一般按照以下几个步骤进行。

1) 选择合适的晶体管。选择晶体管的依据是工作频率和输出功率。晶体管的特征频率 f_T 不宜选得过高。因为一般都是通过减少晶体管的面积,减小了极间电容来提高其工作频率的,面积的减少,意味着安全功耗值降低。

2) 确定放大器级数。由手册中给出的输出功率-输入功率关系曲线,输出功率-电源电压关系曲线,输出功率-频率变化曲线,根据输出功率 P_{out},查出在规定的工作频率和电源电压条件下所需的输入功率 P_{in},初步计算功率增益

$$G_P = 10 \log \frac{P_{out}}{P_{in}}$$

当增益不够时,可采用多级放大。

3) 设计阻抗变换网络。查出晶体管在给定的工作频率,电源电压以及输出功率条件下晶体管的输入阻抗 Z_{in} 和输出阻抗 Z_{OL}(它们一般以串联形式给出)。根据阻抗变换及对谐波的抑制等要求,设计输入、输出网络。

输出阻抗变换网络的 Q 值不宜太高。主要原因是,太高的 Q 值会使流经回路电感和电容的电流增大(是信号源电流的 Q 倍),这必然增大了损耗;其次低的 Q 值有利于提高放大

器的稳定性,因此即使要求窄带放大时,输出回路的 Q 值一般也不超过 5。但低 Q 值又降低了回路的滤波性能,在 C 类非线性放大器中,当对滤波性能要求较高时,可以采用多级网络级连。

4）画出设计电路,选择合适的直流馈电电路。大多数功率管手册中都给出了推荐的工作类型(A、AB、B 或 C 类),以及相应的工作点电流。手册中给出的晶体管的各项参数均是在给定的工作点下测得的,当工作点改变时,增益、阻抗、甚至晶体管的寿命都会变化,因此应按给定的要求确定偏置。

5）安装放大器。必须指出,以上的理论计算只是指导性的,必须经过反复调试,才能达到指标要求。

例 10.6.1 设计一 A 类功率放大器,工作于 900MHz,带宽为 90MHz,要求在 50Ω 负载上输出功率 1.5W,电源电压为 3.3V。

解 （1）确定功率放大器最佳负载。

设晶体管饱和电压为 $V_{CE(sat)} = 0.3V$,则

$$R_{opt} = \frac{(V_{CC} - V_{CE(sat)})^2}{2P_o} = \frac{(3.3 - 0.3)^2}{2 \times 1.5} = 3 \ (\Omega)$$

由于 $R_{opt} < R_L$,所以必须用阻抗变换网络。A 类功率放大器的结构及输出负载线如图 10.6.7 所示,图中 L_C 为高频振流图。

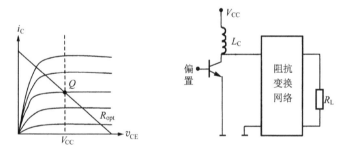

图 10.6.7　例 10.6.1 A 类功率放大器的结构及输出负载线

（2）确定管子要求。

晶体管的最大电压　$V_{CEmax} = 3.3 \times 2 = 6.6(V)$

晶体管的最大电流　$I_{CM} = \frac{2V_{CC}}{R_{opt}} = \frac{2 \times 3.3}{3} = 2.2(A)$

工作点偏置电流　$I_{CQ} = \frac{1}{2}I_{CM} = 1.1A$

集电极效率　$\eta_C = \frac{P_o}{P_{dc}} = \frac{1.5}{1.1 \times 3.3} = 41\%$

上式表示,放大器输出 1.5W 功率时,在晶体管上将消耗 2.13W 功率。但 A 类功率放大器最坏情况是,没有输入信号,即没有输出功率时,由于有静态偏置电流 I_{CQ},因此,晶体管将要承受最大的耗散功率应为 $P_{dc} = 1.1 \times 3.3 = 3.63(W)$。

（3）输出网络设计。输出网络完成两个功能:阻抗变换、滤波并保证带宽要求。为计算

简单起见,设计时将两功能分开考虑。

首先考虑滤波和带宽。设用并联 L_1C_1 回路实现谐振、选频滤波,如图10.6.8(a)所示。

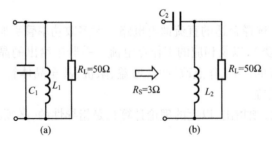

图 10.6.8 输出网络

考虑到带宽要求,对应的 Q 值为

$$Q_e = \frac{f_o}{BW} = \frac{900 \times 10^6}{90 \times 10^6} = 10$$

因此,L_1 和 C_1 谐振时有

$$X_{L_1} = \frac{R_L}{Q_e} = \frac{50}{10} = 5\,(\Omega) \rightarrow L_1 = \frac{5}{2\pi \times 9 \times 10^8} = 0.884\,(nH)$$

$$X_{C_1} = \frac{R_L}{Q_e} = \frac{50}{10} = 5\,(\Omega) \rightarrow C_1 = \frac{1}{2\pi \times 9 \times 10^8 \times 5} = 35.4\,(pF)$$

由于流过负载 R_L 上的电流为

$$I_L = \sqrt{P_o/R_L} = 0.173\,(A)$$

则并联回路线圈应能承受的电流峰值为

$$I_{L_1} = Q_e \times \sqrt{2}I_L = 10 \times \sqrt{2} \times 0.173 = 2.45\,(A)$$

其次考虑阻抗变换。采用如图 10.6.8(b) 所示高通 L 网络,将 50Ω 负载变换为放大器要求的最佳负载 3Ω,则 L 网络的 Q 为

$$Q = \sqrt{\frac{50}{3} - 1} = 3.96$$

$$L_2 = \frac{R_L}{\omega_0 Q} = \frac{50}{2\pi \times 9 \times 10^8 \times 3.96} = 2.23\,(nH)$$

$$C_2 = \frac{1}{\omega_0 R_S Q} = \frac{1}{2\pi \times 9 \times 10^8 \times 3 \times 3.96} = 14.9\,(pF)$$

总的输出回路是阻抗变换 L 网络与并联回路级联,选频特性主要取决于高 Q 的并联回路。

(4) 扼流圈电感量计算。扼流圈的电抗值应远大于放大器的等效交流负载,取

$$X_{L_C} \geqslant 10R_{opt} = 10 \times 3 = 30\,(\Omega)$$

则

$$L_C \geqslant \frac{30}{2\pi \times 9 \times 10^8} = 5.3\,(nH)$$

(5) 偏置电路。可用电阻分压式偏置或集成电路中采用镜像电流源偏置,使静态时 $I_{CQ} = 1.1\,A$。

完整电路如图 10.6.9 所示,图中 L 是电感 L_1 与 L_2 并联后的总电感,即

$$L = \frac{L_1 \cdot L_2}{L_1 + L_2} = \frac{2.23 \times 0.884}{2.23 + 0.884} = 0.633 \text{ (nH)}$$

若要将上述功率放大器改为 C 类,其余设计要求不变。此时输出网络的设计方法相同,不同的是改变图 10.6.9 中 Q_1 的偏置。最常用的方法是用扼流圈(或电阻)将 Q_1 的基极接地,使 $V_{\text{BEQ}} = 0$。与 A 类功率放大器相比,为了获得相同的输出功率,C 类功率放大器必须增大输入功率。

例 10.6.2 设计一级窄带(要求至少一个选频网络的 $Q_e \geqslant 5$)VHF 功率放大器,工作频率为 $f_0 = 200\text{MHz}$,输出功率 $P_{\text{out}} = 20\text{W}$,信号源内阻及负载阻抗均为 50Ω。

解 (1)根据工作频率及输出功率选择 MOTOROLA 功率管 MRF166C,其特性是:

N 沟道增强型 MOS 场效应管,适用于 30MHz ~ 500MHz 宽带大信号输出级和激励级。

400MHz、28V 电源时的典型参数是:

输出功率 20W

功率增益 17dB

效率为 55%

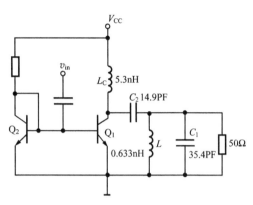

图 10.6.9 例 10.6.1 电路

适合于 A 类应用。大信号输入、输出阻抗如表 10.6.2 所示。

表 10.6.2 大信号输入、输出阻抗($V_{\text{DD}} = 28\text{V}, I_{\text{DQ}} = 100\text{mA}, P_{\text{out}} = 20\text{W}$)

f/MHz	Z_{in}/Ω	Z_{OL}/Ω
100	$11.0 - \text{j}21.0$	$8.50 - \text{j}10.0$
200	$4.20 - \text{j}12.6$	$6.00 - \text{j}9.00$
400	$1.90 - \text{j}5.80$	$4.50 - \text{j}6.70$
500	$1.50 - \text{j}4.10$	$4.20 - \text{j}5.40$

由表 10.6.2 知,晶体管在 200MHz 时的输入输出电阻分别为 4.00Ω 和 6.00Ω,若用 L 网络将它们变换为 50Ω 时,对应的支路 Q 均小于 5,不满足题中对选频回路 Q 的要求,因此必须用一个三电抗元件变换网络。设输入采用 T 型网络,输出用 L 网络进行阻抗变换,放大器交流通路图如图 10.6.10(a)所示。

(2)输入匹配网络设计。

输入 T 型网络由 C_1、C_2 和 L_1 组成,可将其拆分为如图 10.6.11 所示的两个 L 网络,其中,R_i 和 X_{C_i} 是从表 10.6.2 查得的 $f = 200\text{MHz}$ 时晶体管的输入阻抗。首先根据滤波要求,设定其中一个 L 网络的支路 $Q = 2Q_e = 2 \times 5 = 10$。

由于晶体管输入阻抗 R_i 小于源内阻 R_S,因此高 Q 值必定对应于右边包含晶体管的 L 网络,即有

$$Q_2 = \frac{X_{L_1} + X_{C_i}}{R_i} = \frac{X_{L_1} - 12.6}{4.20} = 10$$

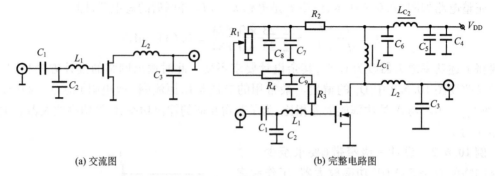

(a) 交流图   (b) 完整电路图

图 10.6.10　例 10.6.2 功率放大器电路

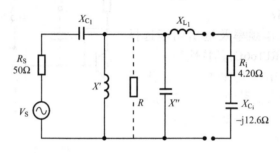

图 10.6.11　拆开的 T 型网络

由此可得

$$L_1 = \frac{R_i \times Q_2 - X_{C_i}}{\omega_0} = \frac{4.20 \times 10 + 12.6}{2\pi \times 200 \times 10^6} = 43.4 \ (\text{nH})$$

由右边 L 网络折合的等效中间电阻为

$$R = R_i(1 + Q_2^2) = 4.20 \times (10^2 + 1) = 424.2 \ (\Omega)$$

则容性电抗

$$|X''| = \frac{R}{Q_2} = \frac{424.2}{10} = 42.42 \ (\Omega)$$

左边 L 网络的 Q 值为

$$Q_1 = \sqrt{\frac{R}{R_S} - 1} = \sqrt{\frac{424.2}{50} - 1} = 2.73$$

因此有

$$X_{C_1} = Q_1 \times R_S = 50 \times 2.73 = 136.8 \ (\Omega)$$

$$C_1 = \frac{1}{2\pi \times 200 \times 10^6 \times 136.8} = 5.8 \ (\text{pF})$$

感性电抗

$$X' = \frac{R}{Q_1} = \frac{424.2}{2.73} = 155.38 \ (\Omega)$$

T 型网络的合成电抗

$$X_{C_2} = \frac{X' \cdot X''}{X' + X''} = \frac{155.38 \times (-42.42)}{155.38 - 42.42} = -58.35$$

$$C_2 = \frac{1}{2\pi \times 200 \times 10^6 \times 58.35} = 13.6 \text{ (pF)}$$

（3）输出网络设计。

输出端为 C_3 和 L_2 组成的 L 网络,重画于图 10.6.12 所示。其中,R_0 和 X_0 是由表 10.6.2 查得的晶体管在 200MHz 时的 Z_{OL} 的共轭值。

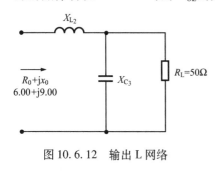

图 10.6.12　输出 L 网络

对应 Q 值为

$$Q_0 = \sqrt{\frac{50}{6.00} - 1} = 2.7$$

$$X_{L_2} = Q_0 \times R_0 + X_0 = 2.7 \times 6 + 9 = 25.2 \text{ (}\Omega\text{)}$$

$$L_2 = \frac{25.2}{2\pi \times 200 \times 10^6} = 20 \text{ (nH)}$$

$$X_{C_3} = \frac{R_L}{Q_0} = \frac{50}{2.7} = 18.5 \text{ (}\Omega\text{)} \rightarrow C_3 = 43\text{pF}$$

该 A 类功放的完整电路如图 10.6.10(b)所示,其中,L_{C_1} 和 L_{C_2} 为高频振流图,C_4、C_5、C_6、C_7、C_8、C_9 均为滤波电容,数值可取:

C_4、C_7 为 50μF(50V)电解电容,C_5、C_6、C_8、C_9 均为 0.01μF 瓷片电容。

R_1、R_2、R_3、R_4 为偏置电阻,数值可取:

R_2 为 1.8kΩ,1/4W;R_3 为 120Ω,1/2W;R_4 为 10kΩ,1/4W;R_1 为 10kΩ 的可变电阻,用于调整直流工作点。

例10.6.3　介绍一块高频功放模块电路,具体指标为:

工作频率 890~915MHz,输出功率 +36dBm(4W),功率增益为 36dB,效率 55%,电源电压 5.8V。输入、输出端均与 50 阻抗匹配。二次谐波输出 −40dBc。

电路共三级,各级增益分配,效率及所用器件如图 10.6.13 所示。

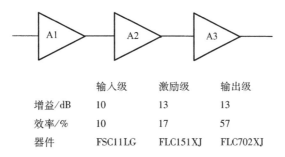

	输入级	激励级	输出级
增益/dB	10	13	13
效率/%	10	17	57
器件	FSC11LG	FLC151XJ	FLC702XJ

图 10.6.13　例 10.6.3 功率放大器结构

输入级为 A 类小信号线性放大级。后面两级均为 AB 类,目的是为了提高功率增加效率。具体电路如图 10.6.14 所示,图中只画出了后面两级功率放大电路。

设计应从输出级开始,由于输出功率 $P_o = +36\text{dBm}$,功率增益 $G_{P3} = 13\text{dB}$,所以要求输入功率 $P_{i3} = 36 - 13 = 23\text{dBm}(0.2\text{W})$。

所选器件 FLC702XJ 在 900MHz、5.8V 电源时能提供 4W 功率,由"负载拉动测试"测得其最佳负载为 4.0Ω,相应的输入阻抗为 2.7Ω。输出网络采用两级低通 L 网络,网络 A 将

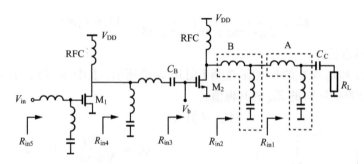

图 10.6.14 高频功率放大器电路

50 负载变换为 $R_{in1}=10\Omega$,网络 B 将 10Ω 阻抗变换为输出级的最佳负载 $R_{in2}=4\Omega$。(网络参数计算略)

激励晶体管 FLC151XJ 在 900MHz,5.8V 电源时能提供 1W 功率,其最佳负载为 53Ω。激励级与输出级间采用低通的 L 网络。将输出级的输入阻抗 $R_{in3}=2.7\Omega$ 变换为激励级所要求的最佳负载,即 $R_{in4}=53\Omega$。激励级的输入端同样经过一个 L 网络将其输入阻抗与 50Ω 的小信号输入级匹配,即 $R_{in5}=50\Omega$。

由于两级 AB 类功率放大器含有较高的二次谐波分量,为了抑制二次谐波,在每级 L 网络到地支路设置一个串联谐振点,如图 10.6.14 所示。在该功率模块中,各 L 网络到地支路所采用的片内电容加上杂散电感的作用,恰好提供约在 1.9GHz 附近的自谐振点,适当调整此自谐振频率值,使其在输入信号的二次谐波(1.8GHz)处谐振,则阻抗最小,吸收了二次谐波分量。

10.7 功率合成电路

当需要输出的功率超过单个晶体管的输出功率时,可以将多个晶体管放大后的输出功率叠加,这就是功率合成技术。图 10.7.1 所示为典型的功率合成电路方框图。由一个 5W 的功率源激励,采用三个每只最大仅能输出 10W 功率、功率增益为 2 的晶体管构成放大器,输出了 20W 的功率。

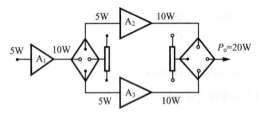

图 10.7.1 典型的功率合成电路方框图

由图 10.7.1 可见,功率合成电路是由功率分配网络、功率放大器以及功率合成网络三部分组成。一个良好的功率分配网络应满足以下两点特性:① 平均分配:信号源的功率平均分配给负载,且分配时功率损耗最小;② 隔离特性。包含两层意思:一是负载之间互不影响,一个负载改变时,不影响另一个负载所得到的功率。二是负载变化时,不影响信号源的工作状态。

一个良好的功率合成网络也应具有两个特性:① 功率叠加且合成时功率损耗最小;② 隔离特性,即两个合成源放大器互不影响工作状态。

讨论功率合成技术,首先应该讨论功率分配和功率合成网络。

10.7.1 魔 T 网络

图 10.7.2 所示的网络即具有上述特性,既可以作功率分配,又可作功率合成,因此称之为魔 T 网络。

1. 结构特点

魔 T 网络由 4:1 传输线变压器和相应的 AO、BO、CO、DD 四条臂组成,其中 DD 臂是平衡臂,臂的两端均不接地。

传输线的特性阻抗 Z_C 和每条臂上的阻值(负载电阻或信号源内阻)满足以下关系:$Z_C = R_a = R_b = R, R_c = \frac{1}{2}R, R_D = 2R$。

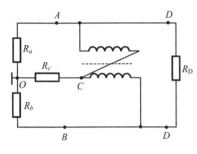

图 10.7.2　魔 T 网络

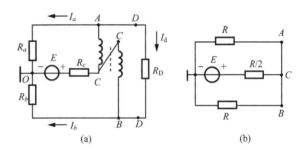

(a)　　　　　(b)

图 10.7.3　同相分配

2. 功能

(1) 功率分配

1) 同相分配。信号源接在 CO 臂,如图 10.7.3 (a)所示。其输出功率同相地(见图中 I_a、I_b 方向,均流向地)平均分配给 AO,BO 臂上负载,DD 臂上无电流。即 CO 臂与 DD 臂相隔离。

由电路可知,当 $R_a = R_b = R$ 时,电路对称,$V_A = V_B$,因而 $I_d = 0$。已知传输变压器的始端电压与终端电压相等,即 $V_{CA} = V_{BC}$ 而 $V_B - V_A = V_{BC} + V_{CA} = 0$,所以必有 $V_{CA} = V_{BC} = 0$,传输线上无电压。可将传输线变压器的 A、B、C 三个点短路,得到图 10.7.3(b)电路。可见在规定的各臂阻值条件下,信号源与负载匹配,CO 臂上信号源输出额定功率,AO,BO 上获得相等功率:

$$P_{AO} = P_{BO} = \frac{1}{2} \times \frac{E^2}{4 \times \frac{1}{2}R} = \frac{E^2}{4R}$$

2) 反相分配。信号源接在 DD 臂,如图 10.7.4(a)所示。其输出功率反相地[见图 10.7.4 (a)中 I_a、I_b 方向]分配给 AO、BO 臂上负载,CO 臂上无电流。

由电路可知,当 $R_a = R_b = R$ 时,电路对称,$V_C = V_O$,$I_c = 0$。即 CO 臂与 DD 臂相隔

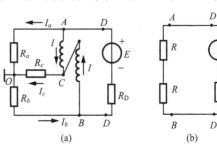

(a)　　　　　(b)

图 10.7.4　反相分配

离。由于传输线上两电流相等,因此有 $I + I = I_c = 0$,传输线上无电流。可将传输线开路,得图 10.7.4 (b)等效电路。可见在规定的各臂阻值下,信号源与负载匹配。信号源输出额定功率,AO、BO 上获得相等功率。

$$P_{AO} = P_{BO} = \frac{1}{2} \times \frac{E^2}{4 \times 2R} = \frac{E^2}{16R}$$

（2）功率合成

AO、BO 上接有相同的信号源 $E_a = E_b = E$,且内阻为 R,如图 10.7.5(a)所示。设各臂的电流方向如图示,则有

$$I_a = I + I_d$$
$$I_b = I - I_d$$

将上面两式相加或相减,分别得到

$$I_a + I_b = 2I = I_c \text{ 及 } I_d = \frac{1}{2}(I_a - I_b)$$

设 AO、BO 两臂的信号源的正负极性如图 10.7.5 (a)所示,称之为同向源,则此时电流 I_a、I_b 为正。

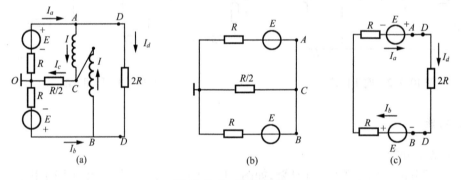

图 10.7.5　功率合成

由于电路对称,所以 $I_a = I_b$,则 $I_d = 0$。可见与同相分配时的道理一样,可以将电路等效为图 10.7.5 (b)所示。CO 臂上的 $\frac{R}{2}$ 可以看作二个电阻 R 的并联,所以 AO、BO 两支路上的信号源均工作于匹配状态,输出额定功率 $P_{CO} = P_{AO} + P_{BO} = 2 \times \frac{E^2}{4R}$。鉴于 AO、BO 为同向源,故称为同向功率合成。

若 AO、BO 两臂的信号源为反向源,则 I_b 为负,因此 $I_c = 2I = 0$,传输线上无电流,可将其开路,得到图 10.7.5 (c)。$I_d = I_a$,AO、BO 两臂上的两信号源工作于匹配状态,它们的输出功率在 DD 臂上合成。输出功率为 $P_{DO} = P_{AO} + P_{BO} = 2 \times \frac{E^2}{4R}$。鉴于 AO、BO 为反向源,故称为反向功率合成。

（3）隔离特性

由功率分配的特性中可以看出 CO 臂与 DD 臂是互相隔离的。可以证明,魔 T 网络的 AO 臂和 BO 臂同样也是互相隔离的。此隔离特性的两层含义是:在功率合成时,AO、BO 两

臂中任何一臂发生变化,不影响另一臂的工作状态,即不影响它的负载情况,因而仍输出额定功率;在功率分配时,两臂中的任一臂变化,不影响另一臂得到的功率大小。下面简单证明此特性。

1)功率合成时的隔离。若 AO 上接信号源 E_a,如图 10.7.6(a)所示。可以证明 E_a 在 BO 臂上不产生电流。

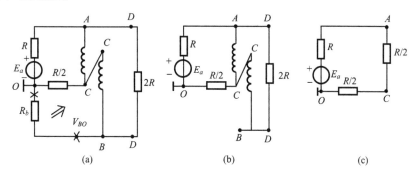

图 10.7.6 功率合成时的隔离特性

将电路在 B、O 两点断开,如图 10.7.6(b)所示,求开路电压 V_{BO}。

由传输线变压器的4:1阻抗变换功能,将图 10.7.6(b)等效为 10.7.6(c)。由于 AC 和 CO 支路电阻相等则有 $V_{AC} = V_{CO}$。由于传输线变压器的始、终端电压相等,即 $V_{CA} = V_{BC}$。所以有

$$V_{BO} = V_{BC} + V_{CO} = -V_{AC} + V_{CO} = 0$$

根据戴维南定理,信号源 E_a 在 BO 臂上产生的电流为开路电压 V_{BO} 除以开路电阻 R_{BO}。由于开路电压 V_{BO} 为零,所以 E_a 在 BO 臂上不产生电流。BO 臂上任何变化不会影响 E_a 的工作状态,即在功率合成时,AO 臂与 BO 臂互相隔离。

由图 10.7.6(c)还可以看出以下几点:①即使当 BO 臂断开,信号源 E_a 仍处于匹配工作状态,仍输出额定功率。②空闲臂 DD 不能少。在正常同相功率合成时,$P_{CO} = P_{AO} + P_{BO}$,DD 臂上无功率,称 DD 臂为空闲臂。但当不正常时,如 BO 臂断开,空闲臂 DD 则保证了 AO 臂正常工作。因此正常工作时,空闲臂必须接上。③当 BO 臂开路时,CO 臂的功率下降为 $P_{CO} = \frac{1}{2} P_{AO}$,是正常合成时的 $\frac{1}{4}$。E_a 输出的另一半功率给了 DD 臂。

2)功率分配时的隔离。若 CO 臂上接信号源 E,可以证明 BO 臂上所得的功率与 AO 臂上电阻 R_a 无关。

用戴维南定理计算出 BO 端的开路电压 V_{BO} 和开路电阻 R_{BO}。如图 10.7.7(a)所示,将 BO 臂开路。由传输线变压器的4:1阻抗变换功能,得图 10.7.7(b)所示等效电路,即 $V_{AC} = V_{C'O}$。由于传输线变压器的端电压相等,即 $V_{AC} = V_{CB}$。所以开路电压为

$$V_{BO} = V_{BC} + E + V_{C'O} = E$$

在求开路电阻 R_{BO} 时,先将 CO 臂上信号源 E 短路,在 BO 臂上加电压源 E_b,如图 10.7.7(c)所示。通过求电流 I_{bo},得开路电阻 $R_{BO} = \frac{E_b}{I_{bo}}$。

根据功率合成时的隔离特性,BO 臂上加信号源时,AO 上无电流,可将 R_a 开路,则得

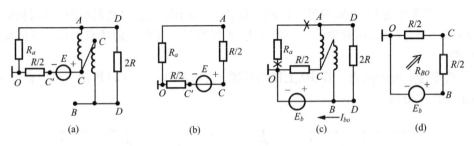

图 10.7.7 功率分配时的隔离

图 10.7.7 (d)所示,很明显,BO 端的开路电阻 $R_{BO} = R$。因此 BO 臂得到的功率为 $P_B = \dfrac{V_{BO}^2}{4R_{BO}} = \dfrac{E^2}{4R}$,它与 AO 臂电阻 R_a 无关。

10.7.2 功率合成电路

将魔 T 网络配上合适的功率放大器就可构成功率合成电路。功率合成电路可以采用同相合成也可以反相合成,反相功率合成电路能抵消偶次谐波,因此失真较小。下面通过一个实例说明功率合成电路的设计方法。

图 10.7.8 是反相功率合成原理电路。

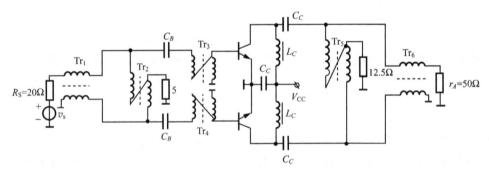

图 10.7.8 反相功率合成原理电路

电路特点如下:①两放大器工作于 B 类推挽状态,轮流导通,因此它们是两个反相源。在输出端两放大器的输出功率应反相合成,而在输入端应反相分配。②信号源内阻 $R_S = 20\Omega$,是单端输出,必须经过 Tr_1 将不平衡转变为平衡端,在魔 T 网络的平衡臂 DD 实现反相分配。同理 Tr_6 将单端天线 $r_A = 50\Omega$ 变换成平衡端,以得到反相合成的功率,其中,Tr_1 和 Tr_6 的特性阻抗分别为 $Z_{C_1} = 20\Omega$,$Z_{C_6} = 50\Omega$。③Tr_2 是功率分配网络,Tr_5 是功率合成网络。它们的特性阻抗分别为 $Z_{C_2} = 10\Omega$,$Z_{C_5} = 25\Omega$。④设两晶体管的输入电阻为 $R_i = 2.5\Omega$,输出最佳负载电阻为 $R_0 = 25\Omega$。为使输入阻抗与分配网络 Tr_2 匹配,采用 4:1 传输线变压器 Tr_3 和 Tr_4,它们的特性阻抗是 $Z_{C_3} = Z_{C_4} = 5\Omega$。晶体管的输出阻抗与合成网络 Tr_5 要求一致,因此无需阻抗变换。⑤放大器集电极电源 V_{CC} 采用并馈形式,基极近似为零偏置,C_B、C_C 为隔直流电容,L_C 为扼流圈。特别要注意的是,图 10.7.8 所示的功率放大器是宽带放大器,因为它的阻抗变换网络均采用了宽带的传输线变压器。由于没有选频回路,因此晶体管必须工作于 B 类或 AB 类,而不能工作于 C 类。

小结:

由传输线变压器构成的魔 T 网络既可用于功率分配,又可用于功率合成。魔 T 网络各臂的阻抗必须严格匹配,这样才能保证它的平均分配、信号源输出额定功率以及各臂间的隔离特性。带有魔 T 网络的功率合成电路是一种宽带线性放大器。

扩展 余弦电流脉冲分解

如图 10. A. 1 所示,设 I_m 为余弦电流 i_C 的幅度。可以将余弦脉冲电流 i_C 表示为

$$i_\mathrm{C} = \begin{cases} I_\mathrm{m}(\cos\omega t - \cos\theta) & |\omega t - 2k\pi| < \theta \\ 0 & |\omega t - 2k\pi| \geqslant \theta \end{cases} \quad (10.\,\mathrm{A}.\,1)$$

式中,$k = 0,1,2,3,\cdots$ 为正整数。

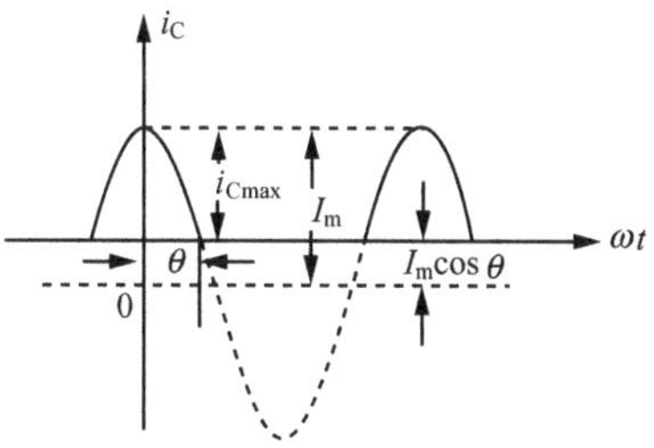

由图 10. A. 1可知

$$i_\mathrm{Cmax} = I_\mathrm{m} - I_\mathrm{m}\cos\theta$$

$$I_\mathrm{m} = \frac{i_\mathrm{Cmax}}{1 - \cos\theta}$$

将上式代入式(10. A. 1),则得

图 10. A. 1 集电极电流脉冲分解

$$i_\mathrm{C} = \begin{cases} i_\mathrm{Cmax}\dfrac{\cos\omega t - \cos\theta}{1 - \cos\theta} & |\omega t - 2k\pi| < \theta \\ 0 & |\omega t - 2k\pi| > \theta \end{cases}$$

$$(10.\,\mathrm{A}.\,2)$$

将式(10. A. 2)用傅里叶级数展开,分解成直流分量、基波分量和各次谐波分量。其中,直流分量为

$$I_\mathrm{C0} = \frac{1}{2\pi}\int_{-\pi}^{\pi} i_\mathrm{C}\,\mathrm{d}(\omega t) = \frac{1}{2\pi}\int_{-\pi}^{\pi} i_\mathrm{Cmax}\frac{\cos\omega t - \cos\theta}{1 - \cos\theta}\,\mathrm{d}(\omega t)$$

$$= i_\mathrm{Cmax}\frac{\sin\theta - \theta\cos\theta}{\pi(1 - \cos\theta)} = i_\mathrm{Cmax}\alpha_0(\theta) \quad (10.\,\mathrm{A}.\,3)$$

式中,$\alpha_0(\theta) = \dfrac{\sin\theta - \theta\cos\theta}{\pi(1 - \cos\theta)}$ 为直流分解系数。

基波分量振幅为

$$I_\mathrm{C1m} = \frac{1}{\pi}\int_{-\pi}^{\pi} i_\mathrm{C}\cos\omega t\,\mathrm{d}(\omega t) = \frac{1}{\pi}\int_{-\pi}^{\pi} i_\mathrm{Cmax}\frac{\cos\omega t - \cos\theta}{1 - \cos\theta}\cos\omega t\,\mathrm{d}(\omega t)$$

$$= i_\mathrm{Cmax}\frac{2\theta - \sin 2\theta}{2\pi(1 - \cos\theta)} = i_\mathrm{Cmax}\alpha_1(\theta) \quad (10.\,\mathrm{A}.\,4)$$

式中,$\alpha_1(\theta) = \dfrac{2\theta - \sin 2\theta}{2\pi(1 - \cos\theta)}$ 为基波分量分解系数。

用同样方法可以求出各次谐波的分解系数 $\alpha_n(\theta)$。

习　题

10-1　高频功率放大器与高频小信号放大器相比,在性能指标、电路设计、电路结构上有哪些不同?

10-2　C 类功率放大器与 A、B 类相比有何不同? 它适宜放大什么信号,为什么?

10-3　C 类谐振功率放大器电路如图 10.4.1 所示,偏置 $V_{BB}=0.2V$,输入信号 $v_i=1.2\cos\omega t(V)$,回路调谐在输入信号频率上。晶体管的理想转移特性如图10-P-3所示,其中,$V_{on}=0.7V$。试在转移特性上画出输入电压和输出电流波形。并求出电流导通角 θ 及 I_{C0}、I_{C1m}、I_{C2m} 的大小。若并联回路谐振阻抗 $R_P=50\Omega$,等效品质因数 $Q_e=10$,试求放大器输出基波电压和二次谐波电压的大小。

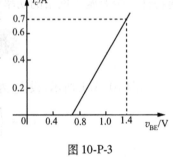

图 10-P-3

10-4　C 类谐振功率放大器电路如图 10.4.1 所示,集电极回路的有载品质因数 Q_e 比较大。证明:集电极回路在 n 次谐波频率上呈现的阻抗 $|Z_n|$ 与基波频率上呈现的阻抗 R_P 的比值为 $\dfrac{|Z_n|}{R_P}\approx\dfrac{1}{Q_e\left(n-\dfrac{1}{n}\right)}$。

10-5　图 10-P-5 所示为 132 ~ 140MHz 的 3W 调频发射机末级、末前级原理电路,两级均为共发放大器,图中有多处错误,试改正。

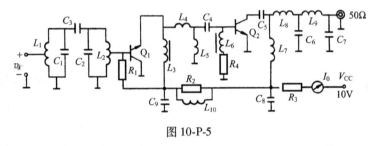

图 10-P-5

10-6　按下列要求画出 C 类谐振功率放大器原理电路:

(1) NPN 管;

(2) 两级共射放大器共用一个电源;

(3) Q_1 管的集电极回路用并联谐振回路,串联馈电,基极用分压式偏置;

(4) Q_2 管集电极为并联馈电,采用 L 网络与天线匹配,基极采用自给偏压电路。

10-7　试画出具有下列特点的共基极谐振功率放大器实用电路:

(1) 选用 NPN 型高频功率管并且基极与机壳相连(接地);

(2) 输出回路采用 π 型网络;负载为天线,其等效阻抗为 $\left(r_A+\dfrac{1}{j\omega C_A}\right)$,输入回路采用 T 型匹配网络;

(3) 集电极采用串馈电路,基极采用 $V_{BB}\approx0$ 的偏置电路。

10-8　为改善调制线性,可采用双重集电极调幅电路,如图 10-P-8(a) 所示,相应的理想化的调制特性如图 10-P-8(b) 所示。试补电路中遗漏的元件,求出 $m_a=1$ 时的最大 V_{CC} 值。设调制电压 $v_\Omega(t)=V_{\Omega m}\cos\Omega t$,画出相应的集电极电流 i_c 的基波分量幅度 I_{C1m} 和直流分量 I_{C0} 的波形。

10-9　宽带 A 类共基单管功率放大器结构如图 10-P-9 所示,输入输出均采用 4:1 的宽带传输线,试画出该电路的完整电路图。

10-10　C 类谐振功率放大器,已知 $V_{CC}=20V$,输出功率 $P_o=1W$,负载电阻 $R_L=50\Omega$,集电极利用系数为 0.95。工作频率 $f=100MHz$。用 L 网络作输出网络的匹配网络,试计算该网络的元件值。

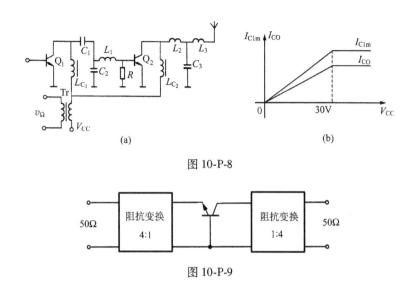

图 10-P-8

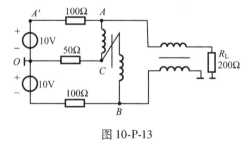

图 10-P-9

10-11　已知 900MHz A 类功率放大器输出功率 3W,功率增益为 12dB,晶体管的输入阻抗和最佳阻抗分别为 $Z_{in} = 1.2 + j3.5\Omega, Z_{OL} = 9.0 + j14.5\Omega$。电源电压 $V_{CC} = 24$V,静态电流 $I_C = 0.5$A。

(1) 设计输入、输出匹配网络(均用 L 网络);

(2) 画出 A 类功率放大器完整电路;

(3) 计算放大器的功率增加效率。

10-12　设计一个电压型 D 类功率放大器,工作频率为 100MHz,在 50Ω 负载要求得到0.5W功率。已知输出回路的有载 Q 为 10,空载 Q 为 100。设晶体管饱和导通时电阻为零。求:

(1) 输出回路的电感 L 和电容 C;

(2) 电源电压和晶体管集电极效率。

10-13　某功率合成电路等效图如图 10-P-13 所示,二输入信号的有效值是 10V,求 R_L 两端的电压有效值。若 $A'O$ 短路,那么 R_L 两端电压有效值又为多少?

图 10-P-13

10-14　图 10-P-14 所示为用传输线变压器构成的魔 T 混合网络,试分析其工作原理。已知 $R_L = 50\Omega$,试求出 R_i、R_1、R_2、R_3 各阻值。

10-15　一功率四分器如图 10-P-15 所示,试分析电路工作原理,写出 R_{L_1} 与各电阻之间关系。

10-16　图 10-P-16 所示为工作在(2 ~ 30) MHz 频段上,输出功率为 50W 的反相功率合成电路,试指出各传输线变压器功能及$Tr_1 \sim Tr_5$传输线变压器的特性阻抗,并估算功率晶体管输入阻抗和集电极等效负载阻抗。图中 L_1、L_2 的作用不予考虑。

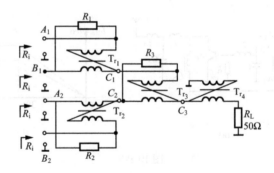

图 10-P-14

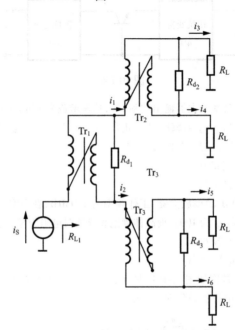

图 10-P-15

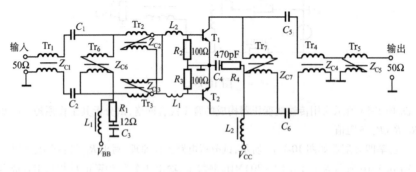

图 10-P-16

第十一章　自动增益控制

由于移动台用户的随机移动,它离基站的距离是不确定的,因此接收到基站的信号的强弱变化很大,形成所谓的"远近效应"。在电波传播过程中由于大建筑物的阻挡,形成"阴影"效应,也使得接收机天线感应到的有用信号强度随机变化,例如 GSM 通信系统的信号电平强弱变化可达 80dB 之多。为了保证良好的接收效果,要求在接收弱信号时保证有一定的信噪比,而在接收强信号时接收机的前端电路又不能产生过大的互调分量等非线性失真;同时要求不论接收强弱信号,通过接收机前端电路(射频和中频系统)后,到达解调器输入端,或 A/D 变换器输入端的电平恒定(或变化很小),信噪比良好,确保解调器和 A/D 变换器的最佳工作。

为保证解调器输入端恒定的电平,可以像第九章图 9.6.12 集成芯片 LM3361 中采用六级中放加限幅器的方法。但由于限幅器是利用器件的非线性特性,这对恒定包络的已调信号,如 FM、FSK 信号是可行的,而对非恒定包络的已调信号,如 AM、SSB 等信号,限幅器不仅会使调制信息丢失,而且会造成频谱扩展、互调和交调等一系列失真,还可能引起调幅-调相转换等不良后果。因此,为保证良好的接收效果,在接收机中必须采用自动增益控制(automatic gain control,AGC),或者还同时在发射机中采用发射功率控制系统。在超外差式接收机中,自动增益控制系统主要应用于中频放大级,也可以用于混频前的射频放大级。

在介绍接收机的自动增益控制原理时,必须对中频放大级有所了解,因此本章首先提出中频放大级的技术要求,然后介绍自动增益控制的一些基本概念与典型方法,列举几个实用系统方案和集成芯片。

11.1　中频放大系统

超外差式接收机的中频放大器是小信号线性放大器,位于混频器之后,是接收机的主要增益级。它一般由好几级放大器级联组成,放大倍数可以达到 60dB 以上,因此需要有自动增益控制功能。中频放大器一般做成宽带放大形式,靠外接一个性能良好的集中选频滤波器,如声表面波滤波器(SAW)、石英晶体滤波器或陶瓷滤波器来实现对有用信道的选择,抑制带外噪声和邻道干扰。滤波器一般位于混频器后,中频放大系统之前,或者位于前置中放和主中放级之间,如图 11.1.1 所示。

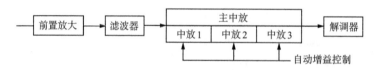

图 11.1.1　中频放大系统

中频放大级的主要技术指标可以归纳为以下几点:① 中心频率;② 带宽与选择性;③ 噪声系数;④ 最大输入电平与最小输入电平;⑤ 输出电平;⑥ 自动增益控制范围;⑦ 增益压缩与互调失真;⑧ 输入阻抗与输出阻抗。

设计中放系统,最关键的是增益分配,增益分配的原则是兼顾系统的噪声与非线性失真。对前级中放,首先噪声要小,增益设置的原则是确保其最大输出电平小于下级的增益 1dB 压缩点 P_{in-1dB},且在不使下级过载产生非线性失真的条件下,尽可能减小后级噪声对系统的影响。对于后级中放,重点是扩大其线性动态范围,不产生各种非线性失真。下面通过列举几个数据来理解增益分配的原则。

设某中放系统的最低输入电平为 -75dBm,最高输入电平为 -30dBm,要求输出电压为 0.5V(75Ω 负载),即 +5dBm。增益分配可按以下步骤进行。

1) 确定中放系统的最大增益。(+5) - (-75) = 80dB。

2) 确定自动增益控制范围。由于输出电压要求恒定,因此自动增益控制范围即为输入电平变化范围:(-30) - (-75) = 45dB。

3) 自动增益控制一般置于主中放,而且要求主中放的最高增益大于增益控制范围。同时,由于滤波器前的信号成分较复杂,因此,前置中放的增益不宜太高。现取主中放最大增益为 60dB,那么前置中放部分(包括滤波器)的增益为 80 - 60 = 20dB。根据主中放的自动增益控制范围,得主中放的最小增益为 60 - 45 = 15dB。

4) 按照目前器件水平,确定主中放可以承受的最大输入电平(可查看器件的 P_{in-1dB}),假设为 -2dBm。代入前置中放部分的增益和中放系统的最高输入电平检查,(-30) + 20 = -10dBm < -2dBm,满足要求,否则要修改增益分配。

5) 检查系统的噪声系数分布。设前置中放的噪声系数为 F_1,主中放为 F_2,G_1 为前置中放部分的增益,则 $F = F_1 + \dfrac{F_2 - 1}{G_1} = F_1 + 10^{-3} \times (F_2 - 1)$,用估计值 F_1、F_2 代入计算出 F,检查是否满足系统要求。

6) 根据滤波器的插入损耗(假设为 6dB),确定前置放大器的增益为 20 - (-6) = 26dB。

7) 由于前置中放重点为低噪声,它的过载能力不会很强。前置中频放大器在输入最高电平 -20dBm,增益为 26dB 时,其输出为(-30) + 36 = +4dBm,根据目前器件能承受的最大输出电平,检查该前置中放级是否会产生失真。

经过几次调整,合理分配增益后,可以画出中放系统的电平图,如图 11.1.2 所示,该电平图可作为选择中频器件时的参考。

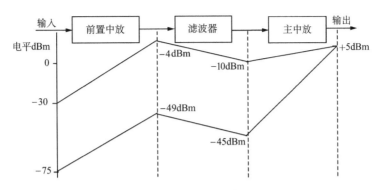

图 11.1.2 中频放大系统电平图

11.2 自动增益控制技术

在通信系统中,常用的自动增益控制(AGC)系统有反馈型、前馈型和自适应增益控制等结构形式。

1. 反馈型 AGC

反馈型 AGC 结构方框图如图 11.2.1 所示。

输入信号经可变增益放大器(variable-gain amplifier,VGA)放大输出,由峰值检波器检测出输出信号的幅度值,经低通滤波器滤除噪声和干扰,又送回到 VGA 控制其增益,以确保当输入信号幅度变化时,输出信号保持不变。在接收机中,送回 VGA 的控制信号也可以是中频输出经 A/D 变换及数字信号处理后的反映中频信号强弱的离散的数字信号,这时 VGA 的增益变化是分档次的阶跃变化。

2. 前馈型 AGC

前馈型 AGC 结构如图 11.2.2 所示。先将输入信号分离成两条支路,一路送入 VGA 放大,另一路进入检波器,检测出幅度的变化量来控制放大器的增益。前馈型 AGC 的最大特点是响应迅速,因为信号检测与增益控制是并行的。关键的是两条支路的时延应设计得相等,使 VGA 能给出对应此时输入信号电平所需的增益。前馈型 AGC 是开环的,因此精度受限。

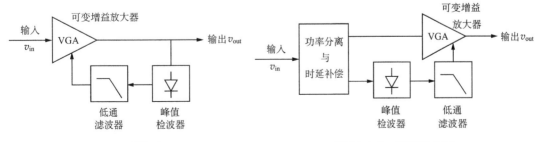

图 11.2.1 反馈型 AGC   图 11.2.2 前馈型 AGC

3. 自适应增益控制

自适应增益控制技术特别适用于时分多址(time division multiple access,TDMA)突发通信系统。在自适应增益控制系统中,接收机存储了上一帧相应时隙的接收信号电平强度记录,当当前帧对应时隙突发数据刚来到时,送入可变增益放大器的增益控制电平就用这个记录下来的电平值,这是由于在通常平稳的 TDMA 通信环境中,信号衰落的深度不会太严重,衰落频率与帧时间相比也并不高。当然,有时为了更精确,也可以同时采用少量的瞬时反馈,以抵消此所采用的控制电平的时延引起的幅度误差。当当前帧这个时隙的突发信号结束时,存储器的接收信号电平强度记录也需要更新一下。

自适应增益控制的性能比前馈型和反馈型都好,其优点在于它的控制电平在突发信号到达之前就已知了,因此速度更快。

11.3 反馈型自动增益控制系统

本节主要介绍反馈型自动增益控制技术。

11.3.1 反馈型自动增益控制系统结构方框图

以接收机为例,为保证在接收到强度不同的电平时,解调器输入端的中频信号电平恒定,必须采用自动增益控制电路。同时,为保证接收机在接收弱信号时有最大的增益,获得所需的输出信号,一般都采用延迟式反向自动增益控制,即只有当输入信号强到一定门限值时,自动增益控制环路才开启,控制放大器的增益。图 11.3.1 所示为一个带有延迟 AGC 功能的放大器的输入输出电平特性,点 A 对应的电平为起控输入电平 v_{inA}。当 $v_{in} < v_{inA}$ 时,AGC 环路切断,输出随输入线性变化。当 $v_{in} > v_{inA}$ 时,AGC 环路启动,增益随输入电平增大而减小,输出保持恒定。输入信号的变化范围,就是 AGC 的控制范围。

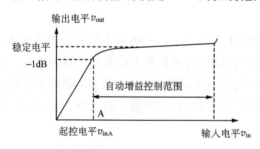

图 11.3.1 延迟式 AGC 输入输出电平

延迟式 AGC 环路结构如图 11.3.2 所示,在此,延迟作用由采用一个门限比较器完成。设置一个参考电平 R,当峰值检波器的输出小于 R 时,门限比较器无输出,自动增益控制环路切断,此时放大器增益最大。当峰值检波器的输出大于 R 时,门限比较器输出差值电压 V_e,根据此输出电压大小,经放大后(也可以不用直流放大器)去控制 VGA,使其增益变化。

下面简单介绍定量分析自动增益控制环路性能的方法。

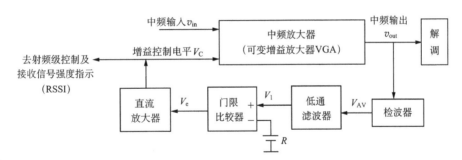

图 11.3.2　延迟式 AGC 环路结构图

11.3.2　反馈 AGC 环路的线性模型

为定量分析 AGC 环路的性能,必须建立环路的模型,在此假设环路各部件均工作于线性状态。AGC 环路建模的关键是要处理好可变增益放大器 VGA 在环路中的作用,因为整个环路传递的是反映幅度变化的误差信号,这误差信号是慢变化的,而 VGA 的输入输出却是受调制的中频(或射频)信号,频率很高,但它们并没有以此高频形式直接参加反馈,因此必须找出 VGA 在 AGC 环路中的相应模型。

可变增益放大器的结构方框图如图 11.3.3(a) 所示。它的功能可以分为两部分:第一部分是控制信号的接口电路,采用不同的控制方式,接口电路不同。设该接口电路的传递函数 $A_{VGA}(s) = \dfrac{c'(s)}{c(s)}$,$c'(t)$ 是控制电压。VGA 的第二部分是放大器,放大器的增益随控制电压 $c'(t)$ 的控制而线性变化。该放大器的增益 $A_V(dB)$ 可表示为 $A_V = A_{V0} + k_{VGA}c'$,其中,$A_{V0}(dB)$ 是自动控制增益环路临界开启时放大器的固有增益,k_{VGA} 是单位控制电压引起的增益变化,即是增益控制灵敏度,单位为 dB/V。因此,可变增益放大器 VGA 在 AGC 环路中的模型可表示为图 11.3.3(b) 所示。

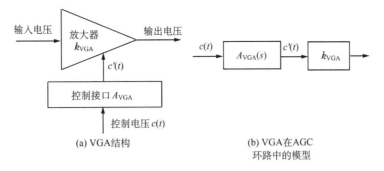

(a) VGA 结构

(b) VGA 在 AGC
环路中的模型

图 11.3.3　可变增益放大器(VGA)结构与模型

考虑了 AGC 环路中的其余部件后,AGC 环路的线性模型可表示为如图 11.3.4 所示。图中 k_{DET} 是检波器的检波系数,单位为 V/dB;$A_{LP}(s)$ 是环路低通滤波器的传递函数,环路低通滤波器可以采用简单的 RC 滤波器,也可以是 RC 无源比例积分滤波器;A_{OP} 是直流放大器的增益。

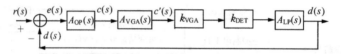

图 11.3.4 AGC 环路线性模型

与第八章的锁相环路(PLL)一样,AGC 也是一个反馈控制系统,不一样的只是 AGC 为电平负反馈控制系统。AGC 环路的误差信号为两信号电平差,误差检测器为幅度检波器,受控器件为电压控制增益放大器;而 PLL 是相位负反馈控制系统,它的误差信号为两信号的相位差,误差检测器为鉴相器,受控器件是电压控制频率的振荡器。因此,AGC 环路的分析方法与 PLL 类似。

11.3.3 AGC 环路的分析方法

AGC 环路的控制性能可以用它对输入参考信号发生阶跃变化时的响应来表征。设在 $t=0$ 时刻,参考信号 $r(t)$ 发生了幅度为 A 的跳变,那么通过环路的反馈控制作用,输出的增益控制电平 $d(t)$ 发生了怎样的变化? 此分析步骤与分析 PLL 的瞬态响应一样,可以分为以下几步。

1. 求出环路的开环、闭环,误差传递函数

开环传递函数 $H_o(s)$ 为

$$H_o(s) = \left. \frac{d(s)}{r(s)} \right|_{开环} = \frac{d(s)}{e(s)} = A_{OP}(s)A_{VGA}(s)k_{VGA}k_{DET}A_{LP}(s) \tag{11.3.1}$$

闭环传递函数 $H(s)$ 为

$$H(s) = \left. \frac{d(s)}{r(s)} \right|_{闭环} = \frac{H_o(s)}{1 + H_o(s)}$$

$$= \frac{A_{OP}(s)A_{VGA}(s)k_{VGA}k_{DET}A_{LP}(s)}{1 + A_{OP}(s)A_{VGA}(s)k_{VGA}k_{DET}A_{LP}(s)} \tag{11.3.2}$$

误差传递函数 $H_e(s)$ 为

$$H_e(s) = \left. \frac{e(s)}{r(s)} \right|_{闭环} = \frac{1}{1 + H_o(s)} = \frac{1}{1 + A_{OP}(s)A_{VGA}(s)k_{VGA}k_{DET}A_{LP}(s)} \tag{11.3.3}$$

2. 求出输入阶跃 $r(t)$ 的拉氏变换

由于 $r(t) = Au(t)$,所以 $r(s) = L[r(t)] = \dfrac{A}{s}$。

3. 求出 AGC 环路输出信号的频域表示式 $d(s)$ 和时域表示式 $d(t)$

$$d(s) = r(s)H(s) = \frac{A}{s} \cdot \frac{A_{OP}(s)A_{VGA}(s)k_{VGA}k_{DET}A_{LP}(s)}{1 + A_{OP}(s)A_{VGA}(s)k_{VGA}k_{DET}A_{LP}(s)} \tag{11.3.4}$$

时域表达式是频域的反拉氏变换,即

$$d(t) = L^{-1}[d(s)] \tag{11.3.5}$$

4. 计算稳态误差 $e(\infty)$

$$e(\infty) = \lim_{t \to \infty} e(t) = \lim_{s \to 0} s \cdot e(s) = \lim_{s \to 0} s \cdot \frac{A}{s} \cdot H_e(s) \tag{11.3.6}$$

所以

$$e(\infty) = \frac{A}{1 + A_{\text{OP}}(0) A_{\text{VGA}}(0) k_{\text{VGA}} k_{\text{DET}} A_{\text{LP}}(0)} \tag{11.3.7}$$

由于 $e(t) = r(t) - d(t)$，当环路直流增益 $A_{\Sigma 0} = A_{\text{OP}}(0) A_{\text{VGA}}(0) k_{\text{VGA}} k_{\text{DET}} A_{\text{LP}}(0)$ 足够大时，$e(\infty) \to 0$，控制电压 $d(\infty)$ 与参考信号变化量相同。

AGC 环路的主要性能指标如下。

1）稳态误差 $e(\infty)$。它与环路增益有关，环路增益越大，误差越小，控制能力越好。但太大的增益会使环路不稳定。

2）环路带宽（或响应时间）。当直流放大器和可变增益放大器的频率响应足够宽时，环路带宽主要由低通滤波器的时间常数决定。环路带宽越宽，环路响应输入参考信号的变化的速度越快。接收机的 AGC 环路主要是用来对付传输过程信号的慢衰落（如建筑物挡阻形成的"阴影效应"）引起的接收信号强度的变化，这种变化是慢速的，因此 AGC 环路的带宽较窄。

3）线性动态范围。控制电压 $c(t)$ 的变化范围应适应 VGA 所需的控制电平要求。由于环路中有检波器，直流放大器，它们的非线性可能会影响控制电平 $c(t)$ 的变化，应予注意。

11.3.4　自动增益控制系统的应用

1. 自动增益控制

自动增益控制系统的最典型的应用就是控制接收机的中频和射频放大器的增益。AGC 环路应用于接收机中频系统的方框图如图 11.3.2 所示，其输出-输入特性如图 11.3.1 所示。在设计此 AGC 环路时，参考电压 R、直流放大器增益 A_{OP}、环路滤波器的通频带（时间常数）可按以下方法确定。

当接收机输入电平为灵敏度 $P_{\text{in,min}}$ 时，对应中频放大器输入也为最小值 $V_{\text{in,min}}$，此时可控增益放大器应处于增益最大状态，中频放大器输出电平为 $V_{\text{om,min}} = A_{V\text{max}} V_{\text{in,min}}$。假设此时 AGC 环路处于切断与开启的临界点，比较器输出电压为零，则送入比较器的电压 V_1 等于参考电压 R。由图 11.3.2 电路可知

$$R = V_1 = K_d A_{\text{LP}}(0) V_{\text{om,min}} \tag{11.3.8}$$

其中，K_d 为检波器的检波效率，它是检波器的输出电压 V_{AV} 与输入电压幅度 V_{om} 之比，即 $K_d = \frac{V_{\text{AV}}}{V_{\text{om}}}$，$A_{\text{LP}}(0)$ 是低通滤波器的直流响应。可见，根据设计目标 $V_{\text{om,min}}$ 以及所选用的器件参数可以确定参考电压 R。

若中频放大器输入电平变化范围为 $V_{\text{in,min}} \sim V_{\text{in,max}}$，输出中频电压幅度允许的波动值为 $x\%$，则有

$$V_{\text{om,min}} = A_{V\text{max}} V_{\text{in,min}}$$

$$V_{om,max} = V_{om,min}(1 + x\%) = A_{Vmin}V_{in,max} \tag{11.3.9}$$

由此可得可控增益放大器的增益变化范围 $A_{Vmin} \sim A_{Vmax}$，进而根据选用的可变增益放大器电路结构，又可得到相应所需的控制电压变化范围 ΔV_C。

由图11.3.2所示电路知

$$[V_{om,max}k_dA_{LP}(0) - R]A_{OP} = \Delta V_C \tag{11.3.10}$$

将式(11.3.8)代入式(11.3.10)，可得直流放大器的增益为

$$A_{OP} = \frac{\Delta V_C}{k_dA_{LP}(0)(V_{om,max} - V_{om,min})} \tag{11.3.11}$$

环路滤波器用来滤除检波器输出信号中的噪声与干扰。但当中频信号为调幅波时，中频输出信号的包络不断变化，幅度检波器的输出中不仅包含了中频载波强弱的信息，而且还包含了调制信号。此时，环路滤波器必须将调制信号滤除，仅留下代表中频载波强弱的信号电平去控制增益，否则会将中频输出中反映调制信息的包络变化也抑制掉。因此环路低通滤波器的带宽很窄(时间常数较大)，它应将最低的调制信号频率 Ω_{min} 排除在外，如图11.3.5所示。但滤波器的带宽也不要太窄，否则对于强度变化较快的中频输入信号，由于环路响应速度太慢而对此强度变化起不到抑制作用。

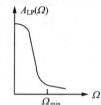

图11.3.5 AGC环路滤波器带宽

在通信系统的收发过程中，需要一个接收信号强度指示(received signal strength indicator, RSSI)，以监视整个系统的通信状况，并作为进行发射功率控制的依据。在带AGC环路的接收机中，环路控制电压就可作为接收信号强度的指示，如图11.3.2所示。

2. 包络负反馈控制功率放大器线性

在用功率放大器放大非恒定包络的已调信号(如AM、DSB、SSB)时，不仅要求功率放大器有大的输出功率和高的效率，而且要求其有良好的线性，使信号包络不失真。但由于功率放大器的信号很大，要保持其良好的线性很困难，此时可以采用AGC环路进行包络负反馈改善放大器线性，其原理方框图如图11.3.6所示。

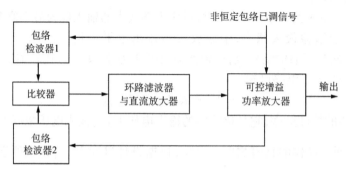

图11.3.6 带包络负反馈的功率放大器

包络检波器1将未失真的已调信号的正确包络检出，包络检波器2将经放大后可能失真的已调信号的包络检出，经比较后输出两者的差值信号，也即比较器输出的是由放大器的

失真引起的包络偏离值。用此误差信号去控制功率放大器的增益,使放大器输出信号的幅度变化向减少包络失真的方向移动,也即改善了放大器的线性。

11.4 可变增益放大器

可变增益放大器(VGA)是 AGC 环路的核心,该放大器的增益单调地随外加控制电压的变化而变化。可变增益放大器最主要的指标是增益变化范围,但同时还必须满足带宽、噪声及线性动态范围这些作为一个放大器的基本要求。一般有两种思路来实现可变增益,一是直接用电压(或电流)控制放大器的某个参数,从而改变放大器的增益;二是用一个可变衰减器与固定增益放大器的组合构成可变增益放大器。本节列举几个典型电路,介绍目前实用的实现可变增益放大器的方法。

11.4.1 改变放大器偏置控制增益

图 11.4.1 是两种典型的通过改变放大器偏置来改变增益的方法。

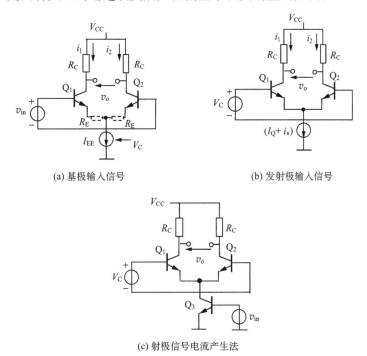

(a) 基极输入信号   (b) 发射极输入信号

(c) 射极信号电流产生法

图 11.4.1 改变放大器偏置改变增益

在图 11.4.1(a)所示的差分放大器中,信号从晶体管的基极输入,两管电流分别为

$$i_1 = \frac{I_{EE}}{2}\left(1 + \text{th}\,\frac{q}{2kT}\,v_{in}\right) \tag{11.4.1}$$

$$i_2 = \frac{I_{EE}}{2}\left(1 - \text{th}\,\frac{q}{2kT}\,v_{in}\right) \tag{11.4.2}$$

则

$$v_o = (i_1 - i_2)R_C = I_{EE}R_C \operatorname{th}\frac{q}{2kT}v_{in} \tag{11.4.3}$$

改变偏置电流 I_{EE} 可以线性地控制放大器的增益。这种形式的放大电路,只有当 $|V_{im}|$ <26mV(V_{im} 为输入信号幅度)时,输出与输入间才呈线性关系。当输入信号增大时,会产生非线性失真。描述放大器非线性失真的两个最主要的指标是增益1dB压缩点 P_{in-1dB} 和三阶互调失真比 IM_3 。参照表 2.6.1 中所列的双极型晶体管差分放大器的幂级数展开式和式(2.7.9),可求出图 11.4.1(a) 所示放大器的两音调三阶互调失真比为

$$IM_3 = \frac{3}{4}\frac{a_3}{a_1}V_{im}^2 = \frac{3}{4} \times \frac{\frac{1}{3}\left(\frac{1}{2V_T}\right)^3}{\frac{1}{2V_T}} \times V_{im}^2 = \frac{1}{16} \times \frac{V_{im}^2}{V_T^2} \tag{11.4.4}$$

其中, $V_T \approx 26\text{mV}$ 。为扩展输入信号的动态范围,可在发射极加负反馈电阻 R_E ,如图 11.4.1(a) 所示。

在图 11.4.1(b) 中,控制电压 V_C 加 Q_1 、 Q_2 的基极作为偏置,将信号加在发射极。差分放大器的射极电流为 $I_{EE} = I_Q + i_s$,其中, i_s 是信号电流。图 11.4.1(c) 是其实际实现电路。图 11.4.1(b) 电路的输出电压为

$$v_o = (i_1 - i_2)R_C = R_C(I_Q + i_s)\operatorname{th}\frac{q}{2kT}V_C \tag{11.4.5}$$

控制电压 V_C 大小可改变增益。该电路较之图 11.4.1(a) 所示电路的优点在于输出电压与信号电流 i_s 成正比,不会产生失真。但在图 11.4.1(c) 所示的实际实现电路中,信号电流 i_s 是信号电压 v_{in} 通过晶体管 Q_3 的呈指数函数的伏安特性 $i_C = I_s e^{\frac{q}{2kT}v_{BE}}$ 转换过来,因此也不可避免在大信号时会引入失真。

图 11.4.2 电路是由上述电路演变而来的性能更好的可变增益放大电路,在集成电路设计中经常采用。作为晶体管差分对 Q_1 、 Q_2 及 Q_3 、 Q_4 的偏置,控制电压 V_C 分别控制信号电流 i_5 和 i_6 在两对晶体管间的分配,其分配关系如图 11.4.3 所示。

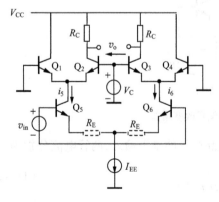

图 11.4.2　双差分可变增益放大器

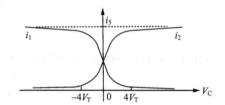

图 11.4.3　差分对中电流分配

当 V_C 为正电压且 $V_C > 4V_T$ 以上时, i_5 全部流入 Q_2 (i_6 全部流入 Q_3),此时增益最大。当

控制电压 $V_C = 0$ 时,i_5 在 Q_1 与 Q_2(i_6 在 Q_3 与 Q_4)间平均分配,此时增益比最大值时下降一半(6dB)。当 V_C 为负,且 $|V_C| > 4V_T$ 时,i_2 和 i_3 几乎为零,增益最小。

此可变增益放大器的输出电压为

$$v_o = R_C(i_2 - i_3) = \frac{1}{2}I_{EE}R_C\mathrm{th}\frac{q}{2kT}v_{in}\left(1 + \mathrm{th}\frac{q}{2kT}V_C\right) \tag{11.4.6}$$

此电路由于输入、输出均采用差分形式,抵消了偶次项引起的失真。线性动态范围可通过增添发射极负反馈电阻来扩展。

接收机中频放大器大多采用性能良好的差分放大器作为单元电路,同理,单管放大器也可用改变偏置来控制放大器增益。用改变偏置的方法改变放大器增益有一个缺点,它不能保证放大器宽频带应用,因为偏置的变化会引起晶体管跨导的变化,从而引起晶体管特征频率 f_T 的变化[见式(5.2.2)]。

11.4.2　改变放大器负反馈控制增益

图 11.4.4 所示为两级 FET 场效应管(Q_1、Q_2 与 Q_6、Q_7)差分放大器,其中,每级放大器的源极各并联了一个工作于可变电阻区的 FET 场效应管 Q_3 和 Q_8 作为负反馈。

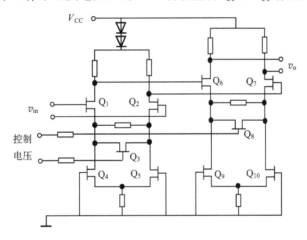

图 11.4.4　源极负反馈可变增益放大器

由于工作于可变电阻区的场效应管的等效电阻为

$$R_{on} = \frac{1}{\mu_n C_{ox}\dfrac{W}{L}(V_{GS} - V_{th})} \tag{11.4.7}$$

改变其栅极电位,可控制此等效电阻的阻值,也即改变了 FET 场效应管差分放大器的源极负反馈电阻,从而改变了放大器的增益。

11.4.3　改变负载控制放大器增益

图 11.4.5 是某接收机的中频放大器结构图,整个放大器是由前置中放和主中放构成。将前置中放的等效负载重画在图 11.4.6(a)中,其中,外接负载 R_1、R_2 是图 11.4.5 中的两个二极管 Q_1、Q_2 的等效电阻。图 11.4.5 中 Q_3、Q_4、Q_5 为镜像电流源,因此流经二极管 Q_1、

Q_2 的电流受来自 AGC 检波器产生的控制电流 I_{c1} 控制。由于二极管的伏安特性为指数函数,二极管电流不同,等效电阻值 R_1、R_2 也不同[如图 11.4.6(b)所示]。负载值改变了,从而前置中放的增益也受控制电流 I_{c1} 的控制。

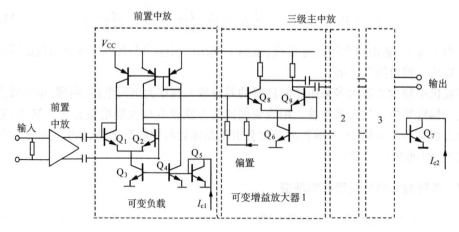

图 11.4.5 带 AGC 的中频放大系统

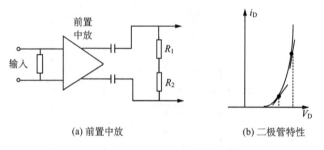

(a) 前置中放   (b) 二极管特性

图 11.4.6 前置中放等效负载

图 11.4.5 中主中放是三级可变增益放大器,其工作原理同图 11.4.1(a)所示电路。通过镜像电流源 Q_6、Q_7 的作用,AGC 检波器产生的控制电流 I_{c2} 改变了差分放大器 Q_8、Q_9 的偏置电流,因此控制了各级的增益。

11.4.4 模拟乘法器控制放大器增益

图 11.4.7(a)所示为采用模拟乘法器来控制增益的结构方案。乘法器前后为固定增益放大器,直流控制电压 V_C 与经前置放大器放大的信号相乘,只要控制电压连续,则可以连续的控制输出信号 v_o 大小。模拟乘法可控增益放大器典型电路如图 11.4.7(b)所示,模拟乘法器详细工作原理见第六章。(图 11.4.2 所示可变增益放大器实质上也是乘法器。)

11.4.5 电压控制可变衰减器

采用一个电压控制可变衰减器与放大器连接,可实现可变增益放大器。可变衰减器有多种构成形式,本节列举两种常用的形式。

在微波和高频中常用一种 PIN 二极管作为衰减器,PIN 型二极管是在 P 区和 N 区之间

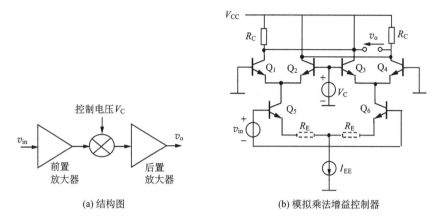

(a) 结构图　　　　　　　(b) 模拟乘法增益控制器

图11.4.7　模拟乘法可控增益放大器

夹一层本征半导体(或低浓度杂质的半导体),即所谓的 I 层构成的二极管。当工作频率超过 100MHz 时,由于少数载流子的存储效应和"本征"层中的渡越时间效应,二极管失去了整流作用而变成线性电阻。此阻值由直流偏置决定,正偏时阻值小,接近短路,反偏时阻值大,近似开路,因此 PIN 二极管可以作为微波开关。PIN 二极管在自动增益控制电路中作可变电阻用,给它加上一个正向控制电压,使其在 I 层中建立相应数量的电子空穴对,通过控制该正向偏置电压的大小,改变 PIN 二极管的 I 层中的电子空穴对数量,从而改变 PIN 二极管的等效电阻值。图 11.4.8(a)为某 PIN 二极管在 70MHz 时测得的可变电阻特性。

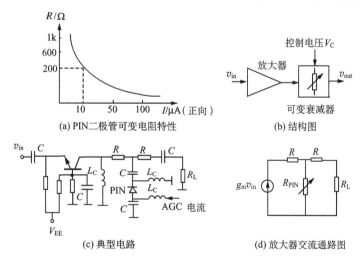

(a) PIN二极管可变电阻特性　　　　　(b) 结构图

(c) 典型电路　　　　　　(d) 放大器交流通路图

图11.4.8　PIN 二极管衰减器构成可变增益放大器

图 11.4.8 给出了用 PIN 二极管构成可变增益放大器的结构与典型电路。在图 11.4.8(c)所示电路中,电容 C 为高频旁路电容,对交流短路,L_C 是高频扼流圈,对高频开路,该放大器交流通路图如图 11.4.8(d)所示。两个电阻 R 和 PIN 二极管等效电阻构成一个 T 型网络,当 AGC 电流使得 PIN 二极管的等效电阻变化时,它对输出信号的衰减也变化,从而改变了增益。其实,图 11.4.5 中采用的电流控制的二极管也就是一种可变衰减器,它作为前置放

大器的负载,衰减了放大器的输出信号。这种由放大器后置衰减器构成的可变增益放大器有一个缺点,因为是先放大后衰减,当大信号输入时,要求晶体管有较大的线性动态范围,否则会产生失真。

另一种形式是可变衰减器后置固定增益放大器形式,如图 11.4.9(a)所示。可变衰减器一般做成带抽头的 $R\text{-}2R$ 结构的电阻梯形网络,由控制电压选择不同的电阻抽头进行信

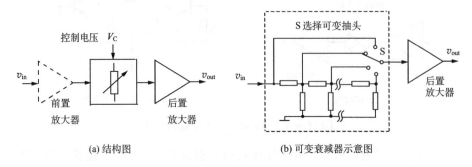

(a) 结构图　　　　　　　　　(b) 可变衰减器示意图

图 11.4.9　带可变衰减器的可变增益放大器

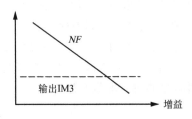

图 11.4.10　前置可变衰减器的 VGA 的噪声和三阶互调与增益的关系

号传输,如图 11.4.9(b)所示,从而实现了步进衰减。这种结构的可变增益放大器的特点:增益控制是不连续的,且其增益、噪声系数及互调失真三者的关系如图 11.4.10 所示。这是因为,电阻引入了噪声,衰减量越大(增益越小),放大器的噪声系数也越大;同时由于电阻为线性器件,不会产生非线性失真,因此放大器的三阶互调失真仅取决于后置固定增益放大器。由于采用自动增益控制的目的是为得到恒定的输出,因此无论衰减量如何设置(这取决于控制电压,也即取决于输入信号电压),后置固定增益放大器的输入电平必然相同,因此在整个增益调整范围内,三阶互调失真不变。为了减小系统噪声系数,也可在衰减器前加前置放大器,如图11.4.9(a)所示,但这可能会恶化大信号输入时的互调失真。

AD8367 是应用可变衰减器实现可变增益放大器的一个典型芯片,如图11.4.11 所示。

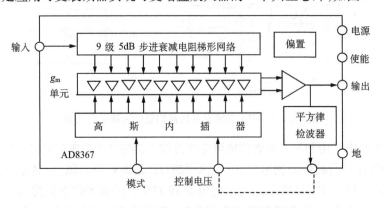

图 11.4.11　带 AGC 检波器的可变增益放大器 AD8367

AD8367 的性能指标为：

增益连续可变范围为 $-2.5 \sim 42.5\mathrm{dB}$；

3dB 带宽为 500MHz；

增益控制具有增、减两种模式；

控制电压与增益（dB 值）成线性关系，增益控制灵敏度为 20mV/dB（或 50dB/V）；

控制电压范围为 50 ~ 950mV；

单端输入方式，输入阻抗为 $Z_{\mathrm{in}} = 200\Omega$；

片内带有平方律检波器；

单电源供电 2.7 ~ 5.5V。

AD8367 内部详细结构如图 11.4.12 所示，采用了 9 级 $R\text{-}2R$ 电阻梯形网络，每个抽头间以 5dB 的衰减步进，总衰减为 45dB。后置放大器具有 42.5dB 的固定增益。AD8367 的最大特点是，在每个电阻抽头处还连接一个可变跨导级。工作时，根据控制电压大小值，片内的高斯内插器（gaussian interpolator）选择相应的电阻抽头及相邻的可变跨导级。跨导级的功能是根据控制电压大小，对两个相邻的电阻抽头的离散的衰减值进行加权平均，从而实现连续平滑的衰减功能。AD8367 的控制特性为

$$\mathrm{Gain(dB)} = 50 \times V_{\mathrm{GAIN}} - 5 \quad \text{（增益增加模式）}$$

$$\mathrm{Gain(dB)} = 45 - 50 \times V_{\mathrm{GAIN}} \quad \text{（增益减小模式）}$$

其中，V_{GAIN} 是控制电压，单位为伏。

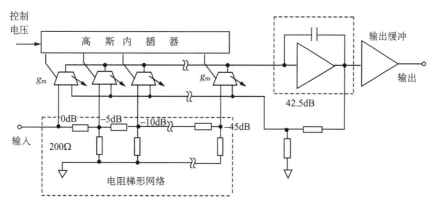

图 11.4.12　AD8367 内部结构图

11.5　带自动增益控制的放大系统实例

设计一个带自动增益控制功能的放大系统，除了 AGC 环路本身的指标外，在调整增益的过程中，还应保证整个放大系统的噪声系数和非线性失真都最小。为达到此目的，当输入信号由小逐渐变大时，降低系统增益的次序应从后向前推进。首先降低末级放大器的增益，其次是末二级，最后才是第一级。信号更强时，除了中频放大系统外，还可以开启混频前的射频放大级的自动增益控制。这是因为当信号弱时，噪声是主要矛盾，前级的高增益可使系统的噪声系数小。当信号变得很强时，非线性失真成主要矛盾，在已降低后级增益的前提

下,必须再降低前级的增益,使系统后面各级不过载,不产生非线性失真。当输入信号由强变弱时,调节的次序相反。由此可见,对于一个自动增益控制系统,如何规划各级 VGA 的控制电压是决定放大器性能的重要因素。

下面介绍两个带自动增益控制的放大系统实例,分析其工作原理及特点。

例 11.5.1　图 11.5.1 所示为某二次混频超外差式无线接收机的第二中频放大系统的主中放级。

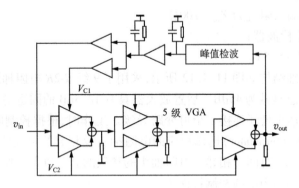

图 11.5.1　带 AGC 的主中放系统结构

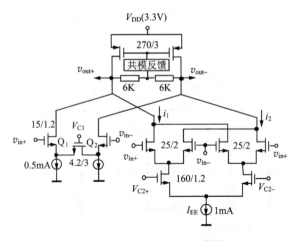

图 11.5.2　一级 VGA 电路图

它是具有 5 级相同的可变增益放大器(VGA)的 AGC 环路。每级 VGA 又由两部分电路组成,详细原理电路如图 11.5.2 所示。第一部分是一个源极带 MOSFET 电阻作为负反馈的差分对放大器 Q_1、Q_2,控制电压是 V_{C1}。第二部分是一个交叉耦合输出的乘法器 VGA 电路,控制电压是 V_{C2}。乘法器输出电流为

$$i_1 - i_2 = I_{EE}\text{th}\frac{q}{2kT}V_{C2}\text{th}\frac{q}{2kT}v_{in}$$

每级 VGA 放大器的输出电流是这两部分放大器输出电流之和。

这两种不同的 VGA 各有不同的特点,与源极带负反馈的差分放大器 Q_1、Q_2 相比,乘法器有上下两层差分对,在相同的电源电压 V_{DD} 条件下,为保证每只 MOS 管均工作于恒流区

$(V_{DS} > V_{GS} - V_{th})$，则乘法器电路输出信号的摆幅，也即输出信号的动态范围必定比较小；但源极带负反馈的差分对的噪声性能要比乘法器差。因此，本系统在进行增益控制时，为保证中放系统的噪声系数和互调失真都最小，当输入为大信号（增益应小）时，仅让负反馈差分对 Q_1、Q_2 起作用（V_{C1} 为适当值），而让 $V_{C2} = 0$，乘法器输出电流为零，这样可以确保大的动态范围。当信号小（需高增益）时，除了保证 V_{C1} 为最高可能值，使带反馈的差分对 Q_1、Q_2 增

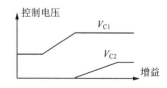

图 11.5.3　增益与控制电压关系

益最高外，还应增大控制电压 V_{C2}，使乘法器对输出信号电流有所贡献，放大器增益进一步增大。由于乘法器是低噪声的，此时系统噪声并不会因为乘法器 VGA 的介入而变坏很多。按照这个控制思路，控制电压与增益的关系曲线如图 11.5.3 所示。

需要说明的是，与图 11.4.7(b)所示的乘法器 VGA 不同，本例的乘法器 VGA 的输入信号是加在乘法器的上层差分对输入端，控制电压加在下层差分对输入端，这是因为本例的电源电压比较低。如果信号加在下层的差分对，必须让两层差分对放大器均工作于恒流区($V_{DS} > V_{GS} - V_{th}$)，相应的电源电压要求比较大。

在图 11.5.1 所示的 AGC 环中，包含一个峰值检波器和一个两极点的低通滤波器（两个 RC 滤波器），为获取两个不同要求的控制电压，还应包含两个不同门限值的比较器和箝位放大器。经实验测定，该放大系统输出电压峰-峰值 1.6V，增益 0 ~ 70dB 连续可调，频率响应 0 ~ 20MHz，两音调互调失真比在 −60 ~ −40dB 间，噪声系数为 25dB 上下。

例 11.5.2　分析一个应用于突发数据传输的高速无线 ATM (asynchronous transfer mode) 系统的放大模块。

该放大系统的增益控制功能要求是，处于等待状态时，增益最大；接收到突发信号时，随着接收信号的增大增益减小，且在突发信号传输的短暂时间内，增益控制系统仅响应输入信号上升，不必响应信号下降；增益控制范围为 0 ~ 45dB（其余指标在此省略）。图 11.5.4 所示为该模块以 0.25μm BiCMOS 工艺实现的系统结构图。系统包括三大模块，模块一是主信号通路，包含三级可变增益放大器（VGA）和一个输出缓冲器；模块二是控制通路上的峰值检波器与比较器；模块三是三级控制电平形成电路。

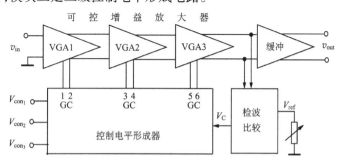

图 11.5.4　自动增益控制电路结构方框图

可变增益放大器的原理电路如图 11.5.5 所示，每级都是具有高、低两档增益的双差分对电路。以第一级为例，信号电压 v_{in} 由 Q_3、Q_6 基极单端输入（C_2 为高频旁路电容，交流短路）转变为信号电流，经双差分对 Q_1、Q_2 和 Q_4、Q_5 放大，通过电容 C_3、C_4 耦合，由跟随器 Q_8、

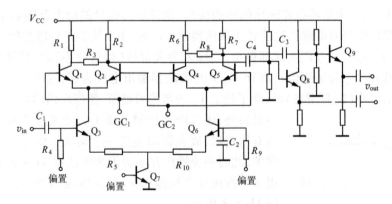

图 11.5.5　单级可控增益放大器电路图

Q_9 双端输出。增益控制电平为 GC_1 和 GC_2。当 $(GC_2 - GC_1) > 4V_T$ 时，Q_1、Q_4 截止，经由 Q_3、Q_6 产生的信号电流全部流入 Q_2、Q_5，此为高增益模式（15dB）。GC_1 逐渐增大后，在差分对管间的电流分配发生变化，增益慢慢降低，当 GC_1 增大到 $(GC_1 - GC_2) > 4V_T$ 时，Q_2、Q_5 截止，经由 Q_3、Q_6 产生的信号电流全部流入 Q_1、Q_4，此为低增益模式（0dB）。实现高、低增益模式变化的方法是两种状态时放大器的负载不同。在高增益模式时，Q_2 的负载是电阻 R_2 与跟随器 Q_8 的输入阻抗相并联，而 Q_5 的负载是电阻 R_7 与跟随器 Q_9 的输入阻抗相并联。低增益时，Q_1 的负载是电阻 R_1、R_2、R_3 和跟随器 Q_8 的输入阻抗组成的网络。同理，Q_4 的负载是电阻 R_6、R_7、R_8 和跟随器 Q_9 的输入阻抗组成的网络。用这改变负载电阻的方法，从而降低了放大器 Q_1（Q_4）的增益。

　　初始状态时由于没有突发的输入信号，三级可控增益放大器均设置在高增益模式，即 $(GC_2 - GC_1) > 4V_T$。

　　检波与比较器电路如图 11.5.6 所示，晶体管 Q_1、Q_2、Q_3 及电容 CAP_1 组成一个三极管峰值检波器。当突发信号来到时，Q_9 的栅极"AGC-SET"为低电平，Q_9 截止。经三级 VGA 放大后的输出信号 v_{out} 从 Q_1、Q_2 基极双端输入，检波后在电容 CAP_1 上形成平均电压 V_{AV}。差分对 Q_6、Q_7 构成比较器，参考电压 V_{ref} 设置成开启自动增益控制所需的门限电压值。当检波电压 V_{AV} 大于参考电压 V_{ref} 时，Q_6 的电流通过镜像电流源 Q_4、Q_5 对电容 CAP_2 充电，因此电位 V_C 升高。此升高的电平经由模块三形成控制电平去控制可变增益放大器 VGA，使其增益下降（因为 VGA 的初始状态是高增益模式）。VGA 增益下降使得输出 v_{out} 下降，检波后又使 V_{AV} 下降，整个控制过程一直持续到当 $V_{AV} = V_{ref}$ 时才停止。此时，比较器 Q_6 截止，电容 CAP_2 保持电压 V_e，整个系统增益不变，VGA 输出电平维持恒定，只有当 V_{AV} 再次大于 V_{ref} 时，比较器的 Q_6 又导通，又对电容 CAP_2 充电。由此工作过程可以看出，此增益控制系统仅响应突发数据传输时信号的上升，而不响应传输过程中的信号的下降，这正是电路设计所要求的。当突发数据传输结束后，使晶体管 Q_9 的栅极"AGC-SET"为高电平，则 Q_9 导通，电容 CAP_2 通过 Q_9 放电，V_C 迅速为零，自动增益控制关闭，等待状态时放大器增益最大。

　　图 11.5.7 是三级控制电平 GC_i 形成电路，GC_1 和 GC_2、GC_3 和 GC_4、GC_5 和 GC_6 分别用于 VGA_1、VGA_2 和 VGA_3 的增益控制。三个电压 V_{con_1}、V_{con_2} 及 V_{con_3} 是外接固定电平，且有 $V_{con_1} > V_{con_2} > V_{con_3}$。

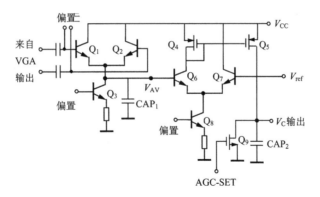

图 11.5.6 峰值检波和比较器电路图

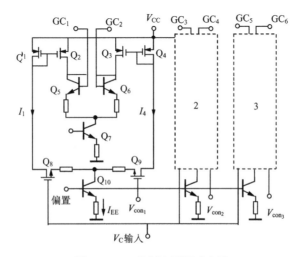

图 11.5.7 控制电平形成电路

初始状态时,由于模块二的输出电压 $V_C = 0$,则 $GC_2 > GC_1$, $GC_4 > GC_3$, $GC_6 > GC_5$,三级可变增益放大器均处于高增益模式,整个中放系统增益最高(45dB)。开启自动增益控制后,当输入信号增大,经检波、比较后电压 V_C 为正且增大。电平 V_C 进入图 11.5.7 中 Q_8 的栅级,Q_8 为工作于可变电阻区的 MOS 管,其等效电阻随着 V_C 的升高而变小,则由电源 V_{CC} 流经 Q_1、Q_8 的电流 I_1 增大。由于 Q_{10} 电流为常数 I_{EE},在 I_1 增大的同时,流经 Q_4 的电流 I_4 必然减小。MOS 管 Q_1、Q_2 为镜像电流源,Q_2 支路的电流随 Q_1 电流 I_1 增大而增大,这使 GC_1 的电位上升;而 Q_3、Q_4 也为镜像电流源,Q_3 支路的电流随 Q_4 电流 I_4 的减小而减小,这使 GC_2 的电位下降。则 VGA 的增益随电平 GC_1 相对于 GC_2 的增高而变低。

在突发输入信号电平逐渐上升,通过 AGC 环路控制增益下降的过程中,为确保整个放大系统有小的噪声系数及不产生非线性失真,降低增益的顺序应从后向前推进,而本例通过设置外接固定电平 $V_{con_1} > V_{con_2} > V_{con_3}$,保证了这样的控制顺序的实现,即在接收到突发信号需要降低系统增益时,首先启动的是 VGA_3。

该放大系统的测试性能如下:

频率范围 200~400MHz;

输入信号摆幅范围 $0.6 \sim 110\text{mV}$，输出信号幅度 110mV；

增益控制范围 $0 \sim 45\text{dB}(400\text{MHz}$ 时)，启动时间 300ns；

等效输入噪声电压密度 $1.3 \sim 5.65\text{nV}/\sqrt{\text{Hz}}(400\text{MHz}$ 时)；

电源电压 $3 \sim 5.2\text{V}$，最大电流 20mA。

小结：

（1）自动增益控制是利用电平负反馈技术，通过控制放大器的增益，实现对输入信号强度的慢变化的抑制，保持输出信号强度恒定。自动增益控制环路的分析方法，主要的性能指标与锁相环路类似。

（2）AGC 环路中的核心部件是可变增益放大器（VGA）。可通过改变放大器的偏置、负反馈、负载以及用模拟乘法器和可变衰减器等各种方法来实现对放大器增益的控制。

（3）一个放大系统在进行自动增益控制时，必须确保整个系统的性能，特别是小的噪声系数及大的线性动态范围，不产生非线性失真等，因此必须合理安排各级放大器的增益控制范围及控制顺序。

习　题

11-1　（1）某中频放大系统由三级可变增益放大器组成，如图 11-P-1 所示。已知该系统输入信号幅度的变化范围是 $1 \sim 100\text{mV}$，要求对应的输出信号幅度变化范围为 $1 \sim 2\text{V}$，问该中放系统的自动增益控制范围是多少（用 dB 表示）？

（2）设在最小输入信号幅度 $V_{\text{in,min}}$ 时，三级放大器的增益相同，若将三级放大器增益变化的 dB 数分配比例设计成 $1:2:3.8$，画出该中放系统的电平图（电平用 dBmV 表示，增益用 dB 表示）。

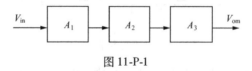

图 11-P-1

11-2　某可变增益放大器如图 11-P-2 所示，推导该放大器的交流增益与控制电压 V_c 的关系式。设场效应管 Q_1、Q_2 工作于恒流区，跨导为 g_m，Q_3 工作于可变电阻区，Q_4、Q_5 提供直流偏置，交流分析时可忽略。

11-3　某带延迟式自动增益控制的中放系统如图 11.3.2 所示，中频放大器由三级可变增益放大器组成，每级的增益控制特性为 $A_\text{V} = \dfrac{20}{1 + 2V_\text{c}}$。当中放系统输入信号为最小幅度 $V_{\text{in,min}} = 125\mu\text{V}$ 时，其输出电压幅度为 $V_{\text{om,min}} = 1\text{V}$；若当输入信号幅度变化为 $V_{\text{in,max}}/V_{\text{in,min}} = 2000$ 时，要求输出电压幅度比 $V_{\text{om,max}}/V_{\text{om,min}} \leqslant 2$。求基准电压 R 和直流放大器增益 A_{OP} 的值[设检波器的检波效率 $K_\text{d} = 1$，低通滤波器的直流响应 $A_{\text{LP}}(0) = 1$]。

11-4　为适应接收强弱不同的信号，某接收机的低

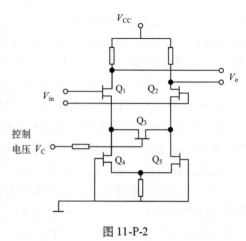

图 11-P-2

噪声放大器结构如图 11-P-4(a)所示,增益分为高低两档,其实现电路如图 11-P-4(b)所示。请填写下面表内对应的空白部分,以了解该低噪放实现增益控制的方法。

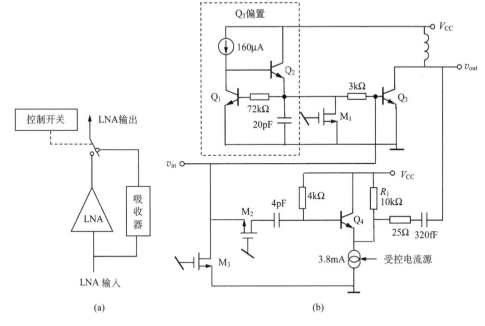

图 11-P-4

晶体管	高增益模式 $G_P = 14\text{dB}$ $P_{1\text{dB}} = -15\text{dBm}$ $\text{IIP}_3 = -3\text{dBm}$		低增益模式 $G_P = -13\text{dB}$ $P_{1\text{dB}} = +5\text{dBm}$ $\text{IIP}_3 = +17\text{dBm}$	
	状态	功能	状态	功能
M_1				
M_2				
M_3			导通	提供输入匹配
受控电流源	断开			
Q_3				
Q_4				

参 考 文 献

白居宪,1995. 低噪声频率合成. 西安:西安交通大学出版社

班科夫 B И,巴鲁林 Л Г,等,1988. 无线电接收设备. 陈子敏,译. 北京:高等教育出版社

陈邦媛,2004. 射频通信电路学习指导. 北京:科学出版社

董在望,肖华庭,1989. 通信电路原理. 北京:高等教育出版社

樊昌信,詹道庸,徐炳祥,等,1995. 通信原理. 4 版. 北京:国防工业出版社

胡长阳,1985. D 类和 E 类开关模式功率放大器. 北京:高等教育出版社

胡宴如,章忠全,1993. 高频电子线路. 北京:高等教育出版社

蒋焕文,孙续,1988. 电子测量. 2 版. 北京:中国计量出版社

卡逊 R S,1981. 高频放大器. 赵美志,廖承恩,译. 北京:人民邮电出版社

克拉克 K K,希斯 D T,1980. 通信电路:分析与设计. 戚诒孙,梁慧君,等译. 北京:人民教育出版社

南京工学院无线电工程系《电子线路》编写组,1979. 电子线路. 北京:人民教育出版社

孙孺石,丁怀元,穆万里,等,1996. GSM 数字移动通信工程. 北京:人民邮电出版社

万心平,张厥盛,1990. 集成锁相环路——原理、特性、应用. 北京:人民邮电出版社

王诚训,张安东,林瑞莲,1983. 中频放大器. 北京:人民邮电出版社

武秀玲,沈伟慈,1995. 高频电子线路. 西安:西安电子科技大学出版社

谢嘉奎,1999. 电子线路(线性部分). 4 版. 北京:高等教育出版社

谢嘉奎,2000. 电子线路(非线性部分). 4 版. 北京:高等教育出版社

姚彦,梅顺良,高保薪,1990. 数字微波中继通信工程. 北京:人民邮电出版社

张凤言,1995. 电子电路基础. 2 版. 北京:高等教育出版社

张冠百,1990. 锁相与频率合成技术. 北京:电子工业出版社

张厥盛,郑继禹,万心平,2003. 锁相技术. 西安:西安电子科技大学出版社

张肃文,1984. 高频电子线路. 2 版. 北京:高等教育出版社

郑继禹,万心平,张厥盛,1984. 锁相环路原理与应用. 北京:人民邮电出版社

CAMARGO E,STEINBERG R M,1994. A Compact High Power Amplifier for Handy Phone. IEEE MTT-S Dig,(5):565 ~ 568

CARR J J,2001. RF Circuit Design. 3rd ed. 北京:电子工业出版社

CRANINCKX J,STEYAERT M S J,1997. A 1. 8 GHz Low-Phase-Noise CMOS VCO Using Optimized Hollow Spiral Inductors. IEEE Journal of Solid-State Circuits,32(5):736 ~ 744

DIXON R C,1998. Radio Receiver Design. New York:Marcel Dekker,Inc.

FATTARUSO J W,MEYER R G,1985. Triangle-to-Sine Wave Conversion with MOS Technology. IEEE Journal of Solid-State Circuits,20(2): 623 ~ 631

HARDY J K,1979. High Frequency Circuit Design. Preston:Preston Publishing Company,Inc.

KARANICOLAS A N,1996. A 2. 7-V 900-MHz CMOS LNA and Mixer. IEEE Journal of Solid-State Circuits,31(11):1939 ~ 1942

LARSON L E,1997. RF and Microwave Circuit Design for Wireless Communications. London:Artech House ,Inc.

LARSON L E,1998. Radio Frequency Integrated Circuit Technology for Low-Power Wireless Communications. IEEE Personal Communications,(6):11 ~ 19

LEE T H,1998. The design of CMOS Radio-Frequency Integrated Circuits. New York:Cambridge University Press

LUDWIG R,BRETCHEKO P,2002. RF Circuit Design Theory and Applications. 北京:科学出版社

NATIONAL SEMICONDUCTOR,1994. Linear Applications Handbook.

PAPANANOS Y E,1999. Radio-Frequency Microelectronic Circuits for Telecommunication Applications. Boston:Kluwer Academic Publishers

PAZAR D M,2001 . Microwave and RF Wireless Systems. New York:John Wiley & Sons,Inc.

RAAB F H,1977. Idealized Operation of the Class E Tuned Power Amplifier. IEEE Transaction on Circuits and Systems,24(12):
725~735

RAZAVI B,1998. RF Microelectronics. Upper Saddle River:Prentice Hall PTR

ROHDE U L,NEWKIRK D P,2000. RF/Microwave Circuit Design for Wireless Applications. New York:John Wiley & Sons,Inc.

RUDELL J C,1997. A 1.9 GHz Wide-Band IF Double Conversion CMOS Receiver for Cordless Telephone Applications. IEEE
Journal of Solid-State Circuits,32(11):2071~2087

SAYRE C W,2001. Complete Wireless Design. New York:McGraw-Hill Telecom

SEDRA A S,SMITH K C,1998. Microelectronic Circuits. 4th ed. New York:Oxford University Press,Inc.

SHAEFFER D K,LEE T H,1997. A 1.5-V,1.5 GHz CMOS Low Noise Amplifier. IEEE Journal of Solid-State Circuits,32(5):
745~759

SOKAL N O,SOKAL A D,1975. Class E-A New Class of High-Efficiency Tuned Single-Ended Switching Power Amplifier. IEEE
Journal of Solid-State Circuits,10(3):168~176

STEVE C,1999. Cripps RF Power Amplifiers for Wireless Communication. Boston:Artrch House,Inc.

THAMSIRIANUNT M,KWASNIEWSKI T A,1997. CMOS VCO's for PLL Frequency Synthesis in GHz Digital Mobile Radio Com-
munications. IEEE Journal of Solid-State Circuits,32(1):151~1524

YAMAWAKI T,KOKUBO M,1997. A 2.7-V GSM RF Tansceiver IC. IEEE Journal of Solid-State Circuits,32(12):2089~2096

附　　录

附表1　无线频段划分

1. 射频与微波频段

名　称	频　段	波　长
中频(MF)	300kHz~3MHz	$10^3 \sim 10^2$m
高频(HF)	3~30MHz	$10^2 \sim 10$m
甚高频(VHF)	30~300MHz	10~1m
特高频(UHF)	300MHz~3GHz	1.0~0.1m(分米波)
超高频(SHF)	3~30GHz	0.1~0.01m(厘米波)
极高频(EHF)	30~300GHz	0.01~0.001m(毫米波)

2. 无线广播与电视频段

AM广播	535~1605kHz
FM广播	88~108MHz
VHF电视(2~4频道)	54~72MHz
VHF电视(5~6频道)	76~88MHz
UHF电视(7~13频道)	174~216MHz
UHF电视(14~83频道)	470~890MHz

3. 其他通信频段

AMPS(移动台)	824~849MHz(发),869~894MHz(收)
GSM(移动台)	880~915MHz(发),925~960MHz(收)
PCS(移动台)	1710~1785MHz(发),1805~1880MHz(收)
寻呼(paging)	931~932MHz
GPS	1575MHz(L1),1227MHz(L2)
DBS	11.7~12.5GHz
ISM频段	902~928MHz,2.400~2.484GHz,5.725~5.850GHz

附表 2　dB 的定义

dB(功率) $10\log\dfrac{P_1}{P_2}$	dBW	$10\log\dfrac{P}{1.0\mathrm{W}}$
	dBm	$10\log\dfrac{P}{1.0\mathrm{mW}}$
dB(电压) $20\log\dfrac{V_1}{V_2}$	dBV	$20\log\dfrac{V}{1.0\mathrm{V}}$
	dBmV	$20\log\dfrac{V}{1.0\mathrm{mV}}$
	dBμV	$20\log\dfrac{V}{1.0\mathrm{\mu V}}$
dB_C	$10\log\dfrac{P}{标准信号功率}$	

例 1　阻值为 50Ω 的电阻上的电压有效值为 100V 和 1.0μV 时对应的 dB 数为

电压(rms)	电压(dB)	功率(W)	功率(dBm)
100V	40dBV	200W	53dBm
1.0μV	0dBμV	2×10^{-14}W	−107dBm

例 2　某振荡器在偏离载频 10kHz 处的噪声为 −124dB$_C$,表示在偏离载频 10kHz 处的噪声功率比载波功率低 −124 dB。

英文缩写对照

AFC	automatic frequency control	KTB	Boltzmann's constant × temperature × bandwidth
AGC	automatic gain control		
AM	amplitude modulation	LF	loop filter
AMPS	advanced mobile phone service	LMDS	local multipoint distribution service
ASK	amplitude shift keying		
BER	bit error rate	LNA	low noise amplifier
BFSK	binary FSK	LO	local oscillator
BJT	bipolar junction transistor	LPF	lowpass filter
BPF	band-pass filter	MF	medium frequency
BPSK	binary PSK	MOSFET	metal oxide semiconductor field-effect transistor
BW	bandwidth		
CMOS	complementary metal-oxide semiconductor	MSK	minimum shift keying
		NF	noise figure
CP	charge pump	OQPSK	offset QPSK
CP	clock pulse	PAE	power added efficiency
CPPLL_S	charge-pump PLL_S	PCS	personal communication services
DDS	direct digital synthesis	PD	phase detector
DR	dynamic range	PFD	phase/frequency detector
DBS	direct broadcasting satellite	PM	phase modulation
DSBSC	double-sideband suppressed carrier	PSK	phase shift keying
EHF	extremely high frequency	PLL	phase lock loop
FET	field effect transistor	QAM	quadrature AM
FM	frequency modulation	QPSK	quadrature PSK
FSK	frequency shift keying	RF	radio frequency
GMSK	gaussian MSK	RFC	radio frequency choke
GPS	global positioning system	RFID_S	radio frequency identification system
GSM	global system for mobile communication		
		RL	return loss
HBT	heterojunction bipolar transistor	RSSI	received signal strength indicator
HD	harmonic distortion	SAW	surface acoustic wave
HF	high frequency	SFDR	spurious free dynamic range
I and Q	in-phase and quadrature phase	SHF	super high frequency
IF	intermediate frequency	SNR	signal over noise ratio
IM	intermodulation	SSBSC	single side band suppressed carrier
IM_3	third-order IM	UHF	ultrahigh frequency
IP_3	third-order intercept point	VCO	voltage controlled oscillator
IIP_3	input IP_3	VGA	variable gain amplifier
OIP_3	output IP_3	VHF	very-high frequency
ISM band	industrial, scientific and medical band	VSWR	voltage standing-wave ratio
		WLAN	wireless local area networks

部分习题参考答案

第一章

1-1 $Q = 20$，$BW_{3dB} = 32kHz$

1-2 $L = 4.53\mu H$，$Q_0 = 66.67$，$S = 0.124 = -18.13dB$；$R = 18.9k\Omega$

1-3 $L_1 = 2.06\mu H$，$L_2 = 2.74\mu H$，$L_3 = 0.68\mu H$

1-5 $f_0 \approx 465.5kHz$，$R_P = 114k\Omega$，$BW_{3dB} = 12.56kHz$，$S = 0.532 \sim -5.47dB$

1-6 $P_2 = 0.336$，$BW_{3dB} = 0.359MHz$

1-7 $C_1 = 176pF$，$C_2 = 1590pF$

1-8 $Q_e = 28$，$BW_{3dB} = 1.48MHz$

1-9 $L = 4.48\mu H$，$C_1 = 33pF$，$C_2 = 66pF$

1-10 $L = 0.199nH$，$C_1 = 185.7pF$，$C_2 = 401.9pF$

1-11 $Z_1(j\omega_0) = 30.8k\Omega$，$Q_e = 38$

1-16 (a) $\dfrac{R_i}{R_L} = \dfrac{1}{16}$，$Z_C = \dfrac{1}{4}R_L$ (b) $\dfrac{R_i}{R_L} = \dfrac{16}{1}$，$Z_{C_1} = 8R_L$，$Z_{C_2} = 2R_L$

      (c) $\dfrac{R_i}{R_L} = \dfrac{4}{1}$，$L_C = 2R_L$ (d) $\dfrac{R_i}{R_L} = \dfrac{9}{1}$，$Z_C = 3R_L$

      (e) $\dfrac{R_i}{R_L} = \dfrac{1}{9}$，$Z_{C_1} = Z_{C_2} = \dfrac{1}{3}R_L$，$Z_{C_3} = R_L$

第二章

2-1 $\overline{I_n^2} = 3.14 \times 10^{-21}A^2$，$\overline{V_n^2} = 2.68 \times 10^{-10}V^2$

2-2 $P_n = kTB$

2-3 $N_0 = \dfrac{n_0}{4RC}$

2-4 $T_e = 315.3K$，$F = 2.087$

2-5 $DR_1 = 111dB$（设$(SMR)_{o,min} = 0dB$），或 $DR_1 = 91dB$（设$(SMR)_{o,min} = 20dB$）

2-7 $DR_1 = 73.4dB$，$DR_f = 44.9dB$

2-8 $OIP_3 = 6.48dBm$

2-9 $OIP_3 = 20.8dBm$

2-12 $P_{in,min} = -108dBm$，$A_V = 115dB$

2-13 （1）$P_{in,min} = -117.8dBm$ （2）$P_{in,min} = -115.5dBm$

第三章

3-1 设 $\omega_1 = 2\pi f_1$，$\omega_2 = 2\pi f_2$，$\omega_0 = 2\pi f_0$，$\Omega = 2\pi F$

      $v(t) = 5[1 + 0.8(1 + 0.5\cos\Omega t)\cos\omega_1 t + 0.4(1 + 0.4\cos\Omega t)\cos\omega_2 t]\cos\omega_0 t$

      $P_{AV} = 18.08W$，$BW_{AM} = 66kHz$

3-2 （1）载波分量功率 $P_C = 0.05W$ （2）旁频分量功率 $P = 6.25mW$

      （3）最大瞬时功率 $P_{max} = 0.1125W$，最小瞬时功率 $P_{min} = 0.0125W$

3-3 （1）双边带波形 （2）单边带波形 （3）普通调幅波

    （4） $v(t) = 5\cos\omega_c t \cdot S\left(\Omega t + \dfrac{\pi}{2}\right)$

3-5 不能产生调幅,因为无二次方项

3-6 （1）信号全部通过 （2）单边带信号,采用同步检波进行解调

    （3）残留边带调幅

3-7 （a）两信号叠加 （b）调幅波 （c）双边带

    （d）整流后的调幅波 $v(t) = V_m(1 + m_a\cos\Omega t)\cos\omega_c t \cdot S_1(\omega_c t)$

3-8 瞬时相位 $\Phi(t) = 10^7\,\pi t + 10^4\,\pi t^2$

    瞬时频率为 $\omega(t) = \dfrac{\mathrm{d}\phi}{\mathrm{d}t} = 10^7\,\pi + 2\times10^4\,\pi t$

3-11 （2）最大频偏 $\Delta f_m = 100\text{kHz}$ （3）带宽 $\text{BW}_{CR} = 240\text{kHz}$

    （4）发射机总功率 $P = 9\text{W}$ （5）$\dfrac{P_0}{P} = 0.04$

第四章

4-4 接收机在解调以前的净增益 $G = 107\text{dB}$,中频增益 $G = 87\text{dB}$

4-5 （1）$\left(\dfrac{S}{N}\right)_{in} = 15\text{dB}$ （2）$S_{out} = -80\text{dBm}$

    （3）$N_{out} = -94\text{dBm}$ （4）$\left(\dfrac{S}{N}\right)_0 = 14\text{dB}$

4-8 （1）RF 要求 $Q = 488 \sim 600$,中频要求 $Q = 59$

    （2）若 $f_{LO} > f_{RF}$,覆盖系数 $K = 1.2$;若 $f_{LO} < f_{RF}$,覆盖系数 $K = 1.3$

4-9 总增益 $Q_\Sigma = 21\text{dB}$,总噪声系数 $NF = 4.89\text{dB}$, $IIP_3 = -5.06\text{dBm}$

4-10 （1）$NF = 2.55\text{dB}$ （2）系统等效噪声温度 $T_e = 232\text{K}$

    （3）输出噪声功率 $N_o = 1.3566\times10^{-13}\text{W} = -98.67\text{dBm}$

    （4）双边噪声功率谱密度 $S_{DSB} = -168.67\text{dBm}$

    （5）系统等效输入噪声 $N_i = 0.3408\times10^{-13}\text{W} = -104.67\text{dBm}$

        最小输入信号功率应 $P_{in,min} = -84.67\text{dBm} = 3.41\times10^{-9}\text{mW}$

        加到接收机输入端的最小输入电压为 $V_{in,min} = 13\mu\text{V}$

第五章

5-2 总噪声系数 $F = 2 + \dfrac{2\gamma}{R_S g_m}$

5-3 放大器电压增益 $A_V = 16$, $G_P = 256$, 带宽 $\text{BW}_{3dB} = 0.51\text{MHz}$
    外接电容 $C = 53.8\text{PF}$

5-4 （1）回路总通频带 $\text{BW}_{3dB} = 5.93\text{kHz}$ （2）$Q_e = 23.7$

5-5 $40.8 \leqslant Q_e \leqslant 54.6$

5-6 $v_0(t) = 10 + 4.65\cos 3\times10^7 t\,(\text{V})$

5-8 $\Gamma_{in} = 0.455^{+150°}$, $\Gamma_{out} = 0.407^{-151°}$, $G_P = 5.4 = 7.3\text{dB}$

5-9 （1）$L_2 = 1.43\times10^{-9}\text{H}$, $L_1 = 1.4911\times10^{-6}\text{H}$ （2）$C_L = 142\text{pF}$

    （3）$F = 1.000638 = 0.028\text{dB}$ （4）$A_V = 12.25 = 21.76\text{dB}$

5-10 （1）稳定性:$|\Delta| = 0.4744 < 1$, $k = 1.114 > 1$

    （2）近似为单向传输时,$G_{TV,max} = 30.04 = 14.77\text{dB}$

第六章

6-2 若 $f_{\mathrm{L}} > f_{\mathrm{S}}$, $f_{\mathrm{L}} = 956 \sim 981\mathrm{MHz}$, 镜频 $f_{\mathrm{m}} = 1043 \sim 1068\mathrm{MHz}$

若 $f_{\mathrm{L}} < f_{\mathrm{S}}$, $f_{\mathrm{L}} = 782 \sim 807\mathrm{MHz}$, 镜频 $f_{\mathrm{m}} = 695 \sim 720\mathrm{MHz}$

6-4 (a) 当 $NF_{\mathrm{A}} = 0\mathrm{dB}$ 时, $F = 2.51 = 4\mathrm{dB}$; 当 $NF_{\mathrm{A}} = 10\mathrm{dB}$ 时, $F = 25.12 = 14.00\mathrm{dB}$

(b) 当 $NF_{\mathrm{A}} = 0\mathrm{dB}$ 时, $F = 6.31 = 8\mathrm{dB}$; 当 $NF_{\mathrm{A}} = 10\mathrm{dB}$ 时, $F = 10.82 = 10.34\mathrm{dB}$

6-5 $P_{\mathrm{M}} = -22.67\mathrm{dBm}$

6-6 $g_{\mathrm{fc}} = \dfrac{1}{2}aV_{\mathrm{LO}}$, 中频负载电阻为 R_{IF}, $A_{\mathrm{V}} = \dfrac{1}{2}\alpha V_{\mathrm{LO}}R_{\mathrm{IF}}$

6-7 当 $V_{\mathrm{Q}} = \dfrac{1}{2}V_{\mathrm{1m}}$ 时, $g_{\mathrm{m}}(t) = \dfrac{g_{\mathrm{D}}}{3} + \dfrac{2}{\pi}g_{\mathrm{D}}\displaystyle\sum_{n=1}^{\infty}\dfrac{1}{n}\sin\left(n \cdot \dfrac{\pi}{3}\right)\cos n\omega t_1$

当 $V_{\mathrm{Q}} = 0$ 时, $g_{\mathrm{m}}(t) = g_{\mathrm{D}} \cdot S_1(\omega_1 t)$

当 $V_{\mathrm{Q}} = V_{\mathrm{1m}}$ 时, $g_{\mathrm{m}}(t) = g_{\mathrm{D}}$ 为常数, 不能实现频谱搬移功能

6-9 $v_{\mathrm{o}}(t) = 0.1 \times \dfrac{1}{2 \times 26} \times [1 + mf(t)]\cos 10^7 t$ (mV)

6-10 (1) 射频口的源阻抗 $Z_{\mathrm{S}} = 10 + \mathrm{j}221(\Omega)$, 中频输出口 $R_{\mathrm{L}} = R_{\mathrm{ds}} = 300\Omega$

(2) 变频电压增益, $A_{\mathrm{C}} = 16.5 = 24\mathrm{dB}$, 变频功率增益 $G_{\mathrm{C}} = 36 = 15.6\mathrm{dB}$

6-11 (1) $g_{\mathrm{fc}} = \dfrac{I_{\mathrm{DSS}}}{V_{\mathrm{GS(off)}}^2}V_{\mathrm{Lm}}$ (2) $g_{\mathrm{fc}} = \dfrac{1}{2} \times \dfrac{I_{\mathrm{DSS}}}{|V_{\mathrm{GS(off)}}|^2}V_{\mathrm{Lm}}$

6-12 (a) $g_{\mathrm{fc}} = 0$ (b) $g_{\mathrm{fc}} = \dfrac{9}{\pi}g_{\mathrm{r}}$

6-13 (2) $g_{\mathrm{fc}} = \dfrac{1}{2}g_{\mathrm{m1}} = 0.01824\mathrm{S}$ (3) $v_{\mathrm{o}}(t) = 182(1 + \cos 10^3 t)\cos(5 \times 10^6 t)$ (mV)

6-14 (a) $i = i_{\mathrm{D1}} - i_{\mathrm{D2}} = \dfrac{2v_{\mathrm{S}}}{2R_{\mathrm{L}} + R_{\mathrm{D}}} \cdot S_1(\omega_1 t)$ (b) $i = i_{\mathrm{D1}} - i_{\mathrm{D2}} = \dfrac{2v_{\mathrm{S}}}{2R_{\mathrm{L}} + R_{\mathrm{D}}} \cdot S_1(\omega_{\mathrm{L}} t)$

(c) $v_{\mathrm{o}}(t) = \dfrac{R_{\mathrm{L}}}{R_{\mathrm{L}} + R_{\mathrm{D}}}[v_{\mathrm{S}}(t)S_2(\omega_{\mathrm{L}} t) + v_{\mathrm{L}}]$

6-15 变频损耗 $L_{\mathrm{M}} = \dfrac{\pi^2}{2} \approx 6.9\mathrm{dB}$

6-16 (1) 输出电流 $i_0 = i_1 - i_2 = \dfrac{v_{\mathrm{RF}}(t)}{2R_{\mathrm{S}}} \cdot S_2(\omega_{\mathrm{L}} t)$ (2) 变频电压增益 $A_{\mathrm{C}} = \dfrac{V_{\mathrm{IF}}}{V_{\mathrm{RF}}} = \dfrac{1}{\pi}$

6-17 (1) 它是由混频器的三次方项引起的 (2) 镜像频率干扰

(3) 由混频器的三次方项引起的寄生通道干扰

6-18 (1) $f_{\mathrm{S}} = 1176\mathrm{kHz}$, $f_{\mathrm{S}} = 1404\mathrm{kHz}$ 分别由混频器的四次方项和三次方项引起

(2) $f_{\mathrm{M}} = 1530\mathrm{kHz}$, $f_{\mathrm{M}} = 765\mathrm{kHz}$

6-19 (2) $3dV_{\mathrm{Sm}}V_{\mathrm{Lm}}V_{\mathrm{M}}^2$

6-20 三阶互调是通过混频器的四次方项产生的

第七章

7-2 (a) 不能振 (b) 能振 (c) 不能振

(d) 条件 $\omega_1 = \dfrac{1}{\sqrt{L_1 C_1}} < \omega_2 = \dfrac{1}{\sqrt{L_2 C_2}}$, 能振, $\omega_1 < \omega_{\mathrm{osc}} < \omega_2$

(e) 考虑晶体管 BE 间极间电容为电容三点式振荡器

(f) 能振, 当 $\omega_1 < \omega_2$ 时, 振荡频率 $\omega_{\mathrm{osc}} > \omega_2$; 当 $\omega_1 > \omega_2$ 时, 振荡频率 $\omega_{\mathrm{osc}} > \omega_1$

7-4 (1) 正常 (2) 正常 (3) C 点波形为正弦波叠加一直流

7-5 （1）能振 （2）不能振 （3）不能振

7-7 $Q_{\min} > 1.55$

7-8 $C_1 = 12.67\text{pF}$，$C_2 = 14.6\text{nF}$

7-9 （1）$f_q = 1.0025819 \times 10^6 \text{Hz}$ （2）$f_p - f_q = 1.5778\text{kHz}$ （3）$R_e = 62 \times 10^6 \Omega$

7-11 $395.8\text{nH} > L > 43.98\text{nH}$

7-13 $\omega_2 = \dfrac{1}{\sqrt{L_2 C_2}} > \omega_{\text{osc}} > \omega_1 = \dfrac{1}{\sqrt{L_1 C_1}}$

7-14 （2）$L_1 = 9.23 \times 10^{-9}\text{H}$，$L_2 = 147.9 \times 10^{-9}\text{H}$

（3）$C_{j\max} = 12.8\text{pF}$，$C_{j\min} = 11.24\text{pF}$

7-15 （1）当 f 最小时，$C_j = 325.2\text{pF}$；当 f 最大时，$C_j = 38.5\text{pF}$

（2）$Q_{\min} = 99.47$，$Q_{\max} = 122$

7-17 -138，-128，-118（dBc/Hz）

7-18 $S_n = -120.8\text{dBc/Hz}$

第八章

8-2 （1）能锁定 （2）$\varphi_{e\infty} = 48.59°$，$v_C = 1.5\text{V}$ （3）同步带 $\Delta\omega_H = 2\pi \times 20 \times 10^3 \text{rad/s}$

8-3 （1）$\tau_1 = 0.2\text{s}$，$\tau_2 = 0.02\text{s}$ （2）$\omega_n = 116.77\text{rad/s}$，$\xi = 1.19$

8-4 （1）$\Delta\omega_H = 206.9\text{rad/s}$ （2）快捕带 $\Delta\omega_C = \pm 28.28\text{rad/s}$

（3）捕捉带 $\Delta\omega_P = \pm 108.15\text{rad/s}$ （4）捕捉时间 $T_P = 8.84\text{ms}$

8-5 （2）$\omega_n = 46.9\text{rad/s}$，$\xi = 0.2345$，快捕带 $\Delta\omega_C = \pm 22\text{rad/s}$

（3）同步带 $\Delta\omega_H = \pm 22 \times 10^4 \text{rad/s}$

8-6 $A_1 = \dfrac{1}{\sqrt{1.01}}\Delta\varphi_1$，$\varphi_1 = -5.71°$；$A_2 = \dfrac{1}{\sqrt{1.04}}\Delta\varphi_2$，$\varphi_2 = -11.31°$

8-7 （1）$v_o(t) = V_{om}\cos[2.005 \times 10^6 \pi t + 0.49\sin(2\pi \times 10^3 t - 10.85°) - 0.5]$

（2）环路带宽 $\Omega_C = 10.42\pi \times 10^3 \text{rad/s}$

8-8 （1）相当于环路增益 $A = A_o A_d A_1$ （2）同步带 $\Delta\omega_H = \pm 70\ \pi\text{rad/s}$

（3）快捕带 $\Delta\omega_C = \pm 213\text{rad/s}$

8-9 $A_1 = 40$

8-13 鉴相器输出电压为 $v_d = \begin{cases} \dfrac{V_m}{2}\left(1 + \dfrac{\varphi_e}{\pi}\right) & 0 < \varphi_e \leqslant \pi \\[2mm] \dfrac{V_m}{2}\left(3 - \dfrac{\varphi_e}{\pi}\right) & \pi < \varphi_e < 2\pi \end{cases}$

8-14 $C_1 = 0.01\mu\text{F}$，取 $C = 0.001\mu\text{F}$，$R_1 = 42\text{k}\Omega$，$R_2 = 147\text{k}\Omega$ $R_3 = 2.69\text{M}\Omega$；

8-16 $T_P \approx 0.92\mu\text{s}$

8-17 $\omega_n = 3.55 \times 10^6 \text{rad/s}$，$T_P \approx 0.92\mu\text{S}$

8-19 （1）$f_{cp} = 40\text{MHz}$ （2）取 $M \geqslant 22$，取 $M = 22$，$f_{cp} = 41.94304\text{MHz}$

（3）D/A 变换器要求 14 位 （4）ROM 的容量为 $2^{14} \times 14$

8-20 $R_1 < 9.47\text{k}\Omega$，$R_2 < 3.03\text{k}\Omega$

8-21 （1）当 $H(s)$ 为低通时，$f_2 = f_1 + f_3$

（2）当 $H(s)$ 为高通时，$f_2 = |f_3 - f_1|$

第九章

9-1 （a）$i \propto i_{D1} - i_{D2} = 0$

（b）可以实现双边带调幅，频谱：$2\omega_c, 4\omega_c, \cdots, 2n\omega_c, \omega_c \pm \Omega, \cdots, (2n+1)\omega_c \pm \Omega$

（c）实现了普通调幅

（d）$i \propto (i_{D1} + i_{D2}) = 2g_D v_C S_1(\omega_c t)$

9-2 $v_o = \dfrac{-2R_L}{2R_L + R_D} v_\Omega(t) \cdot S_2(\omega_c t)$

9-3 混频 $v_o(t) = \dfrac{R_D}{R_D + R_1} v_{RF} \cdot S_1(\omega_{LO} t) + \dfrac{R_L}{R_1 + R_L} v_{RF} \cdot S_1(\omega_{LO} t - \pi)$

调制 $v_o(t) = \dfrac{R_D}{R_D + R_1} v_\Omega \cdot S_1(\omega_c t) + \dfrac{R_L}{R_1 + R_L} v_\Omega S_1(\omega_c t - \pi)$

9-5 $v_o(t) = 10 - 3.33 \left(1 - \dfrac{4}{\pi} \cos\omega_0 t + \dfrac{4 \times 10^{-3}}{\pi} \cos\Omega t \cos\omega_0 t \right)$（V）

9-6 $v_o(t) = 20 - 18.75 \left[1 + 0.177\cos\left(\Omega t - \dfrac{\pi}{4}\right) \right] \cos\omega_c t$（V）

9-7 （a）$K_d = \dfrac{V_{AV}}{V_{sm}} = \dfrac{1}{2}$， 输入阻抗 $R_i = 2R_L = 9.4\text{k}\Omega$

（b）输入阻抗 $R_i = \dfrac{1}{2} R_L = 2.35\text{k}\Omega$， $R_{ab} = 7.6\text{k}\Omega$

9-8 不产生惰性失真的 $C \leqslant 4775\text{pF}$，不产生负峰切割的条件：$R_{i2} > 12\text{k}\Omega$

9-9 不产生负峰切割失真要求 $m_a \leqslant 0.7$

9-10 $K_d = 0.31$，基波输入阻抗 $R_i = \dfrac{V_{sm}}{I_{D1m}} = 9.56\text{k}\Omega$

9-12 $342\text{pF} \leqslant C \leqslant 3980\text{pF}$； 总输入阻抗 $R_{ab} = 78.9\text{k}\Omega$

9-16 （1）载频 $f_C = 13.66 \times 10^6\text{Hz}$ （2）中心频率偏移 $\Delta f_c = -132.2\text{kHz}$

（3）$\Delta f_m = 1.55\text{MHz}$

（4）调制灵敏度 $S_{FM} = 0.517 \times 10^6\text{Hz/V}$； 二阶非线性失真系数 $K_{f2} = 8.5\%$

9-17 （2）$L_3 = 0.596\mu\text{H}$

（3）最大频偏 $\Delta f_m = 1.34 \times 10^6\text{Hz}$； 调制灵敏度 $S_{FM} = 1.34 \times 10^6\text{Hz/V}$

9-19 （2）$V_Q = 3.27\text{V}$ （3）$\Delta f_m = 5 \times 10^4\text{Hz}$； $V_{\Omega m} = 960\text{mV}$

9-20 $\Delta f_m = 2.17\text{MHz}$

9-21 $\omega = \omega(t) = \omega_0 \left[1 + \dfrac{A v_\Omega(t)}{2Q_e} \right]$，直接调频

9-22 （1）$V_{\Omega m} = 4.37\text{V}$ （2）$V_{om} = 10.65\text{mV}$

（3）$\Delta f_m = 471\text{Hz}$ （4）电路不满足积分条件，所以变为调相电路

9-23 （1）$n_2 = 50$； $n_1 = 75$

9-26 $L = 0.66\text{mH}$； $R = 82.73\text{k}\Omega$

9-27 $V_{\Omega m} = 0.4\text{V}$

第十章

10-3 输出基波电压 $V_{Cm} = 14\text{V}$； 二次谐波输出电压 $V_{C2m} = 0.63\text{V}$

10-8 $V_{CC} = 15\text{V}$

10-10 $L = 128\text{nH}$； $C = 14.29\text{pF}$

10-11 （1）输入匹配网络 $L_1 = 0.73\text{nH}$； $C_1 = 22.6\text{pF}$

（2）输出匹配网络 $L_2 = 0.83\text{nH}$； $C_2 = 7.53\text{pF}$

（3）功率增加效率：$\eta_{PAE} = 23.4\%$

10-12 （1）$L = 0.884\mu\text{H}$； $C = 2.86\text{pF}$

（2）电源电压 $V_{CC}=12.34V$，　$\eta_c \approx 1$

10-13　正常工作时 $V_L=7.07V$；　若 $A'O$ 短路，$V_L=2.5V$

10-14　$R_3=50\Omega$，　$R_2=100\Omega$，　$R_1=100\Omega$，　$R_i=50\Omega$

10-15　$R_{L1}=\dfrac{1}{4}R_{d1}=\dfrac{1}{4}R_L$

10-16　$Z_{C1}=50\Omega$，　$Z_{C2}=Z_{C3}=16.7\Omega$，　$Z_{C4}=12.5\Omega$，　$Z_{C5}=25\Omega$，

$Z_{C6}=25\Omega$，　$Z_{C7}=6.25\Omega$，　$R_4=3.125\Omega$

晶体管输入阻抗 $R_{i1}=R_{i2}=2.8\Omega$；　输出阻抗 $R_{o1}=R_{o2}=6.25\Omega$

第十一章

11-1　（1）34dB

11-2　$A_V=\dfrac{R_L}{\dfrac{1}{g_m}+\dfrac{1}{2\mu_n C_{OX}\left(\dfrac{W}{L}\right)_{Q3}(V_C-V_{th})}}$

11-3　$R=1V, A_{OP}\geqslant 4.5$